普通高等教育"十一五"国家级规划教材

U0744831

概率论与数理统计

第五版

□ 浙江大学 盛 骤 谢式干 潘承毅 编

高等教育出版社·北京

内容提要

　　本书是普通高等教育"十一五"国家级规划教材,在 2008 年出版的《概率论与数理统计》(第四版)的基础上增订而成。本次修订改写和新增的内容有:在数理统计中应用 R 软件、bootstrap 假设检验方法举例、时间序列分析等。

　　本书主要内容包括概率论、数理统计、随机过程三部分,每章附有习题;同时涵盖了《全国硕士研究生招生考试数学考试大纲》的所有知识点。本书可作为高等学校工科、理科(非数学类专业)各专业的教材和研究生入学考试的参考书,也可供工程技术人员、科技工作者参考。

图书在版编目(CIP)数据

　　概率论与数理统计 / 盛骤,谢式千,潘承毅编. -- 5 版. --北京:高等教育出版社,2019.12(2025.6重印)
　　ISBN 978 - 7 - 04 - 051660 - 9

　　Ⅰ.①概⋯　Ⅱ.①盛⋯　②谢⋯　③潘⋯　Ⅲ.①概率论 -高等学校-教材②数理统计-高等学校-教材　Ⅳ. ①O21

　　中国版本图书馆 CIP 数据核字(2019)第 055877 号

Gailülun yu Shuli Tongji

策划编辑　李　蕊	责任编辑　田　玲	封面设计　王凌波		版式设计　童　丹
插图绘制　于　博	责任校对　张　薇	责任印制　刘思涵		

出版发行	高等教育出版社	网　　址	http://www.hep.edu.cn	
社　　址	北京市西城区德外大街4号		http://www.hep.com.cn	
邮政编码	100120	网上订购	http://www.hepmall.com.cn	
印　　刷	高教社(天津)印务有限公司		http://www.hepmall.com	
开　　本	787mm×960mm　1/16		http://www.hepmall.cn	
印　　张	27.75	版　　次	1979 年 3 月第 1 版	
字　　数	510 千字		2019 年 12 月第 5 版	
购书热线	010 - 58581118	印　　次	2025 年 6 月第 14 次印刷	
咨询电话	400 - 810 - 0598	定　　价	51.40 元	

本书如有缺页、倒页、脱页等质量问题,请到所购图书销售部门联系调换
版权所有　侵权必究
物 料 号　51660 - A0

第五版前言

本书第五版与第四版比较,在内容上有以下的改动:

1. bootstrap 方法(自助法)一章中增加了一节"bootstrap 假设检验方法举例"。全章选配了习题。

2. 本书第四版中使用 Excel 软件,本版改为使用 R 软件。R 软件使用更为方便,功能更强,资源更丰富,且 R 软件可免费下载。

3. 随机过程部分增加了"时间序列分析"一章。第十二章至第十四章作了一些改写,整个随机过程部分的内容所占篇幅并未增加。

朱其吉教授参加了本书的编写工作,编写了"时间序列分析"一章。

本版中新的第十一章"在数理统计中应用 R 软件"是由浙江大学于渤教授编写的。

诚恳地希望读者批评指正。

盛　骤　谢式千　潘承毅

2019 年 4 月

第四版前言

本书自 1979 年 3 月初版至今,已发行近三十年。历经多年教学实践的检验,得到了国内广大院校和任课教师的认可,发行量为国内同类教材中最多的。

第四版是普通高等教育"十一五"国家级规划教材,在第三版的基础上修订编写而成。在编写之前,高等教育出版社在全国有关高校作过相当广泛的调查,本版的编写吸取了相关的意见。

教材应该力求与时俱进。本版新增加了以下内容:

(1) 介绍了 bootstrap 方法的基本思想和方法,介绍了用 bootstrap 方法求参数点估计和区间估计的具体做法。bootstrap 方法是近代统计中的一种用于数据处理的重要的实用方法。

(2) 新增了"在数理统计中应用 Excel 软件"一章。介绍了 Excel 软件及其在数理统计中的应用,举例介绍了应用 VBA 语言编写"宏"求解具体的数理统计问题。

(3) 新增了假设检验问题的 p 值检验法。新增了箱线图,箱线图能大致描述随机变量分布的一些重要性质,还能检测疑似异常点。

(4) 对第三版原有的例题和习题作了一些调整,增加了有关加强基本概念、基本运算的习题,在例题和习题的选择上扩大了涉及的范围,例如,农业、保险业、医学、商业、管理学、体育,等等。

选用本教材的院校类别较为广泛,专业不一,学生程度不一。我们认为,教材内容要比教学大纲多一些,要比教师在课堂讲授的多一些,这样能照顾到各类学校各个专业的需要,能满足不同程度的学生的学习需要。

我们在目录中打上了一些 * 号,在学时限制下,有 * 号的内容可以不学。这些内容是相对独立的,删去不学不影响全书的讲授。在概率论与数理统计部分中打 * 号的内容有:基于截尾样本的最大似然估计,置信区间与假设检验之间的关系,样本容量的选取,秩和检验。此外还有偏度、峰度检验,以及这一版新增的部分或全部内容。随机过程部分视教学计划中有无这一门课决定取舍。

本次修订也包括配套辅导书,它们将与教材同时出版。

本书中新增的有关在数理统计中应用 Excel 软件的内容由浙江大学于渤教授编写。

　　本书由浙江大学范大茵教授审阅,对此我们表示衷心的感谢。

　　高等教育出版社蒋青、李蕊、兰莹莹同志为本版教材作了很多认真、细致的工作,对此,我们表示诚挚的感谢。

　　诚恳地希望读者批评指正。

盛　骤　谢式千　潘承毅

2008 年 4 月

第三版前言

这一版我们对于本书第二版中的一些疏漏和不妥之处作了修改,增加了"基于截尾样本的最大似然估计"和"置信区间与假设检验之间的关系"两小节,对各章的例题和习题作了少量的增减。

为了帮助读者抓住要点,提高学习质量与效率,在各章末增写了"小结"。小结中所包含的内容,有的是用来说明概念的现实背景和含义,对某些概念与方法所基于的概率和统计思想作了进一步的阐述;有的则阐明一章内容的重点和基本要求;有的则指出学习时应注意之点。小结也能起到提纲挈领的作用。

书末还增加了两个参读材料:(一)随机变量样本值的产生,(二)标准正态变量分布函数 $\Phi(x)$ 的数值计算。这些内容在解决实际问题时是常会用到的。

本书这一版承柴根象教授、王静龙教授、谢国瑞教授、范大茵教授审阅,他们提出了许多宝贵意见,对此我们表示衷心的感谢。

盛　骤　谢式千　潘承毅

2000 年 8 月

第二版前言

本书是在 1979 年出版的第一版的基础上修订的,可作为高等学校工科、理科(非数学类专业)概率论与数理统计课程的教材,也可供工程技术人员参考。

本书分三部分。概率论部分(第一章至第五章)作为基础知识,为读者提供了必要的理论基础;数理统计部分(第六章至第九章)主要讲述了参数估计和假设检验,并介绍了方差分析和回归分析;随机过程部分(第十章至第十二章)在讲清基本知识的基础上主要讨论了平稳随机过程,还介绍了马尔可夫过程。数理统计和随机过程这两部分内容是相互独立的,可根据专业的需要选用。

在本书第一版出版后,我们经过进一步的教学实践,积累了不少的经验,并吸收了广大读者的意见,修订稿是在这一基础上写出的。我们修改了第一版中存在的不当之处,并致力于教材质量的提高。我们在选材和叙述上尽量做到联系工科专业的实际,注重应用,力图将概念写得清晰易懂,做到便于教学。我们在例题和习题的选择上作了努力,这些题目既具有启发性,又有广泛的应用性,从题目的广泛性也可看到本门课程涉及生活和技术应用领域的广泛性。读者将会发现,这些例题和习题是饶有趣味的。为适应经济建设的需要,我们加强了数理统计的内容,例如编写了"矩估计法""样本容量的选取"和"正态分布的偏度、峰度检验"等,并有意识地加强读者统计计算能力的培养。

书中的一部分内容能直接应用于解决实际课题,另一部分内容为读者今后进一步学习有关课程或在实际应用方面提供一定的基础。

黄纪青同志曾参加过本书第一版编写大纲的讨论,撰写过第一版第一章的初稿。

本书的全部插图是由张礼明同志描绘的。

本书第二版承魏宗舒教授、林少宫教授、沈恒范教授、范大茵副教授、樊孝述副教授和汪振鹏副教授审阅,他们提出了很多宝贵意见,对此我们表示衷心的感谢。

书中不足之处,诚恳地希望读者批评指正。

盛　骤　谢式千　潘承毅

1988 年 1 月

目　　录

第一章　概率论的基本概念

自然界和社会上发生的现象是多种多样的. 有一类现象, 在一定条件下必然发生, 例如, 向上抛一石子必然下落, 同性电荷必相互排斥, 等等. 这类现象称为**确定性现象**. 在自然界和社会上存在着另一类现象, 例如, 在相同条件下抛同一枚硬币, 其结果可能是正面朝上, 也可能是反面朝上, 并且在每次抛掷之前无法肯定抛掷的结果是什么; 用同一门炮向同一目标射击, 各次弹着点不尽相同, 在一次射击之前无法预测弹着点的确切位置. 这类现象, 在一定的条件下, 可能出现这样的结果, 也可能出现那样的结果, 而在试验或观察之前不能预知确切的结果. 但人们经过长期实践并深入研究之后, 发现这类现象在大量重复试验或观察下, 它的结果却呈现出某种规律性. 例如, 多次重复抛一枚硬币得到正面朝上大致有一半, 同一门炮射击同一目标的弹着点按照一定规律分布, 等等. 这种在大量重复试验或观察中所呈现出的固有规律性, 就是我们以后所说的**统计规律性**.

这种在个别试验中其结果呈现出不确定性, 在大量重复试验中其结果又具有统计规律性的现象, 我们称之为**随机现象**. 概率论与数理统计是研究和揭示随机现象统计规律性的一门数学学科.

§1　随 机 试 验

我们遇到过各种试验. 在这里, 我们把试验作为一个含义广泛的术语. 它包括各种各样的科学实验, 甚至对某一事物的某一特征的观察也认为是一种试验. 下面举一些试验的例子.

E_1: 抛一枚硬币, 观察正面 H、反面 T 出现的情况.

E_2: 将一枚硬币抛掷三次, 观察正面 H、反面 T 出现的情况.

E_3: 将一枚硬币抛掷三次, 观察出现正面的次数.

E_4: 抛一颗骰子, 观察出现的点数.

E_5: 记录某城市 120 急救电话台一昼夜接到的呼唤次数.

E_6: 在一批灯泡中任意抽取一只, 测试它的寿命.

E_7: 记录某地一昼夜的最高温度和最低温度.

上面举出了七个试验的例子, 它们有着共同的特点. 例如, 试验 E_1 有两种可能结果,出现 H 或者出现 T,但在抛掷之前不能确定出现 H 还是出现 T,这个试验可以在相同的条件下重复地进行.又如试验 E_6,我们知道灯泡的寿命(以 h 计)$t \geq 0$,但在测试之前不能确定它的寿命有多长.这一试验也可以在相同的条件下重复地进行.概括起来,这些试验具有以下的特点:

1° 可以在相同的条件下重复地进行.

2° 每次试验的可能结果不止一个,并且能事先明确试验的所有可能结果.

3° 进行一次试验之前不能确定哪一个结果会出现.

在概率论中,我们将具有上述三个特点的试验称为**随机试验**.

本书中以后提到的试验都是指随机试验.

我们是通过研究随机试验来研究随机现象的.

§2　样本空间、随机事件

(一) 样本空间

对于随机试验,尽管在每次试验之前不能预知试验的结果,但试验的所有可能结果组成的集合是已知的.我们将随机试验 E 的所有可能结果组成的集合称为 E 的**样本空间**,记为 S.样本空间的元素,即 E 的每个结果,称为**样本点**.

下面写出 §1 中试验 $E_k (k=1,2,\cdots,7)$ 的样本空间 S_k:

$S_1 : \{H, T\}$.

$S_2 : \{HHH, HHT, HTH, THH, HTT, THT, TTH, TTT\}$.

$S_3 : \{0, 1, 2, 3\}$.

$S_4 : \{1, 2, 3, 4, 5, 6\}$.

$S_5 : \{0, 1, 2, 3, \cdots\}$.

$S_6 : \{t \mid t \geq 0\}$.

$S_7 : \{(x, y) \mid T_0 \leq x \leq y \leq T_1\}$,这里 x 表示最低温度(以 ℃ 计),y 表示最高温度(以 ℃ 计).并设这一地区的温度不会小于 T_0,也不会大于 T_1.

(二) 随机事件

在实际中,当进行随机试验时,人们常常关心满足某种条件的那些样本点所组成的集合.例如,若规定某种灯泡的寿命(以 h 计)小于 500 为次品,则在 E_6 中我们关心灯泡的寿命是否有 $t \geq 500$.满足这一条件的样本点组成 S_6 的一个子集:$A = \{t \mid t \geq 500\}$.我们称 A 为试验 E_6 的一个随机事件.显然,当且仅当子集

A 中的一个样本点出现时,有 $t\geqslant 500$.

一般,我们称试验 E 的样本空间 S 的子集为 E 的**随机事件**,简称**事件**①. 在每次试验中,当且仅当这一子集中的一个样本点出现时,称这一**事件发生**.

特别,由一个样本点组成的单点集,称为**基本事件**. 例如,试验 E_1 有两个基本事件 $\{H\}$ 和 $\{T\}$;试验 E_4 有 6 个基本事件 $\{1\},\{2\},\cdots,\{6\}$.

样本空间 S 包含所有的样本点,它是 S 自身的子集,在每次试验中它总是发生的,S 称为**必然事件**. 空集 $\varnothing$ 不包含任何样本点,它也作为样本空间的子集,它在每次试验中都不发生,$\varnothing$ 称为**不可能事件**.

下面举几个事件的例子.

例 1 在 E_2 中事件 A_1:"第一次出现的是 H",即
$$A_1=\{HHH,HHT,HTH,HTT\}.$$
事件 A_2:"三次出现同一面",即
$$A_2=\{HHH,TTT\}.$$

在 E_6 中,事件 A_3:"寿命小于 1 000 h",即
$$A_3=\{t\,|\,0\leqslant t<1\,000\}.$$

在 E_7 中,事件 A_4:"最高温度与最低温度相差 10 ℃",即
$$A_4=\langle(x,y)\,|\,y-x=10,T_0\leqslant x\leqslant y\leqslant T_1\rangle. \qquad\square$$

(三) 事件间的关系与事件的运算

事件是一个集合,因而事件间的关系与事件的运算自然按照集合论中集合之间的关系和集合运算来处理. 下面给出这些关系和运算在概率论中的提法. 并根据"事件发生"的含义,给出它们在概率论中的含义.

设试验 E 的样本空间为 S,而 $A,B,A_k(k=1,2,\cdots)$ 是 S 的子集.

1° 若 $A\subset B$,则称事件 B 包含事件 A,这指的是事件 A 发生必导致事件 B 发生.

若 $A\subset B$ 且 $B\subset A$,即 $A=B$,则称事件 A 与事件 B **相等**.

2° 事件 $A\cup B=\{x\,|\,x\in A\ \text{或}\ x\in B\}$ 称为事件 A 与事件 B 的**和事件**. 当且仅当 A,B 中至少有一个发生时,事件 $A\cup B$ 发生.

类似地,称 $\bigcup\limits_{k=1}^{n}A_k$ 为 n 个事件 $A_1,A_2,\cdots,A_n$ 的和事件;称 $\bigcup\limits_{k=1}^{\infty}A_k$ 为可列个

---

① 严格地说,事件是指 S 中的满足某些条件的子集. 当 S 是由有限个元素或由可列无限个元素组成时,每个子集都可作为一个事件. 当 S 是由不可列无限个元素组成时,某些子集必须排除在外. 幸而这种不可容许的子集在实际应用中几乎不会遇到. 今后,每当我们讲到一个事件时都假定它是容许考虑的那种子集. 读者如有兴趣可参考较详细的教材.

事件 $A_1, A_2, \cdots$ 的和事件.

3° 事件 $A \cap B = \{x \mid x \in A \text{ 且 } x \in B\}$ 称为事件 A 与事件 B 的**积事件**. 当且仅当 A, B 同时发生时, 事件 $A \cap B$ 发生. $A \cap B$ 也记作 AB.

类似地, 称 $\bigcap\limits_{k=1}^{n} A_k$ 为 n 个事件 $A_1, A_2, \cdots, A_n$ 的积事件; 称 $\bigcap\limits_{k=1}^{\infty} A_k$ 为可列个事件 $A_1, A_2, \cdots$ 的积事件.

4° 事件 $A - B = \{x \mid x \in A \text{ 且 } x \notin B\}$ 称为事件 A 与事件 B 的**差事件**. 当且仅当 A 发生, B 不发生时事件 $A - B$ 发生.

5° 若 $A \cap B = \varnothing$, 则称事件 A 与 B 是**互不相容的**, 或互斥的. 这指的是事件 A 与事件 B 不能同时发生. 基本事件是两两互不相容的.

6° 若 $A \cup B = S$ 且 $A \cap B = \varnothing$, 则称事件 A 与事件 B 互为**逆事件**, 又称事件 A 与事件 B 互为**对立事件**. 这指的是对每次试验而言, 事件 A, B 中必有一个发生, 且仅有一个发生. A 的对立事件记为 $\overline{A}$. $\overline{A} = S - A$.

用图 1-1 至图 1-6 可直观地表示以上事件之间的关系与运算. 例如, 在图 1-1 中长方形表示样本空间 S, 圆 A 与圆 B 分别表示事件 A 与事件 B, 事件 B 包含事件 A. 又如在图 1-2 中长方形表示样本空间 S, 圆 A 与圆 B 分别表示事件 A 与事件 B, 而阴影部分表示和事件 $A \cup B$.

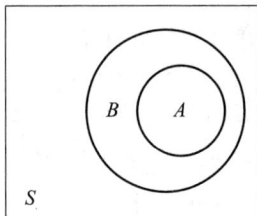

$A \subset B$

图 1-1

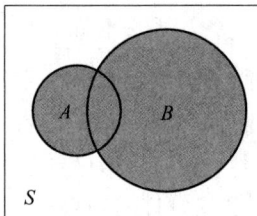

$A \cup B$

图 1-2

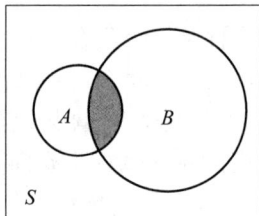

$A \cap B$

图 1-3

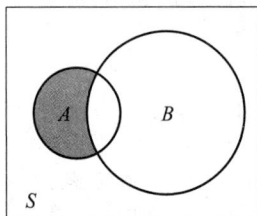

$A - B$

图 1-4

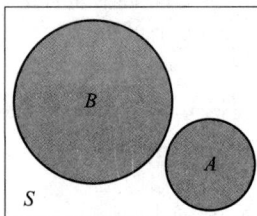

$A \cap B = \varnothing$

图 1-5

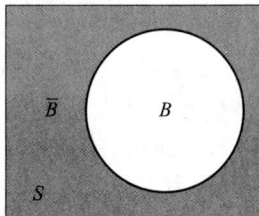

$B \cup \overline{B} = S, B \cap \overline{B} = \varnothing$

图 1-6

在进行事件运算时,经常要用到下述定律.设 A, B, C 为事件,则有

交换律:$A \cup B = B \cup A$; $A \cap B = B \cap A$.

结合律:$A \cup (B \cup C) = (A \cup B) \cup C$; $A \cap (B \cap C) = (A \cap B) \cap C$.

分配律:$A \cup (B \cap C) = (A \cup B) \cap (A \cup C)$; $A \cap (B \cup C) = (A \cap B) \cup (A \cap C)$.

德摩根律:$\overline{A \cup B} = \overline{A} \cap \overline{B}$; $\overline{A \cap B} = \overline{A} \cup \overline{B}$.

例 2 在例 1 中有
$$A_1 \cup A_2 = \{HHH, HHT, HTH, HTT, TTT\},$$
$$A_1 \cap A_2 = \{HHH\},$$
$$A_2 - A_1 = \{TTT\},$$
$$\overline{A_1 \cup A_2} = \{THT, TTH, THH\}.$$

例 3 如图 1-7 所示的电路中,以 A 表示"信号灯亮"这一事件,以 B, C, D 分别表示事件:继电器接点 Ⅰ,Ⅱ,Ⅲ 闭合,那么容易知道 $BC \subset A, BD \subset A$,$BC \cup BD = A$,而 $\overline{B}A = \varnothing$,即事件 $\overline{B}$ 与事件 A 互不相容.又,$\overline{B \cup C} = \overline{B} \cap \overline{C}$(左边表示事件"Ⅰ,Ⅱ 至少有一个闭合"的逆事件,也就是 Ⅰ,Ⅱ 都不闭合,即 $\overline{B}, \overline{C}$ 同时发生).

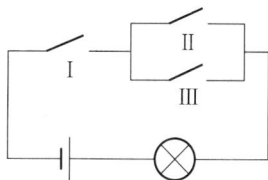

图 1-7

§3 频率与概率

对于一个事件(除必然事件和不可能事件外)来说,它在一次试验中可能发生,也可能不发生.我们常常希望知道某些事件在一次试验中发生的可能性究竟有多大.例如,为了确定水坝的高度,就要知道河流在造水坝地段每年最大洪水达到某一高度这一事件发生的可能性大小.我们希望找到一个合适的数来表征事件在一次试验中发生的可能性大小.为此,首先引入频率,它描述了事件发生的频繁程度,进而引出表征事件在一次试验中发生的可能性大小的数——概率.

(一)频率

定义 在相同的条件下,进行了 n 次试验,在这 n 次试验中,事件 A 发生的次数 n_A 称为事件 A 发生的**频数**.比值 n_A/n 称为事件 A 发生的**频率**,并记成 $f_n(A)$.

由定义,易见频率具有下述基本性质:

$1°$ $0 \leqslant f_n(A) \leqslant 1$.

2° $f_n(S)=1$.

3° 若 $A_1,A_2,\cdots,A_k$ 是两两互不相容的事件,则

$$f_n(A_1\bigcup A_2\bigcup\cdots\bigcup A_k)=f_n(A_1)+f_n(A_2)+\cdots+f_n(A_k).$$

由于事件 A 发生的频率是它发生的次数与试验次数之比,其大小表示 A 发生的频繁程度.频率大,事件 A 发生就频繁,这意味着事件 A 在一次试验中发生的可能性就大.反之亦然.因而,直观的想法是用频率来表示事件 A 在一次试验中发生的可能性的大小.但是否可行,先看下面的例子.

例 1 考虑"抛硬币"这个试验,我们将一枚硬币抛掷 5 次、50 次、500 次,各做 10 遍.得到数据如表 1-1 所示(其中 n_H 表示 H 发生的频数,$f_n(H)$ 表示 H 发生的频率).

表 1-1

试验序号	$n=5$		$n=50$		$n=500$	
	n_H	$f_n(H)$	n_H	$f_n(H)$	n_H	$f_n(H)$
1	2	0.4	22	0.44	251	0.502
2	3	0.6	25	0.50	249	0.498
3	1	0.2	21	0.42	256	0.512
4	5	1.0	25	0.50	253	0.506
5	1	0.2	24	0.48	251	0.502
6	2	0.4	21	0.42	246	0.492
7	4	0.8	18	0.36	244	0.488
8	2	0.4	24	0.48	258	0.516
9	3	0.6	27	0.54	262	0.524
10	3	0.6	31	0.62	247	0.494

这种试验历史上有人做过,得到如表 1-2 所示的数据.

表 1-2

试验者	n	n_H	$f_n(H)$
德摩根	2 048	1 061	0.518 1
蒲 丰	4 040	2 048	0.506 9
K. 皮尔逊	12 000	6 019	0.501 6
K. 皮尔逊	24 000	12 012	0.500 5

从上述数据可以看出:抛硬币次数 n 较小时,频率 $f_n(H)$ 在 0 与 1 之间随机波动,其幅度较大,但随着 n 增大,频率 $f_n(H)$ 呈现出稳定性.即当 n 逐渐增大时 $f_n(H)$ 总是在 0.5 附近摆动,而逐渐稳定于 0.5.　　　　□

例 2　　考察英语中特定字母出现的频率.当观察字母的个数 n(试验的次数)较小时,频率有较大幅度的随机波动.但当 n 增大时,频率呈现出稳定性.表 1—3 就是一份英文字母频率的统计表[①]:

表 1—3

字母	频率	字母	频率	字母	频率
E	0.126 8	L	0.039 4	P	0.018 6
T	0.097 8	D	0.038 9	B	0.015 6
A	0.078 8	U	0.028 0	V	0.010 2
O	0.077 6	C	0.026 8	K	0.006 0
I	0.070 7	F	0.025 6	X	0.001 6
N	0.070 6	M	0.024 4	J	0.001 0
S	0.063 4	W	0.021 4	Q	0.000 9
R	0.059 4	Y	0.020 2	Z	0.000 6
H	0.057 3	G	0.018 7		

　　　　□

大量试验证实,当重复试验的次数 n 逐渐增大时,频率 $f_n(A)$ 呈现出稳定性,逐渐稳定于某个常数.这种"频率稳定性"即通常所说的统计规律性.我们让试验重复大量次数,计算频率 $f_n(A)$,以它来表征事件 A 发生可能性的大小是合适的.

但是,在实际中,我们不可能对每一个事件都做大量的试验,然后求得事件的频率,用以表征事件发生可能性的大小.同时,为了理论研究的需要,我们从频率的稳定性和频率的性质得到启发,给出如下表征事件发生可能性大小的概率的定义.

(二)概率

定义　　设 E 是随机试验,S 是它的样本空间.对于 E 的每一事件 A 赋予一

---

① 这是由 Dewey,G.统计了约 438 023 个字母得到的.引自 Relative Frequency of English Spellings (Teachers College Press,Columbia University,New York,1970).

个实数,记为 $P(A)$,称为事件 A 的**概率**,如果集合函数 $P(\cdot)$ 满足下列条件:

　　$1°$ **非负性**:对于每一个事件 A,有 $P(A)\geqslant 0$.

　　$2°$ **规范性**:对于必然事件 S,有 $P(S)=1$.

　　$3°$ **可列可加性**:设 $A_1,A_2,\cdots$ 是两两互不相容的事件,即对于 $A_iA_j=\varnothing$, $i\neq j,i,j=1,2,\cdots$,有

$$P(A_1\bigcup A_2\bigcup\cdots)=P(A_1)+P(A_2)+\cdots. \tag{3.1}$$

　　在第五章中将证明,当 $n\to\infty$ 时频率 $f_n(A)$ 在一定意义下接近于概率 $P(A)$.基于这一事实,我们就有理由将概率 $P(A)$ 用来表征事件 A 在一次试验中发生的可能性的大小.

　　由概率的定义,可以推得概率的一些重要性质.

　　性质 i　$P(\varnothing)=0$.

　　证　令 $A_n=\varnothing$ $(n=1,2,\cdots)$,则 $\bigcup\limits_{n=1}^{\infty}A_n=\varnothing$,且 $A_iA_j=\varnothing$,$i\neq j,i,j=1,2,\cdots$. 由概率的可列可加性(3.1)得

$$P(\varnothing)=P\Big(\bigcup_{n=1}^{\infty}A_n\Big)=\sum_{n=1}^{\infty}P(A_n)=\sum_{n=1}^{\infty}P(\varnothing).$$

由概率的非负性知,$P(\varnothing)\geqslant 0$,故由上式知 $P(\varnothing)=0$.　　□

　　性质 ii（有限可加性）　若 $A_1,A_2,\cdots,A_n$ 是两两互不相容的事件,则有

$$P(A_1\bigcup A_2\bigcup\cdots\bigcup A_n)=P(A_1)+P(A_2)+\cdots+P(A_n). \tag{3.2}$$

　　(3.2)式称为概率的**有限可加性**.

　　证　令 $A_{n+1}=A_{n+2}=\cdots=\varnothing$,即有 $A_iA_j=\varnothing$,$i\neq j,i,j=1,2,\cdots$. 由(3.1)式得

$$\begin{aligned}P(A_1\bigcup A_2\bigcup\cdots\bigcup A_n)&=P\Big(\bigcup_{k=1}^{\infty}A_k\Big)=\sum_{k=1}^{\infty}P(A_k)=\sum_{k=1}^{n}P(A_k)+0\\&=P(A_1)+P(A_2)+\cdots+P(A_n).\end{aligned}$$

(3.2)式得证.　　□

　　性质 iii　设 A,B 是两个事件,若 $A\subset B$,则有

$$P(B-A)=P(B)-P(A), \tag{3.3}$$

$$P(B)\geqslant P(A). \tag{3.4}$$

　　证　由 $A\subset B$ 知 $B=A\bigcup(B-A)$ (参见图 1-1),且 $A(B-A)=\varnothing$,再由概率的有限可加性(3.2),得

$$P(B)=P(A)+P(B-A),$$

(3.3)得证;又由概率的非负性 $1°$,$P(B-A)\geqslant 0$ 知

$$P(B)\geqslant P(A).$$
　　□

性质 iv 对于任一事件 A,

$$P(A) \leqslant 1.$$

证 因 $A \subset S$,由性质 iii 得

$$P(A) \leqslant P(S) = 1.$$

性质 v(逆事件的概率) 对于任一事件 A,有

$$P(\overline{A}) = 1 - P(A).$$

证 因 $A \cup \overline{A} = S$,且 $A\overline{A} = \varnothing$,由 (3.2) 式,得

$$1 = P(S) = P(A \cup \overline{A}) = P(A) + P(\overline{A}).$$

性质 v 得证.

性质 vi(加法公式) 对于任意两事件 A, B,有

$$P(A \cup B) = P(A) + P(B) - P(AB). \tag{3.5}$$

证 因 $A \cup B = A \cup (B - AB)$(参见图 1-2),且 $A(B - AB) = \varnothing$,$AB \subset B$,故由(3.2)式及(3.3)式得

$$P(A \cup B) = P(A) + P(B - AB)$$
$$= P(A) + P(B) - P(AB).$$

(3.5) 式还能推广到多个事件的情况.例如,设 A_1, A_2, A_3 为任意三个事件,则有

$$P(A_1 \cup A_2 \cup A_3) = P(A_1) + P(A_2) + P(A_3) - P(A_1 A_2)$$
$$- P(A_1 A_3) - P(A_2 A_3) + P(A_1 A_2 A_3). \tag{3.6}$$

一般,对于任意 n 个事件 $A_1, A_2, \cdots, A_n$,可以用数学归纳法证得

$$P(A_1 \cup A_2 \cup \cdots \cup A_n) = \sum_{i=1}^{n} P(A_i) - \sum_{1 \leqslant i < j \leqslant n} P(A_i A_j)$$
$$+ \sum_{1 \leqslant i < j < k \leqslant n} P(A_i A_j A_k) + \cdots + (-1)^{n-1} P(A_1 A_2 \cdots A_n). \tag{3.7}$$

§4 等可能概型(古典概型)

§1 中所说的试验 E_1, E_4,它们具有两个共同的特点:

1° 试验的样本空间只包含有限个元素.

2° 试验中每个基本事件发生的可能性相同.

具有以上两个特点的试验是大量存在的.这种试验称为**等可能概型**.它在概率论发展初期曾是主要的研究对象,所以也称为**古典概型**.等可能概型的一些概念具有直观、容易理解的特点,有着广泛的应用.

下面我们来讨论等可能概型中事件概率的计算公式.

设试验的样本空间为 $S=\{e_1,e_2,\cdots,e_n\}$. 由于在试验中每个基本事件发生的可能性相同, 即有

$$P(\{e_1\})=P(\{e_2\})=\cdots=P(\{e_n\}),$$

又由于基本事件是两两互不相容的, 于是

$$1=P(S)=P(\{e_1\}\bigcup\{e_2\}\bigcup\cdots\bigcup\{e_n\})$$
$$=P(\{e_1\})+P(\{e_2\})+\cdots+P(\{e_n\})=nP(\{e_i\}),$$

$$P(\{e_i\})=\frac{1}{n},\quad i=1,2,\cdots,n.$$

若事件 A 包含 k 个基本事件, 即 $A=\{e_{i_1}\}\bigcup\{e_{i_2}\}\bigcup\cdots\bigcup\{e_{i_k}\}$, 这里 i_1, $i_2,\cdots,i_k$ 是 $1,2,\cdots,n$ 中某 k 个不同的数, 则有

$$P(A)=\sum_{j=1}^{k}P(\{e_{i_j}\})=\frac{k}{n}=\frac{A\text{包含的基本事件数}}{S\text{中基本事件的总数}}. \qquad (4.1)$$

(4.1) 式就是等可能概型中事件 A 的概率的计算公式①.

例1 将一枚硬币抛掷三次. (1) 设事件 A_1 为"恰有一次出现正面", 求 $P(A_1)$. (2) 设事件 A_2 为"至少有一次出现正面", 求 $P(A_2)$.

解 (1) 我们考虑 §1 中 E_2 的样本空间:
$$S_2=\{HHH,HHT,HTH,THH,HTT,THT,TTH,TTT\},$$
而 $\quad A_1=\{HTT,THT,TTH\}.$

S_2 中包含有限个元素, 且由对称性知每个基本事件发生的可能性相同. 故由 (4.1) 式, 得

$$P(A_1)=\frac{3}{8}.$$

(2) 由于 $\overline{A_2}=\{TTT\}$, 于是

$$P(A_2)=1-P(\overline{A_2})=1-\frac{1}{8}=\frac{7}{8}. \qquad \square$$

当样本空间的元素较多时, 我们一般不再将 S 中的元素一一列出, 而只需分别求出 S 中与 A 中包含的元素的个数 (即基本事件的个数), 再由 (4.1) 式即可求出 A 的概率.

例2 一个口袋装有 6 只球, 其中 4 只白球、2 只红球. 从袋中取球两次, 每次随机地取一只. 考虑两种取球方式: (a) 第一次取一只球, 观察其颜色后放回

---

① 易知由 (4.1) 式所确定的概率满足非负性、规范性和有限可加性. 但此时由于 S 中只含有限个子集 (只有 $C_n^0+C_n^1+\cdots+C_n^n=2^n$ 个子集), 因而若在 S 中取可列无限个两两互不相容的事件 $A_1,A_2,\cdots$, $A_n,\cdots$, 则其中必包含无限多个不可能事件, 即知可列可加性与有限可加性是等价的.

袋中,搅匀后再取一球.这种取球方式叫做**放回抽样**.(b) 第一次取一球不放回袋中,第二次从剩余的球中再取一球.这种取球方式叫做**不放回抽样**.试分别就上面两种情况求:(1) 取到的两只球都是白球的概率.(2) 取到的两只球颜色相同的概率.(3) 取到的两只球中至少有一只是白球的概率.

解 (a) 放回抽样的情况.

以 A,B,C 分别表示事件"取到的两只球都是白球""取到的两只球都是红球""取到的两只球中至少有一只是白球".易知"取到两只颜色相同的球"这一事件即为 $A\cup B$,而 $C=\overline{B}$.

在袋中依次取两只球,每一种取法为一个基本事件,显然此时样本空间中仅包含有限个元素.且由对称性知每个基本事件发生的可能性相同,因而可利用(4.1)式来计算事件的概率.

第一次从袋中取球有 6 只球可供抽取,第二次也有 6 只球可供抽取.由组合法的乘法原理,共有 6×6 种取法.即样本空间中元素总数为 6×6.对于事件 A 而言,由于第一次有 4 只白球可供抽取,第二次也有 4 只白球可供抽取,由乘法原理共有 4×4 种取法,即 A 中包含 4×4 个元素.同理,B 中包含 2×2 个元素.于是

$$P(A)=\frac{4\times4}{6\times6}=\frac{4}{9}.$$

$$P(B)=\frac{2\times2}{6\times6}=\frac{1}{9}.$$

由于 $AB=\varnothing$,得

$$P(A\cup B)=P(A)+P(B)=\frac{5}{9}.$$

$$P(C)=P(\overline{B})=1-P(B)=\frac{8}{9}.$$

(b) 不放回抽样的情况.

由读者自己完成. □

例3 将 n 只球随机地放入 N $(N\geqslant n)$ 个盒子中去,试求每个盒子至多有一只球的概率(设盒子的容量不限).

解 将 n 只球放入 N 个盒子中去,每一种放法是一基本事件.易知,这是古典概型问题.因每一只球都可以放入 N 个盒子中的任一个盒子,故共有 $N\times N\times\cdots\times N=N^n$ 种不同的放法,而每个盒子中至多放一只球共有 $N(N-1)\cdots[N-(n-1)]$ 种不同放法.因而所求的概率为

$$p=\frac{N(N-1)\cdots(N-n+1)}{N^n}=\frac{A_N^n}{N^n}.$$

有许多问题和本例具有相同的数学模型. 例如, 假设每人的生日在一年 365 天中的任一天是等可能的, 即都等于 1/365, 那么随机选取 n ($n \leqslant 365$) 个人, 他们的生日各不相同的概率为

$$\frac{365 \times 364 \times \cdots \times (365-n+1)}{365^n}.$$

因而, n 个人中至少有两人生日相同的概率为

$$p = 1 - \frac{365 \times 364 \times \cdots \times (365-n+1)}{365^n}.$$

经计算可得下述结果:

n	20	23	30	40	50	64	100
p	0.411	0.507	0.706	0.891	0.970	0.997	0.999 999 7

从上表可看出, 在仅有 64 人的班级里, "至少有两人生日相同"这一事件的概率与 1 相差无几, 因此, 如作调查的话, 几乎总是会出现的. 读者不妨试一试.　□

例 4　设有 N 件产品, 其中有 D 件次品, 今从中任取 n 件, 问其中恰有 k ($k \leqslant D$) 件次品的概率是多少?

解　在 N 件产品中抽取 n 件(这里是指不放回抽样), 所有可能的取法共有 $\binom{N}{n}$[①] 种, 每一种取法为一基本事件, 且由于对称性知每个基本事件发生的可能性相同. 又因在 D 件次品中取 k 件, 所有可能的取法有 $\binom{D}{k}$ 种. 在 $N-D$ 件正品中取 $n-k$ 件所有可能的取法有 $\binom{N-D}{n-k}$ 种, 由乘法原理知在 N 件产品中取 n 件, 其中恰有 k 件次品的取法共有 $\binom{D}{k}\binom{N-D}{n-k}$ 种, 于是所求概率为

$$p = \binom{D}{k}\binom{N-D}{n-k} \Big/ \binom{N}{n}. \tag{4.2}$$

(4.2) 式即所谓**超几何分布**的概率公式.　□

---

①　对于任意实数 a 以及非负整数 r, 定义 $\binom{a}{r} = \frac{a(a-1)\cdots(a-r+1)}{r!}$, $\binom{a}{0}=1$. 例如 $\binom{-\pi}{3} = \frac{(-\pi)(-\pi-1)(-\pi-2)}{3!} = -\frac{\pi(\pi+1)(\pi+2)}{3!}$. 特别, 当 a 为正整数, 且 $r \leqslant a$ 时, $\binom{a}{r}$ 即为组合数, 即 $\binom{a}{r} = C_a^r$.

例5 袋中有 a 只白球、b 只红球,k 个人依次在袋中取一只球,(1) 作放回抽样;(2) 作不放回抽样,求第 i ($i=1,2,\cdots,k$) 人取到白球(记为事件 B)的概率 ($k \leqslant a+b$).

解 (1) 放回抽样的情况,显然有

$$P(B) = \frac{a}{a+b}.$$

(2) 不放回抽样的情况.各人取一只球,每种取法是一个基本事件.共有 $(a+b)(a+b-1)\cdots(a+b-k+1) = A_{a+b}^k$ 个基本事件,且由于对称性知每个基本事件发生的可能性相同.当事件 B 发生时,第 i 人取的应是白球,它可以是 a 只白球中的任一只,有 a 种取法.其余被取的 $k-1$ 只球可以是其余 $a+b-1$ 只球中的任意 $k-1$ 只,共有 $(a+b-1)(a+b-2)\cdots[a+b-1-(k-1)+1] = A_{a+b-1}^{k-1}$ 种取法,于是事件 B 中包含 $a \cdot A_{a+b-1}^{k-1}$ 个基本事件,故由(4.1)式得到

$$P(B) = a \cdot A_{a+b-1}^{k-1} / A_{a+b}^k = \frac{a}{a+b}.$$

值得注意的是 $P(B)$ 与 i 无关,即 k 个人取球,尽管取球的先后次序不同,各人取到白球的概率是一样的,大家机会相同(例如在购买福利彩票时,各人得奖的机会是一样的).另外还值得注意的是放回抽样的情况与不放回抽样的情况下 $P(B)$ 是一样的. □

例6 在 $1\sim2\,000$ 的整数中随机地取一个数,问取到的整数既不能被 6 整除,又不能被 8 整除的概率是多少?

解 设 A 为事件"取到的数能被 6 整除",B 为事件"取到的数能被 8 整除",则所求概率为

$$P(\overline{A}\,\overline{B}) = P(\overline{A \cup B}) = 1 - P(A \cup B)$$
$$= 1 - [P(A) + P(B) - P(AB)].$$

由于
$$333 < \frac{2\,000}{6} < 334,$$

故得
$$P(A) = \frac{333}{2\,000}.$$

由于
$$\frac{2\,000}{8} = 250,$$

故得
$$P(B) = \frac{250}{2\,000}.$$

又由于一个数同时能被 6 与 8 整除,就相当于能被 24 整除,因此,由

$$83 < \frac{2\,000}{24} < 84,$$

得
$$P(AB) = \frac{83}{2\,000}.$$

于是所求概率为

$$p = 1 - \left(\frac{333}{2\,000} + \frac{250}{2\,000} - \frac{83}{2\,000} \right) = \frac{3}{4}.$$　□

例 7　将 15 名新生随机地平均分配到三个班级中去,这 15 名新生中有 3 名是优秀生.问 (1) 每个班级各分配到一名优秀生的概率是多少?(2) 3 名优秀生分配在同一班级的概率是多少?

解　15 名新生平均分配到三个班级中的分法总数为

$$\binom{15}{5}\binom{10}{5}\binom{5}{5} = \frac{15!}{5!\ 5!\ 5!}.$$

每一种分配法为一基本事件,且由对称性易知每个基本事件发生的可能性相同.

(1) 将 3 名优秀生分配到三个班级使每个班级都有一名优秀生的分法共 3! 种.对于这每一种分法,其余 12 名新生平均分配到三个班级中的分法共有 $\frac{12!}{4!\ 4!\ 4!}$ 种.因此,每一班级各分配到一名优秀生的分法共有 $\frac{3!\ 12!}{4!\ 4!\ 4!}$ 种.于是所求概率为

$$p_1 = \frac{3!\ 12!}{4!\ 4!\ 4!} \Big/ \frac{15!}{5!\ 5!\ 5!} = \frac{25}{91}.$$

(2) 将 3 名优秀生分配在同一班级的分法共有 3 种.对于这每一种分法,其余 12 名新生的分法(一个班级 2 名,另两个班级各 5 名)有 $\frac{12!}{2!\ 5!\ 5!}$ 种.因此 3 名优秀生分配在同一班级的分法共有 $\frac{3 \times 12!}{2!\ 5!\ 5!}$ 种,于是,所求概率为

$$p_2 = \frac{3 \times 12!}{2!\ 5!\ 5!} \Big/ \frac{15!}{5!\ 5!\ 5!} = \frac{6}{91}.$$　□

例 8　某接待站在某一周曾接待过 12 次来访,已知所有这 12 次接待都是在周二和周四进行的,问是否可以推断接待时间是有规定的?

解　假设接待站的接待时间没有规定,而各来访者在一周的任一天中去接待站是等可能的,那么,12 次接待来访者都在周二、周四的概率为

$$\frac{2^{12}}{7^{12}} = 0.000\,000\,3.$$

人们在长期的实践中总结得到"**概率很小的事件在一次试验中实际上几乎是不发生的**"(称之为**实际推断原理**).现在概率很小的事件在一次试验中竟然发生了,因此有理由怀疑假设的正确性,从而推断接待站不是每天都接待来访者,即认为其接待时间是有规定的.　□

§5 条件概率

(一) 条件概率

条件概率是概率论中的一个重要而实用的概念. 所考虑的是事件 A 已发生的条件下事件 B 发生的概率. 先举一个例子.

例 1 将一枚硬币抛掷两次,观察其出现正反面的情况. 设事件 A 为"至少有一次为 H",事件 B 为"两次掷出同一面". 现在来求已知事件 A 已经发生的条件下事件 B 发生的概率.

这里,样本空间为 $S=\{HH,HT,TH,TT\}$, $A=\{HH,HT,TH\}$, $B=\{HH,TT\}$. 易知此属古典概型问题. 已知事件 A 已发生,有了这一信息,知道 TT 不可能发生,即知试验所有可能结果所成的集合就是 A. A 中共有 3 个元素,其中只有 $HH\in B$. 于是,在事件 A 发生的条件下事件 B 发生的概率(记为 $P(B|A)$)为

$$P(B|A)=\frac{1}{3}. \qquad \square$$

在这里,我们看到 $P(B)=2/4\neq P(B|A)$. 这是很容易理解的,因为在求 $P(B|A)$ 时我们是限制在事件 A 已经发生的条件下考虑事件 B 发生的概率的.

另外,易知

$$P(A)=\frac{3}{4}, \quad P(AB)=\frac{1}{4}, \quad P(B|A)=\frac{1}{3}=\frac{1/4}{3/4},$$

故有

$$P(B|A)=\frac{P(AB)}{P(A)}. \qquad (5.1)$$

对于一般古典概型问题,若仍以 $P(B|A)$ 记事件 A 已经发生的条件下事件 B 发生的概率,则关系式(5.1)仍然成立. 事实上,设试验的基本事件总数为 n, A 所包含的基本事件数为 m ($m>0$), AB 所包含的基本事件数为 k,即有

$$P(B|A)=\frac{k}{m}=\frac{k/n}{m/n}=\frac{P(AB)}{P(A)}.$$

在一般场合,我们将上述关系式作为条件概率的定义.

定义 设 A,B 是两个事件,且 $P(A)>0$,称

$$P(B|A)=\frac{P(AB)}{P(A)} \qquad (5.2)$$

为在事件 A 发生的条件下事件 B 发生的**条件概率**.

不难验证,条件概率 $P(\cdot|A)$ 符合概率定义中的三个条件,即

1° **非负性**:对于每一事件 B,有 $P(B|A)\geqslant 0$.

2° **规范性**:对于必然事件 S,有 $P(S|A)=1$.

3° **可列可加性**:设 $B_1,B_2,\cdots$ 是两两互不相容的事件,则有

$$P\left(\bigcup_{i=1}^{\infty} B_i\Big|A\right)=\sum_{i=1}^{\infty}P(B_i|A).$$

由于条件概率符合上述三个条件,故 §3 中对概率所证明的一些重要结果都适用于条件概率. 例如,对于任意事件 B_1,B_2 有

$$P(B_1\bigcup B_2|A)=P(B_1|A)+P(B_2|A)-P(B_1B_2|A).$$

例 2　一盒子装有 4 只产品,其中有 3 只一等品,1 只二等品. 从中取产品两次,每次任取一只,作不放回抽样. 设事件 A 为"第一次取到的是一等品",事件 B 为"第二次取到的是一等品". 试求条件概率 $P(B|A)$.

解　易知此属古典概型问题. 将产品编号,1,2,3 号为一等品;4 号为二等品. 以 (i,j) 表示第一次、第二次分别取到第 i 号、第 j 号产品. 试验 E(取产品两次,记录其号码)的样本空间为

$S=\{(1,2),(1,3),(1,4),(2,1),(2,3),(2,4),\cdots,(4,1),(4,2),(4,3)\}$,

$A=\{(1,2),(1,3),(1,4),(2,1),(2,3),(2,4),(3,1),(3,2),(3,4)\}$,

$AB=\{(1,2),(1,3),(2,1),(2,3),(3,1),(3,2)\}$.

按 (5.2) 式,得条件概率

$$P(B|A)=\frac{P(AB)}{P(A)}=\frac{6/12}{9/12}=\frac{2}{3}.$$

也可以直接按条件概率的含义来求 $P(B|A)$. 我们知道,当事件 A 发生以后,试验 E 所有可能结果的集合就是 A,A 中有 9 个元素,其中只有 $(1,2)$,$(1,3)$,$(2,1)$,$(2,3)$,$(3,1)$,$(3,2)$ 属于 B,故可得

$$P(B|A)=\frac{6}{9}=\frac{2}{3}.\qquad\qquad\square$$

(二) 乘法定理

由条件概率的定义 (5.2),立即可得下述定理.

乘法定理　设 $P(A)>0$,则有

$$P(AB)=P(B|A)P(A). \tag{5.3}$$

(5.3) 式称为**乘法公式**.

(5.3) 式容易推广到多个事件的积事件的情况. 例如,设 A,B,C 为事件,且 $P(AB)>0$,则有

$$P(ABC) = P(C \mid AB)P(B \mid A)P(A). \tag{5.4}$$

在这里,注意到由假设 $P(AB) > 0$ 可推得 $P(A) \geqslant P(AB) > 0$.

一般,设 $A_1, A_2, \cdots, A_n$ 为 n 个事件,$n \geqslant 2$,且 $P(A_1 A_2 \cdots A_{n-1}) > 0$,则有

$$P(A_1 A_2 \cdots A_n) = P(A_n \mid A_1 A_2 \cdots A_{n-1})P(A_{n-1} \mid A_1 A_2 \cdots A_{n-2}) \cdots P(A_2 \mid A_1)P(A_1).$$

$$\tag{5.5}$$

例 3 设袋中装有 r 只红球,t 只白球. 每次自袋中任取一只球,观察其颜色然后放回,并再放入 a 只与所取出的那只球同色的球. 若在袋中连续取球四次,试求第一、二次取到红球且第三、四次取到白球的概率.

解 以 $A_i(i=1,2,3,4)$ 表示事件"第 i 次取到红球",则 $\overline{A}_3, \overline{A}_4$ 分别表示事件第三、四次取到白球. 所求概率为

$$P(A_1 A_2 \overline{A}_3 \overline{A}_4) = P(\overline{A}_4 \mid A_1 A_2 \overline{A}_3)P(\overline{A}_3 \mid A_1 A_2)P(A_2 \mid A_1)P(A_1)$$

$$= \frac{t+a}{r+t+3a} \cdot \frac{t}{r+t+2a} \cdot \frac{r+a}{r+t+a} \cdot \frac{r}{r+t}. \qquad \square$$

例 4 设某光学仪器厂制造的透镜,第一次落下时打破的概率为 $1/2$,若第一次落下未打破,第二次落下打破的概率为 $7/10$,若前两次落下未打破,第三次落下打破的概率为 $9/10$. 试求透镜落下三次而未打破的概率.

解 以 $A_i(i=1,2,3)$ 表示事件"透镜第 i 次落下打破",以 B 表示事件"透镜落下三次而未打破". 因为 $B = \overline{A}_1 \overline{A}_2 \overline{A}_3$,故有

$$P(B) = P(\overline{A}_1 \overline{A}_2 \overline{A}_3) = P(\overline{A}_3 \mid \overline{A}_1 \overline{A}_2)P(\overline{A}_2 \mid \overline{A}_1)P(\overline{A}_1)$$

$$= \left(1 - \frac{9}{10}\right)\left(1 - \frac{7}{10}\right)\left(1 - \frac{1}{2}\right) = \frac{3}{200}.$$

另解,按题意

$$\overline{B} = A_1 \cup \overline{A}_1 A_2 \cup \overline{A}_1 \overline{A}_2 A_3.$$

而 $A_1, \overline{A}_1 A_2, \overline{A}_1 \overline{A}_2 A_3$ 是两两互不相容的事件,故有

$$P(\overline{B}) = P(A_1) + P(\overline{A}_1 A_2) + P(\overline{A}_1 \overline{A}_2 A_3).$$

已知 $P(A_1) = \dfrac{1}{2}, P(A_2 \mid \overline{A}_1) = \dfrac{7}{10}, P(A_3 \mid \overline{A}_1 \overline{A}_2) = \dfrac{9}{10}$,即有

$$P(\overline{A}_1 A_2) = P(A_2 \mid \overline{A}_1)P(\overline{A}_1) = \frac{7}{10}\left(1 - \frac{1}{2}\right) = \frac{7}{20},$$

$$P(\overline{A}_1 \overline{A}_2 A_3) = P(A_3 \mid \overline{A}_1 \overline{A}_2)P(\overline{A}_2 \mid \overline{A}_1)P(\overline{A}_1)$$

$$= \frac{9}{10}\left(1 - \frac{7}{10}\right)\left(1 - \frac{1}{2}\right) = \frac{27}{200}.$$

故得

$$P(\overline{B}) = \frac{1}{2} + \frac{7}{20} + \frac{27}{200} = \frac{197}{200},$$

$$P(B) = 1 - \frac{197}{200} = \frac{3}{200}. \qquad \square$$

（三）全概率公式和贝叶斯公式

下面建立两个用来计算概率的重要公式.先介绍样本空间的划分的定义.

定义　设 S 为试验 E 的样本空间，$B_1,B_2,\cdots,B_n$ 为 E 的一组事件.若

(i) $B_iB_j=\varnothing,i\neq j,i,j=1,2,\cdots,n.$

(ii) $B_1\bigcup B_2\bigcup\cdots\bigcup B_n=S,$

则称 $B_1,B_2,\cdots,B_n$ 为样本空间 S 的一个**划分**.

若 $B_1,B_2,\cdots,B_n$ 是样本空间的一个划分，那么，对每次试验，事件 B_1，$B_2,\cdots,B_n$ 中必有一个且仅有一个发生.

例如，设试验 E 为"掷一颗骰子观察其点数".它的样本空间为 $S=\{1,2,3,4,5,6\}$.E 的一组事件 $B_1=\{1,2,3\},B_2=\{4,5\},B_3=\{6\}$ 是 S 的一个划分.而事件组 $C_1=\{1,2,3\},C_2=\{3,4\},C_3=\{5,6\}$ 不是 S 的划分.

定理1　设试验 E 的样本空间为 S,A 为 E 的事件，$B_1,B_2,\cdots,B_n$ 为 S 的一个划分，且 $P(B_i)>0(i=1,2,\cdots,n)$，则

$$P(A)=P(A|B_1)P(B_1)+P(A|B_2)P(B_2)+\cdots+P(A|B_n)P(B_n). \quad(5.6)$$

(5.6) 式称为**全概率公式**.

在很多实际问题中 $P(A)$ 不易直接求得，但却容易找到 S 的一个划分 B_1，$B_2,\cdots,B_n$，且 $P(B_i)$ 和 $P(A|B_i)$ 或为已知，或容易求得，那么就可以根据(5.6)式求出 $P(A)$.

证　因为

$$A=AS=A(B_1\bigcup B_2\bigcup\cdots\bigcup B_n)=AB_1\bigcup AB_2\bigcup\cdots\bigcup AB_n,$$

由假设 $P(B_i)>0\ (i=1,2,\cdots,n)$，且 $(AB_i)(AB_j)=\varnothing,i\neq j,i,j=1,2,\cdots,n$ 得到

$$P(A)=P(AB_1)+P(AB_2)+\cdots+P(AB_n)$$
$$=P(A|B_1)P(B_1)+P(A|B_2)P(B_2)+\cdots+P(A|B_n)P(B_n). \quad\square$$

另一个重要公式是下述的贝叶斯公式.

定理2　设试验 E 的样本空间为 $S.A$ 为 E 的事件，$B_1,B_2,\cdots,B_n$ 为 S 的一个划分，且 $P(A)>0,P(B_i)>0\ (i=1,2,\cdots,n)$，则

$$P(B_i\mid A)=\frac{P(A\mid B_i)P(B_i)}{\sum_{j=1}^{n}P(A\mid B_j)P(B_j)},\quad i=1,2,\cdots,n. \quad(5.7)$$

(5.7) 式称为**贝叶斯**(Bayes)**公式**①.

---

① 在全概率公式和贝叶斯公式中，要求 $B_1,B_2,\cdots,B_n$ 是 S 的一个划分，将这一条件改为"$B_iB_j=\varnothing,i\neq j,i,j=1,2,\cdots,n$，且 $P(B_1\bigcup B_2\bigcup\cdots\bigcup B_n)=1$"，两个公式仍然成立.

证　由条件概率的定义及全概率公式即得

$$P(B_i \mid A) = \frac{P(B_iA)}{P(A)} = \frac{P(A \mid B_i)P(B_i)}{\sum\limits_{j=1}^{n} P(A \mid B_j)P(B_j)}, \quad i = 1, 2, \cdots, n. \qquad \square$$

特别在(5.6)式,(5.7)式中取 $n=2$,并将 B_1 记为 B,此时 B_2 就是 $\overline{B}$,那么,全概率公式和贝叶斯公式分别成为

$$P(A) = P(A \mid B)P(B) + P(A \mid \overline{B})P(\overline{B}), \tag{5.8}$$

$$P(B \mid A) = \frac{P(AB)}{P(A)} = \frac{P(A \mid B)P(B)}{P(A \mid B)P(B) + P(A \mid \overline{B})P(\overline{B})}. \tag{5.9}$$

这两个公式是常用的.

例 5　某电子设备制造厂所用的元件是由三家元件制造厂提供的. 根据以往的记录有以下的数据:

元件制造厂	次品率	提供元件的份额
1	0.02	0.15
2	0.01	0.80
3	0.03	0.05

设这三家工厂的产品在仓库中是均匀混合的,且无区别的标志.(1) 在仓库中随机地取一只元件,求它是次品的概率.(2) 在仓库中随机地取一只元件,若已知取到的是次品,为分析此次品出自何厂,需求出此次品由三家工厂生产的概率分别是多少. 试求这些概率.

解　设 A 表示"取到的是一只次品", $B_i(i=1,2,3)$ 表示"所取到的产品是由第 i 家工厂提供的". 易知, B_1, B_2, B_3 是样本空间 S 的一个划分,且有

$$P(B_1)=0.15, \quad P(B_2)=0.80, \quad P(B_3)=0.05,$$

$$P(A|B_1)=0.02, \quad P(A|B_2)=0.01, \quad P(A|B_3)=0.03.$$

(1) 由全概率公式,

$$P(A)=P(A|B_1)P(B_1)+P(A|B_2)P(B_2)+P(A|B_3)P(B_3)=0.012\,5.$$

(2) 由贝叶斯公式,

$$P(B_1|A) = \frac{P(A|B_1)P(B_1)}{P(A)} = \frac{0.02 \times 0.15}{0.012\,5} = 0.24.$$

$$P(B_2|A)=0.64, \quad P(B_3|A)=0.12.$$

以上结果表明,这只次品来自第 2 家工厂的可能性最大.　　　　　　　$\square$

例 6　据美国的一份资料报道,在美国总的来说患肺癌的概率约为 0.1%,

在人群中有 20% 是吸烟者,他们患肺癌的概率约为 0.4%,求不吸烟者患肺癌的概率是多少.

解　以 C 记事件"患肺癌",以 A 记事件"吸烟",按题意 $P(C)=0.001$, $P(A)=0.20$,$P(C|A)=0.004$.需要求条件概率$P(C|\overline{A})$.由全概率公式有

$$P(C)=P(C|A)P(A)+P(C|\overline{A})P(\overline{A}).$$

将数据代入,得

$$0.001=0.004\times0.20+P(C|\overline{A})P(\overline{A})$$
$$=0.004\times0.20+P(C|\overline{A})\times0.80,$$
$$P(C|\overline{A})=0.000\,25. \qquad\qquad \square$$

例 7　对以往数据分析结果表明,当机器调整得良好时,产品的合格率为 98%,而当机器发生某种故障时,其合格率为 55%.每天早上机器开动时,机器调整良好的概率为 95%.试求已知某日早上第一件产品是合格品时,机器调整良好的概率是多少.

解　设 A 为事件"产品合格",B 为事件"机器调整良好".已知 $P(A|B)=0.98$,$P(A|\overline{B})=0.55$,$P(B)=0.95$,$P(\overline{B})=0.05$,所需求的概率为 $P(B|A)$.由贝叶斯公式

$$P(B|A)=\frac{P(A|B)P(B)}{P(A|B)P(B)+P(A|\overline{B})P(\overline{B})}$$
$$=\frac{0.98\times0.95}{0.98\times0.95+0.55\times0.05}=0.97.$$

这就是说,当生产出第一件产品是合格品时,此时机器调整良好的概率为 0.97. 这里,概率 0.95 是由以往的数据分析得到的,叫做**先验概率**.而在得到信息(即生产出的第一件产品是合格品)之后再重新加以修正的概率(即 0.97)叫做**后验概率**.有了后验概率我们就能对机器的情况有进一步的了解. $\qquad \square$

例 8　根据以往的临床记录,某种诊断癌症的试验具有如下的效果:若以 A 表示事件"试验反应为阳性",以 C 表示事件"被诊断者患有癌症",则有 $P(A|C)=0.95$,$P(\overline{A}|\overline{C})=0.95$.现在对自然人群进行普查,设被试验的人患有癌症的概率为 0.005,即 $P(C)=0.005$,试求 $P(C|A)$.

解　已知 $P(A|C)=0.95$,$P(A|\overline{C})=1-P(\overline{A}|\overline{C})=0.05$,$P(C)=0.005$, $P(\overline{C})=0.995$,由贝叶斯公式,

$$P(C|A)=\frac{P(A|C)P(C)}{P(A|C)P(C)+P(A|\overline{C})P(\overline{C})}=0.087.$$

本题的结果表明,虽然 $P(A|C)=0.95$,$P(\overline{A}|\overline{C})=0.95$,这两个概率都比较高. 但若将此试验用于普查,则有 $P(C|A)=0.087$,亦即其正确性只有 8.7%(平均

1 000 个具有阳性反应的人中大约只有 87 人确患有癌症). 如果不注意这一点,将会得出错误的诊断,这也说明,若将 $P(A|C)$ 和 $P(C|A)$ 混淆则会造成不良的后果. □

§6 独 立 性

设 A,B 是试验 E 的两事件,若 $P(A)>0$,可以定义 $P(B|A)$. 一般,A 的发生对 B 发生的概率是有影响的,这时 $P(B|A)\neq P(B)$,只有在这种影响不存在时才会有 $P(B|A)=P(B)$,这时有

$$P(AB)=P(B|A)P(A)=P(A)P(B).$$

例 1 设试验 E 为"抛甲、乙两枚硬币,观察正反面出现的情况". 设事件 A 为"甲币出现 H",事件 B 为"乙币出现 H". E 的样本空间为

$$S=\{HH,HT,TH,TT\}.$$

由 (4.1) 式得

$$P(A)=\frac{2}{4}=\frac{1}{2}, \quad P(B)=\frac{2}{4}=\frac{1}{2},$$

$$P(B|A)=\frac{1}{2}, \quad P(AB)=\frac{1}{4}.$$

在这里我们看到 $P(B|A)=P(B)$,而 $P(AB)=P(A)P(B)$. 事实上,由题意,显然甲币是否出现正面与乙币是否出现正面是互不影响的. □

定义 设 A,B 是两事件,如果满足等式

$$P(AB)=P(A)P(B), \tag{6.1}$$

则称事件 A,B **相互独立**,简称 A,B **独立**.

容易知道,若 $P(A)>0,P(B)>0$,则 A,B 相互独立与 A,B 互不相容不能同时成立.

定理 1 设 A,B 是两事件,且 $P(A)>0$. 若 A,B 相互独立,则 $P(B|A)=P(B)$. 反之亦然.

定理 1 的正确性是显然的.

定理 2 若事件 A 与 B 相互独立,则下列各对事件也相互独立:

$$A 与 \overline{B}, \quad \overline{A} 与 B, \quad \overline{A} 与 \overline{B}.$$

证 因为 $A=A(B\cup\overline{B})=AB\cup A\overline{B}$,得

$$P(A)=P(AB\cup A\overline{B})=P(AB)+P(A\overline{B})$$

$$=P(A)P(B)+P(A\overline{B}),$$

$$P(A\overline{B})=P(A)[1-P(B)]=P(A)P(\overline{B}).$$

因此 A 与 $\overline{B}$ 相互独立. 由此可立即推出 $\overline{A}$ 与 $\overline{B}$ 相互独立. 再由 $\overline{\overline{B}}=B$,又推出 $\overline{A}$ 与 B 相互独立.　　　　　　　　　　　　　　　　　　　　□

下面我们将独立性的概念推广到三个事件的情况.

定义　设 A,B,C 是三个事件,如果满足等式

$$\left.\begin{aligned}
P(AB) &= P(A)P(B),\\
P(BC) &= P(B)P(C),\\
P(AC) &= P(A)P(C),\\
P(ABC) &= P(A)P(B)P(C),
\end{aligned}\right\} \tag{6.2}$$

则称事件 A,B,C **相互独立**.

一般,设 $A_1,A_2,\cdots,A_n$ 是 $n\,(n\geqslant2)$ 个事件,如果对于其中任意 2 个,任意 3 个,$\cdots$,任意 n 个事件的积事件的概率,都等于各事件概率之积,则称事件 A_1, $A_2,\cdots,A_n$ **相互独立**.

由定义,可以得到以下两个推论.

$1°$ 若事件 $A_1,A_2,\cdots,A_n(n\geqslant2)$ 相互独立,则其中任意 $k\,(2\leqslant k\leqslant n)$ 个事件也是相互独立的.

$2°$ 若 n 个事件 $A_1,A_2,\cdots,A_n(n\geqslant2)$ 相互独立,则将 $A_1,A_2,\cdots,A_n$ 中任意多个事件换成它们各自的对立事件,所得的 n 个事件仍相互独立.

$1°$ 由独立性定义可直接推出. $2°$ 从直观上看是显然的. 对于 $n=2$ 时,在定理 2 处已作了证明,一般的情况由数学归纳法容易证得,此处略.

两事件相互独立的含义是它们中一个已发生,不影响另一个发生的概率. 在实际应用中,对于事件的独立性常常是根据事件的实际意义去判断. 一般,若由实际情况分析,A,B 两事件之间没有关联或关联很微弱,那就认为它们是相互独立的. 例如 A,B 分别表示甲、乙两人患感冒. 如果甲、乙两人的活动范围相距甚远,就认为 A,B 相互独立. 若甲、乙两人是同住在一个房间里的,那就不能认为 A,B 相互独立了.

例 2　一个元件(或系统)能正常工作的概率称为元件(或系统)的可靠性. 如图 1—8,设有 4 个独立工作的元件 1,2,3,4 按先串联再并联的方式连接(称为串并联系统). 设第 i 个元件的可靠性为 $p_i(i=1,2,3,4)$,试求系统的可靠性.

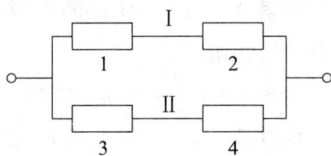

图 1—8

解　以 $A_i(i=1,2,3,4)$ 表示事件"第 i 个元件正常工作",以 A 表示事件 "系统正常工作".

系统由两条线路Ⅰ和Ⅱ组成(如图 1—8). 当且仅当至少有一条线路中的两

个元件均正常工作时这一系统正常工作,故有

$$A = A_1 A_2 \cup A_3 A_4.$$

由事件的独立性,得系统的可靠性

$$P(A) = P(A_1 A_2) + P(A_3 A_4) - P(A_1 A_2 A_3 A_4)$$
$$= P(A_1)P(A_2) + P(A_3)P(A_4) - P(A_1)P(A_2)P(A_3)P(A_4)$$
$$= p_1 p_2 + p_3 p_4 - p_1 p_2 p_3 p_4. \qquad \square$$

例 3 要验收一批(100 件)乐器.验收方案如下:自该批乐器中随机地取 3 件测试(设 3 件乐器的测试的结果是相互独立的),如果 3 件中至少有一件在测试中被认为音色不纯,则这批乐器就被拒绝接收.设一件音色不纯的乐器经测试查出其为音色不纯的概率为 0.95,而一件音色纯的乐器经测试被误认为不纯的概率为 0.01.如果已知这 100 件乐器中恰有 4 件是音色不纯的,试问这批乐器被接收的概率是多少?

解 设以 $H_i(i=0,1,2,3)$ 表示事件"随机地取出 3 件乐器,其中恰有 i 件音色不纯",H_0, H_1, H_2, H_3 是 S 的一个划分,以 A 表示事件"这批乐器被接收". 已知一件音色纯的乐器,经测试被认为音色纯的概率为 0.99,而一件音色不纯的乐器,经测试被误认为音色纯的概率为 0.05,并且 3 件乐器的测试的结果是相互独立的,于是有

$$P(A|H_0) = 0.99^3, \quad P(A|H_1) = 0.99^2 \times 0.05,$$
$$P(A|H_2) = 0.99 \times 0.05^2, \quad P(A|H_3) = 0.05^3,$$

而

$$P(H_0) = \binom{96}{3} \Big/ \binom{100}{3}, \quad P(H_1) = \binom{4}{1}\binom{96}{2} \Big/ \binom{100}{3},$$
$$P(H_2) = \binom{4}{2}\binom{96}{1} \Big/ \binom{100}{3}, \quad P(H_3) = \binom{4}{3} \Big/ \binom{100}{3}.$$

故

$$P(A) = \sum_{i=0}^{3} P(A|H_i)P(H_i) = 0.857\ 4 + 0.005\ 5 + 0 + 0$$
$$= 0.862\ 9. \qquad \square$$

例 4 甲、乙两人进行乒乓球比赛,每局甲胜的概率为 $p, p \geqslant 1/2$. 问对甲而言,采用三局二胜制有利,还是采用五局三胜制有利? 设各局胜负相互独立.

解 采用三局二胜制,甲最终获胜,其胜局的情况是:"甲甲"或"乙甲甲"或"甲乙甲". 而这 3 种结局互不相容,于是由独立性得甲最终获胜的概率为

$$p_1 = p^2 + 2p^2(1-p).$$

采用五局三胜制,甲最终获胜,至少需比赛三局(可能赛三局,也可能赛四局或五局),且最后一局必须是甲胜,而前面甲需胜二局. 例如,共赛四局,则甲的胜局情况是:"甲乙甲甲""乙甲甲甲""甲甲乙甲",且这 3 种结局互不相容. 由独

立性得在五局三胜制下甲最终获胜的概率为

$$p_2 = p^3 + \binom{3}{2} p^3 (1-p) + \binom{4}{2} p^3 (1-p)^2,$$

而

$$p_2 - p_1 = p^2 (6p^3 - 15p^2 + 12p - 3) = 3p^2 (p-1)^2 (2p-1).$$

当 $p > \dfrac{1}{2}$ 时 $p_2 > p_1$，当 $p = \dfrac{1}{2}$ 时 $p_2 = p_1 = \dfrac{1}{2}$. 故当 $p > \dfrac{1}{2}$ 时，对甲来说采用五局三

胜制更为有利. 当 $p = \dfrac{1}{2}$ 时两种赛制甲、乙最终获胜的概率是相同的，都是 50%.

□

小结

随机试验的全部可能结果组成的集合 S 称为样本空间. 样本空间 S 的子集称为事件，当且仅当这一子集中的一个样本点出现时，称这一事件发生. 事件是一个集合，因而事件间的关系与事件的运算自然按照集合论中集合之间的关系和集合的运算来处理. 集合间的关系和集合的运算，读者是熟悉的，重要的是要知道它们在概率论中的含义.

在一次试验中，一个事件(除必然事件与不可能事件外)可能发生也可能不发生，其发生的可能性的大小是客观存在的. 事件发生的频率以及它的稳定性，表明能用一个数来表征事件在一次试验中发生的可能性的大小. 我们从频率的稳定性及频率的性质得到启发和抽象，给出了概率的定义. 我们定义了一个集合(事件)的函数 $P(\cdot)$，它满足三条基本性质：1°非负性，2°规范性，3°可列可加性. 这一函数的函数值 $P(A)$ 就定义为事件 A 的概率.

概率的定义只给出概率必须满足的三条基本性质，并未对事件 A 的概率 $P(A)$ 给定一个具体的数. 只在古典概型的情况，对于每个事件 A 给出了概率 $P(A) = k/n$ ((4.1)式). 一般，我们可以进行大量的重复试验，得到事件 A 的频率，而以频率作为 $P(A)$ 的近似值. 或者根据概率的性质分析，得到 $P(A)$ 的取值.

在古典概型中，我们证明了条件概率的公式

$$P(B \mid A) = \frac{P(AB)}{P(A)}, \qquad P(A) > 0. \tag{5.2}$$

在一般的情况，(5.2)式则作为条件概率的定义. 固定 A，条件概率 $P(\cdot \mid A)$ 具有概率定义中的三条基本性质，因而条件概率是一种概率.

有两种计算条件概率 $P(B|A)$ 的方法：(1) 按条件概率的含义，直接求出 $P(B|A)$. 注意到，在求 $P(B|A)$ 时已知事件 A 已发生，样本空间 S 中所有不属于 A 的样本点都被排除，原有的样本空间 S 缩减成为 $S' = A$. 在缩减了的样本空间 $S' = A$ 中计算事件 B 的概率就得到 $P(B|A)$. (2) 在 S 中计算 $P(AB)$ 及 $P(A)$，再按(5.2)式求得 $P(B|A)$.

将(5.2)式写成

$$P(AB) = P(B \mid A)P(A), \qquad P(A) > 0. \tag{5.3}$$

这就是乘法公式. 我们常按上述第一种方法求出条件概率，从而按(5.3)可求得 $P(AB)$.

事件的独立性是概率论中的一个非常重要的概念．概率论与数理统计中的很多内容都是在独立的前提下讨论的．应该注意到，在实际应用中，对于事件的独立性，我们往往不是根据定义来验证而是根据实际意义来加以判断的．根据实际背景判断事件的独立性，往往并不困难．

■ 重要术语及主题

下面列出了本章的重要术语及主题，请读者写出它们的定义或内容，然后与教材中的陈述校核，看看你是否写对了．这样做旨在使读者在复习时收到较好的效果．

随机试验　样本空间　随机事件　基本事件　频率　概率　古典概型　A 的对立事件 $\overline{A}$ 及其概率　两个互不相容事件的和事件的概率　概率的加法定理　条件概率　概率的乘法公式　全概率公式　贝叶斯公式　事件的独立性　实际推断原理

习题

1. 写出下列随机试验的样本空间 S：

(1) 记录一个班一次数学考试的平均分数（设以百分制记分）．

(2) 生产产品直到有 10 件正品为止，记录生产产品的总件数．

(3) 对某工厂出厂的产品进行检查，合格的记上"正品"，不合格的记上"次品"，如连续查出了 2 件次品就停止检查，或检查了 4 件产品就停止检查，记录检查的结果．

(4) 在单位圆内任意取一点，记录它的坐标．

2. 设 A,B,C 为三个事件，用 A,B,C 的运算关系表示下列各事件：

(1) A 发生，B 与 C 不发生．

(2) A 与 B 都发生，而 C 不发生．

(3) A,B,C 中至少有一个发生．

(4) A,B,C 都发生．

(5) A,B,C 都不发生．

(6) A,B,C 中不多于一个发生．

(7) A,B,C 中不多于两个发生．

(8) A,B,C 中至少有两个发生．

3. (1) 设 A,B,C 是三个事件，且 $P(A)=P(B)=P(C)=1/4$，$P(AB)=P(BC)=0$，$P(AC)=1/8$，求 A,B,C 至少有一个发生的概率．

(2) 已知 $P(A)=1/2$，$P(B)=1/3$，$P(C)=1/5$，$P(AB)=1/10$，$P(AC)=1/15$，$P(BC)=1/20$，$P(ABC)=1/30$，求 $A\cup B$，$\overline{A}\,\overline{B}$，$A\cup B\cup C$，$\overline{A}\,\overline{B}\,\overline{C}$，$\overline{A}\,\overline{B}C$，$\overline{A}\,\overline{B}\cup C$ 的概率．

(3) 已知 $P(A)=1/2$，(i) 若 A,B 互不相容，求 $P(A\overline{B})$，(ii) 若 $P(AB)=1/8$，求 $P(A\overline{B})$．

4. 设 A,B 是两个事件．

(1) 已知 $A\overline{B}=\overline{A}B$，验证 $A=B$．

(2) 验证事件 A 和事件 B 恰有一个发生的概率为 $P(A)+P(B)-2P(AB)$．

5. 10 片药片中有 5 片是安慰剂．

(1) 从中任意抽取 5 片，求其中至少有 2 片是安慰剂的概率．

(2) 从中每次取一片,作不放回抽样,求前 3 次都取到安慰剂的概率.

6. 在房间里有 10 个人,分别佩戴从 1 号到 10 号的纪念章,任选 3 人记录其纪念章的号码.

(1) 求最小号码为 5 的概率.

(2) 求最大号码为 5 的概率.

7. 某油漆公司发出 17 桶油漆,其中白漆 10 桶、黑漆 4 桶、红漆 3 桶,在搬运中所有标签脱落,交货人随意将这些油漆发给顾客.问一个订货为 4 桶白漆、3 桶黑漆和 2 桶红漆的顾客,能按所订颜色如数得到订货的概率是多少?

8. 在 1 500 件产品中有 400 件次品、1 100 件正品.任取 200 件.

(1) 求恰有 90 件次品的概率.

(2) 求至少有 2 件次品的概率.

9. 从 5 双不同的鞋子中任取 4 只,问这 4 只鞋子中至少有两只配成一双的概率是多少?

10. 在 11 张卡片上分别写上 probability 这 11 个字母,从中任意连抽 7 张,求其排列结果为 ability 的概率.

11. 将 3 只球随机地放入 4 个杯子中去,求杯子中球的最大个数分别为 1,2,3 的概率.

12. 50 只铆钉随机地取来用在 10 个部件上,其中有 3 只铆钉强度太弱.每个部件用 3 只铆钉.若将 3 只强度太弱的铆钉都装在一个部件上,则这个部件强度就太弱.问发生一个部件强度太弱的概率是多少?

13. 一俱乐部有 5 名一年级学生,2 名二年级学生,3 名三年级学生,2 名四年级学生.

(1) 在其中任选 4 名学生,求一、二、三、四年级的学生各一名的概率.

(2) 在其中任选 5 名学生,求一、二、三、四年级的学生均包含在内的概率.

14. (1) 已知 $P(\overline{A})=0.3, P(B)=0.4, P(A\overline{B})=0.5$,求条件概率 $P(B\,|\,A\cup\overline{B})$.

(2) 已知 $P(A)=1/4, P(B\,|\,A)=1/3, P(A\,|\,B)=1/2$,求 $P(A\cup B)$.

15. 掷两颗骰子,已知两颗骰子点数之和为 7,求其中有一颗为 1 点的概率(用两种方法).

16. 据以往资料表明,某一 3 口之家,患某种传染病的概率有以下规律:
$$P\{孩子得病\}=0.6, \quad P\{母亲得病\,|\,孩子得病\}=0.5,$$
$$P\{父亲得病\,|\,母亲及孩子得病\}=0.4,$$
求母亲及孩子得病但父亲未得病的概率.

17. 已知在 10 件产品中有 2 件次品,在其中取两次,每次任取一件,作不放回抽样.求下列事件的概率:

(1) 两件都是正品.

(2) 两件都是次品.

(3) 一件是正品,一件是次品.

(4) 第二次取出的是次品.

18. 某人忘记了电话号码的最后一个数字,因而他随意地拨号.求他拨号不超过三次而接通所需电话的概率.若已知最后一个数字是奇数,则此概率是多少?

19. (1) 设甲袋中装有 n 只白球、m 只红球,乙袋中装有 N 只白球、M 只红球.今从甲袋中任意取一只球放入乙袋中,再从乙袋中任意取一只球.问取到白球的概率是多少?

（2）第一只盒子装有 5 只红球、4 只白球，第二只盒子装有 4 只红球、5 只白球. 先从第一盒中任取 2 只球放入第二盒中去，然后从第二盒中任取一只球. 求取到白球的概率.

20. 某种产品的商标为"MAXAM"，其中有 2 个字母脱落，有人捡起随意放回，求放回后仍为"MAXAM"的概率.

21. 已知男子有 5% 是色盲患者，女子有 0.25% 是色盲患者. 今从男女人数相等的人群中随机地挑选一人，恰好是色盲患者，问此人是男性的概率是多少？

22. 一学生接连参加同一课程的两次考试. 第一次及格的概率为 p，若第一次及格则第二次及格的概率也为 p；若第一次不及格则第二次及格的概率为 $p/2$.

（1）若至少有一次及格则他能取得某种资格，求他取得该资格的概率.

（2）若已知他第二次已经及格，求他第一次及格的概率.

23. 将两信息分别编码为 A 和 B 传送出去，接收站收到时，A 被误收作 B 的概率为 0.02，而 B 被误收作 A 的概率为 0.01. 信息 A 与信息 B 传送的频繁程度为 2∶1. 若接收站收到的信息是 A，问原发信息是 A 的概率是多少？

24. 有两箱同种类的零件，第一箱装 50 只，其中 10 只一等品；第二箱装 30 只，其中 18 只一等品. 今从两箱中任挑出一箱，然后从该箱中取零件两次，每次任取一只，作不放回抽样. 求

（1）第一次取到的零件是一等品的概率.

（2）在第一次取到的零件是一等品的条件下，第二次取到的也是一等品的概率.

25. 某人下午 5∶00 下班，他所积累的资料表明：

到家时间	5∶35～5∶39	5∶40～5∶44	5∶45～5∶49	5∶50～5∶54	迟于 5∶54
乘地铁的概率	0.10	0.25	0.45	0.15	0.05
乘汽车的概率	0.30	0.35	0.20	0.10	0.05

某日他抛一枚硬币决定乘地铁还是乘汽车，结果他是 5∶47 到家的. 试求他乘地铁回家的概率.

26. 病树的主人外出，委托邻居浇水，设已知如果不浇水，树死去的概率为 0.8. 若浇水则树死去的概率为 0.15. 有 0.9 的把握确定邻居会记得浇水.

（1）求主人回来时树还活着的概率.

（2）若主人回来时树已死去，求邻居忘记浇水的概率.

27. 设本题涉及的事件均有意义. 设 A,B 都是事件.

（1）已知 $P(A)>0$，证明 $P(AB|A) \geqslant P(AB|A\bigcup B)$.

（2）若 $P(A|B)=1$，证明 $P(\overline{B}|\overline{A})=1$.

（3）若设 C 也是事件，且有 $P(A|C) \geqslant P(B|C)$，$P(A|\overline{C}) \geqslant P(B|\overline{C})$，证明 $P(A) \geqslant P(B)$.

28. 有两种花籽，发芽率分别为 0.8，0.9，从中各取一颗，设各花籽是否发芽相互独立. 求

（1）这两颗花籽都能发芽的概率.

（2）至少有一颗能发芽的概率.

（3）恰有一颗能发芽的概率.

29. 根据报道美国人血型的分布近似地为：A 型为 37%，O 型为 44%，B 型为 13%，AB 型为 6%. 夫妻拥有的血型是相互独立的.

(1) B 型的人只有输入 B,O 两种血型才安全.若妻为 B 型,夫为何种血型未知,求夫是妻的安全输血者的概率.

(2) 随机地取一对夫妇,求妻为 B 型,夫为 A 型的概率.

(3) 随机地取一对夫妇,求其中一人为 A 型,另一人为 B 型的概率.

(4) 随机地取一对夫妇,求其中至少有一人是 O 型的概率.

30. (1) 给出事件 A,B 的例子,使得

(i) $P(A|B) < P(A)$,   (ii) $P(A|B) = P(A)$,   (iii) $P(A|B) > P(A)$.

(2) 设事件 A,B,C 相互独立,证明(i) C 与 AB 相互独立;(ii) C 与 $A \bigcup B$ 相互独立.

(3) 设事件 A 的概率 $P(A) = 0$,证明对于任意另一事件 B,有 A,B 相互独立.

(4) 证明事件 A,B 相互独立的充要条件是 $P(A|B) = P(A|\overline{B})$.

31. 设事件 A,B 的概率均大于零,说明以下的叙述(a) 必然对,(b) 必然错,(c) 可能对. 并说明理由.

(1) 若 A 与 B 互不相容,则它们相互独立.

(2) 若 A 与 B 相互独立,则它们互不相容.

(3) $P(A) = P(B) = 0.6$,且 A,B 互不相容.

(4) $P(A) = P(B) = 0.6$,且 A,B 相互独立.

32. 有一种检验艾滋病毒的检验法,其结果有概率 0.005 误认为假阳性(即不带艾滋病毒者,经此检验法有 0.005 的概率被认为带艾滋病毒).今有 140 名不带艾滋病毒的正常人全部接受此种检验,被报道至少有一人带艾滋病毒的概率为多少?

33. 盒中有编号为 1,2,3,4 的 4 只球,随机地自盒中取一只球,事件 A 为"取得的是 1 号或 2 号球",事件 B 为"取得的是 1 号或 3 号球",事件 C 为"取得的是 1 号或 4 号球".验证:

$$P(AB) = P(A)P(B), \quad P(AC) = P(A)P(C), \quad P(BC) = P(B)P(C),$$

但
$$P(ABC) \neq P(A)P(B)P(C),$$

即事件 A,B,C 两两独立,但 A,B,C 不是相互独立的.

34. 试分别求以下两个系统的可靠性:

(1) 设有 4 个独立工作的元件 1,2,3,4.它们的可靠性分别为 p_1,p_2,p_3,p_4,将它们按题 34 图(1)的方式连接(称为并串联系统).

(2) 设有 5 个独立工作的元件 1,2,3,4,5.它们的可靠性均为 p,将它们按题 34 图(2)的方式连接(称为桥式系统).

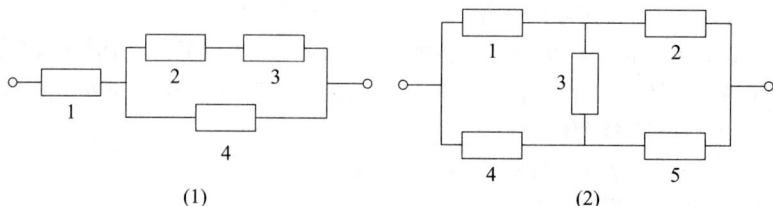

(1)   (2)

题 34 图

35. 如果一危险情况 C 发生时,一电路闭合并发出警报,我们可以借用两个或多个开关并联以改善可靠性.在 C 发生时这些开关每一个都应闭合,且若至少一个开关闭合了,警报就发出.如果两个这样的开关并联连接,它们每个具有 0.96 的可靠性(即在情况 C 发生时闭合的概率),问这时系统的可靠性(即电路闭合的概率)是多少? 如果需要有一个可靠性至少为 0.999 9 的系统,则至少需要用多少只开关并联? 设备开关闭合与否是相互独立的.

36. 三人独立地去破译一份密码,已知各人能译出的概率分别为 1/5,1/3,1/4.问三人中至少有一人将此密码译出的概率是多少?

37. 设第一只盒子中装有 3 只蓝色球、2 只绿色球、2 只白色球,第二只盒子中装有 2 只蓝色球、3 只绿色球、4 只白色球.独立地分别在两只盒子中各取一只球.

(1) 求至少有一只蓝色球的概率.

(2) 求有一只蓝色球、一只白色球的概率.

(3) 已知至少有一只蓝色球,求有一只蓝色球、一只白色球的概率.

38. 袋中装有 m 枚正品硬币、n 枚次品硬币(次品硬币的两面均印有国徽),在袋中任取一枚,将它投掷 r 次,已知每次都得到国徽.问这枚硬币是正品的概率为多少?

39. 设根据以往记录的数据分析,某船只运输的某种物品损坏的情况共有三种:损坏 2%(这一事件记为 A_1),损坏 10%(事件 A_2),损坏 90%(事件 A_3),且知 $P(A_1)=0.8$, $P(A_2)=0.15$, $P(A_3)=0.05$.现在从已被运输的物品中随机地取 3 件,发现这 3 件都是好的(这一事件记为 B).试求 $P(A_1 \mid B)$, $P(A_2 \mid B)$, $P(A_3 \mid B)$(这里设物品件数很多,取出一件后不影响取后一件是否为好品的概率).

40. 将 A,B,C 三个字母之一输入信道,输出为原字母的概率是 α,而输出为其他某一字母的概率都是 $(1-\alpha)/2$.今将字母串 AAAA,BBBB,CCCC 之一输入信道,输入 AAAA,BBBB,CCCC 的概率分别为 $p_1, p_2, p_3 (p_1+p_2+p_3=1)$,已知输出为 ABCA,问输入的是 AAAA 的概率是多少?(设信道传输各个字母的工作是相互独立的.)

第二章　随机变量及其分布

§1　随 机 变 量

在第一章我们看到一些随机试验,它们的结果可以用数来表示.此时样本空间 S 的元素是一个数,如 S_3,S_5;但有些则不然,如 S_1,S_2.当样本空间 S 的元素不是一个数时,人们对于 S 就难以描述和研究.现在来讨论如何引入一个法则,将随机试验的每一个结果,即将 S 的每个元素 e 与实数 x 对应起来,从而引入了随机变量的概念.我们从例题开始讨论.

例1　在第一章§4例1中,将一枚硬币抛掷三次,观察出现正面和反面的情况,样本空间是
$$S=\{HHH,HHT,HTH,THH,HTT,THT,TTH,TTT\}.$$
以 X 记三次投掷得到正面 H 的总数,那么,对于样本空间 $S=\{e\}$[①]中的每一个样本点 e,X 都有一个数与之对应.X 是定义在样本空间 S 上的一个实值单值函数.它的定义域是样本空间 S,值域是实数集合 $\{0,1,2,3\}$.使用函数记号可将 X 写成

$$X=X(e)=\begin{cases} 3, & e=HHH, \\ 2, & e=HHT,HTH,THH, \\ 1, & e=HTT,THT,TTH, \\ 0, & e=TTT. \end{cases}$$

例2　袋中有编号分别为 $1,2,3$ 的 3 只球.在袋中任取一球,放回,再任取一球,记录它们的号码.试验的样本空间为 $S=\{e\}=\{(i,j)\mid i,j=1,2,3\}$,$i,j$ 分别为第 1,第 2 次取到的球的号码.以 X 记两球号码之和.我们看到,对于试验的每一个结果 $e=(i,j)\in S,X$ 都有一个指定的值 $i+j$ 与之对应(如图 2-1).X 是定义在样本空间 S 上的单值实值函数.它的定义域是样本空间 S.值域是实数集合

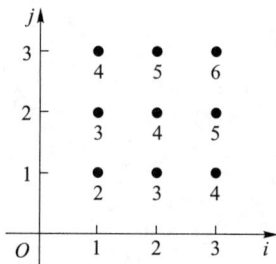

图 2-1

---

① 我们用 e 代表样本空间的元素,而将样本空间记成 $\{e\}$.

$\{2,3,4,5,6\}$. X 可写成

$$X = X(e) = X((i,j)) = i+j, \quad i, j = 1,2,3.$$

一般有以下的定义.

定义 设随机试验的样本空间为 $S=\{e\}$. $X=X(e)$ 是定义在样本空间 S 上的实值单值函数. 称 $X=X(e)$ 为随机变量[①].

图 2—2 画出了样本点 e 与实数 $X=X(e)$ 对应的示意图.

有许多随机试验,它们的结果本身是一个数,即样本点 e 本身是一个数. 我们令 $X=X(e)=e$,那么 X 就是一个随机变量. 例如,用 Y 记某车间一天的缺勤人数,以 W 记某地区第一季度的降雨量,以 Z 记某工厂

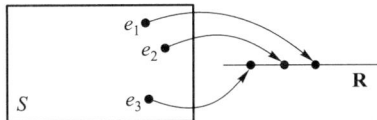

图 2—2

一天的耗电量,以 N 记某医院一天的挂号人数.那么 Y,W,Z,N 都是随机变量.

本书中,我们一般以大写的字母如 $X,Y,Z,W,\cdots$ 表示随机变量,而以小写字母 $x,y,z,w,\cdots$ 表示实数.

随机变量的取值随试验的结果而定,而试验的各个结果出现有一定的概率,因而随机变量的取值有一定的概率. 例如,在例 1 中 X 取值为 2,记成 $\{X=2\}$,对应于样本点的集合 $A=\{HHT,HTH,THH\}$,这是一个事件,当且仅当事件 A 发生时有 $\{X=2\}$. 我们称概率 $P(A)=P\{HHT,HTH,THH\}$ 为 $\{X=2\}$ 的概率,即 $P\{X=2\}=P(A)=3/8$. 以后,还将事件 $A=\{HHT,HTH,THH\}$ 说成是事件 $\{X=2\}$. 类似地有

$$P\{X \leqslant 1\} = P\{HTT,THT,TTH,TTT\} = \frac{1}{2}.$$

一般,若 L 是一个实数集合,将 X 在 L 上取值写成 $\{X \in L\}$. 它表示事件 $B=\{e \,|\, X(e) \in L\}$,即 B 是由 S 中使得 $X(e) \in L$ 的所有样本点 e 所组成的事件,此时有

$$P\{X \in L\} = P(B) = P\{e \,|\, X(e) \in L\}.$$

随机变量的取值随试验的结果而定,在试验之前不能预知它取什么值,且它的取值有一定的概率. 这些性质显示了随机变量与普通函数有着本质的差异.

随机变量的引入,使我们能用随机变量来描述各种随机现象,并能利用数学分析的方法对随机试验的结果进行深入广泛的研究和讨论.

---

① 严格地说"对于任意实数 x,集合 $\{e \,|\, X(e) \leqslant x\}$(即:使得 $X(e) \leqslant x$ 的所有样本点 e 所组成的集合)有确定的概率"这一要求应包括在随机变量的定义之中,一般来说,不满足这一条件的情况,在实际应用中是很少遇到的. 因此,我们在定义中未提及这一要求.

§2　离散型随机变量及其分布律

有些随机变量,它全部可能取到的值是有限个或可列无限多个,这种随机变量称为**离散型随机变量**.例如§1例1中的随机变量 X,它只可能取 0,1,2,3 四个值,它是一个离散型随机变量.又如某城市的 120 急救电话台一昼夜收到的呼唤次数也是离散型随机变量.若以 T 记某元件的寿命,它所可能取的值充满一个区间,是无法按一定次序一一列举出来的,因而它是一个非离散型的随机变量.本节只讨论离散型随机变量.

容易知道,要掌握一个离散型随机变量 X 的统计规律,必须且只需知道 X 的所有可能取值以及取每一个可能值的概率.

设离散型随机变量 X 所有可能取的值为 $x_k(k=1,2,\cdots)$,X 取各个可能值的概率,即事件 $\{X=x_k\}$ 的概率,为

$$P\{X=x_k\}=p_k,\ k=1,2,\cdots. \tag{2.1}$$

由概率的定义,p_k 满足如下两个条件:

$1°\ p_k\geqslant 0,\ k=1,2,\cdots.$ 　　　　　　　　　　　　　(2.2)

$2°\ \sum\limits_{k=1}^{\infty}p_k=1.$ 　　　　　　　　　　　　　　(2.3)

$2°$ 是由于 $\{X=x_1\}\bigcup\{X=x_2\}\bigcup\cdots$ 为必然事件,且 $\{X=x_j\}\bigcap\{X=x_k\}=\varnothing,k\neq j$,故 $1=P\Big(\bigcup\limits_{k=1}^{\infty}\{X=x_k\}\Big)=\sum\limits_{k=1}^{\infty}P\{X=x_k\}$,即 $\sum\limits_{k=1}^{\infty}p_k=1$.

我们称(2.1)式为离散型随机变量 X 的**分布律**.分布律也可以用表格的形式来表示:

X	x_1	x_2	$\cdots$	x_n	$\cdots$
p_k	p_1	p_2	$\cdots$	p_n	$\cdots$

(2.4)

(2.4)直观地表示了随机变量 X 取各个值的概率的规律.X 取各个值各占一些概率,这些概率合起来是 1.可以想象成:概率 1 以一定的规律分布在各个可能值上.这就是(2.4)称为分布律的缘故.

例1　设一汽车在开往目的地的道路上需经过四组信号灯,每组信号灯以 1/2 的概率允许或禁止汽车通过.以 X 表示汽车首次停下时,它已通过的信号灯的组数(设各组信号灯的工作是相互独立的),求 X 的分布律.

解　以 p 表示每组信号灯禁止汽车通过的概率,易知 X 的分布律为

X	0	1	2	3	4
p_k	p	$(1-p)p$	$(1-p)^2 p$	$(1-p)^3 p$	$(1-p)^4$

或写成

$$P\{X=k\}=(1-p)^k p, \quad k=0,1,2,3, \quad P\{X=4\}=(1-p)^4.$$

以 $p=1/2$ 代入得

X	0	1	2	3	4
p_k	0.5	0.25	0.125	0.062 5	0.062 5

下面介绍三种重要的离散型随机变量.

(一) (0—1)分布

设随机变量 X 只可能取 0 与 1 两个值,它的分布律是

$$P\{X=k\}=p^k(1-p)^{1-k}, \quad k=0,1 \quad (0<p<1),$$

则称 X 服从以 p 为参数的 (0—1) 分布或两点分布.

(0—1) 分布的分布律也可写成

X	0	1
p_k	$1-p$	p

对于一个随机试验,如果它的样本空间只包含两个元素,即 $S=\{e_1,e_2\}$,我们总能在 S 上定义一个服从 (0—1) 分布的随机变量

$$X=X(e)=\begin{cases} 0, & \text{当 } e=e_1, \\ 1, & \text{当 } e=e_2 \end{cases}$$

来描述这个随机试验的结果. 例如,对新生婴儿的性别进行登记,检查产品的质量是否合格,某车间的电力消耗是否超过负荷以及前面多次讨论过的"抛硬币"试验等都可以用 (0—1) 分布的随机变量来描述. (0—1) 分布是经常遇到的一种分布.

(二) 伯努利试验、二项分布

设试验 E 只有两个可能结果:A 及 $\overline{A}$,则称 E 为**伯努利**(Bernoulli)**试验**. 设 $P(A)=p$ $(0<p<1)$,此时 $P(\overline{A})=1-p$. 将 E 独立重复地进行 n 次,则称这一串重复的独立试验为 n **重伯努利试验**.

这里"重复"是指在每次试验中 $P(A)=p$ 保持不变;"独立"是指各次试验的结果互不影响,即若以 C_i 记第 i 次试验的结果,C_i 为 A 或 $\overline{A}$,$i=1,2,\cdots,n$. "独立"是指

$$P(C_1 C_2 \cdots C_n) = P(C_1)P(C_2)\cdots P(C_n). \tag{2.5}$$

n 重伯努利试验是一种很重要的数学模型,它有广泛的应用,是研究极多的模型之一.

例如,E 是抛一枚硬币观察得到正面或反面. A 表示得正面,这是一个伯努利试验. 如将硬币抛 n 次,就是 n 重伯努利试验. 又如抛一颗骰子,若 A 表示得到"1 点",$\overline{A}$ 表示得到"非 1 点". 将骰子抛 n 次,就是 n 重伯努利试验. 再如在袋中装有 a 只白球,b 只黑球. 试验 E 是在袋中任取一只球,观察其颜色. 以 A 表示"取到白球",$P(A)=a/(a+b)$.若连续取球 n 次作放回抽样,这就是 n 重伯努利试验. 然而,若作不放回抽样,虽则每次试验都有 $P(A)=a/(a+b)$(见第一章 §4 例 5),但各次试验不再相互独立①,因而不再是 n 重伯努利试验了.

以 X 表示 n 重伯努利试验中事件 A 发生的次数,X 是一个随机变量,我们来求它的分布律. X 所有可能取的值为 $0,1,2,\cdots,n$. 由于各次试验是相互独立的,因此事件 A 在指定的 k $(0 \leqslant k \leqslant n)$ 次试验中发生,在其他 $n-k$ 次试验中 A 不发生(例如在前 k 次试验中 A 发生,而后 $n-k$ 次试验中 A 不发生)的概率为

$$\underbrace{p \cdot p \cdot \cdots \cdot p}_{k \text{个}} \cdot \underbrace{(1-p) \cdot (1-p) \cdot \cdots \cdot (1-p)}_{n-k \text{个}} = p^k(1-p)^{n-k}.$$

这种指定的方式共有 $\binom{n}{k}$ 种,它们是两两互不相容的,故在 n 次试验中 A 发生 k 次的概率为 $\binom{n}{k}p^k(1-p)^{n-k}$,记 $q=1-p$,即有

$$P\{X=k\} = \binom{n}{k}p^k q^{n-k}, \quad k=0,1,2,\cdots,n. \tag{2.6}$$

显然

$$P\{X=k\} \geqslant 0, \quad k=0,1,2,\cdots,n;$$

$$\sum_{k=0}^{n} P\{X=k\} = \sum_{k=0}^{n} \binom{n}{k}p^k q^{n-k} = (p+q)^n = 1.$$

---

①　对于不放回抽样,以 A_1,A_2 分别记第一次、第二次取到白球,则有 $P(A_2|A_1)=\dfrac{a-1}{a+b-1}$,而 $P(A_2)=\dfrac{a}{a+b}$,$P(A_2|A_1) \neq P(A_2)$,故第一次、第二次试验不相互独立. 即知(2.5)不成立.

即 $P\{X=k\}$ 满足条件 $(2.2),(2.3)$. 注意到 $\binom{n}{k}p^{k}q^{n-k}$ 刚好是二项式 $(p+q)^{n}$ 的展开式中出现 p^{k} 的那一项,我们称随机变量 X 服从参数为 n,p 的**二项分布**,并记为 $X\sim b(n,p)$.

特别,当 $n=1$ 时二项分布(2.6)化为

$$P\{X=k\}=p^{k}q^{1-k}, \quad k=0,1.$$

这就是$(0-1)$分布.

例 2 按规定,某种型号电子元件的使用寿命超过 1 500 h 的为一级品. 已知某一大批产品的一级品率为 0.2,现在从中随机地抽查 20 只. 问 20 只元件中恰有 k 只$(k=0,1,\cdots,20)$为一级品的概率是多少?

解 这是不放回抽样. 但由于这批元件的总数很大,且抽查的元件的数量相对于元件的总数来说又很小,因而可以当作放回抽样来处理,这样做会有一些误差,但误差不大. 我们将检查一只元件看它是否为一级品看成是一次试验,检查 20 只元件相当于做 20 重伯努利试验. 以 X 记 20 只元件中一级品的只数,那么,X 是一个随机变量,且有 $X\sim b(20,0.2)$. 由 (2.6) 式即得所求概率为

$$P\{X=k\}=\binom{20}{k}0.2^{k}0.8^{20-k}, \quad k=0,1,\cdots,20.$$

将计算结果列表如下:

$P\{X=0\}=0.012$	$P\{X=4\}=0.218$	$P\{X=8\}=0.022$
$P\{X=1\}=0.058$	$P\{X=5\}=0.175$	$P\{X=9\}=0.007$
$P\{X=2\}=0.137$	$P\{X=6\}=0.109$	$P\{X=10\}=0.002$
$P\{X=3\}=0.205$	$P\{X=7\}=0.055$	
当 $k\geqslant 11$ 时, $P\{X=k\}<0.001$		

为了对本题的结果有一个直观了解,我们作出上表的图形,如图 2-3 所示.

从图 2-3 中看到,当 k 增加时,概率 $P\{X=k\}$ 先是随之增加,直至达到最大值(本例中当 $k=4$ 时取到最大值),随后单调减少. 我们指出,一般,对于固定的 n 及 p,二项分布 $b(n,p)$ 都具有这一性质. □

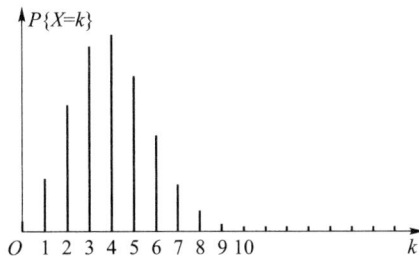

图 2-3

例 3 某人进行射击,设每次射击的命中率为 0.02,独立射击 400 次,试

求至少击中两次的概率.

解　将一次射击看成是一次试验.设击中的次数为 X,则 $X \sim b(400, 0.02)$.
X 的分布律为

$$P\{X = k\} = \binom{400}{k} 0.02^k 0.98^{400-k}, \quad k = 0, 1, \cdots, 400.$$

于是所求概率为

$$P\{X \geqslant 2\} = 1 - P\{X = 0\} - P\{X = 1\}$$
$$= 1 - 0.98^{400} - 400 \times 0.02 \times 0.98^{399} = 0.997\ 2.　　　\square$$

这个概率很接近于 1. 我们从两方面来讨论这一结果的实际意义.其一,虽然每次射击的命中率很小(为 0.02),但如果射击 400 次,则击中目标至少两次是几乎可以肯定的.这一事实说明,一个事件尽管在一次试验中发生的概率很小,但只要试验次数很多,而且试验是独立地进行的,那么这一事件的发生几乎是肯定的.这也告诉人们绝不能轻视小概率事件.其二,如果射手在 400 次射击中,击中目标的次数竟不到两次,那么由于概率 $P\{X < 2\} \approx 0.003$ 很小,根据实际推断原理,我们将怀疑"每次射击的命中率为 0.02"这一假设,即认为该射手射击的命中率达不到 0.02.

例 4　设有 80 台同类型设备,各台工作是相互独立的,发生故障的概率都是 0.01,且一台设备的故障能由一个人处理.考虑两种配备维修工人的方法,其一是由 4 人维护,每人负责 20 台;其二是由 3 人共同维护 80 台.试比较这两种方法在设备发生故障时不能及时维修的概率的大小.

解　按第一种方法.以 X 记"第 1 人维护的 20 台中同一时刻发生故障的台数",以 $A_i (i = 1, 2, 3, 4)$ 表示事件"第 i 人维护的 20 台中发生故障不能及时维修",则知 80 台中发生故障而不能及时维修的概率为

$$P(A_1 \bigcup A_2 \bigcup A_3 \bigcup A_4) \geqslant P(A_1) = P\{X \geqslant 2\}.$$

而 $X \sim b(20, 0.01)$,故有

$$P\{X \geqslant 2\} = 1 - \sum_{k=0}^{1} P\{X = k\}$$
$$= 1 - \sum_{k=0}^{1} \binom{20}{k} 0.01^k 0.99^{20-k} = 0.016\ 9.$$

即有　　　　　　　　$P(A_1 \bigcup A_2 \bigcup A_3 \bigcup A_4) \geqslant 0.016\ 9.$

按第二种方法.以 Y 记 80 台中同一时刻发生故障的台数.此时,$Y \sim b(80, 0.01)$,故 80 台中发生故障而不能及时维修的概率为

$$P\{Y \geqslant 4\} = 1 - \sum_{k=0}^{3} \binom{80}{k} 0.01^k 0.99^{80-k} = 0.008\ 7.$$

我们发现,在后一种情况尽管任务重了(每人平均维护约 27 台),但工作效率不仅没有降低,反而提高了. □

(三)泊松分布

设随机变量 X 所有可能取的值为 $0,1,2,\cdots$,而取各个值的概率为

$$P\{X=k\}=\frac{\lambda^k \mathrm{e}^{-\lambda}}{k!},\ k=0,1,2,\cdots,$$

其中 $\lambda>0$ 是常数.则称 X 服从参数为 λ 的**泊松分布**,记为 $X \sim \pi(\lambda)$.

易知,$P\{X=k\}\geqslant 0,k=0,1,2,\cdots,$且有

$$\sum_{k=0}^{\infty}P\{X=k\}=\sum_{k=0}^{\infty}\frac{\lambda^k \mathrm{e}^{-\lambda}}{k!}=\mathrm{e}^{-\lambda}\sum_{k=0}^{\infty}\frac{\lambda^k}{k!}=\mathrm{e}^{-\lambda}\cdot\mathrm{e}^{\lambda}=1.$$

即 $P\{X=k\}$ 满足条件 (2.2),(2.3).

参数 λ 的意义将在第四章说明,有关服从泊松分布的随机变量的数学模型将在第十二章中讨论.

具有泊松分布的随机变量在实际应用中是很多的.例如,一本书一页中的印刷错误数,某地区在一天内邮递遗失的信件数,某一医院在一天内的急诊患者数,某一地区一个时间间隔内发生交通事故的次数,在一个时间间隔内某种放射性物质发出的、经过计数器的 α 粒子数等都服从泊松分布.泊松分布也是概率论中的一种重要分布.

下面介绍一个用泊松分布来逼近二项分布的定理.

泊松定理　设 $\lambda>0$ 是一个常数,n 是任意正整数,设 $np_n=\lambda$,则对于任一固定的非负整数 k,有

$$\lim_{n\to\infty}\binom{n}{k}p_n^k(1-p_n)^{n-k}=\frac{\lambda^k \mathrm{e}^{-\lambda}}{k!}.$$

证　由 $p_n=\dfrac{\lambda}{n}$,有

$$\binom{n}{k}p_n^k(1-p_n)^{n-k}=\frac{n(n-1)\cdots(n-k+1)}{k!}\left(\frac{\lambda}{n}\right)^k\left(1-\frac{\lambda}{n}\right)^{n-k}$$

$$=\frac{\lambda^k}{k!}\left[1\cdot\left(1-\frac{1}{n}\right)\cdots\left(1-\frac{k-1}{n}\right)\right]\left(1-\frac{\lambda}{n}\right)^n\left(1-\frac{\lambda}{n}\right)^{-k}.$$

对于任意固定的 k,当 $n\to\infty$ 时,

$$1\cdot\left(1-\frac{1}{n}\right)\cdots\left(1-\frac{k-1}{n}\right)\to1,\quad\left(1-\frac{\lambda}{n}\right)^n\to\mathrm{e}^{-\lambda},\quad\left(1-\frac{\lambda}{n}\right)^{-k}\to1.$$

故有

$$\lim_{n\to\infty}\binom{n}{k}p_n^k(1-p_n)^{n-k}=\frac{\lambda^k\mathrm{e}^{-\lambda}}{k!}.$$　　　□

定理的条件 $np_n=\lambda$（常数）意味着当 n 很大时 p_n 必定很小，因此，上述定理表明当 n 很大，p 很小（$np=\lambda$）时有以下近似式

$$\binom{n}{k}p^k(1-p)^{n-k}\approx\frac{\lambda^k\mathrm{e}^{-\lambda}}{k!}\quad(\text{其中 }\lambda=np).\tag{2.7}$$

也就是说以 n,p 为参数的二项分布的概率值可以由参数为 $\lambda=np$ 的泊松分布的概率值近似. 上式也能用来作二项分布概率的近似计算.

例5 计算机硬件公司制造某种特殊型号的微型芯片，次品率达 0.1%，各芯片成为次品相互独立. 求在 1 000 只产品中至少有 2 只次品的概率. 以 X 记产品中的次品数，$X\sim b(1\,000,0.001)$.

解 所求概率为

$$P\{X\geqslant2\}=1-P\{X=0\}-P\{X=1\}$$
$$=1-0.999^{1\,000}-\binom{1\,000}{1}0.999^{999}\times0.001$$
$$\approx1-0.367\,695\,4-0.368\,063\,5=0.264\,241\,1.$$

利用 (2.7) 式来计算得，$\lambda=1\,000\times0.001=1$,

$$P\{X\geqslant2\}=1-P\{X=0\}-P\{X=1\}$$
$$\approx1-\mathrm{e}^{-1}-\mathrm{e}^{-1}\approx0.264\,241\,1.$$　　　□

显然利用 (2.7) 式的计算来得方便. 一般，当 $n\geqslant20$，$p\leqslant0.05$ 时，用 $\frac{\lambda^k\mathrm{e}^{-\lambda}}{k!}$（$\lambda=np$）作为 $\binom{n}{k}p^k(1-p)^{n-k}$ 的近似值效果颇佳.

§3　随机变量的分布函数

对于非离散型随机变量 X，由于其可能取的值不能一一列举出来，因而就不能像离散型随机变量那样可以用分布律来描述它. 另外，我们通常所遇到的非离散型随机变量取任一指定的实数值的概率都等于 0（这一点在下一节将会讲到）. 再者，在实际中，对于这样的随机变量，例如误差 ε、元件的寿命 T 等，我们并不会对误差 $\varepsilon=0.05$ mm，寿命 $T=1\,251.3$ h 的概率感兴趣，而是考虑误差落在某个区间内的概率，寿命 T 大于某个数的概率. 因而我们转而去研究随机变量所取的值落在一个区间 $(x_1,x_2]$ 的概率：$P\{x_1<X\leqslant x_2\}$. 但由于

$$P\{x_1<X\leqslant x_2\}=P\{X\leqslant x_2\}-P\{X\leqslant x_1\},$$

所以我们只需知道 $P\{X\leqslant x_2\}$ 和 $P\{X\leqslant x_1\}$ 就可以了. 下面引入随机变量的分布函数的概念①.

定义 设 X 是一个随机变量, x 是任意实数, 函数
$$F(x)=P\{X\leqslant x\}, \quad -\infty<x<\infty$$
称为 X 的**分布函数**.

对于任意实数 $x_1, x_2(x_1<x_2)$, 有
$$P\{x_1<X\leqslant x_2\}=P\{X\leqslant x_2\}-P\{X\leqslant x_1\}=F(x_2)-F(x_1), \quad (3.1)$$
因此, 若已知 X 的分布函数, 我们就知道 X 落在任一区间 $(x_1,x_2]$ 上的概率, 从这个意义上说, 分布函数完整地描述了随机变量的统计规律性.

分布函数是一个普通的函数, 正是通过它, 我们将能用数学分析的方法来研究随机变量.

如果将 X 看成是数轴上的随机点的坐标, 那么, 分布函数 $F(x)$ 在 x 处的函数值就表示 X 落在区间 $(-\infty, x]$ 上的概率.

分布函数 $F(x)$ 具有以下的基本性质:

1° $F(x)$ 是一个不减函数.

事实上, 由(3.1)式对于任意实数 $x_1, x_2(x_1<x_2)$, 有
$$F(x_2)-F(x_1)=P\{x_1<X\leqslant x_2\}\geqslant 0.$$

2° $0\leqslant F(x)\leqslant 1$, 且
$$F(-\infty)=\lim_{x\to-\infty}F(x)=0, \quad F(\infty)=\lim_{x\to\infty}F(x)=1.$$

上面两个式子, 我们只从几何上加以说明. 在图 2—4 中, 将区间端点 x 沿数轴无限向左移动 (即 $x\to$ $-\infty$), 则"随机点 X 落在点 x 左边"这一事件趋于不

图 2—4

可能事件, 从而其概率趋于 0, 即有 $F(-\infty)=0$; 又若将点 x 无限右移 (即 $x\to\infty$), 则"随机点 X 落在点 x 左边"这一事件趋于必然事件, 从而其概率趋于 1, 即有 $F(\infty)=1$.

3° $F(x+0)=F(x)$, 即 $F(x)$ 是右连续的. (证略.)

反之, 可证具备性质 1°, 2°, 3° 的函数 $F(x)$ 必是某个随机变量的分布函数.

例 1 设随机变量 X 的分布律为

X	-1	2	3
p_k	$\frac{1}{4}$	$\frac{1}{2}$	$\frac{1}{4}$

① 虽然对于离散型随机变量, 我们可以用分布律全面地描述它, 但为了从数学上能统一地对随机变量进行研究, 在这里, 我们对离散型随机变量和非离散型随机变量统一地定义了分布函数.

求 X 的分布函数,并求 $P\left\{X\leqslant\dfrac{1}{2}\right\}, P\left\{\dfrac{3}{2}<X\leqslant\dfrac{5}{2}\right\}, P\{2\leqslant X\leqslant3\}.$

解 X 仅在 $x=-1,2,3$ 三点处其概率$\neq0$,而 $F(x)$ 的值是 $X\leqslant x$ 的累积概率值,由概率的有限可加性,知它即为小于或等于 x 的那些 x_k 处的概率 p_k 之和,有

$$F(x)=\begin{cases}0 & x<-1,\\ P\{X=-1\}, & -1\leqslant x<2,\\ P\{X=-1\}+P\{X=2\}, & 2\leqslant x<3,\\ 1, & x\geqslant3.\end{cases}$$

即
$$F(x)=\begin{cases}0, & x<-1,\\ \dfrac{1}{4}, & -1\leqslant x<2,\\ \dfrac{3}{4}, & 2\leqslant x<3,\\ 1, & x\geqslant3.\end{cases}$$

$F(x)$ 的图形如图 2−5 所示,它是一条阶梯形的曲线,在 $x=-1,2,3$ 处有跳跃点,跳跃值分别为 $\dfrac{1}{4},\dfrac{1}{2},\dfrac{1}{4}$. 又

$$P\left\{X\leqslant\frac{1}{2}\right\}=F\left(\frac{1}{2}\right)=\frac{1}{4},$$

$$P\left\{\frac{3}{2}<X\leqslant\frac{5}{2}\right\}=F\left(\frac{5}{2}\right)-F\left(\frac{3}{2}\right)$$
$$=\frac{3}{4}-\frac{1}{4}=\frac{1}{2}.$$

$$P\{2\leqslant X\leqslant3\}=F(3)-F(2)+P\{X=2\}$$
$$=1-\frac{3}{4}+\frac{1}{2}=\frac{3}{4}.$$

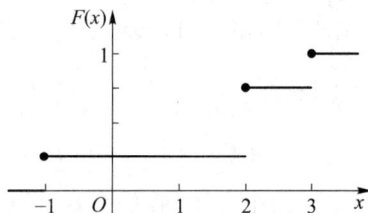

图 2−5

一般,设离散型随机变量 X 的分布律为
$$P\{X=x_k\}=p_k, \quad k=1,2,\cdots.$$
由概率的可列可加性得 X 的分布函数为
$$F(x)=P\{X\leqslant x\}=\sum_{x_k\leqslant x}P\{X=x_k\},$$

即
$$F(x)=\sum_{x_k\leqslant x}p_k, \tag{3.2}$$

这里和式是对于所有满足 $x_k\leqslant x$ 的 k 求和的. 分布函数 $F(x)$ 在 $x=x_k(k=1,$

$2,\cdots$)处有跳跃,其跳跃值为 $p_k = P\{X = x_k\}$.

例 2 一个靶子是半径为 2 m 的圆盘,设击中靶上任一同心圆盘上的点的概率与该圆盘的面积成正比,并设射击都能中靶,以 X 表示弹着点与圆心的距离.试求随机变量 X 的分布函数.

解 若 $x < 0$,则 $\{X \le x\}$ 是不可能事件,于是
$$F(x) = P\{X \le x\} = 0.$$

若 $0 \le x \le 2$,由题意,$P\{0 \le X \le x\} = kx^2$,$k$ 是某一常数,为了确定 k 的值,取 $x = 2$,有 $P\{0 \le X \le 2\} = 2^2 k$,但已知 $P\{0 \le X \le 2\} = 1$,故得 $k = 1/4$,即
$$P\{0 \le X \le x\} = \frac{x^2}{4}.$$

于是
$$F(x) = P\{X \le x\} = P\{X < 0\} + P\{0 \le X \le x\}$$
$$= \frac{x^2}{4}.$$

若 $x \ge 2$,由题意 $\{X \le x\}$ 是必然事件,于是
$$F(x) = P\{X \le x\} = 1.$$

综合上述,即得 X 的分布函数为
$$F(x) = \begin{cases} 0, & x < 0, \\ \dfrac{x^2}{4}, & 0 \le x < 2, \\ 1, & x \ge 2. \end{cases}$$

它的图形是一条连续曲线,如图 2—6 所示.

另外,容易看到本例中的分布函数 $F(x)$,对于任意 x 可以写成形式
$$F(x) = \int_{-\infty}^{x} f(t)\,\mathrm{d}t,$$
其中
$$f(t) = \begin{cases} \dfrac{t}{2}, & 0 < t < 2, \\ 0, & \text{其他.} \end{cases}$$

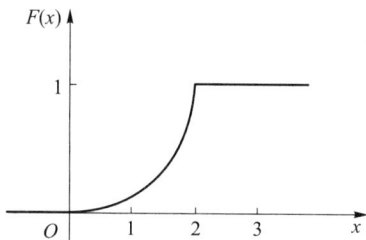

图 2—6

这就是说,$F(x)$ 恰是非负函数 $f(t)$ 在区间 $(-\infty, x]$ 上的积分,在这种情况我们称 X 为连续型随机变量.下一节我们将给出连续型随机变量的一般定义. □

§4　连续型随机变量及其概率密度

一般,如上节例 2 中的随机变量那样,如果对于随机变量 X 的分布函数 $F(x)$,存在非负可积函数 $f(x)$,使对于任意实数 x 有

$$F(x) = \int_{-\infty}^{x} f(t)\mathrm{d}t, \tag{4.1}$$

则称 X 为**连续型随机变量**,$f(x)$ 称为 X 的**概率密度函数**,简称**概率密度**①.

由(4.1)式,据数学分析的知识知连续型随机变量的分布函数是连续函数.

在实际应用中遇到的基本上是离散型或连续型随机变量. 本书只讨论这两种随机变量.

由定义知道,概率密度 $f(x)$ 具有以下性质:

1° $f(x) \geqslant 0$.

2° $\int_{-\infty}^{\infty} f(x)\mathrm{d}x = 1$.

3° 对于任意实数 $x_1, x_2 (x_1 \leqslant x_2)$,

$$P\{x_1 < X \leqslant x_2\} = F(x_2) - F(x_1) = \int_{x_1}^{x_2} f(x)\mathrm{d}x.$$

4° 若 $f(x)$ 在点 x 处连续,则有 $F'(x) = f(x)$.

反之,若 $f(x)$ 具备性质 1°,2°,引入

$$G(x) = \int_{-\infty}^{x} f(t)\mathrm{d}t,$$

它是某一随机变量 X 的分布函数,$f(x)$ 是 X 的概率密度.

由性质 2°知道介于曲线 $y = f(x)$ 与 Ox 轴之间的面积等于 1(图 2—7).由 3°知道 X 落在区间 $(x_1, x_2]$ 的概率 $P\{x_1 < X \leqslant x_2\}$ 等于区间 $(x_1, x_2]$ 上曲线 $y = f(x)$ 之下的曲边梯形的面积(图 2—8).由性质 4°知道在 $f(x)$ 的连续点 x 处有

$$f(x) = \lim_{\Delta x \to 0^+} \frac{F(x+\Delta x) - F(x)}{\Delta x} = \lim_{\Delta x \to 0^+} \frac{P\{x < X \leqslant x + \Delta x\}}{\Delta x}. \tag{4.2}$$

从这里我们看到概率密度的定义与物理学中的线密度的定义相类似,这就是称 $f(x)$ 为概率密度的缘故.

----

① 由定义知道,改变概率密度 $f(x)$ 在个别点的函数值不影响分布函数 $F(x)$ 的取值. 因此,并不在乎改变概率密度在个别点上的值.

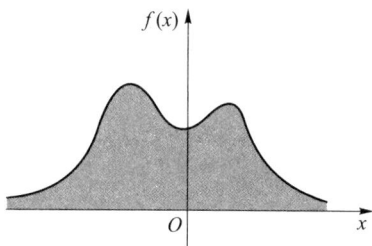

图 2-7

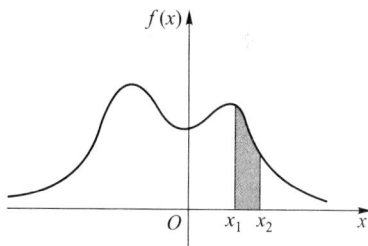

图 2-8

由(4.2)式知道,若不计高阶无穷小,有

$$P\{x<X\leqslant x+\Delta x\}\approx f(x)\Delta x. \tag{4.3}$$

这表示 X 落在小区间 $(x,x+\Delta x]$ 上的概率近似地等于 $f(x)\Delta x$.

例 1 设随机变量 X 具有概率密度

$$f(x)=\begin{cases}kx, & 0\leqslant x<3,\\ 2-\dfrac{x}{2}, & 3\leqslant x\leqslant 4,\\ 0, & \text{其他}.\end{cases}$$

(1) 确定常数 k. (2) 求 X 的分布函数 $F(x)$. (3) 求 $P\left\{1<X\leqslant\dfrac{7}{2}\right\}$.

解 (1) 由 $\displaystyle\int_{-\infty}^{\infty}f(x)\mathrm{d}x=1$, 得

$$\int_0^3 kx\,\mathrm{d}x+\int_3^4\left(2-\frac{x}{2}\right)\mathrm{d}x=1,$$

解得 $k=\dfrac{1}{6}$, 于是 X 的概率密度为

$$f(x)=\begin{cases}\dfrac{x}{6}, & 0\leqslant x<3,\\ 2-\dfrac{x}{2}, & 3\leqslant x<4,\\ 0, & \text{其他}.\end{cases}$$

(2) X 的分布函数为

$$F(x)=\begin{cases}0, & x<0,\\ \displaystyle\int_0^x\frac{x}{6}\mathrm{d}x, & 0\leqslant x<3,\\ \displaystyle\int_0^3\frac{x}{6}\mathrm{d}x+\int_3^x\left(2-\frac{x}{2}\right)\mathrm{d}x, & 3\leqslant x<4,\\ 1, & x\geqslant 4.\end{cases}$$

即
$$F(x)=\begin{cases}0, & x<0, \\ \dfrac{x^2}{12}, & 0\leqslant x<3, \\ -3+2x-\dfrac{x^2}{4}, & 3\leqslant x<4, \\ 1, & x\geqslant 4.\end{cases}$$

(3)　$P\left\{1<X\leqslant\dfrac{7}{2}\right\}=F\left(\dfrac{7}{2}\right)-F(1)=\dfrac{41}{48}.$　　　　　　□

需要指出的是,对于连续型随机变量 X 来说,它取任一指定实数值 a 的概率均为 0,即 $P\{X=a\}=0$.事实上,设 X 的分布函数为 $F(x)$,$\Delta x>0$,则由 $\{X=a\}\subset\{a-\Delta x<X\leqslant a\}$ 得

$$0\leqslant P\{X=a\}\leqslant P\{a-\Delta x<X\leqslant a\}=F(a)-F(a-\Delta x).$$

在上述不等式中令 $\Delta x\to 0$,并注意到 X 为连续型随机变量,其分布函数 $F(x)$ 是连续的,即得

$$P\{X=a\}=0. \tag{4.4}$$

据此,在计算连续型随机变量落在某一区间的概率时,可以不必区分该区间是开区间或闭区间或半闭区间.例如有

$$P\{a<X\leqslant b\}=P\{a\leqslant X\leqslant b\}=P\{a<X<b\}.$$

在这里,事件 $\{X=a\}$ 并非不可能事件,但有 $P\{X=a\}=0$.这就是说,若 A 是不可能事件,则有 $P(A)=0$;反之,若 $P(A)=0$,并不一定意味着 A 是不可能事件.

以后当我们提到一个随机变量 X 的"概率分布"时,指的是它的分布函数;或者,当 X 是连续型随机变量时,指的是它的概率密度,当 X 是离散型随机变量时,指的是它的分布律.

下面介绍三种重要的连续型随机变量.

(一) 均匀分布

若连续型随机变量 X 具有概率密度

$$f(x)=\begin{cases}\dfrac{1}{b-a}, & a<x<b, \\ 0, & \text{其他},\end{cases} \tag{4.5}$$

则称 X 在区间 (a,b) 上服从**均匀分布**,记为 $X\sim U(a,b)$.

易知 $f(x)\geqslant 0$,且 $\displaystyle\int_{-\infty}^{\infty}f(x)\mathrm{d}x=1$.

在区间 (a,b) 上服从均匀分布的随机变量 X,具有下述意义的等可能性,即它落在区间 (a,b) 中任意等长度的子区间内的可能性是相同的.或者说它落在

(a,b)的子区间内的概率只依赖于子区间的长度而与子区间的位置无关. 事实上, 对于任一长度为 l 的子区间 $(c,c+l)$, $a \leqslant c < c+l \leqslant b$, 有

$$P\{c < X \leqslant c+l\} = \int_c^{c+l} f(x)\mathrm{d}x = \int_c^{c+l} \frac{1}{b-a}\mathrm{d}x = \frac{l}{b-a}.$$

由(4.1)式得 X 的分布函数为

$$F(x) = \begin{cases} 0, & x < a, \\ \dfrac{x-a}{b-a}, & a \leqslant x < b, \\ 1, & x \geqslant b. \end{cases} \tag{4.6}$$

$f(x)$ 及 $F(x)$ 的图形分别如图 2-9, 图 2-10 所示.

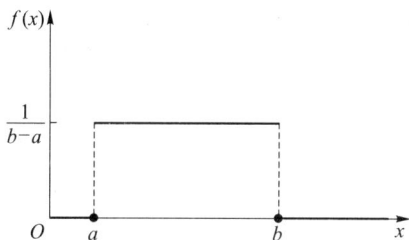

图 2-9

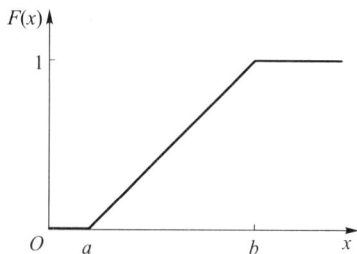

图 2-10

例 2 设电阻值 R 是一个随机变量, 均匀分布在 $900 \sim 1\,100\ \Omega$. 求 R 的概率密度及 R 落在 $950 \sim 1\,050\ \Omega$ 的概率.

解 按题意, R 的概率密度为

$$f(r) = \begin{cases} \dfrac{1}{1\,100-900}, & 900 < r < 1\,100, \\ 0, & \text{其他}. \end{cases}$$

故有

$$P\{950 < R \leqslant 1\,050\} = \int_{950}^{1\,050} \frac{1}{200}\mathrm{d}r = 0.5. \qquad \square$$

(二) 指数分布

若连续型随机变量 X 的概率密度为

$$f(x) = \begin{cases} \dfrac{1}{\theta}\mathrm{e}^{-x/\theta}, & x > 0, \\ 0, & \text{其他}, \end{cases} \tag{4.7}$$

其中 $\theta > 0$ 为常数, 则称 X 服从参数为 θ 的**指数分布**.

易知 $f(x) \geqslant 0$, 且 $\int_{-\infty}^{\infty} f(x)\mathrm{d}x = 1$. 图 2-11 中分别画出了 $\theta = 1/3, \theta = 1,$

$\theta = 2$ 时 $f(x)$ 的图形.

由(4.7)式容易得到随机变量 X 的分布函数为

$$F(x) = \begin{cases} 1 - \mathrm{e}^{-x/\theta}, & x > 0, \\ 0, & \text{其他}. \end{cases} \quad (4.8)$$

服从指数分布的随机变量 X 具有以下有趣的性质:

对于任意 $s, t > 0$,有

$$P\{X > s + t \mid X > s\} = P\{X > t\}. \quad (4.9)$$

事实上

$$P\{X > s+t \mid X > s\} = \frac{P\{(X > s+t) \bigcap (X > s)\}}{P\{X > s\}}$$

$$= \frac{P\{X > s+t\}}{P\{X > s\}} = \frac{1 - F(s+t)}{1 - F(s)}$$

$$= \frac{\mathrm{e}^{-(s+t)/\theta}}{\mathrm{e}^{-s/\theta}} = \mathrm{e}^{-t/\theta}$$

$$= P\{X > t\}.$$

性质(4.9)称为**无记忆性**. 如果 X 是某一元件的寿命,那么(4.9)式表明: 已知元件已使用了 $s\,\mathrm{h}$,它总共能使用至少 $(s+t)\,\mathrm{h}$ 的条件概率,与从开始使用时算起它至少能使用 $t\,\mathrm{h}$ 的概率相等. 这就是说,元件对它已使用过 $s\,\mathrm{h}$ 没有记忆. 具有这一性质是指数分布有广泛应用的重要原因.

指数分布在可靠性理论与排队论中有广泛的应用.

(三) 正态分布

若连续型随机变量 X 的概率密度为

$$f(x) = \frac{1}{\sqrt{2\pi}\,\sigma} \mathrm{e}^{-\frac{(x-\mu)^2}{2\sigma^2}}, \quad -\infty < x < \infty, \quad (4.10)$$

其中 $\mu, \sigma(\sigma > 0)$ 为常数,则称 X 服从参数为 μ, σ 的**正态分布**或**高斯**(Gauss)**分布**,记为 $X \sim N(\mu, \sigma^2)$.

显然 $f(x) \geqslant 0$,下面来证明 $\int_{-\infty}^{\infty} f(x)\mathrm{d}x = 1$. 令 $(x - \mu)/\sigma = t$,得到

$$\int_{-\infty}^{\infty} \frac{1}{\sqrt{2\pi}\,\sigma} \mathrm{e}^{-\frac{(x-\mu)^2}{2\sigma^2}} \mathrm{d}x = \frac{1}{\sqrt{2\pi}} \int_{-\infty}^{\infty} \mathrm{e}^{-t^2/2} \mathrm{d}t.$$

记 $I = \int_{-\infty}^{\infty} \mathrm{e}^{-t^2/2} \mathrm{d}t$,则有 $I^2 = \int_{-\infty}^{\infty}\int_{-\infty}^{\infty} \mathrm{e}^{-(t^2+u^2)/2} \mathrm{d}t\mathrm{d}u$,利用极坐标将它化成累次积分,得到

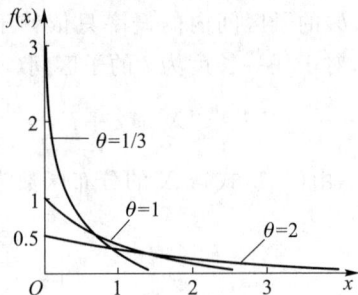

$$I^2 = \int_0^{2\pi} \int_0^{\infty} r e^{-r^2/2} \mathrm{d}r \mathrm{d}\theta = 2\pi.$$

而 $I > 0$，故有 $I = \sqrt{2\pi}$，即有

$$\int_{-\infty}^{\infty} e^{-t^2/2} \mathrm{d}t = \sqrt{2\pi}, \tag{4.11}$$

于是

$$\frac{1}{\sqrt{2\pi}\sigma} \int_{-\infty}^{\infty} e^{-\frac{(x-\mu)^2}{2\sigma^2}} \mathrm{d}x = \frac{1}{\sqrt{2\pi}} \int_{-\infty}^{\infty} e^{-t^2/2} \mathrm{d}t = 1.$$

参数 μ,σ 的意义将在第四章中说明. $f(x)$ 的图形如图 2-12 所示，它具有以下性质.

1° 曲线关于 $x=\mu$ 对称. 这表明对于任意 $h>0$ 有（图 2-12）

$$P\{\mu-h < X \leqslant \mu\} = P\{\mu < X \leqslant \mu+h\}.$$

2° 当 $x=\mu$ 时取到最大值

$$f(\mu) = \frac{1}{\sqrt{2\pi}\sigma}.$$

x 离 μ 越远，$f(x)$ 的值越小. 这表明对于同样长度的区间，当区间离 μ 越远时，X 落在这个区间上的概率越小.

在 $x=\mu \pm \sigma$ 处曲线有拐点. 曲线以 Ox 轴为渐近线.

另外，如果固定 σ，改变 μ 的值，则图形沿着 Ox 轴平移，而不改变其形状（如图 2-12），可见正态分布的概率密度曲线 $y=f(x)$ 的位置完全由参数 μ 所确定. μ 称为位置参数.

如果固定 μ，改变 σ，由于最大值 $f(\mu) = \dfrac{1}{\sqrt{2\pi}\sigma}$，可知当 σ 越小时图形变得越尖（如图 2-13），因而 X 落在 μ 附近的概率越大.

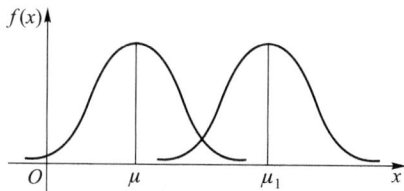

图 2-12

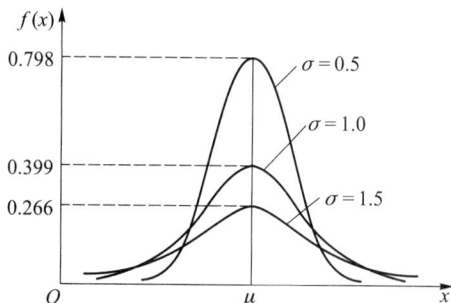

图 2-13

由(4.10)式得 X 的分布函数为(如图 2−14)

$$F(x) = \frac{1}{\sqrt{2\pi}\,\sigma} \int_{-\infty}^{x} e^{-\frac{(t-\mu)^2}{2\sigma^2}}\, dt, \tag{4.12}$$

特别,当 $\mu=0,\sigma=1$ 时称随机变量 X 服从**标准正态分布**.其概率密度和分布函数分别用 $\varphi(x),\Phi(x)$ 表示,即有

$$\varphi(x) = \frac{1}{\sqrt{2\pi}} e^{-x^2/2}, \tag{4.13}$$

$$\Phi(x) = \frac{1}{\sqrt{2\pi}} \int_{-\infty}^{x} e^{-t^2/2}\, dt. \tag{4.14}$$

易知
$$\Phi(-x) = 1 - \Phi(x) \tag{4.15}$$
(参见图 2−15).

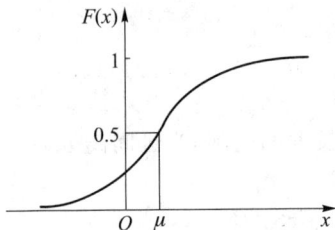

图 2−14

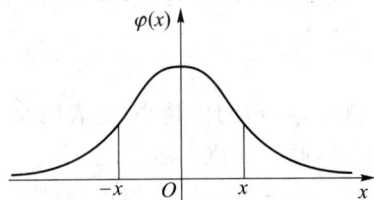

图 2−15

人们已编制了 $\Phi(x)$ 的函数表,可供查用(见附表 2).

一般,若随机变量 $X \sim N(\mu,\sigma^2)$,我们只要通过一个线性变换就能将它化成标准正态分布.

引理 若随机变量 $X \sim N(\mu,\sigma^2)$,则 $Z = \dfrac{X-\mu}{\sigma} \sim N(0,1)$.

证 $Z = \dfrac{X-\mu}{\sigma}$ 的分布函数为

$$P\{Z \leqslant x\} = P\left\{\frac{X-\mu}{\sigma} \leqslant x\right\} = P\{X \leqslant \mu + \sigma x\} = \frac{1}{\sqrt{2\pi}\,\sigma} \int_{-\infty}^{\mu+\sigma x} e^{-\frac{(t-\mu)^2}{2\sigma^2}}\, dt,$$

令 $\dfrac{t-\mu}{\sigma} = u$,得

$$P\{Z \leqslant x\} = \frac{1}{\sqrt{2\pi}} \int_{-\infty}^{x} e^{-u^2/2}\, du = \Phi(x),$$

由此知 $Z = \dfrac{X-\mu}{\sigma} \sim N(0,1)$. □

于是,若随机变量 $X \sim N(\mu,\sigma^2)$,则它的分布函数 $F(x)$ 可写成

$$F(x) = P\{X \leqslant x\} = P\left\{\frac{X-\mu}{\sigma} \leqslant \frac{x-\mu}{\sigma}\right\} = \Phi\left(\frac{x-\mu}{\sigma}\right). \tag{4.16}$$

对于任意区间$(x_1, x_2]$,有

$$P\{x_1 < X \leqslant x_2\} = P\left\{\frac{x_1-\mu}{\sigma} < \frac{X-\mu}{\sigma} \leqslant \frac{x_2-\mu}{\sigma}\right\}$$

$$= \Phi\left(\frac{x_2-\mu}{\sigma}\right) - \Phi\left(\frac{x_1-\mu}{\sigma}\right). \tag{4.17}$$

例如,设随机变量$X \sim N(1,4)$,查表得

$$P\{0 < X \leqslant 1.6\} = \Phi\left(\frac{1.6-1}{2}\right) - \Phi\left(\frac{0-1}{2}\right) = \Phi(0.3) - \Phi(-0.5)$$

$$= 0.6179 - [1 - \Phi(0.5)] = 0.6179 - 1 + 0.6915 = 0.3094.$$

设$X \sim N(\mu, \sigma^2)$,由$\Phi(x)$的函数表还能得到(图$2-16$):

$$P\{\mu - \sigma < X < \mu + \sigma\} = \Phi(1) - \Phi(-1) = 2\Phi(1) - 1 = 68.26\%,$$

$$P\{\mu - 2\sigma < X < \mu + 2\sigma\} = \Phi(2) - \Phi(-2) = 95.44\%,$$

$$P\{\mu - 3\sigma < X < \mu + 3\sigma\} = \Phi(3) - \Phi(-3) = 99.74\%.$$

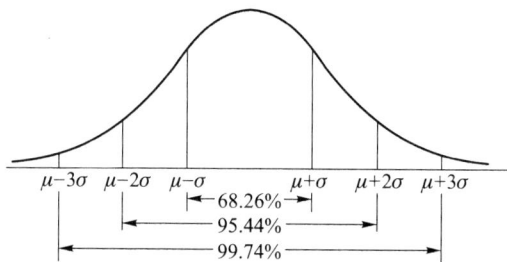

图 2-16

我们看到,尽管正态变量的取值范围是$(-\infty, \infty)$,但它的值落在$(\mu - 3\sigma, \mu + 3\sigma)$内几乎是肯定的事. 这就是人们所说的"$3\sigma$"法则.

例3 将一温度调节器放置在贮存着某种液体的容器内. 调节器整定在$d\ ℃$,液体的温度X(以$℃$计)是一个随机变量,且$X \sim N(d, 0.5^2)$. (1) 若$d = 90\ ℃$,求X小于$89\ ℃$的概率. (2) 若要求保持液体的温度至少为$80\ ℃$的概率不低于0.99,问d至少为多少?

解 (1) 所求概率为

$$P\{X < 89\} = P\left\{\frac{X-90}{0.5} < \frac{89-90}{0.5}\right\} = \Phi\left(\frac{89-90}{0.5}\right) = \Phi(-2)$$

$$= 1 - \Phi(2) = 1 - 0.9772 = 0.0228.$$

(2) 按题意需求d满足

$$0.99 \leqslant P\{X \geqslant 80\} = P\left\{\frac{X-d}{0.5} \geqslant \frac{80-d}{0.5}\right\}$$

$$= 1 - P\left\{\frac{X-d}{0.5} < \frac{80-d}{0.5}\right\} = 1 - \Phi\left(\frac{80-d}{0.5}\right).$$

即

$$\Phi\left(\frac{d-80}{0.5}\right) \geqslant 0.99 = \Phi(2.327),$$

亦即

$$\frac{d-80}{0.5} \geqslant 2.327.$$

故需

$$d \geqslant 81.163\ 5. \qquad \square$$

为了便于今后在数理统计中的应用,对于标准正态随机变量,我们引入上 α 分位数的定义.

设 $X \sim N(0,1)$,若 z_α 满足条件

$$P\{X > z_\alpha\} = \alpha,\ 0 < \alpha < 1, \qquad (4.18)$$

则称 z_α 为标准正态分布的**上 α 分位数**(如图 2—17).下面列出了几个常用的 z_α 的值:

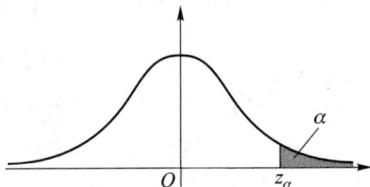

图 2—17

α	0.001	0.005	0.01	0.025	0.05	0.10
z_α	3.090	2.576	2.326	1.960	1.645	1.282

另外,由 $\varphi(x)$ 图形的对称性知道 $z_{1-\alpha} = -z_\alpha$.

在自然现象和社会现象中,大量随机变量都服从或近似服从正态分布.例如,一个地区的男性成年人的身高、测量某零件长度的误差、海洋波浪的高度、半导体器件中的热噪声电流或电压等,都服从正态分布.在概率论与数理统计的理论研究和实际应用中正态随机变量起着特别重要的作用.在第五章我们将进一步说明正态随机变量的重要性.

§5　随机变量的函数的分布

在实际中,我们常对某些随机变量的函数更感兴趣.例如,在一些试验中,所关心的随机变量往往不能由直接测量得到,而它却是某个能直接测量的随机变量的函数.比如我们能测量圆轴截面的直径 d,而关心的却是截面面积 $A = \frac{1}{4}\pi d^2$.这里,随机变量 A 是随机变量 d 的函数.在这一节中,我们将讨论如何由已知的随机变量 X 的概率分布去求得它的函数 $Y = g(X)$($g(\cdot)$ 是已知的连续函数)的概率分布.这里 Y 是这样的随机变量,当 X 取值 x 时,Y 取值 $g(x)$.

例 1   设随机变量 X 具有以下的分布律:

X	-1	0	1	2
p_k	0.2	0.3	0.1	0.4

试求 $Y=(X-1)^2$ 的分布律.

解 Y 所有可能取的值为 $0,1,4$. 由

$$P\{Y=0\}=P\{(X-1)^2=0\}=P\{X=1\}=0.1,$$
$$P\{Y=1\}=P\{X=0\}+P\{X=2\}=0.7,$$
$$P\{Y=4\}=P\{X=-1\}=0.2,$$

即得 Y 的分布律为

Y	0	1	4
p_k	0.1	0.7	0.2

□

例 2   设随机变量 X 具有概率密度

$$f_X(x)=\begin{cases} \dfrac{x}{8}, & 0<x<4, \\ 0, & \text{其他.} \end{cases}$$

求随机变量 $Y=2X+8$ 的概率密度.

解   分别记 X,Y 的分布函数为 $F_X(x),F_Y(y)$. 下面先来求 $F_Y(y)$.

$$F_Y(y)=P\{Y\leqslant y\}=P\{2X+8\leqslant y\}$$
$$=P\left\{X\leqslant\frac{y-8}{2}\right\}=F_X\left(\frac{y-8}{2}\right).$$

将 $F_Y(y)$ 关于 y 求导数,得 $Y=2X+8$ 的概率密度为

$$f_Y(y)=f_X\left(\frac{y-8}{2}\right)\left(\frac{y-8}{2}\right)'$$

$$=\begin{cases} \dfrac{1}{8}\times\dfrac{y-8}{2}\times\dfrac{1}{2}, & 0<\dfrac{y-8}{2}<4, \\ 0, & \text{其他} \end{cases}$$

$$=\begin{cases} \dfrac{y-8}{32}, & 8<y<16, \\ 0, & \text{其他.} \end{cases}$$

□

例 3   设随机变量 X 具有概率密度 $f_X(x)$, $-\infty<x<\infty$,求 $Y=X^2$ 的概率密度.

解   分别记 X,Y 的分布函数为 $F_X(x),F_Y(y)$. 先来求 Y 的分布函数

$F_Y(y)$. 由于 $Y = X^2 \geqslant 0$，故当 $y \leqslant 0$ 时 $F_Y(y) = 0$. 当 $y > 0$ 时有

$$\begin{aligned} F_Y(y) &= P\{Y \leqslant y\} = P\{X^2 \leqslant y\} \\ &= P\{-\sqrt{y} \leqslant X \leqslant \sqrt{y}\} \\ &= F_X(\sqrt{y}) - F_X(-\sqrt{y}). \end{aligned}$$

将 $F_Y(y)$ 关于 y 求导数，即得 Y 的概率密度为

$$f_Y(y) = \begin{cases} \dfrac{1}{2\sqrt{y}} \left[f_X(\sqrt{y}) + f_X(-\sqrt{y}) \right], & y > 0, \\ 0, & y \leqslant 0. \end{cases} \tag{5.1}$$

例如，设 $X \sim N(0,1)$，其概率密度为

$$\varphi(x) = \frac{1}{\sqrt{2\pi}} e^{-x^2/2}, \quad -\infty < x < \infty.$$

由 (5.1) 式得 $Y = X^2$ 的概率密度为

$$f_Y(y) = \begin{cases} \dfrac{1}{\sqrt{2\pi}} y^{-1/2} e^{-y/2}, & y > 0, \\ 0, & y \leqslant 0. \end{cases}$$

此时称 Y 服从自由度为 1 的 χ^2 分布.

上述两个例子解法的关键一步是在 "$Y \leqslant y$" 中，即在 "$g(X) \leqslant y$" 中解出 X，从而得到一个与 "$g(X) \leqslant y$" 等价的 X 的不等式，并以后者代替 "$g(X) \leqslant y$". 例如，在例 2 中以 "$X \leqslant \dfrac{y-8}{2}$" 代替 "$2X + 8 \leqslant y$"；在例 3 中，当 $y > 0$ 时以 "$-\sqrt{y} \leqslant X \leqslant \sqrt{y}$" 代替 "$X^2 \leqslant y$". 一般来说，可以用这样的方法[①]求连续型随机变量的函数的分布函数或概率密度. 下面我们仅对 $Y = g(X)$，其中 $g(\cdot)$ 是严格单调函数的情况，写出一般的结果.

定理 设随机变量 X 具有概率密度 $f_X(x)$，$-\infty < x < \infty$，又设函数 $g(x)$ 处处可导且恒有 $g'(x) > 0$（或恒有 $g'(x) < 0$），则 $Y = g(X)$ 是连续型随机变量，其概率密度为

$$f_Y(y) = \begin{cases} f_X[h(y)] |h'(y)|, & \alpha < y < \beta, \\ 0, & \text{其他}, \end{cases} \tag{5.2}$$

其中 $\alpha = \min\{g(-\infty), g(\infty)\}$，$\beta = \max\{g(-\infty), g(\infty)\}$，$h(y)$ 是 $g(x)$ 的反函数.

我们只证 $g'(x) > 0$ 的情况. 此时 $g(x)$ 在 $(-\infty, \infty)$ 内严格单调增加，它的

---

① 连续型随机变量 X 的函数 $Y = g(X)$ 不一定是连续型随机变量.

反函数 $h(y)$ 存在,且在 (α,β) 内严格单调增加、可导.分别记 X,Y 的分布函数为 $F_X(x),F_Y(y)$.现在先来求 Y 的分布函数 $F_Y(y)$.

因为 $Y=g(X)$ 在 (α,β) 内取值,故当 $y\leqslant\alpha$ 时,$F_Y(y)=P\{Y\leqslant y\}=0$;当 $y\geqslant\beta$ 时,$F_Y(y)=P\{Y\leqslant y\}=1$.

当 $\alpha<y<\beta$ 时,
$$F_Y(y)=P\{Y\leqslant y\}=P\{g(X)\leqslant y\}$$
$$=P\{X\leqslant h(y)\}=F_X[h(y)].$$

将 $F_Y(y)$ 关于 y 求导数,即得 Y 的概率密度
$$f_Y(y)=\begin{cases}f_X[h(y)]h'(y),&\alpha<y<\beta,\\0,&\text{其他}.\end{cases}\tag{5.3}$$

对于 $g'(x)<0$ 的情况可以同样地证明,此时有
$$f_Y(y)=\begin{cases}f_X[h(y)][-h'(y)],&\alpha<y<\beta,\\0,&\text{其他}.\end{cases}\tag{5.4}$$

合并(5.3)与(5.4)两式,(5.2)式得证.　　　　　　　　　　　　□

若 $f(x)$ 在有限区间 $[a,b]$ 以外等于零,则只需假设在 $[a,b]$ 上恒有 $g'(x)>0$ (或恒有 $g'(x)<0$),此时
$$\alpha=\min\{g(a),g(b)\},\quad\beta=\max\{g(a),g(b)\}.$$

例 4　设随机变量 $X\sim N(\mu,\sigma^2)$.试证明 X 的线性函数 $Y=aX+b\ (a\neq0)$ 也服从正态分布.

证　X 的概率密度为
$$f_X(x)=\frac{1}{\sqrt{2\pi}\sigma}\mathrm{e}^{-\frac{(x-\mu)^2}{2\sigma^2}},\quad-\infty<x<\infty.$$

现在 $y=g(x)=ax+b$,由这一式子解得
$$x=h(y)=\frac{y-b}{a},\text{且有 }h'(y)=\frac{1}{a}.$$

由 (5.2) 式得 $Y=aX+b$ 的概率密度为
$$f_Y(y)=\frac{1}{|a|}f_X\left(\frac{y-b}{a}\right),\quad-\infty<y<\infty.$$

即
$$f_Y(y)=\frac{1}{|a|}\frac{1}{\sqrt{2\pi}\sigma}\mathrm{e}^{-\frac{\left(\frac{y-b}{a}-\mu\right)^2}{2\sigma^2}}=\frac{1}{|a|\sigma\sqrt{2\pi}}\mathrm{e}^{-\frac{[y-(b+a\mu)]^2}{2(a\sigma)^2}},\quad-\infty<y<\infty.$$

即有 $Y=aX+b\sim N(a\mu+b,(a\sigma)^2)$.

特别,在上例中取 $a=\dfrac{1}{\sigma},b=-\dfrac{\mu}{\sigma}$ 得

$$Y = \frac{X-\mu}{\sigma} \sim N(0,1).$$

这就是上一节引理的结果. □

例 5 设电压 $V = A\sin\Theta$,其中 A 是一个已知的正常数,相角 Θ 是一个随机变量,且有 $\Theta \sim U\left(-\frac{\pi}{2}, \frac{\pi}{2}\right)$,试求电压 V 的概率密度.

解 现在 $v = g(\theta) = A\sin\theta$ 在 $\left(-\frac{\pi}{2}, \frac{\pi}{2}\right)$ 上恒有 $g'(\theta) = A\cos\theta > 0$,且有反函数

$$\theta = h(v) = \arcsin\frac{v}{A}, \quad h'(v) = \frac{1}{\sqrt{A^2-v^2}},$$

又,Θ 的概率密度为

$$f(\theta) = \begin{cases} \frac{1}{\pi}, & -\frac{\pi}{2} < \theta < \frac{\pi}{2}, \\ 0, & \text{其他.} \end{cases}$$

由(5.2)式得 $V = A\sin\Theta$ 的概率密度为

$$\psi(v) = \begin{cases} \frac{1}{\pi} \cdot \frac{1}{\sqrt{A^2-v^2}}, & -A < v < A, \\ 0, & \text{其他.} \end{cases}$$ □

若在上题中 $\Theta \sim U(0,\pi)$,因为此时 $v = g(\theta) = A\sin\theta$ 在 $(0,\pi)$ 内不是单调函数,上述定理失效,应仍按例 3 的方法来做. 请读者自行求出其结果.

小结

随机变量 $X = X(e)$ 是定义在样本空间 $S = \{e\}$ 上的实值单值函数. 也就是说,它是随机试验结果的函数. 它的取值随试验的结果而定,是不能预先确定的,它的取值有一定的概率. 随机变量的引入,使概率论的研究由个别随机事件扩大为随机变量所表征的随机现象的研究. 今后,我们主要研究随机变量和它的分布.

一个随机变量,如果它所有可能的值是有限个或可列无限个,这种随机变量称为离散型随机变量,不是这种情况则称为非离散型的. 不论是离散型的或非离散型的随机变量 X,都可以借助分布函数

$$F(x) = P\{X \le x\}, \quad -\infty < x < \infty$$

来描述. 若已知随机变量 X 的分布函数,则能知道 X 落在任一区间 (x_1, x_2) 上的概率

$$P\{x_1 < X \le x_2\} = F(x_2) - F(x_1), \quad x_1 < x_2.$$

这样,分布函数就能完整地描述随机变量取值的统计规律性.

对于离散型随机变量,我们需要掌握的是它可能取哪些值,以及它以怎样的概率取这些值,这就是离散型随机变量取值的统计规律性. 因而,对于离散型随机变量,用分布律

$$P\{X = x_k\} = p_k, \quad k = 1, 2, \cdots$$

或写成

X	x_1	x_2	$\cdots$	x_k	$\cdots$
p_k	p_1	p_2	$\cdots$	p_k	$\cdots$

$\left(这里 \sum\limits_{k=1}^{\infty} p_k = 1 \right)$ 来描述它的取值的统计规律性较为直观和简洁. 分布律与分布函数有以下的关系

$$F(x) = P\{X \leqslant x\} = \sum_{x_k \leqslant x} P\{X = x_k\},$$

它们是一一对应的.

　　设随机变量 X 的分布函数为 $F(x)$,如果存在非负可积函数 $f(x)$,使得对于任意 x,有

$$F(x) = \int_{-\infty}^{x} f(x)\mathrm{d}x,$$

则称 X 是连续型随机变量,其中 $f(x) \geqslant 0$ 称为 X 的概率密度.

　　给定 X 的概率密度 $f(x)$ 就能确定 $F(x)$,由于 $f(x)$ 位于积分号之内,故改变 $f(x)$ 在个别点上的函数值并不改变 $F(x)$ 的值. 因此,改变 $f(x)$ 在个别点上的值,是无关紧要的.

　　连续型随机变量 X 的分布函数是连续的,连续型随机变量取任一指定实数值 a 的概率为 0,即 $P\{X = a\} = 0$. 离散型随机变量是不具备这两点性质的.

　　我们将随机变量分成:

$$随机变量 \begin{cases} 离散型 \\ 非离散型 \begin{cases} 连续型 \\ 其他 \end{cases} \end{cases}$$

读者不要误以为,一个随机变量,如果它不是离散型的那一定是连续型的. 但本书只讨论两类重要的随机变量:离散型和连续型随机变量.

　　读者应掌握分布函数、分布律、概率密度的性质. 本章引入了几种重要的随机变量的分布:(0-1)分布、二项分布、泊松分布、指数分布、均匀分布和正态分布. 读者必须熟知这几种随机变量的分布律或概率密度.

　　随机变量 X 的函数 $Y = g(X)$ 也是一个随机变量,要掌握如何由已知的 X 的分布(X 的分布律或概率密度)去求得 $Y = g(X)$ 的分布(Y 的分布律或概率密度).

■ 重要术语及主题

　　随机变量　分布函数　离散型随机变量及其分布律　连续型随机变量及其概率密度
伯努利试验　(0-1)分布　n 重伯努利试验　二项分布　泊松分布　指数分布　均匀分布
正态分布　随机变量函数的分布

习题

　　1. 考虑为期一年的一张保险单,若投保人在投保后一年内因意外死亡,则公司赔付20万元;若投保人因其他原因死亡,则公司赔付 5 万元;若投保人在投保期末生存,则公司无

须付给任何费用.若投保人在一年内因意外死亡的概率为 0.000 2,因其他原因死亡的概率为 0.001 0,求公司赔付金额的分布律.

2. (1) 一袋中装有 5 只球,编号为 1,2,3,4,5.在袋中同时取 3 只,以 X 表示取出的 3 只球中的最大号码,写出随机变量 X 的分布律.

(2) 将一颗骰子抛掷两次,以 X 表示两次中得到的小的点数,试求 X 的分布律.

3. 设在 15 只同类型的零件中有 2 只是次品,在其中取 3 次,每次任取 1 只,作不放回抽样.以 X 表示取出的次品的只数.

(1) 求 X 的分布律.

(2) 画出分布律的图形.

4. 进行重复独立试验,设每次试验成功的概率为 p,失败的概率为 $q=1-p$ ($0<p<1$).

(1) 将试验进行到出现一次成功为止,以 X 表示所需的试验次数,求 X 的分布律.(此时称 X 服从以 p 为参数的**几何分布**.)

(2) 将试验进行到出现 r 次成功为止,以 Y 表示所需的试验次数,求 Y 的分布律.(此时称 Y 服从以 r,p 为参数的**帕斯卡分布**或**负二项分布**.)

(3) 一篮球运动员的投篮命中率为 45%.以 X 表示他首次投中时累计已投篮的次数,写出 X 的分布律,并计算 X 取偶数的概率.

5. 一房间有 3 扇同样大小的窗子,其中只有一扇是打开的.有一只鸟自开着的窗子飞入了房间,它只能从开着的窗子飞出去.鸟在房间里飞来飞去,试图飞出房间.假定鸟是没有记忆的,它飞向各扇窗子是随机的.

(1) 以 X 表示鸟为了飞出房间试飞的次数,求 X 的分布律.

(2) 户主声称,他养的一只鸟是有记忆的,它飞向任一窗子的尝试不多于一次.以 Y 表示这只聪明的鸟为了飞出房间试飞的次数.如户主所说是确实的,试求 Y 的分布律.

(3) 求试飞次数 X 小于 Y 的概率和试飞次数 Y 小于 X 的概率.

6. 一大楼装有 5 台同类型的供水设备.设各台设备是否被使用相互独立.调查表明在任一时刻 t 每台设备被使用的概率为 0.1,问在同一时刻,

(1) 恰有 2 台设备被使用的概率是多少?

(2) 至少有 3 台设备被使用的概率是多少?

(3) 至多有 3 台设备被使用的概率是多少?

(4) 至少有 1 台设备被使用的概率是多少?

7. 设事件 A 在每次试验中发生的概率为 0.3.当 A 发生不少于 3 次时,指示灯发出信号.

(1) 进行了 5 次重复独立试验,求指示灯发出信号的概率.

(2) 进行了 7 次重复独立试验,求指示灯发出信号的概率.

8. 甲、乙两人投篮,投中的概率分别为 0.6,0.7.今各投 3 次.求

(1) 两人投中次数相等的概率.

(2) 甲比乙投中次数多的概率.

9. 有一大批产品,其验收方案如下,先作第一次检验:从中任取 10 件,经检验无次品时

接受这批产品,次品数大于 2 时拒收;否则作第二次检验,其做法是从中再任取 5 件,仅当 5 件中无次品时接受这批产品.若产品的次品率为 10%,求

(1) 这批产品经第一次检验就能接受的概率.

(2) 需作第二次检验的概率.

(3) 这批产品按第二次检验的标准被接受的概率.

(4) 这批产品在第一次检验未能作决定且第二次检验时被通过的概率.

(5) 这批产品被接受的概率.

10. 有甲、乙两种味道和颜色都极为相似的名酒各 4 杯.如果从中挑 4 杯,能将甲种酒全部挑出来,算是试验成功一次.

(1) 某人随机地去挑,问他试验成功一次的概率是多少?

(2) 某人声称他通过品尝能区分两种酒.他连续试验 10 次,成功 3 次.试推断他是猜对的,还是他确有区分的能力(设各次试验是相互独立的).

11. 尽管在几何教科书中已经讲过仅用圆规和直尺三等分一个任意角是不可能的,但每一年总是有一些"发现者"撰写关于仅用圆规和直尺将角三等分的文章.设某地区每年撰写此类文章的篇数 X 服从参数为 6 的泊松分布.求明年没有此类文章的概率.

12. 一电话总机每分钟收到呼唤的次数服从参数为 4 的泊松分布.求

(1) 某一分钟恰有 8 次呼唤的概率.

(2) 某一分钟的呼唤次数大于 3 的概率.

13. 某一公安局在长度为 t 的时间间隔内收到的紧急呼救的次数 X 服从参数为 $t/2$ 的泊松分布,而与时间间隔的起点无关(时间以 h 计).求

(1) 某一天中午 12 时至下午 3 时未收到紧急呼救的概率.

(2) 某一天中午 12 时至下午 5 时至少收到 1 次紧急呼救的概率.

14. 某人家中在时间间隔 t(以 h 计)内接到电话的次数 X 服从参数为 $2t$ 的泊松分布.

(1) 若他外出计划用时 10 min,问其间电话铃响一次的概率是多少?

(2) 若他希望外出时没有电话的概率至少为 0.5,问他外出应控制的最长时间是多少?

15. 保险公司在一天内承保了 5 000 张相同年龄、为期一年的寿险保单,每人一份.在合同有效期内若投保人死亡,则公司需赔付 3 万元.设在一年内,该年龄段的死亡率为 0.001 5,且各投保人是否死亡相互独立.求该公司对于这批投保人的赔付总额不超过 30 万元的概率(利用泊松定理计算).

16. 有一繁忙的汽车站,每天有大量汽车通过,设一辆汽车在一天的某段时间内出事故的概率为 0.000 1.在某天的该时间段内有 1 000 辆汽车通过.问出事故的车辆数不小于 2 的概率是多少?(利用泊松定理计算.)

17. (1) 设 X 服从(0—1)分布,其分布律为 $P\{X=k\}=p^k(1-p)^{1-k}, k=0,1$,求 X 的分布函数,并作出其图形.

(2) 求第 2 题(1)中的随机变量的分布函数.

18. 在区间 $[0,a]$ 上任意投掷一个质点,以 X 表示这个质点的坐标.设这个质点落在 $[0,a]$ 中任意小区间内的概率与这个小区间的长度成正比.试求 X 的分布函数.

19. 以 X 表示某商店从早晨开始营业起直到第一个顾客到达的等待时间(以 min 计), X 的分布函数是

$$F_X(x) = \begin{cases} 1 - e^{-0.4x}, & x > 0, \\ 0, & x \leqslant 0. \end{cases}$$

求下述概率:

(1) $P\{$至多 3 min$\}$.

(2) $P\{$至少 4 min$\}$.

(3) $P\{3 \text{ min} 至 4 \text{ min} 之间\}$.

(4) $P\{$至多 3 min 或至少 4 min$\}$.

(5) $P\{$恰好 2.5 min$\}$.

20. 设随机变量 X 的分布函数为

$$F_X(x) = \begin{cases} 0, & x < 1, \\ \ln x, & 1 \leqslant x < e, \\ 1, & x \geqslant e. \end{cases}$$

(1) 求 $P\{X<2\}, P\{0<X\leqslant 3\}, P\{2<X<5/2\}$.

(2) 求概率密度 $f_X(x)$.

21. 设随机变量 X 的概率密度为

(1) $f(x) = \begin{cases} 2(1-1/x^2), & 1 \leqslant x \leqslant 2, \\ 0, & 其他. \end{cases}$

(2) $f(x) = \begin{cases} x, & 0 \leqslant x < 1, \\ 2-x, & 1 \leqslant x < 2, \\ 0, & 其他. \end{cases}$

求 X 的分布函数 $F(x)$, 并画出(2)中的 $f(x)$ 及 $F(x)$ 的图形.

22. (1) 分子运动速度的绝对值 X 服从麦克斯韦(Maxwell)分布, 其概率密度为

$$f(x) = \begin{cases} Ax^2 e^{-x^2/b}, & x > 0, \\ 0, & 其他, \end{cases}$$

其中 $b = m/(2kT)$, k 为玻耳兹曼(Boltzmann)常数, T 为绝对温度, m 是分子的质量, 试确定常数 A.

(2) 某人研究了英格兰在 1875—1951 年间, 在矿山发生导致不少于 10 人死亡的事故的频繁程度, 得知相继两次事故之间的时间 T(以日计)服从指数分布, 其概率密度为

$$f_T(t) = \begin{cases} \dfrac{1}{241} e^{-t/241}, & t > 0, \\ 0, & 其他. \end{cases}$$

求分布函数 $F_T(t)$, 并求概率 $P\{50<T<100\}$.

23. 某种型号器件的寿命 X(以 h 计)具有概率密度

$$f(x) = \begin{cases} \dfrac{1\,000}{x^2}, & x > 1\,000, \\ 0, & 其他. \end{cases}$$

现有一大批此种器件(设备器件损坏与否相互独立),任取 5 只,问其中至少有 2 只寿命大于 1 500 h 的概率是多少?

24. 设顾客在某银行的窗口等待服务的时间 X(以 min 计)服从指数分布,其概率密度为

$$f_X(x) = \begin{cases} \dfrac{1}{5} e^{-x/5}, & x > 0, \\ 0, & \text{其他.} \end{cases}$$

某顾客在窗口等待服务,若超过 10 min,他就离开.他一个月要到银行 5 次.以 Y 表示一个月内他未等到服务而离开窗口的次数.写出 Y 的分布律,并求 $P\{Y \geqslant 1\}$.

25. 设 K 在 $(0,5)$ 内服从均匀分布,求 x 的方程

$$4x^2 + 4Kx + K + 2 = 0$$

有实根的概率.

26. 设 $X \sim N(3, 2^2)$.

(1) 求 $P\{2 < X \leqslant 5\}, P\{-4 < X \leqslant 10\}, P\{|X| > 2\}, P\{X > 3\}$.

(2) 确定 c,使得 $P\{X > c\} = P\{X \leqslant c\}$.

(3) 设 d 满足 $P\{X > d\} \geqslant 0.9$,问 d 至多为多少?

27. 某地区 18 岁的女青年的血压(收缩压,以 mmHg 计,1 mmHg = 133.322 4 Pa)服从 $N(110, 12^2)$ 分布.在该地区任选一 18 岁的女青年,测量她的血压 X.

(1) 求 $P\{X \leqslant 105\}, P\{100 < X \leqslant 120\}$.

(2) 确定最小的 x,使 $P\{X > x\} \leqslant 0.05$.

28. 由某机器生产的螺栓的长度(以 cm 计)服从参数 $\mu = 10.05, \sigma = 0.06$ 的正态分布.规定长度在范围 10.05 ± 0.12 内为合格品,求一螺栓为不合格品的概率.

29. 一工厂生产的某种元件的寿命 X(以 h 计)服从参数为 $\mu = 160, \sigma(\sigma > 0)$ 的正态分布.若要求 $P\{120 < X \leqslant 200\} \geqslant 0.80$,允许 σ 最大为多少?

30. 设在一电路中,电阻两端的电压(以 V 计)服从 $N(120, 2^2)$ 分布,今独立测量了 5 次,试确定有 2 次测定值落在区间 $[118, 122]$ 之外的概率.

31. 某人上班,自家里去办公楼要经过一交通指示灯,这一指示灯有 80% 时间亮红灯,此时他在指示灯旁等待直至绿灯亮.等待时间在区间 $[0, 30]$(以 s 计)上服从均匀分布.以 X 表示他的等待时间,求 X 的分布函数 $F(x)$.画出 $F(x)$ 的图形,并问 X 是否为连续型随机变量,是否为离散型的?(要说明理由.)

32. 设 $f(x), g(x)$ 都是概率密度函数,求证

$$h(x) = \alpha f(x) + (1 - \alpha) g(x), \quad 0 \leqslant \alpha \leqslant 1$$

也是一个概率密度函数.

33. 设随机变量 X 的分布律为

X	-2	-1	0	1	3
p_k	$\dfrac{1}{5}$	$\dfrac{1}{6}$	$\dfrac{1}{5}$	$\dfrac{1}{15}$	$\dfrac{11}{30}$

求 $Y = X^2$ 的分布律.

34. 设随机变量 X 在区间 $(0,1)$ 内服从均匀分布.

(1) 求 $Y = e^X$ 的概率密度.

(2) 求 $Y = -2\ln X$ 的概率密度.

35. 设随机变量 $X \sim N(0,1)$.

(1) 求 $Y = e^X$ 的概率密度.

(2) 求 $Y = 2X^2 + 1$ 的概率密度.

(3) 求 $Y = |X|$ 的概率密度.

36. (1) 设随机变量 X 的概率密度为 $f(x)$, $-\infty < x < \infty$. 求 $Y = X^3$ 的概率密度.

(2) 设随机变量 X 的概率密度为

$$f(x) = \begin{cases} e^{-x}, & x > 0, \\ 0, & \text{其他}. \end{cases}$$

求 $Y = X^2$ 的概率密度.

37. 设随机变量 X 的概率密度为

$$f(x) = \begin{cases} \dfrac{2x}{\pi^2}, & 0 < x < \pi, \\ 0, & \text{其他}. \end{cases}$$

求 $Y = \sin X$ 的概率密度.

38. 设电流 I 是一个随机变量, 它均匀分布在 $9 \sim 11$ A 之间. 若此电流通过 $2\ \Omega$ 的电阻, 在其上消耗的功率 $W = 2I^2$. 求 W 的概率密度.

39. 某物体的温度 T(以 °F 计)是随机变量, 且有 $T \sim N(98.6, 2)$, 已知 $\Theta = \dfrac{5}{9}(T - 32)$, 试求 Θ(以 ℃ 计)的概率密度.

第三章　多维随机变量及其分布

§1　二维随机变量

以上我们只限于讨论一个随机变量的情况,但在实际问题中,对于某些随机试验的结果需要同时用两个或两个以上的随机变量来描述.例如,为了研究某一地区学龄前儿童的发育情况,对这一地区的儿童进行抽查.对于每个儿童都能观察到他的身高 H 和体重 W.在这里,样本空间 $S=\{e\}=\{$某地区的全部学龄前儿童$\}$,而 $H(e)$ 和 $W(e)$ 是定义在 S 上的两个随机变量.又如炮弹弹着点的位置需要由它的横坐标和纵坐标来确定,而横坐标和纵坐标是定义在同一个样本空间的两个随机变量.

一般,设 E 是一个随机试验,它的样本空间是 $S=\{e\}$,设 $X=X(e)$ 和 $Y=Y(e)$ 是定义在 S 上的随机变量,由它们构成的一个向量(X,Y),叫做**二维随机向量**或**二维随机变量**(如图 3-1).第二章讨论的随机变量也叫一维随机变量.

二维随机变量(X,Y)的性质不仅与 X 及 Y

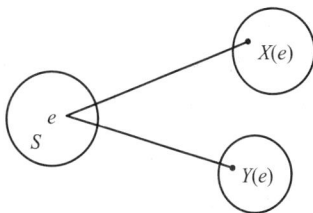

图 3-1

有关,而且还依赖于这两个随机变量的相互关系.因此,逐个地来研究 X 或 Y 的性质是不够的,还需将(X,Y)作为一个整体来进行研究.

和一维的情况类似,我们也借助"分布函数"来研究二维随机变量.

定义　设(X,Y)是二维随机变量,对于任意实数 x,y,二元函数:

$$F(x,y)=P\{(X\leqslant x)\bigcap(Y\leqslant y)\}\overset{\text{记成}}{=\!=\!=\!=}P\{X\leqslant x,Y\leqslant y\}$$

称为二维随机变量(X,Y)的**分布函数**,或称为随机变量 X 和 Y 的**联合分布函数**.

如果将二维随机变量(X,Y)看成平面上随机点的坐标,那么,分布函数 $F(x,y)$在(x,y)处的函数值就是随机点(X,Y)落在如图 3-2 所示的,以点(x,y)为顶点而位于该点左下方的无穷矩形域内的概率.

依照上述解释,借助于图 3-3 容易算出随机点(X,Y)落在矩形域$\{(x,y)|x_1<x\leqslant x_2,y_1<y\leqslant y_2\}$的概率为

$$P\{x_1 < X \leqslant x_2, y_1 < Y \leqslant y_2\}$$
$$= F(x_2, y_2) - F(x_2, y_1) + F(x_1, y_1) - F(x_1, y_2). \tag{1.1}$$

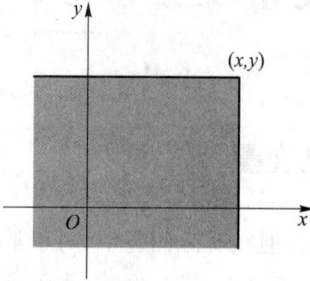

图 3—2

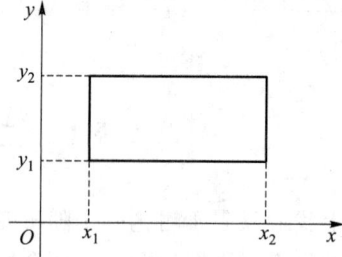

图 3—3

分布函数 $F(x, y)$ 具有以下的基本性质：

1° $F(x, y)$ 是变量 x 和 y 的不减函数，即对于任意固定的 y，当 $x_2 > x_1$ 时 $F(x_2, y) \geqslant F(x_1, y)$；对于任意固定的 x，当 $y_2 > y_1$ 时 $F(x, y_2) \geqslant F(x, y_1)$.

2° $0 \leqslant F(x, y) \leqslant 1$，且

对于任意固定的 y，$F(-\infty, y) = 0$，

对于任意固定的 x，$F(x, -\infty) = 0$，

$F(-\infty, -\infty) = 0, F(\infty, \infty) = 1$.

上面四个式子可以从几何上加以说明. 例如，在图 3—2 中将无穷矩形的右面边界向左无限平移（即 $x \to -\infty$），则"随机点 (X, Y) 落在这个矩形内"这一事件趋于不可能事件，故其概率趋于 0，即有 $F(-\infty, y) = 0$；又如当 $x \to \infty, y \to \infty$ 时图 3—2 中的无穷矩形扩展到全平面，随机点 (X, Y) 落在其中这一事件趋于必然事件，故其概率趋于 1，即 $F(\infty, \infty) = 1$.

3° $F(x+0, y) = F(x, y), F(x, y+0) = F(x, y)$，即 $F(x, y)$ 关于 x 右连续，关于 y 也右连续.

4° 对于任意 $(x_1, y_1), (x_2, y_2), x_1 < x_2, y_1 < y_2$，下述不等式成立：

$$F(x_2, y_2) - F(x_2, y_1) + F(x_1, y_1) - F(x_1, y_2) \geqslant 0.$$

这一性质由 (1.1) 式及概率的非负性即可得.

如果二维随机变量 (X, Y) 全部可能取到的值是有限对或可列无限多对，则称 (X, Y) 是**二维离散型随机变量**.

设二维离散型随机变量 (X, Y) 所有可能取的值为 $(x_i, y_j), i, j = 1, 2, \cdots$，记 $P\{X = x_i, Y = y_j\} = p_{ij}, i, j = 1, 2, \cdots$，则由概率的定义有

$$p_{ij} \geqslant 0, \quad \sum_{i=1}^{\infty} \sum_{j=1}^{\infty} p_{ij} = 1.$$

我们称 $P\{X=x_i, Y=y_j\}=p_{ij}$, $i,j=1,2,\cdots$ 为二维离散型随机变量(X,Y)的**分布律**,或称为随机变量 X 和 Y 的**联合分布律**.

我们也能用表格来表示 X 和 Y 的联合分布律,如下表所示[①].

Y \ X	x_1	x_2	$\cdots$	x_i	$\cdots$
y_1	p_{11}	p_{21}	$\cdots$	p_{i1}	$\cdots$
y_2	p_{12}	p_{22}	$\cdots$	p_{i2}	$\cdots$
$\vdots$	$\vdots$	$\vdots$		$\vdots$	
y_j	p_{1j}	p_{2j}	$\cdots$	p_{ij}	$\cdots$
$\vdots$	$\vdots$	$\vdots$		$\vdots$	

例 1 设随机变量 X 在 $1,2,3,4$ 四个整数中等可能地取一个值,另一个随机变量 Y 在 $1\sim X$ 中等可能地取一整数值.试求(X,Y)的分布律.

解 由乘法公式容易求得(X,Y)的分布律.易知$\{X=i, Y=j\}$的取值情况是:$i=1,2,3,4$,j 取不大于 i 的正整数,且

$$P\{X=i, Y=j\}=P\{Y=j \mid X=i\}P\{X=i\}=\frac{1}{i}\cdot\frac{1}{4}, \quad i=1,2,3,4, \ j\leqslant i.$$

于是(X,Y)的分布律为

Y \ X	1	2	3	4
1	$\frac{1}{4}$	$\frac{1}{8}$	$\frac{1}{12}$	$\frac{1}{16}$
2	0	$\frac{1}{8}$	$\frac{1}{12}$	$\frac{1}{16}$
3	0	0	$\frac{1}{12}$	$\frac{1}{16}$
4	0	0	0	$\frac{1}{16}$

□

将(X,Y)看成一个随机点的坐标,由图 $3-2$ 知道离散型随机变量 X 和 Y 的联合分布函数为

$$F(x,y)=\sum_{x_i\leqslant x}\sum_{y_j\leqslant y}p_{ij}, \tag{1.2}$$

其中和式是对一切满足 $x_i\leqslant x, y_j\leqslant y$ 的 i,j 来求和的.

---

① 考虑到读者的阅读习惯,本书表格形式与第四版一致.

与一维随机变量相似,对于二维随机变量(X,Y)的分布函数$F(x,y)$,如果存在非负可积函数$f(x,y)$使对于任意x,y有

$$F(x,y) = \int_{-\infty}^{y} \int_{-\infty}^{x} f(u,v)\mathrm{d}u\mathrm{d}v,$$

则称(X,Y)是**二维连续型随机变量**,函数$f(x,y)$称为二维连续型随机变量(X,Y)的**概率密度**,或称为随机变量X和Y的**联合概率密度**.

按定义,概率密度$f(x,y)$具有以下性质:

1° $f(x,y) \geqslant 0$.

2° $\int_{-\infty}^{\infty} \int_{-\infty}^{\infty} f(x,y)\mathrm{d}x\mathrm{d}y = F(\infty,\infty) = 1$.

3° 设G是xOy平面上的区域,点(X,Y)落在G内的概率为

$$P\{(X,Y) \in G\} = \iint\limits_{G} f(x,y)\mathrm{d}x\mathrm{d}y. \tag{1.3}$$

4° 若$f(x,y)$在点(x,y)连续,则有

$$\frac{\partial^2 F(x,y)}{\partial x \partial y} = f(x,y).$$

由性质4°,在$f(x,y)$的连续点处有

$$\lim_{\substack{\Delta x \to 0^+ \\ \Delta y \to 0^+}} \frac{P\{x < X \leqslant x+\Delta x, y < Y \leqslant y+\Delta y\}}{\Delta x \Delta y}$$

$$\xrightarrow{\text{由}(1.1)} \lim_{\substack{\Delta x \to 0^+ \\ \Delta y \to 0^+}} \frac{1}{\Delta x \Delta y} [F(x+\Delta x, y+\Delta y) - F(x+\Delta x, y) - F(x, y+\Delta y) + F(x,y)]$$

$$= \frac{\partial^2 F(x,y)}{\partial x \partial y} = f(x,y).$$

这表示若$f(x,y)$在点(x,y)处连续,则当$\Delta x, \Delta y$很小时

$$P\{x < X \leqslant x+\Delta x, y < Y \leqslant y+\Delta y\} \approx f(x,y)\Delta x \Delta y,$$

也就是点(X,Y)落在小矩形$(x, x+\Delta x] \times (y, y+\Delta y]$内的概率近似地等于$f(x,y)\Delta x \Delta y$.

在几何上$z = f(x,y)$表示空间的一个曲面.由性质2°知,介于它和xOy平面的空间区域的体积为1.由性质3°,$P\{(X,Y) \in G\}$的值等于以G为底,以曲面$z = f(x,y)$为顶面的柱体体积.

例2　设二维随机变量(X,Y)具有概率密度

$$f(x,y) = \begin{cases} 2\mathrm{e}^{-(2x+y)}, & x > 0, y > 0, \\ 0, & \text{其他}. \end{cases}$$

(1) 求分布函数$F(x,y)$.(2) 求概率$P\{Y \leqslant X\}$.

解　(1) $F(x,y) = \int_{-\infty}^{y} \int_{-\infty}^{x} f(x,y)\mathrm{d}x\mathrm{d}y$

$$= \begin{cases} \int_0^y \int_0^x 2\mathrm{e}^{-(2x+y)}\mathrm{d}x\mathrm{d}y, & x>0, y>0, \\ 0, & \text{其他.} \end{cases}$$

即有
$$F(x,y) = \begin{cases} (1-\mathrm{e}^{-2x})(1-\mathrm{e}^{-y}), & x>0, y>0, \\ 0, & \text{其他.} \end{cases}$$

(2) 将 (X,Y) 看作平面上随机点的坐标. 即有
$$\{Y \leqslant X\} = \{(X,Y) \in G\},$$
其中 G 为 xOy 平面上直线 $y=x$ 及其下方的部分, 如图 $3-4$. 于是

$$P\{Y \leqslant X\} = P\{(X,Y) \in G\} = \iint\limits_{G} f(x,y)\mathrm{d}x\mathrm{d}y$$

$$= \int_0^\infty \int_y^\infty 2\mathrm{e}^{-(2x+y)}\mathrm{d}x\mathrm{d}y = \frac{1}{3}. \qquad \square$$

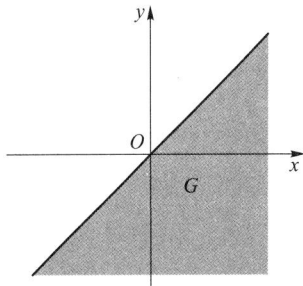

图 $3-4$

以上关于二维随机变量的讨论, 不难推广到 $n\,(n>2)$ 维随机变量的情况. 一般, 设 E 是一个随机试验, 它的样本空间是 $S=\{e\}$, 设 $X_1=X_1(e)$, $X_2=X_2(e),\cdots,X_n=X_n(e)$ 是定义在 S 上的随机变量, 由它们构成的一个 n 维向量 $(X_1,X_2,\cdots,X_n)$ 称为 n **维随机向量**或 n **维随机变量**.

对于任意 n 个实数 $x_1,x_2,\cdots,x_n$, n 元函数
$$F(x_1,x_2,\cdots,x_n) = P\{X_1 \leqslant x_1, X_2 \leqslant x_2,\cdots,X_n \leqslant x_n\}$$
称为 n 维随机变量 $(X_1,X_2,\cdots,X_n)$ 的**分布函数**或随机变量 $X_1,X_2,\cdots,X_n$ 的**联合分布函数**. 它具有类似于二维随机变量的分布函数的性质.

§2 边 缘 分 布

二维随机变量 (X,Y) 作为一个整体, 具有分布函数 $F(x,y)$. 而 X 和 Y 都是随机变量, 各自也有分布函数, 将它们分别记为 $F_X(x)$, $F_Y(y)$, 依次称为二维随机变量 (X,Y) 关于 X 和关于 Y 的**边缘分布函数**. 边缘分布函数可以由 (X,Y) 的分布函数 $F(x,y)$ 所确定, 事实上,

$$F_X(x) = P\{X \leqslant x\} = P\{X \leqslant x, Y < \infty\} = F(x,\infty),$$

即 $\qquad\qquad\qquad\qquad F_X(x) = F(x,\infty). \qquad\qquad\qquad\qquad (2.1)$
就是说, 只要在函数 $F(x,y)$ 中令 $y\to\infty$ 就能得到 $F_X(x)$. 同理

$$F_Y(y) = F(\infty,y). \qquad\qquad\qquad\qquad (2.2)$$

对于离散型随机变量, 由 (1.2), (2.1) 式可得

$$F_X(x) = F(x, \infty) = \sum_{x_i \leqslant x} \sum_{j=1}^{\infty} p_{ij}.$$

与第二章(3.2)式比较,知道 X 的分布律为

$$P\{X = x_i\} = \sum_{j=1}^{\infty} p_{ij}, \quad i = 1, 2, \cdots.$$

同样,Y 的分布律为

$$P\{Y = y_j\} = \sum_{i=1}^{\infty} p_{ij}, \quad j = 1, 2, \cdots.$$

记
$$p_{i\cdot} = \sum_{j=1}^{\infty} p_{ij} = P\{X = x_i\}, \quad i = 1, 2, \cdots,$$

$$p_{\cdot j} = \sum_{i=1}^{\infty} p_{ij} = P\{Y = y_j\}, \quad j = 1, 2, \cdots,$$

分别称 $p_{i\cdot}\,(i=1,2,\cdots)$ 和 $p_{\cdot j}\,(j=1,2,\cdots)$ 为 (X,Y) 关于 X 和关于 Y 的**边缘分布律**(注意,记号 $p_{i\cdot}$ 中的"·"表示 $p_{i\cdot}$ 是由 p_{ij} 关于 j 求和后得到的;同样,$p_{\cdot j}$ 是由 p_{ij} 关于 i 求和后得到的).

对于连续型随机变量 (X,Y),设它的概率密度为 $f(x,y)$,由于

$$F_X(x) = F(x, \infty) = \int_{-\infty}^{x} \left[\int_{-\infty}^{\infty} f(x, y) \mathrm{d}y \right] \mathrm{d}x,$$

由第二章(4.1)式知道,X 是一个连续型随机变量,且其概率密度为

$$f_X(x) = \int_{-\infty}^{\infty} f(x, y) \mathrm{d}y. \tag{2.3}$$

同样,Y 也是一个连续型随机变量,其概率密度为

$$f_Y(y) = \int_{-\infty}^{\infty} f(x, y) \mathrm{d}x. \tag{2.4}$$

分别称 $f_X(x), f_Y(y)$ 为 (X,Y) 关于 X 和关于 Y 的**边缘概率密度**.

例1　一整数 N 等可能地在 $1,2,3,\cdots,10$ 十个值中取一个值. 设 $D = D(N)$ 是能整除 N 的正整数的个数,$F = F(N)$ 是能整除 N 的素数的个数(注意 1 不是素数). 试写出 D 和 F 的联合分布律,并求边缘分布律.

解　先将试验的样本空间及 D,F 取值的情况列出如下:

样本点	1	2	3	4	5	6	7	8	9	10
D	1	2	2	3	2	4	2	4	3	4
F	0	1	1	1	1	2	1	1	1	2

D 所有可能取的值为 $1,2,3,4$；F 所有可能取的值为 $0,1,2$. 容易得到 (D,F) 取 $(i,j),i=1,2,3,4,j=0,1,2$ 的概率,例如

$$P\{D=1,F=0\}=\frac{1}{10},\quad P\{D=2,F=1\}=\frac{4}{10},$$

可得 D 和 F 的联合分布律及边缘分布律如下表所示:

F \ D	1	2	3	4	$P\{F=j\}$
0	$\frac{1}{10}$	0	0	0	$\frac{1}{10}$
1	0	$\frac{4}{10}$	$\frac{2}{10}$	$\frac{1}{10}$	$\frac{7}{10}$
2	0	0	0	$\frac{2}{10}$	$\frac{2}{10}$
$P\{D=i\}$	$\frac{1}{10}$	$\frac{4}{10}$	$\frac{2}{10}$	$\frac{3}{10}$	1

即有边缘分布律

D	1	2	3	4
p_k	$\frac{1}{10}$	$\frac{4}{10}$	$\frac{2}{10}$	$\frac{3}{10}$

F	0	1	2
p_k	$\frac{1}{10}$	$\frac{7}{10}$	$\frac{2}{10}$

我们常常将边缘分布律写在联合分布律表格的边缘上,如上表所示. 这就是"边缘分布律"这个名词的来源.

例2 设随机变量 X 和 Y 具有联合概率密度(图 3-5)

$$f(x,y)=\begin{cases}6,&x^2\leqslant y\leqslant x,\\0,&\text{其他}.\end{cases}$$

求边缘概率密度 $f_X(x),f_Y(y)$.

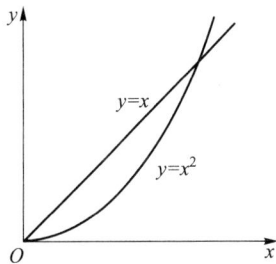

图 3-5

解

$$f_X(x)=\int_{-\infty}^{\infty}f(x,y)\mathrm{d}y=\begin{cases}\int_{x^2}^x 6\mathrm{d}y=6(x-x^2),&0\leqslant x\leqslant 1,\\0,&\text{其他}.\end{cases}$$

$$f_Y(y)=\int_{-\infty}^{\infty}f(x,y)\mathrm{d}x=\begin{cases}\int_y^{\sqrt{y}}6\mathrm{d}x=6(\sqrt{y}-y),&0\leqslant y\leqslant 1,\\0,&\text{其他}.\end{cases}$$

例3 设二维随机变量 (X,Y) 的概率密度为

$$f(x,y)=\frac{1}{2\pi\sigma_1\sigma_2\sqrt{1-\rho^2}}\exp\left\{\frac{-1}{2(1-\rho^2)}\left[\frac{(x-\mu_1)^2}{\sigma_1^2}\right.\right.$$
$$\left.\left.-2\rho\frac{(x-\mu_1)(y-\mu_2)}{\sigma_1\sigma_2}+\frac{(y-\mu_2)^2}{\sigma_2^2}\right]\right\},$$

其中 $\mu_1,\mu_2,\sigma_1,\sigma_2,\rho$ 都是常数,且 $\sigma_1>0,\sigma_2>0,-1<\rho<1$. 我们称 (X,Y) 为服从参数为 $\mu_1,\mu_2,\sigma_1,\sigma_2,\rho$ 的**二维正态分布**(这五个参数的意义将在下一章说明),记为 $(X,Y)\sim N(\mu_1,\mu_2,\sigma_1^2,\sigma_2^2,\rho)$. 试求二维正态随机变量的边缘概率密度.

解 $f_X(x)=\displaystyle\int_{-\infty}^{\infty}f(x,y)\mathrm{d}y$,由于

$$\frac{(y-\mu_2)^2}{\sigma_2^2}-2\rho\frac{(x-\mu_1)(y-\mu_2)}{\sigma_1\sigma_2}$$
$$=\left(\frac{y-\mu_2}{\sigma_2}-\rho\frac{x-\mu_1}{\sigma_1}\right)^2-\rho^2\frac{(x-\mu_1)^2}{\sigma_1^2},$$

于是

$$f_X(x)=\frac{1}{2\pi\sigma_1\sigma_2\sqrt{1-\rho^2}}e^{-\frac{(x-\mu_1)^2}{2\sigma_1^2}}\int_{-\infty}^{\infty}e^{-\frac{1}{2(1-\rho^2)}\left(\frac{y-\mu_2}{\sigma_2}-\rho\frac{x-\mu_1}{\sigma_1}\right)^2}\mathrm{d}y.$$

令

$$t=\frac{1}{\sqrt{1-\rho^2}}\left(\frac{y-\mu_2}{\sigma_2}-\rho\frac{x-\mu_1}{\sigma_1}\right),$$

则有

$$f_X(x)=\frac{1}{2\pi\sigma_1}e^{-\frac{(x-\mu_1)^2}{2\sigma_1^2}}\int_{-\infty}^{\infty}e^{-t^2/2}\mathrm{d}t,$$

即

$$f_X(x)=\frac{1}{\sqrt{2\pi}\sigma_1}e^{-\frac{(x-\mu_1)^2}{2\sigma_1^2}},\quad-\infty<x<\infty.$$

同理

$$f_Y(y)=\frac{1}{\sqrt{2\pi}\sigma_2}e^{-\frac{(y-\mu_2)^2}{2\sigma_2^2}},\quad-\infty<y<\infty.\qquad\Box$$

我们看到二维正态分布的两个边缘分布都是一维正态分布,并且都不依赖于参数 ρ,亦即对于给定的 $\mu_1,\mu_2,\sigma_1,\sigma_2$,不同的 ρ 对应不同的二维正态分布,它们的边缘分布却都是一样的.这一事实表明,单由关于 X 和关于 Y 的边缘分布,一般来说是不能确定随机变量 X 和 Y 的联合分布的.

§3 条件分布

我们由条件概率很自然地引出条件概率分布的概念.

设(X,Y)是二维离散型随机变量,其分布律为

$$P\{X=x_i,Y=y_j\}=p_{ij}, \quad i,j=1,2,\cdots.$$

(X,Y)关于X和关于Y的边缘分布律分别为

$$P\{X=x_i\}=p_{i\cdot}=\sum_{j=1}^{\infty}p_{ij}, \quad i=1,2,\cdots,$$

$$P\{Y=y_j\}=p_{\cdot j}=\sum_{i=1}^{\infty}p_{ij}, \quad j=1,2,\cdots.$$

设$p_{\cdot j}>0$,我们来考虑在事件$\{Y=y_j\}$已发生的条件下事件$\{X=x_i\}$发生的概率,也就是来求事件

$$\{X=x_i \mid Y=y_j\}, \quad i=1,2,\cdots$$

的概率.由条件概率公式,可得

$$P\{X=x_i \mid Y=y_j\}=\frac{P\{X=x_i,Y=y_j\}}{P\{Y=y_j\}}=\frac{p_{ij}}{p_{\cdot j}}, \quad i=1,2,\cdots.$$

易知上述条件概率具有分布律的性质:

1° $P\{X=x_i \mid Y=y_j\}\geqslant 0$.

2° $\displaystyle\sum_{i=1}^{\infty}P\{X=x_i \mid Y=y_j\}=\sum_{i=1}^{\infty}\frac{p_{ij}}{p_{\cdot j}}=\frac{1}{p_{\cdot j}}\sum_{i=1}^{\infty}p_{ij}=\frac{p_{\cdot j}}{p_{\cdot j}}=1.$

于是我们引入以下的定义.

定义 设(X,Y)是二维离散型随机变量,对于固定的j,若$P\{Y=y_j\}>0$,则称

$$P\{X=x_i \mid Y=y_j\}=\frac{P\{X=x_i,Y=y_j\}}{P\{Y=y_j\}}=\frac{p_{ij}}{p_{\cdot j}}, \quad i=1,2,\cdots \tag{3.1}$$

为在$Y=y_j$条件下随机变量X的**条件分布律**.

同样,对于固定的i,若$P\{X=x_i\}>0$,则称

$$P\{Y=y_j \mid X=x_i\}=\frac{P\{X=x_i,Y=y_j\}}{P\{X=x_i\}}=\frac{p_{ij}}{p_{i\cdot}}, \quad j=1,2,\cdots \tag{3.2}$$

为在$X=x_i$条件下随机变量Y的**条件分布律**.

例1 在一汽车工厂中,一辆汽车有两道工序是由机器人完成的.其一是紧固3只螺栓,其二是焊接2处焊点.以X表示由机器人紧固的螺栓中紧固得不良的数目,以Y表示由机器人焊接的不良焊点的数目.据积累的资料知(X,Y)具有分布律:

Y ＼ X	0	1	2	3	$P\{Y=j\}$
0	0.840	0.030	0.020	0.010	0.900
1	0.060	0.010	0.008	0.002	0.080
2	0.010	0.005	0.004	0.001	0.020
$P\{X=i\}$	0.910	0.045	0.032	0.013	1.000

(1) 求在 $X=1$ 的条件下，Y 的条件分布律.(2) 求在 $Y=0$ 的条件下，X 的条件分布律.

解　边缘分布律已经求出列在上表中.

(1) 在 $X=1$ 的条件下，Y 的条件分布律为

$$P\{Y=0 \mid X=1\} = \frac{P\{X=1,Y=0\}}{P\{X=1\}} = \frac{0.030}{0.045},$$

$$P\{Y=1 \mid X=1\} = \frac{P\{X=1,Y=1\}}{P\{X=1\}} = \frac{0.010}{0.045},$$

$$P\{Y=2 \mid X=1\} = \frac{P\{X=1,Y=2\}}{P\{X=1\}} = \frac{0.005}{0.045},$$

或写成

$Y=k$	0	1	2
$P\{Y=k \mid X=1\}$	$\frac{6}{9}$	$\frac{2}{9}$	$\frac{1}{9}$

(2) 同样可得在 $Y=0$ 的条件下 X 的条件分布律为

$X=k$	0	1	2	3
$P\{X=k \mid Y=0\}$	$\frac{84}{90}$	$\frac{3}{90}$	$\frac{2}{90}$	$\frac{1}{90}$

例 2　一射手进行射击，击中目标的概率为 p（$0<p<1$），射击直至击中目标两次为止.设以 X 表示首次击中目标所进行的射击次数，以 Y 表示总共进行的射击次数，试求 X 和 Y 的联合分布律及条件分布律.

解　按题意 $Y=n$ 就表示在第 n 次射击时击中目标，且在第 1 次，第 2 次，…，第 $n-1$ 次射击中恰有一次击中目标.已知各次射击是相互独立的，于是

不管 m $(m<n)$ 是多少,概率 $P\{X=m,Y=n\}$ 都应等于

$$p \cdot p \cdot \underbrace{q \cdot q \cdot \cdots \cdot q}_{n-2\text{个}} = p^2 q^{n-2} \quad (\text{这里 } q=1-p).$$

即得 X 和 Y 的联合分布律为

$$P\{X=m,Y=n\}=p^2 q^{n-2}, \quad n=2,3,\cdots;m=1,2,\cdots,n-1.$$

又 $\quad P\{X=m\}=\sum_{n=m+1}^{\infty}P\{X=m,Y=n\}=\sum_{n=m+1}^{\infty}p^2 q^{n-2}$

$$=p^2\sum_{n=m+1}^{\infty}q^{n-2}=\frac{p^2 q^{m-1}}{1-q}=pq^{m-1}, \quad m=1,2,\cdots,$$

$$P\{Y=n\}=\sum_{m=1}^{n-1}P\{X=m,Y=n\}$$

$$=\sum_{m=1}^{n-1}p^2 q^{n-2}=(n-1)p^2 q^{n-2}, \quad n=2,3,\cdots.$$

于是由(3.1),(3.2)式得到所求的条件分布律为

当 $n=2,3,\cdots$ 时,

$$P\{X=m\,|\,Y=n\}=\frac{p^2 q^{n-2}}{(n-1)p^2 q^{n-2}}=\frac{1}{n-1}, \quad m=1,2,\cdots,n-1;$$

当 $m=1,2,\cdots$ 时,

$$P\{Y=n\,|\,X=m\}=\frac{p^2 q^{n-2}}{pq^{m-1}}=pq^{n-m-1}, \quad n=m+1,m+2,\cdots.$$

例如,$P\{X=m\,|\,Y=3\}=\dfrac{1}{2}, \quad m=1,2;$

$$P\{Y=n\,|\,X=3\}=pq^{n-4}, \quad n=4,5,\cdots. \qquad \square$$

现设 (X,Y) 是二维连续型随机变量,这时由于对任意 x,y 有 $P\{X=x\}=0$,$P\{Y=y\}=0$,因此就不能直接用条件概率公式引入"条件分布函数"了.

设 (X,Y) 的概率密度为 $f(x,y)$,(X,Y) 关于 Y 的边缘概率密度为 $f_Y(y)$. 给定 y,对于任意固定的 $\varepsilon>0$,对于任意 x,考虑条件概率

$$P\{X\leqslant x\,|\,y<Y\leqslant y+\varepsilon\},$$

设 $P\{y<Y\leqslant y+\varepsilon\}>0$,则有

$$P\{X\leqslant x\,|\,y<Y\leqslant y+\varepsilon\}=\frac{P\{X\leqslant x,y<Y\leqslant y+\varepsilon\}}{P\{y<Y\leqslant y+\varepsilon\}}$$

$$=\frac{\displaystyle\int_{-\infty}^{x}\left[\int_{y}^{y+\varepsilon}f(x,y)\mathrm{d}y\right]\mathrm{d}x}{\displaystyle\int_{y}^{y+\varepsilon}f_Y(y)\mathrm{d}y}.$$

在某些条件下,当 ε 很小时,上式右端分子、分母分别近似于 $\varepsilon\int_{-\infty}^{x}f(x,y)\mathrm{d}x$ 和 $\varepsilon f_Y(y)$,于是当 ε 很小时,有

$$P\{X\leqslant x\mid y<Y\leqslant y+\varepsilon\}\approx\frac{\varepsilon\int_{-\infty}^{x}f(x,y)\mathrm{d}x}{\varepsilon f_Y(y)}=\int_{-\infty}^{x}\frac{f(x,y)}{f_Y(y)}\mathrm{d}x. \quad(3.3)$$

与一维随机变量概率密度的定义式第二章(4.1)式比较,我们给出以下的定义.

定义　设二维随机变量 (X,Y) 的概率密度为 $f(x,y)$,(X,Y) 关于 Y 的边缘概率密度为 $f_Y(y)$. 若对于固定的 y,$f_Y(y)>0$,则称 $\dfrac{f(x,y)}{f_Y(y)}$ 为在 $Y=y$ 的条件下 X 的**条件概率密度**,记为[①]

$$f_{X\mid Y}(x\mid y)=\frac{f(x,y)}{f_Y(y)}. \quad(3.4)$$

称 $\int_{-\infty}^{x}f_{X\mid Y}(x\mid y)\mathrm{d}x=\int_{-\infty}^{x}\dfrac{f(x,y)}{f_Y(y)}\mathrm{d}x$ 为在 $Y=y$ 的条件下 X 的条件分布函数,记为 $P\{X\leqslant x\mid Y=y\}$ 或 $F_{X\mid Y}(x\mid y)$,即

$$F_{X\mid Y}(x\mid y)=P\{X\leqslant x\mid Y=y\}=\int_{-\infty}^{x}\frac{f(x,y)}{f_Y(y)}\mathrm{d}x. \quad(3.5)$$

类似地,可以定义 $f_{Y\mid X}(y\mid x)=\dfrac{f(x,y)}{f_X(x)}$ 和 $F_{Y\mid X}(y\mid x)=\int_{-\infty}^{y}\dfrac{f(x,y)}{f_X(x)}\mathrm{d}y$.

由(3.3)式知道,当 ε 很小时,有

$$P\{X\leqslant x\mid y<Y\leqslant y+\varepsilon\}\approx\int_{-\infty}^{x}f_{X\mid Y}(x\mid y)\mathrm{d}x=F_{X\mid Y}(x\mid y),$$

上式说明了条件密度和条件分布函数的含义.

例3　设 G 是平面上的有界区域,其面积为 A. 若二维随机变量 (X,Y) 具有概率密度

$$f(x,y)=\begin{cases}\dfrac{1}{A}, & (x,y)\in G,\\[2mm] 0, & \text{其他},\end{cases}$$

则称 (X,Y) 在 G 上服从**均匀分布**. 现设二维随机变量 (X,Y) 在圆域 $x^2+y^2\leqslant1$ 上服从均匀分布,求条件概率密度 $f_{X\mid Y}(x\mid y)$.

解　由假设,随机变量 (X,Y) 具有概率密度

---

① 条件概率密度满足条件:$f_{X\mid Y}(x\mid y)=\dfrac{f(x,y)}{f_Y(y)}\geqslant0$;

$$\int_{-\infty}^{\infty}f_{X\mid Y}(x\mid y)\mathrm{d}x=\int_{-\infty}^{\infty}\frac{f(x,y)}{f_Y(y)}\mathrm{d}x=\frac{1}{f_Y(y)}\int_{-\infty}^{\infty}f(x,y)\mathrm{d}x=1.$$

$$f(x,y)=\begin{cases}\dfrac{1}{\pi}, & x^2+y^2\leqslant 1,\\[2mm] 0, & \text{其他},\end{cases}$$

且有边缘概率密度

$$f_Y(y)=\int_{-\infty}^{\infty}f(x,y)\mathrm{d}x$$

$$=\begin{cases}\dfrac{1}{\pi}\displaystyle\int_{-\sqrt{1-y^2}}^{\sqrt{1-y^2}}\mathrm{d}x=\dfrac{2}{\pi}\sqrt{1-y^2}, & -1\leqslant y\leqslant 1,\\[4mm] 0, & \text{其他}.\end{cases}$$

于是当 $-1<y<1$ 时有

$$f_{X|Y}(x\,|\,y)=\begin{cases}\dfrac{\dfrac{1}{\pi}}{\dfrac{2}{\pi}\sqrt{1-y^2}}=\dfrac{1}{2\sqrt{1-y^2}}, & -\sqrt{1-y^2}\leqslant x\leqslant\sqrt{1-y^2},\\[4mm] 0, & \text{其他}.\end{cases}$$

当 $y=0$ 和 $y=\dfrac{1}{2}$ 时 $f_{X|Y}(x\,|\,y)$ 的图形分别如图 3-6,图 3-7 所示.

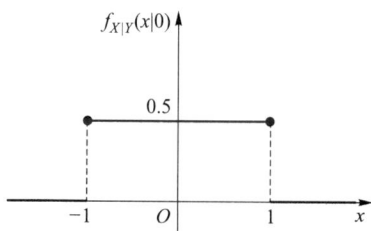

图 3-6

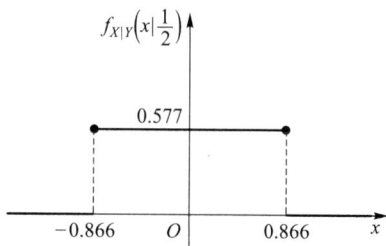

图 3-7

例 4 设数 X 在区间 $(0,1)$ 上随机地取值,当观察到 $X=x\ (0<x<1)$ 时,数 Y 在区间 $(x,1)$ 上随机地取值. 求 Y 的概率密度 $f_Y(y)$.

解 按题意 X 具有概率密度

$$f_X(x)=\begin{cases}1, & 0<x<1,\\ 0, & \text{其他}.\end{cases}$$

对于任意给定的值 $x\ (0<x<1)$,在 $X=x$ 的条件下 Y 的条件概率密度为

$$f_{Y|X}(y\,|\,x)=\begin{cases}\dfrac{1}{1-x}, & x<y<1,\\[2mm] 0, & \text{其他}.\end{cases}$$

由 (3.4) 式得 X 和 Y 的联合概率密度为

$$f(x,y)=f_{Y|X}(y|x)f_X(x)=\begin{cases} \dfrac{1}{1-x}, & 0<x<y<1,\\ 0, & \text{其他.}\end{cases}$$

于是得关于 Y 的边缘概率密度为

$$f_Y(y)=\int_{-\infty}^{\infty}f(x,y)\mathrm{d}x$$

$$=\begin{cases}\displaystyle\int_0^y\dfrac{1}{1-x}\mathrm{d}x=-\ln(1-y), & 0<y<1,\\ 0, & \text{其他.}\end{cases}\qquad\square$$

§4　相互独立的随机变量

本节我们将利用两个事件相互独立的概念引出两个随机变量相互独立的概念,这是一个十分重要的概念.

定义　设 $F(x,y)$ 及 $F_X(x)$,$F_Y(y)$ 分别是二维随机变量 (X,Y) 的分布函数及边缘分布函数.若对于所有 x,y 有

$$P\{X\leqslant x,Y\leqslant y\}=P\{X\leqslant x\}P\{Y\leqslant y\},\qquad (4.1)$$

即

$$F(x,y)=F_X(x)F_Y(y),\qquad (4.2)$$

则称随机变量 X 和 Y 是**相互独立的**.

设 (X,Y) 是连续型随机变量,$f(x,y)$,$f_X(x)$,$f_Y(y)$ 分别为 (X,Y) 的概率密度和边缘概率密度,则 X 和 Y 相互独立的条件(4.2)式等价于:等式

$$f(x,y)=f_X(x)f_Y(y)\qquad (4.3)$$

在平面上几乎处处[①]成立.

当 (X,Y) 是离散型随机变量时,X 和 Y 相互独立的条件(4.2)式等价于:对于 (X,Y) 的所有可能取的值 (x_i,y_j) 有

$$P\{X=x_i,Y=y_j\}=P\{X=x_i\}P\{Y=y_j\}.\qquad (4.4)$$

在实际中使用(4.3)式或(4.4)式要比使用(4.2)式方便.

例如 §1 例 2 中的随机变量 X 和 Y,由于

$$f_X(x)=\begin{cases}2\mathrm{e}^{-2x}, & x>0,\\ 0, & \text{其他,}\end{cases}\qquad f_Y(y)=\begin{cases}\mathrm{e}^{-y}, & y>0,\\ 0, & \text{其他,}\end{cases}$$

故有 $f(x,y)=f_X(x)f_Y(y)$,因而 X,Y 是相互独立的.

又如,若 X,Y 具有联合分布律

---

① 此处"几乎处处成立"的含义是:在平面上除去"面积"为零的集合以外,处处成立.

Y \ X	0	1	$P\{Y=j\}$
1	1/6	2/6	1/2
2	1/6	2/6	1/2
$P\{X=i\}$	1/3	2/3	1

则有
$$P\{X=0,Y=1\}=1/6=P\{X=0\}P\{Y=1\},$$
$$P\{X=0,Y=2\}=1/6=P\{X=0\}P\{Y=2\},$$
$$P\{X=1,Y=1\}=2/6=P\{X=1\}P\{Y=1\},$$
$$P\{X=1,Y=2\}=2/6=P\{X=1\}P\{Y=2\},$$
因而 X,Y 是相互独立的.

再如 §2 例 1 中的随机变量 F 和 D,由于 $P\{D=1,F=0\}=1/10\neq P\{D=1\}\times P\{F=0\}$,因而 F 和 D 不是相互独立的.

下面考察二维正态随机变量 (X,Y). 它的概率密度为

$$f(x,y)=\frac{1}{2\pi\sigma_1\sigma_2\sqrt{1-\rho^2}}\exp\left\{\frac{-1}{2(1-\rho^2)}\left[\frac{(x-\mu_1)^2}{\sigma_1^2}\right.\right.$$
$$\left.\left.-2\rho\frac{(x-\mu_1)(y-\mu_2)}{\sigma_1\sigma_2}+\frac{(y-\mu_2)^2}{\sigma_2^2}\right]\right\}.$$

由 §2 中例 3 知道,其边缘概率密度 $f_X(x),f_Y(y)$ 的乘积为

$$f_X(x)f_Y(y)=\frac{1}{2\pi\sigma_1\sigma_2}\exp\left\{-\frac{1}{2}\left[\frac{(x-\mu_1)^2}{\sigma_1^2}+\frac{(y-\mu_2)^2}{\sigma_2^2}\right]\right\}.$$

因此,如果 $\rho=0$,则对于所有 x,y 有 $f(x,y)=f_X(x)f_Y(y)$,即 X 和 Y 相互独立. 反之,如果 X 和 Y 相互独立,由于 $f(x,y),f_X(x),f_Y(y)$ 都是连续函数,故对于所有的 x,y 有 $f(x,y)=f_X(x)f_Y(y)$. 特别,令 $x=\mu_1,y=\mu_2$,自这一等式得到

$$\frac{1}{2\pi\sigma_1\sigma_2\sqrt{1-\rho^2}}=\frac{1}{2\pi\sigma_1\sigma_2},$$

从而 $\rho=0$. 综上所述,得到以下的结论:

对于二维正态随机变量 (X,Y),X 和 Y 相互独立的充要条件是参数 $\rho=0$.

例 一负责人到达办公室的时间均匀分布在 8~12 时,他的秘书到达办公室的时间均匀分布在 7~9 时,设他们两人到达的时间相互独立,求他们到达办公室的时间相差不超过 5 min($1/12$ h)的概率.

解 设 X 和 Y 分别是负责人和他的秘书到达办公室的时间,由假设 X 和 Y 的概率密度分别为

$$f_X(x)=\begin{cases}\dfrac{1}{4}, & 8<x<12, \\ 0, & 其他,\end{cases} \qquad f_Y(y)=\begin{cases}\dfrac{1}{2}, & 7<y<9, \\ 0, & 其他,\end{cases}$$

因为 X,Y 相互独立,故 (X,Y) 的概率密度为

$$f(x,y)=f_X(x)f_Y(y)=\begin{cases}\dfrac{1}{8}, & 8<x<12,7<y<9, \\ 0, & 其他.\end{cases}$$

按题意需要求概率 $P\{|X-Y|\leqslant 1/12\}$. 画出
区域:$|x-y|\leqslant 1/12$,以及长方形$[8<x<12$;
$7<y<9]$,它们的公共部分是四边形
$BCC'B'$,记为 G(如图 3-8).显然仅当$(X,$
$Y)$取值于 G 内,他们两人到达的时间相差
才不超过$1/12$ h.因此,所求的概率为

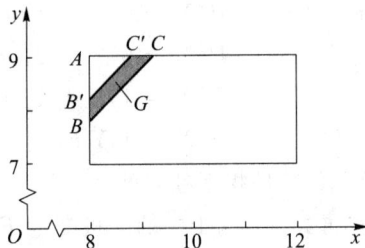

图 3-8

$$P\left\{|X-Y|\leqslant\frac{1}{12}\right\}=\iint_G f(x,y)\mathrm{d}x\mathrm{d}y$$
$$=\frac{1}{8}\times(G\ 的面积).$$

而　　　　　　G 的面积$=$三角形 ABC 的面积$-$三角形 $AB'C'$ 的面积

$$=\frac{1}{2}\left(\frac{13}{12}\right)^2-\frac{1}{2}\left(\frac{11}{12}\right)^2=\frac{1}{6}.$$

于是　　　　　　　　　　　　$P\left\{|X-Y|\leqslant\frac{1}{12}\right\}=\frac{1}{48}.$

即负责人和他的秘书到达办公室的时间相差不超过 5 min 的概率为$1/48$.　　□

以上所述关于二维随机变量的一些概念,容易推广到 n 维随机变量的情况.

上面说过,n 维随机变量$(X_1,X_2,\cdots,X_n)$的分布函数定义为

$$F(x_1,x_2,\cdots,x_n)=P\{X_1\leqslant x_1,X_2\leqslant x_2,\cdots,X_n\leqslant x_n\},$$

其中 $x_1,x_2,\cdots,x_n$ 为任意实数.

若存在非负可积函数 $f(x_1,x_2,\cdots,x_n)$,使对于任意实数 $x_1,x_2,\cdots,x_n$ 有

$$F(x_1,x_2,\cdots,x_n)=\int_{-\infty}^{x_n}\int_{-\infty}^{x_{n-1}}\cdots\int_{-\infty}^{x_1}f(x_1,x_2,\cdots,x_n)\mathrm{d}x_1\mathrm{d}x_2\cdots\mathrm{d}x_n,$$

则称 $f(x_1,x_2,\cdots,x_n)$ 为$(X_1,X_2,\cdots,X_n)$的概率密度函数.

设$(X_1,X_2,\cdots,X_n)$的分布函数 $F(x_1,x_2,\cdots,x_n)$ 为已知,则$(X_1,X_2,\cdots,X_n)$的
k $(1\leqslant k<n)$维边缘分布函数就随之确定.例如$(X_1,X_2,\cdots,X_n)$关于 X_1、关于
(X_1,X_2)的边缘分布函数分别为

$$F_{X_1}(x_1)=F(x_1,\infty,\infty,\cdots,\infty),$$

$$F_{X_1,X_2}(x_1,x_2)=F(x_1,x_2,\infty,\infty,\cdots,\infty).$$

又若 $f(x_1,x_2,\cdots,x_n)$ 是 $(X_1,X_2,\cdots,X_n)$ 的概率密度,则 $(X_1,X_2,\cdots,X_n)$ 关于 X_1、关于 (X_1,X_2) 的边缘概率密度分别为

$$f_{X_1}(x_1)=\int_{-\infty}^{\infty}\int_{-\infty}^{\infty}\cdots\int_{-\infty}^{\infty}f(x_1,x_2,\cdots,x_n)\mathrm{d}x_2\mathrm{d}x_3\cdots\mathrm{d}x_n,$$

$$f_{X_1,X_2}(x_1,x_2)=\int_{-\infty}^{\infty}\int_{-\infty}^{\infty}\cdots\int_{-\infty}^{\infty}f(x_1,x_2,\cdots,x_n)\mathrm{d}x_3\mathrm{d}x_4\cdots\mathrm{d}x_n.$$

若对于所有的 $x_1,x_2,\cdots,x_n$ 有

$$F(x_1,x_2,\cdots,x_n)=F_{X_1}(x_1)F_{X_2}(x_2)\cdots F_{X_n}(x_n),$$

则称 $X_1,X_2,\cdots,X_n$ 是相互独立的.

若对于所有的 $x_1,x_2,\cdots,x_m;y_1,y_2,\cdots,y_n$ 有

$$F(x_1,x_2,\cdots,x_m,y_1,y_2,\cdots,y_n)=F_1(x_1,x_2,\cdots,x_m)F_2(y_1,y_2,\cdots,y_n),$$

其中 F_1,F_2,F 依次为随机变量 $(X_1,X_2,\cdots,X_m),(Y_1,Y_2,\cdots,Y_n)$ 和 $(X_1,X_2,\cdots,X_m,Y_1,Y_2,\cdots,Y_n)$ 的分布函数,则称随机变量 $(X_1,X_2,\cdots,X_m)$ 和 $(Y_1,Y_2,\cdots,Y_n)$ 是相互独立的.

我们有以下的定理,它在数理统计中是很有用的.

定理　设 $(X_1,X_2,\cdots,X_m)$ 和 $(Y_1,Y_2,\cdots,Y_n)$ 相互独立,则 $X_i(i=1,2,\cdots,m)$ 和 $Y_j(j=1,2,\cdots,n)$ 相互独立. 又若 h,g 是连续函数,则 $h(X_1,X_2,\cdots,X_m)$ 和 $g(Y_1,Y_2,\cdots,Y_n)$ 相互独立.

(证明略.)

§5　两个随机变量的函数的分布

上一章 §5 中已经讨论过一个随机变量的函数的分布,本节讨论两个随机变量的函数的分布. 我们只就下面几个具体的函数来讨论.

(一) $Z=X+Y$ 的分布

设 (X,Y) 是二维连续型随机变量,它具有概率密度 $f(x,y)$. 则 $Z=X+Y$ 仍为连续型随机变量,其概率密度为

$$f_{X+Y}(z)=\int_{-\infty}^{\infty}f(z-y,y)\mathrm{d}y, \tag{5.1}$$

或

$$f_{X+Y}(z)=\int_{-\infty}^{\infty}f(x,z-x)\mathrm{d}x. \tag{5.2}$$

又若 X 和 Y 相互独立,设 (X,Y) 关于 X,Y 的边缘概率密度分别为 $f_X(x)$, $f_Y(y)$,则 (5.1),(5.2) 式分别化为

$$f_{X+Y}(z) = \int_{-\infty}^{\infty} f_X(z-y)f_Y(y)\mathrm{d}y \qquad (5.3)$$

和

$$f_{X+Y}(z) = \int_{-\infty}^{\infty} f_X(x)f_Y(z-x)\mathrm{d}x. \qquad (5.4)$$

这两个公式称为 f_X 和 f_Y 的**卷积公式**,记为 $f_X * f_Y$,即

$$f_X * f_Y = \int_{-\infty}^{\infty} f_X(z-y)f_Y(y)\mathrm{d}y = \int_{-\infty}^{\infty} f_X(x)f_Y(z-x)\mathrm{d}x.$$

证　先来求 $Z=X+Y$ 的分布函数 $F_Z(z)$,即有

$$F_Z(z) = P\{Z \leqslant z\} = \iint\limits_{x+y \leqslant z} f(x,y)\mathrm{d}x\mathrm{d}y,$$

这里积分区域 $G:x+y \leqslant z$ 是直线 $x+y=z$ 及其左下方的半平面(如图 3-9).将二重积分化成累次积分,得

$$F_Z(z) = \int_{-\infty}^{\infty}\left[\int_{-\infty}^{z-y} f(x,y)\mathrm{d}x\right]\mathrm{d}y.$$

固定 z 和 y 对积分 $\int_{-\infty}^{z-y} f(x,y)\mathrm{d}x$ 作变量变换,令 $x=u-y$,得

$$\int_{-\infty}^{z-y} f(x,y)\mathrm{d}x = \int_{-\infty}^{z} f(u-y,y)\mathrm{d}u.$$

于是

$$F_Z(z) = \int_{-\infty}^{\infty}\left[\int_{-\infty}^{z} f(u-y,y)\mathrm{d}u\right]\mathrm{d}y = \int_{-\infty}^{z}\left[\int_{-\infty}^{\infty} f(u-y,y)\mathrm{d}y\right]\mathrm{d}u.$$

由概率密度的定义即得(5.1)式.类似可证得(5.2)式.　　　　□

例 1　设 X 和 Y 是两个相互独立的随机变量.它们都服从 $N(0,1)$ 分布,其概率密度为

$$f_X(x) = \frac{1}{\sqrt{2\pi}}\mathrm{e}^{-x^2/2}, \quad -\infty < x < \infty,$$

$$f_Y(y) = \frac{1}{\sqrt{2\pi}}\mathrm{e}^{-y^2/2}, \quad -\infty < y < \infty.$$

求 $Z=X+Y$ 的概率密度.

解　由(5.4)式

$$f_Z(z) = \int_{-\infty}^{\infty} f_X(x)f_Y(z-x)\mathrm{d}x$$

$$= \frac{1}{2\pi}\int_{-\infty}^{\infty} \mathrm{e}^{-\frac{x^2}{2}} \cdot \mathrm{e}^{-\frac{(z-x)^2}{2}}\mathrm{d}x = \frac{1}{2\pi}\mathrm{e}^{-\frac{z^2}{4}}\int_{-\infty}^{\infty} \mathrm{e}^{-\left(x-\frac{z}{2}\right)^2}\mathrm{d}x,$$

令 $t=x-\dfrac{z}{2}$,得

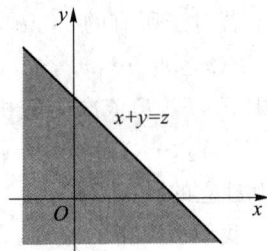

$$f_Z(z) = \frac{1}{2\pi} e^{-\frac{z^2}{4}} \int_{-\infty}^{\infty} e^{-t^2} \, dt = \frac{1}{2\pi} e^{-\frac{z^2}{4}} \sqrt{\pi} = \frac{1}{2\sqrt{\pi}} e^{-\frac{z^2}{4}}.$$

即 Z 服从 $N(0,2)$ 分布.

一般,设 X,Y 相互独立且 $X \sim N(\mu_1, \sigma_1^2)$,$Y \sim N(\mu_2, \sigma_2^2)$. 由(5.4)式经过计算知 $Z = X + Y$ 仍然服从正态分布,且有 $Z \sim N(\mu_1 + \mu_2, \sigma_1^2 + \sigma_2^2)$. 这个结论还能推广到 n 个独立正态随机变量之和的情况. 即若 $X_i \sim N(\mu_i, \sigma_i^2)$ $(i=1,2,\cdots,n)$,且它们相互独立,则它们的和 $Z = X_1 + X_2 + \cdots + X_n$ 仍然服从正态分布,且有 $Z \sim N(\mu_1 + \mu_2 + \cdots + \mu_n, \sigma_1^2 + \sigma_2^2 + \cdots + \sigma_n^2)$.

更一般地,可以证明**有限个相互独立的正态随机变量的线性组合仍然服从正态分布**. □

例 2 在一简单电路中,两电阻 R_1 和 R_2 串联连接,设 R_1, R_2 相互独立,它们的概率密度均为

$$f(x) = \begin{cases} \dfrac{10-x}{50}, & 0 \leqslant x \leqslant 10, \\ 0, & \text{其他.} \end{cases}$$

求总电阻 $R = R_1 + R_2$ 的概率密度.

解 由(5.4)式,R 的概率密度为

$$f_R(z) = \int_{-\infty}^{\infty} f(x) f(z-x) \, dx.$$

易知仅当

$$\begin{cases} 0 < x < 10, \\ 0 < z - x < 10, \end{cases} \quad 即 \quad \begin{cases} 0 < x < 10, \\ z - 10 < x < z \end{cases}$$

时上述积分的被积函数不等于零. 参考图 3-10,即得

$$f_R(z) = \begin{cases} \displaystyle\int_0^z f(x) f(z-x) \, dx, & 0 \leqslant z < 10, \\ \displaystyle\int_{z-10}^{10} f(x) f(z-x) \, dx, & 10 \leqslant z \leqslant 20, \\ 0, & \text{其他.} \end{cases}$$

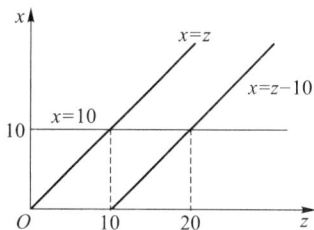

图 3-10

将 $f(x)$ 的表达式代入上式得

$$f_R(z) = \begin{cases} \dfrac{1}{15\,000}(600z - 60z^2 + z^3), & 0 \leqslant z < 10, \\ \dfrac{1}{15\,000}(20-z)^3, & 10 \leqslant z < 20, \\ 0, & \text{其他.} \end{cases}$$

□

例3 设随机变量 X,Y 相互独立,且分别服从参数为 $\alpha,\theta;\beta,\theta$ 的 Γ 分布(分别记成 $X\sim\Gamma(\alpha,\theta),Y\sim\Gamma(\beta,\theta)$). X,Y 的概率密度分别为

$$f_X(x)=\begin{cases}\dfrac{1}{\theta^\alpha\Gamma(\alpha)}x^{\alpha-1}\mathrm{e}^{-x/\theta}, & x>0,\\ 0, & \text{其他},\end{cases}\quad \alpha>0,\theta>0.$$

$$f_Y(y)=\begin{cases}\dfrac{1}{\theta^\beta\Gamma(\beta)}y^{\beta-1}\mathrm{e}^{-y/\theta}, & y>0,\\ 0, & \text{其他},\end{cases}\quad \beta>0,\theta>0.$$

试证明 $Z=X+Y$ 服从参数为 $\alpha+\beta,\theta$ 的 Γ 分布,即 $X+Y\sim\Gamma(\alpha+\beta,\theta)$.

证 由(5.4)式 $Z=X+Y$ 的概率密度为

$$f_Z(z)=\int_{-\infty}^{\infty}f_X(x)f_Y(z-x)\mathrm{d}x.$$

易知仅当

$$\begin{cases}x>0,\\ z-x>0,\end{cases}\quad \text{亦即}\quad \begin{cases}x>0,\\ x<z\end{cases}$$

时上述积分的被积函数不等于零,于是(参见图 3—11)知当 $z<0$ 时 $f_Z(z)=0$,而当 $z>0$ 时有

$$\begin{aligned}f_Z(z)&=\int_0^z\frac{1}{\theta^\alpha\Gamma(\alpha)}x^{\alpha-1}\mathrm{e}^{-x/\theta}\frac{1}{\theta^\beta\Gamma(\beta)}(z-x)^{\beta-1}\mathrm{e}^{-(z-x)/\theta}\mathrm{d}x\\ &=\frac{\mathrm{e}^{-z/\theta}}{\theta^{\alpha+\beta}\Gamma(\alpha)\Gamma(\beta)}\int_0^z x^{\alpha-1}(z-x)^{\beta-1}\mathrm{d}x\,(\text{令}\,x=zt)\\ &=\frac{z^{\alpha+\beta-1}\mathrm{e}^{-z/\theta}}{\theta^{\alpha+\beta}\Gamma(\alpha)\Gamma(\beta)}\int_0^1 t^{\alpha-1}(1-t)^{\beta-1}\mathrm{d}t\\ &\xlongequal{\text{记成}}Az^{\alpha+\beta-1}\mathrm{e}^{-z/\theta},\end{aligned}$$

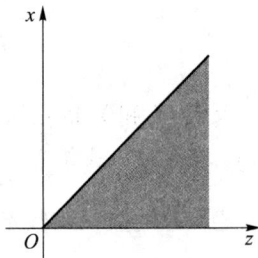

其中 $A=\dfrac{1}{\theta^{\alpha+\beta}\Gamma(\alpha)\Gamma(\beta)}\displaystyle\int_0^1 t^{\alpha-1}(1-t)^{\beta-1}\mathrm{d}t.$ (5.5)[①]

图 3—11

现在来计算 A. 由概率密度的性质得到

$$\begin{aligned}1&=\int_{-\infty}^{\infty}f_Z(z)\mathrm{d}z=\int_0^{\infty}Az^{\alpha+\beta-1}\mathrm{e}^{-z/\theta}\mathrm{d}z\\ &=A\theta^{\alpha+\beta}\int_0^{\infty}(z/\theta)^{\alpha+\beta-1}\mathrm{e}^{-z/\theta}\mathrm{d}(z/\theta)=A\theta^{\alpha+\beta}\Gamma(\alpha+\beta),\end{aligned}$$

---

① (5.5)式中的积分

$$\int_0^1 t^{\alpha-1}(1-t)^{\beta-1}\mathrm{d}t\xlongequal{\text{记成}}\mathrm{B}(\alpha,\beta),\qquad \alpha,\beta>0,$$

称为 Beta 函数. 由(5.5),(5.6)式知 Beta 函数与 Γ 函数有如下关系:

$$\mathrm{B}(\alpha,\beta)=\frac{\Gamma(\alpha)\Gamma(\beta)}{\Gamma(\alpha+\beta)}.$$

即有
$$A = \frac{1}{\theta^{\alpha+\beta}\Gamma(\alpha+\beta)}. \tag{5.6}$$

于是
$$f_Z(z) = \begin{cases} \dfrac{1}{\theta^{\alpha+\beta}\Gamma(\alpha+\beta)} z^{\alpha+\beta-1} \mathrm{e}^{-z/\theta}, & z>0, \\ 0, & \text{其他.} \end{cases}$$

即
$$X+Y \sim \Gamma(\alpha+\beta,\theta). \qquad\qquad \square$$

上述结论还能推广到 n 个相互独立的 Γ 分布变量之和的情况. 即若 $X_1,X_2,\cdots$, X_n 相互独立,且 X_i 服从参数为 $\alpha_i,\beta\ (i=1,2,\cdots,n)$ 的 Γ 分布,则 $\displaystyle\sum_{i=1}^{n} X_i$ 服从参数为 $\displaystyle\sum_{i=1}^{n}\alpha_i,\beta$ 的 Γ 分布. 这一性质称为 Γ 分布的可加性.

（二）$Z = \dfrac{Y}{X}$ 的分布、$Z = XY$ 的分布

设 (X,Y) 是二维连续型随机变量,它具有概率密度 $f(x,y)$,则 $Z = \dfrac{Y}{X}$, $Z=XY$ 仍为连续型随机变量,其概率密度分别为

$$f_{Y/X}(z) = \int_{-\infty}^{\infty} |x| f(x,xz)\mathrm{d}x, \tag{5.7}$$

$$f_{XY}(z) = \int_{-\infty}^{\infty} \frac{1}{|x|} f\left(x,\frac{z}{x}\right)\mathrm{d}x. \tag{5.8}$$

又若 X 和 Y 相互独立. 设 (X,Y) 关于 X,Y 的边缘概率密度分别为 $f_X(x)$, $f_Y(y)$,则 (5.7) 式化为

$$f_{Y/X}(z) = \int_{-\infty}^{\infty} |x| f_X(x) f_Y(xz)\mathrm{d}x. \tag{5.9}$$

而 (5.8) 式化为

$$f_{XY}(z) = \int_{-\infty}^{\infty} \frac{1}{|x|} f_X(x) f_Y\left(\frac{z}{x}\right)\mathrm{d}x. \tag{5.10}$$

证　$Z=Y/X$ 的分布函数为(如图 3—12)

$$F_{Y/X}(z) = P\{Y/X \leqslant z\} = \iint\limits_{G_1 \cup G_2} f(x,y)\mathrm{d}x\mathrm{d}y$$

$$= \iint\limits_{y/x\leqslant z,\,x<0} f(x,y)\mathrm{d}y\mathrm{d}x + \iint\limits_{y/x\leqslant z,\,x>0} f(x,y)\mathrm{d}y\mathrm{d}x$$

$$= \int_{-\infty}^{0}\left[\int_{zx}^{\infty} f(x,y)\mathrm{d}y\right]\mathrm{d}x + \int_{0}^{\infty}\left[\int_{-\infty}^{zx} f(x,y)\mathrm{d}y\right]\mathrm{d}x$$

$$\xLongequal{\text{令}\,y=xu} \int_{-\infty}^{0}\left[\int_{z}^{-\infty} x f(x,xu)\mathrm{d}u\right]\mathrm{d}x + \int_{0}^{\infty}\left[\int_{-\infty}^{z} x f(x,xu)\mathrm{d}u\right]\mathrm{d}x$$

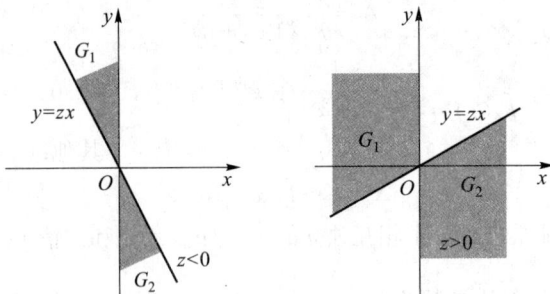

图 3 — 12

$$= \int_{-\infty}^{0}\left[\int_{-\infty}^{z}(-x)f(x,xu)\mathrm{d}u\right]\mathrm{d}x + \int_{0}^{\infty}\left[\int_{-\infty}^{z}xf(x,xu)\mathrm{d}u\right]\mathrm{d}x$$

$$= \int_{-\infty}^{\infty}\left[\int_{-\infty}^{z}|x|f(x,xu)\mathrm{d}u\right]\mathrm{d}x$$

$$= \int_{-\infty}^{z}\left[\int_{-\infty}^{\infty}|x|f(x,xu)\mathrm{d}x\right]\mathrm{d}u,$$

由概率密度的定义即得(5.7)式.

类似地,可求出 $f_{XY}(z)$ 的概率密度为(5.8)式.

例 4　某公司提供一种地震保险,保险费 Y 的概率密度为

$$f(y)=\begin{cases}\dfrac{y}{25}\mathrm{e}^{-y/5}, & y>0,\\[2mm] 0, & \text{其他}.\end{cases}$$

保险赔付 X 的概率密度为

$$g(x)=\begin{cases}\dfrac{1}{5}\mathrm{e}^{-x/5}, & x>0,\\[2mm] 0, & \text{其他}.\end{cases}$$

设 X 与 Y 相互独立,求 $Z=Y/X$ 的概率密度.

解　由(5.9)式知,当 $z<0$ 时,$f_Z(z)=0$;当 $z>0$ 时,Z 的概率密度为

$$f_Z(z) = \int_{0}^{\infty}x \cdot \frac{1}{5}\mathrm{e}^{-x/5}\cdot\frac{xz}{25}\mathrm{e}^{-xz/5}\mathrm{d}x = \frac{z}{125}\int_{0}^{\infty}x^2\mathrm{e}^{-x\cdot\frac{1+z}{5}}\mathrm{d}x$$

$$= \frac{z}{125}\frac{\Gamma(3)}{[(1+z)/5]^3} = \frac{2z}{(1+z)^3}.$$

(三) $M=\max\{X,Y\}$ 及 $N=\min\{X,Y\}$ 的分布

设 X,Y 是两个相互独立的随机变量,它们的分布函数分别为 $F_X(x)$ 和

$F_Y(y)$. 现在来求 $M=\max\{X,Y\}$ 及 $N=\min\{X,Y\}$ 的分布函数.

由于 $M=\max\{X,Y\}$ 不大于 z 等价于 X 和 Y 都不大于 z,故有

$$P\{M\leqslant z\}=P\{X\leqslant z,Y\leqslant z\}.$$

又由于 X 和 Y 相互独立,得到 $M=\max\{X,Y\}$ 的分布函数为

$$F_{\max}(z)=P\{M\leqslant z\}=P\{X\leqslant z,Y\leqslant z\}=P\{X\leqslant z\}P\{Y\leqslant z\}.$$

即有 $F_{\max}(z)=F_X(z)F_Y(z).$ \hfill (5.11)

类似地,可得 $N=\min\{X,Y\}$ 的分布函数为

$$F_{\min}(z)=P\{N\leqslant z\}=1-P\{N>z\}$$
$$=1-P\{X>z,Y>z\}=1-P\{X>z\}P\{Y>z\}.$$

即 $\qquad F_{\min}(z)=1-[1-F_X(z)][1-F_Y(z)].$ \hfill (5.12)

以上结果容易推广到 n 个相互独立的随机变量的情况.设 $X_1,X_2,\cdots,X_n$ 是 n 个相互独立的随机变量.它们的分布函数分别为 $F_{X_i}(x_i)$ $(i=1,2,\cdots,n)$,则 $M=\max\{X_1,X_2,\cdots,X_n\}$ 及 $N=\min\{X_1,X_2,\cdots,X_n\}$ 的分布函数分别为

$$F_{\max}(z)=F_{X_1}(z)F_{X_2}(z)\cdots F_{X_n}(z),$$ \hfill (5.13)

$$F_{\min}(z)=1-[1-F_{X_1}(z)][1-F_{X_2}(z)]\cdots[1-F_{X_n}(z)].$$ \hfill (5.14)

特别,当 $X_1,X_2,\cdots,X_n$ 相互独立且具有相同分布函数 $F(x)$ 时有

$$F_{\max}(z)=[F(z)]^n,$$ \hfill (5.15)

$$F_{\min}(z)=1-[1-F(z)]^n.$$ \hfill (5.16)

例 5 设系统 L 由两个相互独立的子系统 L_1,L_2 连接而成,连接的方式分别为(i)串联,(ii)并联,(iii)备用(当系统 L_1 损坏时,系统 L_2 开始工作),如图 3—13 所示.设 L_1,L_2 的寿命分别为 X,Y,已知它们的概率密度分别为

$$f_X(x)=\begin{cases}\alpha e^{-\alpha x}, & x>0, \\ 0, & x\leqslant 0,\end{cases}$$ \hfill (5.17)

$$f_Y(y)=\begin{cases}\beta e^{-\beta y}, & y>0, \\ 0, & y\leqslant 0,\end{cases}$$ \hfill (5.18)

其中 $\alpha>0,\beta>0$ 且 $\alpha\neq\beta$.试分别就以上三种连接方式写出 L 的寿命 Z 的概率密度.

解 (i)串联的情况.

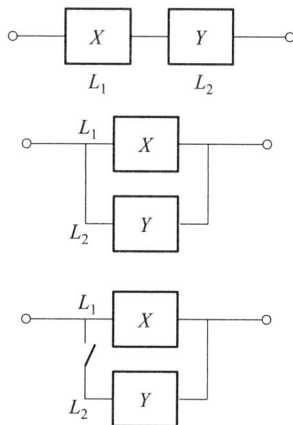

图 3—13

由于当 L_1, L_2 中有一个损坏时，系统 L 就停止工作，所以这时 L 的寿命为
$$Z=\min\{X,Y\}.$$

由(5.17),(5.18)式 X, Y 的分布函数分别为
$$F_X(x)=\begin{cases}1-\mathrm{e}^{-\alpha x}, & x>0,\\ 0, & x\leqslant 0,\end{cases}\qquad F_Y(y)=\begin{cases}1-\mathrm{e}^{-\beta y}, & y>0,\\ 0, & y\leqslant 0.\end{cases}$$

由(5.12)式得 $Z=\min\{X,Y\}$ 的分布函数为
$$F_{\min}(z)=\begin{cases}1-\mathrm{e}^{-(\alpha+\beta)z}, & z>0,\\ 0, & z\leqslant 0.\end{cases}$$

于是 $Z=\min\{X,Y\}$ 的概率密度为
$$f_{\min}(z)=\begin{cases}(\alpha+\beta)\mathrm{e}^{-(\alpha+\beta)z}, & z>0,\\ 0, & z\leqslant 0.\end{cases}$$

(ii) 并联的情况.

由于当且仅当 L_1, L_2 都损坏时，系统 L 才停止工作，所以这时 L 的寿命 Z 为
$$Z=\max\{X,Y\}.$$

按(5.11)式得 $Z=\max\{X,Y\}$ 的分布函数为
$$F_{\max}(z)=F_X(z)F_Y(z)=\begin{cases}(1-\mathrm{e}^{-\alpha z})(1-\mathrm{e}^{-\beta z}), & z>0,\\ 0, & z\leqslant 0.\end{cases}$$

于是 $Z=\max\{X,Y\}$ 的概率密度为
$$f_{\max}(z)=\begin{cases}\alpha\mathrm{e}^{-\alpha z}+\beta\mathrm{e}^{-\beta z}-(\alpha+\beta)\mathrm{e}^{-(\alpha+\beta)z}, & z>0,\\ 0, & z\leqslant 0.\end{cases}$$

(iii) 备用的情况.

由于这时当系统 L_1 损坏时系统 L_2 才开始工作，因此整个系统 L 的寿命 Z 是 L_1, L_2 两者寿命之和，即
$$Z=X+Y.$$

按(5.3)式，当 $z>0$ 时 $Z=X+Y$ 的概率密度为
$$f(z)=\int_{-\infty}^{\infty}f_X(z-y)f_Y(y)\mathrm{d}y=\int_0^z\alpha\mathrm{e}^{-\alpha(z-y)}\beta\mathrm{e}^{-\beta y}\mathrm{d}y$$
$$=\alpha\beta\mathrm{e}^{-\alpha z}\int_0^z\mathrm{e}^{-(\beta-\alpha)y}\mathrm{d}y=\frac{\alpha\beta}{\beta-\alpha}(\mathrm{e}^{-\alpha z}-\mathrm{e}^{-\beta z}).$$

当 $z\leqslant 0$ 时，$f(z)=0$，于是 $Z=X+Y$ 的概率密度为
$$f(z)=\begin{cases}\dfrac{\alpha\beta}{\beta-\alpha}(\mathrm{e}^{-\alpha z}-\mathrm{e}^{-\beta z}), & z>0,\\ 0, & z\leqslant 0.\end{cases}\qquad\square$$

小结

　　将一维随机变量的概念加以扩充,就得到多维随机变量. 我们着重讨论了二维随机变量. 和一维随机变量一样,我们定义二维随机变量(X,Y)的分布函数
$$F(x,y) = P\{X \leqslant x, Y \leqslant y\}, -\infty < x < \infty, -\infty < y < \infty.$$
对于离散型随机变量(X,Y)定义了分布律
$$P\{X = x_i, Y = y_j\} = p_{ij},\ i = 1,2,\cdots, j = 1,2,\cdots \left(p_{ij} \geqslant 0, \sum_{i=1}^{\infty}\sum_{j=1}^{\infty} p_{ij} = 1\right).$$
对于连续型随机变量(X,Y)定义了概率密度$f(x,y)$($f(x,y)\geqslant 0$),且有
$$F(x,y) = \int_{-\infty}^{y}\int_{-\infty}^{x} f(x,y)\mathrm{d}x\mathrm{d}y, \quad \text{对于任意}\ x,y.$$

　　二维随机变量的分布律与概率密度的性质与一维的类似. 特别,对于二维连续型随机变量,有公式
$$P\{(X,Y) \in G\} = \iint\limits_{G} f(x,y)\mathrm{d}x\mathrm{d}y,$$
其中,G是平面上的某区域(它是一维连续型随机变量的公式$P\{a < X \leqslant b\} = \int_{a}^{b} f(x)\mathrm{d}x$的扩充). 这一公式常用来求随机变量的不等式成立的概率,例如
$$P\{Y \leqslant X\} = P\{(X,Y) \in G\} = \iint\limits_{G} f(x,y)\mathrm{d}x\mathrm{d}y,$$
其中,G为半平面$y\leqslant x$.

　　在研究二维随机变量(X,Y)时,除了讨论上述与一维随机变量类似的内容外,还要讨论以下的新内容:边缘分布、条件分布、随机变量的独立性等.

　　注意到,对于(X,Y)而言,由(X,Y)的分布可以确定关于X、关于Y的边缘分布. 反之,由关于X和关于Y的边缘分布一般是不能确定(X,Y)的分布的. 只有当X,Y相互独立时,由两边缘分布能确定(X,Y)的分布.

　　随机变量的独立性是随机事件独立性的扩充. 我们也常利用问题的实际意义去判断两个随机变量的独立性. 例如,若X,Y分别表示两个工厂生产的显像管的寿命,我们可以认为X,Y是相互独立的.

　　我们还讨论了$Z=X+Y, Z=Y/X, Z=XY, M=\max\{X,Y\}, N=\min\{X,Y\}$的分布的求法(设$(X,Y)$的分布已知).

　　本章在进行各种问题的计算时,要用到二重积分或用到二元函数固定其中一个变量对另一个变量的积分. 此时千万要搞清楚积分变量的变化范围. 题目做错,往往是由于在进行积分运算时,将有关的积分区间或积分区域搞错了. 在做题时,画出有关函数的定义域的图形,对于正确确定积分上下限肯定是有帮助的. 另外,所求得的边缘概率密度、条件概率密度或$Z=X+Y$的概率密度等,往往是分段函数,正确写出分段函数的表达式当然是必需的.

■重要术语及主题
　　二维随机变量(X,Y)　(X,Y)的分布函数　离散型随机变量(X,Y)的分布律　连续型

随机变量(X,Y)的概率密度　离散型随机变量(X,Y)的边缘分布律　连续型随机变量$(X,$ $Y)$的边缘概率密度　条件分布函数　条件分布律　条件概率密度　两个随机变量X,Y的独立性　$Z=X+Y,Z=Y/X,Z=XY$的概率密度　$M=\max\{X,Y\},N=\min\{X,Y\}$的概率密度

习题

1. 在一箱子中装有 12 只开关,其中 2 只是次品,在其中取两次,每次任取一只,考虑两种试验:(1) 放回抽样;(2) 不放回抽样.我们定义随机变量 X,Y 如下:

$$X=\begin{cases}0, & \text{若第一次取出的是正品,}\\1, & \text{若第一次取出的是次品;}\end{cases}$$

$$Y=\begin{cases}0, & \text{若第二次取出的是正品,}\\1, & \text{若第二次取出的是次品.}\end{cases}$$

试分别就(1)、(2)两种情况,写出 X 和 Y 的联合分布律.

2. (1) 盒子里装有 3 只黑球、2 只红球、2 只白球,在其中任取 4 只球.以 X 表示取到黑球的只数,以 Y 表示取到红球的只数.求 X 和 Y 的联合分布律.

(2) 在(1)中求 $P\{X>Y\},P\{Y=2X\},P\{X+Y=3\},P\{X<3-Y\}$.

3. 设随机变量(X,Y)的概率密度为

$$f(x,y)=\begin{cases}k(6-x-y), & 0<x<2,2<y<4,\\0, & \text{其他.}\end{cases}$$

(1) 确定常数 k.

(2) 求 $P\{X<1,Y<3\}$.

(3) 求 $P\{X<1.5\}$.

(4) 求 $P\{X+Y\leqslant 4\}$.

4. 设 X,Y 都是非负的连续型随机变量,它们相互独立.

(1) 证明 $$P\{X<Y\}=\int_0^\infty F_X(x)f_Y(x)\mathrm{d}x,$$

其中 $F_X(x)$ 是 X 的分布函数,$f_Y(y)$ 是 Y 的概率密度.

(2) 设 X,Y 相互独立,其概率密度分别为

$$f_X(x)=\begin{cases}\lambda_1\mathrm{e}^{-\lambda_1 x}, & x>0,\\0, & \text{其他,}\end{cases} \quad f_Y(y)=\begin{cases}\lambda_2\mathrm{e}^{-\lambda_2 y}, & y>0,\\0, & \text{其他,}\end{cases}$$

求 $P\{X<Y\}$.

5. 设随机变量(X,Y)具有分布函数

$$F(x,y)=\begin{cases}1-\mathrm{e}^{-x}-\mathrm{e}^{-y}+\mathrm{e}^{-x-y}, & x>0,y>0,\\0, & \text{其他.}\end{cases}$$

求边缘分布函数.

6. 将一枚硬币掷 3 次,以 X 表示前 2 次中出现 H 的次数,以 Y 表示 3 次中出现 H 的次数.求 X,Y 的联合分布律以及(X,Y)的边缘分布律.

7. 设二维随机变量 (X,Y) 的概率密度为

$$f(x,y) = \begin{cases} 4.8y(2-x), & 0 \leqslant x \leqslant 1, 0 \leqslant y \leqslant x, \\ 0, & \text{其他}. \end{cases}$$

求边缘概率密度.

8. 设二维随机变量 (X,Y) 的概率密度为

$$f(x,y) = \begin{cases} e^{-y}, & 0 < x < y, \\ 0, & \text{其他}. \end{cases}$$

求边缘概率密度.

9. 设二维随机变量 (X,Y) 的概率密度为

$$f(x,y) = \begin{cases} cx^2 y, & x^2 \leqslant y \leqslant 1, \\ 0, & \text{其他}. \end{cases}$$

(1) 确定常数 c.

(2) 求边缘概率密度.

10. 将某医药公司 8 月份和 9 月份收到的青霉素针剂的订货单数分别记为 X 和 Y. 据以往积累的资料知 X 和 Y 的联合分布律为

Y \ X	51	52	53	54	55
51	0.06	0.05	0.05	0.01	0.01
52	0.07	0.05	0.01	0.01	0.01
53	0.05	0.10	0.10	0.05	0.05
54	0.05	0.02	0.01	0.01	0.03
55	0.05	0.06	0.05	0.01	0.03

(1) 求边缘分布律.

(2) 求 8 月份的订单数为 51 时, 9 月份订单数的条件分布律.

11. 以 X 记某医院一天出生的婴儿的个数, Y 记其中男婴的个数, 设 X 和 Y 的联合分布律为

$$P\{X = n, Y = m\} = \frac{e^{-14} \times 7.14^m \times 6.86^{n-m}}{m!(n-m)!},$$

$$m = 0,1,2,\cdots,n; \quad n = 0,1,2,\cdots.$$

(1) 求边缘分布律.

(2) 求条件分布律.

(3) 特别, 写出当 $X = 20$ 时, Y 的条件分布律.

12. 求 §1 例 1 中的条件分布律: $P\{Y=k \mid X=i\}$.

13. 在第 9 题中:

(1) 求条件概率密度 $f_{X|Y}(x|y)$, 特别, 写出当 $Y = \frac{1}{2}$ 时 X 的条件概率密度.

(2) 求条件概率密度 $f_{Y|X}(y|x)$, 特别, 分别写出当 $X = \frac{1}{3}$, $X = \frac{1}{2}$ 时 Y 的条件概率密度.

(3) 求条件概率

$$P\left\{Y\geqslant\frac{1}{4}\,\Big|\,X=\frac{1}{2}\right\},\quad P\left\{Y\geqslant\frac{3}{4}\,\Big|\,X=\frac{1}{2}\right\}.$$

14. 设随机变量 (X,Y) 的概率密度为

$$f(x,y)=\begin{cases}1,&|y|<x,0<x<1,\\0,&\text{其他}.\end{cases}$$

求条件概率密度 $f_{Y|X}(y\,|\,x),f_{X|Y}(x\,|\,y)$.

15. 设随机变量 $X\sim U(0,1)$,当给定 $X=x$ 时,随机变量 Y 的条件概率密度为

$$f_{Y|X}(y\,|\,x)=\begin{cases}x,&0<y<\dfrac{1}{x},\\[2mm]0,&\text{其他}.\end{cases}$$

(1) 求 X 和 Y 的联合概率密度 $f(x,y)$.

(2) 求边缘概率密度 $f_Y(y)$,并画出它的图形.

(3) 求 $P\{X>Y\}$.

16. (1) 问第 1 题中的随机变量 X 和 Y 是否相互独立?

(2) 问第 14 题中的随机变量 X 和 Y 是否相互独立(需说明理由)?

17. (1) 设随机变量 (X,Y) 具有分布函数

$$F(x,y)=\begin{cases}(1-\mathrm{e}^{-\alpha x})y,&x\geqslant 0,0\leqslant y\leqslant 1,\\1-\mathrm{e}^{-\alpha x},&x\geqslant 0,y>1,\qquad\alpha>0,\\0,&\text{其他}.\end{cases}$$

证明 X,Y 相互独立.

(2) 设随机变量 (X,Y) 具有分布律

$$P\{X=x,Y=y\}=p^2(1-p)^{x+y-2},\quad 0<p<1,x,\ y\text{ 均为正整数},$$

问 X,Y 是否相互独立?

18. 设 X 和 Y 是两个相互独立的随机变量,X 在区间 $(0,1)$ 上服从均匀分布,Y 的概率密度为

$$f_Y(y)=\begin{cases}\dfrac{1}{2}\mathrm{e}^{-y/2},&y>0,\\[2mm]0,&y\leqslant 0.\end{cases}$$

(1) 求 X 和 Y 的联合概率密度.

(2) 设含有 a 的二次方程为 $a^2+2Xa+Y=0$,试求 a 有实根的概率.

19. 进行打靶,设弹着点 $A(X,Y)$ 的坐标 X 和 Y 相互独立,且都服从 $N(0,1)$ 分布,规定

点 A 落在区域 $D_1=\{(x,y)\,|\,x^2+y^2\leqslant 1\}$ 得 2 分;

点 A 落在 $D_2=\{(x,y)\,|\,1<x^2+y^2\leqslant 4\}$ 得 1 分;

点 A 落在 $D_3=\{(x,y)\,|\,x^2+y^2>4\}$ 得 0 分.

以 Z 记打靶的得分.写出 X,Y 的联合概率密度,并求 Z 的分布律.

20. 设 X 和 Y 是相互独立的随机变量,其概率密度分别为

$$f_X(x)=\begin{cases}\lambda\mathrm{e}^{-\lambda x},&x>0,\\0,&x\leqslant 0,\end{cases}\qquad f_Y(y)=\begin{cases}\mu\mathrm{e}^{-\mu y},&y>0,\\0,&y\leqslant 0,\end{cases}$$

其中 $\lambda > 0, \mu > 0$ 是常数．引入随机变量

$$Z = \begin{cases} 1, & \text{当 } X \leqslant Y, \\ 0, & \text{当 } X > Y. \end{cases}$$

（1）求条件概率密度 $f_{X|Y}(x|y)$．

（2）求 Z 的分布律和分布函数．

21． 设随机变量 (X, Y) 的概率密度为

$$f(x, y) = \begin{cases} x + y, & 0 < x < 1, 0 < y < 1, \\ 0, & \text{其他.} \end{cases}$$

分别求（1）$Z = X + Y$，（2）$Z = XY$ 的概率密度．

22． 设 X 和 Y 是两个相互独立的随机变量，其概率密度分别为

$$f_X(x) = \begin{cases} 1, & 0 \leqslant x \leqslant 1, \\ 0, & \text{其他,} \end{cases} \qquad f_Y(y) = \begin{cases} e^{-y}, & y > 0, \\ 0, & \text{其他.} \end{cases}$$

求随机变量 $Z = X + Y$ 的概率密度．

23． 某种商品一周的需求量是一个随机变量，其概率密度为

$$f(t) = \begin{cases} te^{-t}, & t > 0, \\ 0, & t \leqslant 0. \end{cases}$$

设各周的需求量是相互独立的．求（1）两周，（2）三周的需求量的概率密度．

24． 设随机变量 (X, Y) 的概率密度为

$$f(x, y) = \begin{cases} \dfrac{1}{2}(x + y)e^{-(x+y)}, & x > 0, y > 0, \\ 0, & \text{其他.} \end{cases}$$

（1）问 X 和 Y 是否相互独立？

（2）求 $Z = X + Y$ 的概率密度．

25． 设随机变量 X, Y 相互独立，且具有相同的分布，它们的概率密度均为

$$f(x) = \begin{cases} e^{1-x}, & x > 1, \\ 0, & \text{其他.} \end{cases}$$

求 $Z = X + Y$ 的概率密度．

26． 设随机变量 X, Y 相互独立，它们的概率密度均为

$$f(x) = \begin{cases} e^{-x}, & x > 0, \\ 0, & \text{其他.} \end{cases}$$

求 $Z = Y/X$ 的概率密度．

27． 设随机变量 X, Y 相互独立，它们都在区间 $(0, 1)$ 上服从均匀分布．A 是以 X, Y 为边长的矩形的面积，求 A 的概率密度．

28． 设 X, Y 是相互独立的随机变量，它们都服从正态分布 $N(0, \sigma^2)$．试验证随机变量 $Z = \sqrt{X^2 + Y^2}$ 的概率密度为

$$f_Z(z) = \begin{cases} \dfrac{z}{\sigma^2} e^{-z^2/(2\sigma^2)}, & z > 0, \\ 0, & \text{其他.} \end{cases}$$

我们称 Z 服从参数为 σ $(\sigma>0)$ 的瑞利(Rayleigh)分布.

29. 设随机变量 (X,Y) 的概率密度为

$$f(x,y)=\begin{cases} be^{-(x+y)}, & 0<x<1,0<y<\infty, \\ 0, & \text{其他.} \end{cases}$$

(1) 试确定常数 b.

(2) 求边缘概率密度 $f_X(x),f_Y(y)$.

(3) 求函数 $U=\max\{X,Y\}$ 的分布函数.

30. 设某种型号的电子元件的寿命(以 h 计)近似地服从正态分布 $N(160,20^2)$,随机地选取 4 只,求其中没有一只寿命小于 180 的概率.

31. 对某种电子装置的输出测量了 5 次,得到结果为 X_1,X_2,X_3,X_4,X_5. 设它们是相互独立的随机变量且都服从参数 $\sigma=2$ 的瑞利分布.

(1) 求 $Z=\max\{X_1,X_2,X_3,X_4,X_5\}$ 的分布函数.

(2) 求 $P\{Z>4\}$.

32. 设随机变量 X,Y 相互独立,且服从同一分布,试证明

$$P\{a<\min\{X,Y\}\leqslant b\}=(P\{X>a\})^2-(P\{X>b\})^2 \quad (a\leqslant b).$$

33. 设 X,Y 是相互独立的随机变量,其分布律分别为

$$P\{X=k\}=p(k), \quad k=0,1,2,\cdots,$$

$$P\{Y=r\}=q(r), \quad r=0,1,2,\cdots.$$

证明随机变量 $Z=X+Y$ 的分布律为

$$P\{Z=i\}=\sum_{k=0}^{i}p(k)q(i-k), \quad i=0,1,2,\cdots.$$

34. 设 X,Y 是相互独立的随机变量,$X\sim\pi(\lambda_1),Y\sim\pi(\lambda_2)$. 证明 $Z=X+Y\sim\pi(\lambda_1+\lambda_2)$.

35. 设 X,Y 是相互独立的随机变量,$X\sim b(n_1,p),Y\sim b(n_2,p)$. 证明

$$Z=X+Y\sim b(n_1+n_2,p).$$

36. 设随机变量 (X,Y) 的分布律为

Y＼X	0	1	2	3	4	5
0	0.00	0.01	0.03	0.05	0.07	0.09
1	0.01	0.02	0.04	0.05	0.06	0.08
2	0.01	0.03	0.05	0.05	0.05	0.06
3	0.01	0.02	0.04	0.06	0.06	0.05

(1) 求 $P\{X=2\,|\,Y=2\},P\{Y=3\,|\,X=0\}$.

(2) 求 $V=\max\{X,Y\}$ 的分布律.

(3) 求 $U=\min\{X,Y\}$ 的分布律.

(4) 求 $W=X+Y$ 的分布律.

第四章 随机变量的数字特征

上一章介绍了随机变量的分布函数、概率密度和分布律,它们都能完整地描述随机变量,但在某些实际或理论问题中,人们感兴趣于某些能描述随机变量某一种特征的常数.例如,一篮球队上场比赛的运动员的身高是一个随机变量,人们常关心上场运动员的平均身高.一个城市一户家庭拥有汽车的辆数是一个随机变量,在考察城市的交通情况时,人们关心户均拥有汽车的辆数.评价棉花的质量时,既需要注意纤维的平均长度,又需要注意纤维长度与平均长度的偏离程度,平均长度较大,偏离程度较小,质量就较好.这种由随机变量的分布所确定的,能刻画随机变量某一方面的特征的常数统称为数字特征,它在理论和实际应用中都很重要.本章将介绍几个重要的数字特征:数学期望、方差、相关系数和矩.

§1 数 学 期 望

先看一个例子.一射手进行打靶练习,规定射入区域 e_2(图4-1)得 2 分;射入区域 e_1 得 1 分;脱靶,即射入区域 e_0,得 0 分.射手一次射击所得分数 X 是一个随机变量.设 X 的分布律为

$$P\{X=k\}=p_k, \quad k=0,1,2.$$

现在射击 N 次,其中得 0 分的有 a_0 次,得 1 分的有 a_1 次,得 2 分的有 a_2 次,$a_0+a_1+a_2=N$.他射击 N 次得分的总和为 $a_0\times0+a_1\times1+a_2\times2$.于是平均一次射击的得分数为

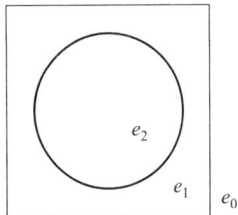

图 4-1

$$\frac{a_0\times0+a_1\times1+a_2\times2}{N}=\sum_{k=0}^{2}k\frac{a_k}{N}.$$

这里,a_k/N 是事件$\{X=k\}$的频率.在第五章将会讲到,当 N 很大时,a_k/N 在一定意义下接近于事件$\{X=k\}$的概率 p_k.就是说,在试验次数很大时,随机变量 X 的观察值的算术平均 $\sum_{k=0}^{2}k\frac{a_k}{N}$ 在一定意义下接近于 $\sum_{k=0}^{2}kp_k$.我们称 $\sum_{k=0}^{2}kp_k$ 为随机变量 X 的数学期望或均值.一般,有以下的定义.

定义 设离散型随机变量 X 的分布律为

$$P\{X=x_k\}=p_k, \quad k=1,2,\cdots.$$

若级数

$$\sum_{k=1}^{\infty} x_k p_k$$

绝对收敛,则称级数 $\sum_{k=1}^{\infty} x_k p_k$ 的和为随机变量 X 的**数学期望**,记为 $E(X)$. 即

$$E(X) = \sum_{k=1}^{\infty} x_k p_k. \tag{1.1}$$

　　设连续型随机变量 X 的概率密度为 $f(x)$,若积分

$$\int_{-\infty}^{\infty} x f(x) \mathrm{d}x$$

绝对收敛,则称积分 $\int_{-\infty}^{\infty} x f(x)\mathrm{d}x$ 的值为随机变量 X 的**数学期望**,记为 $E(X)$. 即

$$E(X) = \int_{-\infty}^{\infty} x f(x) \mathrm{d}x. \tag{1.2}$$

　　数学期望简称**期望**,又称为**均值**.

　　数学期望 $E(X)$ 完全由随机变量 X 的概率分布所确定. 若 X 服从某一分布,也称 $E(X)$ 是这一分布的数学期望.

　　例1　某医院当新生儿诞生时,医生要根据婴儿的皮肤颜色、肌肉弹性、反应的敏感性、心脏的搏动等方面的情况进行评分,新生儿的得分 X 是一个随机变量.据以往的资料表明 X 的分布律为

X	0	1	2	3	4	5	6	7	8	9	10
p_k	0.002	0.001	0.002	0.005	0.02	0.04	0.18	0.37	0.25	0.12	0.01

试求 X 的数学期望 $E(X)$.

　　解　$E(X) = 0 \times 0.002 + 1 \times 0.001 + 2 \times 0.002 + 3 \times 0.005 + 4 \times 0.02$
　　　　　　$+ 5 \times 0.04 + 6 \times 0.18 + 7 \times 0.37 + 8 \times 0.25 + 9 \times 0.12 + 10 \times 0.01$
　　　　　$= 7.15(分).$

这意味着,若考察医院出生的很多新生儿,例如 1 000 个,则一个新生儿的平均得分约为 7.15 分,1 000 个新生儿共得分约 7 150 分.　　　　　　　　　　□

　　例2　有两个相互独立工作的电子装置,它们的寿命(以 h 计)$X_k(k=1,2)$ 服从同一指数分布,其概率密度为

$$f(x) = \begin{cases} \dfrac{1}{\theta} \mathrm{e}^{-x/\theta}, & x > 0, \\ 0, & x \leqslant 0, \end{cases} \qquad \theta > 0.$$

若将这两个电子装置串联连接组成整机,求整机寿命(以 h 计)N 的数学期望.

解　$X_k(k=1,2)$ 的分布函数为

$$F(x)=\begin{cases}1-\mathrm{e}^{-x/\theta}, & x>0,\\ 0, & x\leqslant 0.\end{cases}$$

由第三章 §5 的 (5.12) 式，$N=\min\{X_1,X_2\}$ 的分布函数为

$$F_{\min}(x)=1-[1-F(x)]^2=\begin{cases}1-\mathrm{e}^{-2x/\theta}, & x>0,\\ 0, & x\leqslant 0,\end{cases}$$

因而 N 的概率密度为

$$f_{\min}(x)=\begin{cases}\dfrac{2}{\theta}\mathrm{e}^{-2x/\theta}, & x>0,\\ 0, & x\leqslant 0.\end{cases}$$

于是 N 的数学期望为

$$E(N)=\int_{-\infty}^{\infty}xf_{\min}(x)\mathrm{d}x=\int_0^{\infty}\frac{2x}{\theta}\mathrm{e}^{-2x/\theta}\mathrm{d}x=\frac{\theta}{2}.\qquad\square$$

例 3　按规定，某车站每天 $8:00\sim9:00$，$9:00\sim10:00$ 都恰有一辆客车到站，但到站的时刻是随机的，且两者到站的时间相互独立．其规律为

到站时刻	8:10 8:30 8:50 9:10 9:30 9:50		
概率	$\dfrac{1}{6}$	$\dfrac{3}{6}$	$\dfrac{2}{6}$

一旅客 $8:20$ 到车站，求他候车时间的数学期望．

解　设旅客的候车时间为 X（以 min 计）．X 的分布律为

X	10	30	50	70	90
p_k	$\dfrac{3}{6}$	$\dfrac{2}{6}$	$\dfrac{1}{6}\times\dfrac{1}{6}$	$\dfrac{1}{6}\times\dfrac{3}{6}$	$\dfrac{1}{6}\times\dfrac{2}{6}$

在上表中，例如

$$P\{X=70\}=P(AB)=P(A)P(B)=\frac{1}{6}\times\frac{3}{6},$$

其中 A 为事件"第一班车在 $8:10$ 到站"，B 为"第二班车在 $9:30$ 到站"．候车时间的数学期望为

$$E(X)=10\times\frac{3}{6}+30\times\frac{2}{6}+50\times\frac{1}{36}+70\times\frac{3}{36}+90\times\frac{2}{36}=27.22.\qquad\square$$

例 4　某商店对某种家用电器的销售采用先使用后付款的方式．记使用寿命为 X（以年计），规定：

$X \leqslant 1$，一台付款 1 500 元；

$1 < X \leqslant 2$，一台付款 2 000 元；

$2 < X \leqslant 3$，一台付款 2 500 元；

$X > 3$，一台付款 3 000 元.

设寿命 X 服从指数分布，概率密度为

$$f(x) = \begin{cases} \dfrac{1}{10}\mathrm{e}^{-x/10}, & x > 0, \\ 0, & x \leqslant 0. \end{cases}$$

试求该商店一台这种家用电器收费 Y 的数学期望.

解　先求出寿命 X 落在各个时间区间的概率. 即有

$$P\{X \leqslant 1\} = \int_0^1 \frac{1}{10}\mathrm{e}^{-x/10}\,\mathrm{d}x = 1 - \mathrm{e}^{-0.1} = 0.095\,2,$$

$$P\{1 < X \leqslant 2\} = \int_1^2 \frac{1}{10}\mathrm{e}^{-x/10}\,\mathrm{d}x = \mathrm{e}^{-0.1} - \mathrm{e}^{-0.2} = 0.086\,1,$$

$$P\{2 < X \leqslant 3\} = \int_2^3 \frac{1}{10}\mathrm{e}^{-x/10}\,\mathrm{d}x = \mathrm{e}^{-0.2} - \mathrm{e}^{-0.3} = 0.077\,9,$$

$$P\{X > 3\} = \int_3^\infty \frac{1}{10}\mathrm{e}^{-x/10}\,\mathrm{d}x = \mathrm{e}^{-0.3} = 0.740\,8.$$

一台家用电器收费 Y（以元计）的分布律为

Y	1 500	2 000	2 500	3 000
p_k	0.095 2	0.086 1	0.077 9	0.740 8

得 $E(Y) = 2\,732.15$，即平均一台收费 2 732.15 元.　　　　　□

　　例 5　在一个人数很多的团体中普查某种疾病，为此要抽验 N 个人的血，可以用两种方法进行.（i）将每个人的血分别去验，这就需验 N 次.（ii）按 k 个人一组进行分组，把从 k 个人抽来的血混合在一起进行检验. 如果这混合血液呈阴性反应，就说明 k 个人的血都呈阴性反应，这样，这 k 个人的血就只需验一次；若呈阳性，则再对这 k 个人的血液分别进行化验，这样，k 个人的血总共要化验 $k+1$ 次. 假设每个人化验呈阳性的概率为 p，且这些人的试验反应是相互独立的. 试说明当 p 较小时，选取适当的 k，按第二种方法可以减少化验的次数. 并说明 k 取什么值时最适宜.

　　解　各人的血呈阴性反应的概率为 $q = 1 - p$. 因而 k 个人的混合血呈阴性反应的概率为 q^k，k 个人的混合血呈阳性反应的概率为 $1 - q^k$.

　　设以 k 个人为一组时，组内每人化验的次数为 X，则 X 是一个随机变量，其分布律为

X	$\dfrac{1}{k}$	$\dfrac{k+1}{k}$
p_k	q^k	$1-q^k$

X 的数学期望为

$$E(X)=\frac{1}{k}q^k+\left(1+\frac{1}{k}\right)(1-q^k)=1-q^k+\frac{1}{k}.$$

N 个人平均需化验的次数为

$$N\left(1-q^k+\frac{1}{k}\right).$$

由此可知,只要选择 k 使

$$1-q^k+\frac{1}{k}<1,$$

则 N 个人平均需化验的次数 $<N$. 当 p 固定时,我们选取 k 使得

$$L=1-q^k+\frac{1}{k}$$

小于 1 且取到最小值,这时就能得到最好的分组方法.

例如,$p=0.1$,则 $q=0.9$,当 $k=4$ 时,$L=1-q^k+\dfrac{1}{k}$ 取到最小值. 此时得到最好的分组方法. 若 $N=1\,000$,此时以 $k=4$ 分组,则按第二种方法平均只需化验

$$1\,000\left(1-0.9^4+\frac{1}{4}\right)=594（次）.$$

这样平均来说,约可以减少 40% 的工作量.   □

例 6 设随机变量 $X\sim\pi(\lambda)$,求 $E(X)$.

解 X 的分布律为

$$P\{X=k\}=\frac{\lambda^k\mathrm{e}^{-\lambda}}{k!},\quad k=0,1,2,\cdots,\quad \lambda>0.$$

X 的数学期望为

$$E(X)=\sum_{k=0}^{\infty}k\frac{\lambda^k\mathrm{e}^{-\lambda}}{k!}=\lambda\mathrm{e}^{-\lambda}\sum_{k=1}^{\infty}\frac{\lambda^{k-1}}{(k-1)!}=\lambda\mathrm{e}^{-\lambda}\cdot\mathrm{e}^{\lambda}=\lambda,$$

即 $E(X)=\lambda$.   □

例 7 设随机变量 $X\sim U(a,b)$,求 $E(X)$.

解 X 的概率密度为

$$f(x)=\begin{cases}\dfrac{1}{b-a},&a<x<b\\[2mm]0,&\text{其他}.\end{cases}$$

X 的数学期望为

$$E(X) = \int_{-\infty}^{\infty} x f(x) \mathrm{d}x = \int_a^b \frac{x}{b-a} \mathrm{d}x = \frac{a+b}{2}.$$

即数学期望位于区间 (a,b) 的中点.　　　　　　　　　　　　　　　　□

我们经常需要求随机变量的函数的数学期望,例如飞机机翼受到压力 $W = kV^2$（V 是风速,$k>0$ 是常数）的作用,需要求 W 的数学期望,这里 W 是随机变量 V 的函数. 这时,可以通过下面的定理来求 W 的数学期望.

定理　设 Y 是随机变量 X 的函数:$Y = g(X)$（g 是连续函数）.

(i) 如果 X 是离散型随机变量,它的分布律为 $P\{X = x_k\} = p_k, k = 1, 2, \cdots,$ 若 $\sum_{k=1}^{\infty} g(x_k) p_k$ 绝对收敛,则有

$$E(Y) = E[g(X)] = \sum_{k=1}^{\infty} g(x_k) p_k. \tag{1.3}$$

(ii) 如果 X 是连续型随机变量,它的概率密度为 $f(x)$,若 $\int_{-\infty}^{\infty} g(x) f(x) \mathrm{d}x$ 绝对收敛,则有

$$E(Y) = E[g(X)] = \int_{-\infty}^{\infty} g(x) f(x) \mathrm{d}x. \tag{1.4}$$

定理的重要意义在于当我们求 $E(Y)$ 时,不必算出 Y 的分布律或概率密度,而只需利用 X 的分布律或概率密度就可以了,定理的证明超出了本书的范围. 我们只对下述特殊情况加以证明.

证　设 X 是连续型随机变量,且 $y = g(x)$ 满足第二章 §5 中定理的条件.

由第二章 §5 中的 (5.2) 式知道随机变量 $Y = g(X)$ 的概率密度为

$$f_Y(y) = \begin{cases} f_X[h(y)] |h'(y)|, & \alpha < y < \beta, \\ 0, & \text{其他,} \end{cases}$$

于是

$$E(Y) = \int_{-\infty}^{\infty} y f_Y(y) \mathrm{d}y = \int_\alpha^\beta y f_X[h(y)] \mid h'(y) \mid \mathrm{d}y.$$

当 $h'(y)$ 恒 >0 时

$$E(Y) = \int_\alpha^\beta y f_X[h(y)] h'(y) \mathrm{d}y = \int_{-\infty}^{\infty} g(x) f(x) \mathrm{d}x.$$

当 $h'(y)$ 恒 <0 时

$$E(Y) = -\int_\alpha^\beta y f_X[h(y)] h'(y) \mathrm{d}y$$

$$= -\int_{\infty}^{-\infty} g(x) f(x) \mathrm{d}x = \int_{-\infty}^{\infty} g(x) f(x) \mathrm{d}x.$$

综合上两式,(1.4) 式得证.　　　　　　　　　　　　　　　　　　□

上述定理还可以推广到两个或两个以上随机变量的函数的情况.

例如,设 Z 是随机变量 X,Y 的函数 $Z=g(X,Y)$(g 是连续函数),那么,Z 是一个一维随机变量.若二维随机变量 (X,Y) 的概率密度为 $f(x,y)$,则有

$$E(Z) = E[g(X,Y)] = \int_{-\infty}^{\infty} \int_{-\infty}^{\infty} g(x,y)f(x,y)\mathrm{d}x\mathrm{d}y, \tag{1.5}$$

这里设上式右边的积分绝对收敛.又若 (X,Y) 为离散型随机变量,其分布律为 $P\{X=x_i,Y=y_j\}=p_{ij},i,j=1,2,\cdots,$ 则有

$$E(Z) = E[g(X,Y)] = \sum_{j=1}^{\infty} \sum_{i=1}^{\infty} g(x_i,y_j) p_{ij}, \tag{1.6}$$

这里设上式右边的级数绝对收敛.

例 8 设风速 V 在 $(0,a)$ 上服从均匀分布,即具有概率密度

$$f(v) = \begin{cases} \dfrac{1}{a}, & 0 < v < a, \\ 0, & \text{其他.} \end{cases}$$

又设飞机机翼受到的正压力 W 是 V 的函数:$W=kV^2$($k>0$,常数),求 W 的数学期望.

解 由 (1.4) 式有

$$E(W) = \int_{-\infty}^{\infty} kv^2 f(v)\mathrm{d}v = \int_0^a kv^2 \frac{1}{a}\mathrm{d}v = \frac{1}{3}ka^2. \qquad \square$$

例 9 设随机变量 (X,Y) 的概率密度

$$f(x,y) = \begin{cases} \dfrac{3}{2x^3 y^2}, & \dfrac{1}{x} < y < x, x > 1, \\ 0, & \text{其他.} \end{cases}$$

求数学期望 $E(Y), E\left(\dfrac{1}{XY}\right)$.

解 由 (1.5) 式得

$$E(Y) = \int_{-\infty}^{\infty} \int_{-\infty}^{\infty} yf(x,y)\mathrm{d}y\mathrm{d}x = \int_1^{\infty} \int_{\frac{1}{x}}^{x} \frac{3}{2x^3 y}\mathrm{d}y\mathrm{d}x$$

$$= \frac{3}{2} \int_1^{\infty} \frac{1}{x^3}\Big[\ln y\Big]_{\frac{1}{x}}^{x} \mathrm{d}x = 3 \int_1^{\infty} \frac{\ln x}{x^3}\mathrm{d}x$$

$$= \Big[-\frac{3}{2}\frac{\ln x}{x^2}\Big]_1^{\infty} + \frac{3}{2} \int_1^{\infty} \frac{1}{x^3}\mathrm{d}x = \frac{3}{4}.$$

$$E\left(\frac{1}{XY}\right) = \int_{-\infty}^{\infty} \int_{-\infty}^{\infty} \frac{1}{xy}f(x,y)\mathrm{d}y\mathrm{d}x = \int_1^{\infty}\mathrm{d}x \int_{\frac{1}{x}}^{x} \frac{3}{2x^4 y^3}\mathrm{d}y = \frac{3}{5}. \qquad \square$$

例 10 某公司计划开发一种新产品市场,并试图确定该产品的产量.他们估计出售一件产品可获利 m 元,而积压一件产品将导致 n 元的损失.再者,他们预测销售量 Y(件)服从指数分布,其概率密度为

$$f_Y(y) = \begin{cases} \dfrac{1}{\theta}\,e^{-y/\theta}, & y > 0, \\ 0, & y \leqslant 0, \end{cases} \quad \theta > 0,$$

问若要获得利润的数学期望最大,应生产多少件产品(m, n, θ 均为已知)?

解　设生产 x 件,则获利 Q 是 x 的函数

$$Q = Q(x) = \begin{cases} mY - n(x-Y), & Y < x, \\ mx, & Y \geqslant x. \end{cases}$$

Q 是随机变量,它是 Y 的函数,其数学期望为

$$E(Q) = \int_0^\infty Q f_Y(y)\,\mathrm{d}y = \int_0^x [my - n(x-y)]\frac{1}{\theta}e^{-y/\theta}\mathrm{d}y + \int_x^\infty mx\,\frac{1}{\theta}e^{-y/\theta}\mathrm{d}y$$

$$= (m+n)\theta - (m+n)\theta e^{-x/\theta} - nx.$$

令

$$\frac{\mathrm{d}}{\mathrm{d}x}E(Q) = (m+n)e^{-x/\theta} - n = 0,$$

得

$$x = -\theta\ln\frac{n}{m+n}.$$

而

$$\frac{\mathrm{d}^2}{\mathrm{d}x^2}E(Q) = \frac{-(m+n)}{\theta}e^{-x/\theta} < 0,$$

故知当 $x = -\theta\ln\dfrac{n}{m+n}$ 时 $E(Q)$ 取极大值,且可知这也是最大值.

例如,若

$$f_Y(y) = \begin{cases} \dfrac{1}{10\,000}e^{-\frac{y}{10\,000}}, & y > 0, \\ 0, & y \leqslant 0, \end{cases}$$

且有 $m = 500$ 元,$n = 2\,000$ 元,则

$$x = -10\,000\ln\frac{2\,000}{500+2\,000} = 2\,231.4.$$

取 $x = 2\,231$ 件.　　　□

例 11　设甲与其他三人参与一个项目的竞拍,价格以千美元计,价格高者获胜.若甲中标,他就将此项目以 10 千美元转让给他人.可认为其他三人的竞拍价是相互独立的,且都在 7 千~11 千美元之间均匀分布.问甲应如何报价才能使获益的数学期望最大(若甲中标,则必须将此项目以他自己的报价买下).

解　设 X_1, X_2, X_3 是其他三人的报价,按题意 X_1, X_2, X_3 相互独立,且在区间 $(7, 11)$ 上服从均匀分布.其分布函数为

$$F(u) = \begin{cases} 0, & u < 7, \\ \dfrac{u-7}{4}, & 7 \leqslant u < 11, \\ 1, & u \geqslant 11. \end{cases}$$

以 Y 记三人的最高出价,即 $Y=\max\{X_1,X_2,X_3\}.Y$ 的分布函数为

$$F_Y(u)=\begin{cases}0, & u<7,\\ \left(\dfrac{u-7}{4}\right)^3, & 7\leqslant u<11,\\ 1, & u\geqslant 11.\end{cases}$$

若甲的报价为 x,按题意 $7\leqslant x\leqslant 10$,知甲能赢得这一项目的概率为

$$p=P\{Y\leqslant x\}=F_Y(x)=\left(\frac{x-7}{4}\right)^3\quad(7\leqslant x\leqslant 10).$$

以 $G(X)$ 记甲的赚钱数,$G(X)$ 是一个随机变量,它的分布律为

$G(X)$	$10-x$	0
概率	$\left(\dfrac{x-7}{4}\right)^3$	$1-\left(\dfrac{x-7}{4}\right)^3$

于是甲的赚钱数的数学期望为

$$E[G(X)]=\left(\frac{x-7}{4}\right)^3(10-x).$$

令
$$\frac{\mathrm{d}}{\mathrm{d}x}E[G(X)]=\frac{1}{4^3}[(x-7)^2(37-4x)]=0,$$

得
$$x=37/4,\quad x=7\text{（舍去）}.$$

又知
$$\left.\frac{\mathrm{d}^2}{\mathrm{d}x^2}E[G(X)]\right|_{x=37/4}<0.$$

故知当甲的报价为 $x=37/4$ 千美元时,他的赚钱数的数学期望达到极大值,还可知这也是最大值. □

现在来证明数学期望的几个重要性质[①](以下设所遇到的随机变量的数学期望存在).

1° 设 C 是常数,则有 $E(C)=C$.

2° 设 X 是一个随机变量,C 是常数,则有
$$E(CX)=CE(X).$$

3° 设 X,Y 是两个随机变量,则有
$$E(X+Y)=E(X)+E(Y).$$
这一性质可以推广到任意有限个随机变量之和的情况.

4° 设 X,Y 是相互独立的随机变量,则有
$$E(XY)=E(X)E(Y).$$

---

① 这里我们只对连续型随机变量的情况加以证明,读者只要将证明中的"积分"用"和式"代替,就能得到离散型随机变量情况的证明.

这一性质可以推广到任意有限个相互独立的随机变量之积的情况.

证　1°,2°由读者自己证明.我们来证 3°和 4°.

设二维随机变量(X,Y)的概率密度为 $f(x,y)$.其边缘概率密度为 $f_X(x)$,$f_Y(y)$.由(1.5)式

$$E(X+Y)=\int_{-\infty}^{\infty}\int_{-\infty}^{\infty}(x+y)f(x,y)\mathrm{d}x\mathrm{d}y$$

$$=\int_{-\infty}^{\infty}\int_{-\infty}^{\infty}xf(x,y)\mathrm{d}x\mathrm{d}y+\int_{-\infty}^{\infty}\int_{-\infty}^{\infty}yf(x,y)\mathrm{d}x\mathrm{d}y$$

$$=E(X)+E(Y).$$

3°得证.

又若 X 和 Y 相互独立,

$$E(XY)=\int_{-\infty}^{\infty}\int_{-\infty}^{\infty}xyf(x,y)\mathrm{d}x\mathrm{d}y=\int_{-\infty}^{\infty}\int_{-\infty}^{\infty}xyf_X(x)f_Y(y)\mathrm{d}x\mathrm{d}y$$

$$=\left[\int_{-\infty}^{\infty}xf_X(x)\mathrm{d}x\right]\left[\int_{-\infty}^{\infty}yf_Y(y)\mathrm{d}y\right]=E(X)E(Y).$$

4° 得证.　　　　　　　　　　　　　　　　　　　　　　　　　　□

例 12　一民航送客车载有 20 位旅客自机场开出,旅客有 10 个车站可以下车.如到达一个车站没有旅客下车就不停车.以 X 表示停车的次数,求 $E(X)$(设每位旅客在各个车站下车是等可能的,并设各位旅客是否下车相互独立).

解　引入随机变量

$$X_i=\begin{cases}0,&\text{在第 }i\text{ 站没有人下车,}\\1,&\text{在第 }i\text{ 站有人下车,}\end{cases}\quad i=1,2,\cdots,10.$$

易知　　　　　　　　　　　$X=X_1+X_2+\cdots+X_{10}.$

现在来求 $E(X)$.

按题意,任一旅客在第 i 站不下车的概率为 $\dfrac{9}{10}$,因此 20 位旅客都不在第 i 站下车的概率为 $\left(\dfrac{9}{10}\right)^{20}$,在第 i 站有人下车的概率为 $1-\left(\dfrac{9}{10}\right)^{20}$,也就是

$$P\{X_i=0\}=\left(\frac{9}{10}\right)^{20},\quad P\{X_i=1\}=1-\left(\frac{9}{10}\right)^{20},\quad i=1,2,\cdots,10.$$

由此

$$E(X_i)=1-\left(\frac{9}{10}\right)^{20},\quad i=1,2,\cdots,10.$$

进而　　　$E(X)=E(X_1+X_2+\cdots+X_{10})=E(X_1)+E(X_2)+\cdots+E(X_{10})$

$$=10\left[1-\left(\frac{9}{10}\right)^{20}\right]=8.784(\text{次}).$$

本题是将 X 分解成数个随机变量之和，然后利用随机变量和的数学期望等于随机变量数学期望之和来求数学期望的，这种处理方法具有一定的普遍意义.

$\square$

例 13　设一电路中电流 I（以 A 计）与电阻 R（以 Ω 计）是两个相互独立的随机变量，其概率密度分别为

$$g(i)=\begin{cases}2i, & 0\leqslant i\leqslant 1, \\ 0, & \text{其他},\end{cases} \qquad h(r)=\begin{cases}\dfrac{r^2}{9}, & 0\leqslant r\leqslant 3, \\ 0, & \text{其他}.\end{cases}$$

试求电压 $V=IR$ 的均值.

解　$E(V)=E(IR)=E(I)E(R)=\left[\displaystyle\int_{-\infty}^{\infty}ig(i)\mathrm{d}i\right]\left[\displaystyle\int_{-\infty}^{\infty}rh(r)\mathrm{d}r\right]$

$$=\left(\int_0^1 2i^2\mathrm{d}i\right)\left(\int_0^3 \frac{r^3}{9}\mathrm{d}r\right)=\frac{3}{2}(\text{V}).$$

$\square$

§2　方　　差

先从例子说起. 例如，有一批灯泡，知其平均寿命是 $E(X)=1\,000$ h. 仅由这一指标我们还不能判定这批灯泡的质量好坏. 事实上，有可能其中绝大部分灯泡的寿命都在 $950\sim 1\,050$ h；也有可能其中约有一半是高质量的，它们的寿命大约有 $1\,300$ h，另一半却是质量很差的，其寿命大约只有 700 h. 为评定这批灯泡质量的好坏，还需进一步考察灯泡寿命 X 与其均值 $E(X)=1\,000$ h 的偏离程度. 若偏离程度较小，则表示质量比较稳定. 从这个意义上来说，我们认为质量较好. 前面也曾提到在检验棉花的质量时，既要注意纤维的平均长度，还要注意纤维长度与平均长度的偏离程度. 由此可见，研究随机变量与其均值的偏离程度是十分必要的. 那么，用怎样的量去度量这个偏离程度呢？容易看到

$$E\big[|X-E(X)|\big]$$

能度量随机变量与其均值 $E(X)$ 的偏离程度. 但由于上式带有绝对值，运算不方便，为运算方便起见，通常用量

$$E\big\{[X-E(X)]^2\big\}$$

来度量随机变量 X 与其均值 $E(X)$ 的偏离程度.

定义　设 X 是随机变量，若 $E\big\{[X-E(X)]^2\big\}$ 存在，则称它为 X 的**方差**，记为 $D(X)$ 或 $\mathrm{Var}(X)$，即

$$D(X) = \text{Var}(X) = E\{[X - E(X)]^2\}. \tag{2.1}$$

在应用上还引入量 $\sqrt{D(X)}$，记为 $\sigma(X)$，称为**标准差**或**均方差**.

按定义，随机变量 X 的方差表达了 X 的取值与其数学期望的偏离程度. 若 $D(X)$ 较小，则意味着 X 的取值在 $E(X)$ 的附近比较集中，反之，若 $D(X)$ 较大，则表示 X 的取值较分散. 因此，$D(X)$ 是刻画 X 取值分散程度的一个量，它是衡量 X 取值分散程度的一个尺度.

由定义知，方差实际上就是随机变量 X 的函数 $g(X) = [X - E(X)]^2$ 的数学期望. 于是对于离散型随机变量，按(1.3)式有

$$D(X) = \sum_{k=1}^{\infty} [x_k - E(X)]^2 p_k, \tag{2.2}$$

其中 $P\{X = x_k\} = p_k, k = 1, 2, \cdots$ 是 X 的分布律.

对于连续型随机变量，按(1.4)式有

$$D(X) = \int_{-\infty}^{\infty} [x - E(X)]^2 f(x) \mathrm{d}x, \tag{2.3}$$

其中 $f(x)$ 是 X 的概率密度.

随机变量 X 的方差可按下列公式计算：

$$D(X) = E(X^2) - [E(X)]^2. \tag{2.4}$$

证   由数学期望的性质 $1°, 2°, 3°$ 得

$$D(X) = E\{[X - E(X)]^2\} = E\{X^2 - 2XE(X) + [E(X)]^2\}$$
$$= E(X^2) - 2E(X)E(X) + [E(X)]^2$$
$$= E(X^2) - [E(X)]^2. \qquad \square$$

例 1   设随机变量 X 具有数学期望 $E(X) = \mu$，方差 $D(X) = \sigma^2 \neq 0$. 记

$$X^* = \frac{X - \mu}{\sigma},$$

则

$$E(X^*) = \frac{1}{\sigma}E(X - \mu) = \frac{1}{\sigma}[E(X) - \mu] = 0,$$

$$D(X^*) = E(X^{*2}) - [E(X^*)]^2 = E\left[\left(\frac{X - \mu}{\sigma}\right)^2\right]$$

$$= \frac{1}{\sigma^2}E[(X - \mu)^2] = \frac{\sigma^2}{\sigma^2} = 1.$$

即 $X^* = \dfrac{X - \mu}{\sigma}$ 的数学期望为 0，方差为 1. X^* 称为 X 的**标准化变量**. $\qquad \square$

例 2   设随机变量 X 具有 $(0-1)$ 分布，其分布律为

$$P\{X = 0\} = 1 - p, \quad P\{X = 1\} = p.$$

求 $D(X)$.

解
$$E(X)=0\times(1-p)+1\times p=p,$$
$$E(X^2)=0^2\times(1-p)+1^2\times p=p.$$

由(2.4)式
$$D(X)=E(X^2)-[E(X)]^2=p-p^2=p(1-p).\qquad\square$$

例 3　设随机变量 $X\sim\pi(\lambda)$，求 $D(X)$.

解　随机变量 X 的分布律为
$$P\{X=k\}=\frac{\lambda^k\mathrm{e}^{-\lambda}}{k!},\quad k=0,1,2,\cdots,\quad\lambda>0.$$

上节例 6 已算得 $E(X)=\lambda$，而
$$E(X^2)=E[X(X-1)+X]=E[X(X-1)]+E(X)$$
$$=\sum_{k=0}^{\infty}k(k-1)\frac{\lambda^k\mathrm{e}^{-\lambda}}{k!}+\lambda=\lambda^2\mathrm{e}^{-\lambda}\sum_{k=2}^{\infty}\frac{\lambda^{k-2}}{(k-2)!}+\lambda$$
$$=\lambda^2\mathrm{e}^{-\lambda}\mathrm{e}^{\lambda}+\lambda=\lambda^2+\lambda,$$

所以方差
$$D(X)=E(X^2)-[E(X)]^2=\lambda.$$

由此可知，泊松分布的数学期望与方差相等，都等于参数 λ. 因为泊松分布只含一个参数 λ，只要知道它的数学期望或方差就能完全确定它的分布了.　　$\square$

例 4　设随机变量 $X\sim U(a,b)$，求 $D(X)$.

解　X 的概率密度为
$$f(x)=\begin{cases}\dfrac{1}{b-a},&a<x<b,\\0,&\text{其他}.\end{cases}$$

上节例 7 已算得 $E(X)=\dfrac{a+b}{2}$. 方差为
$$D(X)=E(X^2)-[E(X)]^2$$
$$=\int_a^b x^2\frac{1}{b-a}\mathrm{d}x-\left(\frac{a+b}{2}\right)^2=\frac{(b-a)^2}{12}.\qquad\square$$

例 5　设随机变量 X 服从指数分布，其概率密度为
$$f(x)=\begin{cases}\dfrac{1}{\theta}\mathrm{e}^{-x/\theta},&x>0,\\0,&x\leqslant 0,\end{cases}$$

其中 $\theta>0$，求 $E(X),D(X)$.

解
$$E(X)=\int_{-\infty}^{\infty}xf(x)\mathrm{d}x=\int_0^{\infty}x\frac{1}{\theta}\mathrm{e}^{-x/\theta}\mathrm{d}x$$
$$=-x\mathrm{e}^{-x/\theta}\Big|_0^{\infty}+\int_0^{\infty}\mathrm{e}^{-x/\theta}\mathrm{d}x=\theta,$$

$$E(X^2) = \int_{-\infty}^{\infty} x^2 f(x)\mathrm{d}x = \int_{0}^{\infty} x^2 \frac{1}{\theta}\mathrm{e}^{-x/\theta}\mathrm{d}x$$

$$= -\left. x^2 \mathrm{e}^{-x/\theta}\right|_{0}^{\infty} + \int_{0}^{\infty} 2x\mathrm{e}^{-x/\theta}\mathrm{d}x = 2\theta^2,$$

于是　　　　　　　$D(X) = E(X^2) - [E(X)]^2 = 2\theta^2 - \theta^2 = \theta^2.$

即有　　　　　　　　$E(X) = \theta, \quad D(X) = \theta^2.$　　　　　　□

现在来证明方差的几个重要性质(以下设所遇到的随机变量其方差存在).

1° 设 C 是常数,则 $D(C) = 0$.

2° 设 X 是随机变量,C 是常数,则有

$$D(CX) = C^2 D(X), \quad D(X+C) = D(X).$$

3° 设 X,Y 是两个随机变量,则有

$$D(X+Y) = D(X) + D(Y) + 2E\{[X-E(X)][Y-E(Y)]\}. \tag{2.5}$$

特别,若 X,Y 相互独立,则有

$$D(X+Y) = D(X) + D(Y). \tag{2.6}$$

这一性质可以推广到任意有限多个相互独立的随机变量之和的情况.

4° $D(X) = 0$ 的充要条件是 X 以概率 1 取常数 $E(X)$,即

$$P\{X = E(X)\} = 1.$$

证　1° $D(C) = E\{[C-E(C)]^2\} = 0.$

2° $D(CX) = E\{[CX - E(CX)]^2\} = C^2 E\{[X-E(X)]^2\} = C^2 D(X).$

　$D(X+C) = E\{[X+C - E(X+C)]^2\} = E\{[X-E(X)]^2\} = D(X).$

3° $D(X+Y) = E\{[(X+Y) - E(X+Y)]^2\}$

$$= E\{[(X-E(X)) + (Y-E(Y))]^2\}$$

$$= E\{[X-E(X)]^2\} + E\{[Y-E(Y)]^2\}$$

$$\quad + 2E\{[X-E(X)][Y-E(Y)]\}$$

$$= D(X) + D(Y) + 2E\{[X-E(X)][Y-E(Y)]\}.$$

上式右端第三项:

$$2E\{[X-E(X)][Y-E(Y)]\}$$

$$= 2E[XY - XE(Y) - YE(X) + E(X)E(Y)]$$

$$= 2[E(XY) - E(X)E(Y) - E(Y)E(X) + E(X)E(Y)]$$

$$= 2[E(XY) - E(X)E(Y)].$$

若 X,Y 相互独立,由数学期望的性质 4° 知道上式右端为 0,于是

$$D(X+Y) = D(X) + D(Y).$$

4° 充分性. 设 $P\{X = E(X)\} = 1$,则有 $P\{X^2 = [E(X)]^2\} = 1$,于是

$$D(X) = E(X^2) - [E(X)]^2 = 0.$$

必要性的证明写在切比雪夫不等式证明的后面.　　　　　　　　□

例 6　设随机变量 $X \sim b(n, p)$，求 $E(X), D(X)$.

解　由二项分布的定义知，随机变量 X 是 n 重伯努利试验中事件 A 发生的次数，且在每次试验中 A 发生的概率为 p. 引入随机变量

$$X_k = \begin{cases} 1, & A \text{ 在第 } k \text{ 次试验中发生,} \\ 0, & A \text{ 在第 } k \text{ 次试验中不发生,} \end{cases} \quad k = 1, 2, \cdots, n.$$

易知　　　　　　　　　　$X = X_1 + X_2 + \cdots + X_n$,　　　　　　　(2.7)

由于 X_k 只依赖于第 k 次试验，而各次试验相互独立，于是 $X_1, X_2, \cdots, X_n$ 相互独立，又知 $X_k, k = 1, 2, \cdots, n$ 服从同一 (0−1) 分布

X_k	0	1
p_k	$1-p$	p

(2.7) 式表明以 n, p 为参数的二项分布变量，可分解成为 n 个相互独立且都服从以 p 为参数的 (0−1) 分布的随机变量之和.

由例 2 知 $E(X_k) = p, D(X_k) = p(1-p), k = 1, 2, \cdots, n$. 故知

$$E(X) = E\Big(\sum_{k=1}^{n} X_k \Big) = \sum_{k=1}^{n} E(X_k) = np.$$

又由于 $X_1, X_2, \cdots, X_n$ 相互独立，得

$$D(X) = D\Big(\sum_{k=1}^{n} X_k \Big) = \sum_{k=1}^{n} D(X_k) = np(1-p).$$

即　　　　　　　　$E(X) = np, \quad D(X) = np(1-p)$.　　　　　　　□

例 7　设随机变量 $X \sim N(\mu, \sigma^2)$，求 $E(X), D(X)$.

解　先求标准正态变量

$$Z = \frac{X - \mu}{\sigma}$$

的数学期望和方差. Z 的概率密度为

$$\varphi(t) = \frac{1}{\sqrt{2\pi}} e^{-t^2/2},$$

于是　　　$E(Z) = \frac{1}{\sqrt{2\pi}} \int_{-\infty}^{\infty} t e^{-t^2/2} \, dt = \frac{-1}{\sqrt{2\pi}} e^{-t^2/2} \Big|_{-\infty}^{\infty} = 0$,

$$D(Z) = E(Z^2) = \frac{1}{\sqrt{2\pi}} \int_{-\infty}^{\infty} t^2 e^{-t^2/2} \, dt$$

$$= \frac{-1}{\sqrt{2\pi}} t e^{-t^2/2} \Big|_{-\infty}^{\infty} + \frac{1}{\sqrt{2\pi}} \int_{-\infty}^{\infty} e^{-t^2/2} \, dt = 1.$$

因 $X=\mu+\sigma Z$，即得

$$E(X)=E(\mu+\sigma Z)=\mu,$$
$$D(X)=D(\mu+\sigma Z)=D(\sigma Z)=\sigma^2 D(Z)=\sigma^2.$$

这就是说，正态分布的概率密度中的两个参数 μ 和 σ 分别就是该分布的数学期望和均方差，因而正态分布完全可由它的数学期望和方差所确定．

再者，由上一章 §5 中例 1 知道，若 $X_i\sim N(\mu_i,\sigma_i^2)$，$i=1,2,\cdots,n$，且它们相互独立，则它们的线性组合：$C_1 X_1+C_2 X_2+\cdots+C_n X_n$（$C_1,C_2,\cdots,C_n$ 是不全为 0 的常数）仍然服从正态分布，于是由数学期望和方差的性质知道

$$C_1 X_1+C_2 X_2+\cdots+C_n X_n \sim N\left(\sum_{i=1}^{n}C_i\mu_i,\sum_{i=1}^{n}C_i^2\sigma_i^2\right) \tag{2.8}$$

这一重要结果．

例如，若 $X\sim N(1,3)$，$Y\sim N(2,4)$ 且 X,Y 相互独立，则 $Z=2X-3Y$ 也服从正态分布，而 $E(Z)=2\times1-3\times2=-4$，$D(Z)=D(2X-3Y)=4D(X)+9D(Y)=48$．故有 $Z\sim N(-4,48)$．　　　　□

例 8　设活塞的直径（以 cm 计）$X\sim N(22.40,0.03^2)$，气缸的直径 $Y\sim N(22.50,0.04^2)$，X,Y 相互独立．任取一只活塞，任取一只气缸，求活塞能装入气缸的概率．

解　按题意需求 $P\{X<Y\}=P\{X-Y<0\}$．由于

$$X-Y\sim N(-0.10,0.002\ 5),$$

故有

$$P\{X<Y\}=P\{X-Y<0\}$$
$$=P\left\{\frac{(X-Y)-(-0.10)}{\sqrt{0.002\ 5}}<\frac{0-(-0.10)}{\sqrt{0.002\ 5}}\right\}$$
$$=\Phi\left(\frac{0.10}{0.05}\right)=\Phi(2)=0.977\ 2.　　　　□$$

下面介绍一个重要的不等式．

定理　设随机变量 X 具有数学期望 $E(X)=\mu$，方差 $D(X)=\sigma^2$，则对于任意正数 ε，不等式

$$P\{|X-\mu|\geqslant\varepsilon\}\leqslant\frac{\sigma^2}{\varepsilon^2} \tag{2.9}$$

成立．

这一不等式称为**切比雪夫**（Chebyshev）**不等式**．

证　我们只就连续型随机变量的情况来证明．设 X 的概率密度为 $f(x)$，则有（如图 4-2）

$$P\{|X-\mu|\geqslant\varepsilon\}=\int_{|x-\mu|\geqslant\varepsilon}f(x)\mathrm{d}x$$

$$\leqslant\int_{|x-\mu|\geqslant\varepsilon}\frac{|x-\mu|^2}{\varepsilon^2}f(x)\mathrm{d}x$$

$$\leqslant\frac{1}{\varepsilon^2}\int_{-\infty}^{\infty}(x-\mu)^2f(x)\mathrm{d}x=\frac{\sigma^2}{\varepsilon^2}. \qquad\square$$

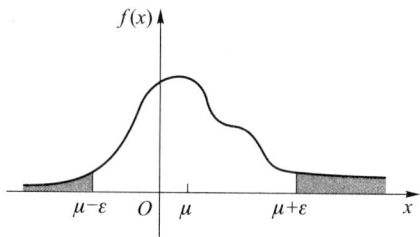

图 4—2

切比雪夫不等式也可以写成如下的形式:

$$P\{|X-\mu|<\varepsilon\}\geqslant1-\frac{\sigma^2}{\varepsilon^2}. \tag{2.10}$$

切比雪夫不等式给出了在随机变量的分布未知,而只知道 $E(X)$ 和 $D(X)$ 的情况下估计概率 $P\{|X-E(X)|<\varepsilon\}$ 的界限. 例如在(2.10)式中分别取 $\varepsilon=3\sqrt{D(X)},4\sqrt{D(X)}$ 得到

$$P\{|X-E(X)|<3\sqrt{D(X)}\}\geqslant0.888\,9,$$

$$P\{|X-E(X)|<4\sqrt{D(X)}\}\geqslant0.937\,5.$$

这个估计是比较粗糙的[①],如果已经知道随机变量的分布,那么所需求的概率可以确切地计算出来,也就没有必要利用这一不等式来作估计了.

方差性质 4° 必要性的证明:

设 $D(X)=0$,要证 $P\{X=E(X)\}=1$.

证 用反证法. 假设 $P\{X=E(X)\}<1$,则对于某一个数 $\varepsilon>0$,有 $P\{|X-E(X)|\geqslant\varepsilon\}>0$.但由切比雪夫不等式,对于任意 $\varepsilon>0$,由(2.9)式因 $\sigma^2=0$,有

$$P\{|X-E(X)|\geqslant\varepsilon\}=0,$$

矛盾,于是 $P\{X=E(X)\}=1$. $\qquad\square$

在书末附表 1 中列出了多种常用的随机变量的数学期望和方差,供读者查用.

---

① 例如若 $X\sim U(0,8)$,则有 $E(X)=4,D(X)=16/3$,由切比雪夫不等式(2.10),$P\{|X-4|<4\}\geqslant1-1/3=2/3$,但准确的结果是 $P\{|X-4|<4\}=1$.

§3　协方差及相关系数

对于二维随机变量 (X,Y)，我们除了讨论 X 与 Y 的数学期望和方差以外，还需讨论描述 X 与 Y 之间相互关系的数字特征.本节讨论有关这方面的数字特征.

在本章 §2 方差性质 3° 的证明中，我们已经看到，如果两个随机变量 X 和 Y 是相互独立的，则

$$E\{[X-E(X)][Y-E(Y)]\}=0.$$

这意味着当 $E\{[X-E(X)][Y-E(Y)]\}\neq 0$ 时，X 与 Y 不相互独立，而是存在着一定的关系的.

定义　量 $E\{[X-E(X)][Y-E(Y)]\}$ 称为随机变量 X 与 Y 的**协方差**.记为 $\mathrm{Cov}(X,Y)$，即

$$\mathrm{Cov}(X,Y)=E\{[X-E(X)][Y-E(Y)]\}.$$

而

$$\rho_{XY}=\frac{\mathrm{Cov}(X,Y)}{\sqrt{D(X)}\sqrt{D(Y)}}$$

称为随机变量 X 与 Y 的**相关系数**.

由定义，即知

$$\mathrm{Cov}(X,Y)=\mathrm{Cov}(Y,X),\quad \mathrm{Cov}(X,X)=D(X).$$

由上述定义及 (2.5) 式知道，对于任意两个随机变量 X 和 Y，下列等式成立：

$$D(X+Y)=D(X)+D(Y)+2\mathrm{Cov}(X,Y). \tag{3.1}$$

将 $\mathrm{Cov}(X,Y)$ 的定义式展开，易得

$$\mathrm{Cov}(X,Y)=E(XY)-E(X)E(Y). \tag{3.2}$$

我们常常利用这一式子计算协方差.

协方差具有下述性质：

1° $\mathrm{Cov}(aX,bY)=ab\mathrm{Cov}(X,Y)$，$a,b$ 是常数.

2° $\mathrm{Cov}(X_1+X_2,Y)=\mathrm{Cov}(X_1,Y)+\mathrm{Cov}(X_2,Y)$.

（证明由读者自己来完成.）

下面我们来推导 ρ_{XY} 的两条重要性质，并说明 ρ_{XY} 的含义.

考虑以 X 的线性函数 $a+bX$ 来近似表示 Y.我们以均方误差

$$e=E\{[Y-(a+bX)]^2\}$$

$$=E(Y^2)+b^2E(X^2)+a^2-2bE(XY)+2abE(X)-2aE(Y) \tag{3.3}$$

来衡量以 $a+bX$ 近似表达 Y 的好坏程度.e 的值越小表示 $a+bX$ 与 Y 的近似程

度越好. 这样, 我们就取 a,b 使 e 取到最小. 下面就来求最佳近似式 $a+bX$ 中的 a,b. 为此, 将 e 分别关于 a,b 求偏导数, 并令它们等于零, 得

$$\begin{cases} \dfrac{\partial e}{\partial a}=2a+2bE(X)-2E(Y)=0, \\[2mm] \dfrac{\partial e}{\partial b}=2bE(X^2)-2E(XY)+2aE(X)=0. \end{cases}$$

解得

$$b_0=\frac{\mathrm{Cov}(X,Y)}{D(X)},$$

$$a_0=E(Y)-b_0E(X)=E(Y)-E(X)\frac{\mathrm{Cov}(X,Y)}{D(X)}.$$

将 a_0,b_0 代入(3.3)式得

$$\min_{a,b}E\{[Y-(a+bX)]^2\}=E\{[Y-(a_0+b_0X)]^2\}=(1-\rho_{XY}^2)D(Y)① .\quad(3.4)$$

由(3.4)式容易得到下述定理:

定理 1° $|\rho_{XY}|\leqslant1$.

2° $|\rho_{XY}|=1$ 的充要条件是, 存在常数 a,b 使
$$P\{Y=a+bX\}=1.$$

证 1° 由(3.4)式与 $E\{[Y-(a_0+b_0X)]^2\}$ 及 $D(Y)$ 的非负性, 知 $1-\rho_{XY}^2\geqslant0$, 亦即 $|\rho_{XY}|\leqslant1$.

2° 若 $|\rho_{XY}|=1$, 由(3.4)式得
$$E\{[Y-(a_0+b_0X)]^2\}=0.$$

从而 $0=E\{[Y-(a_0+b_0X)]^2\}=D[Y-(a_0+b_0X)]+\{E[Y-(a_0+b_0X)]\}^2,$

故有
$$D[Y-(a_0+b_0X)]=0,$$
$$E[Y-(a_0+b_0X)]=0.$$

又由方差的性质 4° 知
$$P\{Y-(a_0+b_0X)=0\}=1, \quad \text{即} \ P\{Y=a_0+b_0X\}=1.$$

反之, 若存在常数 a^*,b^* 使
$$P\{Y=a^*+b^*X\}=1, \quad \text{即} \ P\{Y-(a^*+b^*X)=0\}=1,$$

于是
$$P\{[Y-(a^*+b^*X)]^2=0\}=1.$$
即得
$$E\{[Y-(a^*+b^*X)]^2\}=0.$$

---

① $E\{[Y-(a_0+b_0X)]^2\}=D(Y-a_0-b_0X)+[E(Y-a_0-b_0X)]^2$

$=D(Y-b_0X)+\left(-\dfrac{1}{2}\dfrac{\partial e}{\partial a}\Big|_{\substack{a=a_0\\b=b_0}}\right)^2=D(Y-b_0X)+0$

$=D(Y)+b_0^2D(X)-2b_0\mathrm{Cov}(X,Y)=D(Y)+\dfrac{\mathrm{Cov}^2(X,Y)}{D(X)}-2\dfrac{\mathrm{Cov}^2(X,Y)}{D(X)}$

$=D(Y)\left[1-\dfrac{\mathrm{Cov}^2(X,Y)}{D(X)D(Y)}\right]=(1-\rho_{XY}^2)D(Y).$

故有　　　　$0 = E\{[Y - (a^* + b^* X)]^2\} \geqslant \min_{a,b} E\{[Y - (a + bX)]^2\}$

　　　　　　$= E\{[Y - (a_0 + b_0 X)]^2\} = (1 - \rho_{XY}^2) D(Y).$

即得　　　　　　　　　　　　　　$|\rho_{XY}| = 1.$　　　　　　□

由(3.4)式知,均方误差 e 是 $|\rho_{XY}|$ 的严格单调减少函数,这样 ρ_{XY} 的含义就很明显了. 当 $|\rho_{XY}|$ 较大时 e 较小,表明 X,Y(就线性关系来说)联系较紧密. 特别当 $|\rho_{XY}| = 1$ 时,由定理中的 $2°$, X,Y 之间以概率1存在着线性关系. 于是 ρ_{XY} 是一个可以用来表征 X,Y 之间线性关系紧密程度的量. 当 $|\rho_{XY}|$ 较大时,我们通常说 X,Y 线性相关的程度较好;当 $|\rho_{XY}|$ 较小时,我们说, X,Y 线性相关的程度较差.

当 $\rho_{XY} = 0$ 时,称 X 和 Y **不相关**.

假设随机变量 X,Y 的相关系数 ρ_{XY} 存在. 当 X 和 Y 相互独立时,由数学期望的性质 $4°$ 及(3.2)式知 $\mathrm{Cov}(X,Y) = 0$,从而 $\rho_{XY} = 0$,即 X,Y 不相关. 反之,若 X,Y 不相关, X 和 Y 却不一定相互独立(见例1). 上述情况,从"不相关"和"相互独立"的含义来看是明显的. 这是因为不相关只是就线性关系来说的,而相互独立是就一般关系而言的.

不过,从例2可以看到,当 (X,Y) 服从二维正态分布时, X 和 Y 不相关与 X 和 Y 相互独立是等价的.

例1　设 (X,Y) 的分布律为

Y ＼ X	-2	-1	1	2	$P\{Y=j\}$
1	0	$1/4$	$1/4$	0	$1/2$
4	$1/4$	0	0	$1/4$	$1/2$
$P\{X=i\}$	$1/4$	$1/4$	$1/4$	$1/4$	1

易知 $E(X) = 0, E(Y) = 5/2, E(XY) = 0$,于是 $\rho_{XY} = 0$, X,Y 不相关. 这表示 X,Y 不存在线性关系. 但, $P\{X = -2, Y = 1\} = 0 \neq P\{X = -2\}P\{Y = 1\}$,知 X,Y 不是相互独立的. 事实上, X 和 Y 具有关系: $Y = X^2$, Y 的值完全可由 X 的值所确定.　　　　　　□

例2　设 (X,Y) 服从二维正态分布,它的概率密度为

$$f(x,y) = \frac{1}{2\pi\sigma_1\sigma_2\sqrt{1-\rho^2}} \exp\left\{\frac{-1}{2(1-\rho^2)}\left[\frac{(x-\mu_1)^2}{\sigma_1^2}\right.\right.$$

$$-2\rho\frac{(x-\mu_1)(y-\mu_2)}{\sigma_1\sigma_2}+\frac{(y-\mu_2)^2}{\sigma_2^2}\Big]\Big\},$$

我们来求 X 和 Y 的相关系数.

在第三章 §2 例 3 中已经知道 (X,Y) 的边缘概率密度为

$$f_X(x)=\frac{1}{\sqrt{2\pi}\,\sigma_1}\mathrm{e}^{-\frac{(x-\mu_1)^2}{2\sigma_1^2}},\quad -\infty<x<\infty,$$

$$f_Y(y)=\frac{1}{\sqrt{2\pi}\,\sigma_2}\mathrm{e}^{-\frac{(y-\mu_2)^2}{2\sigma_2^2}},\quad -\infty<y<\infty.$$

故知 $E(X)=\mu_1, E(Y)=\mu_2, D(X)=\sigma_1^2, D(Y)=\sigma_2^2.$ 而

$$\begin{aligned}
\mathrm{Cov}(X,Y)&=\int_{-\infty}^{\infty}\int_{-\infty}^{\infty}(x-\mu_1)(y-\mu_2)f(x,y)\mathrm{d}x\mathrm{d}y\\
&=\frac{1}{2\pi\sigma_1\sigma_2\sqrt{1-\rho^2}}\int_{-\infty}^{\infty}\int_{-\infty}^{\infty}(x-\mu_1)(y-\mu_2)\\
&\quad\times\exp\Big\{\frac{-1}{2(1-\rho^2)}\Big(\frac{y-\mu_2}{\sigma_2}-\rho\frac{x-\mu_1}{\sigma_1}\Big)^2-\frac{(x-\mu_1)^2}{2\sigma_1^2}\Big\}\mathrm{d}y\mathrm{d}x.
\end{aligned}$$

令 $t=\frac{1}{\sqrt{1-\rho^2}}\Big(\frac{y-\mu_2}{\sigma_2}-\rho\frac{x-\mu_1}{\sigma_1}\Big), u=\frac{x-\mu_1}{\sigma_1}$, 则有

$$\begin{aligned}
\mathrm{Cov}(X,Y)&=\frac{1}{2\pi}\int_{-\infty}^{\infty}\int_{-\infty}^{\infty}(\sigma_1\sigma_2\sqrt{1-\rho^2}\,tu+\rho\sigma_1\sigma_2u^2)\mathrm{e}^{-(u^2+t^2)/2}\mathrm{d}t\mathrm{d}u\\
&=\frac{\rho\sigma_1\sigma_2}{2\pi}\Big(\int_{-\infty}^{\infty}u^2\mathrm{e}^{-\frac{u^2}{2}}\mathrm{d}u\Big)\Big(\int_{-\infty}^{\infty}\mathrm{e}^{-\frac{t^2}{2}}\mathrm{d}t\Big)\\
&\quad+\frac{\sigma_1\sigma_2\sqrt{1-\rho^2}}{2\pi}\Big(\int_{-\infty}^{\infty}u\mathrm{e}^{-\frac{u^2}{2}}\mathrm{d}u\Big)\Big(\int_{-\infty}^{\infty}t\mathrm{e}^{-\frac{t^2}{2}}\mathrm{d}t\Big)\\
&=\frac{\rho\sigma_1\sigma_2}{2\pi}\sqrt{2\pi}\cdot\sqrt{2\pi},
\end{aligned}$$

即有
$$\mathrm{Cov}(X,Y)=\rho\sigma_1\sigma_2.$$

于是
$$\rho_{XY}=\frac{\mathrm{Cov}(X,Y)}{\sqrt{D(X)}\sqrt{D(Y)}}=\rho.\qquad\square$$

这就是说, 二维正态随机变量 (X,Y) 的概率密度中的参数 ρ 就是 X 和 Y 的相关系数, 因而二维正态随机变量的分布完全可由 X,Y 各自的数学期望、方差以及它们的相关系数所确定.

在第三章 §4 中已经讲过, 若 (X,Y) 服从二维正态分布, 那么 X 和 Y 相互独立的充要条件为 $\rho=0$. 现在知道 $\rho=\rho_{XY}$, 故知对于二维正态随机变量 (X,Y) 来说, X 和 Y 不相关与 X 和 Y 相互独立是等价的.

§4　矩、协方差矩阵

本节先介绍随机变量的另外几个数字特征.设(X,Y)是二维随机变量.

定义　设 X 和 Y 是随机变量,若

$$E(X^k),\quad k=1,2,\cdots$$

存在,称它为 X 的 k **阶原点矩**,简称 k **阶矩**.

若

$$E\{[X-E(X)]^k\},\quad k=2,3,\cdots$$

存在,称它为 X 的 k **阶中心矩**.

若

$$E(X^kY^l),\quad k,l=1,2,\cdots$$

存在,称它为 X 和 Y 的 $k+l$ **阶混合矩**.

若

$$E\{[X-E(X)]^k[Y-E(Y)]^l\},\quad k,l=1,2,\cdots$$

存在,称它为 X 和 Y 的 $k+l$ **阶混合中心矩**.

显然,X 的数学期望 $E(X)$ 是 X 的一阶原点矩,方差 $D(X)$ 是 X 的二阶中心矩,协方差 $\mathrm{Cov}(X,Y)$ 是 X 和 Y 的二阶混合中心矩.

下面介绍 n 维随机变量的协方差矩阵.先从二维随机变量讲起.

二维随机变量(X_1,X_2)有四个二阶中心矩(设它们都存在),分别记为

$$c_{11}=E\{[X_1-E(X_1)]^2\},$$
$$c_{12}=E\{[X_1-E(X_1)][X_2-E(X_2)]\},$$
$$c_{21}=E\{[X_2-E(X_2)][X_1-E(X_1)]\},$$
$$c_{22}=E\{[X_2-E(X_2)]^2\}.$$

将它们排成矩阵的形式

$$\begin{pmatrix} c_{11} & c_{12} \\ c_{21} & c_{22} \end{pmatrix}.$$

这个矩阵称为随机变量(X_1,X_2)的**协方差矩阵**.

设 n 维随机变量$(X_1,X_2,\cdots,X_n)$的二阶混合中心矩

$$c_{ij}=\mathrm{Cov}(X_i,X_j)=E\{[X_i-E(X_i)][X_j-E(X_j)]\},\quad i,j=1,2,\cdots,n$$

都存在,则称矩阵

$$C=\begin{pmatrix} c_{11} & c_{12} & \cdots & c_{1n} \\ c_{21} & c_{22} & \cdots & c_{2n} \\ \vdots & \vdots & & \vdots \\ c_{n1} & c_{n2} & \cdots & c_{nn} \end{pmatrix}$$

为 n 维随机变量$(X_1,X_2,\cdots,X_n)$的**协方差矩阵**.由于 $c_{ij}=c_{ji}$ $(i\neq j;i,j=1,2,\cdots,n)$,因而上述矩阵是一个对称矩阵.

一般,n 维随机变量的分布是不知道的,或者是太复杂,以致在数学上不易处理,因此在实际应用中协方差矩阵就显得重要了.

本节的最后,介绍 n 维正态随机变量的概率密度. 我们先将二维正态随机变量的概率密度改写成另一种形式,以便将它推广到 n 维随机变量的场合中去. 二维正态随机变量 (X_1, X_2) 的概率密度为

$$f(x_1, x_2) = \frac{1}{2\pi\sigma_1\sigma_2\sqrt{1-\rho^2}} \exp\left\{ \frac{-1}{2(1-\rho^2)} \left[\frac{(x_1-\mu_1)^2}{\sigma_1^2} \right. \right.$$
$$\left. \left. -2\rho\frac{(x_1-\mu_1)(x_2-\mu_2)}{\sigma_1\sigma_2} + \frac{(x_2-\mu_2)^2}{\sigma_2^2} \right] \right\}.$$

现在将上式中花括号内的式子写成矩阵形式,为此引入下面的列矩阵

$$\boldsymbol{X} = \begin{pmatrix} x_1 \\ x_2 \end{pmatrix}, \quad \boldsymbol{\mu} = \begin{pmatrix} \mu_1 \\ \mu_2 \end{pmatrix}.$$

(X_1, X_2) 的协方差矩阵为

$$\boldsymbol{C} = \begin{pmatrix} c_{11} & c_{12} \\ c_{21} & c_{22} \end{pmatrix} = \begin{pmatrix} \sigma_1^2 & \rho\sigma_1\sigma_2 \\ \rho\sigma_1\sigma_2 & \sigma_2^2 \end{pmatrix},$$

它的行列式 $\det \boldsymbol{C} = \sigma_1^2\sigma_2^2(1-\rho^2)$,$\boldsymbol{C}$ 的逆矩阵为

$$\boldsymbol{C}^{-1} = \frac{1}{\det \boldsymbol{C}} \begin{pmatrix} \sigma_2^2 & -\rho\sigma_1\sigma_2 \\ -\rho\sigma_1\sigma_2 & \sigma_1^2 \end{pmatrix}.$$

经过计算可知(这里矩阵 $(\boldsymbol{X}-\boldsymbol{\mu})^{\mathrm{T}}$ 是 $\boldsymbol{X}-\boldsymbol{\mu}$ 的转置矩阵)

$$(\boldsymbol{X}-\boldsymbol{\mu})^{\mathrm{T}}\boldsymbol{C}^{-1}(\boldsymbol{X}-\boldsymbol{\mu})$$
$$= \frac{1}{\det \boldsymbol{C}}(x_1-\mu_1 \quad x_2-\mu_2) \begin{pmatrix} \sigma_2^2 & -\rho\sigma_1\sigma_2 \\ -\rho\sigma_1\sigma_2 & \sigma_1^2 \end{pmatrix} \begin{pmatrix} x_1-\mu_1 \\ x_2-\mu_2 \end{pmatrix}$$
$$= \frac{1}{1-\rho^2} \left[\frac{(x_1-\mu_1)^2}{\sigma_1^2} - 2\rho\frac{(x_1-\mu_1)(x_2-\mu_2)}{\sigma_1\sigma_2} + \frac{(x_2-\mu_2)^2}{\sigma_2^2} \right].$$

于是 (X_1, X_2) 的概率密度可写成

$$f(x_1, x_2) = \frac{1}{(2\pi)^{2/2}(\det \boldsymbol{C})^{1/2}} \exp\left\{ -\frac{1}{2}(\boldsymbol{X}-\boldsymbol{\mu})^{\mathrm{T}}\boldsymbol{C}^{-1}(\boldsymbol{X}-\boldsymbol{\mu}) \right\}.$$

上式容易推广到 n 维正态随机变量 $(X_1, X_2, \cdots, X_n)$ 的情况.

引入列矩阵

$$\boldsymbol{X} = \begin{pmatrix} x_1 \\ x_2 \\ \vdots \\ x_n \end{pmatrix} \text{和} \boldsymbol{\mu} = \begin{pmatrix} \mu_1 \\ \mu_2 \\ \vdots \\ \mu_n \end{pmatrix} = \begin{pmatrix} E(X_1) \\ E(X_2) \\ \vdots \\ E(X_n) \end{pmatrix}.$$

n 维正态随机变量 $(X_1, X_2, \cdots, X_n)$ 的概率密度定义为

$$f(x_1, x_2, \cdots, x_n) = \frac{1}{(2\pi)^{n/2}(\det \boldsymbol{C})^{1/2}} \exp\left\{-\frac{1}{2}(\boldsymbol{X}-\boldsymbol{\mu})^{\mathrm{T}} \boldsymbol{C}^{-1}(\boldsymbol{X}-\boldsymbol{\mu})\right\},$$

其中 $\boldsymbol{C}$ 是 $(X_1, X_2, \cdots, X_n)$ 的协方差矩阵.

　　n 维正态随机变量具有以下四条重要性质（证略）：

　　1° n 维正态随机变量 $(X_1, X_2, \cdots, X_n)$ 的每一个分量 $X_i, i = 1, 2, \cdots, n$ 都是正态随机变量；反之，若 $X_1, X_2, \cdots, X_n$ 都是正态随机变量，且相互独立，则 $(X_1, X_2, \cdots, X_n)$ 是 n 维正态随机变量.

　　2° n 维随机变量 $(X_1, X_2, \cdots, X_n)$ 服从 n 维正态分布的充要条件是 $X_1, X_2, \cdots, X_n$ 的任意的线性组合

$$l_1 X_1 + l_2 X_2 + \cdots + l_n X_n$$

服从一维正态分布（其中 $l_1, l_2, \cdots, l_n$ 不全为零）.

　　3° 若 $(X_1, X_2, \cdots, X_n)$ 服从 n 维正态分布，设 $Y_1, Y_2, \cdots, Y_k$ 是 $X_j (j = 1, 2, \cdots, n)$ 的线性函数，则 $(Y_1, Y_2, \cdots, Y_k)$ 也服从多维正态分布.

　　这一性质称为正态变量的线性变换不变性.

　　4° 设 $(X_1, X_2, \cdots, X_n)$ 服从 n 维正态分布，则 "$X_1, X_2, \cdots, X_n$ 相互独立" 与 "$X_1, X_2, \cdots, X_n$ 两两不相关" 是等价的.

　　n 维正态分布在随机过程和数理统计中常会遇到.

小结

　　随机变量的数字特征是由随机变量的分布确定的，能描述随机变量某一个方面的特征的常数. 最重要的数字特征是数学期望和方差. 数学期望 $E(X)$ 描述随机变量 X 取值的平均大小，方差 $D(X) = E\{[X - E(X)]^2\}$ 描述随机变量 X 与它自己的数学期望 $E(X)$ 的偏离程度. 数学期望和方差在应用和理论上都非常重要.

　　要掌握随机变量的函数 $Y = g(X)$ 的数学期望 $E(Y) = E[g(X)]$ 的计算公式（1.3）和（1.4）. 这两个公式的意义在于当我们求 $E(Y)$ 时，不必先求出 $Y = g(X)$ 的分布律或概率密度，而只需利用 X 的分布律或概率密度就可以了，这样做的好处是明显的.

　　要掌握数学期望和方差的性质. 提请读者注意的是：

　　(1) 当 X_1, X_2 独立或 X_1, X_2 不相关时，才有 $E(X_1 X_2) = E(X_1) E(X_2)$.

　　(2) 设 C 为常数，则有 $D(CX) = C^2 D(X)$，右边的系数是 C^2，不是 C.

　　(3) $D(X_1 + X_2) = D(X_1) + D(X_2) + 2\mathrm{Cov}(X_1, X_2)$，当 X_1, X_2 独立或 X_1, X_2 不相关时才有

$$D(X_1 + X_2) = D(X_1) + D(X_2).$$

例如，若 X_1, X_2 独立，则有 $D(2X_1 - 3X_2) = 4D(X_1) + 9D(X_2)$.

　　相关系数 ρ_{XY} 有时也称为线性相关系数，它是一个可以用来描述随机变量 (X, Y) 的两个分

量 X,Y 之间的线性关系紧密程度的数字特征.当 $|\rho_{XY}|$ 较小时 X,Y 的线性相关的程度较差;当 $\rho_{XY}=0$ 时称 X,Y 不相关.不相关是指 X,Y 之间不存在线性关系,X,Y 不相关,它们还可能存在除线性关系之外的关系(参见 §3 例 1).又由于 X,Y 相互独立是指 X,Y 的一般关系而言的,因此有以下的结论:X,Y 相互独立则 X,Y 一定不相关;反之,若 X,Y 不相关则 X,Y 不一定相互独立.

特别,对于二维正态随机变量 (X,Y),X 和 Y 不相关与 X 和 Y 相互独立是等价的.而二元正态随机变量的相关系数 ρ_{XY} 就是参数 ρ.于是,用"$\rho=0$"是否成立来检验 X,Y 是否相互独立是很方便的.

切比雪夫不等式给出了在随机变量 X 的分布未知,只知道 $E(X)$ 和 $D(X)$ 的情况下,对事件 $\{|X-E(X)|<\varepsilon\}$ 概率的下限的估计.

■**重要术语及主题**

数学期望   随机变量函数的数学期望   数学期望的性质   方差   标准差   方差的性质
标准化的随机变量   协方差   相关系数   相关系数的性质 X,Y 不相关   切比雪夫不等式
几种重要分布的数学期望和方差   矩   协方差矩阵

习题

1. (1) 在下列句子中随机地取一个单词,以 X 表示取到的单词所包含的字母个数,写出 X 的分布律并求 $E(X)$.

"THE GIRL PUT ON HER BEAUTIFUL RED HAT".

(2) 在上述句子的 30 个字母中随机地取一个字母,以 Y 表示取到的字母所在单词所包含的字母数,写出 Y 的分布律并求 $E(Y)$.

(3) 一人掷骰子,如得 6 点则掷第 2 次,此时得分为 6+第二次得到的点数;否则得分为他第一次掷得的点数,且不能再掷,求得分 X 的分布律及 $E(X)$.

2. 某产品的次品率为 0.1,检验员每天检验 4 次.每次随机地取 10 件产品进行检验,如发现其中的次品数多于 1,就去调整设备.以 X 表示一天中调整设备的次数,试求 $E(X)$.(设诸产品是否为次品是相互独立的.)

3. 有 3 只球、4 个盒子,盒子的编号为 1,2,3,4.将球逐个独立地,随机地放入 4 个盒子中去.以 X 表示其中至少有一只球的盒子的最小号码(例如 $X=3$ 表示第 1 号、第 2 号盒子是空的,第 3 号盒子至少有一只球),试求 $E(X)$.

4. (1) 设随机变量 X 的分布律为 $P\left\{X=(-1)^{j+1}\dfrac{3^j}{j}\right\}=\dfrac{2}{3^j}$,$j=1,2,\cdots$,说明 X 的数学期望不存在.

(2) 一盒中装有一只黑球、一只白球,作摸球游戏,规则如下:一次从盒中随机摸一只球,若摸到白球,则游戏结束;若摸到黑球,放回再放入一只黑球,然后再从盒中随机地摸一只球.试说明要游戏结束的摸球次数 X 的数学期望不存在.

5. 设在某一规定的时间间隔里,某电气设备用于最大负荷的时间 X(以 min 计)是一个随机变量,其概率密度为

$$f(x) = \begin{cases} \dfrac{1}{1\,500^2}x, & 0 \leqslant x \leqslant 1\,500, \\[2mm] \dfrac{-1}{1\,500^2}(x-3\,000), & 1\,500 < x \leqslant 3\,000, \\[2mm] 0, & \text{其他.} \end{cases}$$

求 $E(X)$.

6. (1) 设随机变量 X 的分布律为

X	-2	0	2
p_k	0.4	0.3	0.3

求 $E(X), E(X^2), E(3X^2+5)$.

(2) 设 $X \sim \pi(\lambda)$, 求 $E[1/(X+1)]$.

7. (1) 设随机变量 X 的概率密度为

$$f(x) = \begin{cases} e^{-x}, & x > 0, \\ 0, & x \leqslant 0. \end{cases}$$

求 (i)$Y = 2X$, (ii)$Y = e^{-2X}$ 的数学期望.

(2) 设随机变量 $X_1, X_2, \cdots, X_n$ 相互独立, 且都服从 $(0,1)$ 上的均匀分布. (i)求 $U = \max\{X_1, X_2, \cdots, X_n\}$ 的数学期望, (ii)求 $V = \min\{X_1, X_2, \cdots, X_n\}$ 的数学期望.

8. 设随机变量 (X,Y) 的分布律为

Y ＼ X	1	2	3
-1	0.2	0.1	0.0
0	0.1	0.0	0.3
1	0.1	0.1	0.1

(1) 求 $E(X), E(Y)$.

(2) 设 $Z = Y/X$, 求 $E(Z)$.

(3) 设 $Z = (X-Y)^2$, 求 $E(Z)$.

9. (1) 设随机变量 (X,Y) 的概率密度为

$$f(x,y) = \begin{cases} 12y^2, & 0 \leqslant y \leqslant x \leqslant 1, \\ 0, & \text{其他.} \end{cases}$$

求 $E(X), E(Y), E(XY), E(X^2+Y^2)$.

(2) 设随机变量 X, Y 的联合概率密度为

$$f(x,y) = \begin{cases} \dfrac{1}{y}e^{-(y+x/y)}, & x > 0, y > 0, \\[2mm] 0, & \text{其他.} \end{cases}$$

求 $E(X), E(Y), E(XY)$.

10. (1) 设随机变量 $X \sim N(0,1), Y \sim N(0,1)$ 且 X, Y 相互独立. 求 $E[X^2/(X^2+Y^2)]$.

(2) 一飞机进行空投物资作业,设目标点为原点 $O(0,0)$,物资着陆点为 (X,Y),X,Y 相互独立,且设 $X \sim N(0,\sigma^2)$,$Y \sim N(0,\sigma^2)$,求原点到点 (X,Y) 间距离的数学期望.

11. 一工厂生产的某种设备的寿命 X(以年计)服从指数分布,概率密度为

$$f(x) = \begin{cases} \dfrac{1}{4}\mathrm{e}^{-x/4}, & x > 0, \\ 0, & x \leqslant 0. \end{cases}$$

工厂规定,出售的设备若在售出一年之内损坏可予以调换.若工厂售出一台设备赢利 100 元,调换一台设备厂方需花费 300 元.试求厂方出售一台设备净赢利的数学期望.

12. 某车间生产的圆盘直径在区间 (a,b) 上服从均匀分布,试求圆盘面积的数学期望.

13. 设电压(以 V 计)$X \sim N(0,9)$.将电压施加于一检波器,其输出电压为 $Y = 5X^2$,求输出电压 Y 的均值.

14. 设随机变量 X_1,X_2 的概率密度分别为

$$f_1(x) = \begin{cases} 2\mathrm{e}^{-2x}, & x > 0, \\ 0, & x \leqslant 0, \end{cases} \quad f_2(x) = \begin{cases} 4\mathrm{e}^{-4x}, & x > 0, \\ 0, & x \leqslant 0. \end{cases}$$

(1) 求 $E(X_1 + X_2)$,$E(2X_1 - 3X_2^2)$.

(2) 又设 X_1,X_2 相互独立,求 $E(X_1 X_2)$.

15. 将 n 只球(1~n 号)随机地放进 n 个盒子(1~n 号)中去,一个盒子装一只球.若一只球装入与球同号的盒子中,则称为一个配对.记 X 为总的配对数,求 $E(X)$.

16. 若有 n 把看上去样子相同的钥匙,其中只有一把能打开门上的锁,用它们去试开门上的锁.设取到每只钥匙是等可能的.若每把钥匙试开一次后除去,试用下面两种方法求试开次数 X 的数学期望.

(1) 写出 X 的分布律.

(2) 不写出 X 的分布律.

17. 设 X 为随机变量,C 是常数,证明 $D(X) < E[(X-C)^2]$,对于 $C \neq E(X)$.(由于 $D(X) = E\{[X-E(X)]^2\}$,上式表明 $E[(X-C)^2]$ 当 $C = E(X)$ 时取到最小值.)

18. 设随机变量 X 服从瑞利分布,其概率密度为

$$f(x) = \begin{cases} \dfrac{x}{\sigma^2}\mathrm{e}^{-x^2/(2\sigma^2)}, & x > 0, \\ 0, & x \leqslant 0, \end{cases}$$

其中 $\sigma > 0$ 是常数.求 $E(X)$,$D(X)$.

19. 设随机变量 X 服从 Γ 分布,其概率密度为

$$f(x) = \begin{cases} \dfrac{1}{\beta^\alpha \Gamma(\alpha)} x^{\alpha-1} \mathrm{e}^{-x/\beta}, & x > 0, \\ 0, & x \leqslant 0, \end{cases}$$

其中 $\alpha > 0$,$\beta > 0$ 是常数.求 $E(X)$,$D(X)$.

20. 设随机变量 X 服从几何分布,其分布律为

$$P\{X = k\} = p(1-p)^{k-1}, \quad k = 1,2,\cdots,$$

其中 $0 < p < 1$ 是常数.求 $E(X)$,$D(X)$.

21. 设长方形的长(以 m 计)$X \sim U(0,2)$,已知长方形的周长(以 m 计)为 20.求长方形面积 A 的数学期望和方差.

22. (1) 设随机变量 X_1, X_2, X_3, X_4 相互独立,且有 $E(X_i)=i, D(X_i)=5-i, i=1,2,3,4$. 设 $Y=2X_1-X_2+3X_3-\dfrac{1}{2}X_4$. 求 $E(Y), D(Y)$.

(2) 设随机变量 X, Y 相互独立,且 $X \sim N(720, 30^2), Y \sim N(640, 25^2)$,求 $Z_1=2X+Y$, $Z_2=X-Y$ 的分布,并求概率 $P\{X>Y\}, P\{X+Y>1\,400\}$.

23. 五家商店联营,它们每两周售出的某种农产品的数量(以 kg 计)分别为 $X_1, X_2, X_3,$ X_4, X_5. 已知 $X_1 \sim N(200,225), X_2 \sim N(240,240), X_3 \sim N(180,225), X_4 \sim N(260,265),$ $X_5 \sim N(320,270), X_1, X_2, X_3, X_4, X_5$ 相互独立.

(1) 求五家商店两周的总销售量的均值和方差.

(2) 商店每隔两周进货一次,为了使新的供货到达前商店不会脱销的概率大于 0.99,问商店的仓库应至少储存多少千克该产品?

24. 卡车装运水泥,设每袋水泥质量 X(以 kg 计)服从 $N(50, 2.5^2)$,问至多装多少袋水泥使总质量超过 2 000 的概率不大于 0.05?

25. 设随机变量 X, Y 相互独立,且都服从 $(0,1)$ 上的均匀分布.

(1) 求 $E(XY), E(X/Y), E[\ln(XY)], E(|Y-X|)$.

(2) 以 X, Y 为边长作一长方形,以 A, C 分别表示长方形的面积和周长,求 A 和 C 的相关系数.

26. (1) 设随机变量 X_1, X_2, X_3 相互独立,且有 $X_1 \sim b(4, 1/2), X_2 \sim b(6, 1/3), X_3 \sim b(6, 1/3)$,求 $P\{X_1=2, X_2=2, X_3=5\}, E(X_1 X_2 X_3), E(X_1-X_2), E(X_1-2X_2)$.

(2) 设 X, Y 是随机变量,且有 $E(X)=3, E(Y)=1, D(X)=4, D(Y)=9$,令 $Z=5X-Y+15$, 分别在下列 3 种情况下求 $E(Z)$ 和 $D(Z)$.

(i) X, Y 相互独立,(ii) X, Y 不相关,(iii) X 与 Y 的相关系数为 0.25.

27. 下列各对随机变量 X 和 Y,问哪几对是相互独立的? 哪几对是不相关的?

(1) $X \sim U(0,1), Y=X^2$.

(2) $X \sim U(-1,1), Y=X^2$.

(3) $X=\cos V, Y=\sin V, V \sim U(0, 2\pi)$.

若 (X,Y) 的概率密度为 $f(x,y)$,

(4) $f(x,y)=\begin{cases} x+y, & 0<x<1, 0<y<1, \\ 0, & \text{其他}. \end{cases}$

(5) $f(x,y)=\begin{cases} 2y, & 0<x<1, 0<y<1, \\ 0, & \text{其他}. \end{cases}$

28. 设二维随机变量 (X,Y) 的概率密度为

$$f(x,y)=\begin{cases} \dfrac{1}{\pi}, & x^2+y^2 \leqslant 1, \\ 0, & \text{其他}. \end{cases}$$

试验证 X 和 Y 是不相关的,但 X 和 Y 不是相互独立的.

29. 设随机变量(X,Y)的分布律为

Y \ X	-1	0	1
-1	1/8	1/8	1/8
0	1/8	0	1/8
1	1/8	1/8	1/8

验证 X 和 Y 是不相关的,但 X 和 Y 不是相互独立的.

30. 设 A 和 B 是试验 E 的两个事件,且 $P(A)>0,P(B)>0$,并定义随机变量 X,Y 如下:

$$X=\begin{cases} 1, & \text{若 } A \text{ 发生,} \\ 0, & \text{若 } A \text{ 不发生,} \end{cases} \qquad Y=\begin{cases} 1, & \text{若 } B \text{ 发生,} \\ 0, & \text{若 } B \text{ 不发生.} \end{cases}$$

证明若 $\rho_{XY}=0$,则 X 和 Y 必定相互独立.

31. 设随机变量(X,Y)具有概率密度

$$f(x,y)=\begin{cases} 1, & |y|<x, 0<x<1, \\ 0, & \text{其他.} \end{cases}$$

求 $E(X),E(Y),\mathrm{Cov}(X,Y)$.

32. 设随机变量(X,Y)具有概率密度

$$f(x,y)=\begin{cases} \dfrac{1}{8}(x+y), & 0\leqslant x\leqslant 2, 0\leqslant y\leqslant 2, \\ 0, & \text{其他.} \end{cases}$$

求 $E(X),E(Y),\mathrm{Cov}(X,Y),\rho_{XY},D(X+Y)$.

33. 设随机变量 $X\sim N(\mu,\sigma^2),Y\sim N(\mu,\sigma^2)$,且设 X,Y 相互独立,试求 $Z_1=\alpha X+\beta Y$ 和 $Z_2=\alpha X-\beta Y$ 的相关系数(其中 α,β 是不为零的常数).

34. (1) 设随机变量 $W=(aX+3Y)^2,E(X)=E(Y)=0,D(X)=4,D(Y)=16,\rho_{XY}=-0.5$. 求常数 a 使 $E(W)$ 为最小,并求 $E(W)$ 的最小值.

(2) 设随机变量(X,Y)服从二维正态分布,且有 $D(X)=\sigma_X^2,D(Y)=\sigma_Y^2$. 证明当 $a^2=\sigma_X^2/\sigma_Y^2$ 时,随机变量 $W=X-aY$ 与 $V=X+aY$ 相互独立.

35. 设随机变量(X,Y)服从二维正态分布,且 $X\sim N(0,3),Y\sim N(0,4)$,相关系数 $\rho_{XY}=-1/4$,试写出 X 和 Y 的联合概率密度.

36. 已知正常男性成人血液中,每一毫升所含白细胞数的均值是 7 300,均方差是 700. 利用切比雪夫不等式估计每毫升含白细胞数在 5 200~9 400 的概率 p.

37. 对于两个随机变量 V,W,若 $E(V^2),E(W^2)$ 存在,证明

$$[E(VW)]^2\leqslant E(V^2)E(W^2). \tag{A}$$

这一不等式称为柯西-施瓦茨(Cauchy-Schwarz)不等式.

提示:考虑实变量 t 的函数

$$q(t)=E[(V+tW)^2]=E(V^2)+2tE(VW)+t^2E(W^2).$$

38. 分位数(分位点).

定义　设连续型随机变量 X 的分布函数为 $F(x)$,概率密度函数为 $f(x)$.

1° 对于任意正数 $\alpha(0<\alpha<1)$,称满足条件

$$P\{X \leqslant x_{\underline{\alpha}}\} = F(x_{\underline{\alpha}}) = \int_{-\infty}^{x_{\underline{\alpha}}} f(x)\mathrm{d}x = \alpha$$

的数 $x_{\underline{\alpha}}$ 为此分布的 α **分位数**或**下** α **分位数**.

2° 对于任意正数 $\alpha(0<\alpha<1)$,称满足条件

$$P\{X > x_{\alpha}\} = 1 - F(x_{\alpha}) = \int_{x_{\alpha}}^{\infty} f(x)\mathrm{d}x = \alpha$$

的数 x_{α} 为此分布的**上** α **分位数**.

特别,当 $\alpha=0.5$ 时,

$$F(x_{0.5}) = F(x_{\underline{0.5}}) = \int_{0.5}^{\infty} f(x)\mathrm{d}x = 0.5,$$

$x_{0.5}$ 称为此分布的**中位数**.

下 α 分位数 $x_{\underline{\alpha}}$ 将概率密度曲线下的面积分为两部分,左侧的面积恰为 α(见题 38 图(1)).

上 α 分位数 x_{α} 也将概率密度曲线下的面积分为两部分,右侧的面积恰为 α(见题 38 图(2)).

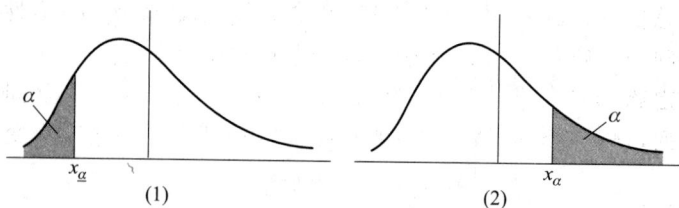

题 **38** 图

下 α 分位数与上 α 分位数有以下的关系:

$$x_{\alpha} = x_{\underline{1-\alpha}}, \quad x_{\underline{\alpha}} = x_{1-\alpha}.$$

类似地,可定义离散型随机变量 X 的分位数.

定义　对于任意正数 $\alpha(0<\alpha<1)$,称满足条件

$$P\{X<x_{\underline{\alpha}}\} \leqslant \alpha \quad 且 \quad P\{X \leqslant x_{\underline{\alpha}}\} \geqslant \alpha$$

的数 $x_{\underline{\alpha}}$ 为此分布的 α **分位数**或**下** α **分位数**.

(1)设 X 的概率密度为

$$f(x) = \begin{cases} 2\mathrm{e}^{-2x}, & x \geqslant 0, \\ 0, & 其他. \end{cases}$$

试求 X 的中位数 M.

(2)设 X 服从柯西分布,其概率密度为

$$f(x) = \frac{b}{\pi[(x-a)^2 + b^2]}, \quad b > 0.$$

试求 X 的中位数 M.

第五章 大数定律及中心极限定理

极限定理是概率论的基本理论,在理论研究和应用中起着重要的作用,其中最重要的是称为"大数定律"与"中心极限定理"的一些定理. 大数定律是叙述随机变量序列的前一些项的算术平均值在某种条件下收敛到这些项的均值的算术平均值;中心极限定理则是确定在什么条件下,大量随机变量之和的分布逼近于正态分布. 本章介绍几个大数定律和中心极限定理.

§1 大 数 定 律

第一章曾讲过,大量试验证实,随机事件 A 的频率 $f_n(A)$ 当重复试验的次数 n 增大时总呈现出稳定性,稳定在某一个常数的附近. 频率的稳定性是概率定义的客观基础. 本节我们将对频率的稳定性作出理论的说明.

弱大数定律(辛钦大数定律) 设 $X_1, X_2, \cdots$ 是相互独立[①],服从同一分布的随机变量序列,且具有数学期望 $E(X_k) = \mu$ $(k=1, 2, \cdots)$. 作前 n 个变量的算术平均 $\dfrac{1}{n} \sum_{k=1}^{n} X_k$,则对于任意 $\varepsilon > 0$,有

$$\lim_{n \to \infty} P\left\{ \left| \frac{1}{n} \sum_{k=1}^{n} X_k - \mu \right| < \varepsilon \right\} = 1. \tag{1.1}$$

证 我们只在随机变量的方差 $D(X_k) = \sigma^2$ $(k=1, 2, \cdots)$ 存在这一条件下证明上述结果. 因为

$$E\left(\frac{1}{n} \sum_{k=1}^{n} X_k \right) = \frac{1}{n} \sum_{k=1}^{n} E(X_k) = \frac{1}{n} n\mu = \mu,$$

又由独立性得

$$D\left(\frac{1}{n} \sum_{k=1}^{n} X_k \right) = \frac{1}{n^2} \sum_{k=1}^{n} D(X_k) = \frac{1}{n^2} n \sigma^2 = \frac{\sigma^2}{n},$$

由切比雪夫不等式(见第四章(2.9)式)得

$$1 \geqslant P\left\{ \left| \frac{1}{n} \sum_{k=1}^{n} X_k - \mu \right| < \varepsilon \right\} \geqslant 1 - \frac{\sigma^2/n}{\varepsilon^2}.$$

---

① 这里指对于任意 $n > 1, X_1, X_2, \cdots, X_n$ 是相互独立的.

在上式中令 $n \to \infty$, 即得

$$\lim_{n \to \infty} P\left\{ \left| \frac{1}{n} \sum_{k=1}^{n} X_k - \mu \right| < \varepsilon \right\} = 1. \qquad \square$$

$\left\{ \left| \dfrac{1}{n} \sum_{k=1}^{n} X_k - \mu \right| < \varepsilon \right\}$ 是一个随机事件. 等式(1.1)表明, 当 $n \to \infty$ 时这个事

件的概率趋于 1. 即对于任意正数 ε, 当 n 充分大时, 不等式 $\left| \dfrac{1}{n} \sum_{k=1}^{n} X_k - \mu \right| < \varepsilon$

成立的概率很大. 通俗地说, 辛钦大数定律是说, 对于独立同分布且具有均值 μ 的

随机变量 $X_1, X_2, \cdots, X_n$, 当 n 很大时它们的算术平均 $\dfrac{1}{n} \sum_{k=1}^{n} X_k$ 很可能接近于 μ.

设 $Y_1, Y_2, \cdots, Y_n, \cdots$ 是一个随机变量序列, a 是一个常数. 若对于任意正数 ε, 有

$$\lim_{n \to \infty} P\{ |Y_n - a| < \varepsilon \} = 1,$$

则称序列 $Y_1, Y_2, \cdots, Y_n, \cdots$ **依概率收敛于** a, 记为

$$Y_n \xrightarrow{P} a.$$

依概率收敛的序列有以下的性质.

设 $X_n \xrightarrow{P} a, Y_n \xrightarrow{P} b$, 又设函数 $g(x, y)$ 在点 (a, b) 连续, 则

$$g(X_n, Y_n) \xrightarrow{P} g(a, b). \text{(证略.)}$$

这样, 辛钦大数定律又可叙述为:

弱大数定律(辛钦大数定律)　设随机变量 $X_1, X_2, \cdots, X_n, \cdots$ 相互独立, 服

从同一分布且具有数学期望 $E(X_k) = \mu$ $(k = 1, 2, \cdots)$, 则序列 $\overline{X} = \dfrac{1}{n} \sum_{k=1}^{n} X_k$ 依概

率收敛于 μ, 即 $\overline{X} \xrightarrow{P} \mu$.

下面介绍辛钦大数定律的一个重要推论.

伯努利大数定律　设 f_A 是 n 次独立重复试验中事件 A 发生的次数, p 是

事件 A 在每次试验中发生的概率, 则对于任意 $\varepsilon > 0$, 有

$$\lim_{n \to \infty} P\left\{ \left| \frac{f_A}{n} - p \right| < \varepsilon \right\} = 1 \qquad (1.2)$$

或

$$\lim_{n \to \infty} P\left\{ \left| \frac{f_A}{n} - p \right| \geqslant \varepsilon \right\} = 0. \qquad (1.2)'$$

证　因为 $f_A \sim b(n, p)$, 由第四章 §2 例 6, 有

$$f_A = X_1 + X_2 + \cdots + X_n,$$

其中, $X_1, X_2, \cdots, X_n$ 相互独立, 且都服从以 p 为参数的 $(0-1)$ 分布, 因而 $E(X_k) =$

p $(k = 1, 2, \cdots, n)$, 由(1.1)式即得

$$\lim_{n \to \infty} P\left\{ \left| \frac{1}{n}\sum_{k=1}^{n} X_k - p \right| < \varepsilon \right\} = 1,$$

即
$$\lim_{n \to \infty} P\left\{ \left| \frac{f_A}{n} - p \right| \geqslant \varepsilon \right\} = 0. \qquad \square$$

伯努利大数定律的结果表明,对于任意 $\varepsilon > 0$,只要重复独立试验的次数 n 充分大,事件 $\left\{ \left| \frac{f_A}{n} - p \right| \geqslant \varepsilon \right\}$ 是一个小概率事件,由实际推断原理知(见第一章 §4),这一事件实际上几乎是不发生的,即在 n 充分大时事件 $\left\{ \left| \frac{f_A}{n} - p \right| < \varepsilon \right\}$ 实际上几乎是必定要发生的,亦即对于给定的任意小的正数 ε,在 n 充分大时,事件"频率 $\frac{f_A}{n}$ 与概率 p 的偏差小于 ε"实际上几乎是必定要发生的. 这就是我们所说的频率稳定性的真正含义. 由实际推断原理,在实际应用中,当试验次数很大时,便可以用事件的频率来代替事件的概率.

§2 中心极限定理

在客观实际中有许多随机变量,它们是由大量的相互独立的随机因素的综合影响所形成的. 而其中每一个别因素在总的影响中所起的作用都是微小的. 这种随机变量往往近似地服从正态分布. 这种现象就是中心极限定理的客观背景. 本节只介绍三个常用的中心极限定理.

定理 1(独立同分布的中心极限定理) 设随机变量 $X_1, X_2, \cdots, X_n, \cdots$ 相互独立,服从同一分布,且具有数学期望和方差:$E(X_k) = \mu$,$D(X_k) = \sigma^2 > 0$ $(k = 1, 2, \cdots)$,则随机变量之和 $\sum_{k=1}^{n} X_k$ 的标准化变量

$$Y_n = \frac{\sum_{k=1}^{n} X_k - E\left(\sum_{k=1}^{n} X_k \right)}{\sqrt{D\left(\sum_{k=1}^{n} X_k \right)}} = \frac{\sum_{k=1}^{n} X_k - n\mu}{\sqrt{n}\,\sigma}$$

的分布函数 $F_n(x)$ 对于任意 x 满足

$$\lim_{n \to \infty} F_n(x) = \lim_{n \to \infty} P\left\{ \frac{\sum_{k=1}^{n} X_k - n\mu}{\sqrt{n}\,\sigma} \leqslant x \right\}$$

$$= \int_{-\infty}^{x} \frac{1}{\sqrt{2\pi}} e^{-t^2/2} \, \mathrm{d}t = \Phi(x). \tag{2.1}$$

证明略.

这就是说,均值为 μ,方差为 $\sigma^2>0$ 的独立同分布的随机变量 $X_1,X_2,\cdots,X_n$ 之和 $\sum\limits_{k=1}^{n}X_k$ 的标准化变量,当 n 充分大时,有

$$\frac{\sum\limits_{k=1}^{n}X_k-n\mu}{\sqrt{n}\,\sigma}\xrightarrow{\text{近似地}}N(0,1). \tag{2.2}$$

在一般情况下,很难求出 n 个随机变量之和 $\sum\limits_{k=1}^{n}X_k$ 的分布函数,(2.2)式表明,当 n 充分大时,可以通过 $\Phi(x)$ 给出其近似的分布.这样,就可以利用正态分布对 $\sum\limits_{k=1}^{n}X_k$ 作理论分析或作实际计算,其好处是明显的.

将(2.2)式左端改写成 $\dfrac{\frac{1}{n}\sum\limits_{k=1}^{n}X_k-\mu}{\sigma/\sqrt{n}}=\dfrac{\overline{X}-\mu}{\sigma/\sqrt{n}}$,这样,上述结果可写成:当 n 充分大时,

$$\frac{\overline{X}-\mu}{\sigma/\sqrt{n}}\xrightarrow{\text{近似地}}N(0,1)\quad\text{或}\quad\overline{X}\xrightarrow{\text{近似地}}N(\mu,\sigma^2/n). \tag{2.3}$$

这是独立同分布的中心极限定理结果的另一个形式.这就是说,均值为 μ,方差为 $\sigma^2>0$ 的独立同分布的随机变量 $X_1,X_2,\cdots,X_n$ 的算术平均 $\overline{X}=\dfrac{1}{n}\sum\limits_{k=1}^{n}X_k$,当 n 充分大时近似地服从均值为 μ,方差为 σ^2/n 的正态分布.这一结果是数理统计中大样本统计推断的基础.

定理 2(李雅普诺夫(Lyapunov)定理)　设随机变量 $X_1,X_2,\cdots,X_n,\cdots$ 相互独立,它们具有数学期望和方差

$$E(X_k)=\mu_k,\quad D(X_k)=\sigma_k^2>0,\quad k=1,2,\cdots,$$

记

$$B_n^2=\sum_{k=1}^{n}\sigma_k^2.$$

若存在正数 δ,使得当 $n\to\infty$ 时,

$$\frac{1}{B_n^{2+\delta}}\sum_{k=1}^{n}E\{|X_k-\mu_k|^{2+\delta}\}\to0,$$

则随机变量之和 $\sum\limits_{k=1}^{n}X_k$ 的标准化变量

$$Z_n = \frac{\displaystyle\sum_{k=1}^{n} X_k - E\left(\displaystyle\sum_{k=1}^{n} X_k\right)}{\sqrt{D\left(\displaystyle\sum_{k=1}^{n} X_k\right)}} = \frac{\displaystyle\sum_{k=1}^{n} X_k - \displaystyle\sum_{k=1}^{n} \mu_k}{B_n}$$

的分布函数 $F_n(x)$ 对于任意 x,满足

$$\lim_{n \to \infty} F_n(x) = \lim_{n \to \infty} P\left\{ \frac{\displaystyle\sum_{k=1}^{n} X_k - \displaystyle\sum_{k=1}^{n} \mu_k}{B_n} \leqslant x \right\}$$

$$= \int_{-\infty}^{x} \frac{1}{\sqrt{2\pi}} e^{-t^2/2} \, dt = \Phi(x). \tag{2.4}$$

证明略.

定理 2 表明,在定理的条件下,随机变量

$$Z_n = \frac{\displaystyle\sum_{k=1}^{n} X_k - \displaystyle\sum_{k=1}^{n} \mu_k}{B_n}$$

当 n 很大时,近似地服从正态分布 $N(0,1)$. 由此,当 n 很大时,$\displaystyle\sum_{k=1}^{n} X_k = B_n Z_n + \displaystyle\sum_{k=1}^{n} \mu_k$ 近似地服从正态分布 $N\left(\displaystyle\sum_{k=1}^{n} \mu_k, B_n^2\right)$. 这就是说,无论各个随机变量 X_k($k=1$, $2,\cdots$)服从什么分布,只要满足定理的条件,那么它们的和 $\displaystyle\sum_{k=1}^{n} X_k$ 当 n 很大时,就近似地服从正态分布. 这就是正态随机变量在概率论中占有重要地位的一个基本原因. 在很多问题中,所考虑的随机变量可以表示成很多个独立的随机变量之和. 例如,在任一指定时刻,一个城市的耗电量是大量用户耗电量的总和;一个物理实验的测量误差是由许多观察不到的、可加的微小误差所合成的,它们往往近似地服从正态分布.

下面介绍另一个中心极限定理,它是定理 1 的特殊情况.

定理 3(棣莫弗 — 拉普拉斯(De Moivre-Laplace)定理) 设随机变量 η_n($n=1,2,\cdots$)服从参数为 n, p $(0<p<1)$ 的二项分布,则对于任意 x,有

$$\lim_{n \to \infty} P\left\{ \frac{\eta_n - np}{\sqrt{np(1-p)}} \leqslant x \right\} = \int_{-\infty}^{x} \frac{1}{\sqrt{2\pi}} e^{-t^2/2} \, dt = \Phi(x). \tag{2.5}$$

证 由第四章 §2 例 6 知可以将 η_n 分解成为 n 个相互独立、服从同一 $(0-1)$ 分布的诸随机变量 $X_1, X_2, \cdots, X_n$ 之和,即有

$$\eta_n = \sum_{k=1}^{n} X_k,$$

其中 $X_k(k=1,2,\cdots,n)$ 的分布律为

$$P\{X_k=i\}=p^i(1-p)^{1-i}, \quad i=0,1.$$

由于 $E(X_k)=p,D(X_k)=p(1-p)\ (k=1,2,\cdots,n)$，由定理 1 得

$$\lim_{n\to\infty}P\left\{\frac{\eta_n-np}{\sqrt{np(1-p)}}\leqslant x\right\}=\lim_{n\to\infty}P\left\{\frac{\sum\limits_{k=1}^{n}X_k-np}{\sqrt{np(1-p)}}\leqslant x\right\}$$

$$=\int_{-\infty}^{x}\frac{1}{\sqrt{2\pi}}\mathrm{e}^{-t^2/2}\mathrm{d}t=\Phi(x). \qquad \square$$

这个定理表明，正态分布是二项分布的极限分布. 当 n 充分大时，我们可以利用 (2.5) 式来计算二项分布的概率. 下面举几个关于中心极限定理应用的例子.

例1　一加法器同时收到 20 个噪声电压 $V_k(k=1,2,\cdots,20)$，设它们是相互独立的随机变量，且都在区间 $(0,10)$ 上服从均匀分布. 记 $V=\sum\limits_{k=1}^{20}V_k$，求 $P\{V>105\}$ 的近似值.

解　易知 $E(V_k)=5,D(V_k)=100/12\ (k=1,2,\cdots,20)$. 由定理 1，随机变量

$$Z=\frac{\sum\limits_{k=1}^{20}V_k-20\times5}{\sqrt{100/12}\sqrt{20}}=\frac{V-20\times5}{\sqrt{100/12}\sqrt{20}}$$

近似服从正态分布 $N(0,1)$，于是

$$P\{V>105\}=P\left\{\frac{V-20\times5}{(10/\sqrt{12})\sqrt{20}}>\frac{105-20\times5}{(10/\sqrt{12})\sqrt{20}}\right\}$$

$$=P\left\{\frac{V-100}{(10/\sqrt{12})\sqrt{20}}>0.387\right\}$$

$$=1-P\left\{\frac{V-100}{(10/\sqrt{12})\sqrt{20}}\leqslant0.387\right\}$$

$$\approx1-\int_{-\infty}^{0.387}\frac{1}{\sqrt{2\pi}}\mathrm{e}^{-t^2/2}\mathrm{d}t=1-\Phi(0.387)=0.348.$$

即有

$$P\{V>105\}\approx0.348. \qquad \square$$

例2　船舶在某海区航行，已知每遭受一次波浪的冲击，纵摇角大于 $3°$ 的概率为 $p=1/3$，若船舶遭受了 90 000 次波浪冲击，问其中有 29 500～30 500 次纵摇角度大于 $3°$ 的概率是多少？

解　我们将船舶每遭受一次波浪冲击看作一次试验，并假定各次试验是独

立的.在 90 000 次波浪冲击中纵摇角度大于 3°的次数记为 X,则 X 是一个随机变量,且有 $X\sim b(90\,000,1/3)$.其分布律为

$$P\{X=k\}=\binom{90\,000}{k}\left(\frac{1}{3}\right)^k\left(\frac{2}{3}\right)^{90\,000-k},\quad k=0,1,\cdots,90\,000.$$

所求的概率为

$$P\{29\,500\leqslant X\leqslant 30\,500\}=\sum_{k=29\,500}^{30\,500}\binom{90\,000}{k}\left(\frac{1}{3}\right)^k\left(\frac{2}{3}\right)^{90\,000-k},$$

要直接计算是麻烦的,我们利用棣莫弗－拉普拉斯定理来求它的近似值.即有

$$P\{29\,500\leqslant X\leqslant 30\,500\}$$

$$=P\left\{\frac{29\,500-np}{\sqrt{np(1-p)}}\leqslant\frac{X-np}{\sqrt{np(1-p)}}\leqslant\frac{30\,500-np}{\sqrt{np(1-p)}}\right\}$$

$$\approx\int_{\frac{29\,500-np}{\sqrt{np(1-p)}}}^{\frac{30\,500-np}{\sqrt{np(1-p)}}}\frac{1}{\sqrt{2\pi}}e^{-t^2/2}dt=\Phi\left(\frac{30\,500-np}{\sqrt{np(1-p)}}\right)-\Phi\left(\frac{29\,500-np}{\sqrt{np(1-p)}}\right),$$

其中 $n=90\,000,p=1/3$.即有

$$P\{29\,500\leqslant X\leqslant 30\,500\}\approx\Phi\left(\frac{5\sqrt{2}}{2}\right)-\Phi\left(-\frac{5\sqrt{2}}{2}\right)=0.999\,5.\qquad\square$$

例 3 对于一个学生而言,来参加家长会的家长人数是一个随机变量,设一个学生无家长、有 1 名家长、有 2 名家长来参加会议的概率分别为 0.05、0.8、0.15.若学校共有 400 名学生,设各学生参加会议的家长人数相互独立,且服从同一分布.

(1) 求参加会议的家长人数 X 超过 450 的概率.

(2) 求有 1 名家长来参加会议的学生人数不多于 340 的概率.

解 (1) 以 $X_k(k=1,2,\cdots,400)$ 记第 k 个学生来参加会议的家长人数,则 X_k 的分布律为

X_k	0	1	2
p_k	0.05	0.8	0.15

易知 $E(X_k)=1.1,D(X_k)=0.19,k=1,2,\cdots,400$.而 $X=\sum\limits_{k=1}^{400}X_k$.由定理 1,随机变量

$$\frac{\sum\limits_{k=1}^{400}X_k-400\times1.1}{\sqrt{400}\sqrt{0.19}}=\frac{X-400\times1.1}{\sqrt{400}\sqrt{0.19}}$$

近似服从正态分布 $N(0,1)$,于是

$$P\{X>450\}=P\left\{\frac{X-400\times 1.1}{\sqrt{400}\sqrt{0.19}}>\frac{450-400\times 1.1}{\sqrt{400}\sqrt{0.19}}\right\}$$

$$=1-P\left\{\frac{X-400\times 1.1}{\sqrt{400}\sqrt{0.19}}\leqslant 1.147\right\}$$

$$\approx 1-\varPhi(1.147)=0.125\ 1.$$

（2）以 Y 记有 1 名家长参加会议的学生人数，则 $Y\sim b(400,0.8)$，由定理 3，

$$P\{Y\leqslant 340\}=P\left\{\frac{Y-400\times 0.8}{\sqrt{400\times 0.8\times 0.2}}\leqslant \frac{340-400\times 0.8}{\sqrt{400\times 0.8\times 0.2}}\right\}$$

$$=P\left\{\frac{Y-400\times 0.8}{\sqrt{400\times 0.8\times 0.2}}\leqslant 2.5\right\}\approx \varPhi(2.5)=0.993\ 8. \qquad \square$$

小结

人们在长期实践中认识到频率具有稳定性，即当试验次数不断增大时，频率稳定在一个数的附近．这一事实显示了可以用一个数来表征事件发生的可能性的大小．这使人们认识到概率是客观存在的，进而由频率的性质的启发和抽象给出了概率的定义，因而频率的稳定性是概率定义的客观基础．伯努利大数定律则以严密的数学形式论证了频率的稳定性．

中心极限定理表明，在相当一般的条件下，当独立随机变量的个数不断增加时，其和的分布趋于正态分布．这一事实阐明了正态分布的重要性，也揭示了为什么在实际应用中会经常遇到正态分布，也就是揭示了产生正态分布变量的源泉．另一方面，它提供了独立同分布随机变量之和 $\sum_{k=1}^{n}X_k$（其中 X_k 的方差存在）的近似分布，只要和式中加项的个数充分大，就可以不必考虑和式中的随机变量服从什么分布，都能用正态分布来近似，这在应用上是有效和重要的．

中心极限定理的内容包含极限，因而称它为极限定理是很自然的．又由于它在统计中的重要性，称它为中心极限定理，这是波利亚(Pólya)在 1920 年取的名字．

■ 重要术语及主题

依概率收敛　伯努利大数定律　辛钦大数定律　独立同分布的中心极限定理　李雅普诺夫中心极限定理　棣莫弗－拉普拉斯中心极限定理

习题

1. 据以往经验，某种电器元件的寿命服从均值为 100 h 的指数分布，现随机地取 16 只，设它们的寿命是相互独立的．求这 16 只元件的寿命的总和大于 1 920 h 的概率．

2. （1）一保险公司有 10 000 个汽车投保人，每个投保人索赔金额的数学期望为 280 美元，标准差为 800 美元，求索赔总金额超过 2 700 000 美元的概率．

（2）一公司有 50 张签约保险单，各张保险单的索赔金额 X_i，$i=1,2,\cdots,50$（以千美元计）

服从韦布尔(Weibull)分布,均值 $E(X_i)=5$,方差 $D(X_i)=6$,求 50 张保险单索赔的合计金额大于 300 的概率(设各保险单索赔金额是相互独立的).

3. 计算器在进行加法时,将每个加数舍入最靠近它的整数,设所有舍入误差相互独立且在 $(-0.5,0.5)$ 上服从均匀分布.

(1) 将 1 500 个数相加,问误差总和的绝对值超过 15 的概率是多少?

(2) 最多可有几个数相加使得误差总和的绝对值小于 10 的概率不小于 0.90?

4. 设各零件的质量都是随机变量,它们相互独立,且服从相同的分布,其数学期望为 0.5 kg,均方差为 0.1 kg,问 5 000 个零件的总质量超过 2 510 kg 的概率是多少?

5. 有一批建筑房屋用的木柱,其中 80% 的长度不小于 3 m,现从这批木柱中随机地取 100 根,求其中至少有 30 根短于 3 m 的概率.

6. 一工人修理一台机器需两个阶段,第一阶段所需时间(以 h 计)服从均值为 0.2 的指数分布,第二阶段所需时间服从均值为 0.3 的指数分布,且与第一阶段独立.现有 20 台机器需要修理,求他在 8 h 内完成的概率.

7. 一食品店有三种蛋糕出售,由于售出哪一种蛋糕是随机的,因而售出一只蛋糕的价格是一个随机变量,它取 1 元、1.2 元、1.5 元各个值的概率分别为 0.3,0.2,0.5.若售出 300 只蛋糕.

(1) 求收入至少 400 元的概率.

(2) 求售出价为 1.2 元的蛋糕多于 60 只的概率.

8. 一复杂的系统由 100 个相互独立起作用的部件所组成,在整个运行期间每个部件损坏的概率为 0.1.为了使整个系统起作用,至少必须有 85 个部件正常工作,求整个系统起作用的概率.

9. 已知在某十字路口,一周事故发生数的数学期望为 2.2,标准差为 1.4.

(1) 以 $\overline{X}$ 表示一年(以 52 周计)此十字路口事故发生数的算术平均,试用中心极限定理求 $\overline{X}$ 的近似分布,并求 $P\{\overline{X}<2\}$.

(2) 求一年事故发生数小于 100 的概率.

10. 某种小汽车氧化氮的排放量的数学期望为 0.9 g/km,标准差为 1.9 g/km,某汽车公司有这种小汽车 100 辆,以 $\overline{X}$ 表示这些车辆氧化氮排放量的算术平均,问当 L 为何值时 $\overline{X}>L$ 的概率不超过 0.01?

11. 随机地选取两组学生,每组 80 人,分别在两个实验室里测量某种化合物的 pH.各人测量的结果是随机变量,它们相互独立,服从同一分布,数学期望为 5,方差为 0.3,以 $\overline{X},\overline{Y}$ 分别表示第一组和第二组所得结果的算术平均.

(1) 求 $P\{4.9<\overline{X}<5.1\}$.

(2) 求 $P\{-0.1<\overline{X}-\overline{Y}<0.1\}$.

12. 一公寓有 200 户住户,一户住户拥有汽车辆数 X 的分布律为

X	0	1	2
p_k	0.1	0.6	0.3

问需要多少车位,才能使每辆汽车都具有一个车位的概率至少为 0.95?

13. 某种电子器件的寿命(以 h 计)具有数学期望 μ(未知),方差 $\sigma^2=400$. 为了估计 μ,随机地取 n 只这种器件,在时刻 $t=0$ 投入测试(测试是相互独立的)直到失效,测得其寿命为 $X_1,X_2,\cdots,X_n$,以 $\overline{X}=\dfrac{1}{n}\sum\limits_{i=1}^{n}X_i$ 作为 μ 的估计,为使 $P\{|\overline{X}-\mu|<1\}\geqslant 0.95$,问 n 至少为多少?

14. 某药厂断言,该厂生产的某种药品对于医治一种疑难血液病的治愈率为 0.8,医院任意抽查 100 个服用此药品的患者,若其中多于 75 人治愈,就接受此断言,否则就拒绝此断言.

(1) 若实际上此药品对这种疾病的治愈率为 0.8,问接受这一断言的概率是多少?

(2) 若实际上此药品对这种疾病的治愈率为 0.7,问接受这一断言的概率是多少?

第六章　样本及抽样分布

　　前面五章我们讲述了概率论的基本内容,随后的四章将讲述数理统计.数理统计是具有广泛应用的一个数学分支,它以概率论为理论基础,根据试验或观察得到的数据,来研究随机现象,对研究对象的客观规律性作出种种合理的估计和判断.

　　数理统计的内容包括:如何收集、整理数据资料;如何对所得的数据资料进行分析、研究,从而对所研究的对象的性质、特点作出推断.后者就是我们所说的统计推断问题.本书只讲述统计推断的基本内容.

　　在概率论中,我们所研究的随机变量,它的分布都是假设已知的,在这一前提下去研究它的性质、特点和规律性,例如求出它的数字特征,讨论随机变量函数的分布,介绍常用的各种分布等.在数理统计中,我们研究的随机变量,它的分布是未知的,或者是不完全知道的,人们是通过对所研究的随机变量进行重复独立的观察,得到许多观察值,对这些数据进行分析,从而对所研究的随机变量的分布作出种种推断的.

　　本章我们介绍总体、随机样本及统计量等基本概念,并着重介绍几个常用统计量及抽样分布.

§1　随　机　样　本

　　我们知道,随机试验的结果很多是可以用数来表示的,另有一些试验的结果虽是定性的,但总可以将它数量化.例如,检验某个学校学生的血型这一试验,其可能结果有 O 型、A 型、B 型、AB 型 4 种,是定性的.如果分别以 $1,2,3,4$ 依次记这 4 种血型,那么试验的结果就能用数来表示了.

　　在数理统计中,我们往往研究有关对象的某一项数量指标(例如研究某种型号灯泡的寿命这一数量指标).为此,考虑与这一数量指标相联系的随机试验,对这一数量指标进行试验或观察.我们将试验的全部可能的观察值称为**总体**,这些值不一定都不相同,数目上也不一定是有限的,每一个可能观察值称为**个体**.总体中所包含的个体的个数称为总体的**容量**.容量为有限的称为**有限总体**,容量为无限的称为**无限总体**.

　　例如在考察某大学一年级男生的身高这一试验中,若一年级男生共 2 000 人,每个男生的身高是一个可能观察值,所形成的总体中共含 2 000 个可能观察值,是一个有限总体.又如考察某一湖泊中某种鱼的含汞量,所得总体也是有限总体.观察并记录某一地点每天(包括以往、现在和将来)的最高气温,或者测量一湖泊任一地点的深度,所得总体是无限总体.有些有限总体的容量很大,我们可以认为它是一个无限总体.例如,考察全国正在使用的某种型号灯泡的寿命所形成的总体,由于可能观察值的个数很多,就可以认为是无限总体.

总体中的每一个个体是随机试验的一个观察值,因此它是某一随机变量 X 的值,这样,一个总体对应于一个随机变量 X.我们对总体的研究就是对一个随机变量 X 的研究,X 的分布函数和数字特征就称为总体的分布函数和数字特征.今后将不区分总体与相应的随机变量,笼统称为总体 X.

例如,我们检验自生产线出来的零件是次品还是正品,以 0 表示产品为正品,以 1 表示产品为次品.设出现次品的概率为 p(常数),那么总体是由一些"1"和一些"0"所组成,这一总体对应于一个具有参数为 p 的 $(0-1)$ 分布:

$$P\{X=x\}=p^x(1-p)^{1-x}, \quad x=0,1$$

的随机变量.我们就将它说成是 $(0-1)$ 分布总体.意指总体中的观察值是 $(0-1)$ 分布随机变量的值.又如上述灯泡寿命这一总体是指数分布总体,意指总体中的观察值是指数分布随机变量的值.

在实际中,总体的分布一般是未知的,或只知道它具有某种形式而其中包含着未知参数.在数理统计中,人们都是通过从总体中抽取一部分个体,根据获得的数据来对总体分布作出推断的.被抽出的部分个体叫做总体的一个样本.

所谓从总体抽取一个个体,就是对总体 X 进行一次观察并记录其结果.我们在相同的条件下对总体 X 进行 n 次重复的、独立的观察.将 n 次观察结果按试验的次序记为 $X_1,X_2,\cdots,X_n$.由于 $X_1,X_2,\cdots,X_n$ 是对随机变量 X 观察的结果,且各次观察是在相同的条件下独立进行的,所以有理由认为 $X_1,X_2,\cdots,X_n$ 是相互独立的,且都是与 X 具有相同分布的随机变量.这样得到的 $X_1,X_2,\cdots,X_n$ 称为来自总体 X 的一个简单随机样本,n 称为这个样本的容量.以后如无特别说明,所提到的样本都是指简单随机样本.

当 n 次观察一经完成,我们就得到一组实数 $x_1,x_2,\cdots,x_n$,它们依次是随机变量 $X_1,X_2,\cdots,X_n$ 的观察值,称为样本值.

对于有限总体,采用放回抽样就能得到简单随机样本,但放回抽样使用起来不方便,当个体的总数 N 比要得到的样本的容量 n 大得多时,在实际中可将不放回抽样近似地当作放回抽样来处理.

至于无限总体,因抽取一个个体不影响它的分布,所以总是用不放回抽样.例如,在生产过程中,每隔一定时间抽取一个个体,抽取 n 个就得到一个简单随机样本,实验室中的记录,水文、气象等观察资料都是样本.试制新产品得到的样品的质量指标,也常被认为是样本.

综合上述,我们给出以下的定义.

定义　设 X 是具有分布函数 F 的随机变量,若 $X_1,X_2,\cdots,X_n$ 是具有同一分布函数 F 的、相互独立的随机变量,则称 $X_1,X_2,\cdots,X_n$ 为从分布函数 F(或总体 F、或总体 X)得到的**容量为** n **的简单随机样本**,简称**样本**,它们的观察值 $x_1,x_2,\cdots,x_n$ 称为**样本值**,又称为 X 的 n 个**独立的观察值**.

也可以将样本看成是一个随机向量,写成 $(X_1,X_2,\cdots,X_n)$,此时样本值相应地写成 $(x_1,x_2,\cdots,x_n)$. 若 $(x_1,x_2,\cdots,x_n)$ 与 $(y_1,y_2,\cdots,y_n)$ 都是相应于样本 $(X_1,X_2,\cdots,X_n)$ 的样本值,一般来说它们是不相同的.

由定义得:若 $X_1,X_2,\cdots,X_n$ 为 F 的一个样本,则 $X_1,X_2,\cdots,X_n$ 相互独立,且它们的分布函数都是 F,所以 $(X_1,X_2,\cdots,X_n)$ 的分布函数为

$$F^*(x_1,x_2,\cdots,x_n)=\prod_{i=1}^{n}F(x_i).$$

又若 X 具有概率密度 f,则 $(X_1,X_2,\cdots,X_n)$ 的概率密度为

$$f^*(x_1,x_2,\cdots,x_n)=\prod_{i=1}^{n}f(x_i).$$

§2　直方图和箱线图

为了研究总体分布的性质,人们通过试验得到许多观察值,一般来说这些数据是杂乱无章的. 为了利用它们进行统计分析,将这些数据加以整理,还常借助于表格或图形对它们加以描述. 本节将通过例子对连续型随机变量 X 引入"频率直方图",接着介绍数据的"箱线图". 它们使人们对总体 X 的分布有一个粗略的了解.

(一)直方图

例1　下面列出了 84 个伊特鲁里亚人(Etruscans)男子的头颅的最大宽度(以 mm 计),现在来画这些数据的"频率直方图".

141	148	132	138	154	142	150	146	155	158
150	140	147	148	144	150	149	145	149	158
143	141	144	144	126	140	144	142	141	140
145	135	147	146	141	136	140	146	142	137
148	154	137	139	143	140	131	143	141	149
148	135	148	152	143	144	141	143	147	146
150	132	142	142	143	153	149	146	149	138
142	149	142	137	134	144	146	147	140	142

140   137   152   145

解 这些数据杂乱无章,先要将它们进行整理.这些数据的最小值、最大值分别为126、158,即所有数据落在区间[126,158]上,现取区间[124.5,159.5],它能覆盖区间[126,158].将区间[124.5,159.5]等分为 7 个小区间[1],小区间的长度记为 Δ,$\Delta=(159.5-124.5)/7=5$. Δ 称为组距.小区间的端点称为组限.数出落在每个小区间内的数据的频数 f_i,算出频率 f_i/n ($n=84,i=1,2,\cdots,7$)如下表:

组 限	频数 f_i	频率 f_i/n	累积频率
124.5~129.5	1	0.011 9	0.011 9
129.5~134.5	4	0.047 6	0.059 5
134.5~139.5	10	0.119 1	0.178 6
139.5~144.5	33	0.392 9	0.571 5
144.5~149.5	24	0.285 7	0.857 2
149.5~154.5	9	0.107 1	0.964 3
154.5~159.5	3	0.035 7	1

现在自左至右依次在各个小区间上作以 $\frac{f_i}{n}\Big/\Delta$ 为高的小矩形.如图 6-1 所示,这样的图形叫**频率直方图**.显然这种小矩形的面积就等于数据落在该小区间的频率 f_i/n.由于当 n 很大时,频率接近于概率,因而一般来说,每个小区间上的小矩形面积接近于概率密度曲线之下该小区间之上的曲边梯形的面积.于是,一般来说,直方图的外廓曲线接近于总体 X 的概率密度曲线.从本例的直方图看(图 6-1),它有一个峰,中间高,两头低,比较对称.看起来样本很像来自某一正态总体 X (在第八章中将进一步讨论).从直方图上还可以估计 X 落在某一区间的概率,例如从图上看到有 51.2% 的人最大头颅宽度落在区间(134.5,144.5)之内,最大头颅宽度小于 129.5 的仅占 1.19%,等等.   □

(二)箱线图

先介绍样本分位数.

定义 设有容量为 n 的样本观察值 $x_1,x_2,\cdots,x_n$,样本 p 分位数($0<p<1$)记为 x_p,它具有以下的性质:(1)至少有 np 个观察值小于或等于 x_p.(2)至少有 $n(1-p)$ 个观察值大于或等于 x_p.

---

[1] 作直方图时,先取一个区间,其下限比最小的数据稍小,其上限比最大的数据稍大,然后将这一区间分为 k 个小区间,通常当 n 较大时 k 取 10~20,当 $n<50$ 时 k 取 5~6.若 k 取得过大,则会出现某些小区间内频数为零的情况(一般应设法避免).分点通常取得比数据精度高一位,以免数据落在分点上.

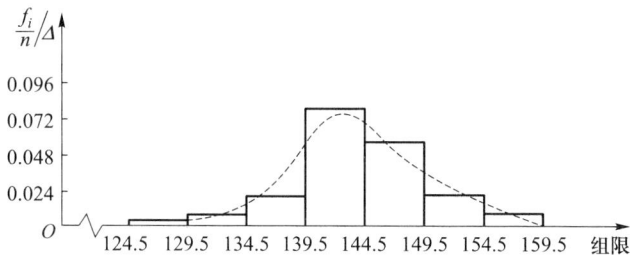

图 6—1

样本 p 分位数可按以下法则求得. 将 $x_1, x_2, \cdots, x_n$ 按自小到大的次序排列成 $x_{(1)} \leqslant x_{(2)} \leqslant \cdots \leqslant x_{(n)}$.

1° 若 np 不是整数,则只有一个数据满足定义中的两点要求,这一数据位于大于 np 的最小整数处,即为位于 $[np] + 1$ 处的数. 例如,$n = 12, p = 0.9, np = 10.8, n(1-p) = 1.2$,则 x_p 的位置应满足至少有 10.8 个数据 $\leqslant x_p$(x_p 应位于第 11 或大于第 11 处);且至少有 1.2 个数据 $\geqslant x_p$(x_p 应位于第 11 或小于第 11 处),故 x_p 应位于第 11 处.

2° 若 np 是整数. 例如在 $n = 20, p = 0.95$ 时,x_p 的位置应满足至少有 19 个数据 $\leqslant x_p$(x_p 应位于第 19 或大于第 19 处)且至少有 1 个数据 $\geqslant x_p$(x_p 应位于第 20 或小于第 20 处),故第 19 或第 20 的数据均符合要求,就取这两个数的平均值作为 x_p.

综上,

$$x_p = \begin{cases} x_{([np]+1)}, & \text{当 } np \text{ 不是整数}, \\ \dfrac{1}{2}[x_{(np)} + x_{(np+1)}], & \text{当 } np \text{ 是整数}. \end{cases}$$

特别,当 $p = 0.5$ 时,0.5 分位数 $x_{0.5}$ 也记为 Q_2 或 M,称为**样本中位数**,即有

$$x_{0.5} = \begin{cases} x_{([\frac{n}{2}]+1)}, & \text{当 } n \text{ 是奇数}, \\ \dfrac{1}{2}[x_{(\frac{n}{2})} + x_{(\frac{n}{2}+1)}], & \text{当 } n \text{ 是偶数}. \end{cases}$$

易知,当 n 是奇数时中位数 $x_{0.5}$ 就是 $x_{(1)} \leqslant x_{(2)} \leqslant \cdots \leqslant x_{(n)}$ 这一数组中最中间的一个数;而当 n 是偶数时中位数 $x_{0.5}$ 就是 $x_{(1)} \leqslant x_{(2)} \leqslant \cdots \leqslant x_{(n)}$ 这一数组中最中间两个数的平均值.

0.25 分位数 $x_{0.25}$ 称为**第一四分位数**,又记为 Q_1;0.75 分位数 $x_{0.75}$ 称为**第三四分位数**,又记为 Q_3. $x_{0.25}, x_{0.5}, x_{0.75}$ 在统计中是很有用的.

例 2 设有一组容量为 18 的样本值如下(已经过排序):

122　126　133　140　145　145　149　150　157

$$162\quad 166\quad 175\quad 177\quad 177\quad 183\quad 188\quad 199\quad 212$$

求样本分位数：$x_{0.2}$，$x_{0.25}$，$x_{0.5}$.

解　因为 $np=18\times 0.2=3.6$，$x_{0.2}$ 位于第 $[3.6]+1=4$ 处，即有 $x_{0.2}=x_{(4)}=140$.

因为 $np=18\times 0.25=4.5$，$x_{0.25}$ 位于第 $[4.5]+1=5$ 处，即有 $x_{0.25}=145$.

因为 $np=18\times 0.5=9$，$x_{0.5}$ 是这组数中间两个数的平均值，即有

$$x_{0.5}=\frac{1}{2}(157+162)=159.5.$$

下面介绍箱线图.

数据集的箱线图是由箱子和直线组成的图形，它是基于以下 5 个数的图形概括：最小值 Min，第一四分位数 Q_1，中位数 M，第三四分位数 Q_3 和最大值 Max. 它的作法如下：

（1）画一水平数轴，在轴上标上 Min，Q_1，M，Q_3，Max. 在数轴上方画一个上、下侧平行于数轴的矩形箱子，箱子的左右两侧分别位于 Q_1，Q_3 的上方. 在 M 点的上方画一条垂直线段. 线段位于箱子内部.

（2）自箱子左侧引一条水平线直至最小值 Min，在同一水平高度自箱子右侧引一条水平线直至最大值. 这样就将箱线图作好了，如图 6—2 所示. 箱线图也可以沿垂直数轴来作. 自箱线图可以形象地看出数据集的以下重要性质.

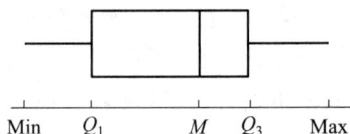

图 6—2

① 中心位置：中位数所在的位置就是数据集的中心.

② 散布程度：全部数据都落在 [Min, Max] 之内，在区间 [Min, Q_1]，[Q_1, M]，[M, Q_3]，[Q_3, Max] 上的数据个数各约占 1/4. 区间较短时，表示落在该区间的点较集中，反之较为分散.

（3）关于对称性：若中位数位于箱子的中间位置，则数据分布较为对称. 又若 Min 离 M 的距离较 Max 离 M 的距离大，则表示数据分布向左倾斜，反之表示数据向右倾斜，且能看出分布尾部的长短.

例 3　以下是 8 个患者的血压（收缩压，以 mmHg 计）数据（已经过排序），试作出箱线图.

$$102\quad 110\quad 117\quad 118\quad 122\quad 123\quad 132\quad 150$$

解　因 $np=8\times 0.25=2$，故 $x_{0.25}=Q_1=\frac{1}{2}(110+117)=113.5$.

因 $np=8\times 0.5=4$，故 $x_{0.5}=Q_2=\frac{1}{2}(118+122)=120$.

因 $np = 8 \times 0.75 = 6$，故 $x_{0.75} = Q_3 = \frac{1}{2}(123 + 132) = 127.5$.

$\text{Min} = 102, \text{Max} = 150$，作出箱线图如图 6-3 所示. □

例 4 下面分别给出了 25 个男子和 25 个女子的肺活量（以 L 计. 数据已经排过序）：

女子组   2.7   2.8   2.9   3.1   3.1   3.1   3.2   3.4   3.4
         3.4   3.4   3.4   3.5   3.5   3.5   3.6   3.7   3.7
         3.7   3.8   3.8   4.0   4.1   4.2   4.2

男子组   4.1   4.1   4.3   4.3   4.5   4.6   4.7   4.8   4.8
         5.1   5.3   5.3   5.3   5.4   5.4   5.5   5.6   5.7
         5.8   5.8   6.0   6.1   6.3   6.7   6.7

试分别画出这两组数据的箱线图.

解 女子组 $\text{Min} = 2.7, \text{Max} = 4.2, M = 3.5$.

因 $np = 25 \times 0.25 = 6.25, Q_1 = 3.2$.

因 $np = 25 \times 0.75 = 18.75, Q_3 = 3.7$.

男子组 $\text{Min} = 4.1, \text{Max} = 6.7, M = 5.3$.

因 $np = 25 \times 0.25 = 6.25, Q_1 = 4.7$.

因 $np = 25 \times 0.75 = 18.75, Q_3 = 5.8$.

作出箱线图如图 6-4 所示. □

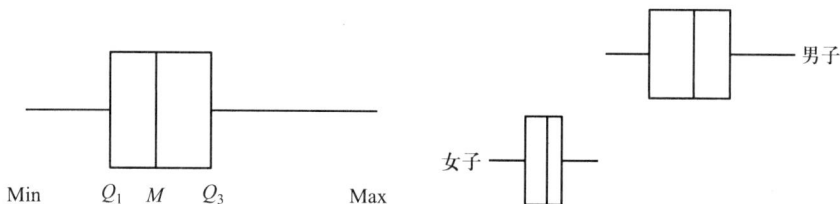

图 6-3

图 6-4

箱线图特别适用于比较两个或两个以上数据集的性质，为此，我们将几个数据集的箱线图画在同一个数轴上. 例如在例 4 中可以明显地看到男子的肺活量要比女子大，男子的肺活量较女子的肺活量更为分散.

若在数据集中某一个观察值不寻常地大于或小于该数集中的其他数据，则称之为**疑似异常值**. 疑似异常值的存在，会对随后的计算结果产生不适当的影响. 检查疑似异常值并加以适当的处理是十分重要的. 箱线图只要稍加修改，就能用来检测数据集是否存在疑似异常值.

第一四分位数 Q_1 与第三四分位数 Q_3 之间的距离：$Q_3 - Q_1 \xlongequal{\text{记成}} IQR$，称为

四分位数间距. 若数据小于 $Q_1 - 1.5IQR$ 或大于 $Q_3 + 1.5IQR$,就认为它是疑似异常值. 我们将上述箱线图的作法(1),(2),(3)作如下的改变:

(1') 同(1).

(2') 计算 $IQR = Q_3 - Q_1$,若一个数据小于 $Q_1 - 1.5IQR$ 或大于 $Q_3 + 1.5IQR$,则认为它是一个疑似异常值. 画出疑似异常值,并以 * 表示.

(3') 自箱子左侧引一水平线段直至数据集中除去疑似异常值后的最小值, 又自箱子右侧引一水平线直至数据集中除去疑似异常值后的最大值.

按(1'),(2'),(3')作出的图形称为**修正箱线图**.

例 5 下面给出了某医院 21 个患者的住院时间(以天计),试画出修正箱线图(数据已经过排序).

$$1 \quad 2 \quad 3 \quad 3 \quad 4 \quad 4 \quad 5 \quad 6 \quad 6 \quad 7 \quad 7 \quad 9 \quad 9$$
$$10 \quad 12 \quad 12 \quad 13 \quad 15 \quad 18 \quad 23 \quad 55$$

解 $\text{Min} = 1, \text{Max} = 55, M = 7$.

因 $21 \times 0.25 = 5.25$,得 $Q_1 = 4$.

又 $21 \times 0.75 = 15.75$,得 $Q_3 = 12$.

故 $IQR = Q_3 - Q_1 = 8$,

$Q_3 + 1.5IQR = 12 + 1.5 \times 8 = 24$, $Q_1 - 1.5IQR = 4 - 12 = -8$.

观察值 $55 > 24$,故 55 是疑似异常值,且仅此一个疑似异常值. 作出修正箱线图如图 6-5 所示. 可见数据分布不对称,而向右倾斜,在中位数的右边较为分散.   □

$$\text{Min } Q_1 M \ Q_3 \qquad\qquad\qquad\qquad \text{Max}$$

图 6-5

数据集中,疑似异常值的产生源于:(1) 数据的测量、记录或输入计算机时的错误.(2) 数据来自不同的总体.(3) 数据是正确的,但它只体现小概率事件. 当检测出疑似异常值时,人们需对疑似异常值出现的原因加以分析. 如果是由于测量或记录的错误,或某些其他明显的原因造成的,那么将这些疑似异常值从数据集中丢弃就可以了. 然而当出现的原因无法解释时,要作出丢弃或保留这些值的决策无疑是困难的,此时我们在对数据集作分析时尽量选用稳健的方法,使得疑似异常值对我们的结论的影响较小. 例如我们采用中位数来描述数据集的中心趋势,而不使用数据集的平均值,因为后者受疑似异常值的影响较大.

§3 抽 样 分 布

样本是进行统计推断的依据. 在应用时,往往不是直接使用样本本身,而是针对不同的问题构造样本的适当函数,利用这些样本的函数进行统计推断.

定义 设 $X_1, X_2, \cdots, X_n$ 是来自总体 X 的一个样本,$g(X_1, X_2, \cdots, X_n)$ 是 $X_1, X_2, \cdots, X_n$ 的函数,若 g 中不含未知参数,则称 $g(X_1, X_2, \cdots, X_n)$ 是一**统计量**.

因为 $X_1, X_2, \cdots, X_n$ 都是随机变量,而统计量 $g(X_1, X_2, \cdots, X_n)$ 是随机变量的函数,因此统计量是一个随机变量. 设 $x_1, x_2, \cdots, x_n$ 是相应于样本 $X_1, X_2, \cdots, X_n$ 的样本值,则称 $g(x_1, x_2, \cdots, x_n)$ 是 $g(X_1, X_2, \cdots, X_n)$ 的观察值.

下面列出几个常用的统计量. 设 $X_1, X_2, \cdots, X_n$ 是来自总体 X 的一个样本,$x_1, x_2, \cdots, x_n$ 是这一样本的观察值. 定义

样本均值

$$\overline{X} = \frac{1}{n} \sum_{i=1}^{n} X_i;$$

样本方差

$$S^2 = \frac{1}{n-1} \sum_{i=1}^{n} (X_i - \overline{X})^2 = \frac{1}{n-1} \left(\sum_{i=1}^{n} X_i^2 - n\overline{X}^2 \right);$$

样本标准差

$$S = \sqrt{S^2} = \sqrt{\frac{1}{n-1} \sum_{i=1}^{n} (X_i - \overline{X})^2};$$

样本 k 阶(原点)矩

$$A_k = \frac{1}{n} \sum_{i=1}^{n} X_i^k, \ k = 1, 2, \cdots;$$

样本 k 阶中心矩

$$B_k = \frac{1}{n} \sum_{i=1}^{n} (X_i - \overline{X})^k, \ k = 2, 3, \cdots.$$

它们的观察值分别为

$$\overline{x} = \frac{1}{n} \sum_{i=1}^{n} x_i;$$

$$s^2 = \frac{1}{n-1} \sum_{i=1}^{n} (x_i - \overline{x})^2 = \frac{1}{n-1} \left(\sum_{i=1}^{n} x_i^2 - n\overline{x}^2 \right);$$

$$s = \sqrt{\frac{1}{n-1} \sum_{i=1}^{n} (x_i - \overline{x})^2};$$

$$a_k = \frac{1}{n} \sum_{i=1}^{n} x_i^k, \quad k = 1, 2, \cdots;$$

$$b_k = \frac{1}{n} \sum_{i=1}^{n} (x_i - \bar{x})^k, \quad k = 2, 3, \cdots.$$

这些观察值仍分别称为样本均值、样本方差、样本标准差、样本 k 阶(原点)矩以及样本 k 阶中心矩.

我们指出,若总体 X 的 k 阶矩 $E(X^k) \stackrel{\text{记成}}{=\!=\!=} \mu_k$ 存在,则当 $n \to \infty$ 时,$A_k \stackrel{P}{\longrightarrow} \mu_k, k = 1, 2, \cdots$. 这是因为 $X_1, X_2, \cdots, X_n$ 独立且与 X 同分布,所以 $X_1^k, X_2^k, \cdots, X_n^k$ 独立且与 X^k 同分布. 故有

$$E(X_1^k) = E(X_2^k) = \cdots = E(X_n^k) = \mu_k.$$

从而由第五章的辛钦大数定律知

$$A_k = \frac{1}{n} \sum_{i=1}^{n} X_i^k \stackrel{P}{\longrightarrow} \mu_k, \quad k = 1, 2, \cdots.$$

进而由第五章中关于依概率收敛的序列的性质知道

$$g(A_1, A_2, \cdots, A_k) \stackrel{P}{\longrightarrow} g(\mu_1, \mu_2, \cdots, \mu_k),$$

其中 g 为连续函数. 这就是下一章所要介绍的矩估计法的理论根据.

我们还要介绍一个与总体分布函数 $F(x)$ 相应的统计量——经验分布函数.

定义　设 $x_1, x_2 \cdots, x_n$ 是来自分布函数为 $F(x)$ 的总体 X 的样本观察值. X 的经验分布函数,记为 $F_n(x)$,定义为样本观察值 $x_1, x_2, \cdots, x_n$ 中小于或等于指定值 x 所占的比率,即

$$F_n(x) = \frac{\#(x_i \leqslant x)}{n}, \quad -\infty < x < \infty.$$

其中 $\#(x_i \leqslant x)$ 表示 $x_1, x_2, \cdots, x_n$ 中小于或等于 x 的个数.

按定义,当给定样本观察值 $x_1, x_2, \cdots, x_n$ 时,$F_n(x)$ 是自变量 x 的函数,它具有分布函数的三个条件:① $F_n(x)$ 是 x 的不减函数. ② $0 \leqslant F_n(x) \leqslant 1$,且 $F(-\infty) = 0, F(\infty) = 1$. ③ $F(x)$ 是一个右连续函数. 由此知 $F_n(x)$ 是一个分布函数. 当 $x_1, x_2, \cdots, x_n$ 各不相同时,$F_n(x)$ 是以等概率 $1/n$ 取 $x_1, x_2, \cdots, x_n$ 的离散型随机变量的分布函数[①].

一般地,设 $x_1, x_2, \cdots, x_n$ 是总体 X 的一个容量为 n 的样本观察值,先将 $x_1, x_2, \cdots, x_n$ 按自小到大的次序排序,并重新编号为

[①]　当 $x_1, x_2, \cdots, x_n$ 中有相同的数时,例如 $x_1 = x_2 = x_3$ 而 $x_4, x_5, \cdots, x_n$ 各不相同时,$F_n(x)$ 是以概率 $3/n$ 取 x_1,而以等概率 $1/n$ 取 $x_4, x_5, \cdots, x_n$ 的离散型随机变量的分布函数.

$$x_{(1)} \leqslant x_{(2)} \leqslant \cdots \leqslant x_{(n)},$$

则经验分布函数 $F_n(x)$ 可写成

$$F_n(x) = \begin{cases} 0, & x < x_{(1)}, \\ k/n, & x_{(k)} \leqslant x < x_{(k+1)}, \quad k=1,2,\cdots,n-1, \\ 1, & x \geqslant x_{(n)}. \end{cases}$$

例如,设总体 X 有样本观察值 $x_{(1)} = -1, x_{(2)} = 1, x_{(3)} = 2$,得经验分布函数为(如图 $6-6$):

$$F_3(x) = \begin{cases} 0, & x < -1, \\ 1/3, & -1 \leqslant x < 1, \\ 2/3, & 1 \leqslant x < 2, \\ 1, & x \geqslant 2. \end{cases}$$

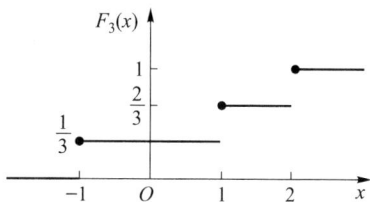

图 6-6

另一方面,当给定 x 时,$F_n(x)$ 是样本 $X_1, X_2, \cdots, X_n$ 的函数,因此,它是一个统计量. 格里汶科(Glivenko)在 1933 年给出了以下的定理.

定理 1(格里汶科定理) 设 $X_1, X_2, \cdots, X_n$ 是来自以 $F(x)$ 为分布函数的总体 X 的样本,$F(x)$ 是经验分布函数,则有

$$P\left\{ \lim_{n \to \infty} \sup_{-\infty < x < \infty} |F_n(x) - F(x)| = 0 \right\} = 1.$$

(证明略.)

定理 1 的含义是 $F_n(x)$ 在整个实轴上以概率 1 均匀收敛于 $F(x)$. 于是当样本容量 n 充分大时,$F_n(x)$ 能够良好地逼近总体分布函数 $F(x)$. 这是在概率统计学中以样本推断总体的依据.

(一)χ^2分布

设 $X_1, X_2, \cdots, X_n$ 是来自总体 $N(0,1)$ 的样本,则称统计量

$$\chi^2 = X_1^2 + X_2^2 + \cdots + X_n^2 \tag{3.1}$$

服从自由度为 n 的 χ^2 **分布**,记为 $\chi^2 \sim \chi^2(n)$.

此处,自由度是指(3.1)式右端包含的独立变量的个数.

$\chi^2(n)$ 分布的概率密度为

$$f(y) = \begin{cases} \dfrac{1}{2^{n/2} \Gamma(n/2)} y^{n/2-1} e^{-y/2}, & y > 0, \\ 0, & \text{其他.} \end{cases} \tag{3.2}$$

$f(y)$ 的图形如图 $6-7$ 所示.

现在来推求(3.2)式.

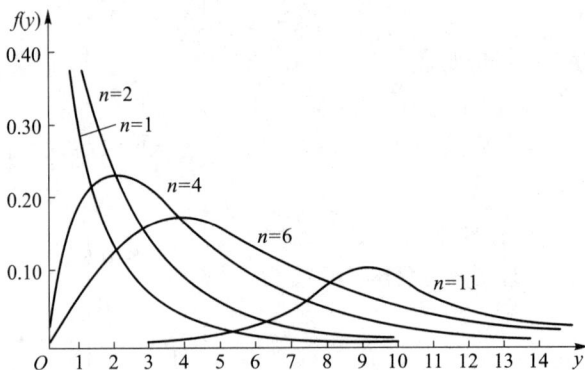

图 6—7

首先由第二章 §5 例 3 及第三章 §5 例 3 知 $\chi^2(1)$ 分布即为 $\Gamma\left(\dfrac{1}{2},2\right)$ 分布.

现 $X_i \sim N(0,1)$,由定义 $X_i^2 \sim \chi^2(1)$,即 $X_i^2 \sim \Gamma\left(\dfrac{1}{2},2\right)$,$i=1,2,\cdots,n$. 再由 X_1, $X_2,\cdots,X_n$ 的独立性知 $X_1^2,X_2^2,\cdots,X_n^2$ 相互独立,从而由 Γ 分布的可加性(见第三章 §5 例 3)知

$$\chi^2 = \sum_{i=1}^{n} X_i^2 \sim \Gamma\left(\frac{n}{2},2\right), \tag{3.3}$$

即得 $\chi^2(n)$ 分布的概率密度如(3.2)式所示. □

根据 Γ 分布的可加性易得 χ^2 分布的可加性如下:

χ^2 分布的可加性 设 $\chi_1^2 \sim \chi^2(n_1)$,$\chi_2^2 \sim \chi^2(n_2)$,并且 χ_1^2,χ_2^2 相互独立,则有

$$\chi_1^2 + \chi_2^2 \sim \chi^2(n_1+n_2). \tag{3.4}$$

χ^2 分布的数学期望和方差 若 $\chi^2 \sim \chi^2(n)$,则有

$$E(\chi^2)=n, \quad D(\chi^2)=2n. \tag{3.5}$$

事实上,因 $X_i \sim N(0,1)$,故

$$E(X_i^2)=D(X_i)=1,$$
$$D(X_i^2)=E(X_i^4)-[E(X_i^2)]^2=3-1=2, \quad i=1,2,\cdots,n.$$

于是

$$E(\chi^2) = E\left(\sum_{i=1}^{n} X_i^2\right) = \sum_{i=1}^{n} E(X_i^2) = n,$$
$$D(\chi^2) = D\left(\sum_{i=1}^{n} X_i^2\right) = \sum_{i=1}^{n} D(X_i^2) = 2n.$$

χ^2 分布的上分位数 对于给定的正数 α,$0<\alpha<1$,满足条件(参见 120 页)

$$P\{\chi^2 > \chi_\alpha^2(n)\} = \int_{\chi_\alpha^2(n)}^{\infty} f(y)\mathrm{d}y = \alpha \tag{3.6}$$

的 $\chi_\alpha^2(n)$ 就是 $\chi^2(n)$ 分布的上 α 分位数,如图6—8所示. 对于不同的 α,n,上 α 分

位数的值已制成表格,可以查用(参见附表
5).例如对于$\alpha=0.1,n=25$,查得$\chi^2_{0.1}(25)=$
34.382.但该表只详列到$n=40$为止,费希尔
(R. A. Fisher)曾证明,当n充分大时,近似
地有

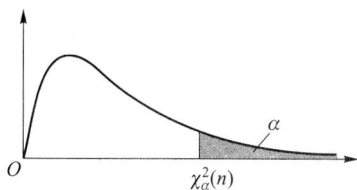

图 6—8

$$\chi^2_\alpha(n)\approx\frac{1}{2}(z_\alpha+\sqrt{2n-1})^2, \quad (3.7)$$

其中z_α是标准正态分布的上α分位数.利用(3.7)式可以求得当$n>40$时$\chi^2(n)$
分布的上α分位数的近似值.

例如,由(3.7)式可得$\chi^2_{0.05}(50)\approx\frac{1}{2}(1.645+\sqrt{99})^2=67.221$(由更详细的
表得$\chi^2_{0.05}(50)=67.505$).

(二) t 分布

设$X\sim N(0,1),Y\sim\chi^2(n)$,且$X,Y$相互独立,则称随机变量

$$t=\frac{X}{\sqrt{Y/n}} \quad (3.8)$$

服从自由度为n的t **分布**.记为$t\sim t(n)$.

t分布又称**学生氏**(Student)**分布**.$t(n)$分布的概率密度函数为

$$h(t)=\frac{\Gamma[(n+1)/2]}{\sqrt{\pi n}\,\Gamma(n/2)}\left(1+\frac{t^2}{n}\right)^{-(n+1)/2}, \quad -\infty<t<\infty \quad (3.9)$$

(证略).图6—9中画出了$h(t)$的图形.$h(t)$的图形关于$t=0$对称,当n充分大
时其图形类似于标准正态变量概率密度的图形.事实上,利用Γ函数的性质
可得

$$\lim_{n\to\infty}h(t)=\frac{1}{\sqrt{2\pi}}e^{-t^2/2}, \quad (3.10)$$

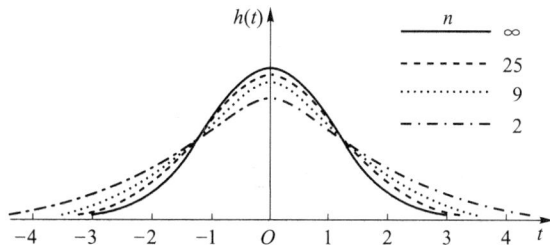

图 6—9

故当 n 足够大时 t 分布近似于 $N(0,1)$ 分布. 但对于较小的 n,t 分布与 $N(0,1)$ 分布相差较大(见附表 2 与附表 4).

t 分布的上分位数　对于给定的 $\alpha,0<\alpha<1$,满足条件

$$P\{t>t_\alpha(n)\}=\int_{t_\alpha(n)}^{\infty}h(t)\mathrm{d}t=\alpha \tag{3.11}$$

的 $t_\alpha(n)$ 就是 $t(n)$ 分布的上 α 分位数(如图 6-10).

由 $t(n)$ 分布的上 α 分位数的定义及 $h(t)$ 图形的对称性知

$$t_{1-\alpha}(n)=-t_\alpha(n). \tag{3.12}$$

t 分布的上 α 分位数可自附表 4 查得. 当 $n>45$ 时,对于常用的 α 的值,就用正态近似

$$t_\alpha(n)\approx z_\alpha. \tag{3.13}$$

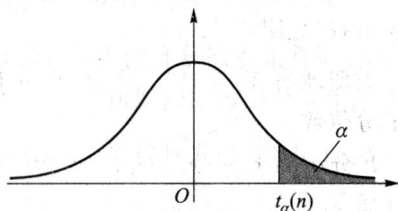

图 6-10

(三) F 分布

设 $U\sim\chi^2(n_1)$,$V\sim\chi^2(n_2)$,且 U,V 相互独立,则称随机变量

$$F=\frac{U/n_1}{V/n_2} \tag{3.14}$$

服从自由度为 (n_1,n_2) 的 **F 分布**,记为 $F\sim F(n_1,n_2)$.

$F(n_1,n_2)$ 分布的概率密度为

$$\psi(y)=\begin{cases}\dfrac{\Gamma[(n_1+n_2)/2](n_1/n_2)^{n_1/2}y^{(n_1/2)-1}}{\Gamma(n_1/2)\Gamma(n_2/2)[1+(n_1y/n_2)]^{(n_1+n_2)/2}},&y>0,\\0,&其他\end{cases} \tag{3.15}$$

(证略). 图 6-11 中画出了 $\psi(y)$ 的图形.

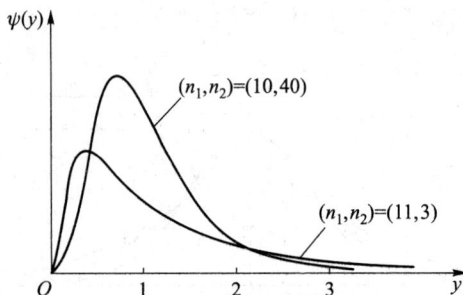

图 6-11

由定义可知,若 $F \sim F(n_1, n_2)$,则

$$\frac{1}{F} \sim F(n_2, n_1). \tag{3.16}$$

F 分布的上分位数 对于给定的 α,$0 < \alpha < 1$,满足条件

$$P\{F > F_\alpha(n_1, n_2)\} = \int_{F_\alpha(n_1, n_2)}^\infty \psi(y)\mathrm{d}y = \alpha \tag{3.17}$$

的 $F_\alpha(n_1, n_2)$ 就是 $F(n_1, n_2)$ 分布的上 α 分位数(图 6—12).F 分布的上 α 分位数有表可查(见附表 6).

类似地有 χ^2 分布,t 分布,F 分布的下分位数.

F 分布的上 α 分位数有如下的重要性质[①]:

$$F_{1-\alpha}(n_1, n_2) = \frac{1}{F_\alpha(n_2, n_1)}. \tag{3.18}$$

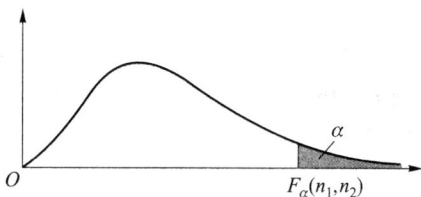

图 6—12

(3.18)式常用来求 F 分布表中未列出的常用的上 α 分位数.例如,

$$F_{0.95}(12, 9) = \frac{1}{F_{0.05}(9, 12)} = \frac{1}{2.80} = 0.357.$$

(四) 正态总体的样本均值与样本方差的分布

设总体 X(不管服从什么分布,只要均值和方差存在)的均值为 μ,方差为 σ^2,$X_1, X_2, \cdots, X_n$ 是来自 X 的一个样本,$\overline{X}, S^2$ 分别是样本均值和样本方差,则有

$$E(\overline{X}) = \mu, \quad D(\overline{X}) = \sigma^2/n. \tag{3.19}$$

而 $\quad E(S^2) = E\left[\frac{1}{n-1}\left(\sum_{i=1}^n X_i^2 - n\overline{X}^2\right)\right] = \frac{1}{n-1}\left[\sum_{i=1}^n E(X_i^2) - nE(\overline{X}^2)\right]$

---

① (3.18)式的证明如下:若 $F \sim F(n_1, n_2)$,按定义

$$1 - \alpha = P\{F > F_{1-\alpha}(n_1, n_2)\} = P\left\{\frac{1}{F} < \frac{1}{F_{1-\alpha}(n_1, n_2)}\right\}$$

$$= 1 - P\left\{\frac{1}{F} \geqslant \frac{1}{F_{1-\alpha}(n_1, n_2)}\right\} = 1 - P\left\{\frac{1}{F} > \frac{1}{F_{1-\alpha}(n_1, n_2)}\right\},$$

于是 $\quad\quad\quad\quad\quad\quad P\left\{\frac{1}{F} > \frac{1}{F_{1-\alpha}(n_1, n_2)}\right\} = \alpha. \tag{1}$

再由 $\frac{1}{F} \sim F(n_2, n_1)$ 知 $\quad\quad P\left\{\frac{1}{F} > F_\alpha(n_2, n_1)\right\} = \alpha. \tag{2}$

比较(1),(2)两式得

$$\frac{1}{F_{1-\alpha}(n_1, n_2)} = F_\alpha(n_2, n_1),\ 即\ F_{1-\alpha}(n_1, n_2) = \frac{1}{F_\alpha(n_2, n_1)}.$$

$$= \frac{1}{n-1}\left[\sum_{i=1}^{n}(\sigma^2+\mu^2) - n(\sigma^2/n+\mu^2)\right] = \sigma^2,$$

即
$$E(S^2) = \sigma^2. \tag{3.20}$$

进而,设总体 $X \sim N(\mu,\sigma^2)$,由第四章 §2 的(2.8)式知 $\overline{X} = \frac{1}{n}\sum_{i=1}^{n}X_i$ 也服从正态分布,于是得到以下的定理:

定理 2　设 $X_1,X_2,\cdots,X_n$ 是来自正态总体 $N(\mu,\sigma^2)$ 的样本,$\overline{X}$ 是样本均值,则有

$$\overline{X} \sim N(\mu,\sigma^2/n).$$

对于正态总体 $N(\mu,\sigma^2)$ 的样本均值 $\overline{X}$ 和样本方差 S^2,有以下两个重要定理.

定理 3　设 $X_1,X_2,\cdots,X_n$ 是来自总体 $N(\mu,\sigma^2)$ 的样本,$\overline{X},S^2$ 分别是样本均值和样本方差,则有

$1°\ \dfrac{(n-1)S^2}{\sigma^2} \sim \chi^2(n-1).$ \hfill (3.21)

$2°\ \overline{X}$ 与 S^2 相互独立.

定理 3 的证明见本章末二维码.

定理 4　设 $X_1,X_2,\cdots,X_n$ 是来自总体 $N(\mu,\sigma^2)$ 的样本,$\overline{X},S^2$ 分别是样本均值和样本方差,则有

$$\frac{\overline{X}-\mu}{S/\sqrt{n}} \sim t(n-1). \tag{3.22}$$

证　由定理 2、定理 3,

$$\frac{\overline{X}-\mu}{\sigma/\sqrt{n}} \sim N(0,1), \quad \frac{(n-1)S^2}{\sigma^2} \sim \chi^2(n-1),$$

且两者独立. 由 t 分布的定义知

$$\frac{\overline{X}-\mu}{\sigma/\sqrt{n}} \Bigg/ \sqrt{\frac{(n-1)S^2}{\sigma^2(n-1)}} \sim t(n-1).$$

化简上式左边,即得(3.22)式. \hfill □

对于两个正态总体的样本均值和样本方差有以下的定理.

定理 5　设 $X_1,X_2,\cdots,X_{n_1}$ 与 $Y_1,Y_2,\cdots,Y_{n_2}$ 分别是来自正态总体 $N(\mu_1,\sigma_1^2)$ 和 $N(\mu_2,\sigma_2^2)$ 的样本,且这两个样本相互独立[①]. 设 $\overline{X} = \dfrac{1}{n_1}\sum_{i=1}^{n_1}X_i,\ \overline{Y} = \dfrac{1}{n_2}\sum_{i=1}^{n_2}Y_i$ 分别

———————————

① 这里指随机向量 $(X_1,X_2,\cdots,X_{n_1})$ 与 $(Y_1,Y_2,\cdots,Y_{n_2})$ 相互独立.

是这两个样本的样本均值；$S_1^2 = \dfrac{1}{n_1-1}\sum\limits_{i=1}^{n_1}(X_i-\overline{X})^2$, $S_2^2 = \dfrac{1}{n_2-1}\sum\limits_{i=1}^{n_2}(Y_i-\overline{Y})^2$ 分别是这两个样本的样本方差，则有

1° $\dfrac{S_1^2/S_2^2}{\sigma_1^2/\sigma_2^2} \sim F(n_1-1,n_2-1)$.

2° 当 $\sigma_1^2 = \sigma_2^2 = \sigma^2$ 时，

$$\frac{(\overline{X}-\overline{Y})-(\mu_1-\mu_2)}{S_w\sqrt{\dfrac{1}{n_1}+\dfrac{1}{n_2}}} \sim t(n_1+n_2-2),$$

其中 $\qquad S_w^2 = \dfrac{(n_1-1)S_1^2+(n_2-1)S_2^2}{n_1+n_2-2}, \quad S_w = \sqrt{S_w^2}$.

证 1° 由定理 3，

$$\frac{(n_1-1)S_1^2}{\sigma_1^2} \sim \chi^2(n_1-1), \quad \frac{(n_2-1)S_2^2}{\sigma_2^2} \sim \chi^2(n_2-1).$$

由假设 S_1^2, S_2^2 相互独立，则由 F 分布的定义知

$$\frac{(n_1-1)S_1^2}{(n_1-1)\sigma_1^2} \Big/ \frac{(n_2-1)S_2^2}{(n_2-1)\sigma_2^2} \sim F(n_1-1,n_2-1),$$

即 $\qquad\qquad \dfrac{S_1^2/S_2^2}{\sigma_1^2/\sigma_2^2} \sim F(n_1-1,n_2-1)$.

2° 易知 $\overline{X}-\overline{Y} \sim N\left(\mu_1-\mu_2,\dfrac{\sigma^2}{n_1}+\dfrac{\sigma^2}{n_2}\right)$，即有

$$U = \frac{(\overline{X}-\overline{Y})-(\mu_1-\mu_2)}{\sigma\sqrt{\dfrac{1}{n_1}+\dfrac{1}{n_2}}} \sim N(0,1).$$

又由给定条件知

$$\frac{(n_1-1)S_1^2}{\sigma^2} \sim \chi^2(n_1-1), \quad \frac{(n_2-1)S_2^2}{\sigma^2} \sim \chi^2(n_2-1),$$

且它们相互独立，故由 χ^2 分布的可加性知

$$V = \frac{(n_1-1)S_1^2}{\sigma^2}+\frac{(n_2-1)S_2^2}{\sigma^2} \sim \chi^2(n_1+n_2-2).$$

由本章末所附"§ 3 定理 3 的证明及其推广"的 2° 知 U 与 V 相互独立. 从而按 t 分布的定义知

$$\frac{U}{\sqrt{V/(n_1+n_2-2)}} = \frac{(\overline{X}-\overline{Y})-(\mu_1-\mu_2)}{S_w\sqrt{\dfrac{1}{n_1}+\dfrac{1}{n_2}}} \sim t(n_1+n_2-2). \qquad \square$$

本节所介绍的几个分布以及后四个定理，在下面各章中都起着重要的作用. 应注意，它们都是在总体为正态总体这一基本假定下得到的.

小结

在数理统计中往往研究有关对象的某一项数量指标. 对这一数量指标进行试验或观察, 将试验的全部可能的观察值称为总体, 每个观察值称为个体. 总体中的每一个个体是某一随机变量 X 的值, 因此一个总体对应一个随机变量 X. 我们将不区分总体与相应的随机变量 X, 笼统称为总体 X. 随机变量 X 服从什么分布, 就称总体服从什么分布. 在实际中遇到的总体往往是有限总体, 它对应一个离散型随机变量. 当总体中包含的个体的个数很大时, 在理论上可以认为它是一个无限总体. 我们说某种型号的灯泡寿命总体服从指数分布, 是指无限总体而言的. 又如我们说某一年龄段的男性儿童的身高服从正态分布, 也是指无限总体而言的. 无限总体是人们对具体事物的抽象. 无限总体的分布的形式较为简明, 便于在数学上进行处理, 使用方便.

在相同的条件下, 对总体 X 进行 n 次重复的、独立的观察, 得到 n 个结果 $X_1, X_2, \cdots, X_n$, 称随机变量 $X_1, X_2, \cdots, X_n$ 为来自总体 X 的简单随机样本, 它具有两条性质:

1° $X_1, X_2, \cdots, X_n$ 都与总体具有相同的分布.

2° $X_1, X_2, \cdots, X_n$ 相互独立.

我们就是利用来自样本的信息推断总体, 得到有关总体分布的种种结论的.

样本 $X_1, X_2, \cdots, X_n$ 的函数 $g(X_1, X_2, \cdots, X_n)$, 若不包含未知参数, 则称为统计量. 统计量是一个随机变量, 它是完全由样本所确定的. 统计量是进行统计推断的工具. 样本均值

$$\overline{X} = \frac{1}{n} \sum_{k=1}^{n} X_k$$

和样本方差

$$S^2 = \frac{1}{n-1} \sum_{k=1}^{n} (X_k - \overline{X})^2$$

是两个最重要的统计量. 统计量的分布称为抽样分布. 下面是三个来自正态分布的抽样分布:

$$\chi^2 \text{ 分布}, \quad t \text{ 分布}, \quad F \text{ 分布}.$$

这三个分布称为统计学的三大分布, 它们在数理统计中有着广泛的应用. 对于这三个分布, 要求读者掌握它们的定义和概率密度函数图形的轮廓, 还会使用分位数表写出分位数.

关于样本均值 $\overline{X}$、样本方差 S^2, 有以下的结果.

1. 设 $X_1, X_2, \cdots, X_n$ 是来自总体 X (不管服从什么分布, 只要它的均值和方差存在) 的样本, 且有 $E(X) = \mu, D(X) = \sigma^2$, 则有

$$E(\overline{X}) = \mu, \quad D(\overline{X}) = \sigma^2/n.$$

2. 设总体 $X \sim N(\mu, \sigma^2)$, $X_1, X_2, \cdots, X_n$ 是来自 X 的样本, 则有

1° $\overline{X} \sim N(\mu, \sigma^2/n)$.

2° $\dfrac{(n-1)S^2}{\sigma^2} \sim \chi^2(n-1)$.

3° $\overline{X}$ 与 S^2 相互独立.

4° $\dfrac{\overline{X} - \mu}{S/\sqrt{n}} \sim t(n-1)$.

3. 对于两个正态总体 $X \sim N(\mu_1, \sigma_1^2)$，$Y \sim N(\mu_2, \sigma_2^2)$，有 §3 定理 5 的重要结果.

■ **重要术语及主题**

总体　简单随机样本　统计量

χ^2 分布、t 分布、F 分布的定义及它们的概率密度函数图形轮廓

上 α 分位数　$F_{1-a}(n_1, n_2) = \dfrac{1}{F_a(n_2, n_1)}$

小结中关于样本均值、样本方差的重要结果

习题

1. 在总体 $N(52, 6.3^2)$ 中随机抽取一容量为 36 的样本，求样本均值 $\overline{X}$ 落在 50.8 到 53.8 之间的概率.

2. 在总体 $N(12, 4)$ 中随机抽一容量为 5 的样本 X_1, X_2, X_3, X_4, X_5.

(1) 求样本均值与总体均值之差的绝对值大于 1 的概率.

(2) 求概率 $P\{\max\{X_1, X_2, X_3, X_4, X_5\} > 15\}$，$P\{\min\{X_1, X_2, X_3, X_4, X_5\} < 10\}$.

3. 求总体 $N(20, 3)$ 的容量分别为 10，15 的两独立样本均值差的绝对值大于 0.3 的概率.

4. (1) 设样本 $X_1, X_2, \cdots, X_6$ 来自总体 $N(0, 1)$，$Y = (X_1 + X_2 + X_3)^2 + (X_4 + X_5 + X_6)^2$，试确定常数 C 使 CY 服从 χ^2 分布.

(2) 设样本 $X_1, X_2, \cdots, X_5$ 来自总体 $N(0, 1)$，$Y = \dfrac{C(X_1 + X_2)}{(X_3^2 + X_4^2 + X_5^2)^{1/2}}$，试确定常数 C 使 Y 服从 t 分布.

(3) 已知总体 $X \sim t(n)$，求证 $X^2 \sim F(1, n)$.

5. (1) 已知某种能力测试的得分服从正态分布 $N(\mu, \sigma^2)$，随机取 10 个人参与这一测试. 求他们得分的联合概率密度，并求这 10 个人得分的平均值小于 μ 的概率.

(2) 在 (1) 中设 $\mu = 62$，$\sigma^2 = 25$，若得分超过 70 就能得奖，求至少有一人得奖的概率.

6. 设总体 $X \sim b(1, p)$，$X_1, X_2, \cdots, X_n$ 是来自 X 的样本.

(1) 求 $(X_1, X_2, \cdots, X_n)$ 的分布律.

(2) 求 $\displaystyle\sum_{i=1}^{n} X_i$ 的分布律.

(3) 求 $E(\overline{X})$，$D(\overline{X})$，$E(S^2)$.

7. 设总体 $X \sim \chi^2(n)$，$X_1, X_2, \cdots, X_{10}$ 是来自 X 的样本，求 $E(\overline{X})$，$D(\overline{X})$，$E(S^2)$.

8. 设总体 $X \sim N(\mu, \sigma^2)$，$X_1, X_2, \cdots, X_{10}$ 是来自 X 的样本.

(1) 写出 $X_1, X_2, \cdots, X_{10}$ 的联合概率密度.

(2) 写出 $\overline{X}$ 的概率密度.

9. 设在总体 $N(\mu, \sigma^2)$ 中抽得一容量为 16 的样本，这里 μ, σ^2 均未知.

(1) 求 $P\{S^2/\sigma^2 \leqslant 2.041\}$，其中 S^2 为样本方差.

(2) 求 $D(S^2)$.

10. 下面列出了 30 个美国 NBA 球员的体重(以磅计,1 磅＝0.454 kg)数据.这些数据是从美国 NBA 球队 1990—1991 年赛季的花名册中抽样得到的.

$$225 \quad 232 \quad 232 \quad 245 \quad 235 \quad 245 \quad 270 \quad 225 \quad 240 \quad 240$$
$$217 \quad 195 \quad 225 \quad 185 \quad 200 \quad 220 \quad 200 \quad 210 \quad 271 \quad 240$$
$$220 \quad 230 \quad 215 \quad 252 \quad 225 \quad 220 \quad 206 \quad 185 \quad 227 \quad 236$$

(1) 画出这些数据的频率直方图(提示:最大和最小观察值分别为 271 和 185,区间 [184.5,271.5] 包含所有数据,将整个区间分为 5 等份,为计算方便,将区间调整为(179.5,279.5).

(2) 作出这些数据的箱线图.

11. 截尾均值　设数据集包含 n 个数据,将这些数据自小到大排序为

$$x_{(1)} \leqslant x_{(2)} \leqslant \cdots \leqslant x_{(n)},$$

删去 $100\alpha\%$ 个数值小的数,同时删去 $100\alpha\%$ 个数值大的数,将留下的数据取算术平均,记为 $\bar{x}_a$,即

$$\bar{x}_a = \frac{x_{([n\alpha]+1)} + \cdots + x_{(n-[n\alpha])}}{n-2[n\alpha]}$$

其中 $[n\alpha]$ 是小于或等于 $n\alpha$ 的最大整数(一般取 α 为 0.1~0.2). $\bar{x}_a$ 称为 $100\alpha\%$ 截尾均值.例如对于第 10 题中的 30 个数据,取 $\alpha=0.1$,则有 $[n\alpha]=[30\times0.1]=3$,得 $100\times0.1\%$ 截尾均值为

$$\bar{x}_a = \frac{200+200+\cdots+245+245}{30-6} = 225.416\,7.$$

若数据来自某一总体的样本,则 $\bar{x}_a$ 是一个统计量. $\bar{x}_a$ 不受样本的极端值的影响.截尾均值在实际应用问题中是常会用到的.

试求第 10 题的 30 个数据的 $\alpha=0.2$ 的截尾均值.

§3 定理 3 的
证明及其推广

第七章 参 数 估 计

统计推断的基本问题可以分为两大类,一类是估计问题,另一类是假设检验问题.本章讨论总体参数的点估计和区间估计.

§1 点 估 计

设总体 X 的分布函数的形式已知,但它的一个或多个参数未知,借助于总体 X 的一个样本来估计总体未知参数的值的问题称为参数的点估计问题.

例1 在某炸药制造厂,一天中发生着火现象的次数 X 是一个随机变量,假设它服从以 $\lambda > 0$ 为参数的泊松分布,参数 λ 为未知.现有以下的样本值,试估计参数 λ.

着火次数 k	0	1	2	3	4	5	6	$\geqslant 7$	
发生 k 次着火的天数 n_k	75	90	54	22	6	2	1	0	$\sum = 250$

解 由于 $X \sim \pi(\lambda)$,故有 $\lambda = E(X)$.我们自然想到用样本均值来估计总体的均值 $E(X)$.现由已知数据计算得到

$$\bar{x} = \frac{\sum\limits_{k=0}^{6} kn_k}{\sum\limits_{k=0}^{6} n_k} = \frac{1}{250}(0 \times 75 + 1 \times 90 + 2 \times 54 + 3 \times 22 + 4 \times 6 + 5 \times 2 + 6 \times 1) = 1.22,$$

即 $E(X) = \lambda$ 的估计为 1.22. □

点估计问题的一般提法如下:设总体 X 的分布函数 $F(x;\theta)$[①]的形式为已知,θ 是待估参数. $X_1, X_2, \cdots, X_n$ 是 X 的一个样本,$x_1, x_2, \cdots, x_n$ 是相应的一个样本值.点估计问题就是要构造一个适当的统计量 $\hat{\theta}(X_1, X_2, \cdots, X_n)$,用它的观察值 $\hat{\theta}(x_1, x_2, \cdots, x_n)$ 作为未知参数 θ 的近似值.我们称 $\hat{\theta}(X_1, X_2, \cdots, X_n)$ 为 θ 的**估**

———————————

① 多于一个未知参数时,可同样讨论.

计量,称 $\hat{\theta}(x_1,x_2,\cdots,x_n)$ 为 θ 的**估计值**.在不致混淆的情况下统称估计量和估计值为**估计**,并都简记为 $\hat{\theta}$.由于估计量是样本的函数.因此对于不同的样本值,θ 的估计值一般是不相同的.

例如在例 1 中,我们用样本均值来估计总体均值.即有估计量

$$\hat{\lambda}=\widehat{E(X)}=\frac{1}{n}\sum_{k=1}^{n}X_k,\quad n=250,$$

估计值

$$\hat{\lambda}=\widehat{E(X)}=\frac{1}{n}\sum_{k=1}^{n}x_k=1.22.$$

下面介绍两种常用的构造估计量的方法:矩估计法和最大似然估计法.

(一) 矩估计法

设 X 为连续型随机变量,其概率密度为 $f(x;\theta_1,\theta_2,\cdots,\theta_k)$,或 X 为离散型随机变量,其分布律为 $P\{X=x\}=p(x;\theta_1,\theta_2,\cdots,\theta_k)$,其中 $\theta_1,\theta_2,\cdots,\theta_k$ 为待估参数,$X_1,X_2,\cdots,X_n$ 是来自 X 的样本.假设总体 X 的前 k 阶矩

$$\mu_l=E(X^l)=\int_{-\infty}^{\infty}x^lf(x;\theta_1,\theta_2,\cdots,\theta_k)\mathrm{d}x\quad(X\text{ 为连续型})$$

或

$$\mu_l=E(X^l)=\sum_{x\in R_X}x^lp(x;\theta_1,\theta_2,\cdots,\theta_k)\quad(X\text{ 为离散型})$$

(其中 R_X 是 X 可能取值的范围)存在,$l=1,2,\cdots,k$.一般来说,它们是 $\theta_1,\theta_2,\cdots,\theta_k$ 的函数.基于样本矩

$$A_l=\frac{1}{n}\sum_{i=1}^{n}X_i^l$$

依概率收敛于相应的总体矩 $\mu_l(l=1,2,\cdots,k)$,样本矩的连续函数依概率收敛于相应的总体矩的连续函数(见第六章§3),我们就用样本矩作为相应的总体矩的估计量,而以样本矩的连续函数作为相应的总体矩的连续函数的估计量.这种估计方法称为**矩估计法**.矩估计法的具体做法如下:设

$$\begin{cases}\mu_1=\mu_1(\theta_1,\theta_2,\cdots,\theta_k),\\\mu_2=\mu_2(\theta_1,\theta_2,\cdots,\theta_k),\\\cdots\cdots\cdots\cdots\\\mu_k=\mu_k(\theta_1,\theta_2,\cdots,\theta_k).\end{cases}$$

这是一个包含 k 个未知参数 $\theta_1,\theta_2,\cdots,\theta_k$ 的联立方程组.一般来说,可以从中解出 $\theta_1,\theta_2,\cdots,\theta_k$,得到

$$\begin{cases} \theta_1 = \theta_1(\mu_1, \mu_2, \cdots, \mu_k), \\ \theta_2 = \theta_2(\mu_1, \mu_2, \cdots, \mu_k), \\ \cdots\cdots\cdots\cdots \\ \theta_k = \theta_k(\mu_1, \mu_2, \cdots, \mu_k). \end{cases}$$

以 A_i 分别代替上式中的 μ_i, $i = 1, 2, \cdots, k$, 就以

$$\hat{\theta}_i = \theta_i(A_1, A_2, \cdots, A_k), \quad i = 1, 2, \cdots, k$$

分别作为 θ_i, $i = 1, 2, \cdots, k$ 的估计量, 这种估计量称为**矩估计量**. 矩估计量的观察值称为**矩估计值**.

例 2　设总体 X 在 $[a, b]$ 上服从均匀分布, a, b 未知. $X_1, X_2, \cdots, X_n$ 是来自 X 的样本, 试求 a, b 的矩估计量.

解　$\mu_1 = E(X) = (a + b)/2$,

$\mu_2 = E(X^2) = D(X) + [E(X)]^2 = (b - a)^2/12 + (a + b)^2/4.$

即　　　$$\begin{cases} a + b = 2\mu_1, \\ b - a = \sqrt{12(\mu_2 - \mu_1^2)}. \end{cases}$$

解这一方程组得

$$a = \mu_1 - \sqrt{3(\mu_2 - \mu_1^2)}, \quad b = \mu_1 + \sqrt{3(\mu_2 - \mu_1^2)}.$$

分别以 A_1, A_2 代替 μ_1, μ_2, 得到 a, b 的矩估计量分别为（注意到 $\dfrac{1}{n}\sum\limits_{i=1}^{n} X_i^2 - \overline{X}^2 =$

$\dfrac{1}{n}\sum\limits_{i=1}^{n}(X_i - \overline{X})^2$）：

$$\hat{a} = A_1 - \sqrt{3(A_2 - A_1^2)} = \overline{X} - \sqrt{\frac{3}{n}\sum_{i=1}^{n}(X_i - \overline{X})^2},$$

$$\hat{b} = A_1 + \sqrt{3(A_2 - A_1^2)} = \overline{X} + \sqrt{\frac{3}{n}\sum_{i=1}^{n}(X_i - \overline{X})^2}. \qquad \square$$

例 3　设总体 X 的均值 μ 及方差 σ^2 都存在, 且有 $\sigma^2 > 0$. 但 μ, σ^2 均为未知. 又设 $X_1, X_2, \cdots, X_n$ 是来自 X 的样本. 试求 μ, σ^2 的矩估计量.

解　　$$\begin{cases} \mu_1 = E(X) = \mu, \\ \mu_2 = E(X^2) = D(X) + [E(X)]^2 = \sigma^2 + \mu^2. \end{cases}$$

解得　　$$\begin{cases} \mu = \mu_1, \\ \sigma^2 = \mu_2 - \mu_1^2. \end{cases}$$

分别以 A_1, A_2 代替 μ_1, μ_2, 得 μ 和 σ^2 的矩估计量分别为

$$\hat{\mu} = A_1 = \overline{X},$$

$$\hat{\sigma}^2 = A_2 - A_1^2 = \frac{1}{n}\sum_{i=1}^{n} X_i^2 - \overline{X}^2 = \frac{1}{n}\sum_{i=1}^{n}(X_i - \overline{X})^2.$$

所得结果表明,总体均值与方差的矩估计量的表达式不因不同的总体分布而异.

例如,$X \sim N(\mu,\sigma^2)$,μ,σ^2 未知,即得 μ,σ^2 的矩估计量为

$$\hat{\mu} = \overline{X}, \quad \hat{\sigma}^2 = \frac{1}{n}\sum_{i=1}^{n}(X_i - \overline{X})^2. \qquad\qquad \Box$$

(二) 最大似然估计法

若总体 X 属离散型,其分布律 $P\{X=x\}=p(x;\theta)$,$\theta \in \Theta$ 的形式为已知,θ 为待估参数,Θ 是 θ 可能取值的范围.设 $X_1,X_2,\cdots,X_n$ 是来自 X 的样本,则 $X_1,X_2,\cdots,X_n$ 的联合分布律为

$$\prod_{i=1}^{n} p(x_i;\theta).$$

又设 $x_1,x_2,\cdots,x_n$ 是相应于样本 $X_1,X_2,\cdots,X_n$ 的一个样本值.易知样本 $X_1,X_2,\cdots,X_n$ 取到观察值 $x_1,x_2,\cdots,x_n$ 的概率,亦即事件$\{X_1=x_1,X_2=x_2,\cdots,X_n=x_n\}$发生的概率为

$$L(\theta) = L(x_1,x_2,\cdots,x_n;\theta) = \prod_{i=1}^{n} p(x_i;\theta), \quad \theta \in \Theta. \qquad (1.1)$$

这一概率随 θ 的取值而变化,它是 θ 的函数,$L(\theta)$ 称为样本的**似然函数**(注意,这里 $x_1,x_2,\cdots,x_n$ 是已知的样本值,它们都是常数).

关于最大似然估计法,我们有以下的直观想法:现在已经取到样本值 $x_1,x_2,\cdots,x_n$ 了,这表明取到这一样本值的概率 $L(\theta)$ 比较大.我们当然不会考虑那些不能使样本 $x_1,x_2,\cdots,x_n$ 出现的 $\theta \in \Theta$ 作为 θ 的估计,再者,如果已知当 $\theta = \theta_0 \in \Theta$ 时使 $L(\theta)$ 取很大的值,而 Θ 中其他 θ 的值使 $L(\theta)$ 取很小的值,我们自然认为取 θ_0 作为未知参数 θ 的估计值,较为合理.由费希尔引进的最大似然估计法,就是固定样本观察值 $x_1,x_2,\cdots,x_n$,在 θ 取值的可能范围 Θ 内挑选使似然函数 $L(x_1,x_2,\cdots,x_n;\theta)$ 达到最大的参数值 $\hat{\theta}$,作为参数 θ 的估计值.即取 $\hat{\theta}$ 使

$$L(x_1,x_2,\cdots,x_n;\hat{\theta}) = \max_{\theta \in \Theta} L(x_1,x_2,\cdots,x_n;\theta). \qquad (1.2)$$

这样得到的 $\hat{\theta}$ 与样本值 $x_1,x_2,\cdots,x_n$ 有关,常记为 $\hat{\theta}(x_1,x_2,\cdots,x_n)$,称为参数 θ 的**最大似然估计值**,而相应的统计量 $\hat{\theta}(X_1,X_2,\cdots,X_n)$ 称为参数 θ 的**最大似然估计量**.

若总体 X 属连续型,其概率密度 $f(x;\theta)$,$\theta \in \Theta$ 的形式已知,θ 为待估参数,Θ 是 θ 可能取值的范围.设 $X_1,X_2,\cdots,X_n$ 是来自 X 的样本,则 $X_1,X_2,\cdots,X_n$ 的联合

概率密度为

$$\prod_{i=1}^{n} f(x_i;\theta).$$

设 $x_1,x_2,\cdots,x_n$ 是相应于样本 $X_1,X_2,\cdots,X_n$ 的一个样本值,则随机点 $(X_1,X_2,\cdots,X_n)$ 落在点 $(x_1,x_2,\cdots,x_n)$ 的邻域(边长分别为 $dx_1,dx_2,\cdots,dx_n$ 的 n 维立方体)内的概率近似地为

$$\prod_{i=1}^{n} f(x_i;\theta)dx_i, \tag{1.3}$$

其值随 θ 的取值而变化.与离散型的情况一样,我们取 θ 的估计值 $\hat{\theta}$ 使概率(1.3)式取到最大值,但因子 $\prod_{i=1}^{n} dx_i$ 不随 θ 而变,故只需考虑函数

$$L(\theta)=L(x_1,x_2,\cdots,x_n;\theta)=\prod_{i=1}^{n} f(x_i;\theta) \tag{1.4}$$

的最大值.这里 $L(\theta)$ 称为样本的**似然函数**.若

$$L(x_1,x_2,\cdots,x_n;\hat{\theta})=\max_{\theta\in\Theta} L(x_1,x_2,\cdots,x_n;\theta),$$

则称 $\hat{\theta}(x_1,x_2,\cdots,x_n)$ 为 θ 的**最大似然估计值**,称 $\hat{\theta}(X_1,X_2,\cdots,X_n)$ 为 θ 的**最大似然估计量**.

这样,确定最大似然估计量的问题就归结为微分学中的求最大值的问题了.

在很多情形下,$p(x;\theta)$ 和 $f(x;\theta)$ 关于 θ 可微,这时 $\hat{\theta}$ 常可从方程

$$\frac{d}{d\theta} L(\theta)=0 \tag{1.5}$$

解得①.又因 $L(\theta)$ 与 $\ln L(\theta)$ 在同一 θ 处取到极值,因此,θ 的最大似然估计 $\hat{\theta}$ 也可以从方程

$$\frac{d}{d\theta}\ln L(\theta)=0 \tag{1.6}$$

求得,而从后一方程求解往往比较方便.(1.6)式称为**对数似然方程**.

例 4 设 $X\sim b(1,p)$.$X_1,X_2,\cdots,X_n$ 是来自 X 的一个样本,试求参数 p 的最大似然估计量.

解 设 $x_1,x_2,\cdots,x_n$ 是相应于样本 $X_1,X_2,\cdots,X_n$ 的一个样本值.X 的分布律为

---

① 这里没有提到 $L(\theta)$ 取最大值的充分条件,但对于具体的函数是容易讨论的.

$$P\{X=x\} = p^x(1-p)^{1-x}, \quad x=0,1.$$

故似然函数为

$$L(p) = \prod_{i=1}^{n} p^{x_i}(1-p)^{1-x_i} = p^{\sum\limits_{i=1}^{n} x_i}(1-p)^{n-\sum\limits_{i=1}^{n} x_i},$$

而　　　　　　$$\ln L(p) = \Big(\sum_{i=1}^{n} x_i\Big)\ln p + \Big(n-\sum_{i=1}^{n} x_i\Big)\ln(1-p),$$

令　　　　　　$$\frac{\mathrm{d}}{\mathrm{d}p}\ln L(p) = \frac{\sum\limits_{i=1}^{n} x_i}{p} - \frac{n-\sum\limits_{i=1}^{n} x_i}{1-p} = 0,$$

解得 p 的最大似然估计值

$$\hat{p} = \frac{1}{n}\sum_{i=1}^{n} x_i = \bar{x}.$$

p 的最大似然估计量为

$$\hat{p} = \frac{1}{n}\sum_{i=1}^{n} X_i = \overline{X}.$$

我们看到这一估计量与相应的矩估计量是相同的.　　　　　　　□

最大似然估计法也适用于分布中含多个未知参数 $\theta_1, \theta_2, \cdots, \theta_k$ 的情况. 这时, 似然函数 L 是这些未知参数的函数. 分别令

$$\frac{\partial}{\partial \theta_i} L = 0, \ i=1,2,\cdots,k$$

或令　　　　　　$$\frac{\partial}{\partial \theta_i}\ln L = 0, \ i=1,2,\cdots,k. \tag{1.7}$$

解上述由 k 个方程组成的方程组, 即可得到各未知参数 $\theta_i(i=1,2,\cdots,k)$ 的最大似然估计值$\hat{\theta_i}$.(1.7)式称为**对数似然方程组**.

例 5　设总体 $X \sim N(\mu, \sigma^2)$, μ, σ^2 为未知参数, $x_1, x_2, \cdots, x_n$ 是来自 X 的一个样本值. 求 μ, σ^2 的最大似然估计量.

解　X 的概率密度为

$$f(x;\mu,\sigma^2) = \frac{1}{\sqrt{2\pi}\,\sigma}\exp\Big\{-\frac{1}{2\sigma^2}(x-\mu)^2\Big\},$$

似然函数为

$$L(\mu,\sigma^2) = \prod_{i=1}^{n} \frac{1}{\sqrt{2\pi}\,\sigma}\exp\Big\{-\frac{1}{2\sigma^2}(x_i-\mu)^2\Big\}$$

$$= (2\pi)^{-n/2}(\sigma^2)^{-n/2}\exp\Big\{-\frac{1}{2\sigma^2}\sum_{i=1}^{n}(x_i-\mu)^2\Big\}.$$

而 $$\ln L = -\frac{n}{2}\ln(2\pi) - \frac{n}{2}\ln\sigma^2 - \frac{1}{2\sigma^2}\sum_{i=1}^{n}(x_i - \mu)^2.$$

令

$$\begin{cases} \dfrac{\partial}{\partial\mu}\ln L = \dfrac{1}{\sigma^2}\Big(\sum_{i=1}^{n}x_i - n\mu\Big) = 0, \\[2mm] \dfrac{\partial}{\partial\sigma^2}\ln L = -\dfrac{n}{2\sigma^2} + \dfrac{1}{2(\sigma^2)^2}\sum_{i=1}^{n}(x_i - \mu)^2 = 0. \end{cases}$$

由前一式解得 $\hat{\mu} = \dfrac{1}{n}\sum_{i=1}^{n}x_i = \overline{x}$,代入后一式得 $\hat{\sigma}^2 = \dfrac{1}{n}\sum_{i=1}^{n}(x_i - \overline{x})^2$. 因此得 μ 和 σ^2 的最大似然估计量分别为

$$\hat{\mu} = \overline{X}, \quad \hat{\sigma}^2 = \frac{1}{n}\sum_{i=1}^{n}(X_i - \overline{X})^2.$$

它们与相应的矩估计量相同. □

例 6 设总体 X 在 $[a,b]$ 上服从均匀分布,a,b 未知,$x_1, x_2, \cdots, x_n$ 是一个样本值. 试求 a,b 的最大似然估计量.

解 记 $x_{(1)} = \min\{x_1, x_2, \cdots, x_n\}, x_{(n)} = \max\{x_1, x_2, \cdots, x_n\}$. X 的概率密度是

$$f(x;a,b) = \begin{cases} \dfrac{1}{b-a}, & a \leqslant x \leqslant b, \\[2mm] 0, & \text{其他.} \end{cases}$$

似然函数为

$$L(a,b) = \begin{cases} \dfrac{1}{(b-a)^n}, & a \leqslant x_1, x_2, \cdots, x_n \leqslant b, \\[2mm] 0, & \text{其他.} \end{cases}$$

由于 $a \leqslant x_1, x_2, \cdots, x_n \leqslant b$,等价于 $a \leqslant x_{(1)}, x_{(n)} \leqslant b$. 似然函数可写成

$$L(a,b) = \begin{cases} \dfrac{1}{(b-a)^n}, & a \leqslant x_{(1)}, b \geqslant x_{(n)}, \\[2mm] 0, & \text{其他.} \end{cases}$$

于是对于满足条件 $a \leqslant x_{(1)}, b \geqslant x_{(n)}$ 的任意 a,b 有

$$L(a,b) = \frac{1}{(b-a)^n} \leqslant \frac{1}{[x_{(n)} - x_{(1)}]^n}.$$

即 $L(a,b)$ 在 $a = x_{(1)}, b = x_{(n)}$ 时取到最大值 $[x_{(n)} - x_{(1)}]^{-n}$. 故 a,b 的最大似然估计值为

$$\hat{a} = x_{(1)} = \min_{1 \leqslant i \leqslant n} x_i, \quad \hat{b} = x_{(n)} = \max_{1 \leqslant i \leqslant n} x_i.$$

a,b 的最大似然估计量为

$$\hat{a} = \min_{1 \leqslant i \leqslant n} X_i, \quad \hat{b} = \max_{1 \leqslant i \leqslant n} X_i.$$ □

此外,最大似然估计具有下述性质:设 θ 的函数 $u = u(\theta)$, $\theta \in \Theta$ 具有单值反函数 $\theta = \theta(u)$, $u \in \mathcal{U}$. 又假设 $\hat{\theta}$ 是 X 的概率分布中参数 θ 的最大似然估计,则 $\hat{u} = u(\hat{\theta})$ 是 $u(\theta)$ 的最大似然估计. 这一性质称为最大似然估计的**不变性**.

事实上,因为 $\hat{\theta}$ 是 θ 的最大似然估计,于是有

$$L(x_1, x_2, \cdots, x_n; \hat{\theta}) = \max_{\theta \in \Theta} L(x_1, x_2, \cdots, x_n; \theta),$$

其中 $x_1, x_2, \cdots, x_n$ 是 X 的一个样本值,考虑到 $\hat{u} = u(\hat{\theta})$, 且有 $\hat{\theta} = \theta(\hat{u})$, 上式可写成

$$L(x_1, x_2, \cdots, x_n; \theta(\hat{u})) = \max_{u \in \mathcal{U}} L(x_1, x_2, \cdots, x_n; \theta(u)).$$

这就证明了 $\hat{u} = u(\hat{\theta})$ 是 $u(\theta)$ 的最大似然估计.

当总体分布中含有多个未知参数时,也具有上述性质. 例如,在例 5 中已得到 σ^2 的最大似然估计为

$$\hat{\sigma}^2 = \frac{1}{n} \sum_{i=1}^{n} (X_i - \overline{X})^2.$$

函数 $u = u(\sigma^2) = \sqrt{\sigma^2}$ 有单值反函数 $\sigma^2 = u^2 (u \geqslant 0)$, 根据上述性质,得到标准差 σ 的最大似然估计为

$$\hat{\sigma} = \sqrt{\hat{\sigma}^2} = \sqrt{\frac{1}{n} \sum_{i=1}^{n} (X_i - \overline{X})^2}.$$

我们还要提到的是,对数似然方程(1.6)或对数似然方程组(1.7)除了一些简单的情况外,往往没有有限函数形式的解,这就需要用数值方法求近似解. 常用的算法是牛顿-拉弗森(Newton-Raphson)算法,对于(1.7)式有时也用拟牛顿算法,它们都是迭代算法,读者可参考有关的书籍.

*§2　基于截尾样本的最大似然估计

在研究产品的可靠性时,需要研究产品寿命 T 的各种特征. 产品寿命 T 是一个随机变量,它的分布称为寿命分布. 为了对寿命分布进行统计推断,就需要通过产品的寿命试验,以取得寿命数据.

一种典型的寿命试验是,将随机抽取的 n 个产品在时间 $t = 0$ 时,同时投入试验,直到每个产品都失效. 记录每一个产品的失效时间,这样得到的样本(即由所有产品的失效时间 $0 \leqslant t_1 \leqslant t_2 \leqslant \cdots \leqslant t_n$ 所组成的样本)称为完全样本. 然而

产品的寿命往往较长,由于时间和财力的限制,我们不可能得到完全样本,于是就考虑截尾寿命试验.截尾寿命试验常用的有两种:一种是定时截尾寿命试验.假设将随机抽取的 n 个产品在时间 $t=0$ 时同时投入试验,试验进行到事先规定的截尾时间 t_0 停止.如试验截止时共有 m 个产品失效,它们的失效时间分别为

$$0 \leqslant t_1 \leqslant t_2 \leqslant \cdots \leqslant t_m \leqslant t_0,$$

此时 m 是一个随机变量,所得的样本 $t_1, t_2, \cdots, t_m$ 称为**定时截尾样本**.另一种是定数截尾寿命试验.假设将随机抽取的 n 个产品在时间 $t=0$ 时同时投入试验,试验进行到有 m 个(m 是事先规定的,$m<n$)产品失效时停止.m 个失效产品的失效时间分别为

$$0 \leqslant t_1 \leqslant t_2 \leqslant \cdots \leqslant t_m,$$

这里 t_m 是第 m 个产品的失效时间,t_m 是随机变量.所得的样本 $t_1, t_2, \cdots, t_m$ 称为**定数截尾样本**.用截尾样本来进行统计推断是可靠性研究中常见的问题.

设产品的寿命分布是指数分布,其概率密度为

$$f(t) = \begin{cases} \dfrac{1}{\theta} \mathrm{e}^{-t/\theta}, & t > 0, \\ 0, & t \leqslant 0, \end{cases}$$

$\theta > 0$ 未知.假设有 n 个产品投入定数截尾试验,截尾数为 m,得到定数截尾样本 $0 \leqslant t_1 \leqslant t_2 \leqslant \cdots \leqslant t_m$,现在要利用这一样本来估计未知参数 θ(即产品的平均寿命).在时间区间 $[0, t_m]$ 有 m 个产品失效,而有 $n-m$ 个产品在 t_m 时尚未失效,即有 $n-m$ 个产品的寿命超过 t_m.我们用最大似然估计法来估计 θ,为了确定似然函数,需要知道上述观察结果出现的概率.我们知道一个产品在 $(t_i, t_i + \mathrm{d}t_i]$ 失效的概率近似地为 $f(t_i)\mathrm{d}t_i = \dfrac{1}{\theta} \mathrm{e}^{-t_i/\theta} \mathrm{d}t_i, i=1,2,\cdots,m$,其余 $n-m$ 个产品寿命超过 t_m 的概率为 $\left(\displaystyle\int_{t_m}^{\infty} \dfrac{1}{\theta} \mathrm{e}^{-t/\theta} \mathrm{d}t \right)^{n-m} = (\mathrm{e}^{-t_m/\theta})^{n-m}$,故上述观察结果出现的概率近似地为

$$\binom{n}{m} \left(\frac{1}{\theta} \mathrm{e}^{-t_1/\theta} \mathrm{d}t_1 \right) \left(\frac{1}{\theta} \mathrm{e}^{-t_2/\theta} \mathrm{d}t_2 \right) \cdots \left(\frac{1}{\theta} \mathrm{e}^{-t_m/\theta} \mathrm{d}t_m \right) (\mathrm{e}^{-t_m/\theta})^{n-m}$$

$$= \binom{n}{m} \frac{1}{\theta^m} \mathrm{e}^{-\frac{1}{\theta}[t_1 + t_2 + \cdots + t_m + (n-m)t_m]} \mathrm{d}t_1 \mathrm{d}t_2 \cdots \mathrm{d}t_m,$$

其中 $\mathrm{d}t_1, \mathrm{d}t_2, \cdots, \mathrm{d}t_m$ 为常数.因忽略一个常数因子不影响 θ 的最大似然估计,故可取似然函数为

$$L(\theta) = \frac{1}{\theta^m} \mathrm{e}^{-\frac{1}{\theta}[t_1 + t_2 + \cdots + t_m + (n-m)t_m]}.$$

对数似然函数为

$$\ln L(\theta) = -m\ln \theta - \frac{1}{\theta}[t_1 + t_2 + \cdots + t_m + (n-m)t_m].$$

令　　　$\dfrac{\mathrm{d}}{\mathrm{d}\theta}\ln L(\theta)=-\dfrac{m}{\theta}+\dfrac{1}{\theta^2}[t_1+t_2+\cdots+t_m+(n-m)t_m]=0.$

于是得到 θ 的最大似然估计为

$$\hat{\theta}=\dfrac{s(t_m)}{m}.$$

其中 $s(t_m)=t_1+t_2+\cdots+t_m+(n-m)t_m$ 称为总试验时间,它表示直至时刻 t_m 为止 n 个产品的试验时间的总和.

对于定时截尾样本

$$0\leqslant t_1\leqslant t_2\leqslant\cdots\leqslant t_m\leqslant t_0$$

(其中 t_0 是截尾时间),与上面的讨论类似,可得似然函数为

$$L(\theta)=\dfrac{1}{\theta^m}\mathrm{e}^{-\frac{1}{\theta}[t_1+t_2+\cdots+t_m+(n-m)t_0]},$$

θ 的最大似然估计为

$$\hat{\theta}=\dfrac{s(t_0)}{m},$$

其中 $s(t_0)=t_1+t_2+\cdots+t_m+(n-m)t_0$ 称为总试验时间,它表示直至时刻 t_0 为止 n 个产品的试验时间的总和.

例　设电池的寿命服从指数分布,其概率密度为

$$f(t)=\begin{cases}\dfrac{1}{\theta}\mathrm{e}^{-t/\theta}, & t>0,\\[2mm] 0, & t\leqslant 0,\end{cases}$$

$\theta>0$ 未知.随机地取 50 只电池投入寿命试验,规定试验进行到其中有 15 只失效时结束试验,测得失效时间(以 h 计)为

$$\begin{array}{llllllll}115 & 119 & 131 & 138 & 142 & 147 & 148 & 155\\ 158 & 159 & 163 & 166 & 167 & 170 & 172\end{array}$$

试求电池的平均寿命 θ 的最大似然估计.

解　$n=50, m=15, s(t_{15})=115+119+\cdots+170+172+(50-15)\times172=8\,270$,得 θ 的最大似然估计为

$$\hat{\theta}=\dfrac{8\,270}{15}=551.33(\mathrm{h}).\qquad\square$$

§3　估计量的评选标准

自前一节可以看到,对于同一参数,用不同的估计方法求出的估计量可能不相同,如 §1 的例 2 和例 6.而且,很明显,原则上任何统计量都可以作为未知参数的估计量.我们自然会问,采用哪一个估计量为好呢?这就涉及用什么样的标

准来评价估计量的问题. 下面介绍几个常用的标准.

(一) 无偏性

设 $X_1, X_2, \cdots, X_n$ 是总体 X 的一个样本, $\theta \in \Theta$ 是包含在总体 X 的分布中的待估参数, 这里 Θ 是 θ 的取值范围.

无偏性　若估计量 $\hat{\theta} = \hat{\theta}(X_1, X_2, \cdots, X_n)$ 的数学期望 $E(\hat{\theta})$ 存在, 且对于任意 $\theta \in \Theta$ 有

$$E(\hat{\theta}) = \theta, \tag{3.1}$$

则称 $\hat{\theta}$ 是 θ 的**无偏估计量**.

估计量的无偏性是说对于某些样本值, 由这一估计量得到的估计值相对于真值来说偏大, 有些则偏小. 反复将这一估计量使用多次, 就 "平均" 来说其偏差为零. 在科学技术中 $E(\hat{\theta}) - \theta$ 称为以 $\hat{\theta}$ 作为 θ 的估计的系统误差. 无偏估计的实际意义就是无系统误差.

例如, 设总体 X 的均值 μ, 方差 $\sigma^2 > 0$ 均未知, 由第六章 (3.19), (3.20) 式知

$$E(\overline{X}) = \mu, \quad E(S^2) = \sigma^2.$$

即不论总体服从什么分布, 样本均值 $\overline{X}$ 是总体均值 μ 的无偏估计; 样本方差 $S^2 = \dfrac{1}{n-1} \sum_{i=1}^{n} (X_i - \overline{X})^2$ 是总体方差的无偏估计. 而估计量 $\dfrac{1}{n} \sum_{i=1}^{n} (X_i - \overline{X})^2$ 却不是 σ^2 的无偏估计, 因此我们一般取 S^2 作为 σ^2 的估计量.

例 1　设总体 X 的 k 阶矩 $\mu_k = E(X^k)$ $(k \geqslant 1)$ 存在, 又设 $X_1, X_2, \cdots, X_n$ 是 X 的一个样本. 试证明不论总体服从什么分布, 样本 k 阶矩 $A_k = \dfrac{1}{n} \sum_{i=1}^{n} X_i^k$ 是总体 k 阶矩 μ_k 的无偏估计量.

证　$X_1, X_2, \cdots, X_n$ 与 X 同分布, 故有

$$E(X_i^k) = E(X^k) = \mu_k, \quad i = 1, 2, \cdots, n.$$

即有

$$E(A_k) = \frac{1}{n} \sum_{i=1}^{n} E(X_i^k) = \mu_k. \tag{3.2}\square$$

例 2　设总体 X 服从指数分布, 其概率密度为

$$f(x; \theta) = \begin{cases} \dfrac{1}{\theta} \mathrm{e}^{-x/\theta}, & x > 0, \\ 0, & \text{其他}, \end{cases}$$

其中参数 $\theta > 0$ 为未知, 又设 $X_1, X_2, \cdots, X_n$ 是来自 X 的样本, 试证 $\overline{X}$ 和 $nZ = n(\min\{X_1, X_2, \cdots, X_n\})$ 都是 θ 的无偏估计量.

证　因为 $E(\overline{X})=E(X)=\theta$,所以 $\overline{X}$ 是 θ 的无偏估计量. 而 $Z=\min\{X_1,$ $X_2,\cdots,X_n\}$具有概率密度

$$f_{\min}(x;\theta)=\begin{cases}\dfrac{n}{\theta}\mathrm{e}^{-nx/\theta}, & x>0,\\ 0, & \text{其他.}\end{cases}$$

故知
$$E(Z)=\frac{\theta}{n},$$
$$E(nZ)=\theta.$$

即 nZ 也是参数 θ 的无偏估计量. □

由此可见一个未知参数可以有不同的无偏估计量. 事实上,在本例中 $X_1,$ $X_2,\cdots,X_n$ 中的每一个都可以作为 θ 的无偏估计量.

(二) 有效性

现在来比较参数 θ 的两个无偏估计量 $\hat{\theta}_1$ 和 $\hat{\theta}_2$,如果在样本容量 n 相同的情况下,$\hat{\theta}_1$ 的观察值较 $\hat{\theta}_2$ 在真值 θ 的附近更密集,我们就认为 $\hat{\theta}_1$ 较 $\hat{\theta}_2$ 更为理想. 由于方差是随机变量取值与其数学期望(此时数学期望 $E(\hat{\theta}_1)=E(\hat{\theta}_2)=\theta$)的偏离程度的度量,所以无偏估计以方差小者为好. 这就引出了估计量的有效性这一概念.

有效性　设 $\hat{\theta}_1=\hat{\theta}_1(X_1,X_2,\cdots,X_n)$ 与 $\hat{\theta}_2=\hat{\theta}_2(X_1,X_2,\cdots,X_n)$ 都是 θ 的无偏估计量,若对于任意 $\theta\in\Theta$,有

$$D(\hat{\theta}_1)\leqslant D(\hat{\theta}_2),$$

且至少对于某一个 $\theta\in\Theta$ 上式中的不等号成立,则称 $\hat{\theta}_1$ 较 $\hat{\theta}_2$ **有效**.

例3(续例2)　试证当 $n>1$ 时,θ 的无偏估计量 $\overline{X}$ 较 θ 的无偏估计量 nZ 有效.

证　由于 $D(X)=\theta^2$,故有 $D(\overline{X})=\theta^2/n$. 再者,由于 $D(Z)=\theta^2/n^2$,故有 $D(nZ)=\theta^2$. 当 $n>1$ 时 $D(nZ)>D(\overline{X})$,故 $\overline{X}$ 较 nZ 有效. □

(三) 相合性

前面讲的无偏性与有效性都是在样本容量 n 固定的前提下提出的. 我们自然希望随着样本容量的增大,一个估计量的值稳定于待估参数的真值. 这样,对估计量又有下述相合性的要求.

相合性　设 $\hat{\theta}(X_1,X_2,\cdots,X_n)$ 为参数 θ 的估计量,若对于任意 $\theta\in\Theta$,当 $n\to\infty$

时 $\hat{\theta}(X_1,X_2,\cdots,X_n)$ 依概率收敛于 θ,则称 $\hat{\theta}$ 为 θ 的**相合估计量**.

即,若对于任意 $\theta\in\Theta$ 都满足:对于任意 $\varepsilon>0$,有

$$\lim_{n\to\infty}P\{|\hat{\theta}-\theta|<\varepsilon\}=1,$$

则称 $\hat{\theta}$ 是 θ 的**相合估计量**.

例如由第六章 §3 知,样本 $k(k\geqslant1)$ 阶矩是总体 X 的 k 阶矩 $\mu_k=E(X^k)$ 的相合估计量,进而若待估参数 $\theta=g(\mu_1,\mu_2,\cdots,\mu_k)$,其中 g 为连续函数,则 θ 的矩估计量 $\hat{\theta}=g(\hat{\mu}_1,\hat{\mu}_2,\cdots,\hat{\mu}_k)=g(A_1,A_2,\cdots,A_k)$ 是 θ 的相合估计量.

由最大似然估计法得到的估计量,在一定条件下也具有相合性.其详细讨论已超出本书范围,从略.

相合性是对一个估计量的基本要求,若估计量不具有相合性,那么不论将样本容量 n 取得多么大,都不能将 θ 估计得足够准确,这样的估计量是不可取的.

上述无偏性、有效性、相合性是评价估计量的一些基本标准,其他的标准这里就不讲了.

§4　区　间　估　计

对于一个未知量,人们在测量或计算时,常不以得到近似值为满足,还需估计误差,即要求知道近似值的精确程度(亦即所求真值所在的范围).类似地,对于未知参数 θ,除了求出它的点估计 $\hat{\theta}$ 外,我们还希望估计出一个范围,并希望知道这个范围包含参数 θ 真值的可信程度.这样的范围通常以区间的形式给出,同时还给出此区间包含参数 θ 真值的可信程度.这种形式的估计称为区间估计,这样的区间即所谓置信区间.现在我们引入置信区间的定义.

置信区间　设总体 X 的分布函数 $F(x;\theta)$ 含有一个未知参数 θ,$\theta\in\Theta$(Θ 是 θ 可能取值的范围),对于给定值 α($0<\alpha<1$),若由来自 X 的样本 $X_1,X_2,\cdots,X_n$ 确定的两个统计量 $\underline{\theta}=\underline{\theta}(X_1,X_2,\cdots,X_n)$ 和 $\overline{\theta}=\overline{\theta}(X_1,X_2,\cdots,X_n)$($\underline{\theta}<\overline{\theta}$),对于任意 $\theta\in\Theta$ 满足

$$P\{\underline{\theta}(X_1,X_2,\cdots,X_n)<\theta<\overline{\theta}(X_1,X_2,\cdots,X_n)\}\geqslant1-\alpha, \qquad (4.1)$$

则称随机区间 $(\underline{\theta},\overline{\theta})$ 是 θ 的置信水平为 $1-\alpha$ 的**置信区间**,$\underline{\theta}$ 和 $\overline{\theta}$ 分别称为置信水平为 $1-\alpha$ 的双侧置信区间的**置信下限**和**置信上限**,$1-\alpha$ 称为**置信水平**.

当 X 是连续型随机变量时,对于给定的 α,我们总是按要求 $P\{\underline{\theta}<\theta<\overline{\theta}\}=1-\alpha$ 求出置信区间.而当 X 是离散型随机变量时,对于给定的 α,常找不到区间 $(\underline{\theta},\overline{\theta})$

使得 $P\{\underline{\theta}<\theta<\overline{\theta}\}$ 恰为 $1-\alpha$. 此时我们去找区间 $(\underline{\theta},\overline{\theta})$ 使得 $P\{\underline{\theta}<\theta<\overline{\theta}\}$ 至少为 $1-\alpha$, 且尽可能地接近 $1-\alpha$.

(4.1)式的含义如下: 若反复抽样多次(各次得到的样本的容量相等, 都是 n). 每个样本值确定一个区间 $(\underline{\theta},\overline{\theta})$, 每个这样的区间要么包含 θ 的真值, 要么不包含 θ 的真值(参见图 7-1). 按伯努利大数定律, 在这么多的区间中, 包含 θ 真值的约占 $100(1-\alpha)\%$, 不包含 θ 真值的约仅占 $100\alpha\%$. 例如, 若 $\alpha=0.01$, 反复抽样 1 000 次, 则得到的 1 000 个区间中不包含 θ 真值的约仅为 10 个.

例 设总体 $X\sim N(\mu,\sigma^2)$, σ^2 为已知, μ 为未知, 设 $X_1,X_2,\cdots,X_n$ 是来自 X 的样本, 求 μ 的置信水平为 $1-\alpha$ 的置信区间.

解 我们知道 $\overline{X}$ 是 μ 的无偏估计, 且有

$$\frac{\overline{X}-\mu}{\sigma/\sqrt{n}}\sim N(0,1). \tag{4.2}$$

$\dfrac{\overline{X}-\mu}{\sigma/\sqrt{n}}$ 所服从的分布 $N(0,1)$ 不依赖于任何未知参数. 按标准正态分布的上 α 分位数的定义, 有(参见图 7-2)

$$P\left\{\left|\frac{\overline{X}-\mu}{\sigma/\sqrt{n}}\right|<z_{\alpha/2}\right\}=1-\alpha, \tag{4.3}$$

即

$$P\left\{\overline{X}-\frac{\sigma}{\sqrt{n}}z_{\alpha/2}<\mu<\overline{X}+\frac{\sigma}{\sqrt{n}}z_{\alpha/2}\right\}=1-\alpha. \tag{4.4}$$

这样, 我们就得到了 μ 的一个置信水平为 $1-\alpha$ 的置信区间

$$\left(\overline{X}-\frac{\sigma}{\sqrt{n}}z_{\alpha/2},\quad \overline{X}+\frac{\sigma}{\sqrt{n}}z_{\alpha/2}\right). \tag{4.5}$$

这样的置信区间常写成

$$\left(\overline{X}\pm\frac{\sigma}{\sqrt{n}}z_{\alpha/2}\right). \tag{4.6}$$

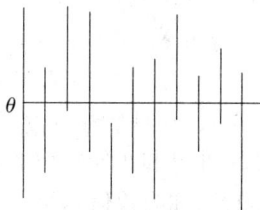

图 7-1

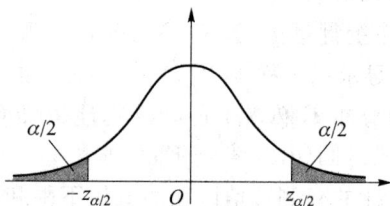

图 7-2

如果取 $1-\alpha=0.95$,即 $\alpha=0.05$,又若 $\sigma=1,n=16$,查表得 $z_{\alpha/2}=z_{0.025}=1.96$. 于是我们得到一个置信水平为 0.95 的置信区间

$$\left(\overline{X}\pm\frac{1}{\sqrt{16}}\times1.96\right),\quad 即(\overline{X}\pm0.49). \tag{4.7}$$

再者,若由一个样本值算得样本均值的观察值 $x=5.20$,则得到一个区间

$$(5.20\pm0.49),\quad 即(4.71,5.69).$$

注意,这已经不是随机区间了.但我们仍称它为 θ 的置信水平为 0.95 的置信区间.其含义是:若反复抽样多次,每个样本值($n=16$)按(4.7)式确定一个区间,按上面的解释,在这么多的区间中,包含 μ 的约占 95%,不包含 μ 的约仅占 5%.现在抽样得到区间(4.71,5.69),则该区间属于那些包含 μ 的区间的可信程度为 95%,或"该区间包含 μ"这一陈述的可信程度为 95%.   □

置信水平为 $1-\alpha$ 的置信区间并不是唯一的.以上例来说,若给定 $\alpha=0.05$,则又有

$$P\left\{-z_{0.04}<\frac{\overline{X}-\mu}{\sigma/\sqrt{n}}<z_{0.01}\right\}=0.95,$$

即

$$P\left\{\overline{X}-\frac{\sigma}{\sqrt{n}}z_{0.01}<\mu<\overline{X}+\frac{\sigma}{\sqrt{n}}z_{0.04}\right\}=0.95.$$

故

$$\left(\overline{X}-\frac{\sigma}{\sqrt{n}}z_{0.01},\quad \overline{X}+\frac{\sigma}{\sqrt{n}}z_{0.04}\right) \tag{4.8}$$

也是 μ 的置信水平为 0.95 的置信区间.我们将它与(4.5)式中令 $\alpha=0.05$ 所得的置信水平为 0.95 的置信区间相比较,可知由(4.5)式所确定的区间的长度为 $2\times\frac{\sigma}{\sqrt{n}}z_{0.025}=3.92\times\frac{\sigma}{\sqrt{n}}$,这一长度要比区间(4.8)式的长度 $\frac{\sigma}{\sqrt{n}}(z_{0.04}+z_{0.01})=4.08\times\frac{\sigma}{\sqrt{n}}$ 短.置信区间短表示估计的精度高.故由(4.5)式给出的区间较(4.8)式为优.易知,像 $N(0,1)$ 分布那样其概率密度的图形是单峰且对称的情况,当 n 固定时,以形如(4.5)式那样的区间其长度为最短,我们自然选用它.

参考上例可得寻求未知参数 θ 的置信区间的具体做法如下.

1° 寻求一个样本 $X_1,X_2,\cdots,X_n$ 和 θ 的函数 $W=W(X_1,X_2,\cdots,X_n;\theta)$,使得 W 的分布不依赖于 θ 以及其他未知参数,称具有这种性质的函数 W 为**枢轴量**.

2° 对于给定的置信水平 $1-\alpha$,定出两个常数 a,b 使得

$$P\{a<W(X_1,X_2,\cdots,X_n;\theta)<b\}=1-\alpha.$$

若能从 $a<W(X_1,X_2,\cdots,X_n;\theta)<b$ 得到与之等价的 θ 的不等式 $\underline{\theta}<\theta<\overline{\theta}$,其中

$\underline{\theta}=\underline{\theta}(X_1,X_2,\cdots,X_n)$，$\overline{\theta}=\overline{\theta}(X_1,X_2,\cdots,X_n)$ 都是统计量,那么 $(\underline{\theta},\overline{\theta})$ 就是 θ 的一个置信水平为 $1-\alpha$ 的置信区间.

枢轴量 $W(X_1,X_2,\cdots,X_n;\theta)$ 的构造,通常可以从 θ 的点估计着手考虑.常用的正态总体的参数的置信区间可以用上述步骤推得.

§5　正态总体均值与方差的区间估计

(一) 单个总体 $N(\mu,\sigma^2)$ 的情况

设已给定置信水平为 $1-\alpha$,并设 $X_1,X_2,\cdots,X_n$ 为总体 $N(\mu,\sigma^2)$ 的样本. $\overline{X}$,S^2 分别是样本均值和样本方差.

1. 均值 μ 的置信区间

(1) σ^2 为已知,此时由 §4 例 1 采用(4.2)式中的枢轴量 $\dfrac{\overline{X}-\mu}{\sigma/\sqrt{n}}$,已得到 μ 的一个置信水平为 $1-\alpha$ 的置信区间为

$$\left(\overline{X}\pm\frac{\sigma}{\sqrt{n}}z_{\alpha/2}\right). \tag{5.1}$$

(2) σ^2 为未知,此时不能使用(5.1)式给出的区间,因其中含未知参数 σ. 考虑到 S^2 是 σ^2 的无偏估计,将(4.2)式中的 σ 换成 $S=\sqrt{S^2}$,由第六章 §3 定理 4,知

$$\frac{\overline{X}-\mu}{S/\sqrt{n}}\sim t(n-1), \tag{5.2}$$

并且右边的分布 $t(n-1)$ 不依赖于任何未知参数. 使用 $\dfrac{\overline{X}-\mu}{S/\sqrt{n}}$ 作为枢轴量可得(参见图7-3)

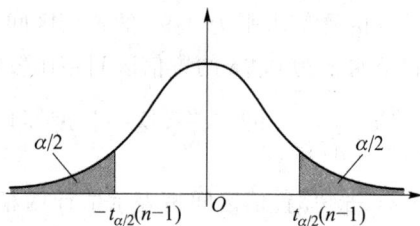

图 7-3

$$P\left\{-t_{\alpha/2}(n-1)<\frac{\overline{X}-\mu}{S/\sqrt{n}}<t_{\alpha/2}(n-1)\right\}=1-\alpha, \tag{5.3}$$

即

$$P\left\{\overline{X}-\frac{S}{\sqrt{n}}t_{\alpha/2}(n-1)<\mu<\overline{X}+\frac{S}{\sqrt{n}}t_{\alpha/2}(n-1)\right\}=1-\alpha.$$

于是得 μ 的一个置信水平为 $1-\alpha$ 的置信区间

$$\left(\overline{X}\pm\frac{S}{\sqrt{n}}t_{\alpha/2}(n-1)\right). \tag{5.4}$$

例 1 有一大批糖果.现从中随机地取 16 袋,称得质量(以 g 计)如下:

506 508 499 503 504 510 497 512

514 505 493 496 506 502 509 496

设袋装糖果的质量近似地服从正态分布,试求总体均值 μ 的置信水平为 0.95 的置信区间.

解 这里 $1-\alpha=0.95,\alpha/2=0.025,n-1=15,t_{0.025}(15)=2.131\,5$,由给出的数据算得 $\bar{x}=503.75,s=6.202\,2$.由(5.4)式得均值 μ 的一个置信水平为 0.95 的置信区间为

$$\left(503.75\pm\frac{6.202\,2}{\sqrt{16}}\times 2.131\,5\right),$$

即

$$(500.4,507.1).$$

这就是说估计袋装糖果质量的均值在 500.4 g 与 507.1 g 之间,这个估计的可信程度为 95%. 若以此区间内任一值作为 μ 的近似值,其误差不大于 $\dfrac{6.202\,2}{\sqrt{16}}\times 2.131\,5\times 2=6.61(\mathrm{g})$,这个误差估计的可信程度为 95%. □

在实际问题中,总体方差 σ^2 未知的情况居多,故区间(5.4)式较区间(5.1)式有更大的实用价值.

2. 方差 σ^2 的置信区间

此处,根据实际问题的需要,只介绍 μ 未知的情况.

σ^2 的无偏估计为 S^2,由第六章 §3 定理 3 知

$$\frac{(n-1)S^2}{\sigma^2}\sim\chi^2(n-1),\quad(5.5)$$

并且上式右端的分布不依赖于任何未知参数,取 $\dfrac{(n-1)S^2}{\sigma^2}$ 作为枢轴量,即得(参见图7-4)

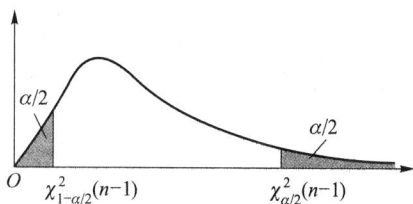

图 7-4

$$P\left\{\chi^2_{1-\alpha/2}(n-1)<\frac{(n-1)S^2}{\sigma^2}<\chi^2_{\alpha/2}(n-1)\right\}=1-\alpha,\quad(5.6)$$

即

$$P\left\{\frac{(n-1)S^2}{\chi^2_{\alpha/2}(n-1)}<\sigma^2<\frac{(n-1)S^2}{\chi^2_{1-\alpha/2}(n-1)}\right\}=1-\alpha.\quad(5.6)'$$

这就得到方差 σ^2 的一个置信水平为 $1-\alpha$ 的置信区间

$$\left(\frac{(n-1)S^2}{\chi^2_{\alpha/2}(n-1)},\frac{(n-1)S^2}{\chi^2_{1-\alpha/2}(n-1)}\right).\quad(5.7)$$

由(5.6)'式,还可得到标准差 σ 的一个置信水平为 $1-\alpha$ 的置信区间

$$\left(\frac{\sqrt{n-1}S}{\sqrt{\chi_{\alpha/2}^2(n-1)}},\ \frac{\sqrt{n-1}S}{\sqrt{\chi_{1-\alpha/2}^2(n-1)}}\right). \tag{5.8}$$

注意,在概率密度函数不对称时,如 χ^2 分布和 F 分布,习惯上仍是取对称的分位数(如图 7—4 中的上分位数 $\chi_{1-\alpha/2}^2(n-1)$ 与 $\chi_{\alpha/2}^2(n-1)$)来确定置信区间的.

例 2　求例 1 中总体标准差 σ 的置信水平为 0.95 的置信区间.

解　现在 $\alpha/2=0.025,1-\alpha/2=0.975,n-1=15$,查表得 $\chi_{0.025}^2(15)=27.488,\chi_{0.975}^2(15)=6.262$,又 $s=6.2022$,由(5.8)式得所求的标准差 σ 的一个置信水平为 0.95 的置信区间为

$$(4.58,9.60). \qquad\qquad \square$$

(二) 两个总体 $N(\mu_1,\sigma_1^2),N(\mu_2,\sigma_2^2)$ 的情况

在实际中常遇到下面的问题:已知产品的某一质量指标服从正态分布,但由于原料、设备条件、操作人员不同,或工艺过程的改变等因素,引起总体均值、总体方差有所改变.我们需要知道这些变化有多大,这就需要考虑两个正态总体均值差或方差比的估计问题.

设已给定置信水平为 $1-\alpha$,并设 $X_1,X_2,\cdots,X_{n_1}$ 是来自第一个总体的样本;$Y_1,Y_2,\cdots,Y_{n_2}$ 是来自第二个总体的样本,这两个样本相互独立.且设 $\overline{X},\overline{Y}$ 分别为第一、第二个总体的样本均值,S_1^2,S_2^2 分别是第一、第二个总体的样本方差.

1. 两个总体均值差 $\mu_1-\mu_2$ 的置信区间

(1) σ_1^2,σ_2^2 均为已知. 因 $\overline{X},\overline{Y}$ 分别为 μ_1,μ_2 的无偏估计,故 $\overline{X}-\overline{Y}$ 是 $\mu_1-\mu_2$ 的无偏估计. 由 $\overline{X},\overline{Y}$ 的独立性以及 $\overline{X}\sim N(\mu_1,\sigma_1^2/n_1),\overline{Y}\sim N(\mu_2,\sigma_2^2/n_2)$ 得

$$\overline{X}-\overline{Y}\sim N\left(\mu_1-\mu_2,\frac{\sigma_1^2}{n_1}+\frac{\sigma_2^2}{n_2}\right)$$

或

$$\frac{(\overline{X}-\overline{Y})-(\mu_1-\mu_2)}{\sqrt{\dfrac{\sigma_1^2}{n_1}+\dfrac{\sigma_2^2}{n_2}}}\sim N(0,1), \tag{5.9}$$

取(5.9)式左边的函数为枢轴量,即得 $\mu_1-\mu_2$ 的一个置信水平为 $1-\alpha$ 的置信区间

$$\left(\overline{X}-\overline{Y}\pm z_{\alpha/2}\sqrt{\frac{\sigma_1^2}{n_1}+\frac{\sigma_2^2}{n_2}}\right). \tag{5.10}$$

(2) $\sigma_1^2=\sigma_2^2=\sigma^2$,但 σ^2 为未知. 此时,由第六章 §3 定理 5

$$\frac{(\overline{X}-\overline{Y})-(\mu_1-\mu_2)}{S_w\sqrt{\dfrac{1}{n_1}+\dfrac{1}{n_2}}}\sim t(n_1+n_2-2). \tag{5.11}$$

取(5.11)式左边的函数为枢轴量,可得 $\mu_1-\mu_2$ 的一个置信水平为 $1-\alpha$ 的置信区间为

$$\left(\overline{X}-\overline{Y}\pm t_{\alpha/2}(n_1+n_2-2)S_w\sqrt{\frac{1}{n_1}+\frac{1}{n_2}}\right). \qquad (5.12)$$

此处

$$S_w^2=\frac{(n_1-1)S_1^2+(n_2-1)S_2^2}{n_1+n_2-2},\quad S_w=\sqrt{S_w^2}. \qquad (5.13)$$

例 3 为比较 I,II 两种型号步枪子弹的枪口速度,随机地取 I 型子弹 10 发,得到枪口速度的平均值为 $\overline{x}_1=500$ m/s,标准差 $s_1=1.10$ m/s,随机地取 II 型子弹 20 发,得到枪口速度的平均值为 $\overline{x}_2=496$ m/s,标准差 $s_2=1.20$ m/s. 假设两总体都可认为近似地服从正态分布,且由生产过程可认为方差相等. 求两总体均值差 $\mu_1-\mu_2$ 的一个置信水平为 0.95 的置信区间.

解 按实际情况,可认为分别来自两个总体的样本是相互独立的. 又因假设两总体的方差相等,但数值未知,故可用(5.12)式求均值差的置信区间. 由于 $1-\alpha=0.95,\alpha/2=0.025,n_1=10,n_2=20,n_1+n_2-2=28,t_{0.025}(28)=2.0484$. $s_w^2=(9\times1.10^2+19\times1.20^2)/28,s_w=\sqrt{s_w^2}=1.1688$,故所求的两总体均值差 $\mu_1-\mu_2$ 的一个置信水平为 0.95 的置信区间是

$$\left(\overline{x}_1-\overline{x}_2\pm s_w\times t_{0.025}(28)\sqrt{\frac{1}{10}+\frac{1}{20}}\right)=(4\pm0.93),$$

即

$$(3.07,4.93).$$

本题中得到的置信区间的下限大于零,在实际中我们就认为 μ_1 比 μ_2 大. □

例 4 为提高某一化学生产过程的得率,试图采用一种新的催化剂. 为慎重起见,在实验工厂先进行试验. 设采用原来的催化剂进行了 $n_1=8$ 次试验,得到得率的平均值 $\overline{x}_1=91.73$,样本方差 $s_1^2=3.89$;又采用新的催化剂进行了 $n_2=8$ 次试验,得到得率的平均值 $\overline{x}_2=93.75$,样本方差 $s_2^2=4.02$. 假设两总体都可认为服从正态分布,且方差相等,两样本独立. 试求两总体均值差 $\mu_1-\mu_2$ 的置信水平为 0.95 的置信区间.

解 现在

$$s_w^2=\frac{(n_1-1)s_1^2+(n_2-1)s_2^2}{n_1+n_2-2}=3.96,\quad s_w=\sqrt{3.96}.$$

由(5.12)式得所求的置信区间为

$$\left(\overline{x}_1-\overline{x}_2\pm t_{0.025}(14)s_w\sqrt{\frac{1}{8}+\frac{1}{8}}\right)=(-2.02\pm2.13),$$

即

$$(-4.15,0.11).$$

由于所得置信区间包含零,在实际中我们就认为采用这两种催化剂所得的得率的均值没有显著差别. □

2. 两个总体方差比 σ_1^2/σ_2^2 的置信区间

我们仅讨论总体均值 μ_1, μ_2 均为未知的情况,由第六章 §3 定理 5

$$\frac{S_1^2/S_2^2}{\sigma_1^2/\sigma_2^2} \sim F(n_1-1, n_2-1), \tag{5.14}$$

并且分布 $F(n_1-1, n_2-1)$ 不依赖任何未知参数. 取 $\dfrac{S_1^2/S_2^2}{\sigma_1^2/\sigma_2^2}$ 为枢轴量得

$$P\left\{F_{1-\alpha/2}(n_1-1, n_2-1) < \frac{S_1^2/S_2^2}{\sigma_1^2/\sigma_2^2} < F_{\alpha/2}(n_1-1, n_2-1)\right\} = 1-\alpha,$$
$$\tag{5.15}$$

即

$$P\left\{\frac{S_1^2}{S_2^2}\frac{1}{F_{\alpha/2}(n_1-1, n_2-1)} < \frac{\sigma_1^2}{\sigma_2^2} < \frac{S_1^2}{S_2^2}\frac{1}{F_{1-\alpha/2}(n_1-1, n_2-1)}\right\} = 1-\alpha.$$
$$\tag{5.15$'$}$$

于是得 σ_1^2/σ_2^2 的一个置信水平为 $1-\alpha$ 的置信区间为

$$\left(\frac{S_1^2}{S_2^2}\frac{1}{F_{\alpha/2}(n_1-1, n_2-1)}, \quad \frac{S_1^2}{S_2^2}\frac{1}{F_{1-\alpha/2}(n_1-1, n_2-1)}\right). \tag{5.16}$$

例 5　研究由机器 A 和机器 B 生产的钢管的内径(以 mm 计),随机抽取机器 A 生产的管子 18 只,测得样本方差 $s_1^2 = 0.34$;抽取机器 B 生产的管子 13 只,测得样本方差 $s_2^2 = 0.29$. 设两样本相互独立,且设由机器 A,机器 B 生产的管子的内径分别服从正态分布 $N(\mu_1, \sigma_1^2)$,$N(\mu_2, \sigma_2^2)$,这里 μ_i, $\sigma_i^2(i=1,2)$ 均未知. 试求方差比 σ_1^2/σ_2^2 的置信水平为 0.90 的置信区间.

解　现在 $n_1 = 18, s_1^2 = 0.34, n_2 = 13, s_2^2 = 0.29, \alpha = 0.10, F_{\alpha/2}(n_1-1, n_2-1) = F_{0.05}(17, 12) = 2.59, F_{1-\alpha/2}(17, 12) = F_{0.95}(17, 12) = \dfrac{1}{F_{0.05}(12, 17)} = \dfrac{1}{2.38}$,于是由(5.16)式得 σ_1^2/σ_2^2 的一个置信水平为 0.90 的置信区间为

$$\left(\frac{0.34}{0.29}\times\frac{1}{2.59}, \quad \frac{0.34}{0.29}\times 2.38\right),$$

即　　　　　　　　　　　　$(0.45, 2.79).$

由于 σ_1^2/σ_2^2 的置信区间包含 1,在实际中我们就认为 σ_1^2, σ_2^2 两者没有显著差别.　　　　　　　　　　　　　　　　　　　　　　　　　　　□

§6　(0—1)分布参数的区间估计

设有一容量 $n > 50$ 的大样本,它来自(0—1)分布的总体 X,X 的分布律为

$$f(x;p) = p^x(1-p)^{1-x}, \quad x=0,1, \tag{6.1}$$

其中 p 为未知参数. 现在来求 p 的置信水平为 $1-\alpha$ 的置信区间.

已知 $(0-1)$ 分布的均值和方差分别为

$$\mu = p, \quad \sigma^2 = p(1-p). \tag{6.2}$$

设 $X_1, X_2, \cdots, X_n$ 是一个样本. 因样本容量 n 较大, 由中心极限定理, 知

$$\frac{\sum_{i=1}^{n} X_i - np}{\sqrt{np(1-p)}} = \frac{n\overline{X} - np}{\sqrt{np(1-p)}} \tag{6.3}$$

近似地服从 $N(0,1)$ 分布, 于是有

$$P\left\{-z_{\alpha/2} < \frac{n\overline{X} - np}{\sqrt{np(1-p)}} < z_{\alpha/2}\right\} \approx 1-\alpha. \tag{6.4}$$

而不等式

$$-z_{\alpha/2} < \frac{n\overline{X} - np}{\sqrt{np(1-p)}} < z_{\alpha/2} \tag{6.5}$$

等价于

$$(n + z_{\alpha/2}^2) p^2 - (2n\overline{X} + z_{\alpha/2}^2) p + n\overline{X}^2 < 0. \tag{6.6}$$

记

$$p_1 = \frac{1}{2a}\left(-b - \sqrt{b^2 - 4ac}\right), \tag{6.7}$$

$$p_2 = \frac{1}{2a}\left(-b + \sqrt{b^2 - 4ac}\right), \tag{6.8}$$

此处 $a = n + z_{\alpha/2}^2, b = -(2n\overline{X} + z_{\alpha/2}^2), c = n\overline{X}^2$. 于是由 (6.5) 式得 p 的一个近似的置信水平为 $1-\alpha$ 的置信区间为

$$(p_1, p_2).$$

例 设自一大批产品的 100 个样品中, 得一级品 60 个, 求这批产品的一级品率 p 的置信水平为 0.95 的置信区间.

解 一级品率 p 是 $(0-1)$ 分布的参数, 此处 $n = 100, \bar{x} = 60/100 = 0.6, 1-\alpha = 0.95, \alpha/2 = 0.025, z_{\alpha/2} = 1.96$, 按 $(6.7), (6.8)$ 式来求 p 的置信区间, 其中

$$a = n + z_{\alpha/2}^2 = 103.84, \quad b = -(2n\bar{x} + z_{\alpha/2}^2) = -123.84, \quad c = n\bar{x}^2 = 36.$$

于是

$$p_1 = 0.50, \quad p_2 = 0.69.$$

故得 p 的一个置信水平为 0.95 的近似置信区间为

$$(0.50, 0.69).$$

§7 单侧置信区间

在上述讨论中, 对于未知参数 θ, 我们给出两个统计量 $\underline{\theta}, \overline{\theta}$, 得到 θ 的双侧置信区间 $(\underline{\theta}, \overline{\theta})$. 但在某些实际问题中, 例如, 对于设备、元件的寿命来说, 平均寿命长是我们所希望的, 我们关心的是平均寿命 θ 的"下限"; 与之相反, 在考虑化学药品中杂

质含量的均值 μ 时,我们常关心参数 μ 的"上限".这就引出了单侧置信区间的概念.

对于给定值 $\alpha(0<\alpha<1)$,若由样本 $X_1,X_2,\cdots,X_n$ 确定的统计量 $\underline{\theta}=\underline{\theta}(X_1,X_2,\cdots,X_n)$,对于任意 $\theta\in\Theta$ 满足

$$P\{\theta>\underline{\theta}\}\geqslant1-\alpha, \tag{7.1}$$

称随机区间 $(\underline{\theta},\infty)$ 是 θ 的置信水平为 $1-\alpha$ 的**单侧置信区间**,$\underline{\theta}$ 称为 θ 的置信水平为 $1-\alpha$ 的**单侧置信下限**.

又若统计量 $\overline{\theta}=\overline{\theta}(X_1,X_2,\cdots,X_n)$,对于任意 $\theta\in\Theta$ 满足

$$P\{\theta<\overline{\theta}\}\geqslant1-\alpha, \tag{7.2}$$

称随机区间 $(-\infty,\overline{\theta})$ 是 θ 的置信水平为 $1-\alpha$ 的**单侧置信区间**,$\overline{\theta}$ 称为 θ 的置信水平为 $1-\alpha$ 的**单侧置信上限**.

例如对于正态总体 X,若均值 μ,方差 σ^2 均为未知,设 $X_1,X_2,\cdots,X_n$ 是一个样本,由

$$\frac{\overline{X}-\mu}{S/\sqrt{n}}\sim t(n-1)$$

有(见图 7—5)

$$P\left\{\frac{\overline{X}-\mu}{S/\sqrt{n}}<t_\alpha(n-1)\right\}=1-\alpha,$$

即

$$P\left\{\mu>\overline{X}-\frac{S}{\sqrt{n}}t_\alpha(n-1)\right\}=1-\alpha.$$

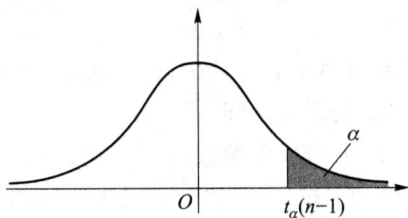

图 7—5

于是得到 μ 的置信水平为 $1-\alpha$ 的单侧置信区间

$$\left(\overline{X}-\frac{S}{\sqrt{n}}t_\alpha(n-1),\quad\infty\right). \tag{7.3}$$

μ 的置信水平为 $1-\alpha$ 的单侧置信下限为

$$\underline{\mu}=\overline{X}-\frac{S}{\sqrt{n}}t_\alpha(n-1). \tag{7.4}$$

又由

$$\frac{(n-1)S^2}{\sigma^2}\sim\chi^2(n-1),$$

有(见图 7-6)

$$P\left\{\frac{(n-1)S^2}{\sigma^2}>\chi^2_{1-\alpha}(n-1)\right\}=1-\alpha,$$

即

$$P\left\{\sigma^2<\frac{(n-1)S^2}{\chi^2_{1-\alpha}(n-1)}\right\}=1-\alpha.$$

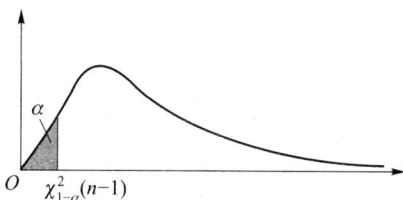

图 7-6

于是得 σ^2 的置信水平为 $1-\alpha$ 的单侧置信区间

$$\left(0,\ \frac{(n-1)S^2}{\chi^2_{1-\alpha}(n-1)}\right). \tag{7.5}$$

σ^2 的置信水平为 $1-\alpha$ 的单侧置信上限为

$$\overline{\sigma^2}=\frac{(n-1)S^2}{\chi^2_{1-\alpha}(n-1)}. \tag{7.6}$$

   例 从一批灯泡中随机地取 5 只作寿命试验,测得寿命(以 h 计)为

1 050   1 100   1 120   1 250   1 280

设灯泡寿命服从正态分布.求灯泡寿命均值的置信水平为 0.95 的单侧置信下限.

   解 $1-\alpha=0.95, n=5, t_\alpha(n-1)=t_{0.05}(4)=2.131\,8, \bar{x}=1\,160, s^2=9\,950.$
由(7.4)式得所求单侧置信下限为

$$\underline{\mu}=\bar{x}-\frac{s}{\sqrt{n}}t_\alpha(n-1)=1\,065. \qquad\square$$

小结

   参数估计问题分为点估计和区间估计.点估计是适当地选择一个统计量作为未知参数的估计(称为估计量),若已取得一样本,将样本值代入估计量,得到估计量的值,以估计量的值作为未知参数的近似值(称为估计值).

   本章介绍了两种求点估计的方法:矩估计法和最大似然估计法.

   矩估计法的做法是,以样本矩作为总体矩的估计量,而以样本矩的连续函数作为相应的总体矩的连续函数的估计量,从而得到总体未知参数的估计.

   最大似然估计法的基本想法是,若已观察到样本$(X_1,X_2,\cdots,X_n)$的样本值$(x_1,x_2,\cdots,$

x_n),而取到这一样本值的概率为 p（在离散型的情况），或($X_1,X_2,\cdots,X_n$)落在这一样本值 ($x_1,x_2,\cdots,x_n$)的邻域内的概率为 p（在连续型的情况），而 p 与未知参数有关，我们就取 θ 的估计值使概率 p 取到最大.

对于一个未知参数可以提出不同的估计量，因此自然提出比较估计量的好坏的问题，这就需要给出评定估计量好坏的标准. 估计量是一个随机变量，对于不同的样本值，一般给出参数的不同估计值. 因而在考虑估计量的好坏时，应从某种整体性能去衡量，而不能看它在个别样本之下表现如何. 本章介绍了三个标准：无偏性、有效性和相合性. 相合性是对估计量的一个基本要求，不具备相合性的估计量，我们一般是不考虑的.

点估计不能反映估计的精度，我们引入了区间估计. 置信区间是一个随机区间($\underline{\theta},\overline{\theta}$)，它覆盖未知参数具有预先给定的高概率（置信水平），即对于任意 $\theta\in\Theta$，有

$$P\{\underline{\theta}<\theta<\overline{\theta}\}\geqslant 1-\alpha.$$

例如，对于正态分布 $N(\mu,\sigma^2)$，σ^2 未知，可得 μ 的一个置信水平为 $1-\alpha$ 的置信区间为

$$\left(\overline{X}-t_{\alpha/2}(n-1)\frac{S}{\sqrt{n}},\quad \overline{X}+t_{\alpha/2}(n-1)\frac{S}{\sqrt{n}}\right),\tag{5.4}$$

就是说这一随机区间覆盖 μ 的概率$\geqslant 1-\alpha$. 一旦有了一个样本值 $x_1,x_2,\cdots,x_n$，将它代入 (5.4)式，得到一个数字区间

$$\left(\overline{x}-t_{\alpha/2}(n-1)\frac{s}{\sqrt{n}},\quad \overline{x}+t_{\alpha/2}(n-1)\frac{s}{\sqrt{n}}\right)\xlongequal{\text{记成}}(-c,c),$$

$(-c,c)$也称为 μ 的置信水平为 $1-\alpha$ 的置信区间，意指"$(-c,c)$包含 μ"这一陈述的可信程度为 $1-\alpha$. 如果将这事实写成 $P\{-c<\mu<c\}=1-\alpha$ 是错误的，因为$(-c,c)$是一个数字区间，要么有 $\mu\in(-c,c)$，此时 $P\{-c<\mu<c\}=1$；要么有 $\mu\notin(-c,c)$，此时 $P\{-c<\mu<c\}=0$.

本章还介绍了单侧置信区间，例如，对于正态分布 $N(\mu,\sigma^2)$，σ^2 未知，可得 μ 的置信水平为 $1-\alpha$ 的单侧置信区间为

(i) $\left(-\infty,\quad \overline{X}+t_{\alpha}(n-1)\frac{S}{\sqrt{n}}\right)$，　单侧置信上限为 $\overline{\mu}=\overline{X}+t_{\alpha}(n-1)\frac{S}{\sqrt{n}}$.

(ii) $\left(\overline{X}-t_{\alpha}(n-1)\frac{S}{\sqrt{n}},\quad \infty\right)$，　单侧置信下限为 $\underline{\mu}=\overline{X}-t_{\alpha}(n-1)\frac{S}{\sqrt{n}}$.

在形式上，只需将置信区间(5.4)式的上下限中的"$\alpha/2$"改成"α"，就得到相应的单侧置信上下限了.

■ 重要术语及主题

矩估计量　最大似然估计量

估计量的评选标准：无偏性、有效性、相合性

参数 θ 的置信水平为 $1-\alpha$ 的置信区间　枢轴量

参数 θ 的单侧置信上限和单侧置信下限

单个正态总体均值、方差的置信区间、单侧置信上限与单侧置信下限（见表 7-1）

两个正态总体均值差、方差比的置信区间、单侧置信上限与单侧置信下限（见表 7-1）

表7−1　正态总体均值、方差的置信区间与单侧置信限（置信水平为 $1-\alpha$）

待估参数	其他参数	枢轴量的分布	置信区间	单侧置信限
单个正态总体				
μ	σ^2 已知	$Z=\dfrac{\bar{X}-\mu}{\sigma/\sqrt{n}}\sim N(0,1)$	$\left(\bar{X}\pm\dfrac{\sigma}{\sqrt{n}}z_{\alpha/2}\right)$	$\overline{\mu}=\bar{X}+\dfrac{\sigma}{\sqrt{n}}z_{\alpha}$　$\underline{\mu}=\bar{X}-\dfrac{\sigma}{\sqrt{n}}z_{\alpha}$
μ	σ^2 未知	$t=\dfrac{\bar{X}-\mu}{S/\sqrt{n}}\sim t(n-1)$	$\left(\bar{X}\pm\dfrac{S}{\sqrt{n}}t_{\alpha/2}(n-1)\right)$	$\overline{\mu}=\bar{X}+\dfrac{S}{\sqrt{n}}t_{\alpha}(n-1)$　$\underline{\mu}=\bar{X}-\dfrac{S}{\sqrt{n}}t_{\alpha}(n-1)$
σ^2	μ 未知	$\chi^2=\dfrac{(n-1)S^2}{\sigma^2}\sim\chi^2(n-1)$	$\left(\dfrac{(n-1)S^2}{\chi^2_{\alpha/2}(n-1)},\ \dfrac{(n-1)S^2}{\chi^2_{1-\alpha/2}(n-1)}\right)$	$\overline{\sigma^2}=\dfrac{(n-1)S^2}{\chi^2_{1-\alpha}(n-1)}$　$\underline{\sigma^2}=\dfrac{(n-1)S^2}{\chi^2_{\alpha}(n-1)}$
两个正态总体				
$\mu_1-\mu_2$	σ_1^2,σ_2^2 已知	$Z=\dfrac{(\bar{X}-\bar{Y})-(\mu_1-\mu_2)}{\sqrt{\dfrac{\sigma_1^2}{n_1}+\dfrac{\sigma_2^2}{n_2}}}\sim N(0,1)$	$\left(\bar{X}-\bar{Y}\pm z_{\alpha/2}\sqrt{\dfrac{\sigma_1^2}{n_1}+\dfrac{\sigma_2^2}{n_2}}\right)$	$\overline{\mu_1-\mu_2}=\bar{X}-\bar{Y}+z_{\alpha}\sqrt{\dfrac{\sigma_1^2}{n_1}+\dfrac{\sigma_2^2}{n_2}}$　$\underline{\mu_1-\mu_2}=\bar{X}-\bar{Y}-z_{\alpha}\sqrt{\dfrac{\sigma_1^2}{n_1}+\dfrac{\sigma_2^2}{n_2}}$
$\mu_1-\mu_2$	$\sigma_1^2=\sigma_2^2=\sigma^2$ 未知	$t=\dfrac{(\bar{X}-\bar{Y})-(\mu_1-\mu_2)}{S_W\sqrt{\dfrac{1}{n_1}+\dfrac{1}{n_2}}}$ $\sim t(n_1+n_2-2)$ $S_W^2=\dfrac{(n_1-1)S_1^2+(n_2-1)S_2^2}{n_1+n_2-2}$	$\left(\bar{X}-\bar{Y}\pm t_{\alpha/2}(n_1+n_2-2)\times S_W\sqrt{\dfrac{1}{n_1}+\dfrac{1}{n_2}}\right)$	$\overline{\mu_1-\mu_2}=\bar{X}-\bar{Y}$ $+t_{\alpha}(n_1+n_2-2)S_W\sqrt{\dfrac{1}{n_1}+\dfrac{1}{n_2}}$　$\underline{\mu_1-\mu_2}=\bar{X}-\bar{Y}$ $-t_{\alpha}(n_1+n_2-2)S_W\sqrt{\dfrac{1}{n_1}+\dfrac{1}{n_2}}$
$\dfrac{\sigma_1^2}{\sigma_2^2}$	μ_1,μ_2 未知	$F=\dfrac{S_1^2/S_2^2}{\sigma_1^2/\sigma_2^2}$ $\sim F(n_1-1,n_2-1)$	$\left(\dfrac{S_1^2}{S_2^2}\dfrac{1}{F_{\alpha/2}(n_1-1,n_2-1)},\ \dfrac{S_1^2}{S_2^2}\dfrac{1}{F_{1-\alpha/2}(n_1-1,n_2-1)}\right)$	$\overline{\left(\dfrac{\sigma_1^2}{\sigma_2^2}\right)}=\dfrac{S_1^2}{S_2^2}\dfrac{1}{F_{1-\alpha}(n_1-1,n_2-1)}$　$\underline{\left(\dfrac{\sigma_1^2}{\sigma_2^2}\right)}=\dfrac{S_1^2}{S_2^2}\dfrac{1}{F_{\alpha}(n_1-1,n_2-1)}$

习题

1. 随机地取 8 只活塞环,测得它们的直径为(以 mm 计)

$$74.001 \quad 74.005 \quad 74.003 \quad 74.001$$
$$74.000 \quad 73.998 \quad 74.006 \quad 74.002$$

试求总体均值 μ 及方差 σ^2 的矩估计值,并求样本方差 s^2.

2. 设 $X_1, X_2, \cdots, X_n$ 为总体的一个样本,$x_1, x_2, \cdots, x_n$ 为一相应的样本值.求下列各总体的概率密度或分布律中的未知参数的矩估计量和矩估计值.

(1) $f(x) = \begin{cases} \theta c^\theta x^{-(\theta+1)}, & x > c, \\ 0, & \text{其他}, \end{cases}$ 其中 $c > 0$ 为已知,$\theta > 1$,θ 为未知参数.

(2) $f(x) = \begin{cases} \sqrt{\theta} x^{\sqrt{\theta}-1}, & 0 \leqslant x \leqslant 1, \\ 0, & \text{其他}, \end{cases}$ 其中 $\theta > 0$,θ 为未知参数.

(3) $P\{X=x\} = \binom{m}{x} p^x (1-p)^{m-x}$,$x = 0, 1, 2, \cdots, m$,其中 $0 < p < 1$,p 为未知参数.

3. 求上题中各未知参数的最大似然估计值和估计量.

4. (1) 设总体 X 具有分布律

X	1	2	3
p_k	θ^2	$2\theta(1-\theta)$	$(1-\theta)^2$

其中 θ $(0 < \theta < 1)$ 为未知参数.已知取得了样本值 $x_1 = 1, x_2 = 2, x_3 = 1$.试求 θ 的矩估计值和最大似然估计值.

(2) 设 $X_1, X_2, \cdots, X_n$ 是来自参数为 λ 的泊松分布总体的一个样本,试求 λ 的最大似然估计量及矩估计量.

(3) 设随机变量 X 服从以 r, p 为参数的负二项分布,其分布律为

$$P\{X=x_k\} = \binom{x_k-1}{r-1} p^r (1-p)^{x_k-r}, \quad x_k = r, r+1, \cdots,$$

其中 r 已知,p 未知.设有样本值 $x_1, x_2, \cdots, x_n$,试求 p 的最大似然估计值.

5. 设某种电子器件的寿命(以 h 计)T 服从双参数的指数分布,其概率密度为

$$f(t) = \begin{cases} \dfrac{1}{\theta} e^{-(t-c)/\theta}, & t \geqslant c, \\ 0, & \text{其他}, \end{cases}$$

其中 c, θ $(c, \theta > 0)$ 为未知参数.自一批这种器件中随机地取 n 件进行寿命试验.设它们的失效时间依次为 $x_1 \leqslant x_2 \leqslant \cdots \leqslant x_n$.

(1) 求 c 与 θ 的最大似然估计值.

(2) 求 c 与 θ 的矩估计量.

6. 一地质学家为研究密歇根湖湖滩地区的岩石成分,随机地自该地区取 100 个样品,每个样品有 10 块石子,记录了每个样品中属石灰石的石子数.假设这 100 次观察相互独立,并

且由过去经验知,它们都服从参数为 $m=10,p$ 的二项分布,p 是这地区一块石子是石灰石的概率.求 p 的最大似然估计值.该地质学家所得的数据如下:

样品中属石灰石的石子数 i	0	1	2	3	4	5	6	7	8	9	10
观察到 i 块石灰石的样品个数	0	1	6	7	23	26	21	12	3	1	0

7. (1) 设 $X_1,X_2,\cdots,X_n$ 是来自总体 X 的一个样本,且 $X\sim\pi(\lambda)$,求 $P\{X=0\}$ 的最大似然估计值.

(2) 某铁路局证实一个扳道员在五年内所引起的严重事故的次数服从泊松分布.求一个扳道员在五年内未引起严重事故的概率 p 的最大似然估计值.使用下面 122 个观察值.下表中,r 表示一扳道员五年中引起严重事故的次数,s 表示观察到的扳道员人数.

r	0	1	2	3	4	5
s	44	42	21	9	4	2

8. (1) 设 $X_1,X_2,\cdots,X_n$ 是来自概率密度为

$$f(x;\theta)=\begin{cases} \theta x^{\theta-1}, & 0<x<1, \\ 0, & 其他 \end{cases}$$

的总体的样本,θ 未知,求 $U=\mathrm{e}^{-1/\theta}$ 的最大似然估计值.

(2) 设 $X_1,X_2,\cdots,X_n$ 是来自正态总体 $N(\mu,1)$ 的样本,μ 未知,求 $\theta=P\{X>2\}$ 的最大似然估计值.

(3) 设 $x_1,x_2,\cdots,x_n$ 是来自总体 $b(m,\theta)$ 的样本值,又 $\theta=\dfrac{1}{3}(1+\beta)$,求 β 的最大似然估计值.

9. (1) 验证教材第六章 §3 定理 5 中的统计量

$$S_w^2=\frac{n_1-1}{n_1+n_2-2}S_1^2+\frac{n_2-1}{n_1+n_2-2}S_2^2=\frac{(n_1-1)S_1^2+(n_2-1)S_2^2}{n_1+n_2-2}$$

是两总体公共方差 σ^2 的无偏估计量(S_w^2 称为 σ^2 的合并估计).

(2) 设总体 X 的数学期望为 $\mu,X_1,X_2,\cdots,X_n$ 是来自 X 的样本,$a_1,a_2,\cdots,a_n$ 是任意常数,验证 $\left(\sum_{i=1}^n a_i X_i\right)\Big/\sum_{i=1}^n a_i$(其中 $\sum_{i=1}^n a_i\neq 0$) 是 μ 的无偏估计量.

10. 设 $X_1,X_2,\cdots,X_n$ 是来自总体 X 的一个样本,设 $E(X)=\mu,D(X)=\sigma^2$.

(1) 确定常数 c,使 $c\sum_{i=1}^{n-1}(X_{i+1}-X_i)^2$ 为 σ^2 的无偏估计.

(2) 确定常数 c,使 $\overline{X}^2-cS^2$ 是 μ^2 的无偏估计($\overline{X},S^2$ 是样本均值和样本方差).

11. 设总体 X 的概率密度为

$$f(x;\theta)=\begin{cases} \dfrac{1}{\theta}x^{(1-\theta)/\theta}, & 0<x<1, \\ 0, & 其他. \end{cases} \qquad 0<\theta<\infty,$$

$X_1,X_2,\cdots,X_n$ 是来自总体 X 的样本.

(1) 验证 θ 的最大似然估计量是 $\hat{\theta} = -\dfrac{1}{n}\displaystyle\sum_{i=1}^{n} \ln X_i$.

(2) 证明 $\hat{\theta}$ 是 θ 的无偏估计量.

12. 设 X_1, X_2, X_3, X_4 是来自均值为 θ 的指数分布总体的样本,其中 θ 未知. 设有估计量

$$T_1 = \frac{1}{6}(X_1 + X_2) + \frac{1}{3}(X_3 + X_4),$$

$$T_2 = \frac{1}{5}(X_1 + 2X_2 + 3X_3 + 4X_4),$$

$$T_3 = \frac{1}{4}(X_1 + X_2 + X_3 + X_4).$$

(1) 指出 T_1, T_2, T_3 中哪几个是 θ 的无偏估计量.

(2) 在上述 θ 的无偏估计中指出哪一个较为有效.

13. (1) 设 $\hat{\theta}$ 是参数 θ 的无偏估计,且有 $D(\hat{\theta}) > 0$,试证 $\hat{\theta}^2 = \left(\hat{\theta}\right)^2$ 不是 θ^2 的无偏估计量.

(2) 试证明均匀分布

$$f(x) = \begin{cases} \dfrac{1}{\theta}, & 0 < x \leqslant \theta, \\ 0, & 其他 \end{cases}$$

中未知参数 θ 的最大似然估计量不是无偏的.

14. 设从均值为 μ,方差为 $\sigma^2 > 0$ 的总体中分别抽取容量为 n_1, n_2 的两独立样本. $\overline{X}_1$ 和 $\overline{X}_2$ 分别是两样本的均值. 试证:对于任意常数 a, b $(a + b = 1)$,$Y = a\overline{X}_1 + b\overline{X}_2$ 都是 μ 的无偏估计,并确定常数 a, b 使 $D(Y)$ 达到最小.

15. 设有 k 台仪器,已知用第 i 台仪器测量时,测定值总体的标准差为 σ_i $(i = 1, 2, \cdots, k)$. 用这些仪器独立地对某一物理量 θ 各观察一次,分别得到 $X_1, X_2, \cdots, X_k$. 设仪器都没有系统误差,即 $E(X_i) = \theta$ $(i = 1, 2, \cdots, k)$. 问 $a_1, a_2, \cdots, a_k$ 取何值,方能使使用 $\hat{\theta} = \displaystyle\sum_{i=1}^{k} a_i X_i$ 估计 θ 时,$\hat{\theta}$ 是无偏的,并且 $D(\hat{\theta})$ 最小?

16. 设某种清漆的 9 个样品,其干燥时间(以 h 计)分别为

6.0　5.7　5.8　6.5　7.0　6.3　5.6　6.1　5.0

设干燥时间总体服从正态分布 $N(\mu, \sigma^2)$. 在下述情况下,求 μ 的置信水平为 0.95 的置信区间.

(1) 若由以往经验知 $\sigma = 0.6$ (h).

(2) 若 σ 为未知.

17. 分别使用金球和铂球测定引力常数(以 $10^{-11} \mathrm{m}^3 \cdot \mathrm{kg}^{-1} \cdot \mathrm{s}^{-2}$ 计).

(1) 用金球测定观察值为

6.683　6.681　6.676　6.678　6.679　6.672

(2) 用铂球测定观察值为

6.661　6.661　6.667　6.667　6.664

设测定值总体为 $N(\mu,\sigma^2)$，μ,σ^2 均为未知.试就(1),(2)两种情况分别求 μ 的置信水平为 0.9 的置信区间，并求 σ^2 的置信水平为 0.9 的置信区间.

18. 随机地取某种炮弹 9 发做试验,得炮口速度的样本标准差 $s=11$ m/s.设炮口速度服从正态分布.求这种炮弹的炮口速度的标准差 σ 的置信水平为 0.95 的置信区间.

19. 设 $X_1,X_2,\cdots,X_n$ 是来自分布 $N(\mu,\sigma^2)$ 的样本,μ 已知,σ 未知.

(1) 验证 $\sum\limits_{i=1}^{n}(X_i-\mu)^2/\sigma^2 \sim \chi^2(n)$. 利用这一结果构造 σ^2 的置信水平为 $1-\alpha$ 的置信区间.

(2) 设 $\mu=6.5$,且有样本值 7.5, 2.0, 12.1, 8.8, 9.4, 7.3, 1.9, 2.8, 7.0, 7.3.试求 σ 的置信水平为 0.95 的置信区间.

20. 在第 17 题中,设用金球和用铂球测定时测定值总体的方差相等.求两个测定值总体均值差的置信水平为 0.90 的置信区间.

21. 随机地从 A 批导线中抽 4 根,又从 B 批导线中抽 5 根,测得电阻(以 Ω 计)为

A 批导线：　0.143　0.142　0.143　0.137

B 批导线：　0.140　0.142　0.136　0.138　0.140

设测定数据分别来自分布 $N(\mu_1,\sigma^2)$，$N(\mu_2,\sigma^2)$，且两样本相互独立.又 μ_1,μ_2,σ^2 均为未知.试求 $\mu_1-\mu_2$ 的置信水平为 0.95 的置信区间.

22. 研究两种固体燃料火箭推进器的燃烧率.设两者都服从正态分布,并且已知燃烧率的标准差均近似地为 0.05 cm/s,取样本容量为 $n_1=n_2=20$. 得燃烧率的样本均值分别为 $\overline{x}_1=18$ cm/s,$\overline{x}_2=24$ cm/s,设两样本独立.求两燃烧率总体均值差 $\mu_1-\mu_2$ 的置信水平为 0.99 的置信区间.

23. 设两位化验员 A,B 独立地对某种聚合物含氯量用相同的方法各做 10 次测定,其测定值的样本方差依次为 $s_A^2=0.541\,9,s_B^2=0.606\,5$. 设 σ_A^2,σ_B^2 分别为 A,B 所测定的测定值总体的方差.设总体均为正态的,且两样本独立.求方差比 σ_A^2/σ_B^2 的置信水平为 0.95 的置信区间.

24. 在一批货物的容量为 100 的样本中,经检验发现有 16 只次品,试求这批货物次品率的置信水平为 0.95 的置信区间.

25. (1) 求第 16 题中 μ 的置信水平为 0.95 的单侧置信上限.

(2) 求第 21 题中 $\mu_1-\mu_2$ 的置信水平为 0.95 的单侧置信下限.

(3) 求第 23 题中方差比 σ_A^2/σ_B^2 的置信水平为 0.95 的单侧置信上限.

26. 为研究某种汽车轮胎的磨损特性,随机地选择 16 只轮胎,每只轮胎行驶到磨坏为止,记录所行驶的路程(以 km 计)如下:

41 250　40 187　43 175　41 010　39 265　41 872　42 654　41 287

38 970　40 200　42 550　41 095　40 680　43 500　39 775　40 400

假设这些数据来自正态总体 $N(\mu,\sigma^2)$,其中 μ,σ^2 未知,试求 μ 的置信水平为 0.95 的单侧置信下限.

27. 科学上的重大发现往往是由年轻人做出的.下面列出了自 16 世纪初期至 20 世纪早

期的十二项重大发现的发现者和他们发现时的年龄：

发现内容	发现者	发现时间	年龄
1. 地球绕太阳运转	哥白尼（Copernicus）	1513	40
2. 望远镜、天文学的基本定律	伽利略（Galileo）	1600	36
3. 运动原理、重力、微积分	牛顿（Newton）	1665	22
4. 电的本质	富兰克林（Franklin）	1746	40
5. 燃烧是与氧气联系着的	拉瓦锡（Lavoisier）	1774	31
6. 地球是在渐进过程中演化成的	莱尔（Lyell）	1830	33
7. 自然选择控制演化的证据	达尔文（Darwin）	1858	49
8. 光的场方程	麦克斯韦（Maxwell）	1864	33
9. 放射性	居里夫人（Marie Curie）	1898	31
10. 量子论	普朗克（Planck）	1901	43
11. 狭义相对论,$E = mc^2$	爱因斯坦（Einstein）	1905	26
12. 量子论的数学基础	薛定谔（Schrödinger）	1926	39

设样本来自正态总体,试求发现者的平均年龄 μ 的置信水平为 0.95 的单侧置信上限.

第八章 假设检验

§1 假设检验

统计推断的另一类重要问题是假设检验问题. 在总体的分布函数完全未知或只知其形式、但不知其参数的情况, 为了推断总体的某些未知特性, 提出某些关于总体的假设. 例如, 提出总体服从泊松分布的假设, 又如, 对于正态总体提出数学期望等于 μ_0 的假设等. 我们要根据样本对所提出的假设作出是接受, 还是拒绝的决策. 假设检验是作出这一决策的过程. 这里, 先结合例子来说明假设检验的基本思想和做法.

例1 某车间用一台包装机包装葡萄糖. 袋装糖的净重是一个随机变量, 它服从正态分布. 当机器正常时, 其均值为 0.5 kg, 标准差为 0.015 kg. 某日开工后为检验包装机是否正常, 随机地抽取它所包装的糖 9 袋, 称得净重为(以 kg 计)

0.497 0.506 0.518 0.524 0.498 0.511 0.520 0.515 0.512
问机器是否正常?

以 μ, σ 分别表示这一天袋装糖的净重总体 X 的均值和标准差. 由于长期实践表明标准差比较稳定, 我们就设 $\sigma = 0.015$. 于是 $X \sim N(\mu, 0.015^2)$, 这里 μ 未知. 问题是根据样本值来判断 $\mu = 0.5$ 还是 $\mu \neq 0.5$. 为此, 我们提出两个相互对立的假设

$$H_0 : \mu = \mu_0 = 0.5$$

和

$$H_1 : \mu \neq \mu_0.$$

然后, 我们给出一个合理的法则, 根据这一法则, 利用已知样本作出决策是接受假设 H_0 (即拒绝假设 H_1), 还是拒绝假设 H_0 (即接受假设 H_1). 如果作出的决策是接受 H_0, 则认为 $\mu = \mu_0$, 即认为机器工作是正常的, 否则, 认为是不正常的.

由于要检验的假设涉及总体均值 μ, 故首先想到是否可借助样本均值 $\overline{X}$ 这一统计量来进行判断. 我们知道, $\overline{X}$ 是 μ 的无偏估计, $\overline{X}$ 的观察值 $\overline{x}$ 的大小在一定程度上反映 μ 的大小. 因此, 如果假设 H_0 为真, 则观察值 x 与 μ_0 的偏差 $|\overline{x} - \mu_0|$ 一般不应太大. 若 $|\overline{x} - \mu_0|$ 过分大, 我们就怀疑假设 H_0 的正确性而拒绝 H_0,

并考虑到当 H_0 为真时 $\dfrac{\overline{X}-\mu_0}{\sigma/\sqrt{n}}\sim N(0,1)$. 而衡量 $|\overline{x}-\mu_0|$ 的大小可归结为衡量

$\dfrac{|\overline{x}-\mu_0|}{\sigma/\sqrt{n}}$ 的大小. 基于上面的想法,我们可适当选定一正数 k,使当观察值 $\overline{x}$ 满足

$\dfrac{|\overline{x}-\mu_0|}{\sigma/\sqrt{n}}\geqslant k$ 时就拒绝假设 H_0,反之,若 $\dfrac{|\overline{x}-\mu_0|}{\sigma/\sqrt{n}}<k$,则接受假设 H_0.

　　然而,由于作出决策的依据是一个样本,当实际上 H_0 为真时仍可能作出拒绝 H_0 的决策(这种可能性是无法消除的),这是一种错误,犯这种错误的概率记为

$$P\{\text{当 }H_0\text{ 为真时拒绝 }H_0\}\quad\text{或}\quad P_{\mu_0}\{\text{拒绝 }H_0\}\quad\text{或}\quad P_{\mu\in H_0}\{\text{拒绝 }H_0\}.$$

记号 $P_{\mu_0}\{\,\cdot\,\}$ 表示参数 μ 取 μ_0 时事件 $\{\,\cdot\,\}$ 的概率,$P_{\mu\in H_0}\{\,\cdot\,\}$ 表示 μ 取 H_0 规定的值时事件 $\{\,\cdot\,\}$ 的概率. 我们无法排除犯这类错误的可能性,因此自然希望将犯这类错误的概率控制在一定限度之内,即给出一个较小的数 $\alpha(0<\alpha<1)$,使犯这类错误的概率不超过 α,即使得

$$P\{\text{当 }H_0\text{ 为真时拒绝 }H_0\}\leqslant\alpha. \tag{1.1}$$

为了确定常数 k,我们考虑统计量 $\dfrac{\overline{X}-\mu_0}{\sigma/\sqrt{n}}$. 由于只允许犯这类错误的概率最大为 α,令(1.1)式右端取等号,即令

$$P\{\text{当 }H_0\text{ 为真时拒绝 }H_0\}=P_{\mu_0}\left\{\left|\dfrac{\overline{X}-\mu_0}{\sigma/\sqrt{n}}\right|\geqslant k\right\}=\alpha,$$

由于当 H_0 为真时,$Z=\dfrac{\overline{X}-\mu_0}{\sigma/\sqrt{n}}\sim N(0,1)$,由标准正态分布分位数的定义得(如图 8—1)

$$k=z_{\alpha/2}.$$

　　因而,若 Z 的观察值满足

$$|z|=\left|\dfrac{\overline{x}-\mu_0}{\sigma/\sqrt{n}}\right|\geqslant k=z_{\alpha/2},$$

则拒绝 H_0,而若

$$|z|=\left|\dfrac{\overline{x}-\mu_0}{\sigma/\sqrt{n}}\right|<k=z_{\alpha/2},$$

则接受 H_0.

　　例如,在本例中取 $\alpha=0.05$,则有 $k=z_{0.05/2}=z_{0.025}=1.96$,又已知 $n=9,\sigma=0.015$,再由样本算得 $\overline{x}=0.511$,即有

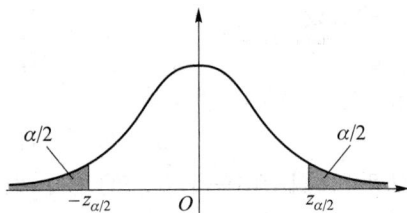

图 8—1

$$\left|\frac{\overline{x}-\mu_0}{\sigma/\sqrt{n}}\right|=2.2>1.96,$$

于是拒绝 H_0,认为这天包装机工作不正常. □

上例中所采用的检验法则是符合实际推断原理的. 因通常 α 总是取得较小,一般取 $\alpha=0.01,0.05$. 因而若 H_0 为真,即当 $\mu=\mu_0$ 时,$\left\{\left|\frac{\overline{X}-\mu_0}{\sigma/\sqrt{n}}\right|\geqslant z_{\alpha/2}\right\}$ 是一个小概率事件,根据实际推断原理,就可以认为,如果 H_0 为真,则由一次试验得到的观察值 $\overline{x}$,满足不等式 $\left|\frac{\overline{x}-\mu_0}{\sigma/\sqrt{n}}\right|\geqslant z_{\alpha/2}$ 几乎是不会发生的. 现在在一次观察中竟然出现了满足 $\left|\frac{\overline{x}-\mu_0}{\sigma/\sqrt{n}}\right|\geqslant z_{\alpha/2}$ 的 $\overline{x}$,则我们有理由怀疑原来的假设 H_0 的正确性,因而拒绝 H_0. 若出现的观察值 $\overline{x}$ 满足 $\left|\frac{\overline{x}-\mu_0}{\sigma/\sqrt{n}}\right|<z_{\alpha/2}$,此时没有理由拒绝假设 H_0,因此只能接受假设 H_0.

在上例的做法中,我们看到当样本容量固定时,选定 α 后,数 k 就可以确定,然后按照统计量 $Z=\frac{\overline{X}-\mu_0}{\sigma/\sqrt{n}}$ 的观察值的绝对值 $|z|$ 大于等于 k 还是小于 k 来作出决策. 数 k 是检验上述假设的一个门槛值. 如果 $|z|=\left|\frac{\overline{x}-\mu_0}{\sigma/\sqrt{n}}\right|\geqslant k$,则称 $\overline{x}$ 与 μ_0 的差异是显著的,这时拒绝 H_0;反之,如果 $|z|=\left|\frac{\overline{x}-\mu_0}{\sigma/\sqrt{n}}\right|<k$,则称 $\overline{x}$ 与 μ_0 的差异是不显著的,这时接受 H_0. 数 α 称为**显著性水平**,上面关于 $\overline{x}$ 与 μ_0 有无显著差异的判断是在显著性水平 α 之下作出的.

统计量 $Z=\frac{\overline{X}-\mu_0}{\sigma/\sqrt{n}}$ 称为**检验统计量**.

前面的检验问题通常叙述成:在显著性水平 α 下,检验假设

$$H_0:\mu=\mu_0,\quad H_1:\mu\neq\mu_0. \tag{1.2}$$

也常说成"在显著性水平 α 下,针对 H_1 检验 H_0". H_0 称为**原假设**或**零假设**,H_1 称为**备择假设**(意指在原假设被拒绝后可供选择的假设). 我们要进行的工作是,根据样本,按上述检验方法作出决策在 H_0 与 H_1 两者之间接受其一.

当检验统计量取某个区域 C 中的值时,我们拒绝原假设 H_0,则称区域 C 为**拒绝域**,拒绝域的边界点称为**临界点**. 如在上例中拒绝域为 $|z|\geqslant z_{\alpha/2}$,而 $z=-z_{\alpha/2},z=z_{\alpha/2}$ 为临界点.

由于检验法则是根据样本作出的,总有可能作出错误的决策. 如上面所说的

那样,在假设 H_0 实际上为真时,我们可能犯拒绝 H_0 的错误,称这类"弃真"的错误为第Ⅰ类错误. 又当 H_0 实际上不真时,我们也有可能接受 H_0. 称这类"取伪"的错误为第Ⅱ类错误. 犯第Ⅱ类错误的概率记为

$$P\{当 H_0 不真时接受 H_0\} \quad 或 \quad P_{\mu\in H_1}\{接受 H_0\}.$$

　　为此,在确定检验法则时,我们应尽可能使犯两类错误的概率都较小. 但是,进一步讨论可知,一般来说,当样本容量固定时,若减小犯一类错误的概率,则犯另一类错误的概率往往增大. 若要使犯两类错误的概率都减小,除非增加样本容量. 在给定样本容量的情况下,一般来说,我们总是控制犯第Ⅰ类错误的概率,使它不大于 α. α 的大小视具体情况而定,通常 α 取 0.1,0.05,0.01,0.005 等值. 这种只对犯第Ⅰ类错误的概率加以控制,而不考虑犯第Ⅱ类错误的概率的检验,称为**显著性检验**.

　　形如(1.2)式中的备择假设 H_1,表示 μ 可能大于 μ_0,也可能小于 μ_0,称为**双边备择假设**,而称形如(1.2)的假设检验为**双边假设检验**.

　　有时,我们只关心总体均值是否增大,例如,试验新工艺以提高材料的强度. 这时,所考虑的总体的均值应该越大越好. 如果我们能判断在新工艺下总体均值较以往正常生产的大,则可考虑采用新工艺. 此时,我们需要检验假设

$$H_0:\mu\leqslant\mu_0, \quad H_1:\mu>\mu_0. \tag{1.3}$$

形如(1.3)的假设检验,称为**右边检验**. 类似地,有时我们需要检验假设

$$H_0:\mu\geqslant\mu_0, \quad H_1:\mu<\mu_0. \tag{1.4}$$

形如(1.4)的假设检验,称为**左边检验**. 右边检验和左边检验统称为**单边检验**.

　　下面来讨论单边检验的拒绝域.

　　设总体 $X\sim N(\mu,\sigma^2)$,μ 未知,σ 为已知,$X_1,X_2,\cdots,X_n$ 是来自 X 的样本. 给定显著性水平 α. 我们来求检验问题(1.3)

$$H_0:\mu\leqslant\mu_0, \quad H_1:\mu>\mu_0$$

的拒绝域.

　　因 H_0 中的全部 μ 都比 H_1 中的 μ 要小,当 H_1 为真时,观察值 $\bar{x}$ 往往偏大,因此,拒绝域的形式为

$$\bar{x}\geqslant k \quad (k 是某一常数).$$

下面来确定常数 k,其做法与例1中的做法类似.

$$P\{当 H_0 为真时拒绝 H_0\}=P_{\mu\in H_0}\{\bar{X}\geqslant k\}$$

$$=P_{\mu\leqslant\mu_0}\left\{\frac{\bar{X}-\mu_0}{\sigma/\sqrt{n}}\geqslant\frac{k-\mu_0}{\sigma/\sqrt{n}}\right\}$$

$$\leqslant P_{\mu\leqslant\mu_0}\left\{\frac{\bar{X}-\mu}{\sigma/\sqrt{n}}\geqslant\frac{k-\mu_0}{\sigma/\sqrt{n}}\right\}$$

$\left[\text{上式不等号成立是由于}\ \mu\leqslant\mu_0, \dfrac{\overline{X}-\mu}{\sigma/\sqrt{n}}\geqslant\dfrac{\overline{X}-\mu_0}{\sigma/\sqrt{n}}, \text{事件}\left\{\dfrac{\overline{X}-\mu_0}{\sigma/\sqrt{n}}\geqslant\dfrac{k-\mu_0}{\sigma/\sqrt{n}}\right\}\subset\left\{\dfrac{\overline{X}-\mu}{\sigma/\sqrt{n}}\geqslant\right.\right.$

$\left.\dfrac{k-\mu_0}{\sigma/\sqrt{n}}\right\}.$ 要控制 $P\{$ 当 H_0 为真时拒绝 $H_0\}\leqslant\alpha$，只需令

$$P_{\mu\leqslant\mu_0}\left\{\frac{\overline{X}-\mu}{\sigma/\sqrt{n}}\geqslant\frac{k-\mu_0}{\sigma/\sqrt{n}}\right\}=\alpha. \tag{1.5}$$

由于 $\dfrac{\overline{X}-\mu}{\sigma/\sqrt{n}}\sim N(0,1)$，由 (1.5) 得到

$\dfrac{k-\mu_0}{\sigma/\sqrt{n}}=z_\alpha$（如图 8−2），$k=\mu_0+\dfrac{\sigma}{\sqrt{n}}z_\alpha$，即

得检验问题 (1.3) 的拒绝域为

$$\overline{x}\geqslant\mu_0+\frac{\sigma}{\sqrt{n}}z_\alpha,$$

即

$$z=\frac{\overline{x}-\mu_0}{\sigma/\sqrt{n}}\geqslant z_\alpha. \tag{1.6}$$

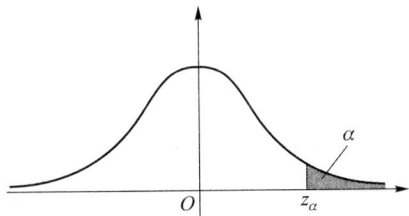

图 8−2

类似地，可得左边检验问题 (1.4)

$$H_0:\mu\geqslant\mu_0,\quad H_1:\mu<\mu_0$$

的拒绝域为

$$z=\frac{\overline{x}-\mu_0}{\sigma/\sqrt{n}}\leqslant -z_\alpha. \tag{1.7}$$

例 2　公司从生产商购买牛奶.公司怀疑生产商在牛奶中掺水以牟利.通过测定牛奶的冰点，可以检验出牛奶是否掺水.天然牛奶的冰点温度近似服从正态分布，均值 $\mu_0=-0.545\ ℃$，标准差 $\sigma=0.008\ ℃$.牛奶掺水可使冰点温度升高而接近于水的冰点温度 $(0\ ℃)$.测得生产商提交的 5 批牛奶的冰点温度，其均值为 $\overline{x}=-0.535\ ℃$，问是否可以认为生产商在牛奶中掺了水？取 $\alpha=0.05$.

解　按题意需检验假设

$$H_0:\mu\leqslant\mu_0=-0.545（即设牛奶未掺水），$$

$$H_1:\mu>\mu_0（即设牛奶已掺水）.$$

这是右边检验问题，其拒绝域如 (1.6) 式所示，即为

$$z=\frac{\overline{x}-\mu_0}{\sigma/\sqrt{n}}\geqslant z_{0.05}=1.645.$$

现在 $z=\dfrac{-0.535-(-0.545)}{0.008/\sqrt{5}}=2.795\,1>1.645$，$z$ 的值落在拒绝域中，所以我们在显著性水平 $\alpha=0.05$ 下拒绝 H_0，即认为生产商在牛奶中掺了水.　　□

综上所述,可得处理参数的假设检验问题的步骤如下:

$1°$ 根据实际问题的要求,提出原假设 H_0 及备择假设 H_1.

$2°$ 给定显著性水平 α 以及样本容量 n.

$3°$ 确定检验统计量以及拒绝域的形式.

$4°$ 按 $P\{$当 H_0 为真时拒绝 $H_0\}\leqslant\alpha$ 求出拒绝域.

$5°$ 取样,根据样本观察值作出决策,是接受 H_0 还是拒绝 H_0.

下面我们只讨论正态总体参数的假设检验问题.

§2　正态总体均值的假设检验

(一) 单个总体 $N(\mu,\sigma^2)$ 均值 μ 的检验

1. σ^2 已知,关于 μ 的检验(Z 检验)

在 §1 中已讨论过正态总体 $N(\mu,\sigma^2)$ 当 σ^2 已知时关于 μ 的检验问题(1.2),

(1.3),(1.4).在这些检验问题中,我们都是利用统计量 $Z=\dfrac{\overline{X}-\mu_0}{\sigma/\sqrt{n}}$ 来确定拒绝

域的.这种检验法常称为 Z 检验法.

2. σ^2 未知,关于 μ 的检验(t 检验)

设总体 $X\sim N(\mu,\sigma^2)$,其中 μ,σ^2 未知,我们来求检验问题

$$H_0:\mu=\mu_0,\quad H_1:\mu\neq\mu_0$$

的拒绝域(显著性水平为 α).

设 $X_1,X_2,\cdots,X_n$ 是来自总体 X 的样本.由于 σ^2 未知,现在不能利用 $\dfrac{\overline{X}-\mu_0}{\sigma/\sqrt{n}}$

来确定拒绝域了.注意到 S^2 是 σ^2 的无偏估计,我们用 S 来代替 σ,采用

$$t=\frac{\overline{X}-\mu_0}{S/\sqrt{n}}$$

作为检验统计量.当观察值 $|t|=\left|\dfrac{\overline{x}-\mu_0}{s/\sqrt{n}}\right|$ 过分大时就拒绝 H_0,拒绝域的形式为

$$|t|=\left|\frac{\overline{x}-\mu_0}{s/\sqrt{n}}\right|\geqslant k.$$

由第六章 §3 定理 4 知,当 H_0 为真时,$\dfrac{\overline{X}-\mu_0}{S/\sqrt{n}}\sim t(n-1)$,故由

$$P\{\text{当 } H_0 \text{ 为真时拒绝 } H_0\}=P_{\mu_0}\left\{\left|\frac{\overline{X}-\mu_0}{S/\sqrt{n}}\right|\geqslant k\right\}=\alpha$$

得 $k=t_{a/2}(n-1)$, 即得拒绝域为

$$|t|=\left|\frac{\overline{x}-\mu_0}{s/\sqrt{n}}\right|\geqslant t_{a/2}(n-1). \tag{2.1}$$

对于正态总体 $N(\mu,\sigma^2)$, 当 σ^2 未知时, 关于 μ 的单边检验的拒绝域在表 8-1 中给出.

上述利用 t 统计量得出的检验法称为 t **检验法**.

在实际中, 正态总体的方差常为未知, 所以我们常用 t 检验法来检验关于正态总体均值的检验问题.

例 1 某种元件的寿命 X (以 h 计) 服从正态分布 $N(\mu,\sigma^2)$, μ,σ^2 均未知. 现测得 16 只元件的寿命如下:

$$159 \quad 280 \quad 101 \quad 212 \quad 224 \quad 379 \quad 179 \quad 264$$
$$222 \quad 362 \quad 168 \quad 250 \quad 149 \quad 260 \quad 485 \quad 170$$

问是否有理由认为元件的平均寿命大于 225 h?

解 按题意需检验

$$H_0:\mu\leqslant\mu_0=225, \quad H_1:\mu>225.$$

取 $\alpha=0.05$. 由表 8-1 知此检验问题的拒绝域为

$$t=\frac{\overline{x}-\mu_0}{s/\sqrt{n}}\geqslant t_a(n-1).$$

现在 $n=16$, $t_{0.05}(15)=1.7531$. 又算得 $\overline{x}=241.5$, $s=98.7259$, 即有

$$t=\frac{\overline{x}-\mu_0}{s/\sqrt{n}}=0.6685<1.7531.$$

t 没有落在拒绝域中, 故接受 H_0, 即认为元件的平均寿命不大于 225 h. □

(二) 两个正态总体均值差的检验(t 检验)

我们还可以用 t 检验法检验具有相同方差的两正态总体均值差的假设. 设 $X_1,X_2,\cdots,X_{n_1}$ 是来自正态总体 $N(\mu_1,\sigma^2)$ 的样本, $Y_1,Y_2,\cdots,Y_{n_2}$ 是来自正态总体 $N(\mu_2,\sigma^2)$ 的样本, 且设两样本独立. 又分别记它们的样本均值为 $\overline{X},\overline{Y}$, 记样本方差为 S_1^2,S_2^2. 设 μ_1,μ_2,σ^2 均为未知, 要特别引起注意的是, 在这里假设两总体的方差是相等的. 现在来求检验问题:

$$H_0:\mu_1-\mu_2=\delta, \quad H_1:\mu_1-\mu_2\neq\delta$$

(δ 为已知常数) 的拒绝域. 取显著性水平为 α.

引用下述 t 统计量作为检验统计量:

$$t=\frac{(\overline{X}-\overline{Y})-\delta}{S_w\sqrt{\dfrac{1}{n_1}+\dfrac{1}{n_2}}},$$

其中
$$S_W^2 = \frac{(n_1-1)S_1^2 + (n_2-1)S_2^2}{n_1+n_2-2}, \quad S_W = \sqrt{S_W^2}.$$

当 H_0 为真时,由第六章 §3 定理 5 知 $t \sim t(n_1+n_2-2)$. 与单个总体的 t 检验法相仿,其拒绝域的形式为

$$\left| \frac{(\overline{x}-\overline{y})-\delta}{s_w \sqrt{\frac{1}{n_1}+\frac{1}{n_2}}} \right| \geqslant k.$$

由

$$P\{\text{当 } H_0 \text{ 为真时拒绝 } H_0\} = P_{\mu_1-\mu_2=\delta}\left\{ \left| \frac{(\overline{X}-\overline{Y})-\delta}{S_W \sqrt{\frac{1}{n_1}+\frac{1}{n_2}}} \right| \geqslant k \right\} = \alpha$$

可得 $k = t_{\alpha/2}(n_1+n_2-2)$. 于是得拒绝域为

$$|t| = \frac{|(\overline{x}-\overline{y})-\delta|}{s_w \sqrt{\frac{1}{n_1}+\frac{1}{n_2}}} \geqslant t_{\alpha/2}(n_1+n_2-2). \tag{2.2}$$

关于均值差的两个单边检验问题的拒绝域在表 8−1 中给出. 常用的是 $\delta=0$ 的情况.

当两个正态总体的方差均为已知(不一定相等)时,我们可用 Z 检验法来检验两正态总体均值差的假设问题,见表 8−1.

例 2 用两种方法(A 和 B)测定冰自 $-0.72\ ^\circ\!C$ 转变为 $0\ ^\circ\!C$ 的水的融化热(以 cal/g 计). 测得以下的数据:

方法 A: 79.98 80.04 80.02 80.04 80.03 80.03
　　　　 80.04 79.97 80.05 80.03 80.02 80.00 80.02

方法 B: 80.02 79.94 79.98 79.97 79.97 80.03 79.95 79.97

设这两个样本相互独立,且分别来自正态总体 $N(\mu_1,\sigma^2)$ 和 $N(\mu_2,\sigma^2)$,μ_1,μ_2,σ^2 均未知. 试检验假设(取显著性水平 $\alpha=0.05$)

$$H_0: \mu_1-\mu_2 \leqslant 0, \quad H_1: \mu_1-\mu_2 > 0.$$

解 分别画出对应于方法 A 和方法 B 的数据的箱线图,如图 8−3. 这两种方法所得的结果是有明显差异的,现在来检验上述假设.

$n_1=13$, $\overline{x}_A=80.02$, $s_A^2=0.024^2$,

$n_2=8$, $\overline{x}_B=79.98$, $s_B^2=0.031^2$,

$$s_w^2 = \frac{12 \times s_A^2 + 7 \times s_B^2}{19} = 0.000\ 717\ 8.$$

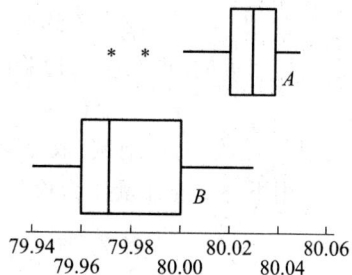

图 8−3

$$t=\frac{\overline{x}_A-\overline{x}_B}{s_w\sqrt{1/13+1/8}}=3.323>t_{0.05}(13+8-2)=1.729\,1.$$

故拒绝 H_0，认为方法 A 比方法 B 测得的融化热要大.　　　　　□

（三）基于成对数据的检验(t 检验)

有时为了比较两种产品、两种仪器、两种方法等的差异,我们常在相同的条件下做对比试验,得到一批成对的观察值.然后分析观察数据作出推断.这种方法常称为**逐对比较法**.

例3　有两台光谱仪 I_x，I_y，用来测量材料中某种金属的含量,为鉴定它们的测量结果有无显著的差异,制备了 9 件试块(它们的成分、金属含量、均匀性等各不相同),现在分别用这两台仪器对每一试块测量一次,得到 9 对观察值如下.

$x(\%)$	0.20	0.30	0.40	0.50	0.60	0.70	0.80	0.90	1.00
$y(\%)$	0.10	0.21	0.52	0.32	0.78	0.59	0.68	0.77	0.89
$d=x-y(\%)$	0.10	0.09	-0.12	0.18	-0.18	0.11	0.12	0.13	0.11

问能否认为这两台仪器的测量结果有显著的差异(取 $\alpha=0.01$)?

解　本题中的数据是成对的,即对同一试块测出一对数据.我们看到一对与另一对之间的差异是由各种因素,如材料成分、金属含量、均匀性等因素引起的.由于各试块的特性有广泛的差别,就不能将仪器 I_x 对 9 个试块的测量结果(即表中第一行)看成是同分布随机变量的观察值.因而表中第一行不能看成是一个样本的样本值.同样,表中第二行也不能看成是一个样本的样本值.再者,对于每一对数据而言,它们是同一试块用不同仪器 I_x，I_y 测得的结果,因此,它们不是两个独立的随机变量的观察值.综上所述,我们不能用表 8-1 中第 4 栏的检验法来作检验.而同一对中两个数据的差异则可看成是仅由这两台仪器性能的差异所引起的,这样,局限于各对中两个数据来比较就能排除种种其他因素,而只考虑单独由仪器的性能所产生的影响.从而能比较这两台仪器的测量结果是否有显著的差异.

一般,设有 n 对相互独立的观察结果：(X_1,Y_1)，(X_2,Y_2)，…，(X_n,Y_n)，令 $D_1=X_1-Y_1$，$D_2=X_2-Y_2$，…，$D_n=X_n-Y_n$，则 $D_1,D_2,\cdots,D_n$ 相互独立.又由于 $D_1,D_2,\cdots,D_n$ 是由同一因素所引起的,可认为它们服从同一分布.今假设 $D_i\sim N(\mu_D,\sigma_D^2)$，$i=1,2,\cdots,n$.这就是说 $D_1,D_2,\cdots,D_n$ 构成正态总体 $N(\mu_D,\sigma_D^2)$ 的一个

样本,其中 μ_D,σ_D^2 未知. 我们需要基于这一样本检验假设:

(1)　$H_0:\mu_D=0$,　$H_1:\mu_D\neq0$.

(2)　$H_0:\mu_D\leqslant0$,　$H_1:\mu_D>0$.

(3)　$H_0:\mu_D\geqslant0$,　$H_1:\mu_D<0$.

分别记 $D_1,D_2,\cdots,D_n$ 的样本均值和样本方差的观察值为 $\bar{d},s_d^2$,按表 8—1 第 2 栏中关于单个正态总体均值的 t 检验,知检验问题(1),(2),(3)的拒绝域分别为(显著性水平为 α)

$$|t|=\left|\frac{\bar{d}}{s_d/\sqrt{n}}\right|\geqslant t_{\alpha/2}(n-1),$$

$$t=\frac{\bar{d}}{s_d/\sqrt{n}}\geqslant t_{\alpha}(n-1),$$

$$t=\frac{\bar{d}}{s_d/\sqrt{n}}\leqslant-t_{\alpha}(n-1).$$

　　现在回过来讨论本例的检验问题. 先作出同一试块分别由仪器 I_x,I_y 测得的结果之差,列于上表的第三行. 按题意需检验假设

$$H_0:\mu_D=0,\quad H_1:\mu_D\neq0.$$

现在 $n=9,t_{\alpha/2}(8)=t_{0.005}(8)=3.355\,4$,即知拒绝域为

$$|t|=\left|\frac{\bar{d}}{s_d/\sqrt{n}}\right|\geqslant3.355\,4.$$

由观察值得 $\bar{d}=0.06,s_d=0.122\,7,|t|=\dfrac{0.06}{0.122\,7/\sqrt{9}}=1.467<3.355\,4.$

现 $|t|$ 的值不落在拒绝域内,故接受 H_0,认为两台仪器的测量结果并无显著差异.　　　　　　　　　　　　　　　　　　　　　　　　　　□

　　例 4　做以下的实验以比较人对红光或绿光的反应时间(以 s 计). 实验在点亮红光或绿光的同时,启动计时器,要求受试者见到红光或绿光点亮时,就按下按钮,切断计时器,这就能测得反应时间. 测量的结果如下表:

红光(x)	0.30	0.23	0.41	0.53	0.24	0.36	0.38	0.51
绿光(y)	0.43	0.32	0.58	0.46	0.27	0.41	0.38	0.61
$d=x-y$	−0.13	−0.09	−0.17	0.07	−0.03	−0.05	0.00	−0.10

　　设 $D_i=X_i-Y_i(i=1,2,\cdots,8)$ 是来自正态总体 $N(\mu_D,\sigma_D^2)$ 的样本,μ_D,σ_D^2 均未知. 试检验假设(取显著性水平 $\alpha=0.05$)

$$H_0:\mu_D\geqslant 0,\quad H_1:\mu_D<0.$$

解 现在 $n=8,\overline{d}=-0.062\,5,s_d=0.076\,5,$ 而

$$\frac{\overline{d}}{s_d/\sqrt{8}}=-2.311<-t_{0.05}(7)=-1.894\,6,$$

故拒绝 H_0，认为 $\mu_D<0$，即认为人对红光的反应时间小于对绿光的反应时间，也就是人对红光的反应要比绿光快. □

§3 正态总体方差的假设检验

现在来讨论有关正态总体方差的假设检验问题. 以下分单个总体和两个总体的情况来讨论.

（一）单个总体的情况

设总体 $X\sim N(\mu,\sigma^2),\mu,\sigma^2$ 均未知，$X_1,X_2,\cdots,X_n$ 是来自 X 的样本. 要求检验假设（显著性水平为 α）

$$H_0:\sigma^2=\sigma_0^2,\quad H_1:\sigma^2\neq\sigma_0^2,$$

σ_0^2 为已知常数.

由于 S^2 是 σ^2 的无偏估计，当 H_0 为真时，观察值 s^2 与 σ_0^2 的比值 $\dfrac{s^2}{\sigma_0^2}$ 一般来说应在 1 附近摆动，而不应过分大于 1 或过分小于 1. 由第六章 §3 定理 3 知当 H_0 为真时

$$\frac{(n-1)S^2}{\sigma_0^2}\sim\chi^2(n-1),$$

我们取

$$\chi^2=\frac{(n-1)S^2}{\sigma_0^2}$$

作为检验统计量，如上所说知道上述检验问题的拒绝域具有以下的形式：

$$\frac{(n-1)s^2}{\sigma_0^2}\leqslant k_1\quad\text{或}\quad\frac{(n-1)s^2}{\sigma_0^2}\geqslant k_2,$$

此处 k_1,k_2 的值由下式确定：

$$P\{当\ H_0\ 为真时拒绝\ H_0\}=P_{\sigma_0^2}\left\{\left(\frac{(n-1)S^2}{\sigma_0^2}\leqslant k_1\right)\cup\left(\frac{(n-1)S^2}{\sigma_0^2}\geqslant k_2\right)\right\}=\alpha.$$

为计算方便起见，习惯上取

$$P_{\sigma_0^2}\left\{\frac{(n-1)S^2}{\sigma_0^2}\leqslant k_1\right\}=\frac{\alpha}{2},\quad P_{\sigma_0^2}\left\{\frac{(n-1)S^2}{\sigma_0^2}\geqslant k_2\right\}=\frac{\alpha}{2},$$

故得 $k_1=\chi_{1-\alpha/2}^2(n-1),k_2=\chi_{\alpha/2}^2(n-1).$ 于是得拒绝域为

$$\frac{(n-1)s^2}{\sigma_0^2} \leqslant \chi_{1-a/2}^2(n-1) \quad \text{或} \quad \frac{(n-1)s^2}{\sigma_0^2} \geqslant \chi_{a/2}^2(n-1) \text{①}. \tag{3.1}$$

下面来求单边检验问题(显著性水平为 α)

$$H_0:\sigma^2 \leqslant \sigma_0^2, \quad H_1:\sigma^2 > \sigma_0^2 \tag{3.2}$$

的拒绝域. 因 H_0 中的全部 σ^2 都比 H_1 中的 σ^2 要小,当 H_1 为真时,S^2 的观察值 s^2 往往偏大,因此拒绝域的形式为

$$s^2 \geqslant k.$$

下面来确定常数 k.

$$P\{\text{当 } H_0 \text{ 为真时拒绝 } H_0\} = P_{\sigma^2 \leqslant \sigma_0^2}\{S^2 \geqslant k\}$$

$$= P_{\sigma^2 \leqslant \sigma_0^2}\left\{\frac{(n-1)S^2}{\sigma_0^2} \geqslant \frac{(n-1)k}{\sigma_0^2}\right\}$$

$$\leqslant P_{\sigma^2 \leqslant \sigma_0^2}\left\{\frac{(n-1)S^2}{\sigma^2} \geqslant \frac{(n-1)k}{\sigma_0^2}\right\} \quad (\text{因为 } \sigma^2 \leqslant \sigma_0^2).$$

要控制 $P\{\text{当 } H_0 \text{ 为真时拒绝 } H_0\} \leqslant \alpha$,只需令

$$P_{\sigma^2 \leqslant \sigma_0^2}\left\{\frac{(n-1)S^2}{\sigma^2} \geqslant \frac{(n-1)k}{\sigma_0^2}\right\} = \alpha. \tag{3.3}$$

因 $\dfrac{(n-1)S^2}{\sigma^2} \sim \chi^2(n-1)$,由(3.3)式得

$\dfrac{(n-1)k}{\sigma_0^2} = \chi_a^2(n-1)$ (见图 $8-4$). 于

是 $k = \dfrac{\sigma_0^2}{n-1}\chi_a^2(n-1)$,得 检 验 问 题

(3.2)的拒绝域为

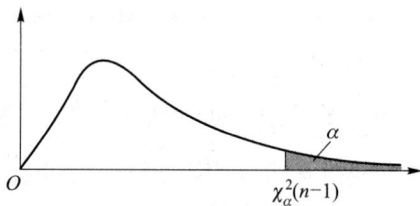

图 $8-4$

$$s^2 \geqslant \frac{\sigma_0^2}{n-1}\chi_a^2(n-1),$$

即

$$\chi^2 = \frac{(n-1)s^2}{\sigma_0^2} \geqslant \chi_a^2(n-1). \tag{3.4}$$

类似地,可得左边检验问题

$$H_0:\sigma^2 \geqslant \sigma_0^2, \quad H_1:\sigma^2 < \sigma_0^2$$

的拒绝域为

$$\chi^2 = \frac{(n-1)s^2}{\sigma_0^2} \leqslant \chi_{1-a}^2(n-1). \tag{3.5}$$

以上检验法称为 χ^2 **检验法**.

---

① 这里指的是 $\dfrac{(n-1)s^2}{\sigma_0^2} \leqslant \chi_{1-a/2}^2(n-1)$ 与 $\dfrac{(n-1)s^2}{\sigma_0^2} \geqslant \chi_{a/2}^2(n-1)$ 的并集.

表 8—1　正态总体均值、方差的检验法(显著性水平为 α)

	原假设 H_0	检验统计量	备择假设 H_1	拒绝域
1	$\mu \leqslant \mu_0$ $\mu \geqslant \mu_0$ $\mu = \mu_0$ (σ^2 已知)	$Z = \dfrac{\overline{X} - \mu_0}{\sigma/\sqrt{n}}$	$\mu > \mu_0$ $\mu < \mu_0$ $\mu \neq \mu_0$	$z \geqslant z_\alpha$ $z \leqslant -z_\alpha$ $|z| \geqslant z_{\alpha/2}$
2	$\mu \leqslant \mu_0$ $\mu \geqslant \mu_0$ $\mu = \mu_0$ (σ^2 未知)	$t = \dfrac{\overline{X} - \mu_0}{S/\sqrt{n}}$	$\mu > \mu_0$ $\mu < \mu_0$ $\mu \neq \mu_0$	$t \geqslant t_\alpha(n-1)$ $t \leqslant -t_\alpha(n-1)$ $|t| \geqslant t_{\alpha/2}(n-1)$
3	$\mu_1 - \mu_2 \leqslant \delta$ $\mu_1 - \mu_2 \geqslant \delta$ $\mu_1 - \mu_2 = \delta$ (σ_1^2, σ_2^2 已知)	$Z = \dfrac{\overline{X} - \overline{Y} - \delta}{\sqrt{\dfrac{\sigma_1^2}{n_1} + \dfrac{\sigma_2^2}{n_2}}}$	$\mu_1 - \mu_2 > \delta$ $\mu_1 - \mu_2 < \delta$ $\mu_1 - \mu_2 \neq \delta$	$z \geqslant z_\alpha$ $z \leqslant -z_\alpha$ $|z| \geqslant z_{\alpha/2}$
4	$\mu_1 - \mu_2 \leqslant \delta$ $\mu_1 - \mu_2 \geqslant \delta$ $\mu_1 - \mu_2 = \delta$ ($\sigma_1^2 = \sigma_2^2 = \sigma^2$ 未知)	$t = \dfrac{\overline{X} - \overline{Y} - \delta}{S_w\sqrt{\dfrac{1}{n_1} + \dfrac{1}{n_2}}}$ $S_w^2 = \dfrac{(n_1-1)S_1^2 + (n_2-1)S_2^2}{n_1 + n_2 - 2}$	$\mu_1 - \mu_2 > \delta$ $\mu_1 - \mu_2 < \delta$ $\mu_1 - \mu_2 \neq \delta$	$t \geqslant t_\alpha(n_1+n_2-2)$ $t \leqslant -t_\alpha(n_1+n_2-2)$ $|t| \geqslant t_{\alpha/2}(n_1+n_2-2)$
5	$\sigma^2 \leqslant \sigma_0^2$ $\sigma^2 \geqslant \sigma_0^2$ $\sigma^2 = \sigma_0^2$ (μ 未知)	$\chi^2 = \dfrac{(n-1)S^2}{\sigma_0^2}$	$\sigma^2 > \sigma_0^2$ $\sigma^2 < \sigma_0^2$ $\sigma^2 \neq \sigma_0^2$	$\chi^2 \geqslant \chi_\alpha^2(n-1)$ $\chi^2 \leqslant \chi_{1-\alpha}^2(n-1)$ $\chi^2 \geqslant \chi_{\alpha/2}^2(n-1)$ 或 $\chi^2 \leqslant \chi_{1-\alpha/2}^2(n-1)$
6	$\sigma_1^2 \leqslant \sigma_2^2$ $\sigma_1^2 \geqslant \sigma_2^2$ $\sigma_1^2 = \sigma_2^2$ (μ_1, μ_2 未知)	$F = \dfrac{S_1^2}{S_2^2}$	$\sigma_1^2 > \sigma_2^2$ $\sigma_1^2 < \sigma_2^2$ $\sigma_1^2 \neq \sigma_2^2$	$F \geqslant F_\alpha(n_1-1, n_2-1)$ $F \leqslant F_{1-\alpha}(n_1-1, n_2-1)$ $F \geqslant F_{\alpha/2}(n_1-1, n_2-1)$ 或 $F \leqslant F_{1-\alpha/2}(n_1-1, n_2-1)$
7	$\mu_D \leqslant 0$ $\mu_D \geqslant 0$ $\mu_D = 0$ (成对数据)	$t = \dfrac{\overline{D} - 0}{S_D/\sqrt{n}}$	$\mu_D > 0$ $\mu_D < 0$ $\mu_D \neq 0$	$t \geqslant t_\alpha(n-1)$ $t \leqslant -t_\alpha(n-1)$ $|t| \geqslant t_{\alpha/2}(n-1)$

例 1 某厂生产的某种型号的电池,其寿命(以 h 计)长期以来服从方差 $\sigma^2 = 5\,000$ 的正态分布,现有一批这种电池,从它的生产情况来看,寿命的波动性有所改变.现随机取 26 只电池,测出其寿命的样本方差 $s^2 = 9\,200$.问根据这一数据能否推断这批电池的寿命的波动性较以往的有显著的变化(取 $\alpha = 0.02$)?

解 本题要求在显著性水平 $\alpha = 0.02$ 下检验假设

$$H_0 : \sigma^2 = 5\,000, \quad H_1 : \sigma^2 \neq 5\,000.$$

现在 $n = 26$, $\chi^2_{\alpha/2}(n-1) = \chi^2_{0.01}(25) = 44.314$, $\chi^2_{1-\alpha/2}(25) = \chi^2_{0.99}(25) = 11.524$. $\sigma_0^2 = 5\,000$,由(3.1)式拒绝域为

$$\frac{(n-1)s^2}{\sigma_0^2} \geq 44.314 \quad \text{或} \quad \frac{(n-1)s^2}{\sigma_0^2} \leq 11.524.$$

由观察值 $s^2 = 9\,200$ 得 $\frac{(n-1)s^2}{\sigma_0^2} = 46 > 44.314$,所以拒绝 H_0,认为这批电池寿命的波动性较以往的有显著的变化. □

(二)两个总体的情况

设 $X_1, X_2, \cdots, X_{n_1}$ 是来自总体 $N(\mu_1, \sigma_1^2)$ 的样本,$Y_1, Y_2, \cdots, Y_{n_2}$ 是来自总体 $N(\mu_2, \sigma_2^2)$ 的样本,且两样本独立.其样本方差分别为 S_1^2, S_2^2.且设 $\mu_1, \mu_2, \sigma_1^2, \sigma_2^2$ 均为未知.现在需要检验假设(显著性水平为 α)

$$H_0 : \sigma_1^2 \leq \sigma_2^2, \quad H_1 : \sigma_1^2 > \sigma_2^2. \tag{3.6}$$

当 H_0 为真时,$E(S_1^2) = \sigma_1^2 \leq \sigma_2^2 = E(S_2^2)$,当 H_1 为真时,$E(S_1^2) = \sigma_1^2 > \sigma_2^2 = E(S_2^2)$. 当 H_1 为真时,观察值 $\dfrac{S_1^2}{S_2^2}$ 有偏大的趋势,故拒绝域具有形式

$$\frac{s_1^2}{s_2^2} \geq k,$$

常数 k 确定如下:

$$P\{\text{当 } H_0 \text{ 为真时拒绝 } H_0\} = P_{\sigma_1^2 \leq \sigma_2^2}\left\{\frac{S_1^2}{S_2^2} \geq k\right\}$$

$$\leq P_{\sigma_1^2 \leq \sigma_2^2}\left\{\frac{S_1^2/S_2^2}{\sigma_1^2/\sigma_2^2} \geq k\right\} \quad (\text{因为 } \sigma_1^2/\sigma_2^2 \leq 1).$$

要控制 $P\{\text{当 } H_0 \text{ 为真时拒绝 } H_0\} \leq \alpha$,只需令

$$P_{\sigma_1^2 \leq \sigma_2^2}\left\{\frac{S_1^2/S_2^2}{\sigma_1^2/\sigma_2^2} \geq k\right\} = \alpha. \tag{3.7}$$

由第六章 §3 定理 5 知 $\dfrac{S_1^2/S_2^2}{\sigma_1^2/\sigma_2^2} \sim F(n_1-1, n_2-1)$,由(3.7)式得 $k = F_\alpha(n_1-1,$

$n_2-1)$. 即得检验问题(3.6)的拒绝域为

$$F = \frac{s_1^2}{s_2^2} \geqslant F_\alpha(n_1-1,n_2-1). \tag{3.8}$$

上述检验法称为 **F 检验法**. 关于 σ_1^2, σ_2^2 的另外两个检验问题的拒绝域在表 8-1 中给出.

例 2 设 §2 例 2 中的两个样本分别来自总体 $N(\mu_A, \sigma_A^2), N(\mu_B, \sigma_B^2)$, 且两样本独立. 试检验 $H_0:\sigma_A^2=\sigma_B^2, H_1:\sigma_A^2\neq\sigma_B^2$, 以说明我们假设 $\sigma_A^2=\sigma_B^2$ 是合理的(取显著性水平 $\alpha=0.01$).

解 此处 $n_1=13, n_2=8, \alpha=0.01$, 拒绝域为

$$\frac{s_A^2}{s_B^2} \geqslant F_{0.005}(12,7)=8.18,$$

或

$$\frac{s_A^2}{s_B^2} \leqslant F_{0.995}(12,7)=\frac{1}{F_{0.005}(7,12)}=\frac{1}{5.52}=0.18.$$

现在 $s_A^2=0.024^2, s_B^2=0.031^2, s_A^2/s_B^2=0.60$,

$$0.18<0.60<8.18,$$

故接受 H_0, 认为两总体方差相等. 两总体方差相等也称两总体具有 **方差齐性**, 这也表明 §2 例 2 中假设两总体方差相等是合理的. □

*§4 置信区间与假设检验之间的关系

置信区间与假设检验之间有明显的联系, 先考察置信区间与双边检验之间的对应关系. 设 $X_1, X_2, \cdots, X_n$ 是一个来自总体的样本, $x_1, x_2, \cdots, x_n$ 是相应的样本值, Θ 是参数 θ 的可能取值范围.

设 $(\underline{\theta}(X_1, X_2, \cdots, X_n), \overline{\theta}(X_1, X_2, \cdots, X_n))$ 是参数 θ 的一个置信水平为 $1-\alpha$ 的置信区间, 则对于任意 $\theta\in\Theta$, 有

$$P_\theta\{\underline{\theta}(X_1, X_2, \cdots, X_n)<\theta<\overline{\theta}(X_1, X_2, \cdots, X_n)\}\geqslant 1-\alpha, \tag{4.1}$$

考虑显著性水平为 α 的双边检验

$$H_0:\theta=\theta_0, \quad H_1:\theta\neq\theta_0. \tag{4.2}$$

由(4.1)式

$$P_{\theta_0}\{\underline{\theta}(X_1, X_2, \cdots, X_n)<\theta_0<\overline{\theta}(X_1, X_2, \cdots, X_n)\}\geqslant 1-\alpha,$$

即有

$$P_{\theta_0}\{(\theta_0\leqslant\underline{\theta}(X_1, X_2, \cdots, X_n))\bigcup(\theta_0\geqslant\overline{\theta}(X_1, X_2, \cdots, X_n))\}\leqslant\alpha.$$

按显著性水平为 α 的假设检验的拒绝域的定义, 检验(4.2)的拒绝域为

$$\theta_0\leqslant\underline{\theta}(x_1, x_2, \cdots, x_n) \quad 或 \quad \theta_0\geqslant\overline{\theta}(x_1, x_2, \cdots, x_n);$$

接受域为

$$\underline{\theta}(x_1,x_2,\cdots,x_n)<\theta_0<\overline{\theta}(x_1,x_2,\cdots,x_n).$$

这就是说,当我们要检验假设(4.2)时,先求出 θ 的置信水平为 $1-\alpha$ 的置信区间 $(\underline{\theta},\overline{\theta})$,然后考察区间 $(\underline{\theta},\overline{\theta})$ 是否包含 θ_0,若 $\theta_0\in(\underline{\theta},\overline{\theta})$,则接受 H_0,若 $\theta_0\notin(\underline{\theta},\overline{\theta})$,则拒绝 H_0.

反之,对于任意 $\theta_0\in\Theta$,考虑显著性水平为 α 的假设检验问题

$$H_0:\theta=\theta_0,\quad H_1:\theta\neq\theta_0,$$

假设它的接受域为

$$\underline{\theta}(x_1,x_2,\cdots,x_n)<\theta_0<\overline{\theta}(x_1,x_2,\cdots,x_n),$$

即有

$$P_{\theta_0}\{\underline{\theta}(X_1,X_2,\cdots,X_n)<\theta_0<\overline{\theta}(X_1,X_2,\cdots,X_n)\}\geqslant1-\alpha.$$

由 θ_0 的任意性,由上式知对于任意 $\theta\in\Theta$,有

$$P_{\theta}\{\underline{\theta}(X_1,X_2,\cdots,X_n)<\theta<\overline{\theta}(X_1,X_2,\cdots,X_n)\}\geqslant1-\alpha.$$

因此 $(\underline{\theta}(X_1,X_2,\cdots,X_n),\overline{\theta}(X_1,X_2,\cdots,X_n))$ 是参数 θ 的一个置信水平为 $1-\alpha$ 的置信区间.

这就是说,为求出参数 θ 的置信水平为 $1-\alpha$ 的置信区间,我们先求出显著性水平为 α 的假设检验问题: $H_0:\theta=\theta_0,H_1:\theta\neq\theta_0$ 的接受域 $\underline{\theta}(x_1,x_2,\cdots,x_n)<\theta_0<\overline{\theta}(x_1,x_2,\cdots,x_n)$,那么, $(\underline{\theta}(X_1,X_2,\cdots,X_n),\overline{\theta}(X_1,X_2,\cdots,X_n))$ 就是 θ 的置信水平为 $1-\alpha$ 的置信区间.

还可验证,置信水平为 $1-\alpha$ 的单侧置信区间 $(-\infty,\overline{\theta}(X_1,X_2,\cdots,X_n))$ 与显著性水平为 α 的左边检验问题 $H_0:\theta\geqslant\theta_0,H_1:\theta<\theta_0$ 有类似的对应关系. 即若已求得单侧置信区间 $(-\infty,\overline{\theta}(X_1,X_2,\cdots,X_n))$,则当 $\theta_0\in(-\infty,\overline{\theta}(x_1,x_2,\cdots,x_n))$ 时接受 H_0,当 $\theta_0\notin(-\infty,\overline{\theta}(x_1,x_2,\cdots,x_n))$ 时拒绝 H_0. 反之,若已求得检验问题 $H_0:\theta\geqslant\theta_0,H_1:\theta<\theta_0$ 的接受域为 $-\infty<\theta_0\leqslant\overline{\theta}(x_1,x_2,\cdots,x_n)$,则可得 θ 的一个单侧置信区间 $(-\infty,\overline{\theta}(X_1,X_2,\cdots,X_n))$.

置信水平为 $1-\alpha$ 的单侧置信区间 $(\underline{\theta}(X_1,X_2,\cdots,X_n),\infty)$ 与显著性水平为 α 的右边检验问题 $H_0:\theta\leqslant\theta_0,H_1:\theta>\theta_0$ 也有类似的对应关系. 即若已求得单侧置信区间 $(\underline{\theta}(X_1,X_2,\cdots,X_n),\infty)$,则当 $\theta_0\in(\underline{\theta}(x_1,x_2,\cdots,x_n),\infty)$ 时接受 H_0,当 $\theta_0\notin(\underline{\theta}(x_1,x_2,\cdots,x_n),\infty)$ 时拒绝 H_0. 反之,若已求得检验问题 $H_0:\theta\leqslant\theta_0,H_1:\theta>\theta_0$ 的接受域为 $\underline{\theta}(x_1,x_2,\cdots,x_n)\leqslant\theta_0<\infty$,则可得 θ 的一个单侧置信区间 $(\underline{\theta}(X_1,X_2,\cdots,X_n),\infty)$.

例1 设 $X\sim N(\mu,1),\mu$ 未知, $\alpha=0.05,n=16$,且由一样本算得 $\overline{x}=5.20$,于是得到参数 μ 的一个置信水平为 0.95 的置信区间

$$\left(\overline{x}-\frac{1}{\sqrt{16}}z_{0.025},\ \overline{x}+\frac{1}{\sqrt{16}}z_{0.025}\right)=(5.20-0.49,\ 5.20+0.49)=(4.71,5.69).$$

现在考虑检验问题 $H_0:\mu=5.5,\ H_1:\mu\neq5.5$. 由于 $5.5\in(4.71,5.69)$，故接受 H_0. □

例2 数据如上例. 试求右边检验问题 $H_0:\mu\leqslant\mu_0,\ H_1:\mu>\mu_0$ 的接受域，并求 μ 的单侧置信下限（$\alpha=0.05$）.

解 检验问题的拒绝域为 $z=\dfrac{\overline{x}-\mu_0}{1/\sqrt{16}}\geqslant z_{0.05}$，或即 $\mu_0\leqslant4.79$. 于是检验问题的接受域为 $\mu_0>4.79$. 这样就得到 μ 的单侧置信区间 $(4.79,\infty)$，单侧置信下限 $\underline{\mu}=4.79$. □

*§5 样本容量的选取

以上我们在进行假设检验时，总是根据问题的要求，预先给出显著性水平以控制犯第Ⅰ类错误的概率，而犯第Ⅱ类错误的概率则依赖于样本容量的选择. 在一些实际问题中，我们除了希望控制犯第Ⅰ类错误的概率外，往往还希望控制犯第Ⅱ类错误的概率. 在这一节，我们将阐明如何选取样本的容量使得犯第Ⅱ类错误的概率控制在预先给定的限度之内. 为此，我们引入施行特征函数.

定义 若 C 是参数 θ 的某检验问题的一个检验法，
$$\beta(\theta)=P_\theta(\text{接受 } H_0)\tag{5.1}$$
称为检验法 C 的**施行特征函数**或 OC **函数**，其图形称为 OC **曲线**.

由定义知，若此检验法的显著性水平为 α，那么当真值 $\theta\in H_0$ 时，$\beta(\theta)$ 就是作出正确判断（即 H_0 为真时接受 H_0）的概率，故此时 $\beta(\theta)\geqslant1-\alpha$；而当 $\theta\in H_1$ 时，则 $\beta(\theta)$ 就是犯第Ⅱ类错误的概率，而 $1-\beta(\theta)$ 是作出正确判断（即 H_0 为不真时拒绝 H_0）的概率. 函数 $1-\beta(\theta)$ 称为检验法 C 的**功效函数**. 当 $\theta^*\in H_1$ 时，值 $1-\beta(\theta^*)$ 称为检验法 C 在点 θ^* 的**功效**. 它表示当参数 θ 的真值为 θ^* 时，检验法 C 作出正确判断的概率.

本书只介绍正态总体均值的检验法的 OC 函数及其图形.

1. Z 检验法的 OC 函数

右边检验问题 $H_0:\mu\leqslant\mu_0,\ H_1:\mu>\mu_0$ 的 OC 函数是
$$\beta(\mu)=P_\mu(\text{接受 } H_0)=P_\mu\left\{\frac{\overline{X}-\mu_0}{\sigma/\sqrt{n}}<z_a\right\}$$
$$=P_\mu\left\{\frac{X-\mu}{\sigma/\sqrt{n}}<z_a-\frac{\mu-\mu_0}{\sigma/\sqrt{n}}\right\}=\Phi(z_a-\lambda),\tag{5.2}$$

其中 $\lambda=\dfrac{\mu-\mu_0}{\sigma/\sqrt{n}}$. 其图形如图 8-5 所示.

此 OC 函数 $\beta(\mu)$ 有如下性质:

（1）它是 $\lambda=\dfrac{\mu-\mu_0}{\sigma/\sqrt{n}}$ 的单调递减连续

函数.

（2）$\lim\limits_{\mu\to\mu_1^+}\beta(\mu)=1-\alpha,\quad \lim\limits_{\mu\to\infty}\beta(\mu)=0.$

由 $\beta(\mu)$ 的连续性可知,当参数的真

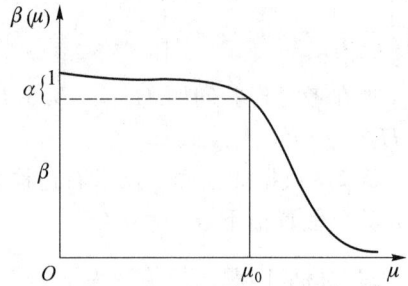

图 8-5

值 $\mu(\mu>\mu_0)$ 在 μ_0 附近时,检验法的功效很低,即 $\beta(\mu)$ 的值很大,亦即犯第 Ⅱ 类错误的概率很大.因为 α 通常取得比较小,而不管 σ 多么小,n 多么大,只要 n 给定,总存在 μ_0 附近的点 $\mu(\mu>\mu_0)$ 使 $\beta(\mu)$ 几乎等于 $1-\alpha$.

　　这表明,无论样本容量 n 多么大,要想对所有 $\mu\in H_1$,即真值为 H_1 所规定的任一点时,控制犯第 Ⅱ 类错误的概率都很小是不可能的.但是我们可以使用 OC 函数 $\beta(\mu)$ 以确定样本容量 n,使当真值 $\mu\geqslant\mu_0+\delta(\delta>0$ 为取定的值）时,犯第 Ⅱ 类错误的概率不超过给定的 β.这是由于 $\beta(\mu)$ 是 μ 的递减函数,故当 $\mu\geqslant\mu_0+\delta$ 时有

$$\beta(\mu_0+\delta)\geqslant\beta(\mu).$$

于是只要 $\beta(\mu_0+\delta)=\Phi(z_\alpha-\sqrt{n}\delta/\sigma)\leqslant\beta$,亦即只要 n 满足

$$z_\alpha-\sqrt{n}\delta/\sigma\leqslant-z_\beta$$

即可.这就是说,只要

$$\sqrt{n}\geqslant\frac{(z_\alpha+z_\beta)\sigma}{\delta},\tag{5.3}$$

就能使当 $\mu\in H_1$ 且 $\mu\geqslant\mu_0+\delta$ 时（即真值 $\mu\geqslant\mu_0+\delta$ 时）犯第 Ⅱ 类错误的概率不超过 β.

　　类似地,可得左边检验问题 $H_0:\mu\geqslant\mu_0,H_1:\mu<\mu_0$ 的 OC 函数为

$$\beta(\mu)=\Phi(z_\alpha+\lambda),\quad \lambda=\frac{\mu-\mu_0}{\sigma/\sqrt{n}}.\tag{5.4}$$

当真值 $\mu\geqslant\mu_0$ 时 $\beta(\mu)$ 为作出正确判断的概率;当真值 $\mu<\mu_0$ 时,$\beta(\mu)$ 给出犯第 Ⅱ 类错误的概率.只要样本容量 n 满足

$$\sqrt{n}\geqslant\frac{(z_\alpha+z_\beta)\sigma}{\delta},\tag{5.5}$$

就能使当 $\mu\in H_1$ 且 $\mu\leqslant\mu_0-\delta(\delta>0$,为取定的值）时,犯第 Ⅱ 类错误的概率不超过给定的值 β.

　　双边检验问题 $H_0:\mu=\mu_0,H_1:\mu\neq\mu_0$ 的 OC 函数是

$$\beta(\mu) = P_\mu(\text{接受 } H_0) = P_\mu\left\{-z_{\alpha/2} < \frac{\overline{X}-\mu_0}{\sigma/\sqrt{n}} < z_{\alpha/2}\right\}$$

$$= P_\mu\left\{-\lambda-z_{\alpha/2} < \frac{\overline{X}-\mu}{\sigma/\sqrt{n}} < -\lambda+z_{\alpha/2}\right\} = \Phi(z_{\alpha/2}-\lambda) - \Phi(-z_{\alpha/2}-\lambda)$$

$$= \Phi(z_{\alpha/2}-\lambda) + \Phi(z_{\alpha/2}+\lambda) - 1, \quad \lambda = \frac{\mu-\mu_0}{\sigma/\sqrt{n}}. \tag{5.6}$$

OC 曲线如图 8−6 所示. 注意 $\beta(\mu)$ 是 $|\lambda|$ 的严格单调下降函数.

在双边检验问题中,若要求对 H_1 中满足 $|\mu-\mu_0| \geq \delta > 0$ 的 μ 处的函数值 $\beta(\mu) \leq \beta$,则需解超越方程

$$\beta = \Phi(z_{\alpha/2}-\sqrt{n}\delta/\sigma) + \Phi(z_{\alpha/2}+\sqrt{n}\delta/\sigma) - 1$$

才能确定 n. 通常因 n 较大,故总可以

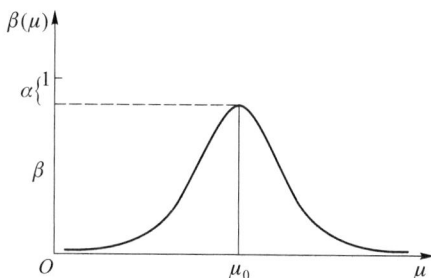

图 8−6

认为 $z_{\alpha/2}+\sqrt{n}\delta/\sigma \geq 4$,于是 $\Phi(z_{\alpha/2}+\sqrt{n}\delta/\sigma) \approx 1$,故近似地有

$$\beta \approx \Phi(z_{\alpha/2}-\sqrt{n}\delta/\sigma).$$

由此知只要样本容量 n 满足

$$z_{\alpha/2}-\sqrt{n}\delta/\sigma \leq -z_\beta,$$

即只要 n 满足

$$\sqrt{n} \geq (z_{\alpha/2}+z_\beta)\frac{\sigma}{\delta}, \tag{5.7}$$

就能使当 $\mu \in H_1$ 且 $|\mu-\mu_0| \geq \delta(\delta > 0$,为取定的值)时,犯第 II 类错误的概率不超过给定的值 β.

例 1(工业产品质量抽验方案) 设有一大批产品,产品质量指标 $X \sim N(\mu, \sigma^2)$. 以 μ 小者为佳,厂方要求所确定的验收方案对高质量的产品($\mu \leq \mu_0$)能以高概率 $1-\alpha$ 为买方所接受. 买方则要求低质产品($\mu \geq \mu_0+\delta, \delta > 0$)能以高概率 $1-\beta$ 被拒绝. α, β 由厂方与买方协商给出. 并采取一次抽样以确定该批产品是否为买方所接受. 问应怎样安排抽样方案? 已知 $\mu_0 = 120, \delta = 20$,且由工厂长期经验知 $\sigma^2 = 900$. 又经商定 α, β 均取为 0.05.

解 检验问题可表达为

$$H_0: \mu \leq \mu_0, \quad H_1: \mu > \mu_0, \tag{5.8}$$

且要求当 $\mu \geq \mu_0+\delta$ 时能以 $1-\beta = 0.95$ 的概率拒绝 H_0. 由 Z 检验,拒绝域为

$$\frac{\overline{x}-\mu_0}{\sigma/\sqrt{n}} \geqslant z_\alpha,$$

故 OC 函数为

$$\beta(\mu) = P_\mu \left\{ \frac{\overline{X}-\mu_0}{\sigma/\sqrt{n}} < z_\alpha \right\} = P_\mu \left\{ \frac{\overline{X}-\mu}{\sigma/\sqrt{n}} < z_\alpha - \frac{\mu-\mu_0}{\sigma/\sqrt{n}} \right\}$$

$$= \Phi\left(z_\alpha - \frac{\mu-\mu_0}{\sigma/\sqrt{n}} \right). \tag{5.9}$$

现要求当 $\mu \geqslant \mu_0 + \delta$ 时 $\beta(\mu) \leqslant \beta$. 因 $\beta(\mu)$ 是 μ 的递减函数,故只需 $\beta(\mu_0 + \delta) = \beta$ 即可. 此时,由(5.9)式可得

$$\sqrt{n} \geqslant \frac{(z_\alpha + z_\beta)\sigma}{\delta}.$$

按给定的数据算得 $n \geqslant 24.35$,故取 $n=25$. 且当 $\overline{x}$ 满足 $\frac{\overline{x}-\mu_0}{\sigma/\sqrt{n}} \geqslant z_\alpha = z_{0.05} = 1.645$ 时,即当 $\overline{x} \geqslant 129.87$ 时,买方就拒绝这批产品,而当 $\overline{x} < 129.87$ 时,买方接受这批产品. □

2. t 检验法的 OC 函数

右边检验问题 $H_0 : \mu \leqslant \mu_0$,$H_1 : \mu > \mu_0$ 的 t 检验法的 OC 函数是

$$\beta(\mu) = P_\mu(\text{接受 } H_0) = P_\mu \left\{ \frac{\overline{X}-\mu_0}{S/\sqrt{n}} < t_\alpha(n-1) \right\}, \tag{5.10}$$

其中变量

$$\frac{\overline{X}-\mu_0}{S/\sqrt{n}} = \left(\frac{\overline{X}-\mu}{\sigma/\sqrt{n}} + \lambda \right) \Big/ \left(\frac{S}{\sigma} \right), \quad \lambda = \frac{\mu-\mu_0}{\sigma/\sqrt{n}}. \tag{5.11}$$

我们称变量 $\frac{\overline{X}-\mu_0}{S/\sqrt{n}}$ 服从非中心参数为 λ、自由度为 $n-1$ 的非中心 t 分布. 在 $\lambda=0$ 时,它是通常的 $t(n-1)$ 变量.

若给定 α,β 以及 $\delta > 0$,则可从书末附表 7 查得所需容量 n,使得当 $\mu \in H_1$ 且 $\frac{\mu-\mu_0}{\sigma} \geqslant \delta$ 时犯第 II 类错误的概率不超过 β.

若给定 α,β 以及 $\delta > 0$,对于左边检验问题 $H_0 : \mu \geqslant \mu_0$,$H_1 : \mu < \mu_0$ 的 t 检验法,也可从附表 7 查得所需容量 n,使得当 $\mu \in H_1$ 且 $\frac{\mu-\mu_0}{\sigma} \leqslant -\delta$ 时犯第 II 类错误的概率不超过 β. 对于双边检验问题 $H_0 : \mu = \mu_0$,$H_1 : \mu \neq \mu_0$ 的 t 检验法也可从附表 7 查得所需容量 n,使得当 $\mu \in H_1$,且 $\frac{|\mu-\mu_0|}{\sigma} \geqslant \delta$ 时犯第 II 类错误的概率不超过 β.

例 2　考虑在显著性水平 $\alpha=0.05$ 下进行 t 检验

$$H_0 : \mu \leqslant 68, \quad H_1 : \mu > 68.$$

(1) 要求在 H_1 中 $\mu \geqslant \mu_1 = 68 + \sigma$ 时犯第 II 类错误的概率不超过 $\beta = 0.05$. 求所需的样本容量.

(2) 若样本容量为 $n = 30$, 问在 H_1 中 $\mu = \mu_1 = 68 + 0.75\sigma$ 时犯第 II 类错误的概率是多少?

解 (1) 此处 $\alpha = \beta = 0.05, \mu_0 = 68, \delta = \dfrac{\mu_1 - \mu_0}{\sigma} = \dfrac{(68 + \sigma) - 68}{\sigma} = 1$, 查附表 7 得 $n = 13$.

(2) 现在 $\alpha = 0.05, n = 30, \delta = \dfrac{\mu_1 - \mu_0}{\sigma} = \dfrac{(68 + 0.75\sigma) - 68}{\sigma} = 0.75$, 查附表 7, 得 $\beta = 0.01$. □

例 3 考虑在显著性水平 $\alpha = 0.05$ 下进行 t 检验

$$H_0 : \mu = 14, \quad H_1 : \mu \neq 14.$$

要求在 H_1 中 $\dfrac{|\mu - 14|}{\sigma} \geqslant 0.4$ 时犯第 II 类错误的概率不超过 $\beta = 0.1$, 求所需样本容量.

解 此处 $\alpha = 0.05, \beta = 0.1, \delta = 0.4$, 查附表 7 得 $n = 68$. □

在实际问题中, 有时只给出 α, β 及 $|\mu_1 - \mu_0|$ 的值, 而需要确定所需的样本容量 n. 这时由于 σ 未知, 不能确定 $\delta = |\mu_1 - \mu_0|/\sigma$ 的值, 因而不能直接查表以确定样本容量. 此时可采用下述近似方法. 先适当取一值 n_1, 抽取容量为 n_1 的样本, 根据这一样本计算 s^2 的值, 以 s^2 作为 σ^2 的估计, 算出 δ 的近似值. 由 α, β, δ 的值查附表 7 定出样本的容量, 记为 n_2. 若 $n_1 \geqslant n_2$, 则取 n_1 作为所求的容量, 即取 $n = n_1$. 否则, 再抽 $n_2 - n_1$ 个独立观察值与原来抽得的观察值合并, 重新计算 δ 的近似值. 然后用 δ 的新近似值和 α, β 查附表 7, 再次定出样本容量. 记为 n_3. 若 $n_2 \geqslant n_3$, 则取 $n = n_2$, 否则再按上法重复进行. 一般, 只需试少数几次就可得到所求的样本容量 n.

下面考虑两个正态总体均值差的 t 检验.

若两个正态总体 $N(\mu_1, \sigma_1^2), N(\mu_2, \sigma_2^2)$ 中 $\sigma_1^2 = \sigma_2^2 = \sigma^2$ 而 σ^2 未知. 在均值差 $\mu_1 - \mu_2$ 的检验问题 $H_0 : \mu_1 - \mu_2 = 0, H_1 : \mu_1 - \mu_2 \neq 0$ (或 $H_0 : \mu_1 - \mu_2 \leqslant 0, H_1 : \mu_1 - \mu_2 > 0$ 或 $H_0 : \mu_1 - \mu_2 \geqslant 0, H_1 : \mu_1 - \mu_2 < 0$) 的 t 检验法中, 当分别自两个总体取得的相互独立的样本其容量 $n_1 = n_2 = n$ 时, 给定 α, β 以及 $\delta = |\mu_1 - \mu_2|/\sigma$ 的值后可以查附表 8 得到所需样本容量, 使当 $|\mu_1 - \mu_2|/\sigma \geqslant \delta$ 时犯第 II 类错误的概率小于或等于 β. 当仅给出 α, β 以及 $|\mu_1 - \mu_2|$ 的值时, 可按类似于上面所说的方法处理.

例 4 需要比较两种汽车用的燃料的辛烷值, 得数据:

燃料 A	81	84	79	76	82	83	84	80	79	82	81	79
燃料 B	76	74	78	79	80	79	82	76	81	79	82	78

燃料的辛烷值越高,燃料质量越好.因燃料 B 较燃料 A 价格便宜,因此,若两者辛烷值相同,则使用燃料 B;但若含量的均值差 $\mu_A - \mu_B \geqslant 5$,则使用燃料 A.设两总体的分布均可认为是正态的,而两个样本相互独立.问应采用哪种燃料(取 $\alpha = 0.01, \beta = 0.01$)?

解　按题意需要在显著性水平 $\alpha = 0.01$ 下检验假设
$$H_0 : \mu_A - \mu_B \leqslant 0, \quad H_1 : \mu_A - \mu_B > 0,$$
并要求在 $\mu_A - \mu_B \geqslant 5$ 时,犯第 II 类错误的概率不超过 $\beta = 0.01$.

所取的样本容量为 $n_A = n_B = 12$,且有 $\bar{x}_A = 80.83, \bar{x}_B = 78.67, s_A^2 = 5.61$,$s_B^2 = 6.06$.经显著性水平为 0.1 的 F 检验知,可认为两总体的方差相等,即有 $\sigma_A^2 = \sigma_B^2$,记为 σ^2.因 $n_A = n_B$,取 $\hat{\sigma}^2 = (s_A^2 + s_B^2)/2 = 5.835$ 作为 σ^2 的点估计,取 $\hat{\sigma} = \sqrt{\hat{\sigma}^2}$,于是 $\delta = 5/\hat{\sigma} = 2.07$,查附表 8,当 $\alpha = 0.01, \beta = 0.01, \delta = 2.07$ 时 $n \geqslant 12$.现 $n = 12$,故已近似地满足要求.而右边检验的拒绝域为
$$t = \frac{\bar{x}_A - \bar{x}_B}{s_w \sqrt{1/n_A + 1/n_B}} \geqslant t_{0.01}(n_A + n_B - 2) = 2.508\,3.$$
由样本观察值算得 $t = 2.19 < 2.508\,3$,故接受 H_0,即采用燃料 B.　　□

§6　分布拟合检验

上面介绍的各种检验法都是在总体分布形式为已知的前提下进行讨论的.但在实际问题中,有时不能知道总体服从什么类型的分布,这时就需要根据样本来检验关于分布的假设.本节介绍 χ^2 拟合检验法.它可以用来检验总体是否具有某一个指定的分布或属于某一个分布族.

(一) 单个分布的 χ^2 拟合检验法

设总体 X 的分布未知,$x_1, x_2, \cdots, x_n$ 是来自 X 的样本值.我们来检验假设

$$H_0 : 总体\ X\ 的分布函数为\ F(x), \tag{6.1}$$
$$H_1 : 总体\ X\ 的分布函数不是\ F(x),[①]$$

其中设 $F(x)$ 不含未知参数.(也常以分布律或概率密度代替 $F(x)$.)

---

①　在这里备择假设 H_1 可以不必写出.

　　下面来定义检验统计量.将在 H_0 下 X 可能取值的全体 Ω 分成互不相交的子集 $A_1, A_2, \cdots, A_k$,以 $f_i(i=1,2,\cdots,k)$ 记样本观察值 $x_1, x_2, \cdots, x_n$ 中落在 A_i 的个数,这表示事件 $A_i = \{X$ 的值落在子集 A_i 内$\}$ 在 n 次独立试验中发生 f_i 次,于是在这 n 次试验中事件 A_i 发生的频率为 f_i/n.另一方面,当 H_0 为真时,我们可以根据 H_0 中所假设的 X 的分布函数来计算事件 A_i 的概率,得到 $p_i = P(A_i), i=1,2,\cdots,k$.频率 f_i/n 与概率 p_i 会有差异,但一般来说,当 H_0 为真,且试验的次数又甚多时,这种差异不应太大,因此 $\left(\dfrac{f_i}{n}-p_i\right)^2$ 不应太大.我们采用形如

$$\sum_{i=1}^{k} C_i \left(\frac{f_i}{n}-p_i\right)^2 \tag{6.2}$$

的统计量来度量样本与 H_0 中所假设的分布的吻合程度,其中 $C_i(i=1,2,\cdots,k)$[①]为给定的常数.皮尔逊证明,如果选取

$$C_i = n/p_i(i=1,2,\cdots,k),$$

则由(6.2)定义的统计量具有下述定理中所述的简单性质.于是我们就采用

$$\chi^2 = \sum_{i=1}^{k} \frac{n}{p_i}\left(\frac{f_i}{n}-p_i\right)^2 = \sum_{i=1}^{k} \frac{f_i^2}{np_i} - n \tag{6.3}$$

作为检验统计量.

　　定理　若 n 充分大$(n \geqslant 50)$,则当 H_0 为真时统计量(6.3)近似服从 $\chi^2(k-1)$ 分布.(证略.)

　　据以上的讨论,当 H_0 为真时,(6.3)式中的 χ^2 不应太大,如 χ^2 过分大就拒绝 H_0,拒绝域的形式为

$$\chi^2 \geqslant G \quad (G \text{ 为正常数}).$$

对于给定的显著性水平 α,确定 G 使

$$P\{\text{当 } H_0 \text{ 为真时拒绝 } H_0\} = P_{H_0}\{\chi^2 \geqslant G\} = \alpha.$$

由上述定理得 $G = \chi_\alpha^2(k-1)$.即当样本观察值使(6.3)式中的 χ^2 的值有

$$\chi^2 \geqslant \chi_\alpha^2(k-1),$$

则在显著性水平 α 下拒绝 H_0;否则就接受 H_0.这就是单个分布的 χ^2 **拟合检验法**.

　　χ^2 拟合检验法是基于上述定理得到的,所以使用时必须注意 n 不能小于 50.另外 np_i 不能太小,应有 $np_i \geqslant 5$,否则应适当合并 A_i,以满足这个要求(见下例).

　　例 1　下表列出了某一地区在夏季的一个月中由 100 个气象站报告的雷暴雨的次数.

———————————

　　①　在每一项前乘 C_i,是为了能够适当选择 C_i,使得统计量(6.2)有一个理想的极限分布.

i	0	1	2	3	4	5	$\geqslant 6$
f_i	22	37	20	13	6	2	0
A_i	A_0	A_1	A_2	A_3	A_4	A_5	A_6

其中 f_i 是报告雷暴雨次数为 i 的气象站数. 试用 χ^2 拟合检验法检验雷暴雨的次数 X 是否服从均值 $\lambda=1$ 的泊松分布(取显著性水平 $\alpha=0.05$).

解　按题意需检验假设

$$H_0: \quad P\{X=i\}=\frac{\lambda^i \mathrm{e}^{-\lambda}}{i!}=\frac{\mathrm{e}^{-1}}{i!}, \quad i=0,1,\cdots.$$

在 H_0 下 X 所有可能取的值为 $\Omega=\{0,1,2,\cdots\}$,将 Ω 分成如表 8-2 所示的两两不相交的子集 $A_0,A_1,\cdots,A_6$,则有 $P\{X=i\}$ 为

$$p_i=P\{X=i\}=\frac{\mathrm{e}^{-1}}{i!}, \quad i=0,1,\cdots,5.$$

例如

$$p_0=P\{X=0\}=\mathrm{e}^{-1}=0.367\,88,$$

$$p_3=P\{X=3\}=\frac{\mathrm{e}^{-1}}{3!}=0.061\,31,$$

$$p_6=P\{X\geqslant 6\}=1-\sum_{i=0}^{5} p_i=0.000\,59.$$

$$n=100.$$

表 8-2　例 1 的 χ^2 拟合检验计算表

A_i	f_i	p_i	np_i	$f_i^2/(np_i)$
$A_0:\{X=0\}$	22	e^{-1}	36.788	13.16
$A_1:\{X=1\}$	37	e^{-1}	36.788	37.21
$A_2:\{X=2\}$	20	$\mathrm{e}^{-1}/2$	18.394	21.75
$A_3:\{X=3\}$	13	$\mathrm{e}^{-1}/6$	6.131 ⎫	
$A_4:\{X=4\}$	6	$\mathrm{e}^{-1}/24$	1.533 ⎬ 8.03	54.92
$A_5:\{X=5\}$	2	$\mathrm{e}^{-1}/120$	0.307	
$A_6:\{X\geqslant 6\}$	0	$1-\sum\limits_{i=0}^{5}p_i$	0.059 ⎭	

$$\sum=127.04$$

　　计算结果如表 8-2 所示,其中有些 $np_i<5$ 的组予以适当合并,使得每组均有 $np_i\geqslant 5$,如表中第 4 列花括号所示. 并组后 $k=4$,χ^2 的自由度为 $k-1=4-1=3$. $\chi_{0.05}^2(k-1)=\chi_{0.05}^2(3)=7.815$. 现在 $\chi^2=127.04-100=27.04>7.815$,故在显著性水平 0.05 下拒绝 H_0,认为样本不是来自均值 $\lambda=1$ 的泊松分布.　　□

　　例 2　在研究牛的毛色与牛角的有无,这样两对性状分离现象时,用黑色无角牛与红色有角牛杂交,子二代出现黑色无角牛 192 头,黑色有角牛 78 头,红色

无角牛 72 头,红色有角牛 18 头,共 360 头,问这两对性状是否符合孟德尔遗传规律中 9:3:3:1 的遗传比例?

解 现将题中的数据列表如下:

序号	1	2	3	4
种类	黑色无角	黑色有角	红色无角	红色有角
数量	192	78	72	18
A_i	A_1	A_2	A_3	A_4

以 X 记各种牛的序号,按题意需检验各类牛的头数符合比例 $9:3:3:1$,即 $(9/16):(3/16):(3/16):(1/16)$. 需检验假设:$H_0:X$ 的分布律为

X	1	2	3	4
p_k	9/16	3/16	3/16	1/16

取显著性水平为 0.1. 所需计算列在表 8-3 中($n=360$).

表 8-3 例 2 的 χ^2 拟合检验计算表

A_i	f_i	p_i	np_i	$f_i^2/(np_i)$
A_1	192	9/16	$360\times9/16=202.5$	$192^2/202.5=182.04$
A_2	78	3/16	$360\times3/16=67.5$	$78^2/67.5=90.13$
A_3	72	3/16	$360\times3/16=67.5$	$72^2/67.5=76.8$
A_4	18	1/16	$360\times1/16=22.5$	$18^2/22.5=14.4$

$$\sum=363.37$$

现在 $\chi^2=363.37-360=3.37$,$k=4$,$\chi^2_{0.1}(4-1)=6.251>3.37$,故接受 H_0,认为两对性状符合孟德尔遗传规律中 $9:3:3:1$ 的遗传比例. □

(二)分布族的 χ^2 拟合检验

在(一)中要检验的原假设是 H_0:总体 X 的分布函数是 $F(x)$,其中 $F(x)$ 是已知的,这种情况是不多的. 我们经常遇到的所需检验的原假设

$$H_0:总体 X 的分布函数是 F(x;\theta_1,\theta_2,\cdots,\theta_r),\qquad(6.4)$$

其中 F 的形式已知,而 $\boldsymbol{\theta}=(\theta_1,\theta_2,\cdots,\theta_r)$ 是未知参数,它们在某一个范围取值. 在 $F(x;\theta_1,\theta_2,\cdots,\theta_r)$ 中当参数 $\theta_1,\theta_2,\cdots,\theta_r$ 取不同的值时,就得到不同的分布,因而 $F(x;\theta_1,\theta_2,\cdots,\theta_r)$ 代表一族分布. (6.4)中的 H_0 表示总体 X 的分布属于分

布族 $F(x;\theta_1,\theta_2,\cdots,\theta_r)$. 采用类似(一)中的方法来定义检验统计量,将在 H_0 下 X 可能取值的全体 Ω 分成 $k(k>r+1)$ 个互不相交的子集 $A_1,A_2,\cdots,A_k$,以 $f_i(i=1,2,\cdots,k)$ 记样本观察值 $x_1,x_2,\cdots,x_n$ 落在 A_i 的个数,则事件 $A_i=\{X$ 的值落在 A_i 内$\}$的频率为 f_i/n. 另一方面,当 H_0 为真时,由 H_0 所假设的分布函数来计算 $P(A_i)$,得到 $P(A_i)=p_i(\theta_1,\theta_2,\cdots,\theta_r)=p_i(\boldsymbol{\theta})=p_i$. 此时,需先利用样本求出未知参数的最大似然估计(在 H_0 下),以估计值作为参数值,求出 p_i 的估计值 $\hat{p}_i=\hat{P}(A_i)$,在(6.3)式中以 $\hat{p}_i$ 代替 p_i,取

$$\chi^2=\sum_{i=1}^k\frac{f_i^2}{n\hat{p}_i}-n \tag{6.5}$$

作为检验假设 H_0 的统计量. 可以证明,在某些条件下,在 H_0 为真时近似地有

$$\chi^2=\sum_{i=1}^k\frac{f_i^2}{n\hat{p}_i}-n\sim\chi^2(k-r-1)$$

与在(一)中一样可得假设检验问题(6.4)的拒绝域为

$$\chi^2\geqslant\chi_\alpha^2(k-r-1), \tag{6.6}$$

α 为显著性水平. 以上就是用来检验分布族的 χ^2 拟合检验法.

例 3 在一实验中,每隔一定时间观察一次由某种铀所放射的到达计数器上的 α 粒子数 X,共观察了 100 次,得结果如表 8—4 所示:

表 8—4 铀放射的到达计数器上的 α 粒子数的实验记录

i	0	1	2	3	4	5	6	7	8	9	10	11	$\geqslant12$
f_i	1	5	16	17	26	11	9	9	2	1	2	1	0
A_i	A_0	A_1	A_2	A_3	A_4	A_5	A_6	A_7	A_8	A_9	A_{10}	A_{11}	A_{12}

其中 f_i 是观察到有 i 个 α 粒子的次数. 从理论上考虑知 X 应服从泊松分布

$$P\{X=i\}=\frac{\lambda^i e^{-\lambda}}{i!},\quad i=0,1,2,\cdots. \tag{6.7}$$

问(6.7)式是否符合实际(取 $\alpha=0.05$)? 即在显著性水平 0.05 下检验假设

$$H_0:\text{总体 } X \text{ 服从泊松分布 } P\{X=i\}=\frac{\lambda^i e^{-\lambda}}{i!},\quad i=0,1,2,\cdots.$$

解 因在 H_0 中参数 λ 未具体给出,所以先估计 λ. 由最大似然估计法得 $\hat{\lambda}=\bar{x}=4.2$. 在 H_0 假设下,即在 X 服从泊松分布的假设下,X 所有可能取的值为 $\Omega=\{0,1,2,\cdots\}$,将 Ω 分成如表 8—4 所示的两两不相交的子集 $A_0,A_1,\cdots,A_{12}$. 则 $P\{X=i\}$ 有估计

$$\hat{p}_i = \hat{P}\{X=i\} = \frac{4.2^i \mathrm{e}^{-4.2}}{i!}, \quad i=0,1,\cdots.$$

例如

$$\hat{p}_0 = \hat{P}\{X=0\} = \mathrm{e}^{-4.2} = 0.015,$$

$$\hat{p}_3 = \hat{P}\{X=3\} = \frac{4.2^3 \mathrm{e}^{-4.2}}{3!} = 0.185,$$

$$\hat{p}_{12} = \hat{P}\{X \geqslant 12\} = 1 - \sum_{i=0}^{11} \hat{p}_i = 0.002.$$

表 8-5   例 3 的 χ^2 拟合检验计算表

A_i	f_i	$\hat{p}_i$	$n\hat{p}_i$	$f_i^2/n\hat{p}_i$
A_0	1 ⎫ 6	0.015 ⎫ 0.078	1.5 ⎫ 7.8	4.615
A_1	5 ⎭	0.063 ⎭	6.3 ⎭	
A_2	16	0.132	13.2	19.394
A_3	17	0.185	18.5	15.622
A_4	26	0.194	19.4	34.845
A_5	11	0.163	16.3	7.423
A_6	9	0.114	11.4	7.105
A_7	9	0.069	6.9	11.739
A_8	2 ⎫	0.036 ⎫	3.6 ⎫	
A_9	1 ⎪	0.017 ⎪	1.7 ⎪	
A_{10}	2 ⎬ 6	0.007 ⎬ 0.065	0.7 ⎬ 6.5	5.538
A_{11}	1 ⎪	0.003 ⎪	0.3 ⎪	
A_{12}	0 ⎭	0.002 ⎭	0.2 ⎭	

$$\sum = 106.281$$

计算结果如表 8-5 所示,其中有些 $n\hat{p}_i < 5$ 的组予以适当合并,使得每组均有 $n\hat{p}_i \geqslant 5$,如表中第四列花括号所示. 此处,并组后 $k=8$,但因在计算概率时,估计了一个参数 λ,故 $r=1$,χ^2 的自由度为 $8-1-1=6$. $\chi^2_{0.05}(k-r-1)=\chi^2_{0.05}(6)=12.592$,现在 $\chi^2=106.281-100=6.281<12.592$,故在显著性水平 0.05 下接受 H_0. 即认为样本来自泊松分布总体. 也就是说认为理论上的结论是符合实际的. □

注意,本题答案是"接受 H_0,认为总体 X 的分布属于泊松分布族,即认为 $X \sim \pi(\lambda)$",亦即"认为必有某一个参数 λ_0,$X \sim \pi(\lambda_0)$",而不能将答案误写成"X 服从以 $\lambda=4.2$ 为参数的泊松分布".

例 4 自 1965 年 1 月 1 日至 1971 年 2 月 9 日共 2 231 天中,全世界记录到里氏震级 4 级和 4 级以上地震计 162 次,统计如下:

相继两次地震 间隔天数 x	0~4	5~9	10~14	15~19	20~24	25~29	30~34	35~39	≥40
出现的频数	50	31	26	17	10	8	6	6	8①

试检验相继两次地震间隔的天数 X 服从指数分布($\alpha=0.05$).

解　按题意需检验假设

H_0:X 的概率密度为

$$f(x)=\begin{cases}\dfrac{1}{\theta}\mathrm{e}^{-x/\theta}, & x>0,\\[2mm] 0, & x\leqslant 0.\end{cases} \qquad (6.8)$$

在这里,H_0 中的参数 θ 未给出,先由最大似然估计法求得 θ 的估计为

$$\hat{\theta}=\bar{x}=\frac{2\,231}{162}=13.77.$$

在 H_0 下,X 可能取值的全体 Ω 为区间 $[0,\infty)$. 将区间 $[0,\infty)$ 分为 $k=9$ 个互不重叠的小区间:

$$A_1=[0,4.5],\quad A_2=(4.5,9.5],\quad\cdots,\quad A_9=(39.5,\infty),$$

如表 8-6 第一列所示. 若 H_0 为真,X 的分布函数的估计为

$$\hat{F}(x)=\begin{cases}1-\mathrm{e}^{-x/13.77}, & x>0,\\[2mm] 0, & x\leqslant 0.\end{cases}$$

由上式可得概率 $p_i=P(A_i)$ 的估计:

$$\hat{p}_i=\hat{P}(A_i)=\hat{P}\{a_i<X\leqslant a_{i+1}\}=\hat{F}(a_{i+1})-\hat{F}(a_i).$$

例如

$$\hat{p}_2=\hat{P}(A_2)=\hat{P}\{4.5<X\leqslant 9.5\}=\hat{F}(9.5)-\hat{F}(4.5)=0.219\,6,$$

而

$$\hat{p}_9=\hat{P}(A_9)=1-\sum_{i=1}^{8}\hat{P}(A_i)=0.056\,8.$$

将计算结果列表如下:

———————————

① 这里 8 个数值是 40,43,44,49,58,60,81,109.

表8-6 例4的χ^2拟合检验计算表

A_i	f_i	$\hat{p}_i$	$n\hat{p}_i$	$f_i^2/(n\hat{p}_i)$
$A_1 : 0 \leqslant x \leqslant 4.5$	50	0.278 8	45.165 6	55.351 9
$A_2 : 4.5 < x \leqslant 9.5$	31	0.219 6	35.575 2	27.013 2
$A_3 : 9.5 < x \leqslant 14.5$	26	0.152 7	24.737 4	27.327 0
$A_4 : 14.5 < x \leqslant 19.5$	17	0.106 2	17.204 4	16.798 0
$A_5 : 19.5 < x \leqslant 24.5$	10	0.073 9	11.971 8	8.353 0
$A_6 : 24.5 < x \leqslant 29.5$	8	0.051 4	8.326 8	7.686 0
$A_7 : 29.5 < x \leqslant 34.5$	6	0.035 8	5.799 6	6.207 3
$A_8 : 34.5 < x \leqslant 39.5$	6 ⎫	0.024 8 ⎫	4.017 6 ⎫ 13.219 2	14.826 9
$A_9 : 39.5 < x < \infty$	8 ⎭	0.056 8 ⎭	9.201 6 ⎭	

$$\sum = 163.563\ 3$$

现在$\chi^2 = 163.563\ 3 - 162 = 1.563\ 3$，$\chi^2_{0.05}(k-r-1) = \chi^2_{0.05}(8-1-1) = \chi^2_{0.05}(6) = 12.592 > 1.563\ 3$，故在显著性水平0.05下接受$H_0$，认为$X$服从指数分布. □

例5 对于第六章§2例1中的数据，试检验它们是否来自正态总体X(取显著性水平$\alpha = 0.1$).

解 需检验假设：$H_0 : X$的概率密度为

$$f(x) = \frac{1}{\sqrt{2\pi}\sigma} e^{-\frac{(x-\mu)^2}{2\sigma^2}}, \quad -\infty < x < \infty.$$

因在H_0中未给出μ, σ^2的数值. 需先估计μ, σ^2. 由最大似然估计法得μ, σ^2的估计值为$\hat{\mu} = 143.8, \hat{\sigma^2} = 6.0^2$. 我们将在$H_0$下$X$可能取值的区间$(-\infty, \infty)$分为7个小区间，并取事件$A_i$如表8-7中第一列所示. 若$H_0$为真，$X$的概率密度的估计为

$$\hat{f}(x) = \frac{1}{\sqrt{2\pi} \times 6.0} e^{-\frac{(x-143.8)^2}{2 \times 6.0^2}}, \quad -\infty < x < \infty.$$

按上式并查标准正态分布的分布函数表即可得概率$P(A_i)$的估计. 例如

$$\hat{p}_2 = \hat{P}(A_2) = \hat{P}\{129.5 < X \leqslant 134.5\} = \Phi\left(\frac{134.5 - 143.8}{6.0}\right) - \Phi\left(\frac{129.5 - 143.8}{6.0}\right)$$

$$= \Phi(-1.55) - \Phi(-2.38) = 0.051\ 9.$$

将计算结果列表如下：

表 8—7　例 5 的 χ^2 拟合检验计算表

A_i	f_i		$\hat{p}_i$		$n\hat{p}_i$		$f_i^2/(n\hat{p}_i)$
$A_1 : x \leqslant 129.5$	1	} 5	0.008 7		0.73	} 5.09	4.91
$A_2 : 129.5 < x \leqslant 134.5$	4		0.051 9		4.36		
$A_3 : 134.5 < x \leqslant 139.5$	10		0.175 2		14.72		6.79
$A_4 : 139.5 < x \leqslant 144.5$	33		0.312 0		26.21		41.55
$A_5 : 144.5 < x \leqslant 149.5$	24		0.281 1		23.61		24.40
$A_6 : 149.5 < x \leqslant 154.5$	9	} 12	0.133 6		11.22	} 14.37	10.02
$A_7 : 154.5 < x < \infty$	3		0.037 5		3.15		

$$\sum = 87.67$$

现在 $\chi^2 = 87.67 - 84 = 3.67$，因为 $\chi^2_{0.1}(k-r-1) = \chi^2_{0.1}(5-2-1) = \chi^2_{0.1}(2) = 4.605 > 3.67$，故在水平 0.1 下接受 H_0，即认为数据来自正态分布总体. □

§7　假设检验问题的 p 值法

以上讨论的假设检验方法称为**临界值法**. 本节介绍另一种被称为 p 值法的检验方法. 先从一个例题讲起.

例 1　设总体 $X \sim N(\mu, \sigma^2)$，μ 未知，$\sigma^2 = 100$，现有样本 $x_1, x_2, \cdots, x_{52}$，算得 $\bar{x} = 62.75$. 现在来检验假设

$$H_0 : \mu \leqslant \mu_0 = 60, \qquad H_1 : \mu > 60.$$

采用 Z 检验法，检验统计量为

$$Z = \frac{\overline{X} - \mu_0}{\sigma/\sqrt{n}}.$$

以数据代入，得 Z 的观察值为

$$z_0 = \frac{62.75 - 60}{10/\sqrt{52}} = 1.983.$$

概率

$$P\{Z \geqslant z_0\} = P\{Z \geqslant 1.983\} = 1 - \Phi(1.983) = 0.023\,8.$$

此即为图 8—7 中标准正态曲线下位于 z_0 右边的尾部面积.

此概率称为 Z 检验法的右边检验的 p 值. 记为

$$P\{Z \geqslant z_0\} = p \text{ 值} (= 0.023\,8).$$

若显著性水平 $\alpha \geqslant p = 0.023\,8$，则对应的临界值 $z_\alpha \leqslant 1.983$，这表示观察值 $z_0 = 1.983$ 落在拒绝域内（图 8—7(1)），因而拒绝 H_0；又若显著性水平 $\alpha < p = 0.023\,8$，则对应的临界值 $z_\alpha > 1.983$，这表示观察值 $z_0 = 1.983$ 不落在拒绝域内（图 8—7(2)），因而接受 H_0.

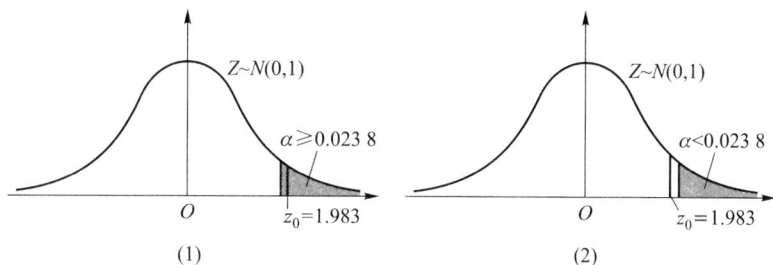

图 8—7

据此,p 值 $=P\{Z\geqslant z_0\}=0.023\ 8$ 是原假设 H_0 可被拒绝的最小显著性水平.

一般地,p 值的定义是:

定义 假设检验问题的 p 值(probability value)是由检验统计量的样本观察值得出的原假设可被拒绝的最小显著性水平.

常用的检验问题的 p 值可以根据检验统计量的样本观察值以及检验统计量在 H_0 下一个特定的参数值(一般是 H_0 与 H_1 所规定的参数的分界点)对应的分布求出.例如在正态总体 $N(\mu,\sigma^2)$ 均值的检验中,当 σ 未知时,可采用检验统计量 $t=\dfrac{\overline{X}-\mu_0}{S/\sqrt{n}}$,在以下三个检验问题中,当 $\mu=\mu_0$ 时 $t\sim t(n-1)$.如果由样本求得统计量 t 的观察值为 t_0,那么在检验问题

$H_0:\mu\leqslant\mu_0$,$H_1:\mu>\mu_0$ 中,

p 值 $=P_{\mu_0}\{t\geqslant t_0\}=t_0$ 右侧尾部面积(如图 8—8(1));

$H_0:\mu\geqslant\mu_0$,$H_1:\mu<\mu_0$ 中,

p 值 $=P_{\mu_0}\{t\leqslant t_0\}=t_0$ 左侧尾部面积(如图 8—8(2)).

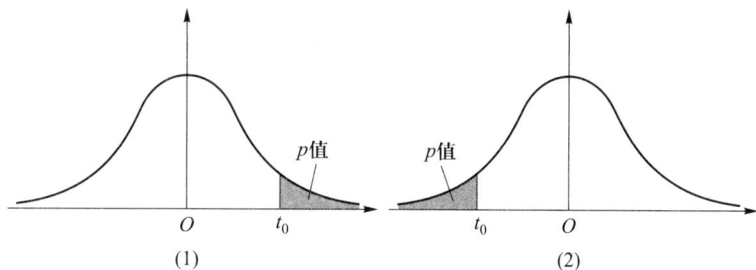

图 8—8

$H_0 : \mu = \mu_0, H_1 : \mu \neq \mu_0$ 中,

(i) 当 $t_0 > 0$ 时,

$$p \text{ 值} = P_{\mu_0}\{|t| \geqslant t_0\} = P_{\mu_0}\{(t \leqslant -t_0) \bigcup (t \geqslant t_0)\}$$
$$= 2 \times (t_0 \text{ 右侧尾部面积}) \text{（如图 } 8-9(1)\text{）}.$$

(ii) 当 $t_0 < 0$ 时,

$$p \text{ 值} = P_{\mu_0}\{|t| \geqslant -t_0\} = P_{\mu_0}\{(t \leqslant t_0) \bigcup (t \geqslant -t_0)\}$$
$$= 2 \times (t_0 \text{ 左侧尾部面积}) \text{（如图 } 8-9(2)\text{）}.$$

综合 (i)(ii), p 值 $= 2 \times$ (由 t_0 界定的尾部面积).

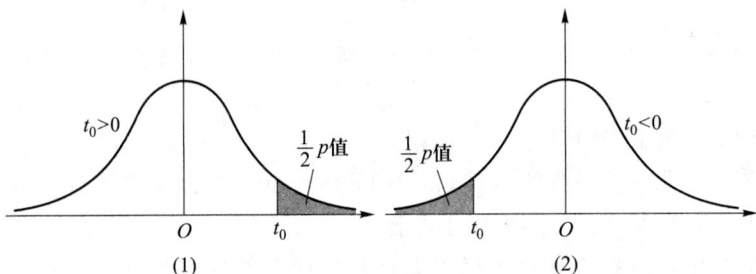

图 8-9

图 8-8 和图 8-9 中的曲线均为 $t(n-1)$ 分布的概率密度曲线.

在现代计算机统计软件中, 一般都给出检验问题的 p 值.

按 p 值的定义, 对于任意指定的显著性水平 α, 就有

(1) 若 p 值 $\leqslant \alpha$, 则在显著性水平 α 下拒绝 H_0.

(2) 若 p 值 $> \alpha$, 则在显著性水平 α 下接受 H_0.

有了这两条结论就能方便地确定是否拒绝 H_0. 这种利用 p 值来确定是否拒绝 H_0 的方法, 称为 p **值法**.

用临界值法来确定 H_0 的拒绝域时, 例如当取 $\alpha = 0.05$ 时知道要拒绝 H_0, 再取 $\alpha = 0.01$ 也要拒绝 H_0, 但不能知道将 α 再降低一些是否也要拒绝 H_0. 而 p 值法给出了拒绝 H_0 的最小显著性水平. 因此 p 值法比临界值法给出了有关拒绝域的更多的信息.

例 2　用 p 值法检验本章 §1 例 2 的检验问题

$$H_0 : \mu \leqslant \mu_0 = -0.545, \quad H_1 : \mu > \mu_0, \quad \alpha = 0.05.$$

解　用 Z 检验法, 现在检验统计量 $Z = \dfrac{\overline{X} - \mu_0}{\sigma / \sqrt{n}}$ 的观察值为

$$z_0 = \frac{-0.535 - (-0.545)}{0.008 / \sqrt{5}} = 2.795\,1,$$

$$p \text{ 值} = P_{\mu_0}\{Z \geqslant 2.795\ 1\}$$
$$= 1 - \Phi(2.795\ 1) = 0.002\ 6,$$

p 值 $< \alpha = 0.05$,故拒绝 H_0. □

例 3 用 p 值法检验本章 §2 例 1 的检验问题

$$H_0 : \mu \leqslant \mu_0 = 225, \quad H_1 : \mu > 225, \quad \alpha = 0.05.$$

解 用 t 检验法,现在检验统计量 $t = \dfrac{\overline{X} - \mu_0}{S/\sqrt{n}}$ 的观察值为

$$t_0 = \frac{241.5 - 225}{98.725\ 9/\sqrt{16}} = 0.668\ 5,$$

由计算机算得

$$p \text{ 值} = P_{\mu_0}\{t \geqslant 0.668\ 5\} = 0.257\ 0,$$

p 值 $> \alpha = 0.05$,故接受 H_0. □

例 4 用 p 值法检验本章 §3 例 1 中检验问题

$$H_0 : \sigma^2 = \sigma_0^2 = 5\ 000, \quad H_1 : \sigma^2 \neq 5\ 000, \quad \alpha = 0.02.$$

解 用 χ^2 检验法. 现在检验统计量 $\chi^2 = \dfrac{(n-1)S^2}{\sigma_0^2}$ 的观察值为

$$\chi_0^2 = \frac{25 \times 9\ 200}{5\ 000} = 46,$$

由计算机得

$$p \text{ 值} = 2 \times P_{\sigma_0^2}\{\chi^2 \geqslant 46\} = 0.012\ 8,$$

p 值 $< \alpha = 0.02$,故拒绝 H_0. □

p 值表示反对原假设 H_0 的依据的强度,p 值越小,反对 H_0 的依据越强、越充分(譬如对于某个检验问题的检验统计量的观察值的 p 值 $= 0.000\ 9$,p 值如此地小,以至于几乎不可能在 H_0 为真时出现目前的观察值,这说明拒绝 H_0 的理由很强,我们就拒绝 H_0).

一般,若 p 值 $\leqslant 0.01$,称推断拒绝 H_0 的依据很强或称检验是高度显著的;若 $0.01 < p$ 值 $\leqslant 0.05$,称推断拒绝 H_0 的依据是强的或称检验是显著的;若 $0.05 < p$ 值 $\leqslant 0.1$,称推断拒绝 H_0 的理由是弱的,检验是不显著的;若 p 值 > 0.1,一般来说没有理由拒绝 H_0. 基于 p 值,研究者可以使用任意希望的显著性水平来作计算. 在杂志上或在一些技术报告中,许多研究者在讲述假设检验的结果时,常不明显地论及显著性水平以及临界值,代之以简单地引用假设检验的 p 值,利用或让读者利用它来评价反对原假设的依据的强度,作出推断.

小结

统计推断就是由样本来推断总体,它包括两个基本问题:统计估计和假设检验.上一章讲述了参数估计,本章讨论假设检验问题.有关总体分布的未知参数或未知分布形式的种种论断叫统计假设,人们要根据样本所提供的信息对所考虑的假设作出接受或拒绝的决策.假设检验就是作出这一决策的过程.

一般,人们总是对原假设 H_0 作出接受或拒绝的决策.由于作出判断原假设 H_0 是否为真的依据是一个样本,又由于样本的随机性,当 H_0 为真时,检验统计量的观察值也会落入拒绝域,致使我们作出拒绝 H_0 的错误决策;而当 H_0 为不真时,检验统计量的观察值也会未落入拒绝域,致使我们作出接受 H_0 的错误决策.

假设检验的两类错误

真实情况 （未知）	所 作 决 策	
	接受 H_0	拒绝 H_0
H_0 为真	正确	犯第 I 类错误
H_0 不真	犯第 II 类错误	正确

我们使用"接受假设"或"拒绝假设"这样的术语.接受一个假设并不意味着确信它是真的,它只意味着决定采取某种行动(例如 A);拒绝一个假设也不意味着它是假的,这也仅仅是作出采取另一种不同的行动(例如 B).不论哪种情况,都存在作出错误选择的可能性.

当样本容量 n 固定时,减小犯第 I 类错误的概率,就会增大犯第 II 类错误的概率,反之亦然.我们的做法是控制犯第 I 类错误的概率,使

$$P\{当\ H_0\ 为真时拒绝\ H_0\} \leqslant \alpha,$$

其中 $0 < \alpha < 1$ 是给定的小的数.α 称为检验的显著性水平.这种只对犯第 I 类错误的概率加以控制而不考虑犯第 II 类错误的概率的检验称为显著性检验.

在进行显著性检验时,犯第 I 类错误的概率是由我们控制的.α 取得小,则概率 $P\{当\ H_0$ 为真时拒绝 $H_0\}$ 就小,这保证了当 H_0 为真时错误地拒绝 H_0 的可能性很小.这意味着 H_0 是受到保护的,也表明 H_0、H_1 的地位不是对等的.于是,在一对对立假设中,选哪一个作为 H_0 需要小心.例如,考虑某种药品是否为真,这里可能犯两种错误:(1)将假药作为真药,则冒着伤害患者的健康甚至生命的风险.(2)将真药误作为假药,则冒着造成经济损失的风险.显然,犯错误(1)比犯错误(2)的后果严重,因此,我们选取"H_0:药品为假,H_1:药品为真",即是使得犯第 I 类错误"当药品为假时错判药品为真"的概率 $\leqslant \alpha$.就是说,选择 H_0、H_1 使得两类错误中后果严重的错误成为第 I 类错误.这是选择 H_0、H_1 的一个原则.

如果在两类错误中,没有一类错误的后果严重更需要避免时,常常取 H_0 为维持现状,即取 H_0 为"无效益""无改进""无价值",等等.例如,取

$$H_0:新技术未提高效益, \quad H_1:新技术提高效益.$$

实际上,我们感兴趣的是 H_1"提高效益",但对采用新技术应持慎重态度. 选取 H_0 为"新技术未提高效益",一旦 H_0 被拒绝了,表示有较强的理由去采用新技术.

在实际问题中,情况比较复杂,如何选取 H_0、H_1 只能在实践中积累经验,根据实际情况去判断了.

注意,拒绝域的形式是由 H_1 确定的.

我们还介绍了置信区间与假设检验的关系. 知道了置信区间就能容易判明是否接受原假设;反之,知道了检验的接受域就得到了相应的置信区间.

■ **重要术语及主题**

原假设　备择假设　检验统计量　单边检验　双边检验　显著性水平　拒绝域　显著性检验　一个正态总体的参数的检验　两个正态总体均值差、方差比的检验　成对数据的检验　χ^2 分布拟合检验　假设检验问题的 p 值法

习题

1. 某批矿砂的 5 个样品中的镍含量(以 % 计),经测定为

$$3.25 \quad 3.27 \quad 3.24 \quad 3.26 \quad 3.24$$

设测定值总体服从正态分布,但参数均未知,问在 $\alpha = 0.01$ 下能否接受假设:这批矿砂的镍含量的均值为 3.25?

2. 如果一个矩形的宽度 w 与长度 l 的比 $w/l = \frac{1}{2}(\sqrt{5} - 1) \approx 0.618$,这样的矩形称为黄金矩形. 这种尺寸的矩形使人们看上去有良好的感觉. 现代的建筑构件(如窗架)、工艺品(如图片镜框),甚至司机的执照、商业的信用卡等常常都是采用黄金矩形. 下面列出某工艺品工厂随机取的 20 个矩形的宽度与长度的比值:

$$0.693 \quad 0.749 \quad 0.654 \quad 0.670 \quad 0.662 \quad 0.672 \quad 0.615 \quad 0.606 \quad 0.690 \quad 0.628$$
$$0.668 \quad 0.611 \quad 0.606 \quad 0.609 \quad 0.601 \quad 0.553 \quad 0.570 \quad 0.844 \quad 0.576 \quad 0.933$$

设这一工厂生产的矩形的宽度与长度的比值总体服从正态分布,其均值为 μ,方差为 σ^2,μ,σ^2 均未知. 试检验假设(取 $\alpha = 0.05$)

$$H_0: \mu = 0.618, \quad H_1: \mu \neq 0.618.$$

3. 要求一种元件平均使用寿命不得低于 1 000 h,生产者从一批这种元件中随机抽取 25 件,测得其寿命的平均值为 950 h. 已知该种元件寿命服从标准差为 $\sigma = 100$ h 的正态分布. 试在显著性水平 $\alpha = 0.05$ 下判断这批元件是否合格? 设总体均值为 μ,μ 未知. 即需检验假设 $H_0: \mu \geq 1\,000$,$H_1: \mu < 1\,000$.

4. 下面列出的是某工厂随机选取的 20 只部件的装配时间(以 min 计):

$$9.8 \quad 10.4 \quad 10.6 \quad 9.6 \quad 9.7 \quad 9.9 \quad 10.9 \quad 11.1 \quad 9.6 \quad 10.2$$
$$10.3 \quad 9.6 \quad 9.9 \quad 11.2 \quad 10.6 \quad 9.8 \quad 10.5 \quad 10.1 \quad 10.5 \quad 9.7$$

设装配时间的总体服从正态分布 $N(\mu, \sigma^2)$,μ, σ^2 均未知. 是否可以认为装配时间的均值 μ 显著大于 10(取 $\alpha = 0.05$)?

5. 按规定,100 g 罐头番茄汁中的平均维生素 C 含量不得少于 21 mg/g. 现从工厂的产

品中抽取 17 个罐头,其 100 g 番茄汁中,测得维生素 C 含量(以 mg/g 计)记录如下:

16　25　21　20　23　21　19　15　13　23　17　20　29　18　22　16　22

设维生素 C 含量服从正态分布 $N(\mu, \sigma^2)$,μ, σ^2 均未知,问这批罐头是否符合要求(取显著性水平 $\alpha = 0.05$)?

6. 下表分别给出两位文学家马克·吐温(Mark Twain)的 8 篇小品文以及斯诺特格拉斯(Snodgrass)的 10 篇小品文中由 3 个字母组成的单词的比例:

马克·吐温	0.225	0.262	0.217	0.240	0.230	0.229	0.235	0.217		
斯诺特格拉斯	0.209	0.205	0.196	0.210	0.202	0.207	0.224	0.223	0.220	0.201

设两组数据分别来自正态总体,且两总体方差相等,但参数均未知. 两样本相互独立. 问两位作家所写的小品文中包含由 3 个字母组成的单词的比例是否有显著的差异(取 $\alpha = 0.05$)?

7. 在 20 世纪 70 年代后期人们发现,在酿造啤酒时,麦芽在干燥过程中形成致癌物质 N−亚硝基二甲胺(NDMA). 到了 20 世纪 80 年代初期开发了一种新的麦芽干燥过程. 下面分别给出新老两种过程中形成的 NDMA 含量(以 10 亿份中的份数计):

老过程	6	4	5	5	6	5	5	6	4	6	7	4
新过程	2	1	2	2	1	0	3	2	1	0	1	3

设两样本分别来自正态总体,且两总体的方差相等,但参数均未知. 两样本独立. 分别以 μ_1,μ_2 记对应于老、新过程的总体的均值,试检验假设($\alpha = 0.05$)

$$H_0 : \mu_1 - \mu_2 \leqslant 2, \quad H_1 : \mu_1 - \mu_2 > 2.$$

8. 随机地选了 8 个人,分别测量了他们在早晨起床时和晚上就寝时的身高(以 cm 计),得到以下的数据:

序号	1	2	3	4	5	6	7	8
早上(x_i)	172	168	180	181	160	163	165	177
晚上(y_i)	172	167	177	179	159	161	166	175

设各对数据的差 $D_i = X_i - Y_i (i = 1, 2, \cdots, 8)$ 是来自正态总体 $N(\mu_D, \sigma_D^2)$ 的样本,μ_D,σ_D^2 均未知. 问是否可以认为早晨的身高比晚上的身高要高(取 $\alpha = 0.05$)?

9. 为了比较用来做鞋子后跟的两种材料的质量,选取了 15 名男子(他们的生活条件各不相同),每人穿一双新鞋,其中一只是以材料 A 做后跟,另一只以材料 B 做后跟,其厚度均为 10 mm. 过了一个月再测量厚度,得到数据(以 mm 计)如下:

男子	1	2	3	4	5	6	7	8	9	10	11	12	13	14	15
材料 $A(x_i)$	6.6	7.0	8.3	8.2	5.2	9.3	7.9	8.5	7.8	7.5	6.1	8.9	6.1	9.4	9.1
材料 $B(y_i)$	7.4	5.4	8.8	8.0	6.8	9.1	6.3	7.5	7.0	6.5	4.4	7.7	4.2	9.4	9.1

设 $D_i = X_i - Y_i (i=1, 2, \cdots, 15)$ 是来自正态总体 $N(\mu_D, \sigma_D^2)$ 的样本，μ_D, σ_D^2 均未知. 问是否可以认为以材料 A 制成的后跟比材料 B 的耐穿 (取 $\alpha = 0.05$)?

10. 为了试验两种不同的某谷物的种子的优劣，选取了 10 块土质不同的土地，并将每块土地分为面积相同的两部分，分别种植这两种种子. 设在每块土地的两部分人工管理等条件完全一样. 下面给出各块土地上的单位面积产量:

土地编号 i	1	2	3	4	5	6	7	8	9	10
种子 $A(x_i)$	23	35	29	42	39	29	37	34	35	28
种子 $B(y_i)$	26	39	35	40	38	24	36	27	41	27

设 $D_i = X_i - Y_i (i=1, 2, \cdots, 10)$ 是来自正态总体 $N(\mu_D, \sigma_D^2)$ 的样本，μ_D, σ_D^2 均未知. 问以这两种种子种植的谷物的产量是否有显著的差异 (取 $\alpha = 0.05$)?

11. 一种混杂的小麦品种，株高的标准差为 $\sigma_0 = 14$ cm，经提纯后随机抽取 10 株，它们的株高 (以 cm 计) 为

$$90 \quad 105 \quad 101 \quad 95 \quad 100 \quad 100 \quad 101 \quad 105 \quad 93 \quad 97$$

考察提纯后的群体是否比原群体整齐? 取显著性水平 $\alpha = 0.01$，并设小麦株高服从 $N(\mu, \sigma^2)$.

12. 某种导线，要求其电阻的标准差不得超过 $0.005\ \Omega$，今在生产的一批导线中取样品 9 根，测得 $s = 0.007\ \Omega$，设总体为正态分布，参数均未知. 问在显著性水平 $\alpha = 0.05$ 下能否认为这批导线的标准差显著地偏大?

13. 在第 2 题中记总体的标准差为 σ，试检验假设 (取 $\alpha = 0.05$)

$$H_0: \sigma^2 = 0.11^2, \quad H_1: \sigma^2 \neq 0.11^2.$$

14. 测定某种溶液中的水分，它的 10 个测定值给出 $s = 0.037\%$，设测定值总体为正态分布，σ^2 为总体方差，σ^2 未知. 试在显著性水平 $\alpha = 0.05$ 下检验假设

$$H_0: \sigma \geqslant 0.04\%, \quad H_1: \sigma < 0.04\%.$$

15. 在第 6 题中分别记两个总体的方差为 σ_1^2 和 σ_2^2. 试检验假设 (取 $\alpha = 0.05$)

$$H_0: \sigma_1^2 = \sigma_2^2, \quad H_1: \sigma_1^2 \neq \sigma_2^2,$$

以说明在第 6 题中我们假设 $\sigma_1^2 = \sigma_2^2$ 是合理的.

16. 在第 7 题中分别记两个总体的方差为 σ_1^2 和 σ_2^2. 试检验假设 (取 $\alpha = 0.05$)

$$H_0: \sigma_1^2 = \sigma_2^2, \quad H_1: \sigma_1^2 \neq \sigma_2^2,$$

以说明在第 7 题中我们假设 $\sigma_1^2 = \sigma_2^2$ 是合理的.

17. 两种小麦品种从播种到抽穗所需的天数如下:

x	101	100	99	99	98	100	98	99	99	99
y	100	98	100	99	98	99	98	98	99	100

设两样本依次来自正态总体 $N(\mu_1,\sigma_1^2)$，$N(\mu_2,\sigma_2^2)$，$\mu_i,\sigma_i(i=1,2)$均未知，两样本相互独立.

(1) 试检验假设 $H_0:\sigma_1^2=\sigma_2^2$，$H_1:\sigma_1^2\neq\sigma_2^2$（取 $\alpha=0.05$）.

(2) 若能接受 H_0，接着检验假设 $H_0':\mu_1=\mu_2$，$H_1':\mu_1\neq\mu_2$（取 $\alpha=0.05$）.

18. 用一种叫"混乱指标"的尺度去衡量工程师的英语文章的可理解性，对混乱指标的打分越低表示可理解性越高.分别随机选取 13 篇刊载在工程杂志上的论文，以及 10 篇未出版的学术报告，对它们的打分列于下表：

工程杂志上的论文（数据Ⅰ）				未出版的学术报告（数据Ⅱ）		
1.79	1.75	1.67	1.65	2.39	2.51	2.86
1.87	1.74	1.94		2.56	2.29	2.49
1.62	2.06	1.33		2.36	2.58	
1.96	1.69	1.70		2.62	2.41	

设数据Ⅰ，Ⅱ分别来自正态总体 $N(\mu_1,\sigma_1^2)$，$N(\mu_2,\sigma_2^2)$，$\mu_1,\mu_2,\sigma_1^2,\sigma_2^2$ 均未知，两样本相互独立.

(1) 试检验假设 $H_0:\sigma_1^2=\sigma_2^2$，$H_1:\sigma_1^2\neq\sigma_2^2$（取 $\alpha=0.1$）.

(2) 若能接受 H_0，接着检验假设 $H_0':\mu_1=\mu_2$，$H_1':\mu_1\neq\mu_2$（取 $\alpha=0.1$）.

19. 有两台机器生产金属部件.分别在两台机器所生产的部件中各取一容量 $n_1=60$，$n_2=40$ 的样本，测得部件质量（以 kg 计）的样本方差分别为 $s_1^2=15.46$，$s_2^2=9.66$.设两样本相互独立.两总体分别服从 $N(\mu_1,\sigma_1^2)$，$N(\mu_2,\sigma_2^2)$ 分布 $\mu_i,\sigma_i^2(i=1,2)$ 均未知.试在显著性水平 $\alpha=0.05$ 下检验假设

$$H_0:\sigma_1^2\leqslant\sigma_2^2,\quad H_1:\sigma_1^2>\sigma_2^2.$$

20. 设需要对某一正态总体的均值进行假设检验

$$H_0:\mu\geqslant15,\quad H_1:\mu<15.$$

已知 $\sigma^2=2.5$.取 $\alpha=0.05$.若要求当 H_1 中的 $\mu\leqslant13$ 时犯第Ⅱ类错误的概率不超过 $\beta=0.05$，求所需的样本容量.

21. 电池在货架上滞留的时间不能太长.下面给出某商店随机选取的 8 只电池的货架滞留时间(以天计)：

$$108\quad124\quad124\quad106\quad138\quad163\quad159\quad134$$

设数据来自正态总体 $N(\mu,\sigma^2)$，μ,σ^2 未知.

(1) 试检验假设 $H_0:\mu\leqslant125$，$H_1:\mu>125$，取 $\alpha=0.05$.

(2) 若要求在上述 H_1 中 $(\mu-125)/\sigma\geqslant1.4$ 时，犯第Ⅱ类错误的概率不超过 $\beta=0.1$，求所需的样本容量.

22. 一药厂生产一种新的止痛片，厂方希望验证服用新药片后至开始起作用的时间间隔较原有止痛片至少缩短一半，因此厂方提出需检验假设

$$H_0:\mu_1\leqslant2\mu_2,\quad H_1:\mu_1>2\mu_2.$$

此处 μ_1,μ_2 分别是服用原有止痛片和服用新止痛片后至起作用的时间间隔的总体的均值.设

两总体均为正态且方差分别为已知值 σ_1^2,σ_2^2. 现分别在两总体中取一样本 $X_1,X_2,\cdots,X_{n_1}$ 和 $Y_1,Y_2,\cdots,Y_{n_2}$,设两个样本独立. 试给出上述假设 H_0 的拒绝域,取显著性水平为 α.

23. 检查了一本书的 100 页,记录各页中印刷错误的个数,其结果为

错误个数 f_i	0	1	2	3	4	5	6	$\geqslant 7$
含 f_i 个错误的页数	36	40	19	2	0	2	1	0

问能否认为一页的印刷错误的个数服从泊松分布(取 $\alpha=0.05$)?

24. 在一批灯泡中抽取 300 只做寿命试验,其结果如下:

寿命 t(h)	$0 \leqslant t \leqslant 100$	$100 < t \leqslant 200$	$200 < t \leqslant 300$	$t > 300$
灯泡数	121	78	43	58

取 $\alpha=0.05$,试检验假设

H_0:灯泡寿命服从指数分布

$$f(t)=\begin{cases}0.005\mathrm{e}^{-0.005t}, & t\geqslant 0,\\ 0, & t<0.\end{cases}$$

25. 下面给出了随机选取的某大学一年级学生(200 名)一次数学考试的成绩.

(1) 画出数据的直方图.

(2) 试取 $\alpha=0.1$ 检验数据来自正态总体 $N(60,15^2)$.

分数 x	$20\leqslant x\leqslant 30$	$30<x\leqslant 40$	$40<x\leqslant 50$	$50<x\leqslant 60$
学生数	5	15	30	51
分数 x	$60<x\leqslant 70$	$70<x\leqslant 80$	$80<x\leqslant 90$	$90<x\leqslant 100$
学生数	60	23	10	6

26. 袋中装有 8 只球,其中红球数未知. 在其中任取 3 只,记录红球的只数 X,然后放回,再任取 3 只,记录红球的只数,然后放回. 如此重复进行了 112 次,其结果如下:

X	0	1	2	3
次数	1	31	55	25

试取 $\alpha=0.05$ 检验假设

H_0:X 服从超几何分布

$$P\{X=k\}=\binom{5}{k}\binom{3}{3-k}\Big/\binom{8}{3},\quad k=0,1,2,3.$$

即检验假设 H_0:红球的只数为 5.

27. 一农场 10 年前在一鱼塘中按比例 $20:15:40:25$ 投放了四种鱼:鲑鱼、鲈鱼、竹夹鱼和鲇鱼的鱼苗,现在在鱼塘里获得一样本如下:

序号	1	2	3	4	
种类	鲑鱼	鲈鱼	竹夹鱼	鲇鱼	
数量(条)	132	100	200	168	$\sum = 600$

试取 $\alpha = 0.05$,检验各类鱼数量的比例较 10 年前是否有显著的改变.

28. 某种鸟在起飞前,双足齐跳的次数 X 服从几何分布,其分布律为

$$P\{X = x\} = p^{x-1}(1-p), \quad x = 1, 2, \cdots.$$

今获得一样本如下:

x	1	2	3	4	5	6	7	8	9	10	11	12	$\geqslant 13$
观察到 x 的次数	48	31	20	9	6	5	4	2	1	1	2	1	0

(1) 求 p 的最大似然估计值.

(2) 取 $\alpha = 0.05$,检验假设 H_0:数据来自总体 $P\{X = x\} = p^{x-1}(1-p)$,$x = 1, 2, \cdots$.

29. (1) 设总体服从 $N(\mu, 100)$,μ 未知,现有样本 $n = 16$,$\overline{x} = 13.5$,试检验假设 $H_0: \mu \leqslant 10$,$H_1: \mu > 10$,(i) 取 $\alpha = 0.05$,(ii) 取 $\alpha = 0.10$,(iii) 求 H_0 可被拒绝的最小显著性水平.

(2) 考察生长在老鼠身上的肿块的大小. 以 X 表示在老鼠身上生长了 15 天的肿块的直径(以 mm 计),设 $X \sim N(\mu, \sigma^2)$,μ, σ^2 均未知. 今随机地取 9 只老鼠(在它们身上的肿块都长了 15 天),测得 $\overline{x} = 4.3$,$s = 1.2$,试取 $\alpha = 0.05$,用 p 值法检验假设 $H_0: \mu = 4.0$,$H_1: \mu \neq 4.0$,求出 p 值.

(3) 用 p 值法检验 §2 例 4 的检验问题.

(4) 用 p 值法检验第 27 题中的检验问题.

第九章 方差分析及回归分析

方差分析和回归分析都是数理统计中具有广泛应用的内容. 本章对它们的最基本部分作一介绍.

§1 单因素试验的方差分析

(一)单因素试验

在科学试验和生产实践中,影响一事物的因素往往是很多的. 例如,在化工生产中,有原料成分、原料剂量、催化剂、反应温度、压力、溶液浓度、反应时间、机器设备及操作人员的水平等因素. 每一因素的改变都有可能影响产品的数量和质量. 有些因素影响较大,有些较小. 为了使生产过程得以稳定,保证优质、高产,就有必要找出对产品质量有显著影响的那些因素. 为此,我们需进行试验. 方差分析就是根据试验的结果进行分析,鉴别各个有关因素对试验结果影响的有效方法.

在试验中,我们将要考察的指标称为**试验指标**. 影响试验指标的条件称为**因素**. 因素可分为两类,一类是人们可以控制的(可控因素);一类是人们不能控制的. 例如,反应温度、原料剂量、溶液浓度等是可以控制的,而测量误差、气象条件等一般是难以控制的. 以下我们所说的因素都是指可控因素. 因素所处的状态,称为该因素的**水平**(见下述各例). 如果在一项试验的过程中只有一个因素在改变则称为**单因素试验**,如果多于一个因素在改变则称为**多因素试验**.

例1 设有三台机器,用来生产规格相同的铝合金薄板. 取样,测量薄板的厚度精确至千分之一厘米. 得结果如表 9-1 所示.

表 9-1 铝合金薄板的厚度

机器 I	机器 II	机器 III
0.236	0.257	0.258
0.238	0.253	0.264
0.248	0.255	0.259
0.245	0.254	0.267
0.243	0.261	0.262

这里,试验指标是薄板的厚度.机器为因素,不同的三台机器就是这个因素的三个不同的水平.我们假定除机器这一因素外,材料的规格、操作人员的水平等其他条件都相同.这是单因素试验.试验的目的是为了考察各台机器所生产的薄板的厚度有无显著的差异,即考察机器这一因素对薄板厚度有无显著的影响.如果厚度有显著差异,就表明机器这一因素对薄板厚度的影响是显著的.　　□

例2　表9—2列出了随机选取的、用于计算器的四种类型的电路的响应时间(以 ms 计).

表9—2　电路的响应时间

类型Ⅰ	类型Ⅱ	类型Ⅲ	类型Ⅳ
19　15	20　40	16　17	18
22	21	15	22
20	33	18	19
18	27	26	

这里,试验指标是电路的响应时间.电路类型为因素,这一因素有 4 个水平.这是一个单因素试验.试验的目的是为了考察各种类型电路的响应时间有无显著差异,即考察电路类型这一因素对响应时间有无显著的影响.　　□

例3　一火箭使用四种燃料、三种推进器作射程试验.每种燃料与每种推进器的组合各发射火箭两次,得射程如表9—3(以 n mile 计):

表9—3　火箭的射程

推进器(B)		B_1	B_2	B_3
	A_1	58.2	56.2	65.3
		52.6	41.2	60.8
	A_2	49.1	54.1	51.6
		42.8	50.5	48.4
燃料(A)	A_3	60.1	70.9	39.2
		58.3	73.2	40.7
	A_4	75.8	58.2	48.7
		71.5	51.0	41.4

这里试验指标是射程.推进器和燃料是因素,它们分别有 3 个、4 个水平.这是一个双因素试验.试验的目的在于考察在各种因素的各个水平下射程有无显著的差异,即考察推进器和燃料这两个因素对射程是否有显著的影响.   □

本节限于讨论单因素试验.我们就例 1 来讨论.在例 1 中,我们在因素的每一个水平下进行独立试验,其结果是一个样本.表中数据可看成来自三个不同总体(每个水平对应一个总体)的样本值.将各个总体的均值依次记为 μ_1,μ_2,μ_3.按题意需检验假设

$$H_0:\mu_1=\mu_2=\mu_3,$$
$$H_1:\mu_1,\mu_2,\mu_3 \text{ 不全相等}.$$

现在进而假设各总体均为正态变量,且各总体的方差相等,但参数均未知.那么这是一个检验同方差的多个正态总体均值是否相等的问题.下面所要讨论的方差分析法,就是解决这类问题的一种统计方法.

现在开始讨论单因素试验的方差分析.设因素 A 有 s 个水平 $A_1,A_2,\cdots,A_s$,在水平 $A_j(j=1,2,\cdots,s)$ 下,进行 $n_j(n_j\geq2)$ 次独立试验,得到如表 9-4 的结果.

表 9-4

水平	A_1	A_2	$\cdots$	A_s
观察结果	X_{11}	X_{12}	$\cdots$	X_{1s}
	X_{21}	X_{22}	$\cdots$	X_{2s}
	$\vdots$	$\vdots$		$\vdots$
	$X_{n_1 1}$	$X_{n_2 2}$	$\cdots$	$X_{n_s s}$
样本总和	$T_{\cdot 1}$	$T_{\cdot 2}$	$\cdots$	$T_{\cdot s}$
样本均值	$\overline{X}_{\cdot 1}$	$\overline{X}_{\cdot 2}$	$\cdots$	$\overline{X}_{\cdot s}$
总体均值	μ_1	μ_2	$\cdots$	μ_s

我们假定:各个水平 $A_j(j=1,2,\cdots,s)$ 下的样本 $X_{1j},X_{2j},\cdots,X_{n_j j}$ 来自具有相同方差 σ^2,均值分别为 $\mu_j(j=1,2,\cdots,s)$ 的正态总体 $N(\mu_j,\sigma^2)$,μ_j 与 σ^2 未知.且设不同水平 A_j 下的样本之间相互独立.

由于 $X_{ij}\sim N(\mu_j,\sigma^2)$,即有 $X_{ij}-\mu_j\sim N(0,\sigma^2)$,故 $X_{ij}-\mu_j$ 可看成是随机误差.记 $X_{ij}-\mu_j=\varepsilon_{ij}$,则 X_{ij} 可写成

$$\left.\begin{array}{l}X_{ij}=\mu_j+\varepsilon_{ij},\\ \varepsilon_{ij}\sim N(0,\sigma^2),\text{各 }\varepsilon_{ij}\text{独立},\\ i=1,2,\cdots,n_j,j=1,2,\cdots,s,\end{array}\right\} \qquad (1.1)$$

其中 μ_j 与 σ^2 均为未知参数.(1.1)式称为单因素试验方差分析的数学模型.这

是本节的研究对象.

方差分析的任务是对于模型(1.1)，

1° 检验 s 个总体 $N(\mu_1, \sigma^2), \cdots, N(\mu_s, \sigma^2)$ 的均值是否相等，即检验假设

$$H_0 : \mu_1 = \mu_2 = \cdots = \mu_s,$$
$$H_1 : \mu_1, \mu_2, \cdots, \mu_s \text{ 不全相等.} \tag{1.2}$$

2° 作出未知参数 $\mu_1, \mu_2, \cdots, \mu_s, \sigma^2$ 的估计.

为了将问题(1.2)写成便于讨论的形式，我们将 $\mu_1, \mu_2, \cdots, \mu_s$ 的加权平均值 $\dfrac{1}{n} \sum\limits_{j=1}^{s} n_j \mu_j$ 记为 μ，即

$$\mu = \frac{1}{n} \sum_{j=1}^{s} n_j \mu_j, \tag{1.3}$$

其中 $n = \sum\limits_{j=1}^{s} n_j$，$\mu$ 称为**总平均**. 再引入

$$\delta_j = \mu_j - \mu, \quad j = 1, 2, \cdots, s, \tag{1.4}$$

此时有 $n_1 \delta_1 + n_2 \delta_2 + \cdots + n_s \delta_s = 0$，$\delta_j$ 表示水平 A_j 下的总体均值与总平均的差异，习惯上将 δ_j 称为水平 A_j 的**效应**.

利用这些记号，模型(1.1)可改写成

$$\left. \begin{array}{l} X_{ij} = \mu + \delta_j + \varepsilon_{ij}, \\ \varepsilon_{ij} \sim N(0, \sigma^2)，各 \varepsilon_{ij} \text{ 独立，} \\ i = 1, 2, \cdots, n_j, j = 1, 2, \cdots, s, \\ \sum\limits_{j=1}^{s} n_j \delta_j = 0. \end{array} \right\} \tag{1.1$'$}$$

而假设(1.2)等价于假设

$$H_0 : \delta_1 = \delta_2 = \cdots = \delta_s = 0,$$
$$H_1 : \delta_1, \delta_2, \cdots, \delta_s \text{ 不全为零.} \tag{1.2$'$}$$

这是因为当且仅当 $\mu_1 = \mu_2 = \cdots = \mu_s$ 时 $\mu_j = \mu$，即 $\delta_j = 0, j = 1, 2, \cdots, s$.

（二）平方和的分解

下面我们从平方和的分解着手，导出假设检验问题(1.2)$'$ 的检验统计量.

引入总偏差平方和

$$S_T = \sum_{j=1}^{s} \sum_{i=1}^{n_j} (X_{ij} - \overline{X})^2, \tag{1.5}$$

其中

$$\overline{X} = \frac{1}{n} \sum_{j=1}^{s} \sum_{i=1}^{n_j} X_{ij} \tag{1.6}$$

是数据的总平均. S_T 能反映全部试验数据之间的差异,因此 S_T 又称为总变差. 又记水平 A_j 下的样本均值为 $\overline{X}._j$,即

$$\overline{X}._j = \frac{1}{n_j} \sum_{i=1}^{n_j} X_{ij}. \tag{1.7}$$

我们将 S_T 写成

$$S_T = \sum_{j=1}^{s} \sum_{i=1}^{n_j} \left[(X_{ij} - \overline{X}._j) + (\overline{X}._j - \overline{X}) \right]^2$$

$$= \sum_{j=1}^{s} \sum_{i=1}^{n_j} (X_{ij} - \overline{X}._j)^2 + \sum_{j=1}^{s} \sum_{i=1}^{n_j} (\overline{X}._j - \overline{X})^2 + 2 \sum_{j=1}^{s} \sum_{i=1}^{n_j} (X_{ij} - \overline{X}._j)(\overline{X}._j - \overline{X}).$$

注意到上式第三项(即交叉项)

$$2 \sum_{j=1}^{s} \sum_{i=1}^{n_j} (X_{ij} - \overline{X}._j)(\overline{X}._j - \overline{X})$$

$$= 2 \sum_{j=1}^{s} (\overline{X}._j - \overline{X}) \left[\sum_{i=1}^{n_j} (X_{ij} - \overline{X}._j) \right] = 2 \sum_{j=1}^{s} (\overline{X}._j - \overline{X}) \left(\sum_{i=1}^{n_j} X_{ij} - n_j \overline{X}._j \right) = 0.$$

于是我们就将 S_T 分解成为

$$S_T = S_E + S_A, \tag{1.8}$$

其中
$$S_E = \sum_{j=1}^{s} \sum_{i=1}^{n_j} (X_{ij} - \overline{X}._j)^2, \tag{1.9}$$

$$S_A = \sum_{j=1}^{s} \sum_{i=1}^{n_j} (\overline{X}._j - \overline{X})^2 = \sum_{j=1}^{s} n_j (\overline{X}._j - \overline{X})^2 = \sum_{j=1}^{s} n_j \overline{X}._j^2 - n \overline{X}^2. \tag{1.10}$$

上述 S_E 的各项 $(X_{ij} - \overline{X}._j)^2$ 表示在水平 A_j 下,样本观察值与样本均值的差异,这是由随机误差所引起的. S_E 叫做**误差平方和**. S_A 的各项 $n_j (\overline{X}._j - \overline{X})^2$ 表示 A_j 水平下的样本均值与数据总平均的差异,这是由水平 A_j 的效应的差异以及随机误差引起的. S_A 叫做因素 A 的**效应平方和**. (1.8) 式就是我们所需要的平方和分解式.

(三) S_E, S_A 的统计特性

为了引出检验问题 $(1.2)'$ 的检验统计量,我们依次来讨论 S_E, S_A 的一些统计特性. 先将 S_E 写成

$$S_E = \sum_{i=1}^{n_1} (X_{i1} - \overline{X}._1)^2 + \cdots + \sum_{i=1}^{n_s} (X_{is} - \overline{X}._s)^2. \tag{1.11}$$

注意到 $\sum_{i=1}^{n_j} (X_{ij} - \overline{X}._j)^2$ 是总体 $N(\mu_j, \sigma^2)$ 的样本方差的 $n_j - 1$ 倍,于是有

$$\frac{\sum_{i=1}^{n_j}(X_{ij}-\overline{X}_{\cdot j})^2}{\sigma^2} \sim \chi^2(n_j-1).$$

因各 X_{ij} 相互独立,故(1.11)式中各平方和相互独立.由 χ^2 分布的可加性知

$$\frac{S_E}{\sigma^2} \sim \chi^2\Big(\sum_{j=1}^{s}(n_j-1)\Big),$$

即
$$\frac{S_E}{\sigma^2} \sim \chi^2(n-s), \tag{1.12}$$

这里 $n=\sum_{j=1}^{s}n_j$.由(1.12)式还可知,S_E 的自由度为 $n-s$,且有

$$E(S_E)=(n-s)\sigma^2. \tag{1.13}$$

下面讨论 S_A 的统计特性,我们看到 S_A 是 s 个变量 $\sqrt{n_j}\,(\overline{X}_{\cdot j}-\overline{X})$ ($j=1,2,\cdots,s$) 的平方和,它们之间仅有一个线性约束条件

$$\sum_{j=1}^{s}\sqrt{n_j}\big[\sqrt{n_j}\,(\overline{X}_{\cdot j}-\overline{X})\big]=\sum_{j=1}^{s}n_j(\overline{X}_{\cdot j}-\overline{X})=\sum_{j=1}^{s}\sum_{i=1}^{n_j}X_{ij}-n\overline{X}=0,$$

故知 S_A 的自由度是 $s-1$.

再由(1.3),(1.6)式及 X_{ij} 的独立性,知

$$\overline{X} \sim N\Big(\mu,\frac{\sigma^2}{n}\Big). \tag{1.14}$$

即得

$$E(S_A)=E\Big[\sum_{j=1}^{s}n_j\overline{X}_{\cdot j}^2-n\overline{X}^2\Big]=\sum_{j=1}^{s}n_jE(\overline{X}_{\cdot j}^2)-nE(\overline{X}^2)$$

$$=\sum_{j=1}^{s}n_j\Big[\frac{\sigma^2}{n_j}+(\mu+\delta_j)^2\Big]-n\Big(\frac{\sigma^2}{n}+\mu^2\Big)$$

$$=(s-1)\sigma^2+2\mu\sum_{j=1}^{s}n_j\delta_j+n\mu^2+\sum_{j=1}^{s}n_j\delta_j^2-n\mu^2.$$

由(1.1)′式 $\sum_{j=1}^{s}n_j\delta_j=0$,故有

$$E(S_A)=(s-1)\sigma^2+\sum_{j=1}^{s}n_j\delta_j^2. \tag{1.15}$$

进一步还可以证明 S_A 与 S_E 独立,且当 H_0 为真时

$$\frac{S_A}{\sigma^2} \sim \chi^2(s-1). \tag{1.16}$$

(证略.)

（四）假设检验问题的拒绝域

现在我们可以来确定假设检验问题(1.2)′的拒绝域了.

由(1.15)式知，当 H_0 为真时

$$E\left(\frac{S_A}{s-1}\right)=\sigma^2,\tag{1.17}$$

即 $\dfrac{S_A}{s-1}$ 是 σ^2 的无偏估计. 而当 H_1 为真时，$\displaystyle\sum_{j=1}^{s}n_j\delta_j^2>0$，此时

$$E\left(\frac{S_A}{s-1}\right)=\sigma^2+\frac{1}{s-1}\sum_{j=1}^{s}n_j\delta_j^2>\sigma^2.\tag{1.18}$$

又由(1.13)知，

$$E\left(\frac{S_E}{n-s}\right)=\sigma^2,\tag{1.19}$$

即不管 H_0 是否为真，$\dfrac{S_E}{n-s}$ 都是 σ^2 的无偏估计.

综上所述，分式 $F=\dfrac{S_A/(s-1)}{S_E/(n-s)}$ 的分子与分母独立，分母 $\dfrac{S_E}{n-s}$ 不论 H_0 是否为真，其数学期望总是 σ^2. 当 H_0 为真时，分子的数学期望为 σ^2，当 H_0 不真时，由(1.18)式分子的取值有偏大的趋势. 故知检验问题(1.2)′的拒绝域具有形式

$$F=\frac{S_A/(s-1)}{S_E/(n-s)}\geqslant k,$$

其中 k 由预先给定的显著性水平 α 确定. 由(1.12)，(1.16)式及 S_E 与 S_A 的独立性知，当 H_0 为真时，

$$\frac{S_A/(s-1)}{S_E/(n-s)}=\frac{S_A/\sigma^2}{s-1}\bigg/\frac{S_E/\sigma^2}{n-s}\sim F(s-1,n-s).$$

由此得检验问题(1.2)′的拒绝域为

$$F=\frac{S_A/(s-1)}{S_E/(n-s)}\geqslant F_\alpha(s-1,n-s).\tag{1.20}$$

上述分析的结果可排成表 $9-5$ 的形式，称为 **方差分析表**.

表 $9-5$ 单因素试验的方差分析表

方差来源	平方和	自由度	均方	F 比
因素 A	S_A	$s-1$	$\overline{S}_A=\dfrac{S_A}{s-1}$	$F=\dfrac{\overline{S}_A}{\overline{S}_E}$
误差	S_F	$n-s$	$\overline{S}_E=\dfrac{S_E}{n-s}$	
总和	S_T	$n-1$		

表中 $\overline{S}_A = S_A/(s-1), \overline{S}_E = S_E/(n-s)$ 分别称为 S_A, S_E 的**均方**. 另外,因在 S_T 中 n 个变量 $X_{ij} - \overline{X}$ 之间仅满足一个约束条件(1.6),故 S_T 的自由度为 $n-1$.

在实际中,我们可以按以下较简便的公式来计算 S_T, S_A 和 S_E.

记　　　　$T._j = \sum_{i=1}^{n_j} X_{ij}, j = 1, 2, \cdots, s,\quad T.. = \sum_{j=1}^{s} \sum_{i=1}^{n_j} X_{ij},$

即有

$$\left. \begin{aligned} S_T &= \sum_{j=1}^{s} \sum_{i=1}^{n_j} X_{ij}^2 - n\overline{X}^2 = \sum_{j=1}^{s} \sum_{i=1}^{n_j} X_{ij}^2 - \frac{T..^2}{n}, \\ S_A &= \sum_{j=1}^{s} n_j \overline{X}._j^2 - n\overline{X}^2 = \sum_{j=1}^{s} \frac{T._j^2}{n_j} - \frac{T..^2}{n}, \\ S_E &= S_T - S_A. \end{aligned} \right\} \tag{1.21}$$

例 4　设在例 1 中符合模型(1.1)条件,检验假设($\alpha = 0.05$):

$$H_0 : \mu_1 = \mu_2 = \mu_3,$$
$$H_1 : \mu_1, \mu_2, \mu_3 \text{ 不全相等}.$$

解　现在 $s = 3, n_1 = n_2 = n_3 = 5, n = 15,$

$$S_T = \sum_{j=1}^{3} \sum_{i=1}^{5} X_{ij}^2 - \frac{T..^2}{15} = 0.963\ 912 - \frac{3.8^2}{15} = 0.001\ 245\ 33,$$

$$S_A = \sum_{j=1}^{3} \frac{T._j^2}{n_j} - \frac{T..^2}{n} = \frac{1}{5}(1.21^2 + 1.28^2 + 1.31^2) - \frac{3.8^2}{15}$$
$$= 0.001\ 053\ 33,$$

$$S_E = S_T - S_A = 0.000\ 192.$$

S_T, S_A, S_E 的自由度依次为 $n-1 = 14, s-1 = 2, n-s = 12$,得方差分析表如表 9 - 6 所示:

表 9 - 6　例 4 的方差分析表

方差来源	平方和	自由度	均方	F 比
因素	0.001 053 33	2	0.000 526 67	32.92
误差	0.000 192	12	0.000 016	
总和	0.001 245 33	14		

因 $F_{0.05}(2,12) = 3.89 < 32.92$,故在显著性水平 0.05 下拒绝 H_0,认为各台机器生产的薄板厚度有显著的差异.　□

（五）未知参数的估计

上面已讲到过，不管 H_0 是否为真，

$$\hat{\sigma}^2 = \frac{S_E}{n-s}$$

是 σ^2 的无偏估计.

又由 (1.14),(1.7) 式知

$$E(\overline{X}) = \mu, \quad E(\overline{X}_{\cdot j}) = \frac{1}{n_j}\sum_{i=1}^{n_j} E(X_{ij}) = \mu_j, \quad j = 1,2,\cdots,s.$$

故 $\hat{\mu} = \overline{X}, \quad \hat{\mu}_j = \overline{X}_{\cdot j}$ 分别是 μ, μ_j 的无偏估计.

又若拒绝 H_0,这意味着效应 $\delta_1,\delta_2,\cdots,\delta_s$ 不全为零. 由于

$$\delta_j = \mu_j - \mu, \quad j = 1,2,\cdots,s,$$

知 $\hat{\delta}_j = \overline{X}_{\cdot j} - \overline{X}$ 是 δ_j 的无偏估计. 此时还有关系式

$$\sum_{j=1}^{s} n_j\hat{\delta}_j = \sum_{j=1}^{s} n_j\overline{X}_{\cdot j} - n\overline{X} = 0.$$

当拒绝 H_0 时,常需要作出两总体 $N(\mu_j,\sigma^2)$ 和 $N(\mu_k,\sigma^2),j \neq k$ 的均值差 $\mu_j - \mu_k = \delta_j - \delta_k$ 的区间估计. 其做法如下.

由于

$$E(\overline{X}_{\cdot j} - \overline{X}_{\cdot k}) = \mu_j - \mu_k,$$

$$D(\overline{X}_{\cdot j} - \overline{X}_{\cdot k}) = \sigma^2\left(\frac{1}{n_j} + \frac{1}{n_k}\right),$$

由第六章末所附"§3 定理 3 的证明及其推广"知 $\overline{X}_{\cdot j} - \overline{X}_{\cdot k}$ 与 $\hat{\sigma}^2 = S_E/(n-s)$ 独立. 于是

$$\frac{(\overline{X}_{\cdot j} - \overline{X}_{\cdot k}) - (\mu_j - \mu_k)}{\sqrt{S_E\left(\frac{1}{n_j} + \frac{1}{n_k}\right)}}$$

$$= \frac{(\overline{X}_{\cdot j} - \overline{X}_{\cdot k}) - (\mu_j - \mu_k)}{\sigma\sqrt{1/n_j + 1/n_k}}\bigg/\sqrt{\frac{S_E}{\sigma^2}\bigg/(n-s)} \sim t(n-s).$$

据此得均值差 $\mu_j - \mu_k = \delta_j - \delta_k$ 的置信水平为 $1-\alpha$ 的置信区间为

$$\left(\overline{X}_{\cdot j} - \overline{X}_{\cdot k} \pm t_{\alpha/2}(n-s)\sqrt{S_E\left(\frac{1}{n_j} + \frac{1}{n_k}\right)}\right). \tag{1.22}$$

例5 求例 4 中的未知参数 $\sigma^2,\mu_j,\delta_j(j=1,2,3)$ 的点估计及均值差的置信水平为 0.95 的置信区间.

解　$\hat{\sigma}^2 = S_E/(n-s) = 0.000\ 016$,

$\hat{\mu}_1 = \overline{x}_{\cdot 1} = 0.242$,　$\hat{\mu}_2 = \overline{x}_{\cdot 2} = 0.256$,　$\hat{\mu}_3 = \overline{x}_{\cdot 3} = 0.262$,　$\hat{\mu} = \overline{x} = 0.253$,

$\hat{\delta}_1 = \overline{x}_{\cdot 1} - \overline{x} = -0.011$,　$\hat{\delta}_2 = \overline{x}_{\cdot 2} - \overline{x} = 0.003$,　$\hat{\delta}_3 = \overline{x}_{\cdot 3} - \overline{x} = 0.009$.

均值差的区间估计如下：

由 $t_{0.025}(n-s) = t_{0.025}(12) = 2.178\ 8$ 得

$$t_{0.025}(12)\sqrt{\overline{S}_E\left(\frac{1}{n_j} + \frac{1}{n_k}\right)} = 2.178\ 8\sqrt{16 \times 10^{-6} \times \frac{2}{5}} = 0.006,$$

故 $\mu_1 - \mu_2, \mu_1 - \mu_3$ 及 $\mu_2 - \mu_3$ 的置信水平为 0.95 的置信区间分别为

$$(0.242 - 0.256 \pm 0.006) = (-0.020, -0.008),$$
$$(0.242 - 0.262 \pm 0.006) = (-0.026, -0.014),$$
$$(0.256 - 0.262 \pm 0.006) = (-0.012, 0).　　　　□$$

例 6　设在例 2 中的四种类型电路的响应时间的总体均为正态,且各总体的方差相同,但参数均未知. 又设各样本相互独立. 试取显著性水平 $\alpha = 0.05$ 检验各类型电路的响应时间是否有显著差异.

解　分别以 $\mu_1, \mu_2, \mu_3, \mu_4$ 记类型 Ⅰ, Ⅱ, Ⅲ, Ⅳ 四种电路响应时间总体的均值. 我们需检验假设 $(\alpha = 0.05)$

$$H_0: \mu_1 = \mu_2 = \mu_3 = \mu_4,$$
$$H_1: \mu_1, \mu_2, \mu_3, \mu_4 \text{ 不全相等.}$$

现在 $n = 18, s = 4, n_1 = n_2 = n_3 = 5, n_4 = 3$,

$$S_T = \sum_{j=1}^{4}\sum_{i=1}^{n_j} x_{ij}^2 - \frac{T_{\cdot\cdot}^2}{18} = 8\ 992 - 386^2/18 = 714.44,$$

$$S_A = \sum_{j=1}^{4} \frac{T_{\cdot j}^2}{n_j} - \frac{T_{\cdot\cdot}^2}{18}$$

$$= \left[\frac{1}{5}(94^2 + 141^2 + 92^2) + \frac{59^2}{3}\right] - \frac{386^2}{18} = 318.98,$$

$$S_E = S_T - S_A = 395.46.$$

S_T, S_A, S_E 的自由度依次为 17, 3, 14, 结果载于表 9−7.

表 9−7　例 6 的方差分析表

方差来源	平方和	自由度	均方	F 比
因素	318.98	3	106.33	3.76
误差	395.46	14	28.25	
总和	714.44	17		

因 $F_{0.05}(3,14)=3.34<3.76$,故在显著性水平 0.05 下拒绝 H_0,认为各类型电路的响应时间有显著差异. □

§2 双因素试验的方差分析

本节介绍双因素试验的方差分析.

(一) 双因素等重复试验的方差分析

设有两个因素 A,B 作用于试验指标.因素 A 有 r 个水平 $A_1,A_2,\cdots,A_r$,因素 B 有 s 个水平 $B_1,B_2,\cdots,B_s$.现对因素 A,B 的水平的每对组合 (A_i,B_j),$i=1,2,\cdots,r;j=1,2,\cdots,s$ 都作 t $(t\geqslant 2)$ 次试验(称为等重复试验),得到如表 9-8 的结果:

表 9-8

因素 B / 因素 A	B_1	B_2	$\cdots$	B_s
A_1	$X_{111},X_{112},$ $\cdots,X_{11t}$	$X_{121},X_{122},$ $\cdots,X_{12t}$	$\cdots$	$X_{1s1},X_{1s2},$ $\cdots,X_{1st}$
A_2	$X_{211},X_{212},$ $\cdots,X_{21t}$	$X_{221},X_{222},$ $\cdots,X_{22t}$	$\cdots$	$X_{2s1},X_{2s2},$ $\cdots,X_{2st}$
$\vdots$	$\vdots$	$\vdots$		$\vdots$
A_r	$X_{r11},X_{r12},$ $\cdots,X_{r1t}$	$X_{r21},X_{r22},$ $\cdots,X_{r2t}$	$\cdots$	$X_{rs1},X_{rs2},$ $\cdots,X_{rst}$

并设

$$X_{ijk}\sim N(\mu_{ij},\sigma^2),\quad i=1,2,\cdots,r;j=1,2,\cdots,s;k=1,2,\cdots,t,$$

各 X_{ijk} 独立.这里,μ_{ij},σ^2 均为未知参数.或写成

$$\left.\begin{array}{l} X_{ijk}=\mu_{ij}+\varepsilon_{ijk},\\ \varepsilon_{ijk}\sim N(0,\sigma^2),\text{各 }\varepsilon_{ijk}\text{ 独立},\\ i=1,2,\cdots,r;j=1,2,\cdots,s;\\ k=1,2,\cdots,t. \end{array}\right\} \tag{2.1}$$

引入记号

$$\mu = \frac{1}{rs} \sum_{i=1}^{r} \sum_{j=1}^{s} \mu_{ij},$$

$$\mu_{i \cdot} = \frac{1}{s} \sum_{j=1}^{s} \mu_{ij}, \quad i=1,2,\cdots,r,$$

$$\mu_{\cdot j} = \frac{1}{r} \sum_{i=1}^{r} \mu_{ij}, \quad j=1,2,\cdots,s,$$

$$\alpha_i = \mu_{i \cdot} - \mu, \quad i=1,2,\cdots,r,$$

$$\beta_j = \mu_{\cdot j} - \mu, \quad j=1,2,\cdots,s.$$

易见

$$\sum_{i=1}^{r} \alpha_i = 0, \quad \sum_{j=1}^{s} \beta_j = 0.$$

称 μ 为总平均,称 α_i 为水平 A_i 的效应,称 β_j 为水平 B_j 的效应. 这样可将 μ_{ij} 表示成

$$\mu_{ij} = \mu + \alpha_i + \beta_j + (\mu_{ij} - \mu_{i \cdot} - \mu_{\cdot j} + \mu),$$
$$i=1,2,\cdots,r; \quad j=1,2,\cdots,s. \tag{2.2}$$

记　　　$\gamma_{ij} = \mu_{ij} - \mu_{i \cdot} - \mu_{\cdot j} + \mu, \ i=1,2,\cdots,r; \quad j=1,2,\cdots,s, \tag{2.3}$

此时

$$\mu_{ij} = \mu + \alpha_i + \beta_j + \gamma_{ij}. \tag{2.4}$$

γ_{ij} 称为水平 A_i 和水平 B_j 的**交互效应**,这是由 A_i, B_j 搭配起来联合起作用而引起的. 易见

$$\sum_{i=1}^{r} \gamma_{ij} = 0, \quad j=1,2,\cdots,s,$$

$$\sum_{j=1}^{s} \gamma_{ij} = 0, \quad i=1,2,\cdots,r.$$

这样,(2.1) 可写成

$$\left. \begin{array}{l} X_{ijk} = \mu + \alpha_i + \beta_j + \gamma_{ij} + \varepsilon_{ijk}, \\[4pt] \varepsilon_{ijk} \sim N(0,\sigma^2),\text{各 } \varepsilon_{ijk} \text{ 独立}, \\[4pt] i=1,2,\cdots,r; j=1,2,\cdots,s; k=1,2,\cdots,t, \\[4pt] \sum_{i=1}^{r} \alpha_i = 0, \sum_{j=1}^{s} \beta_j = 0, \sum_{i=1}^{r} \gamma_{ij} = 0, \sum_{j=1}^{s} \gamma_{ij} = 0, \end{array} \right\} \tag{2.5}$$

其中 $\mu, \alpha_i, \beta_j, \gamma_{ij}$ 及 σ^2 都是未知参数.

(2.5) 式就是我们所要研究的双因素试验方差分析的数学模型. 对于这一模型我们要检验以下三个假设:

$$
\begin{cases}
H_{01}: & \alpha_1 = \alpha_2 = \cdots = \alpha_r = 0, \\
H_{11}: & \alpha_1, \alpha_2, \cdots, \alpha_r \text{ 不全为零,}
\end{cases} \tag{2.6}
$$

$$
\begin{cases}
H_{02}: & \beta_1 = \beta_2 = \cdots = \beta_s = 0, \\
H_{12}: & \beta_1, \beta_2, \cdots, \beta_s \text{ 不全为零,}
\end{cases} \tag{2.7}
$$

$$
\begin{cases}
H_{03}: & \gamma_{11} = \gamma_{12} = \cdots = \gamma_{rs} = 0, \\
H_{13}: & \gamma_{11}, \gamma_{12}, \cdots, \gamma_{rs} \text{ 不全为零.}
\end{cases} \tag{2.8}
$$

与单因素情况类似,对这些问题的检验方法也是建立在平方和的分解上的.先引入以下的记号:

$$
\overline{X} = \frac{1}{rst} \sum_{i=1}^{r} \sum_{j=1}^{s} \sum_{k=1}^{t} X_{ijk},
$$

$$
\overline{X}_{ij\cdot} = \frac{1}{t} \sum_{k=1}^{t} X_{ijk}, \quad i = 1, 2, \cdots, r; j = 1, 2, \cdots, s,
$$

$$
\overline{X}_{i\cdot\cdot} = \frac{1}{st} \sum_{j=1}^{s} \sum_{k=1}^{t} X_{ijk}, \quad i = 1, 2, \cdots, r,
$$

$$
\overline{X}_{\cdot j\cdot} = \frac{1}{rt} \sum_{i=1}^{r} \sum_{k=1}^{t} X_{ijk}, \quad j = 1, 2, \cdots, s.
$$

再引入总偏差平方和(称为总变差)

$$
S_T = \sum_{i=1}^{r} \sum_{j=1}^{s} \sum_{k=1}^{t} (X_{ijk} - \overline{X})^2.
$$

我们可将 S_T 写成

$$
\begin{aligned}
S_T &= \sum_{i=1}^{r} \sum_{j=1}^{s} \sum_{k=1}^{t} (X_{ijk} - \overline{X})^2 \\
&= \sum_{i=1}^{r} \sum_{j=1}^{s} \sum_{k=1}^{t} \big[(X_{ijk} - \overline{X}_{ij\cdot}) + (\overline{X}_{i\cdot\cdot} - \overline{X}) + (\overline{X}_{\cdot j\cdot} - \overline{X}) \\
&\quad + (\overline{X}_{ij\cdot} - \overline{X}_{i\cdot\cdot} - \overline{X}_{\cdot j\cdot} + \overline{X}) \big]^2 \\
&= \sum_{i=1}^{r} \sum_{j=1}^{s} \sum_{k=1}^{t} (X_{ijk} - \overline{X}_{ij\cdot})^2 + st \sum_{i=1}^{r} (\overline{X}_{i\cdot\cdot} - \overline{X})^2 \\
&\quad + rt \sum_{j=1}^{s} (\overline{X}_{\cdot j\cdot} - \overline{X})^2 + t \sum_{i=1}^{r} \sum_{j=1}^{s} (\overline{X}_{ij\cdot} - \overline{X}_{i\cdot\cdot} - \overline{X}_{\cdot j\cdot} + \overline{X})^2,
\end{aligned}
$$

即得平方和的分解式

$$
S_T = S_E + S_A + S_B + S_{A \times B}, \tag{2.9}
$$

其中

$$
S_E = \sum_{i=1}^{r} \sum_{j=1}^{s} \sum_{k=1}^{t} (X_{ijk} - \overline{X}_{ij\cdot})^2, \tag{2.10}
$$

$$S_A = st \sum_{i=1}^{r} (\overline{X}_{i..} - \overline{X})^2, \tag{2.11}$$

$$S_B = rt \sum_{j=1}^{s} (\overline{X}_{.j.} - \overline{X})^2, \tag{2.12}$$

$$S_{A \times B} = t \sum_{i=1}^{r} \sum_{j=1}^{s} (\overline{X}_{ij.} - \overline{X}_{i..} - \overline{X}_{.j.} + \overline{X})^2. \tag{2.13}$$

S_E 称为**误差平方和**，S_A，S_B 分别称为因素A、因素B的**效应平方和**，$S_{A \times B}$ 称为A，B **交互效应平方和**.

可以证明 S_T，S_E，S_A，S_B，$S_{A \times B}$ 的自由度依次为 $rst-1$，$rs(t-1)$，$r-1$，$s-1$，$(r-1)(s-1)$，且有

$$E\left(\frac{S_E}{rs(t-1)}\right) = \sigma^2, \tag{2.14}$$

$$E\left(\frac{S_A}{r-1}\right) = \sigma^2 + \frac{st \sum_{i=1}^{r} \alpha_i^2}{r-1}, \tag{2.15}$$

$$E\left(\frac{S_B}{s-1}\right) = \sigma^2 + \frac{rt \sum_{j=1}^{s} \beta_j^2}{s-1}, \tag{2.16}$$

$$E\left(\frac{S_{A \times B}}{(r-1)(s-1)}\right) = \sigma^2 + \frac{t \sum_{i=1}^{r} \sum_{j=1}^{s} \gamma_{ij}^2}{(r-1)(s-1)}. \tag{2.17}$$

当 $H_{01} : \alpha_1 = \alpha_2 = \cdots = \alpha_r = 0$ 为真时，可以证明

$$F_A = \frac{S_A/(r-1)}{S_E/[rs(t-1)]} \sim F(r-1, rs(t-1)). \tag{2.18}$$

取显著性水平为 α，得假设 H_{01} 的拒绝域为

$$F_A = \frac{S_A/(r-1)}{S_E/[rs(t-1)]} \geqslant F_\alpha(r-1, rs(t-1)). \tag{2.19}$$

类似地，在显著性水平 α 下，假设 H_{02} 的拒绝域为

$$F_B = \frac{S_B/(s-1)}{S_E/[rs(t-1)]} \geqslant F_\alpha(s-1, rs(t-1)). \tag{2.20}$$

在显著性水平 α 下，假设 H_{03} 的拒绝域为

$$F_{A \times B} = \frac{S_{A \times B}/[(r-1)(s-1)]}{S_E/[rs(t-1)]}$$
$$\geqslant F_\alpha((r-1)(s-1), rs(t-1)). \tag{2.21}$$

上述结果可汇总成下列的方差分析表（表 9—9）：

表 9 - 9 双因素试验的方差分析表

方差来源	平方和	自由度	均方	F 比
因素 A	S_A	$r-1$	$\overline{S}_A = \dfrac{S_A}{r-1}$	$F_A = \dfrac{\overline{S}_A}{\overline{S}_E}$
因素 B	S_B	$s-1$	$\overline{S}_B = \dfrac{S_B}{s-1}$	$F_B = \dfrac{\overline{S}_B}{\overline{S}_E}$
交互作用	$S_{A \times B}$	$(r-1)(s-1)$	$\overline{S}_{A \times B} = \dfrac{S_{A \times B}}{(r-1)(s-1)}$	$F_{A \times B} = \dfrac{\overline{S}_{A \times B}}{\overline{S}_E}$
误差	S_E	$rs(t-1)$	$\overline{S}_E = \dfrac{S_E}{rs(t-1)}$	
总和	S_T	$rst-1$		

记

$$T_{\cdots} = \sum_{i=1}^{r} \sum_{j=1}^{s} \sum_{k=1}^{t} X_{ijk},$$

$$T_{ij\cdot} = \sum_{k=1}^{t} X_{ijk}, \quad i=1,2,\cdots,r; j=1,2,\cdots,s,$$

$$T_{i\cdot\cdot} = \sum_{j=1}^{s} \sum_{k=1}^{t} X_{ijk}, \quad i=1,2,\cdots,r,$$

$$T_{\cdot j\cdot} = \sum_{i=1}^{r} \sum_{k=1}^{t} X_{ijk}, \quad j=1,2,\cdots,s.$$

我们可以按照下述(2.22)式来计算上表中的各个平方和.

$$
\left.
\begin{aligned}
S_T &= \sum_{i=1}^{r} \sum_{j=1}^{s} \sum_{k=1}^{t} X_{ijk}^2 - \frac{T_{\cdots}^2}{rst}, \\
S_A &= \frac{1}{st} \sum_{i=1}^{r} T_{i\cdot\cdot}^2 - \frac{T_{\cdots}^2}{rst}, \\
S_B &= \frac{1}{rt} \sum_{j=1}^{s} T_{\cdot j\cdot}^2 - \frac{T_{\cdots}^2}{rst}, \\
S_{A \times B} &= \left(\frac{1}{t} \sum_{i=1}^{r} \sum_{j=1}^{s} T_{ij\cdot}^2 - \frac{T_{\cdots}^2}{rst} \right) - S_A - S_B, \\
S_E &= S_T - S_A - S_B - S_{A \times B}.
\end{aligned}
\right\}
\quad (2.22)
$$

例 1 在上一节例 3 中,假设符合双因素方差分析模型所需的条件. 试在显著性水平 $\alpha = 0.05$ 下,检验不同燃料(因素 A)、不同推进器(因素 B)下的射程是否有显著差异?交互作用是否显著?

解 需检验假设 H_{01}, H_{02}, H_{03}(见(2.6)—(2.8)). $T_{\cdots}, T_{ij\cdot}, T_{i\cdot\cdot}, T_{\cdot j\cdot}$ 的计算如表 9-10.

表 9 — 10

B A	B_1	B_2	B_3	$T_{i..}$
A_1	58.2 (110.8) 52.6	56.2 (97.4) 41.2	65.3 (126.1) 60.8	334.3
A_2	49.1 (91.9) 42.8	54.1 (104.6) 50.5	51.6 (100) 48.4	296.5
A_3	60.1 (118.4) 58.3	70.9 (144.1) 73.2	39.2 (79.9) 40.7	342.4
A_4	75.8 (147.3) 71.5	58.2 (109.2) 51.0	48.7 (90.1) 41.4	346.6
$T_{.j.}$	468.4	455.3	396.1	1 319.8

表中括弧内的数是 $T_{ij}.$ 现在 $r = 4, s = 3, t = 2$,故有

$$S_T = (58.2^2 + 52.6^2 + \cdots + 41.4^2) - \frac{1\ 319.8^2}{24} = 2\ 638.298\ 33,$$

$$S_A = \frac{1}{6}(334.3^2 + 296.5^2 + 342.4^2 + 346.6^2) - \frac{1\ 319.8^2}{24} = 261.675\ 00,$$

$$S_B = \frac{1}{8}(468.4^2 + 455.3^2 + 396.1^2) - \frac{1\ 319.8^2}{24} = 370.980\ 83,$$

$$S_{A \times B} = \frac{1}{2}(110.8^2 + 91.9^2 + \cdots + 90.1^2) - \frac{1\ 319.8^2}{24} - S_A - S_B = 1\ 768.692\ 50,$$

$$S_E = S_T - S_A - S_B - S_{A \times B} = 236.950\ 00.$$

得方差分析表如表 9 — 11 所示:

表 9 — 11　例 1 的方差分析表

方差来源	平方和	自由度	均方	F 比
因素 A （燃料）	261.675 00	3	87.225 0	$F_A = 4.42$
因素 B （推进器）	370.980 83	2	185.490 4	$F_B = 9.39$
交互作用 $A \times B$	1 768.692 50	6	294.782 1	$F_{A \times B} = 14.9$
误差	236.950 00	12	19.745 8	
总和	2 638.298 33	23		

由于 $F_{0.05}(3,12) = 3.49 < F_A, F_{0.05}(2,12) = 3.89 < F_B$，所以在显著性水平 $\alpha = 0.05$ 下，我们拒绝假设 H_{01}, H_{02}，即认为不同燃料或不同推进器下的射程有显著差异. 也就是说，燃料和推进器这两个因素对射程的影响都是显著的. 又，$F_{0.05}(6,12) = 3.00 < F_{A \times B}$，故拒绝 H_{03}. 值得注意的是，$F_{0.001}(6,12) = 8.38$ 也远小于 $F_{A \times B} = 14.9$. 故交互作用效应是高度显著的. 从表 9−10 可以看出，A_4 与 B_1 或 A_3 与 B_2 的搭配都使火箭射程较之其他水平的搭配要远得多. 在实际中我们就选最优的搭配方式来实施. □

例 2　在某种金属材料的生产过程中，对热处理温度（因素 B）与时间（因素 A）各取两个水平，产品强度的测定结果（相对值）如表 9−12 所示. 在同一条件下每个试验重复两次. 设各水平搭配下强度的总体服从正态分布且方差相同. 各样本独立. 问热处理温度、时间以及这两者的交互作用对产品强度是否有显著的影响（取 $\alpha = 0.05$）?

表 9 − 12

A ＼ B	B_1	B_2	$T_{i\cdot\cdot}$
A_1	38.0 38.6　(76.6)	47.0 44.8　(91.8)	168.4
A_2	45.0 43.8　(88.8)	42.4 40.8　(83.2)	172
$T_{\cdot j \cdot}$	165.4	175	340.4

解　按题意需检验假设 (2.6)—(2.8)，作计算如下：

$$S_T = (38.0^2 + 38.6^2 + \cdots + 40.8^2) - \frac{340.4^2}{8} = 71.82,$$

$$S_A = \frac{1}{4}(168.4^2 + 172^2) - \frac{340.4^2}{8} = 1.62,$$

$$S_B = \frac{1}{4}(165.4^2 + 175^2) - \frac{340.4^2}{8} = 11.52,$$

$$S_{A \times B} = 14\,551.24 - 14\,484.02 - 1.62 - 11.52 = 54.08,$$

$$S_E = S_T - S_A - S_B - S_{A \times B}$$
$$= 71.82 - 1.62 - 11.52 - 54.08 = 4.6.$$

得方差分析表如表 9−13 所示：

表 9 — 13 例 2 的方差分析表①

方差来源	平方和	自由度	均方	F 比
因素 A	1.62	1	1.62	$F_A = 1.4$
因素 B	11.52	1	11.52	$F_B = 10.0$
交互作用 $A \times B$	54.08	1	54.08	$F_{A \times B} = 47.0$
误差	4.6	4	1.15	
总和	71.82	7		

由于

$$F_{0.05}(1,4) = 7.71,$$

所以认为时间对产品强度的影响不显著,而热处理温度的影响显著,且交互作用的影响显著. □

(二)双因素无重复试验的方差分析

在以上的讨论中,我们考虑了双因素试验中两个因素的交互作用.为检验交互作用的效应是否显著,对于两个因素的每一组合(A_i, B_j)至少要做 2 次试验.这是因为在模型(2.5)中,若$k=1$,$\gamma_{ij} + \varepsilon_{ijk}$ 总以结合在一起的形式出现,这样就不能将交互作用与误差分离开来.如果在处理实际问题时,我们已经知道不存在交互作用,或已知交互作用对试验的指标影响很小,则可以不考虑交互作用.此时,即使$k=1$,也能对因素 A、因素 B 的效应进行分析.现设对于两个因素的每一组合(A_i, B_j)只做一次试验,所得结果如表 9 — 14 所示:

表 9 — 14

因素 A ＼ 因素 B	B_1	B_2	$\cdots$	B_s
A_1	X_{11}	X_{12}	$\cdots$	X_{1s}
A_2	X_{21}	X_{22}	$\cdots$	X_{2s}
$\vdots$	$\vdots$	$\vdots$		$\vdots$
A_r	X_{r1}	X_{r2}	$\cdots$	X_{rs}

---

① 在实际应用中,总是先计算 $F_{A \times B}$,对交互作用进行检验.如果交互作用不显著,则将 $A \times B$ 一栏的平方和与自由度分别加到误差这一栏中去,重新计算 F_A, F_B,用新的 F_A, F_B 对因素 A,因素 B 进行检验.

并设

$$X_{ij} \sim N(\mu_{ij}, \sigma^2),$$
$$各 X_{ij} 独立, \quad i = 1, 2, \cdots, r; j = 1, 2, \cdots, s,$$

其中 μ_{ij}, σ^2 均为未知参数. 或写成

$$\left.\begin{array}{l} X_{ij} = \mu_{ij} + \varepsilon_{ij}, \\ \varepsilon_{ij} \sim N(0, \sigma^2), \\ 各 \varepsilon_{ij} 独立, \\ i = 1, 2, \cdots, r; j = 1, 2, \cdots, s. \end{array}\right\} \tag{2.23}$$

沿用(一)中的记号,注意到现在假设不存在交互作用,此时 $\gamma_{ij} = 0, i = 1,$ $2, \cdots, r; j = 1, 2, \cdots, s.$ 故 由(2.4)式知 $\mu_{ij} = \mu + \alpha_i + \beta_j.$ 于是(2.23)可写成

$$\left.\begin{array}{l} X_{ij} = \mu + \alpha_i + \beta_j + \varepsilon_{ij}, \\ \varepsilon_{ij} \sim N(0, \sigma^2), 各 \varepsilon_{ij} 独立, \\ i = 1, 2, \cdots, r; j = 1, 2, \cdots, s, \\ \sum_{i=1}^{r} \alpha_i = 0, \sum_{j=1}^{s} \beta_j = 0. \end{array}\right\} \tag{2.24}$$

这就是现在要研究的方差分析的模型. 对这个模型我们所要检验的假设有以下两个:

$$\begin{cases} H_{01}: & \alpha_1 = \alpha_2 = \cdots = \alpha_r = 0, \\ H_{11}: & \alpha_1, \alpha_2, \cdots, \alpha_r 不全为零. \end{cases} \tag{2.25}$$

$$\begin{cases} H_{02}: & \beta_1 = \beta_2 = \cdots = \beta_s = 0, \\ H_{12}: & \beta_1, \beta_2, \cdots, \beta_s 不全为零. \end{cases} \tag{2.26}$$

与在(一)中同样的讨论可得方差分析表如表 9−15 所示:

表 9−15

方差来源	平方和	自由度	均方	F 比
因素 A	S_A	$r-1$	$\overline{S}_A = \dfrac{S_A}{r-1}$	$F_A = \overline{S}_A / \overline{S}_E$
因素 B	S_B	$s-1$	$\overline{S}_B = \dfrac{S_B}{s-1}$	$F_B = \overline{S}_B / \overline{S}_E$
误差	S_E	$(r-1)(s-1)$	$\overline{S}_E = \dfrac{S_E}{(r-1)(s-1)}$	
总和	S_T	$rs-1$		

取显著性水平为 α, 得假设 $H_{01}: \alpha_1 = \alpha_2 = \cdots = \alpha_r = 0$ 的拒绝域为

$$F_A = \frac{\overline{S_A}}{\overline{S_E}} \geqslant F_\alpha(r-1, (r-1)(s-1)).$$

假设 $H_{02}: \beta_1 = \beta_2 = \cdots = \beta_s = 0$ 的拒绝域为

$$F_B = \frac{\overline{S_B}}{\overline{S_E}} \geqslant F_\alpha(s-1, (r-1)(s-1)).$$

表 9−15 中的平方和可按下述式子来计算:

$$\left.\begin{aligned}
S_T &= \sum_{i=1}^{r}\sum_{j=1}^{s} X_{ij}^2 - \frac{T_{\cdot\cdot}^2}{rs}, \\
S_A &= \frac{1}{s}\sum_{i=1}^{r} T_{i\cdot}^2 - \frac{T_{\cdot\cdot}^2}{rs}, \\
S_B &= \frac{1}{r}\sum_{j=1}^{s} T_{\cdot j}^2 - \frac{T_{\cdot\cdot}^2}{rs}, \\
S_E &= S_T - S_A - S_B,
\end{aligned}\right\} \tag{2.27}$$

其中　　　　$T_{\cdot\cdot} = \sum_{i=1}^{r}\sum_{j=1}^{s} X_{ij}, \quad T_{i\cdot} = \sum_{j=1}^{s} X_{ij}, \quad i = 1,2,\cdots,r,$

$$T_{\cdot j} = \sum_{i=1}^{r} X_{ij}, \quad j = 1,2,\cdots,s.$$

例 3　下面给出了在某 5 个不同地点、不同时间空气中的颗粒状物(以 $\mathrm{mg/m^3}$ 计)的含量的数据:

因素 A(时间)	因素 B(地点)					$T_{i\cdot}$
	1	2	3	4	5	
1995 年 10 月	76	67	81	56	51	331
1996 年 1 月	82	69	96	59	70	376
1996 年 5 月	68	59	67	54	42	290
1996 年 8 月	63	56	64	58	37	278
$T_{\cdot j}$	289	251	308	227	200	1 275

设本题符合模型(2.24)中的条件. 试在显著性水平 $\alpha = 0.05$ 下检验:在不同时间下颗粒状物含量的均值有无显著差异,在不同地点下颗粒状物含量的均值有无显著差异.

解 按题意需检验假设(2.25)、(2.26). $T_{i.}$, $T_{.j}$ 的值已算出载于上表. 现在 $r=4$, $s=5$. 由(2.27)得到

$$S_T = 76^2 + 67^2 + \cdots + 37^2 - \frac{1\ 275^2}{20} = 3\ 571.75,$$

$$S_A = \frac{1}{5}(331^2 + 376^2 + 290^2 + 278^2) - \frac{1\ 275^2}{20} = 1\ 182.95,$$

$$S_B = \frac{1}{4}(289^2 + 251^2 + \cdots + 200^2) - \frac{1\ 275^2}{20} = 1\ 947.50,$$

$$S_E = 3\ 571.75 - (1\ 182.95 + 1\ 947.50) = 441.30.$$

得方差分析表如表 9-16 所示:

表 9-16 例 3 的方差分析表

方差来源	平方和	自由度	均方	F 比
因素 A	$S_A = 1\ 182.95$	3	394.32	$F_A = 10.72$
因素 B	$S_B = 1\ 947.50$	4	486.88	$F_B = 13.24$
误差	$S_E = 441.30$	12	36.78	
总和	$S_T = 3\ 571.75$	19		

由于 $F_{0.05}(3,12) = 3.49 < 10.72$, $F_{0.05}(4,12) = 3.26 < 13.24$, 故拒绝 H_{01} 及 H_{02}, 即认为不同时间下颗粒状物含量的均值有显著差异, 也认为不同地点下颗粒状物含量的均值有显著差异. 即认为在本题中, 时间和地点对颗粒状物的含量的影响均为显著. □

§3 一元线性回归

在客观世界中普遍存在着变量之间的关系. 变量之间的关系一般来说可分为确定性的与非确定性的两种. 确定性关系是指变量之间的关系可以用函数关系来表达的. 另一种非确定性的关系即所谓相关关系. 例如人的身高与体重之间存在着关系, 一般来说, 人高一些, 体重要重一些, 但同样高度的人, 体重往往不相同. 人的血压与年龄之间也存在着关系, 但同年龄的人的血压往往不相同. 气象中的温度与湿度之间的关系也是这样. 这是因为我们涉及的变量(如体重、血压、湿度)是随机变量, 上面所说的变量关系是非确定性的. 回归分析是研究相关关系的一种数学工具, 它能帮助我们从一个变量取得的值去估计另一变量所取的值.

（一）一元线性回归

设随机变量 Y 与 x 之间存在着某种相关关系. 这里, x 是可以控制或可以精确观察的变量, 如年龄、试验时的温度、施加的压力、电压与时间等. 换句话说我们可以随意指定 n 个值 $x_1, x_2, \cdots, x_n$. 因此我们干脆不把 x 看成是随机变量, 而将它当作普通的变量. 本章中我们只讨论这种情况.

设随机变量 Y（因变量）与普通变量 x（自变量）之间存在着相关关系, 由于 Y 是随机变量, 对于 x 的各个确定值, Y 有它的分布（如图 $9-1$, 图中 C_1, C_2 分别是 x_1, x_2 处 Y 的概率密度曲线）. 用 $F(y \mid x)$ 表示当 x 取确定的 x 值时, 所对应的 Y 的分布函数, 如果我们掌握了 $F(y \mid x)$ 随着

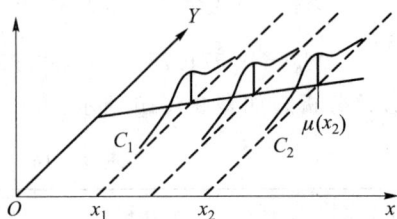

图 $9-1$

x 的取值而变化的规律, 那么就能完全掌握 Y 与 x 之间的关系了. 然而这样做往往比较复杂. 作为一种近似, 我们转而去考察 Y 的数学期望, 若 Y 的数学期望 $E(Y)$ 存在, 则其值随 x 的取值而定, 它是 x 的函数. 将这一函数记为 $\mu_{Y|x}$ 或 $\mu(x)$, 称为 Y 关于 x 的回归函数（如图 $9-1$）. 这样, 我们就将讨论 Y 与 x 的相关关系的问题转换为讨论 $E(Y) = \mu(x)$ 与 x 的函数关系了.

我们知道, 若 η 是一个随机变量, 则 $E[(\eta - c)^2]$ 作为 c 的函数, 在 $c = E(\eta)$ 时 $E[(\eta - c)^2]$ 达到最小（参见第四章习题第 17 题）. 这表明在一切 x 的函数中以回归函数 $\mu(x)$ 作为 Y 的近似, 其均方误差 $E[(Y - \mu(x))^2]$ 为最小. 因此, 作为一种近似, 为了研究 Y 与 x 的关系转而去研究 $\mu(x)$ 与 x 的关系是合适的.

在实际问题中, 回归函数 $\mu(x)$ 一般是未知的, 回归分析的任务在于根据试验数据去估计回归函数, 讨论有关的点估计、区间估计、假设检验等问题. 特别重要的是对随机变量 Y 的观察值作出点预测和区间预测.

我们对于 x 取定一组不完全相同的值 $x_1, x_2, \cdots, x_n$, 设 $Y_1, Y_2, \cdots, Y_n$ 分别是在 $x_1, x_2, \cdots, x_n$ 处对 Y 的独立观察结果, 称

$$(x_1, Y_1), (x_2, Y_2), \cdots, (x_n, Y_n) \tag{3.1}$$

是一个样本[①], 对应的样本值记为

$$(x_1, y_1), (x_2, y_2), \cdots, (x_n, y_n).$$

我们首先要解决的问题是如何利用样本来估计 Y 关于 x 的回归函数 $\mu(x)$. 为

---

① 这里 $Y_1, Y_2, \cdots, Y_n$ 是相互独立的随机变量, 但一般未必同分布, 为方便计, 也称 (x_1, Y_1), $(x_2, Y_2), \cdots, (x_n, Y_n)$ 是一个样本.

此,首先需要推测 $\mu(x)$ 的形式.在一些问题中,我们可以由专业知识知道 $\mu(x)$ 的形式.否则,可将每对观察值 (x_i,y_i) 在直角坐标系中描出它的相应的点(如下例中的图 9－2),这种图称为**散点图**.散点图可以帮助我们粗略地看出 $\mu(x)$ 的形式.

例 1 为研究某一化学反应过程中,温度 x(以 ℃ 计)对产品得率 Y(以 ％ 计)的影响,测得数据如下:

温度 x(℃)	100	110	120	130	140	150	160	170	180	190
得率 Y(％)	45	51	54	61	66	70	74	78	85	89

这里自变量 x 是普通变量,Y 是随机变量.画出散点图如图 9－2 所示.由图大致看出 $\mu(x)$ 具有线性函数 $a+bx$ 的形式.□

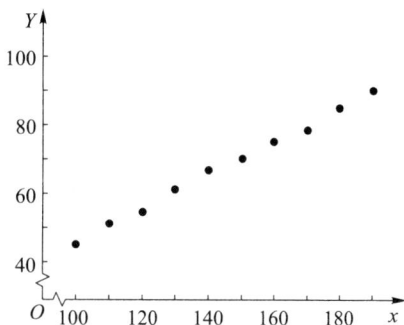

图 9－2

设 Y 关于 x 的回归函数为 $\mu(x)$.利用样本来估计 $\mu(x)$ 的问题称为求 Y 关于 x 的回归问题.特别,若 $\mu(x)$ 为线性函数:$\mu(x)=a+bx$,此时估计 $\mu(x)$ 的问题称为求一元线性回归问题.本节只讨论这个问题.

我们假设对于 x(在某个区间内)的每一个值有
$$Y\sim N(a+bx,\sigma^2),$$
其中 a,b 及 σ^2 都是不依赖于 x 的未知参数.记 $\varepsilon=Y-(a+bx)$,对 Y 作这样的正态假设,相当于假设
$$Y=a+bx+\varepsilon,\quad \varepsilon\sim N(0,\sigma^2),\qquad (3.2)$$
其中未知参数 a,b 及 σ^2 都不依赖于 x.(3.2)称为**一元线性回归模型**,其中 b 称为回归系数.

(3.2)式表明,因变量 Y 由两部分组成,一部分是 x 的线性函数 $a+bx$,另一部分 $\varepsilon\sim N(0,\sigma^2)$ 是随机误差,是人们不可控制的.

(二)a,b 的估计

取 x 的 n 个不全相同的值 $x_1,x_2,\cdots,x_n$ 作独立试验,得到样本 (x_1,Y_1),(x_2,Y_2),$\cdots$,(x_n,Y_n).由(3.2)式
$$Y_i=a+bx_i+\varepsilon_i,\ \varepsilon_i\sim N(0,\sigma^2),\ 各\ \varepsilon_i\ 相互独立.\qquad (3.3)$$

于是 $Y_i \sim N(a+bx_i, \sigma^2)$，$i=1,2,\cdots,n$. 由 $Y_1, Y_2, \cdots, Y_n$ 的独立性，知 Y_1, $Y_2, \cdots, Y_n$ 的联合概率密度为

$$L = \prod_{i=1}^{n} \frac{1}{\sigma\sqrt{2\pi}} \exp\left\{-\frac{1}{2\sigma^2}(y_i - a - bx_i)^2\right\}$$

$$= \left(\frac{1}{\sigma\sqrt{2\pi}}\right)^n \exp\left\{-\frac{1}{2\sigma^2}\sum_{i=1}^{n}(y_i - a - bx_i)^2\right\}. \tag{3.4}$$

现用最大似然估计法来估计未知参数 a, b. 对于任意一组观察值 $y_1, y_2, \cdots, y_n$，(3.4) 式就是样本的似然函数. 显然，要 L 取最大值，只要 (3.4) 式右端花括弧中的平方和部分为最小，即只需函数

$$Q(a,b) = \sum_{i=1}^{n}(y_i - a - bx_i)^2 \tag{3.5}$$

取最小值①.

　　取 Q 分别关于 a, b 的偏导数，并令它们等于零：

$$\left.\begin{aligned}
\frac{\partial Q}{\partial a} &= -2\sum_{i=1}^{n}(y_i - a - bx_i) = 0, \\
\frac{\partial Q}{\partial b} &= -2\sum_{i=1}^{n}(y_i - a - bx_i)x_i = 0.
\end{aligned}\right\} \tag{3.6}$$

得方程组

$$\left\{\begin{aligned}
na + \left(\sum_{i=1}^{n}x_i\right)b &= \sum_{i=1}^{n}y_i, \\
\left(\sum_{i=1}^{n}x_i\right)a + \left(\sum_{i=1}^{n}x_i^2\right)b &= \sum_{i=1}^{n}x_i y_i.
\end{aligned}\right. \tag{3.7}$$

（3.7）式称为**正规方程组**.

　　由于 x_i 不全相同，正规方程组的系数行列式

$$\begin{vmatrix} n & \sum_{i=1}^{n}x_i \\ \sum_{i=1}^{n}x_i & \sum_{i=1}^{n}x_i^2 \end{vmatrix} = n\sum_{i=1}^{n}x_i^2 - \left(\sum_{i=1}^{n}x_i\right)^2 = n\sum_{i=1}^{n}(x_i - \overline{x})^2 \neq 0.$$

故（3.7）有唯一的一组解. 解得 b, a 的最大似然估计值为

---

　　①　如果 Y 不是正态变量，则直接用（3.5）式估计 a, b，使 Y 的观察值 y_i 与 $a+bx_i$ 偏差的平方和 $Q(a,b)$ 为最小. 这种方法叫**最小二乘法**，它是求经验公式的一种常用方法. 若 Y 是正态变量，则最小二乘法与最大似然估计法给出相同的结果.

$$\left.\begin{aligned}\hat{b} &= \frac{n\sum\limits_{i=1}^{n}x_iy_i - \left(\sum\limits_{i=1}^{n}x_i\right)\left(\sum\limits_{i=1}^{n}y_i\right)}{n\sum\limits_{i=1}^{n}x_i^2 - \left(\sum\limits_{i=1}^{n}x_i\right)^2} = \frac{\sum\limits_{i=1}^{n}(x_i-\overline{x})(y_i-\overline{y})}{\sum\limits_{i=1}^{n}(x_i-\overline{x})^2},\\[2mm] \hat{a} &= \frac{1}{n}\sum\limits_{i=1}^{n}y_i - \frac{\hat{b}}{n}\sum\limits_{i=1}^{n}x_i = \overline{y} - \hat{b}\,\overline{x},\end{aligned}\right\} \tag{3.8}$$

其中 $\overline{x} = \dfrac{1}{n}\sum\limits_{i=1}^{n}x_i$，$\overline{y} = \dfrac{1}{n}\sum\limits_{i=1}^{n}y_i$.

在得到 a,b 的估计 $\hat{a},\hat{b}$ 后，对于给定的 x，我们就取 $\hat{a}+\hat{b}x$ 作为回归函数 $\mu(x) = a+bx$ 的估计，即 $\widehat{\mu(x)} = \hat{a}+\hat{b}x$，称为 Y 关于 x 的经验回归函数. 记 $\hat{a}+\hat{b}x = \hat{y}$，方程

$$\hat{y} = \hat{a} + \hat{b}x \tag{3.9}$$

称为 Y **关于** x **的经验回归方程**，简称**回归方程**，其图形称为**回归直线**.

将 (3.8) 中 $\hat{a}$ 的表达式代入 (3.9) 式，则回归方程可写成

$$\hat{y} = \overline{y} + \hat{b}(x-\overline{x}). \tag{3.10}$$

(3.10) 表明，对于样本值 $(x_1,y_1),(x_2,y_2),\cdots,(x_n,y_n)$，回归直线通过散点图的几何中心 $(\overline{x},\overline{y})$.

今后我们将视方便而使用 (3.9) 或 (3.10).

为了计算上的方便，我们引入下述记号：

$$\left.\begin{aligned}S_{xx} &= \sum\limits_{i=1}^{n}(x_i-\overline{x})^2 = \sum\limits_{i=1}^{n}x_i^2 - \frac{1}{n}\left(\sum\limits_{i=1}^{n}x_i\right)^2,\\[2mm] S_{yy} &= \sum\limits_{i=1}^{n}(y_i-\overline{y})^2 = \sum\limits_{i=1}^{n}y_i^2 - \frac{1}{n}\left(\sum\limits_{i=1}^{n}y_i\right)^2,\\[2mm] S_{xy} &= \sum\limits_{i=1}^{n}(x_i-\overline{x})(y_i-\overline{y}) = \sum\limits_{i=1}^{n}x_iy_i - \frac{1}{n}\left(\sum\limits_{i=1}^{n}x_i\right)\left(\sum\limits_{i=1}^{n}y_i\right).\end{aligned}\right\} \tag{3.11}$$

这样，a,b 的估计值可写成

$$\left.\begin{aligned}\hat{b} &= \frac{S_{xy}}{S_{xx}},\\[2mm] \hat{a} &= \frac{1}{n}\sum\limits_{i=1}^{n}y_i - \left(\frac{1}{n}\sum\limits_{i=1}^{n}x_i\right)\hat{b}.\end{aligned}\right\} \tag{3.12}$$

例 2（续例 1）　设在例 1 中的随机变量 Y 符合 (3.2) 式所述的条件，求 Y 关于 x 的线性回归方程.

解　现在 $n = 10$，为求线性回归方程，所需计算列表如下：

表 9 — 17

x	y	x^2	y^2	xy
100	45	10 000	2 025	4 500
110	51	12 100	2 601	5 610
120	54	14 400	2 916	6 480
130	61	16 900	3 721	7 930
140	66	19 600	4 356	9 240
150	70	22 500	4 900	10 500
160	74	25 600	5 476	11 840
170	78	28 900	6 084	13 260
180	85	32 400	7 225	15 300
190	89	36 100	7 921	16 910
$\sum$　1 450	673	218 500	47 225①	101 570

由表 9 — 17 得

$$S_{xx} = 218\ 500 - \frac{1}{10} \times 1\ 450^2 = 8\ 250,$$

$$S_{xy} = 101\ 570 - \frac{1}{10} \times 1\ 450 \times 673 = 3\ 985,$$

故得

$$\hat{b} = \frac{S_{xy}}{S_{xx}} = 0.483\ 03,$$

$$\hat{a} = \frac{1}{10} \times 673 - \frac{1}{10} \times 1\ 450 \times 0.483\ 03 = -2.739\ 35,$$

于是得到回归直线方程

$$\hat{y} = -2.739\ 35 + 0.483\ 03x,$$

或写成

$$\hat{y} = 67.3 + 0.483\ 03(x - 145). \qquad \Box$$

（三）σ^2 的估计

由(3.2)式，

---

① $\sum\limits_{i=1}^{n} y_i^2$ 的值下面要用到.

$$E\{[Y-(a+bx)]^2\} = E(\varepsilon^2) = D(\varepsilon) + [E(\varepsilon)]^2 = \sigma^2,$$

这表示 σ^2 愈小，以回归函数 $\mu(x) = a + bx$ 作为 Y 的近似导致的均方误差就愈小. 这样，利用回归函数 $\mu(x) = a + bx$ 去研究随机变量 Y 与 x 的关系就愈有效. 然而 σ^2 是未知的，因而我们需要利用样本去估计 σ^2. 为了估计 σ^2，先引入下述残差平方和.

记 $\hat{y}_i = \hat{y}|_{x=x_i} = \hat{a} + \hat{b} x_i$，称 $y_i - \hat{y}_i$ 为 x_i 处的**残差**. 平方和

$$Q_e = \sum_{i=1}^{n} (y_i - \hat{y}_i)^2 = \sum_{i=1}^{n} (y_i - \hat{a} - \hat{b} x_i)^2 \tag{3.13}$$

称为**残差平方和**(图 $9-3$). 它是经验回归函数在 x_i 处的函数值 $\widehat{\mu(x_i)} = \hat{a} + \hat{b} x_i$ 与 x_i 处的观察值 y_i 的偏差的平方和. 为了计算 Q_e，我们将 Q_e 作如下的分解：

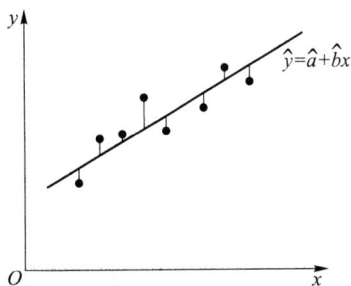

图 $9-3$

$$\begin{aligned}
Q_e &= \sum_{i=1}^{n} (y_i - \hat{y}_i)^2 = \sum_{i=1}^{n} [y_i - \overline{y} - \hat{b}(x_i - \overline{x})]^2 \\
&= \sum_{i=1}^{n} (y_i - \overline{y})^2 - 2\hat{b} \sum_{i=1}^{n} (x_i - \overline{x})(y_i - \overline{y}) \\
&\quad + \hat{b}^2 \sum_{i=1}^{n} (x_i - \overline{x})^2 = S_{yy} - 2\hat{b} S_{xy} + \hat{b}^2 S_{xx}.
\end{aligned}$$

由(3.12)式 $\hat{b} = S_{xy}/S_{xx}$ 得 Q_e 的一个分解式

$$Q_e = S_{yy} - \hat{b} S_{xy}. \tag{3.14}$$

由(3.8)式知，b, a 的估计量分别为[①]

$$\left. \begin{aligned}
\hat{b} &= \frac{\sum_{i=1}^{n} (x_i - \overline{x})(Y_i - \overline{Y})}{\sum_{i=1}^{n} (x_i - \overline{x})^2} = \frac{\sum_{i=1}^{n} (x_i - \overline{x})Y_i}{\sum_{i=1}^{n} (x_i - \overline{x})^2}, \\
\hat{a} &= \frac{1}{n} \sum_{i=1}^{n} Y_i - \frac{\hat{b}}{n} \sum_{i=1}^{n} x_i = \overline{Y} - \hat{b} \overline{x},
\end{aligned} \right\} \tag{3.15}$$

其中 $\overline{Y} = \dfrac{1}{n} \sum_{i=1}^{n} Y_i$，$\overline{x} = \dfrac{1}{n} \sum_{i=1}^{n} x_i$. 在 S_{yy}, S_{xy} 的表达式(3.11)中，将 y_i 改为 Y_i $(i = 1, 2, \cdots, n)$，并把它们分别记为 S_{YY}, S_{xY}，即

---

① 为方便计，在这里，将 a, b 的估计值和估计量都写成 $\hat{a}, \hat{b}$，在用到它们时，视上下文，是能区分 $\hat{a}, \hat{b}$ 是估计值还是估计量的.

$$S_{YY} = \sum_{i=1}^{n} (Y_i - \overline{Y})^2, \quad S_{xY} = \sum_{i=1}^{n} (x_i - \overline{x})(Y_i - \overline{Y}).$$

则(3.14)式中的残差平方和 Q_e 的相应的统计量(仍记为 Q_e)为

$$Q_e = S_{YY} - \hat{b} S_{xY}. \tag{3.16}$$

残差平方和 Q_e 服从分布(见本章附录 $4°$):

$$\frac{Q_e}{\sigma^2} \sim \chi^2(n-2), \tag{3.17}$$

于是

$$E\left(\frac{Q_e}{\sigma^2}\right) = n - 2,$$

即知 $E(Q_e/(n-2)) = \sigma^2$. 这样就得到了 σ^2 的无偏估计量:

$$\hat{\sigma}^2 = \frac{Q_e}{n-2} = \frac{1}{n-2}(S_{YY} - \hat{b} S_{xY}). \tag{3.18}$$

在这里,还看到,只要算出表 $9-17$ 中各栏的和,不但能算出 $\hat{a}, \hat{b}$,且能算出 σ^2 的估计值 $\hat{\sigma}^2$.

例 3(续例 2)　求例 2 中 σ^2 的无偏估计.

解　由表 $9-17$,得

$$S_{yy} = \sum_{i=1}^{n} y_i^2 - \frac{1}{n}\left(\sum_{i=1}^{n} y_i\right)^2 = 47\,225 - \frac{1}{10} \times 673^2 = 1\,932.1.$$

又已知 $S_{xy} = 3\,985, \hat{b} = 0.483\,03$,即得

$$Q_e = S_{yy} - \hat{b} S_{xy} = 7.23,$$

$$\hat{\sigma}^2 = Q_e/(n-2) = 7.23/8 = 0.90. \qquad \square$$

(四) 线性假设的显著性检验

在以上的讨论中,我们假定 Y 关于 x 的回归函数 $\mu(x)$ 具有形式 $a+bx$,在处理实际问题时,$\mu(x)$ 是否为 x 的线性函数,首先要根据有关专业知识和实践来判断,其次就要根据实际观察得到的数据运用假设检验的方法来判断. 这就是说,求得的线性回归方程是否具有实用价值,一般来说,需要经过假设检验才能确定. 若线性假设(3.2)符合实际,则 b 不应为零,因为若 $b = 0$,则 $E(Y) = \mu(x)$ 就不依赖于 x 了. 因此我们需要检验假设

$$\begin{aligned} H_0: \quad & b = 0, \\ H_1: \quad & b \neq 0. \end{aligned} \tag{3.19}$$

我们使用 t 检验法来进行检验. 我们有(见本章附录 $2°$):

$$\hat{b} \sim N(b, \sigma^2/S_{xx}). \tag{3.20}$$

又由(3.17)式,(3.18)式知

$$\frac{(n-2)\hat{\sigma}^2}{\sigma^2} = \frac{Q_e}{\sigma^2} \sim \chi^2(n-2),$$ (3.21)

且 $\hat{b}$ 与 Q_e 独立(见本章附录5°). 故有

$$\frac{\hat{b}-b}{\sqrt{\sigma^2/S_{xx}}} \bigg/ \sqrt{\frac{(n-2)\hat{\sigma}^2}{\sigma^2} \bigg/ (n-2)} \sim t(n-2),$$

即

$$\frac{\hat{b}-b}{\hat{\sigma}}\sqrt{S_{xx}} \sim t(n-2).$$ (3.22)

这里 $\hat{\sigma} = \sqrt{\hat{\sigma}^2}$.

当 H_0 为真时 $b=0$,此时

$$t = \frac{\hat{b}}{\hat{\sigma}}\sqrt{S_{xx}} \sim t(n-2),$$ (3.23)

且 $E(\hat{b}) = b = 0$,即得 H_0 的拒绝域为

$$|t| = \frac{|\hat{b}|}{\hat{\sigma}}\sqrt{S_{xx}} \geqslant t_{\alpha/2}(n-2),$$ (3.24)

此处 α 为显著性水平.

当假设 $H_0: b=0$ 被拒绝时,认为回归效果是显著的,反之,就认为回归效果不显著. 回归效果不显著的原因可能有如下几种:

1° 影响 Y 取值的,除 x 及随机误差外还有其他不可忽略的因素.

2° $E(Y)$ 与 x 的关系不是线性的,而存在着其他的关系.

3° Y 与 x 不存在关系.

因此需要进一步的分析原因,分别处理.

例 4(续例 2) 检验例 2 中的回归效果是否显著,取 $\alpha = 0.05$.

解 由例 2、例 3 已知 $\hat{b} = 0.483\ 03$,$S_{xx} = 8\ 250$,$\hat{\sigma}^2 = 0.90$. 查表得 $t_{0.05/2}(n-2) = t_{0.025}(8) = 2.306\ 0$. 由(3.24)式,假设 $H_0: b=0$ 的拒绝域为

$$|t| = \frac{|\hat{b}|}{\hat{\sigma}}\sqrt{S_{xx}} \geqslant 2.306\ 0.$$

现在

$$|t| = \frac{0.483\ 03}{\sqrt{0.90}}\sqrt{8\ 250} = 46.25 > 2.306\ 0,$$

故拒绝 $H_0: b = 0$，认为回归效果是显著的. ☐

（五）系数 b 的置信区间

当回归效果显著时，我们常需要对系数 b 作区间估计. 事实上，可由 (3.22) 式得到 b 的置信水平为 $1 - \alpha$ 的置信区间为

$$\left(\hat{b} \pm t_{\alpha/2}(n-2) \frac{\hat{\sigma}}{\sqrt{S_{xx}}} \right). \tag{3.25}$$

例如，例 1 中 b 的置信水平为 0.95 的置信区间为

$$\left(0.483\,03 \pm 2.306\,0 \times \sqrt{\frac{0.90}{8\,250}} \right) = (0.458\,94,\, 0.507\,12).$$

（六）回归函数 $\mu(x) = a + bx$ 函数值的点估计和置信区间

设 x_0 是自变量 x 的某一指定值. 由 (3.9) 式可以用经验回归函数 $\hat{y} = \widehat{\mu(x)} = \hat{a} + \hat{b}x$ 在 x_0 的函数值 $\hat{y}_0 = \widehat{\mu(x_0)} = \hat{a} + \hat{b}x_0$ 作为 $\mu(x_0) = a + bx_0$ 的点估计，即

$$\hat{y}_0 = \widehat{\mu(x_0)} = \hat{a} + \hat{b}x_0. \tag{3.26}$$

考虑相应的估计量

$$\hat{Y}_0 = \hat{a} + \hat{b}x_0, \tag{3.27}$$

由本章附录 $3°$ 知，$E(\hat{Y}_0) = a + bx_0$，因此这一估计量是无偏的. 下面来求 $\mu(x_0) = a + bx_0$ 的置信区间. 由本章附录 $3°$ 知

$$\frac{\hat{Y}_0 - (a + bx_0)}{\sigma \sqrt{\dfrac{1}{n} + \dfrac{(x_0 - \overline{x})^2}{S_{xx}}}} \sim N(0,1).$$

又由 (3.17) 式，(3.18) 式知

$$\frac{(n-2)\hat{\sigma}^2}{\sigma^2} = \frac{Q_e}{\sigma^2} \sim \chi^2(n-2), \tag{3.28}$$

且由本章附录 $6°$ 知 $Q_e, \hat{Y}_0$ 相互独立. 于是

$$\frac{\hat{Y}_0 - (a + bx_0)}{\sigma \sqrt{\dfrac{1}{n} + \dfrac{(x_0 - \overline{x})^2}{S_{xx}}}} \Bigg/ \sqrt{\frac{(n-2)\hat{\sigma}^2}{\sigma^2} \Bigg/ (n-2)} \sim t(n-2),$$

即

$$\frac{\hat{Y}_0 - (a + bx_0)}{\hat{\sigma} \sqrt{\dfrac{1}{n} + \dfrac{(x_0 - \overline{x})^2}{S_{xx}}}} \sim t(n-2).$$

于是得到 $\mu(x_0) = a + bx_0$ 的置信水平为 $1 - \alpha$ 的置信区间为

$$\left(\hat{Y}_0 \pm t_{\alpha/2}(n-2)\hat{\sigma}\sqrt{\frac{1}{n} + \frac{(x_0 - \overline{x})^2}{S_{xx}}} \right), \tag{3.29}$$

或即

$$\left(\hat{a} + \hat{b}x_0 \pm t_{\alpha/2}(n-2)\hat{\sigma}\sqrt{\frac{1}{n} + \frac{(x_0 - \overline{x})^2}{S_{xx}}} \right). \tag{3.29'}$$

这一置信区间的长度是 x_0 的函数,它随 $|x_0 - \overline{x}|$ 的增加而增加,当 $x_0 = \overline{x}$ 时为最短.

(七)Y 的观察值的点预测和预测区间

若我们对指定点 $x = x_0$ 处因变量 Y 的观察值 Y_0 感兴趣,然而我们在 $x = x_0$ 处并未进行观察或者暂时无法观察,经验回归函数的一个重要应用是,可利用它对因变量 Y 的新观察值 Y_0 进行点预测或区间预测.

若 Y_0 是在 $x = x_0$ 处对 Y 的观察结果,由(3.2)式知它满足:

$$Y_0 = a + bx_0 + \varepsilon_0, \quad \varepsilon_0 \sim N(0, \sigma^2). \tag{3.30}$$

随机误差 ε_0 可正也可负,其值无法预料,我们就用 x_0 处的经验回归函数值

$$\hat{Y}_0 = \widehat{\mu(x_0)} = \hat{a} + \hat{b}x_0$$

作为 $Y_0 = a + bx_0 + \varepsilon_0$ 的点预测.下面来求 Y_0 的预测区间.

因 Y_0 是将要做的一次独立试验的结果,因此它与已经得到的试验的结果 $Y_1, Y_2, \cdots, Y_n$ 相互独立.由(3.15)式知 $\hat{b}$ 是 $Y_1, Y_2, \cdots, Y_n$ 的线性组合,故 $\hat{Y}_0 = \overline{Y} + \hat{b}(x_0 - \overline{x})$ 是 $Y_1, Y_2, \cdots, Y_n$ 的线性组合,故 Y_0 与 $\hat{Y}_0$ 相互独立.由(3.30)式和本章附录 3° 得

$$\hat{Y}_0 - Y_0 \sim N\left(0, \left[1 + \frac{1}{n} + \frac{(x_0 - \overline{x})^2}{S_{xx}} \right]\sigma^2 \right),$$

即

$$\frac{\hat{Y}_0 - Y_0}{\sigma\sqrt{1 + \frac{1}{n} + \frac{(x_0 - \overline{x})^2}{S_{xx}}}} \sim N(0, 1). \tag{3.31}$$

再由(3.28)式、(3.31)式及 $Y_0, \hat{Y}_0, Q_e$ 的相互独立性(本章附录 6°)知

$$\frac{\hat{Y}_0 - Y_0}{\sigma\sqrt{1 + \frac{1}{n} + \frac{(x_0 - \overline{x})^2}{S_{xx}}}} \bigg/ \sqrt{\frac{(n-2)\hat{\sigma}^2}{\sigma^2} \bigg/ (n-2)} \sim t(n-2),$$

即

$$\frac{\hat{Y}_0 - Y_0}{\hat{\sigma}\sqrt{1 + \frac{1}{n} + \frac{(x_0 - \overline{x})^2}{S_{xx}}}} \sim t(n-2).$$

于是对于给定的置信水平 $1 - \alpha$ 有

$$P\left\{\frac{\mid \hat{Y}_0 - Y_0\mid}{\hat{\sigma}\sqrt{1+\dfrac{1}{n}+\dfrac{(x_0-\overline{x})^2}{S_{xx}}}}\leqslant t_{a/2}(n-2)\right\}=1-\alpha,$$

或

$$P\left\{\hat{Y}_0-t_{a/2}(n-2)\hat{\sigma}\sqrt{1+\frac{1}{n}+\frac{(x_0-\overline{x})^2}{S_{xx}}}<Y_0\right.$$

$$\left.<\hat{Y}_0+t_{a/2}(n-2)\hat{\sigma}\sqrt{1+\frac{1}{n}+\frac{(x_0-\overline{x})^2}{S_{xx}}}\right\}=1-\alpha.$$

区间

$$\left(\hat{Y}_0\pm t_{a/2}(n-2)\hat{\sigma}\sqrt{1+\frac{1}{n}+\frac{(x_0-\overline{x})^2}{S_{xx}}}\right),\tag{3.32}$$

即

$$\left(\hat{a}+\hat{b}x_0\pm t_{a/2}(n-2)\hat{\sigma}\sqrt{1+\frac{1}{n}+\frac{(x_0-\overline{x})^2}{S_{xx}}}\right)\tag{3.32)$'$$

称为 Y_0 的置信水平为 $1-\alpha$ 的**预测区间**[①]. 这一预测区间的长度是 x_0 的函数, 它随 $\mid x_0-\overline{x}\mid$ 的增加而增加. 当 $x_0=\overline{x}$ 时为最短. 将 (3.32) 式与 (3.29) 式比较, 知道在相同的置信水平下, 回归函数值 $\mu(x_0)$ 的置信区间要比 Y_0 的预测区间短. 这是因为 $Y_0=a+bx_0+\varepsilon_0$ 比 $\mu(x_0)=a+bx_0$ 多了一项 ε_0.

例 5(续例 2)　(1) 求回归函数 $\mu(x)$ 在 $x=125$ 处的值 $\mu(125)$ 置信水平为 0.95 的置信区间, 求在 $x=125$ 处 Y 的新观察值 Y_0 置信水平为 0.95 的预测区间.(2) 求在 $x=x_0$ 处 Y 的新观察值 Y_0 的置信水平为 0.95 预测区间.

解　(1) 由例 2, 例 3 已知 $\hat{b}=0.483\,03,\hat{a}=-2.739\,35,S_{xx}=8\,250,\hat{\sigma}^2=0.90,\overline{x}=145$, 查表得 $t_{0.05/2}(8)=2.306\,0$, 即得

$$\hat{Y}_0=\hat{Y}\mid_{x=125}=[-2.739\,35+0.483\,03x]_{x=125}=57.64,$$

$$t_{a/2}(n-2)\hat{\sigma}\sqrt{\frac{1}{n}+\frac{(x_0-\overline{x})^2}{S_{xx}}}$$

$$=2.306\,0\times\sqrt{0.90}\times\sqrt{\frac{1}{10}+\frac{(125-145)^2}{8\,250}}=0.84,$$

$$t_{a/2}(n-2)\hat{\sigma}\sqrt{1+\frac{1}{n}+\frac{(x_0-\overline{x})^2}{S_{xx}}}=2.34,$$

得回归函数 $\mu(x)$ 在 $x=125$ 处的值 $\mu(125)$ 的一个置信水平为 0.95 的置信区间为

$$(57.64\pm0.84).$$

又得 $x_0=125$ 处得率 Y_0 的置信水平为 0.95 的预测区间为

$$(57.64\pm2.34).$$

---

① 预测区间的含义与置信区间的含义相似, 只是后者是对未知参数而言, 前者是对随机变量而言.

(2) 在 $x = x_0$ 处 Y 的新观察值 Y_0 的一个置信水平为 0.95 的预测区间为

$$\left(\hat{Y}\mid_{x=x_0} \pm t_{0.025}(8)\hat{\sigma}\sqrt{1 + \frac{1}{10} + \frac{(x_0 - 145)^2}{8\,250}}\right).$$

取 x_0 为不同的值,得到各点处对应的 Y 的新观察值 Y_0 的预测区间(置信水平为 0.95)如下:

x_0	Y_0 的预测区间	x_0	Y_0 的预测区间
125	(57.64 ± 2.34)	150	(69.72 ± 2.30)
130	(60.05 ± 2.32)	155	(72.13 ± 2.31)
135	(62.47 ± 2.31)	160	(74.55 ± 2.32)
140	(64.88 ± 2.30)	165	(76.96 ± 2.34)
145	(67.30 ± 2.29)		

将这些区间的下端点联结起来,又将这些区间的上端点联结起来,得到两条曲线 L_1 和 L_2,回归直线位于由 L_1, L_2 所围成的带域的中心线上. □

(八) 可化为一元线性回归的例子

以上讨论了一元线性回归问题,在实际中常会遇到更为复杂的回归问题,但在某些情况下,可以通过适当的变量变换,将它化成一元线性回归来处理. 下面介绍几种常见的可转化为一元线性回归的模型.

1° $Y = \alpha e^{\beta x} \cdot \varepsilon$, $\ln \varepsilon \sim N(0, \sigma^2)$,   (3.33)

其中 α, β, σ^2 是与 x 无关的未知参数. 将 $Y = \alpha e^{\beta x} \cdot \varepsilon$ 两边取对数,得

$$\ln Y = \ln \alpha + \beta x + \ln \varepsilon.$$

令 $\ln Y = Y'$,$\ln \alpha = a$,$\beta = b$,$x = x'$,$\ln \varepsilon = \varepsilon'$,(3.33) 式可转化为一元线性回归模型

$$Y' = a + bx' + \varepsilon', \quad \varepsilon' \sim N(0, \sigma^2). \quad\quad (3.34)$$

2° $Y = \alpha x^{\beta} \cdot \varepsilon$, $\ln \varepsilon \sim N(0, \sigma^2)$,   (3.35)

其中 α, β, σ^2 是与 x 无关的未知参数. 将 $Y = \alpha x^{\beta} \cdot \varepsilon$ 两边取对数,得

$$\ln Y = \ln \alpha + \beta \ln x + \ln \varepsilon.$$

令 $\ln Y = Y'$,$\ln \alpha = a$,$\beta = b$,$\ln x = x'$,$\ln \varepsilon = \varepsilon'$,(3.35) 式可转化为一元线性回归模型

$$Y' = a + bx' + \varepsilon', \quad \varepsilon' \sim N(0, \sigma^2). \quad\quad (3.36)$$

3° $Y = \alpha + \beta h(x) + \varepsilon$, $\varepsilon \sim N(0, \sigma^2)$,   (3.37)

其中 α, β, σ^2 是与 x 无关的未知参数. $h(x)$ 是 x 的已知函数,令 $\alpha = a$,$\beta = b$,

$h(x) = x'$,(3.37) 式可转化为一元线性回归模型

$$Y = a + bx' + \varepsilon, \quad \varepsilon \sim N(0, \sigma^2). \tag{3.38}$$

若在原模型下,例如在原模型(3.37)下,对于 (x, Y) 有样本 $(x_1, y_1), (x_2, y_2), \cdots, (x_n, y_n)$ 就相当于在新模型(3.38)下有样本 $(x_1', y_1), (x_2', y_2), \cdots, (x_n', y_n)$,其中 $x_i' = h(x_i)$. 于是就能利用上节的方法来估计 a, b 或对 b 作假设检验,或对 Y 进行预测. 在得到 Y 关于 x' 的回归方程后,再将原自变量 x 代回,就得到 Y 关于 x 的回归方程,它的图形是一条曲线,也称为**曲线回归方程**.

例 6　下表是 1957 年美国旧轿车价格的调查资料,今以 x 表示轿车的使用年数,Y 表示相应的平均价格,求 Y 关于 x 的回归方程.

使用年数 x	1	2	3	4	5	6	7	8	9	10
平均价格 Y(美元)	2 651	1 943	1 494	1 087	765	538	484	290	226	204

解　作散点图如图 9—4,看起来 Y 与 x 呈指数关系,于是采用模型(3.33),即

$$Y = \alpha e^{\beta x} \cdot \varepsilon, \quad \ln \varepsilon \sim N(0, \sigma^2).$$

经变量变换后就转化为(3.34)式:
$Y' = a + bx' + \varepsilon', \varepsilon' \sim N(0, \sigma^2)$,
其中 $Y' = \ln Y, a = \ln \alpha, b = \beta$,
$x' = x, \varepsilon' = \ln \varepsilon$. 数据经变换后得到

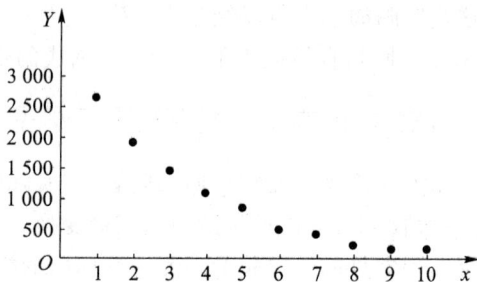

图 9—4

$x' = x$	1	2	3	4	5	6	7	8	9	10
$y' = \ln y$	7.882 7	7.572 0	7.309 2	6.991 2	6.639 9	6.287 9	6.182 1	5.669 9	5.420 5	5.318 1

经计算得

$$\hat{b} = -0.297\ 68, \quad \hat{a} = 8.164\ 585,$$

从而有

$$\hat{y}' = 8.164\ 585 - 0.297\ 68x.$$

又可求得

$$|t| = \frac{|\hat{b}|}{\hat{\sigma}} \sqrt{S_{xx}} = 32.369\ 3 > t_{0.05/2}(8) = 2.306\ 0,$$

即知线性回归效果是高度显著的. 代回原变量,得曲线回归方程

$$\hat{y} = \exp\{\hat{y}'\} = 3\,514.26\mathrm{e}^{-0.297\,68x}. \qquad \square$$

上面所讨论的一元线性回归模型是

$$Y = a + bx + \varepsilon, \quad \varepsilon \sim N(0,\sigma^2). \qquad (3.2)$$

一般情况,一元回归模型为

$$Y = \mu(x;\theta_1,\theta_2,\cdots,\theta_p) + \varepsilon, \quad \varepsilon \sim N(0,\sigma^2), \qquad (3.39)$$

其中 $\theta_1,\theta_2,\cdots,\theta_p,\sigma^2$ 是与 x 无关的未知参数.

如果回归函数 $\mu(x;\theta_1,\theta_2,\cdots,\theta_p)$ 是参数 $\theta_1,\theta_2,\cdots,\theta_p$ 的线性函数(不必是 x 的线性函数),则称(3.39)为**线性回归模型**;若 $\mu(x;\theta_1,\theta_2,\cdots,\theta_p)$ 是 $\theta_1,\theta_2,\cdots,\theta_p$ 的非线性函数,则称为**非线性回归模型**. 上述模型(3.37)是线性回归模型,而模型(3.33),(3.35)都不是线性回归模型,但是它们都能经过变量变换转化为线性回归模型. 又如

$$Y = \theta_1 \mathrm{e}^{\theta_2 x} + \varepsilon, \quad \varepsilon \sim N(0,\sigma^2). \qquad (3.40)$$

它是非线性回归模型.它不能经过变量变换转化为线性回归模型①,称为**本质的非线性回归模型**.对于这种模型,我们就不讨论了.

§4 多元线性回归

在实际问题中,随机变量 Y 往往与多个普通变量 $x_1,x_2,\cdots,x_p(p>1)$ 有关. 对于自变量 $x_1,x_2,\cdots,x_p$ 的一组确定的值,Y 有它的分布. 若 Y 的数学期望存在,则它是 $x_1,x_2,\cdots,x_p$ 的函数,记为

$$\mu_{Y|x_1,x_2,\cdots,x_p} \text{ 或 } \mu(x_1,x_2,\cdots,x_p),$$

它就是 Y 关于 x 的回归函数. 我们感兴趣的是 $\mu(x_1,x_2,\cdots,x_p)$ 是 $x_1,x_2,\cdots,x_p$ 的线性函数的情况. 在这里,仅讨论下述多元线性回归模型:

$$Y = b_0 + b_1 x_1 + \cdots + b_p x_p + \varepsilon, \quad \varepsilon \sim N(0,\sigma^2), \qquad (4.1)$$

其中 $b_0,b_1,\cdots,b_p,\sigma^2$ 都是与 $x_1,x_2,\cdots,x_p$ 无关的未知参数.

---

① 将(3.40)式两边取对数,得

$$\ln Y = \ln(\theta_1 \mathrm{e}^{\theta_2 x} + \varepsilon) = \ln\left[\theta_1 \mathrm{e}^{\theta_2 x}\left(1 + \frac{\varepsilon}{\theta_1}\mathrm{e}^{-\theta_2 x}\right)\right]$$

$$= \ln \theta_1 + \theta_2 x + \ln\left(1 + \frac{\varepsilon}{\theta_1}\mathrm{e}^{-\theta_2 x}\right).$$

令 $\ln Y = Y', \ln \theta_1 = a, \theta_2 = b, \ln\left(1 + \frac{\varepsilon}{\theta_1}\mathrm{e}^{-\theta_2 x}\right) = \varepsilon'$,则有

$$Y' = a + bx + \varepsilon'.$$

从形式上看,上式好像是线性回归模型.但因误差项 ε' 中包含未知参数 θ_1,θ_2,甚至包含自变量 x. 这在线性回归模型中是不允许的.

设

$$(x_{11},x_{12},\cdots,x_{1p},y_1),\cdots,(x_{n1},x_{n2},\cdots,x_{np},y_n) \qquad (4.2)$$

是一个样本. 和一元线性回归的情况一样, 我们用最大似然估计法来估计参数. 即取 $\hat{b}_0,\hat{b}_1,\cdots,\hat{b}_p$ 使当 $b_0=\hat{b}_0,b_1=\hat{b}_1,\cdots,b_p=\hat{b}_p$ 时

$$Q=\sum_{i=1}^{n}(y_i-b_0-b_1x_{i1}-\cdots-b_px_{ip})^2 \qquad (4.3)$$

达到最小.

求 Q 分别关于 $b_0,b_1,\cdots,b_p$ 的偏导数, 并令它们等于零, 得

$$\left.\begin{array}{l}\dfrac{\partial Q}{\partial b_0}=-2\sum_{i=1}^{n}(y_i-b_0-b_1x_{i1}-\cdots-b_px_{ip})=0,\\[3mm]\dfrac{\partial Q}{\partial b_j}=-2\sum_{i=1}^{n}(y_i-b_0-b_1x_{i1}-\cdots-b_px_{ip})x_{ij}=0,\\[3mm]\hspace{5cm}j=1,2,\cdots,p.\end{array}\right\} \qquad (4.4)$$

化简 (4.4) 式得

$$\left.\begin{array}{l}b_0n+b_1\sum_{i=1}^{n}x_{i1}+b_2\sum_{i=1}^{n}x_{i2}+\cdots+b_p\sum_{i=1}^{n}x_{ip}=\sum_{i=1}^{n}y_i,\\[3mm]b_0\sum_{i=1}^{n}x_{i1}+b_1\sum_{i=1}^{n}x_{i1}^2+b_2\sum_{i=1}^{n}x_{i1}x_{i2}+\cdots+b_p\sum_{i=1}^{n}x_{i1}x_{ip}=\sum_{i=1}^{n}x_{i1}y_i,\\[3mm]\hspace{3cm}\cdots\cdots\cdots\cdots\cdots\\[3mm]b_0\sum_{i=1}^{n}x_{ip}+b_1\sum_{i=1}^{n}x_{ip}x_{i1}+b_2\sum_{i=1}^{n}x_{ip}x_{i2}+\cdots+b_p\sum_{i=1}^{n}x_{ip}^2=\sum_{i=1}^{n}x_{ip}y_i.\end{array}\right\} \qquad (4.5)$$

(4.5) 式称为**正规方程组**. 为了求解的方便, 将 (4.5) 式写成矩阵的形式. 为此, 引入矩阵

$$\boldsymbol{X}=\begin{pmatrix}1&x_{11}&x_{12}&\cdots&x_{1p}\\1&x_{21}&x_{22}&\cdots&x_{2p}\\\vdots&\vdots&\vdots&&\vdots\\1&x_{n1}&x_{n2}&\cdots&x_{np}\end{pmatrix},\quad\boldsymbol{Y}=\begin{pmatrix}y_1\\y_2\\\vdots\\y_n\end{pmatrix},\quad\boldsymbol{B}=\begin{pmatrix}b_0\\b_1\\\vdots\\b_p\end{pmatrix}.$$

因

$$\boldsymbol{X}^{\mathrm{T}}\boldsymbol{X}=\begin{pmatrix}1&1&\cdots&1\\x_{11}&x_{21}&\cdots&x_{n1}\\\vdots&\vdots&&\vdots\\x_{1p}&x_{2p}&\cdots&x_{np}\end{pmatrix}\begin{pmatrix}1&x_{11}&x_{12}&\cdots&x_{1p}\\1&x_{21}&x_{22}&\cdots&x_{2p}\\\vdots&\vdots&\vdots&&\vdots\\1&x_{n1}&x_{n2}&\cdots&x_{np}\end{pmatrix}$$

$$
= \begin{pmatrix}
n & \displaystyle\sum_{i=1}^{n} x_{i1} & \cdots & \displaystyle\sum_{i=1}^{n} x_{ip} \\
\displaystyle\sum_{i=1}^{n} x_{i1} & \displaystyle\sum_{i=1}^{n} x_{i1}^{2} & \cdots & \displaystyle\sum_{i=1}^{n} x_{i1} x_{ip} \\
\vdots & \vdots & & \vdots \\
\displaystyle\sum_{i=1}^{n} x_{ip} & \displaystyle\sum_{i=1}^{n} x_{ip} x_{i1} & \cdots & \displaystyle\sum_{i=1}^{n} x_{ip}^{2}
\end{pmatrix},
$$

$$
\boldsymbol{X}^{\mathrm{T}} \boldsymbol{Y} = \begin{pmatrix}
1 & 1 & \cdots & 1 \\
x_{11} & x_{21} & \cdots & x_{n1} \\
\vdots & \vdots & & \vdots \\
x_{1p} & x_{2p} & \cdots & x_{np}
\end{pmatrix}
\begin{pmatrix} y_1 \\ y_2 \\ \vdots \\ y_n \end{pmatrix}
= \begin{pmatrix}
\displaystyle\sum_{i=1}^{n} y_i \\
\displaystyle\sum_{i=1}^{n} x_{i1} y_i \\
\vdots \\
\displaystyle\sum_{i=1}^{n} x_{ip} y_i
\end{pmatrix}.
$$

于是(4.5)式即可写成

$$
\boldsymbol{X}^{\mathrm{T}} \boldsymbol{X} \boldsymbol{B} = \boldsymbol{X}^{\mathrm{T}} \boldsymbol{Y}, \tag{4.5$'$}
$$

这就是正规方程组的矩阵形式. 在(4.5)$'$式两边左乘 $\boldsymbol{X}^{\mathrm{T}} \boldsymbol{X}$ 的逆矩阵 $(\boldsymbol{X}^{\mathrm{T}} \boldsymbol{X})^{-1}$(设 $(\boldsymbol{X}^{\mathrm{T}} \boldsymbol{X})^{-1}$ 存在) 得到(4.5)$'$的解

$$
\hat{\boldsymbol{B}} = \begin{pmatrix} \hat{b}_0 \\ \hat{b}_1 \\ \vdots \\ \hat{b}_p \end{pmatrix} = (\boldsymbol{X}^{\mathrm{T}} \boldsymbol{X})^{-1} \boldsymbol{X}^{\mathrm{T}} \boldsymbol{Y}, \tag{4.6}
$$

这就是我们需要求的 $(b_0, b_1, \cdots, b_p)^{\mathrm{T}}$ 的最大似然估计. 我们取

$$
\hat{b}_0 + \hat{b}_1 x_1 + \cdots + \hat{b}_p x_p \xeftarrow{\text{记成}} \hat{y}
$$

作为 $\mu(x_1, x_2, \cdots, x_p) = b_0 + b_1 x_1 + \cdots + b_p x_p$ 的估计. 方程

$$
\hat{y} = \hat{b}_0 + \hat{b}_1 x_1 + \cdots + \hat{b}_p x_p \tag{4.7}
$$

称为 Y 关于 x 的 p 元经验线性回归方程,简称回归方程.

    例 下面给出了某种产品每件平均单价 Y(元)与批量 x(件)之间的关系的一组数据:

x	20	25	30	35	40	50	60	65	70	75	80	90
y	1.81	1.70	1.65	1.55	1.48	1.40	1.30	1.26	1.24	1.21	1.20	1.18

画出散点图如图 $9-5$ 所示. 我们选取模型

$$Y = b_0 + b_1 x + b_2 x^2 + \varepsilon, \ \varepsilon \sim N(0, \sigma^2) \qquad (4.8)$$

来拟合它,现在来求回归方程.

令 $x_1 = x, x_2 = x^2$,则 (4.8) 式可写成

$$Y = b_0 + b_1 x_1 + b_2 x_2 + \varepsilon, \quad \varepsilon \sim N(0, \sigma^2),$$

这是一个二元线性回归模型,现在

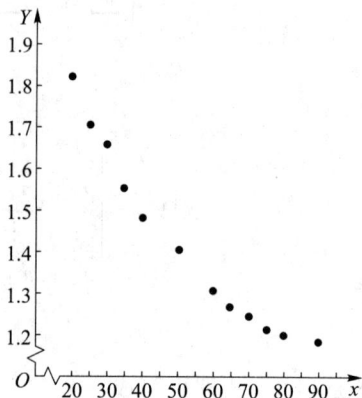

图 $9-5$

$$X = \begin{pmatrix} 1 & 20 & 400 \\ 1 & 25 & 625 \\ 1 & 30 & 900 \\ 1 & 35 & 1\,225 \\ 1 & 40 & 1\,600 \\ 1 & 50 & 2\,500 \\ 1 & 60 & 3\,600 \\ 1 & 65 & 4\,225 \\ 1 & 70 & 4\,900 \\ 1 & 75 & 5\,625 \\ 1 & 80 & 6\,400 \\ 1 & 90 & 8\,100 \end{pmatrix}, Y = \begin{pmatrix} 1.81 \\ 1.70 \\ 1.65 \\ 1.55 \\ 1.48 \\ 1.40 \\ 1.30 \\ 1.26 \\ 1.24 \\ 1.21 \\ 1.20 \\ 1.18 \end{pmatrix}, B = \begin{pmatrix} b_0 \\ b_1 \\ b_2 \end{pmatrix}.$$

经计算

$$X^{\mathrm{T}} X = \begin{pmatrix} 12 & 640 & 40\,100 \\ 640 & 40\,100 & 2\,779\,000 \\ 40\,100 & 2\,779\,000 & 204\,702\,500 \end{pmatrix},$$

$$(X^{\mathrm{T}} X)^{-1} = \frac{1}{\Delta} \begin{pmatrix} 4.857\,292\,5 \times 10^{11} & -1.957\,17 \times 10^{10} & 170\,550\,000 \\ -1.957\,17 \times 10^{10} & 848\,420\,000 & -7\,684\,000 \\ 170\,550\,000 & -7\,684\,000 & 71\,600 \end{pmatrix},$$

$$\Delta = 1.419\,18 \times 10^{11}.$$

即得正规方程组的解为

$$\hat{\boldsymbol{B}} = \begin{pmatrix} \hat{b}_0 \\ \hat{b}_1 \\ \hat{b}_2 \end{pmatrix} = (\boldsymbol{X}^{\mathrm{T}}\boldsymbol{X})^{-1}\boldsymbol{X}^{\mathrm{T}}\boldsymbol{Y} = (\boldsymbol{X}^{\mathrm{T}}\boldsymbol{X})^{-1}\begin{pmatrix} 16.98 \\ 851.3 \\ 51\,162 \end{pmatrix}$$

$$= \begin{pmatrix} 2.198\,266\,29 \\ -0.022\,522\,36 \\ 0.000\,125\,07 \end{pmatrix}.$$

于是得到回归方程为

$$\hat{y} = 2.198\,266\,29 - 0.022\,522\,36x + 0.000\,125\,07x^2. \qquad \square$$

像一元线性回归一样,模型(4.1)往往是一种假定,为了考察这一假定是否符合实际观察结果,还需进行以下的假设检验:

$$H_0: \quad b_1 = b_2 = \cdots = b_p = 0,$$

$$H_1: \quad b_i(i = 1, 2, \cdots, p) \text{ 不全为零}.$$

若在显著性水平 α 下拒绝 H_0,我们就认为回归效果是显著的.

另外,也与一元线性回归一样,多元线性回归方程的一个重要应用是确定给定点 $(x_{01}, x_{02}, \cdots, x_{0p})$ 处对应的 Y 的观察值的预测区间.

小结

本章介绍了两种用途广泛的统计模型:方差分析模型和回归分析模型.

在实际中试验的指标往往要受到一种或多种因素的影响.方差分析就是通过对试验数据进行分析,检验方差相同的多个(多于两个)正态总体的均值是否相等,用以判断各因素对试验指标的影响是否显著.方差分析按影响试验指标的因素的个数分为单因素方差分析、双因素方差分析和多因素方差分析,本章只介绍前面两种.

考虑单因素方差分析的情况.观察到的数据总是参差不齐的,我们用总偏差平方和 $S_T = \sum_{j=1}^{s}\sum_{i=1}^{n_j}(X_{ij} - \overline{X})^2$ 来度量数据间总的变异(即离散程度),将它分解为可追溯到来源的部分变异(也用平方和来度量)$S_E = \sum_{j=1}^{s}\sum_{i=1}^{n_j}(X_{ij} - \overline{X}_{\cdot j})^2$(它是由随机误差引起的)与 $S_A = \sum_{j=1}^{s}\sum_{i=1}^{n_j}(X_{\cdot j} - \overline{X})^2$(它是由各水平效应的差异及随机误差引起的)之和.若后者较前者大得多,则有理由认为因素的各个水平对应的试验结果有显著差异,从而拒绝因素各水平对应的正态总体的均值相等这一原假设.这就是单因素方差分析法的基本思想.双因素方差分析的基本思想类似.

"方差分析"事实上不是真正分析方差,而是分析用偏差平方和度量的数据的变异.Snedecor 说过:"它是从可比组的数据中分解出可追溯到某些指定来源的变异的一种技巧."

双因素方差分析分考虑交互作用的与不考虑交互作用的两种情况,读者需分辨清楚.

　　单因素方差分析表和双因素方差分析表分别记录了单因素和双因素方差分析的全部结果,读者应很好掌握.

　　回归分析是研究自变量为一般变量(非随机变量),因变量为随机变量时两者之间的相关关系的统计分析方法.设随机变量 Y(因变量)与自变量 x(一般变量)存在着相关关系,为了研究这种关系,作为一种近似转而去研究 Y 的数学期望 $E(Y) = \mu(x)$ 与 x 的确定性关系,即函数关系,这里 $\mu(x)$ 叫做 Y 关于 x 的回归函数.一元线性回归是研究 $\mu(x)$ 为 x 的线性函数 $\mu(x) = a + bx$ 的情况.一元线性回归模型为

$$Y = a + bx + \varepsilon, \quad \varepsilon \sim N(0, \sigma^2),$$

其中 a, b 及 σ 都不依赖于 x,且 a, b, σ^2 均未知.

　　我们要讨论的问题是:

　　1° 利用样本值 $(x_1, y_1), (x_2, y_2), \cdots, (x_n, y_n)$ 来估计 a, b,从而得到 $\mu(x)$ 的最大似然估计 $\hat{\mu}(x) = \hat{a} + \hat{b}x$,记 $\hat{y} = \hat{a} + \hat{b}x$,我们称 $\hat{y} = \hat{a} + \hat{b}x$ 为回归方程,其图形称为回归直线.

　　2° 求出误差 ε 的方差 $D(\varepsilon) = \sigma^2$ 的无偏估计:

$$\hat{\sigma}^2 = \frac{Q_e}{n - 2},$$

其中 $Q_e = \sum_{i=1}^{n} (y_i - \hat{a} - \hat{b}x_i)^2 = S_{yy} - \hat{b}S_{xy}$ 为残差平方和.

　　3° 作线性假设: $H_0 : b = 0, H_1 : b \neq 0$ 的显著性检验. H_0 的拒绝域为

$$|t| = \frac{|\hat{b}|}{\hat{\sigma}} \sqrt{S_{xx}} \geqslant t_{\alpha/2}(n - 2) \quad (\alpha \text{ 为显著性水平}),$$

如果拒绝 H_0,则认为回归效果是显著的;否则,认为回归效果不显著,此时不宜用线性回归模型,需另行研究.

　　4° 求出回归系数 b 的置信水平为 $1 - \alpha$ 的置信区间为

$$\left(\hat{b} \pm t_{\alpha/2}(n - 2) \frac{\hat{\sigma}}{\sqrt{S_{xx}}} \right).$$

　　5° 求出回归函数 $\mu(x)$ 在点 x_0 处的函数值 $\mu(x_0)$ 的置信水平为 $1 - \alpha$ 的置信区间

$$\left(\hat{a} + \hat{b}x_0 \pm t_{\alpha/2}(n - 2)\hat{\sigma} \sqrt{1/n + (x_0 - \overline{x})^2/S_{xx}} \right).$$

　　6° 以 x_0 处的回归值 $\hat{y}_0 = \hat{a} + \hat{b}x_0$ 作为 Y 在 x_0 处的观察值 $Y_0 = a + bx_0 + \varepsilon_0$ 的预测值,求出 Y_0 的置信水平为 $1 - \alpha$ 的预测区间为

$$\left(\hat{a} + \hat{b}x_0 \pm t_{\alpha/2}(n - 2)\hat{\sigma} \sqrt{1 + 1/n + (x_0 - \overline{x})^2/S_{xx}} \right).$$

对随机变量 Y 的观察值进行预测是回归方程最重要的应用.

■ 重要术语及主题

　　单因素试验方差分析的数学模型　　$S_T = S_E + S_A$　　单因素方差分析表　　双因素方差分析表

　　一元线性回归的数学模型　　回归直线 $\hat{y} = \hat{a} + \hat{b}x$ 中的系数 $\hat{a}, \hat{b}$　　误差 ε 的方差 $D(\varepsilon) = \sigma^2$ 的无偏估计　　线性假设的显著性检验　　回归系数 $\hat{b}$ 的区间估计　　回归函数值 $\mu(x_0)$ 的点估计

和区间估计　观察值 $Y_0 = a + bx_0 + \varepsilon_0$ 的点预测和区间预测

附录　§3中有关统计量结果的证明

下面将证明 §3 中涉及的各有关统计量的一些结果.

1° $\overline{Y} \sim N(a + b\overline{x}, \sigma^2/n)$.

2° $\hat{b} \sim N(b, \sigma^2/S_{xx})$.

3° $\hat{Y}_0 = \hat{a} + \hat{b}x_0 = \overline{Y} + \hat{b}(x_0 - \overline{x}) \sim N\left(a + bx_0, \left[\dfrac{1}{n} + \dfrac{(x_0 - \overline{x})^2}{S_{xx}}\right]\sigma^2\right)$.

4° $Q_e/\sigma^2 \sim \chi^2(n-2)$.

5° $\overline{Y}, \hat{b}, Q_e$ 相互独立.

6° 若 $Y_0 = a + bx_0 + \varepsilon_0$ 与 $Y_1, Y_2, \cdots, Y_n$ 独立，则 $Y_0, \hat{Y}_0, Q_e$ 相互独立.

上述结果的证明见下方二维码.

有关统计量
结果的证明

习题

以下约定各个习题均符合涉及的方差分析模型或回归分析模型所要求的条件.

1. 今有某种型号的电池三批，它们分别是 A, B, C 三个工厂所生产的. 为评比其质量，各随机抽取 5 只电池为样品，经试验得其寿命（以 h 计）如下：

	A		B		C
	40　42		26　28		39　50
	48　45		34　32		40　50
	38		30		43

试在显著性水平 0.05 下检验电池的平均寿命有无显著的差异. 若差异是显著的，试求均值差 $\mu_A - \mu_B, \mu_A - \mu_C$ 和 $\mu_B - \mu_C$ 的置信水平为 95% 的置信区间.

2. 为了寻找飞机控制板上仪器表的最佳布置，试验了三个方案，观察领航员在紧急情况的反应时间（以 1/10 s 计），随机地选择 28 名领航员，得到他们对于不同的布置方案的反应时间如下：

方案 Ⅰ	14	13	9	15	11	13	14	11		
方案 Ⅱ	10	12	7	11	8	12	9	10	13	9	10	9
方案 Ⅲ	11	5	9	10	6	8	8	7		

试在显著性水平 0.05 下检验各个方案的反应时间有无显著差异. 若有差异,试求 $\mu_1-\mu_2$, $\mu_1-\mu_3,\mu_2-\mu_3$ 的置信水平为 0.95 的置信区间.

3. 某防治站对 4 个林场的松毛虫密度进行调查,每个林场调查 5 块地得资料如下表:

地点	松毛虫密度(头 / 标准地)				
A_1	192	189	176	185	190
A_2	190	201	187	196	200
A_3	188	179	191	183	194
A_4	187	180	188	175	182

判断 4 个林场松毛虫密度有无显著差异,取显著性水平 $\alpha=0.05$.

4. 一试验用来比较 4 种不同药品解除外科手术后疼痛的延续时间(以 h 计),结果如下表:

药品	时间长度(h)				
A	8	6	4	2	
B	6	6	4	4	
C	8	10	10	10	12
D	4	4	2		

试在显著性水平 $\alpha=0.05$ 下检验各种药品对解除疼痛的延续时间有无显著差异.

5. 将抗生素注入人体会产生抗生素与血浆蛋白质结合的现象,以致减少了药效. 下表列出 5 种常用的抗生素注入牛的体内时,抗生素与血浆蛋白质结合的百分比(以 % 计).

青霉素	四环素	链霉素	红霉素	氯霉素
29.6	27.3	5.8	21.6	29.2
24.3	32.6	6.2	17.4	32.8
28.5	30.8	11.0	18.3	25.0
32.0	34.8	8.3	19.0	24.2

试在显著性水平 $\alpha=0.05$ 下检验这些百分比的均值有无显著的差异.

6. 下表给出某种化工过程在三种浓度、四种温度水平下得率(以 % 计)的数据:

浓度(因素 A)	温度(因素 B)			
	10℃	24℃	38℃	52℃
2%	14　10	11　11	13　9	10　12
4%	9　7	10　8	7　11	6　10
6%	5　11	13　14	12　13	14　10

试在显著性水平 $\alpha = 0.05$ 下检验:在不同浓度下得率的均值是否有显著差异,在不同温度下得率的均值是否有显著差异,交互作用的效应是否显著.

7. 为了研究某种金属管防腐蚀的功能,考虑了 4 种不同的涂料涂层.将金属管埋设在 3 种不同性质的土壤中,经历了一定时间,测得金属管腐蚀的最大深度如下表所示(以 mm 计):

涂层(因素 A)	土壤类型(因素 B)		
	1	2	3
1	1.63	1.35	1.27
2	1.34	1.30	1.22
3	1.19	1.14	1.27
4	1.30	1.09	1.32

试取显著性水平 $\alpha = 0.05$ 检验在不同涂层下腐蚀的最大深度的平均值有无显著差异,在不同土壤下腐蚀的最大深度的平均值有无显著差异.设两因素间没有交互作用效应.

8. 下表数据是退火温度 x(以 ℃ 计)对黄铜延性 Y 效应的试验结果,Y 是以延长度计算的.

x(℃)	300	400	500	600	700	800
y(%)	40	50	55	60	67	70

画出散点图并求 Y 对于 x 的线性回归方程.

9. 在钢线碳含量对于电阻的效应的研究中,得到以下的数据:

碳含量 x(%)	0.10	0.30	0.40	0.55	0.70	0.80	0.95
20℃ 时电阻 y(μΩ)	15	18	19	21	22.6	23.8	26

(1) 画出散点图.

(2) 求线性回归方程 $\hat{y} = \hat{a} + \hat{b}x$.

(3) 求 ε 的方差 σ^2 的无偏估计.

(4) 检验假设 $H_0: b = 0, H_1: b \neq 0$.

(5) 若回归效果显著,求 b 的置信水平为 0.95 的置信区间.

(6) 求 $x = 0.50$ 处 $\mu(x)$ 的置信水平为 0.95 的置信区间.

(7) 求 $x = 0.50$ 处观察值 Y 的置信水平为 0.95 的预测区间.

10. 下表列出了 18 名 5 ~ 8 岁儿童的体重(这是容易测得的) 和体积(这是难以测量的):

体重 x(kg)	17.1	10.5	13.8	15.7	11.9	10.4	15.0	16.0	17.8
体积 y(dm³)	16.7	10.4	13.5	15.7	11.6	10.2	14.5	15.8	17.6
体重 x(kg)	15.8	15.1	12.1	18.4	17.1	16.7	16.5	15.1	15.1
体积 y(dm³)	15.2	14.8	11.9	18.3	16.7	16.6	15.9	15.1	14.5

(1) 画出散点图.

(2) 求 Y 关于 x 的线性回归方程 $\hat{y} = \hat{a} + \hat{b}x$.

(3) 求 $x = 14.0$ 时 Y 的置信水平为 0.95 的预测区间.

11. 蟋蟀用一个翅膀在另一翅膀上快速地滑动,从而发出吱吱喳喳的叫声. 生物学家知道叫声的频率 x 与气温 Y 具有线性关系. 下表列出了 15 对频率与气温间的对应关系的观察结果:

频率 x_i(叫声数 /s)	20.0	16.0	19.8	18.4	17.1	15.5	14.7	17.1
气温 y_i(℃)	31.4	22.0	34.1	29.1	27.0	24.0	20.9	27.8
频率 x_i(叫声数 /s)	15.4	16.2	15.0	17.2	16.0	17.0	14.4	
气温 y_i(℃)	20.8	28.5	26.4	28.1	27.0	28.6	24.6	

试求 Y 关于 x 的线性回归方程.

12. 下面列出了自 1952—2004 年各届奥林匹克运动会男子 10 000 m 赛跑的冠军的成绩(时间以 min 计):

年份(x)	1952	1956	1960	1964	1968	1972	1976
成绩(y)	29.3	28.8	28.5	28.4	29.4	27.6	27.7
年份(x)	1980	1984	1988	1992	1996	2000	2004
成绩(y)	27.7	27.8	27.4	27.8	27.1	27.3	27.1

（1）求 Y 关于 x 的线性回归方程 $\hat{y} = \hat{a} + \hat{b}x$.

（2）检验假设 $H_0 : b = 0, H_1 : b \neq 0$（显著性水平 $\alpha = 0.05$）.

（3）求 2008 年冠军成绩的预测值.

13. 以 x 与 Y 分别表示人的脚长与手长（均以英寸计，1 英寸 = 2.54 厘米），下面列出了 15 名女子的脚的长度 x 与手的长度 Y 的样本值：

x	9.00	8.50	9.25	9.75	9.00	10.00	9.50	9.00
y	6.50	6.25	7.25	7.00	6.75	7.00	6.50	7.00
x	9.25	9.50	9.25	10.00	10.00	9.75	9.50	
y	7.00	7.00	7.00	7.50	7.25	7.25	7.25	

（1）试求 Y 关于 x 的线性回归方程 $\hat{y} = \hat{a} + \hat{b}x$.

（2）求 b 的置信水平为 0.95 的置信区间.

14. 槲寄生是一种寄生在大树上部树枝上的寄生植物. 它喜欢寄生在年轻的大树上. 下面给出在一定条件下完成的试验中采集的数据：

大树的年龄 x（年）	3	4	9	15	40
每株大树上槲寄生的株数 y	28	10	15	6	1
	33	36	22	14	1
	22	24	10	9	

（1）作出 (x_i, y_i) 的散点图.

（2）令 $z_i = \ln y_i$，作出 (x_i, z_i) 的散点图.

（3）以模型 $Y = ae^{bx}\varepsilon, \ln \varepsilon \sim N(0, \sigma^2)$ 拟合数据，其中 a, b, σ^2 与 x 无关. 试求曲线回归方程 $\hat{y} = \hat{a}\exp\{\hat{b}x\}$.

15. 一种合金在某种添加剂的不同浓度之下，各做三次试验，得数据如下：

浓度 x	10.0	15.0	20.0	25.0	30.0
抗压强度 y	25.2	29.8	31.2	31.7	29.4
	27.3	31.1	32.6	30.1	30.8
	28.7	27.8	29.7	32.3	32.8

（1）作散点图.

（2）以模型 $Y = b_0 + b_1 x + b_2 x^2 + \varepsilon, \varepsilon \sim N(0, \sigma^2)$ 拟合数据，其中 b_0, b_1, b_2, σ^2 与 x 无关. 求回归方程 $\hat{y} = \hat{b}_0 + \hat{b}_1 x + \hat{b}_2 x^2$.

16. 某种化工产品的得率 Y 与反应温度 x_1、反应时间 x_2 及某反应物浓度 x_3 有关. 今得试验结果如下表所示, 其中 x_1, x_2, x_3 均为二水平且均以编码形式表达.

x_1	-1	-1	-1	-1	1	1	1	1
x_2	-1	-1	1	1	-1	-1	1	1
x_3	-1	1	-1	1	-1	1	-1	1
得率	7.6	10.3	9.2	10.2	8.4	11.1	9.8	12.6

(1) 设 $\mu(x_1, x_2, x_3) = b_0 + b_1 x_1 + b_2 x_2 + b_3 x_3$, 求 Y 的多元线性回归方程.

(2) 若认为反应时间不影响得率, 即认为

$$\mu(x_1, x_2, x_3) = \beta_0 + \beta_1 x_1 + \beta_3 x_3,$$

求 Y 的多元线性回归方程.

第十章　bootstrap 方法(自助法)

    bootstrap 方法为统计数据分析提供了强有力的途径和方法，与传统的参数方法相比较，它具有更一般性的应用. bootstrap 方法的实现，需要在计算机上作较多的计算. 现在由于计算机的容量大，速度快，这样的计算是容易的. bootstrap 方法现在已成为一种流行的方法.

    bootstrap 方法是由埃弗龙(Bradley Efron)在 20 世纪 70 年代后期建立的，近四十年来发展很快.

§1　非参数 bootstrap 方法

    bootstrap 方法的目标是基于已知数据去估计未知参数，例如估计均值、中位数、标准差等，构造未知参数的置信区间，以及对参数作假设检验等.

(一)估计量的标准误差的 bootstrap 估计

    在估计总体未知参数 θ 时，人们不但要给出 θ 的估计 $\hat{\theta}$，还需要给出这一 $\hat{\theta}$ 的精度，通常我们用估计量 $\hat{\theta}$ 的标准差 $\sigma_{\hat{\theta}} = \sqrt{D(\hat{\theta})}$ 来度量估计 $\hat{\theta}$ 的精度. 估计量 $\hat{\theta}$ 的标准差也称为估计量 $\hat{\theta}$ 的**标准误差**.

    设 $(X_1, X_2, \cdots, X_n)$ 是来自以 $F(x)$ 为分布函数的总体的样本，θ 是待估的未知参数. 用 $\hat{\theta} = \hat{\theta}(X_1, X_2, \cdots, X_n)$ 作为 θ 的估计量，在实际应用中 $\hat{\theta}$ 的抽样分布常常是难以处理的，这样 $\sqrt{D(\hat{\theta})}$ 常没有一个简单的表达式. 不过我们可以用蒙特卡罗 (Monte Carlo) 模拟的方法来求得 $\sqrt{D(\hat{\theta})}$ 的估计. 为此，自 F 产生很多容量为 n 的样本(例如 B 个)，对于每一个样本计算 $\hat{\theta}$ 的值，得到 $\hat{\theta}_1, \hat{\theta}_2, \cdots, \hat{\theta}_B$，则 $\sqrt{D(\hat{\theta})}$ 可以用

$$\hat{\sigma}_{\hat{\theta}} = \sqrt{\frac{1}{B-1}\sum_{i=1}^{B}(\hat{\theta}_i - \bar{\theta})^2} \tag{1.1}$$

来估计，其中 $\bar{\theta} = \dfrac{1}{B}\sum_{i=1}^{B}\hat{\theta}_i$. 然而 F 常常是未知的. 这样就无法用模拟的方法产生 F 的样本，不能得到(1.1)式的结果，需要另外的方法.

现在设总体分布函数 F 未知，但是已经有一个容量为 n 的来自 F 的原始数据样本 $(x_1, x_2, \cdots, x_n)$[①]. 考虑到此时对应于样本 $(x_1, x_2, \cdots, x_n)$ 的经验分布 F_n 是已知的，由格里汶科定理（见第六章 §3），当 n 很大时，F_n 接近于 F. 我们就用 F_n 代替 F，在 F_n 中抽取样本. 在 F_n 中抽取样本就是在原始样本 $(x_1, x_2, \cdots, x_n)$ 中一次随机地取一个个体，放回，再在 $(x_1, x_2, \cdots, x_n)$ 中抽取一个个体，直到得到容量为 n 的样本，也就是对具有概率密度函数为

$$f(x) = \begin{cases} \dfrac{1}{n}, & x \in (x_1, x_2, \cdots, x_n), \\ 0, & 其他 \end{cases}$$

的离散型均匀分布随机变量以放回抽样的方法抽取容量为 n 的样本，将得到的样本记为 $(x_1^*, x_2^*, \cdots, x_n^*)$，称为 **bootstrap 样本**.

对 bootstrap 样本按上一段中计算估计 $\hat{\theta}(x_1, x_2, \cdots, x_n)$ 那样求出 θ 的估计 $\hat{\theta}^* = \hat{\theta}(x_1^*, x_2^*, \cdots, x_n^*)$，$\hat{\theta}^*$ 称为 θ 的 bootstrap 估计. 相继地、独立地抽得许多 bootstrap 样本（例如 B 个），以这些样本分别求出 θ 的 bootstrap 估计如下：

bootstrap 样本 $1(x_1^{*1}, x_2^{*1}, \cdots, x_n^{*1})$，求出 θ 的 bootstrap 估计 $\hat{\theta}_1^*$，

bootstrap 样本 $2(x_1^{*2}, x_2^{*2}, \cdots, x_n^{*2})$，求出 θ 的 bootstrap 估计 $\hat{\theta}_2^*$，

$$\vdots$$

bootstrap 样本 $B(x_1^{*B}, x_2^{*B}, \cdots, x_n^{*B})$，求出 θ 的 bootstrap 估计 $\hat{\theta}_B^*$，

则 $\hat{\theta}$ 的标准误差 $\sqrt{D(\hat{\theta})}$ 就以

$$\hat{\sigma}_{\hat{\theta}} = \sqrt{\frac{1}{B-1} \sum_{i=1}^{B} (\hat{\theta}_i^* - \bar{\theta}^*)^2} \tag{1.2}$$

来估计，其中 $\bar{\theta}^* = \dfrac{1}{B} \sum_{i=1}^{B} \hat{\theta}_i^*$. (1.2) 式就定义为 $\sqrt{D(\hat{\theta})}$ 的 bootstrap 估计.

综上所述，得到求 $\sqrt{D(\hat{\theta})}$ 的 bootstrap 估计的步骤如下：

1° 对原始样本 $\boldsymbol{x} = (x_1, x_2, \cdots, x_n)$ 按放回抽样的方法抽得容量为 n 的样本 $\boldsymbol{x}^* = (x_1^*, x_2^*, \cdots, x_n^*)$（称为 bootstrap 样本）.

2° 相继地、独立地求出 B 个 $(B \geqslant 10\,000)$ 容量为 n 的 bootstrap 样本 $\boldsymbol{x}^{*i} = (x_1^{*i}, x_2^{*i}, \cdots, x_n^{*i})$，$i = 1, 2, \cdots, B$. 对第 i 个 bootstrap 样本计算 $\hat{\theta}_i^* = \hat{\theta}(x_1^{*i}, x_2^{*i}, \cdots, x_n^{*i})$，$i = 1, 2, \cdots, B$ ($\hat{\theta}_i^*$ 称为 θ 的第 i 个 bootstrap 估计).

---

① 例如，在进行复杂的物理实验时得到一组实验数据，但未能知道数据来自什么分布.

3° 计算

$$\hat{\sigma}_{\hat{\theta}} = \sqrt{\frac{1}{B-1} \sum_{i=1}^{B} (\hat{\theta}_i^* - \overline{\theta}^*)^2}, \text{其中} \overline{\theta}^* = \frac{1}{B} \sum_{i=1}^{B} \hat{\theta}_i^*.$$

例 1 某种基金的年回报率是具有分布函数 F 的连续型随机变量,F 未知,F 的中位数 θ 为未知参数. 现有以下的原始样本(以%计):

> 9.5　21.1　12.0　10.2　12.0　21.1　10.2
> 18.2　12.0　9.5　18.0　10.2　18.2

试求 F 的中位数的标准误差的 bootstrap 估计.

解 将原始样本自小到大排序,中间一个数为12.0,得中位数为12.0. 相继地、独立地在上述 13 个数据中,按放回抽样的方法取样,取 $B=10\,000$. 得到 10 000 个 bootstrap 样本[①]:

样本 1　10.2　10.2　18.2　18.2　18.2　10.2　10.2　21.1　12.0　18.2
　　　　21.1　21.1　12.0

样本 2　18.2　9.5　21.1　21.1　10.2　18.0　9.5　10.2　10.2　9.5
　　　　10.2　12.0　21.1

$$\vdots$$

样本 10 000　21.1　9.5　10.2　9.5　12.0　12.0　21.1　18.2　18.0
　　　　21.1　12.0　9.5　21.1

对以上每个 bootstrap 样本,分别求出其样本中位数 $\hat{\theta}_i^*$,$i=1,2,\cdots,10\,000$. 将它们代入(1.2)式,得到所求的标准误差的 bootstrap 估计为

$$\hat{\sigma}_{\hat{\theta}} = \sqrt{\frac{1}{9\,999} \sum_{i=1}^{10\,000} (\hat{\theta}_i^* - \overline{\theta}^*)^2} = 2.676\,131.$$

其中 $\overline{\theta}^* = \frac{1}{B} \sum_{i=1}^{B} \hat{\theta}_i^*.$

计算程序见第十一章 §6 例1. □

(二)估计量的均方误差的 bootstrap 估计

下面举例来说明.

例 2(均方误差) 设金属元素铂的升华热是具有分布函数 F(F 未知)的连续型随机变量. F 的中位数 θ 是未知参数,现测得以下的原始样本(以 kcal/mol 计[②]):

> 133.7　134.1　134.3　134.4　134.5　134.7　134.8　134.8　134.8
> 134.9　134.9　135.0　135.0　135.2　135.2　135.4　135.4　135.8

---

① 由于取样是用放回抽样的方法,原始样本中有些元素会不止抽到一次,有些元素不会被抽到.

② 1千卡/摩尔=4 186.8焦耳/摩尔(1 kcal/mol=4 186.8 J/mol).

135.8   136.3   136.6   141.2   143.3   146.5   147.8   148.8

(数据已排序).以原始样本的中位数 $M=M(x)$ 作为总体中位数 θ 的估计,试求均方误差 $MSE=E[(M-\theta)^2]$ 的 bootstrap 估计.

解 将原始样本自小到大排序,左起第 13 个数为 135.0,左起第 14 个数为 135.2,于是原始样本的中位数为 135.1. 以 135.1 作为总体中位数 θ 的估计,即 $\hat{\theta}=135.1$. 需估计均值 $E[(M-135.1)^2]$.

相继地、独立地自原始样本抽取 10 000 个 bootstrap 样本如下:

样本 1   143.3   134.8   148.8   135.4   135.2   135.2   134.8   134.4   134.7
          135.2   135.0   135.0   135.4   135.4   136.3   134.4   134.9   134.8
          136.6   134.1   134.8   134.8   133.7   134.8   134.8   134.4

得样本中位数为 $M_1^*=134.85$,$(M_1^*-135.1)^2=0.062\ 5$;

$$\vdots$$

样本 10 000   135.8   135.2   134.9   135.2   135.4   135.2   134.3   134.9
              134.3   135.0   134.5   135.8   146.5   143.3   135.0   135.2
              148.8   136.6   135.4   136.6   135.2   133.7   146.5   135.0
              135.4   134.8

得样本中位数为 $M_{10\ 000}^*=135.2$,$(M_{10\ 000}^*-135.1)^2=0.01$.

将这 10 000 个数 $(M_1^*-135.1)^2,\cdots,(M_{10\ 000}^*-135.1)^2$ 取平均值,得到

$$\frac{1}{10\ 000}\sum_{i=1}^{10\ 000}(M_i^*-135.1)^2=0.074\ 323\ 25.$$

我们就用 0.074 323 25 作为均方误差 $E[(M-\theta)^2]$ 的 bootstrap 估计.

计算程序见第十一章§6例2.   □

(三) 偏差的 bootstrap 估计

设 $(X_1,X_2,\cdots,X_n)$ 是来自以 F 为分布函数的总体的样本,$\hat{\theta}=\hat{\theta}(X_1,X_2,\cdots,X_n)$ 是未知参数 θ 的估计量. θ 的估计量 $\hat{\theta}$ 关于 θ 的偏差定义为

$$b=E(\hat{\theta}-\theta)=E(\hat{\theta})-\theta.$$

当 $\hat{\theta}$ 是 θ 的无偏估计时 $b=0$.

例3 试在例 2 中,以原始样本中位数 $M=M(x)$ 作为总体中位数 θ 的估计,求偏差 $b=E(M-\theta)$ 的 bootstrap 估计.

解 由例 2 知原始样本的中位数为 135.1. 以 135.1 作为总体中位数 θ 的估计,即 $\hat{\theta}=135.1$. 需估计均值 $E(M-135.1)$.

对于例 2 中 10 000 个 bootstrap 样本计算

$$M_i^* - 135.1, \quad i = 1, 2, \cdots, 10\ 000,$$

即有对于样本 1 有 $M_1^* - 135.1 = 134.85 - 135.1 = -0.25$；

$$\vdots$$

对于样本 10 000 有 $M_{10\ 000}^* - 135.1 = 135.2 - 135.1 = 0.1$.

将上述 10 000 个数取平均值得到偏差 b 的 bootstrap 估计为

$$\hat{b}^* = \frac{1}{10\ 000} \sum_{i=1}^{10\ 000} (M_i^* - 135.1) = \frac{1}{10\ 000} \sum_{i=1}^{10\ 000} M_i^* - 135.1 = 0.043\ 33,$$

计算程序见第十一章 §6 例 3. □

(四)用分位数法求未知参数的 bootstrap 置信区间

设 $\boldsymbol{X} = (X_1, X_2, \cdots, X_n)$ 是来自以 F 为分布函数（F 未知）的总体的样本. $\boldsymbol{x} = (x_1, x_2, \cdots, x_n)$ 是已知的来自 F 的原始样本. 总体中含有未知参数 θ. 现在来求 θ 的置信水平为 $1 - \alpha$ 的置信区间.

相继地、独立地自样本 $\boldsymbol{x} = (x_1, x_2, \cdots, x_n)$ 抽出 B 个（例如取 $B = 10\ 000$）容量为 n 的 bootstrap 样本，对于每个 bootstrap 样本求出 θ 的 bootstrap 估计 $\hat{\theta}_1^*$，$\hat{\theta}_2^*, \cdots, \hat{\theta}_B^*$，将它们自小到大排序得到

$$\hat{\theta}_{(1)}^* \leqslant \hat{\theta}_{(2)}^* \leqslant \cdots \leqslant \hat{\theta}_{(B)}^*.$$

令 $m = [(\alpha/2)B]$，则区间

$$(\hat{\theta}_{(m)}^*, \ \hat{\theta}_{(B-m)}^*) \tag{1.3}$$

是 θ 的一个近似 $1 - \alpha$ 置信区间. 这一区间的两端点分别是诸 $\hat{\theta}_i^*$ $(i = 1, 2, \cdots, B)$ 的经验分布的下分位数 $\alpha/2, 1 - \alpha/2$.

区间(1.3)称为 θ 的置信水平为 $1 - \alpha$ 的 bootstrap 置信区间. 这种求置信区间的方法称为**分位数法**.

例 4 在例 2 中，给出了金属元素铂的升华热的 26 个数据. 试利用这些数据求下述置信区间：

(1) 以样本中位数作为总体中位数 θ 的估计，求 θ 的置信水平为 0.95 的 bootstrap 置信区间.

(2) 以样本 20% 截尾均值作为总体 20% 截尾均值 μ_t 的估计，求 μ_t 的置信水平为 0.95 的 bootstrap 置信区间.

解 $n = 26, B = 10\ 000$，原始样本以及 10 000 个模拟 bootstrap 样本见例 2.

(1) 对于每一个 bootstrap 样本算出中位数 $M_1^*, M_2^*, \cdots, M_{10\ 000}^*$. 将它们自小到大排序得到

$$M_{(1)}^* \leqslant M_{(2)}^* \leqslant \cdots \leqslant M_{(250)}^* \leqslant M_{(251)}^* \leqslant \cdots \leqslant M_{(9\,750)}^* \leqslant M_{(9\,751)}^* \leqslant \cdots \leqslant M_{(10\,000)}^*.$$

由 $B=10\,000, 1-\alpha=0.95, \alpha=0.05, m=[(\alpha/2)B]=[0.025\times10\,000]=250,$ $B-m=9\,750,$ 得 θ 的一个置信水平为 0.95 的 bootstrap 置信区间为

$$(M_{(250)}^*, \quad M_{(9\,750)}^*)=(134.80, \; 135.80).$$

(2) 对于例 2 中的 10 000 个 bootstrap 样本中的每一个,算出样本 20% 截尾均值:$\bar{x}_{t1}^*, \bar{x}_{t2}^*, \cdots, \bar{x}_{t10\,000}^*$,将它们自小到大排序得到

$$\bar{x}_{t(1)}^* \leqslant \bar{x}_{t(2)}^* \leqslant \cdots \leqslant \bar{x}_{t(250)}^* \leqslant \bar{x}_{t(251)}^* \leqslant \cdots \leqslant \bar{x}_{t(9\,750)}^* \leqslant \bar{x}_{t(9\,751)}^* \leqslant \cdots \leqslant \bar{x}_{t(10\,000)}^*.$$

按分位数法由(1.3)式得到 20% 截尾均值的一个置信水平为 0.95 的 bootstrap 置信区间为

$$(134.893\,8, \; 137.456\,3).$$

计算程序见第十一章 §6 例 4.　　　　　□

例 5　有 30 窝仔猪,出生时各窝猪的存活只数为

9　8　10　12　11　12　7　9　11　8　9　7　7　8　9

7　9　9　10　9　9　9　12　10　9　9　13　11　13　9

以样本均值 $\bar{x}$ 作为总体均值 μ 的估计,以样本标准差 s 作为总体标准差 σ 的估计,试按分位数法求 μ 以及 σ 的置信水平为 0.90 的 bootstrap 置信区间.

解　相继地、独立地自原始样本数据用放回抽样的方法,得到 10 000 个容量均为 30 的 bootstrap 样本:

样本 1　8　8　10　12　7　11　11　8　10　12　7　9　10　8　9　11

10　13　9　9　10　8　13　8　9　9　7　10　8

⋮

样本 10 000　9　10　7　10　7　10　7　9　9　13　11　12　10

12　12　10　9　8　11　9　9　9　11　12　11　12　9

对上述每个 bootstrap 样本算出样本均值 $\bar{x}_i^*$ $(i=1,2,\cdots,10\,000)$,将 10 000 个 $\bar{x}_i^*$ 按自小到大排序,左起第 500 位为 $\bar{x}_{(500)}^*=9.03$,左起第 9 500 位为 $\bar{x}_{(9\,500)}^*=10.038$.于是按(1.3)式得 μ 的一个置信水平为 0.90 的 bootstrap 置信区间为

$$(\bar{x}_{(500)}^*, \quad \bar{x}_{(9\,500)}^*)=(9.03, \; 10.038).$$

对上述 10 000 个 bootstrap 样本的每一个算出标准差 s_i^* $(i=1,2,\cdots,10\,000)$,将 10 000 个 s_i^* 按自小到大排序.左起第 500 位为 $s_{(500)}^*=1.35$,左起第 9 500 位为 $s_{(9\,500)}^*=1.98$,于是按(1.3)式得 σ 的一个置信水平为 0.90 的 bootstrap 置信区间为

$$(s_{(500)}^*, \; s_{(9\,500)}^*)=(1.35, \; 1.98).$$

(本题的计算程序由读者自行给出.)　　　　　□

§2 参数 bootstrap 方法

假设所研究的总体的分布函数 $F(x;\beta)$ 的形式已知,但其中包含未知参数 β (β 可以是向量). 现在已知有一个来自 $F(x;\beta)$ 的样本 $X_1,X_2,\cdots,X_n$. 利用这一样本求出 β(在 $F(x;\beta)$ 下)的最大似然估计 $\hat{\beta}$. 在 $F(x;\beta)$ 中以 $\hat{\beta}$ 代替 β 得 $F(x;\hat{\beta})$, 接着在 $F(x;\hat{\beta})$ 中产生容量为 n 的样本

$$X_1^*,X_2^*,\cdots,X_n^* \sim F(x;\hat{\beta})^{①}.$$

这种样本可以产生很多个,例如产生 B 个($B \geqslant 10\,000$),就可以利用这些样本对总体进行统计推断,其做法与非参数 bootstrap 方法一样. 这种方法称为**参数 bootstrap 方法**.

例1 某种类型的热泵的寿命 X(以年计)服从指数分布,其分布函数为

$$F(x;\theta)=\begin{cases} 1-\mathrm{e}^{-x/\theta}, & x>0, \\ 0, & \text{其他}, \end{cases} \quad \theta>0 \text{ 未知}.$$

且知总体具有样本:

$$0.4 \quad 0.6 \quad 0.7 \quad 0.9 \quad 1.0 \quad 1.3 \quad 1.9 \quad 2.0$$
$$4.8 \quad 5.1 \quad 5.3 \quad 5.3 \quad 6.0 \quad 12.2 \quad 15.8$$

求总体 X 的均值 μ 的置信水平为 0.95 的 bootstrap 置信区间.

解 由题意知上述样本的样本均值为 $\bar{x}=4.22$. 由最大似然估计法求得 θ 的估计为 $\hat{\theta}=\bar{x}=4.22$. 以 $\hat{\theta}$ 代替 $F(x;\theta)$ 中的 θ,得

$$F(x;\theta)=\begin{cases} 1-\mathrm{e}^{-x/4.22}, & x>0, \\ 0, & \text{其他}. \end{cases}$$

相继地、独立地以 $F(x;\theta)$ 为分布函数产生 $10\,000$ 个容量为 15 的 bootstrap 样本. 算出这 $10\,000$ 个样本各自的均值 $\bar{x}_1^*,\bar{x}_2^*,\cdots,\bar{x}_{10\,000}^*$. 将它们自小到大排序得到

$$\bar{x}_{(1)}^* \leqslant \bar{x}_{(2)}^* \leqslant \cdots \leqslant \bar{x}_{(250)}^* \leqslant \cdots \leqslant \bar{x}_{(9\,750)}^* \leqslant \cdots \leqslant \bar{x}_{(10\,000)}^*,$$

得总体的均值 μ 的置信水平为 0.95 bootstrap 置信区间为

$$(\bar{x}_{(250)}^*, \ \bar{x}_{(9\,750)}^*)=(2.392\,09, \ 6.682\,13).$$

计算程序见第十一章 §6 例 5.　　　　　　　　　　　　　□

例2 猫的听觉神经反应速度 Y 近似服从参数为 λ 的泊松分布. 抽取了 10 只猫,测得它们的听觉神经纤维反应速度(即为噪声爆发的每 200 ms 的脉冲个

---

① 意指样本 $X_1^*,X_2^*,\cdots,X_n^*$ 来自以 $F(x;\hat{\beta})$ 为分布函数的总体.

数)数据如下:

　　15.1　14.6　12.0　19.2　16.1　15.5　11.3　18.7　17.1　17.2

试求总体 Y 的均值 μ 的置信水平为 0.95 的 bootstrap 置信区间.

　　解　泊松分布的分布律为

$$P\{Y=k\}=\frac{\lambda^k \mathrm{e}^{-\lambda}}{k!}, \quad k=0,1,2,\cdots.$$

由已知数据求出参数 λ 的最大似然估计为 $\hat{\lambda}=\bar{y}=15.68$,得分布律为

$$P\{Y=k\}=\frac{15.68^k \mathrm{e}^{-15.68}}{k!}, \quad k=0,1,2,\cdots. \tag{2.1}$$

相继地、独立地从分布律(2.1)产生 10 000 个容量为 10 的 bootstrap 样本. 算出这 10 000 个样本各自的均值 $\bar{y}_1^*,\bar{y}_2^*,\cdots,\bar{y}_{10\,000}^*$,将它们自小到大排序得到

$$\bar{y}_{(1)}^* \leqslant \bar{y}_{(2)}^* \leqslant \cdots \leqslant \bar{y}_{(250)}^* \leqslant \cdots \leqslant \bar{y}_{(9\,750)}^* \leqslant \cdots \leqslant \bar{y}_{(10\,000)}^*,$$

得总体的均值 μ 的置信水平为 0.95 的 bootstrap 置信区间为

$$(\bar{y}_{(250)}^*, \ \bar{y}_{(9\,750)}^*)=(13.3, \ 18.2).$$

　　计算程序见第十一章§6例6.　　　　　　　　　　　　　　□

　　例3　某种疾病患者的预计存活时间(自确诊到死亡的时间,以月计)是一个随机变量 X,已知 $X \sim N(\mu,\sigma^2)$,μ,σ^2 未知.设有样本(以月计):

　　8.0　13.6　13.2　13.6　12.5　14.2　14.9　14.5

　　13.4　8.6　11.5　16.0　14.0　19.0　17.9　17.0

试用参数 bootstrap 方法(1)求总体 X 的均值 μ 的置信水平为 0.95 的 bootstrap 置信区间.(2)求 X 的中位数 θ 的置信水平为 0.95 的 bootstrap 置信区间.

　　解　分布 $N(\mu,\sigma^2)$ 中的未知参数 μ,σ^2 的最大似然估计分别为(见第七章§1例5):

$$\hat{\mu}=\bar{x}=\frac{1}{16}(8.0+13.6+\cdots+17.0)=13.87,$$

$$\hat{\sigma}^2=\frac{1}{16}\sum_{i=1}^{16}(x_i-\bar{x})^2=8.06.$$

　　(1)相继地、独立地从分布 $N(13.87,8.06)$ 产生 10 000 个容量为 16 的 bootstrap 样本. 算出这 10 000 个样本各自的均值 $\bar{x}_1^*,\bar{x}_2^*,\cdots,\bar{x}_{10\,000}^*$,将它们自小到大排序得到

$$\bar{x}_{(1)}^* \leqslant \bar{x}_{(2)}^* \leqslant \cdots \leqslant \bar{x}_{(250)}^* \leqslant \cdots \leqslant \bar{x}_{(9\,750)}^* \leqslant \cdots \leqslant \bar{x}_{(10\,000)}^*,$$

得到总体的均值 μ 的置信水平为 0.95 的 bootstrap 置信区间为

$$(\bar{x}_{(250)}^*, \ \bar{x}_{(9\,750)}^*)=(12.463\,57, \ 15.251\,34).$$

　　(2)相继地、独立地从分布 $N(13.87,8.06)$ 产生 10 000 个容量为 16 的

bootstrap 样本,算出这 10 000 个样本各自的中位数 $M_1^*, M_2^*, \cdots, M_{10\,000}^*$,将它们自小到大排序得到

$$M_{(1)}^* \leqslant M_{(2)}^* \leqslant \cdots \leqslant M_{(250)}^* \leqslant \cdots \leqslant M_{(9\,750)}^* \leqslant \cdots \leqslant M_{(10\,000)}^*,$$

得到总体 X 的中位数 θ 的置信水平为 0.95 的 bootstrap 置信区间为

$$(M_{(250)}^*,\ M_{(9\,750)}^*) = (12.179\,73,\ 15.543\,54).$$

计算程序见第十一章 §6 例 7.　　　　　　　　　　　　　　　　□

例 4　某商店某种商品的月销售量如下:

月销售量 x	9	10	11	12	13	14	15	16
月份数	1	6	13	12	9	4	2	1

(1) 已知月销售量服从泊松分布,试求平均月销售量的置信水平为 0.95 的 bootstrap 置信区间.

(2) 不能确定月销售量服从什么分布,试用非参数 bootstrap 方法求平均月销售量的置信水平为 0.95 的 bootstrap 置信区间.

解　(1) 用参数 bootstrap 方法.月销售量 $X \sim \pi(\lambda)$.先求出参数 λ.分布律为

$$P\{X=k\} = \frac{\lambda^k e^{-\lambda}}{k!}, \quad k=0,1,2,\cdots.$$

由已知数据求出参数 λ 的最大似然估计为

$$\hat{\lambda} = \bar{x} = \frac{9 \times 1 + 10 \times 6 + 11 \times 13 + 12 \times 12 + 13 \times 9 + 14 \times 4 + 15 \times 2 + 16 \times 1}{1+6+13+12+9+4+2+1} = \frac{575}{48}$$

$$= 11.979\,17,$$

即有　　　　　　　　　　　　$X \sim \pi(11.979\,17).$　　　　　　　　　(2.2)

相继地、独立地从分布律(2.2)产生 10 000 个容量为 48 的 bootstrap 样本.算出这 10 000 个样本各自的均值 $\bar{x}_1^*, \bar{x}_2^*, \cdots, \bar{x}_{10\,000}^*$,将它们自小到大排序得到

$$\bar{x}_{(1)}^* \leqslant \bar{x}_{(2)}^* \leqslant \cdots \leqslant \bar{x}_{(250)}^* \leqslant \cdots \leqslant \bar{x}_{(9\,750)}^* \leqslant \cdots \leqslant \bar{x}_{(10\,000)}^*,$$

得到总体均值(即平均月销售量)λ 的置信水平为 0.95 的 bootstrap 置信区间为

$$(\bar{x}_{(250)}^*,\ \bar{x}_{(9\,750)}^*) = (11.000\,00,\ 12.958\,33).$$

(2) 用非参数 bootstrap 方法.按题意在 48 个月内共售出 575 件商品.原始样本为

$$(9,10,10,10,10,10,10,11,11,11,11,11,11,11,11,11,11,11,11,11,11,12,$$
$$12,12,12,12,12,12,12,12,12,12,12,13,13,13,13,13,13,13,13,13,14,14,$$
$$14,14,15,15,16).$$

经计算得到平均月销售量的置信水平为 0.95 的 bootstrap 置信区间为

$$(\overline{x}^*_{(250)},\ \overline{x}^*_{(9\,750)})=(11.562\,50,\ 12.416\,67).$$

计算程序见第十一章§6例8.　　　　　　　　　　　　　　　　□

例5　据哈代-温伯格(Hardy-Weinberg)定律,若基因频率处于平衡状态,则在人的总体中基因型 AA,Aa,aa 出现的频率分别为$(1-\theta)^2$,$2\theta(1-\theta)$,$\theta^2(0<\theta<1)$.因为人的某种抗原蛋白类型与其基因型相关联,我们可以用人的此种抗原蛋白数据来估计人的基因型的频率.

据 1937 年对香港的调查有以下的数据:

抗原蛋白	M	MN	N	总人数
频率数据	342	500	187	1 029

我们就用这一数据来估计未知参数 θ,即有

基因型	AA	Aa	aa	总人数
频率	$(1-\theta)^2$	$2\theta(1-\theta)$	θ^2	
数据	342	500	187	1 029

(1) 求 θ 的最大似然估计.

(2) 求 θ 的置信水平为 0.90 的 bootstrap 置信区间.

解　本题样本容量较大,可以用频率作为概率的近似.

(1) 分别记 x_1,x_2,x_3 为具有基因型 AA,Aa,aa 的人数,记 $x_1+x_2+x_3=n$,似然函数为

$$L=[(1-\theta)^2]^{x_1}[2\theta(1-\theta)]^{x_2}(\theta^2)^{x_3}=2^{x_2}\theta^{x_2+2x_3}(1-\theta)^{2x_1+x_2},$$
$$\ln L=x_2\ln 2+(x_2+2x_3)\ln\theta+(2x_1+x_2)\ln(1-\theta).$$

令

$$\frac{\mathrm{d}}{\mathrm{d}\theta}\ln L=\frac{x_2+2x_3}{\theta}+\frac{-(2x_1+x_2)}{1-\theta}=0,$$

解得

$$\hat{\theta}=\frac{x_2+2x_3}{2(x_1+x_2+x_3)}=\frac{x_2+2x_3}{2n}.$$

以数据 $x_1=342,x_2=500,x_3=187,n=1\,029$ 代入上式得到 θ 的最大似然估计为 $\hat{\theta}=0.424\,7$.

以 $\hat{\theta}$ 代替 θ 得到$(1-\theta)^2=0.331,2\theta(1-\theta)=0.489,\theta^2=0.180$.于是得到人的基因型的近似分布律为

基因型	AA	Aa	aa
概率	0.331	0.489	0.180

(2) 从这一分布律产生 10 000 个 bootstrap 样本,得到 θ 的 10 000 个 bootstrap 估计 $\hat{\theta}_1^*, \hat{\theta}_2^*, \cdots, \hat{\theta}_{10\,000}^*$,将这 10 000 个数按自小到大的次序排列,得到

$$\hat{\theta}_{(1)}^* \leqslant \hat{\theta}_{(2)}^* \leqslant \cdots \leqslant \hat{\theta}_{(500)}^* \leqslant \cdots \leqslant \hat{\theta}_{(9\,500)}^* \leqslant \cdots \leqslant \hat{\theta}_{(10\,000)}^*.$$

取 $(\hat{\theta}_{(500)}^*, \hat{\theta}_{(9\,500)}^*) = (0.406\,7, 0.442\,2)$ 为 θ 的置信水平为 0.90 的 bootstrap 置信区间.

计算程序见第十一章 §6 例 9. □

§3 bootstrap 假设检验方法举例

(一) 双样本均值差的 bootstrap 假设检验

考虑双样本的位置问题. 设 $\boldsymbol{X} = (X_1, X_2, \cdots, X_{n_1})$ 是来自 $F(x)$ 为分布函数的总体的样本, $\boldsymbol{Y} = (Y_1, Y_2, \cdots, Y_{n_2})$ 是来自以 $F(x-\Delta)$ 为分布函数的总体的样本, 其中 Δ 是实数. 参数 Δ 是两样本间的位移. 设样本均值 μ_X, μ_Y 存在, 即有 $\Delta = \mu_Y - \mu_X$, 我们考虑下述单边检验问题:

$$H_0: \Delta = 0, \quad H_1: \Delta > 0. \tag{3.1}$$

取两样本的均值差

$$V = \frac{1}{n_2} \sum_{i=1}^{n_2} Y_i - \frac{1}{n_1} \sum_{i=1}^{n_1} X_i$$

作为检验统计量. 判定准则是若 $v \geqslant c$, 则拒绝 H_0. 用检验的 p 值的大小作为检验决策的依据. 将样本 $\boldsymbol{X}, \boldsymbol{Y}$ 的观察值 $(x_1, x_2, \cdots, x_{n_1})$, $(y_1, y_2, \cdots, y_{n_2})$ 的均值分别记为 $\bar{x}, \bar{y}$, 则检验的 p 值是

$$\hat{p} = P_{H_0}\{v \geqslant \bar{y} - \bar{x}\}.$$

要注意上述等式的右端必须是当 H_0 为真时, 事件 $\{v \geqslant \bar{y} - \bar{x}\}$ 的概率.

求解检验问题 (3.1) 的一个简单方法是, 将两个样本 $(x_1, x_2, \cdots, x_{n_1})$ 与 $(y_1, y_2, \cdots, y_{n_2})$ 合并成一个大的样本:

$$(x_1, x_2, \cdots, x_{n_1}, y_1, y_2, \cdots, y_{n_2}),$$

然后在其中以放回抽样的方法取样, 分别取到一个容量为 n_1 的样本和另一个容量为 n_2 的样本. 设 B 为正整数, $v = \bar{y} - \bar{x}$. 以 k 为计数器 (在程序计算之前令 $k = 0$), 给定检验的显著性水平为 α. 得到求解检验问题 (3.1) 的步骤如下:

1° 将两个样本 $(x_1, x_2, \cdots, x_{n_1})$ 和 $(y_1, y_2, \cdots, y_{n_2})$ 合并成一个样本:

$$\boldsymbol{Z} = (x_1, x_2, \cdots, x_{n_1}, y_1, y_2, \cdots, y_{n_2}).$$

2° 用放回抽样的方法自 $\mathbf{Z}$ 得到容量为 n_1 的 bootstrap 样本：

$$\mathbf{X}^* = (x_1^*, x_2^*, \cdots, x_{n_1}^*), \text{并计算 } \bar{x}^* = \frac{1}{n_1} \sum_{i=1}^{n_1} x_i^*.$$

用放回抽样的方法自 $\mathbf{Z}$ 得到容量为 n_2 的 bootstrap 样本：

$$\mathbf{Y}^* = (y_1^*, y_2^*, \cdots, y_{n_2}^*), \text{并计算 } \bar{y}^* = \frac{1}{n_2} \sum_{i=1}^{n_2} y_i^*.$$

3° 计算 $v^* = \bar{y}^* - \bar{x}^*$，若 $v^* \geqslant v$，则计数器 k 加 1.

重复计算 2°,3° 共 $B = 10\,000$ 次，得到

$$\hat{p}^* = \frac{\#_{j=1}^{10\,000} \{v_j^* \geqslant v\}}{B} = \frac{k}{B}.$$

若 $\frac{k}{B} > \alpha$，则接受 $H_0 : \Delta = 0$.

例 1 分别抽查了甲、乙两球队部分队员的行李质量(以 kg 计)如下：

甲队	34	39	41	28	33	
乙队	36	40	35	31	39	36

设甲、乙两队队员的行李质量总体的分布函数至多差一个平移，设两总体的均值分别为 μ_1, μ_2. 记 $\Delta = \mu_2 - \mu_1$，试检验假设

$$H_0 : \Delta = 0, \quad H_1 : \Delta > 0$$

(取 $\alpha = 0.05$).

解 记 $\mathbf{X} = (34, 39, 41, 28, 33), \mathbf{Y} = (36, 40, 35, 31, 39, 36)$. 将两个样本合并成一个样本：

$$\mathbf{Z} = (34, 39, 41, 28, 33, 36, 40, 35, 31, 39, 36),$$

再按上述步骤 2°,3°，编制 R 语言程序. 计算结果得 $\hat{p}^* = k/B = 0.309\,6 > 0.05$. 故接受 H_0，拒绝 H_1，认为乙队的行李质量的均值不比甲队的行李质量的均值大.

计算程序见第十一章 §6 例 10.　　　　　　　　□

(二)单样本均值的 bootstrap 假设检验

考虑单样本的位置问题. 设总体具有有限的均值 μ. μ 未知，我们要来检验假设

$$H_0 : \mu = \mu_0, \quad H_1 : \mu > \mu_0.$$

其中 μ_0 是给定的常数.

设 $x_1, x_2, \cdots, x_n$ 来自均值为 μ 的总体,$\bar{x} = \dfrac{1}{n} \sum\limits_{i=1}^{n} x_i$ 是 μ 的一个估计.

我们利用 p 值来作假设检验.注意到,在作检验时,p 值必须在 $H_0: \mu = \mu_0$ 时被估计,为此,我们将样本 $x_1, x_2, \cdots, x_n$ 作平移变换,使成为

$$z_1 = x_1 - \bar{x} + \mu_0, \quad z_2 = x_2 - \bar{x} + \mu_0, \cdots, z_n = x_n - \bar{x} + \mu_0.$$

我们的 bootstrap 方法是以放回抽样的方法自 $z_1, z_2, \cdots, z_n$ 抽取 bootstrap 样本.令 z^* 是这样得到的一个观察值,易知 $E(z^*) = \mu_0$.这样,利用 $z_1, z_2, \cdots, z_n$,则 bootstrap 取样在 $H_0: \mu = \mu_0$ 下完成了.于是得到 bootstrap 检验的步骤如下:设 k 为正整数,以 k 为计数器(在计算之前令 $k=0$),给定显著性水平为 α.

1° 产生经平移的观察值

$$z_i = x_i - \bar{x} + \mu_0, \quad i = 1, 2, \cdots, n.$$

2° 用放回抽样的方法自 z 得到容量为 n 的 bootstrap 样本:

$$z^* = (z_1^*, z_2^*, \cdots, z_n^*).$$ 计算其均值 $\bar{z}^*$.若 $\bar{z}^* > \bar{x}$,则 k 加 1.

3° 将 2° 重复 B 次,即得 p^* 值的估计为(取 $B = 10\,000$)

$$\hat{p}^* = \frac{\#_{j=1}^{B} \{\bar{z}_j^* \geqslant \bar{x}\}}{B} = \frac{k}{B}.$$

若 $\dfrac{k}{B} > \alpha$,则接受 H_0.

例 2 某种元件的寿命 X(以 h 计)是一个随机变量.以 μ 记 X 的均值.μ 未知.今测得 16 只元件的寿命如下:

$$159 \quad 280 \quad 101 \quad 212 \quad 224 \quad 379 \quad 179 \quad 264$$
$$222 \quad 362 \quad 168 \quad 250 \quad 149 \quad 260 \quad 485 \quad 170$$

试检验假设(取显著性水平 $\alpha = 0.05$):

$$H_0: \mu = \mu_0 = 225, \quad H_1: \mu > \mu_0 = 225.$$

解 样本容量 $n = 16$,样本均值 $\bar{x} = 241.5$,取 $B = 10\,000$.作变换 $z_i = x_i - \bar{x} + \mu_0, i = 1, 2, \cdots, 16$,即

$$z_i = x_i - 241.5 + 225 = x_i - 16.5, \quad i = 1, 2, \cdots, 16.$$

求出 bootstrap 样本为 $z^* = (z_1^*, z_2^*, \cdots, z_{16}^*)$,其均值为 $\bar{z}^*$.得到

$$\hat{p}^* = \frac{\#_{j=1}^{B} \{\bar{z}_j^* \geqslant \bar{x}\}}{B} = \frac{2\,429}{10\,000} = 0.242\,9 > \alpha = 0.05.$$

故接受 H_0,即认为元件的平均寿命不大于 225 h.

计算程序见第十一章 §6 例 11.　　　　　　　　　　　　　□

例 3 地球的密度一般认为是 $5.51\ \text{g/cm}^3$.1798 年卡文迪什(Cavendish)做了一个著名的试验,得到以下的观察值(共 29 个数据):

4.07	4.88	5.10	5.26	5.27	5.29	5.29	5.30	5.34	5.34
5.36	5.39	5.42	5.44	5.46	5.47	5.50	5.53	5.55	5.57
5.58	5.61	5.62	5.63	5.65	5.75	5.79	5.85	5.86	

试用以上数据检验假设(取 $\alpha=0.05$):

$$H_0:\mu=\mu_0=5.51, \quad H_1:\mu\neq\mu_0=5.51.$$

解　样本容量 $n=29$,样本均值 $\bar{x}=5.42$. 取 $B=10\ 000$. 作变换 $z_i=x_i-\bar{x}+\mu_0, i=1,2,\cdots,29$,即

$$z_i=x_i-5.42+5.51=x_i+0.09, \quad i=1,2,\cdots,29.$$

求出 bootstrap 样本为

$$(z_1^*,z_2^*,\cdots,z_{29}^*),$$

得到

$$\hat{p}^*=\frac{\#_{i=1}^B\{\bar{z}_i^*>\bar{x}\}+\#_{i=1}^B\{\bar{z}_i^*<-\bar{x}\}}{B}=\frac{\#_{i=1}^B\{\bar{z}_i^*>\bar{x}\}}{B}=0.914\ 4>0.05,$$

故接受 H_0,认为地球密度为 $\mu=5.51\ \mathrm{g/cm^3}$.

计算程序见第十一章 §6 例 12.　　　　□

小结

设 $\boldsymbol{x}=(x_1,x_2,\cdots,x_n)$ 是来自分布函数为 F 的总体的样本,F 未知. $R(\boldsymbol{x})$ 是 $\boldsymbol{x}$ 的函数,F_n 是相应的经验分布函数.假如我们感兴趣的是 $R(\boldsymbol{x})$ 的某些特征,例如 R 的均值或中位数.非参数 bootstrap 方法的第一步是用已知的经验分布函数 F_n 代替 F,在 F_n 中抽样,得到数据样本 $\boldsymbol{x}^*=(x_1^*,x_2^*,\cdots,x_n^*)$,然后计算 $R(\boldsymbol{x}^*)$ 的均值或中位数,作为所需求的均值或中位数的估计(bootstrap 估计).通常的情况,$R(\boldsymbol{x}^*)$ 的分布过于复杂,不能用解析的方法计算得到 $R(\boldsymbol{x}^*)$ 的特征,而需要采用模拟的方法.在参数 bootstrap 方法中 $F=F(x;\beta)$ 的形式已知,但包含未知参数 β.先利用样本 $\boldsymbol{x}$ 求出 β 的最大似然估计 $\hat{\beta}$,以 $F(x;\hat{\beta})$ 代替 F,在 $F(x;\hat{\beta})$ 中抽样得到数据样本 $\boldsymbol{x}^*$,然后计算 $R(\boldsymbol{x}^*)$ 的均值或中位数,作为所需求的均值或中位数的 bootstrap 估计.非参数和参数 bootstrap 方法可用于当人们对总体知之甚少的情况,它们是近代统计中的一种用于数据处理的重要的实用方法.

本章还讲了双样本均值差的 bootstrap 假设检验方法和单样本均值的 bootstrap 假设检验方法.用这种方法来做题是很方便的.

习题

1. 生物学家随机地选取 20 只某种雄性绿蜘蛛(这种蜘蛛不织网而以追赶或跳跃去捕食),测量它们前腿的长度,得到以下的原始样本(以 mm 计):

| 15.10 | 13.55 | 15.75 | 20.00 | 15.45 | 13.60 | 16.45 | 14.05 | 16.95 | 19.05 |
| 16.40 | 17.05 | 15.25 | 16.65 | 16.25 | 17.75 | 15.40 | 16.80 | 17.55 | 19.05 |

设前腿长度总体是具有分布函数 F 的连续型随机变量，F 未知. 总体中位数 θ 是未知参数，以原始样本中位数作为总体中位数 θ 的估计 $\hat{\theta}$，试求估计量的标准误差 $\sqrt{D(\hat{\theta})}$ 的 bootstrap 估计.

2. 据美国国家运输安全委员会（National Transportation Safety Board）报道，美国在 1983～2006 年的飞机事故数为

$$23 \quad 16 \quad 21 \quad 24 \quad 34 \quad 30 \quad 28 \quad 24 \quad 26 \quad 18 \quad 23 \quad 23$$
$$36 \quad 37 \quad 49 \quad 50 \quad 51 \quad 56 \quad 46 \quad 41 \quad 54 \quad 30 \quad 40 \quad 31$$

（1）以样本中位数 $M = M(x)$ 作为总体中位数 θ 的估计，按分位数法求 θ 的置信水平为 0.95 的 bootstrap 置信区间（取 $B = 10\,000$）.

（2）以样本均值 $\bar{x}$ 作为总体均值 μ 的估计，按分位数法求 μ 的置信水平为 0.95 的 bootstrap 置信区间（取 $B = 10\,000$）.

3. 下面给出某个班级 20 个学生数理统计课程期终考试的得分：

$$88 \quad 67 \quad 64 \quad 77 \quad 86 \quad 85 \quad 82 \quad 39 \quad 75 \quad 34$$
$$90 \quad 63 \quad 89 \quad 90 \quad 84 \quad 81 \quad 96 \quad 100 \quad 70 \quad 96$$

（1）以样本中位数 $M = M(x)$ 作为总体中位数 θ 的估计，按分位数法求 θ 的置信水平为 0.95 的 bootstrap 置信区间（取 $B = 10\,000$）.

（2）以样本均值 $\bar{x}$ 作为总体均值 μ 的估计，按分位数法求 μ 的置信水平为 0.95 的 bootstrap 置信区间（取 $B = 10\,000$）.

（3）以样本 10% 截尾均值作为总体 10% 截尾均值 μ_t 的估计，按分位数法求 μ_t 的置信水平为 0.95 的 bootstrap 置信区间（取 $B = 10\,000$）.

（4）以样本标准差 s 作为总体标准差 σ 的估计，按分位数法求 σ 的置信水平为 0.95 的 bootstrap 置信区间（取 $B = 10\,000$）.

4. 测得某种小麦品种株高的数据（以 cm 计）为

$$90 \quad 105 \quad 101 \quad 95 \quad 100 \quad 100 \quad 101 \quad 105 \quad 93 \quad 97$$

求：

（1）总体中位数 θ 的置信水平为 0.95 的 bootstrap 置信区间.

（2）总体均值 μ 的置信水平为 0.95 的 bootstrap 置信区间.

5. 已知某种电子元件的寿命 X（以 h 计）服从指数分布，其分布函数为

$$F(x;\theta) = \begin{cases} 1 - e^{-\frac{x}{\theta}}, & x > 0, \\ 0, & \text{其他}, \end{cases} \quad \theta > 0 \text{ 未知}.$$

随机地取 12 只元件，测得它们的寿命为

$$340 \quad 430 \quad 560 \quad 920 \quad 1\,380 \quad 1\,520 \quad 1\,660 \quad 1\,770 \quad 2\,100 \quad 2\,320 \quad 2\,350 \quad 2\,650$$

试用参数 bootstrap 方法，以样本均值 $\bar{x}$ 作为总体均值 μ 的估计，按分位数法求 μ 的置信水平为 0.90, 0.95 的 bootstrap 置信区间（取 $B = 10\,000$）.

6. 为查明某种血清是否会抑制白血病，选取患白血病已到晚期的老鼠 9 只，其中有 5 只用血清来治疗，另 4 只不作治疗. 设两样本相互独立. 从试验开始时计算存活时间（以月计）

如下：

　　接受治疗 3.1　5.3　1.4　4.6　2.8

　　不作治疗 1.9　0.5　0.9　2.1

设治疗与否的存活时间的分布函数至多差一个平移. 取 $\alpha=0.05$, 问这种血清对于白血病是否有抑制作用?

　　7. 一工厂的经理主张一新来的雇员在参加某种工作之前至少需要培训 200 h 才能成为独立工作者. 为了检验这一主张的合理性, 随机地选取 10 名雇员询问他们在独立工作前所经历的培训时间(以 h 计)并记录如下：

　　　　　　208　180　234　168　212　208　254　229　230　181

试取 $\alpha=0.05$ 检验假设 $H_0: \mu=200, H_1: \mu>200$.

　　8. 以 X 表示服用一定剂量的某种药物使服用者脉搏每分钟增加的次数, 记录的数据为

　　　　　　　13　15　14　10　8　12　18　9　20

试检验假设 $H_0: \mu=\mu_0=10, H_1: \mu>10$(取 $\alpha=0.05$). 其中 μ 为脉搏每分钟增加的次数的均值.

第十一章 在数理统计中应用 R 软件[①]

§1 概 述

(一) 计算机技术在数理统计中的应用

随着现代科学技术的迅猛发展,人类社会已开始进入一个利用和开发信息资源的信息社会.信息数据数量大、范围广、变化快,传统的人工处理手段无法适应社会、经济高速发展对统计提出的要求,也难以提高数据处理的速度和精度.计算机技术在数理统计中的应用,主要是在统计信息的存储和检索、统计资料的分析和检验等方面的应用,解决了统计工作中的难题.

不仅在实际的技术和经济工作中要将计算机技术应用于数理统计,在学习概率论与数理统计课程的阶段,同样也需要应用计算机技术.掌握了计算机技术在数理统计中的应用以后,读者将会明了,分析和研究问题的能力将极大地提高,研究问题的规模、分析计算的效率将极大地提高.

(二) 在数理统计研究中应用 R 软件

功能强大的统计分析软件有 SAS(Statistical Analysis Software)、SPSS(原名为 Statistical Package for the Social Science,2000 年改为 Statistical Product and Service Solutions)等,但是所有这些专业软件往往系统庞大、结构复杂,大多数非统计专业人员难以运用自如,而且价格昂贵,是一般人难以承受的.

R 软件是一个开放的统计编程环境,是一种语言.R 软件是一套完整的数据处理、计算和制图软件系统.其功能包括:数据存储和处理系统、数据运算工具、完整连贯的统计分析工具和便利的统计制图功能.R 软件是一种简便而强大的编程语言,可操纵数据的输入和输出,可实现分支、循环,用户可自定义功能.

R 软件是一种数学计算环境.因为 R 软件提供了有弹性的、互动的环境来分析和处理数据,它提供了若干统计程序包,以及一些集成的统计工具和各种数

---

① 本书第四版中,本章为"在数理统计中应用 Excel 软件".鉴于 R 软件使用更方便,功能更强,资源更丰富,且可以免费获得,因而在本版改用 R 软件.有关应用 Excel 软件的内容可以参见本书第四版.

学计算、统计计算的函数,用户只需根据统计模型,指定相应的数据库及相关的参数,便可灵活机动地进行数据分析等工作. 通过 R 软件的许多内嵌统计函数,用户可以方便地掌握 R 软件的语法,也可以编制自己的函数来扩展现有的 R 语言,完成科研工作.

　　R 软件是完全免费的.

(三) R 软件的下载与安装

　　R 软件有一个"社区"CRAN(The Comprehensive R Archive Network,综合的 R 档案网络),CRAN 中有很多 R 软件资源可供使用. 从 CRAN 的网站上可下载 R 软件的 Windows 版本.

　　按照 Windows 的提示下载和安装好 R 软件之后,会创建程序组并在桌面上创建 R 主程序的快捷方式. 通过快捷方式运行 R 软件,便可调出 R 软件的主窗口,如图 11—1 所示.

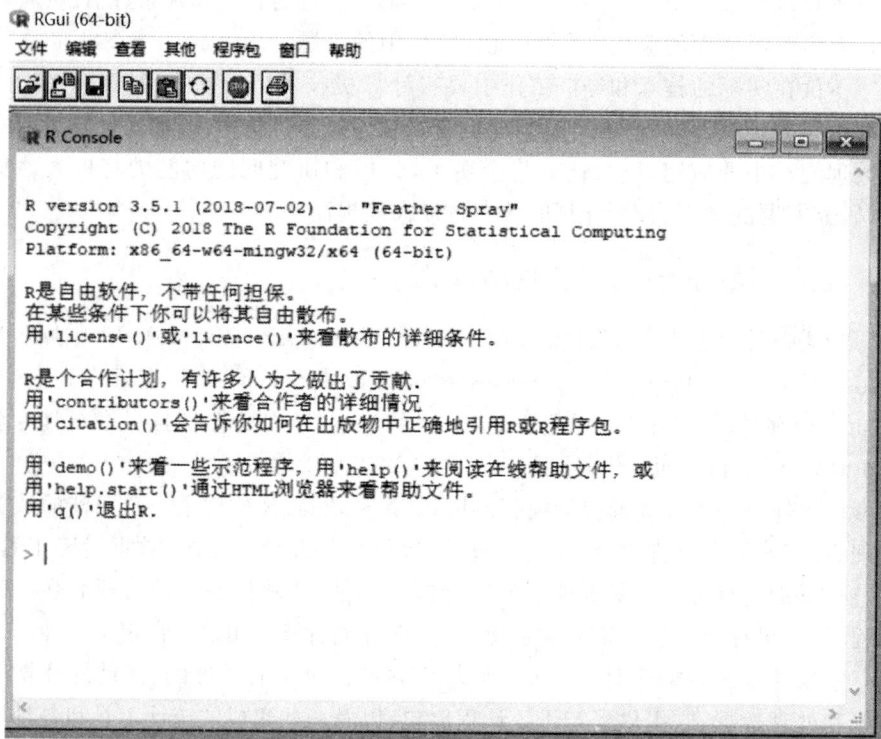

图 11—1

在 R 软件的主窗口中,R Console 是 R 的控制台.

主窗口上方的一些文字,是 R 软件的一些说明和指引.文字下面的">"符号是 R 软件的命令提示符,其后跟着矩形光标.在其后输入命令.R 软件采用交互式工作方式,在输入命令并回车后便会执行,并且在令其输出计算结果时便会输出.

(四) R 软件的运行平台

R 软件有运行平台 RGui(R Graphic User's Interface).运行平台上有"快捷方式"和"下拉式菜单"以实施运行控制.

快捷方式有 8 个图标,自左至右分别是:(1) 打开程序脚本;(2) 加载工作空间;(3) 保存工作空间;(4) 复制;(5) 粘贴;(6) 复制并粘贴;(7) 中断当前计算;(8) 打印.

下拉式菜单分别是:

1. 文件:(1) 运行 R 脚本文件…;(2) 新建程序脚本;(3) 打开程序脚本…;(4) 显示文件内容…;(5) 加载工作空间…;(6) 保存工作空间…;(7) 加载历史…;(8) 保存历史…;(9) 改变工作目录…;(10) 打印…;(11) 保存到文件…;(12) 退出.

2. 编辑:(1) 复制;(2) 粘贴;(3) 仅粘贴命令行;(4) 复制并粘贴;(5) 全选;(6) 清空控制台;(7) 数据编辑器…;(8) GUI 选项….

3. 查看:(1) 工具栏;(2) 状态栏.

4. 其他:(1) 中断当前的计算;(2) 中断所有计算;(3) 缓冲输出;(4) 补全单词;(5) 补全文件名;(6) 列出对象;(7) 删除所有对象;(8) 列出查找路径.

5. 程序包:(1) 加载程序包…;(2) 设定 CRAN 镜像…;(3) 选择软件库…;(4) 安装程序包…;(5) 更新程序包…;(6) Install package(s) from local files….

6. 窗口:(1) 层叠;(2) 水平铺;(3) 垂直铺;(4) 排列图标;(5) 1 R Console.

7. 帮助:(1) 控制台;(2) R FAQ(frequently asked questions);(3) Windows 下的 R FAQ;(4) 手册(PDF 文件);(5) R 函数帮助(文本)…;(6) Html 帮助;(7) 搜索帮助…;(8) search. r – project. org…;(9) 模糊查找对象…;(10) R 主页;(11) CRAN 主页;(12) 关于.

§2　箱　线　图

例　分别画出第六章 §2 例 4 中女子组、男子组肺活量的箱线图.

解　R 语言程序如下.

```
> F<−c(2.7,2.8,2.9,3.1,3.1,3.1,3.2,3.4,3.4,
```

```
+        3.4,3.4,3.4,3.5,3.5,3.5,3.6,3.7,3.7,
+        3.7,3.8,3.8,4.0,4.1,4.2,4.2)
> M<-c(4.1,4.1,4.3,4.3,4.5,4.6,4.7,4.8,4.8,
+        5.1,5.3,5.3,5.3,5.4,5.4,5.5,5.6,5.7,
+        5.8,5.8,6.0,6.1,6.3,6.7,6.7)
> boxplot (F,M,names=c('F','M'))
```

　　女子组 F、男子组 M 的数据分别是一个数组,也可以看作是一个向量. 在 R
软件中,用函数 c( )[①]表示,c 表示连接(concatenate). 符号"<-"表示自右边向
左边赋值.

　　作箱线图,只需要 boxplot( )一条命令,回车之后,在另一页面给出箱线图,
如图 11-2 所示[②].

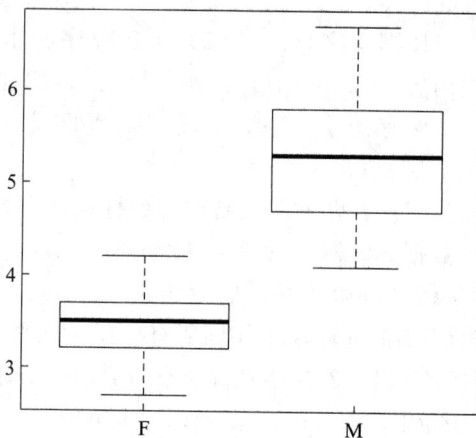

图 11-2

§3　假　设　检　验

(一) 单个总体 $N(\mu,\sigma^2)$ 均值 μ 的检验

　　例 1　对第八章 §2 例 1 用 R 软件求解.

---

　　① R 中的函数,在函数名之后,必须跟有圆括号"括开("和圆括号"括闭)",不论函数是否有参数.

　　② 有时,没有直接转变成图形画面. 这时,需要单击下拉式菜单的"窗口",在其下拉出的菜单中,单击"2R 图形:Device 2(ACTIVE)".

解　R 语言的程序和结果如下.

```
> x< - c(159,280,101,212,224,379,179,264,
+        222,362,168,250,149,260,485,170)
> t.test(x,alternative = "greater",mu = 225)
        One Sample t - test
data：x
t = 0.66852, df = 15, p - value = 0.257
alternative hypothesis：true mean is greater than 225
95 percent confidence interval：
 198.2321   Inf
sample estimates：
mean of x
 241.5
```

先将数据赋给 x,然后用命令 t.test() 作 t 检验. 函数 t.test() 的参数是 t.test(x,y = NULL,alternative = c("two • sided","less","greater"),mu = 0,paired = FALSE,Var.equal = FALSE,Conf.level = 0.95,...),根据本题题意,只要程序中写明的 3 项就可以了,其余可以缺省.

键入 t.test() 命令并回车以后,R 软件就返回结果. 由 $t = 0.66852, df = 15$,得 p 值 $=0.257$. 于是,接受 H_0,认为元件的平均寿命不大于 225 h.

计算结果也给出了对应于置信水平为 95% 的置信区间 $(198.2321,\infty)$.　　□

(二) 两个等方差正态总体 $N(\mu_1,\sigma^2),N(\mu_2,\sigma^2)$ 均值差的检验(t 检验)

例 2　在两批电阻器中分别随机地取 6 只,测得以下的电阻值(以 Ω 计):

A 批(x)	0.140	0.138	0.143	0.142	0.144	0.137
B 批(y)	0.135	0.140	0.142	0.136	0.138	0.140

设两批电阻器分别来自总体 $N(\mu_1,\sigma^2),N(\mu_2,\sigma^2)$,$\mu_1,\mu_2,\sigma^2$ 均未知,两样本独立,试取 $\alpha=0.05$,检验假设

$$H_0:\mu_1=\mu_2,\quad H_1:\mu_1\neq\mu_2.$$

解　R 语言的程序和结果如下:

```
> x<- c(0.140,0.138,0.143,0.142,0.144,0.137)
> y<- c(0.135,0.140,0.142,0.136,0.138,0.140)
> t.test(x,y)
```

Welch Two Sample t - test

data: x and y

t = 1.3718, df = 9.9738, p - value = 0.2002

alternative hypothesis: true difference in means is not equal to

095 percent confidence interval:

  − 0.001353666   0.005686999

sample estimates:

mean of x mean of y

0.1406667 0.1385000

先将数据赋予 x,y,然后键入命令 t.test(x,y),回车以后,给出结果:p 值 = 0.200 2$>\alpha$=0.05,接受 H_0.

计算结果也给出了相应的置信区间.   □

§4 方 差 分 析

(一)单因素方差分析

例 1 在 7 个不同实验室中测量某种马来酸氯苯那敏药片的马来酸氯苯那敏有效含量(以 mg 计),得到以下的结果(Lab 表示实验室):

Lab 1	Lab 2	Lab 3	Lab 4	Lab 5	Lab 6	Lab 7
4.13	3.86	4.00	3.88	4.02	4.02	4.00
4.07	3.85	4.02	3.88	3.95	3.86	4.02
4.04	4.08	4.01	3.91	4.02	3.96	4.03
4.07	4.11	4.01	3.95	3.89	3.97	4.04
4.05	4.08	4.04	3.92	3.91	4.00	4.10
4.04	4.01	3.99	3.97	4.01	3.82	3.81
4.02	4.02	4.03	3.92	3.89	3.98	3.91
4.06	4.04	3.97	3.90	3.89	3.99	3.96
4.10	3.97	3.98	3.97	3.99	4.02	4.05
4.04	3.95	3.98	3.90	4.00	3.93	4.06

设备样本分别来自正态总体 $N(\mu_i,\sigma^2)$,i=1,2,…,7,各样本相互独立. 试取显著性水平 α=0.05 检验各实验室测量的马来酸氯苯那敏的有效含量的均值

是否有显著差异.

解 $H_0: \mu_1 = \mu_2 = \cdots = \mu_7$, $H_1: \mu_1, \mu_2, \cdots, \mu_7$ 不全相等.

R 语言的程序和结果如下:

```
> X<-c(4.13,4.07,4.04,4.07,4.05,4.04,4.02,4.06,4.10,4.04,
+      3.86,3.85,4.08,4.11,4.08,4.01,4.02,4.04,3.97,3.95,
+      4.00,4.02,4.01,4.01,4.04,3.99,4.03,3.97,3.98,3.98,
+      3.88,3.88,3.91,3.95,3.92,3.97,3.92,3.90,3.97,3.90,
+      4.02,3.95,4.02,3.89,3.91,4.01,3.89,3.89,3.99,4.00,
+      4.02,3.86,3.96,3.97,4.00,3.82,3.98,3.99,4.02,3.93,
+      4.00,4.02,4.03,4.04,4.10,3.81,3.91,3.96,4.05,4.06)
> A<-factor(rep(1:7,each=10))
> contents<-data.frame(X,A)
> aov.cont<-aov(X~A,data=contents)
> summary(aov.cont)
             Df   Sum Sq  Mean Sq   F value  Pr(>F)
A             6   0.1247  0.020790    5.66   9.45e-05 ***
Residuals    63   0.2314  0.003673
- - -
Signif. codes: 0 '***' 0.001 '**' 0.01 '*' 0.05 '.' 0.1 ' ' 1
> boxplot(X~A)
```

先将数据用 c() 函数赋予 X, 再用 factor() 函数(factor 意为因子)将数据的分组情况赋予 A(数据分为 7 组, 每组 10 个数据). X 和 A 构成一个数据框(data.frame)赋予 contents. 然后用 aov() 函数对 contents 作方差分析(analysis of variance), 其结果赋予 aov.cont. 最后, 用 summary(aov.cont)命令输出结果. p 值 $= 9.45\mathrm{e}{-}05 = 9.45 \times 10^{-5}$, 远小于 0.05, 故拒绝 H_0, 认为差异是非常显著的.

输出的结果中含有显著性码(signif.codes), 例如, '***'表示处于 0 到 0.001 之间, 等等.

最后, 用 boxplot()命令绘出 7 个实验室的箱线图, 如图 11–3 所示.   □

例 2 在第九章习题第 2 题中列出了仪器表在控制板上的三种不同的布置方案, 测得各个方案在紧急情况下的反应时间如下(以 1/10 s 计):

方案 Ⅰ	14	13	9	15	11	13	14	11		
方案 Ⅱ	10	12	7	11	8	12		10	13	9	10	9
方案 Ⅲ	11	5	9	10	6	8	8	7		

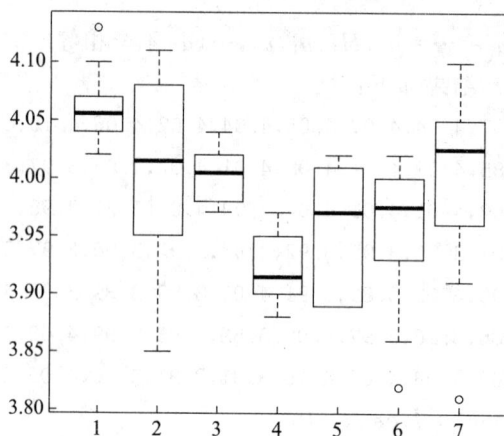

图 11—3

试在显著性水平 0.05 下检验各个方案的反应时间有无显著差异.

解　H_0:无显著差异,H_1:有显著差异.

R 语言的程序和结果如下:

```
> time< - data.frame(
+     x< - c(14,13,9,15,11,13,14,11,10,12,7,11,8,12,9,10,13,9,10,9,
+   11,5,9,10,6,8,8,7),
+     A = factor(c(rep(1,8),rep(2,12),rep(3,8)))
+   )
> time.aov< - aov(x~A,data = time)
> summary(time.aov)
```

	Df	Sum Sq	Mean Sq	F value	Pr(>F)
A	2	81.43	40.71	11.31	0.000318 ***
Residuals	25	90.00	3.60		

```
- - -
```

Signif. codes:　0 '***' 0.001 '**' 0.01 '*' 0.05 '.' 0.1 ' ' 1

本例与例 1 不同,本例的数据(方案 Ⅰ,Ⅱ,Ⅲ的数据)的个数不一样,分别是 8,12,8 个.

本例用数据框 data.frame( )为所研究的反应时间 time 赋值.数据框中,将方案 Ⅰ,Ⅱ,Ⅲ的数据相应键入 x 向量,用 factor( )函数为 A 赋值,rep(1,8)表示方案 Ⅰ的数据为 8 个,rep(2,12)表示方案 Ⅱ的数据为 12 个,rep(3,8)表示方案 Ⅲ的数据为 8 个,三者用 c( )函数构成一个向量.接着用 aov(x~A,data =

time)作方差分析.最后,用 summary( )函数给出结果.

结果中,Df 是自由度,Sum Sq 是平方和,Mean Sq 是均方,F value 是 F 值,Pr($>$F)是 p 值,p 值<0.05,拒绝 H_0,认为各个方案的反应时间是有显著差异的. □

(二) 双因素无重复试验的方差分析

例 3 用 R 软件解第九章 §2 例 3.

解 H_{0A}:不同时间下颗粒状物含量的均值无显著差异,

H_{1A}:不同时间下颗粒状物含量的均值有显著差异.

H_{0B}:不同地点下颗粒状物含量的均值无显著差异,

H_{1B}:不同地点下颗粒状物含量的均值有显著差异.

R 语言的程序和结果如下:

```
> particles< - data.frame(
+     X = c(76,67,81,56,51,82,69,96,59,70,
+           68,59,67,54,42,63,56,64,58,37),
+     A = gl(4,5),
+     B = gl(5,1,20)
+ )
> parti.aov< - aov(X~A + B,data = particles)
> summary(parti.aov)
            Df    Sum Sq    Mean Sq    F value    Pr(>F)
A            3    1182.9     394.3      10.72      0.001033 **
B            4    1947.5     486.9      13.24      0.000234 ***
Residuals   12     441.3      36.8
---
Signif. codes： 0 '***' 0.001 '**' 0.01 '*' 0.05 '.' 0.1 ' ' 1
```

先用数据框 data.frame()给 particles 赋值,数据框中,X 是数据,A 是时间因素,B 是地点因素,例题的原始数据可视作构成一矩阵,其行数为 4,每个 A 因素有 5 个数据,列数为 5. 为 X 赋值,先输入第 1 行,然后是第 2 行,…,直至第 4 行. 函数 gl()意为"产生因子水平(generate factor level)",A = gl(4,5)表示 A 的个数为 4,每个 A 因素有 5 个数据.B = gl(5,1,20)表示 B 的个数为 5,B 的重复数为 1,数据的总个数为 20. 然后用 aov()作方差分析,将结果赋予 parti.aov. 最后,用 summary(parti.aov)将结果输出. 对应于 A,p 值=0.001 033,对应于 B,p 值=0.000 234,都远小于 0.05,故拒绝 H_{0A} 和 H_{0B},认为对于不同时间和不同地点,颗粒状物含量的均值的差异都是显著的. □

（三）双因素等重复试验的方差分析

例 4　用 R 软件解第九章 §2 例 2.

解　按题意需在显著性水平 $\alpha = 0.05$ 下检验：热处理温度、时间以及这两者的交互作用对产品强度是否有显著的影响，即需检验假设（见第九章 (2.6)，(2.7)，(2.8) 式）

$$\begin{cases} H_{01}: \alpha_1 = \alpha_2 = \cdots = \alpha_r = 0, \\ H_{11}: \alpha_1, \alpha_2, \cdots, \alpha_r \text{ 不全为零}. \end{cases}$$

$$\begin{cases} H_{02}: \beta_1 = \beta_2 = \cdots = \beta_s = 0, \\ H_{12}: \beta_1, \beta_2, \cdots, \beta_s \text{ 不全为零}. \end{cases}$$

$$\begin{cases} H_{03}: \gamma_{11} = \gamma_{12} = \cdots = \gamma_{rs} = 0, \\ H_{13}: \gamma_{11}, \gamma_{12}, \cdots, \gamma_{rs} \text{ 不全为零}. \end{cases}$$

R 语言的程序和结果如下：

```
> strength< - data. frame(
+     X = c(38.0,38.6,47.0,44.8,45.0,43.8,42.4,40.8),
+     A = gl(2,4,8),
+     B = gl(2,2,8)
+ )
> strength. aov< - aov(X~A * B,data = strength)
> summary(strength.aov)
```

	Df	Sum Sq	Mean Sq	F value	Pr($>$F)
A	1	1.62	1.62	1.409	0.30094
B	1	11.52	11.52	10.017	0.03402*
A : B	1	54.08	54.08	47.026	0.00237 * *
Residuals	4	4.60	1.15		

- - -

Signif. codes：0 '* * *' 0.001 '* *' 0.01 '*' 0.05 '.' 0.1 ' ' 1

先用数据框 data. frame() 给 strength 赋值，数据框中，X 是数据，A 是时间因素，B 是热处理温度因素. 例题的原始数据可视作构成一分块矩阵，其行数为 2，列数为 2. 为 X 赋值，首先输入分块矩阵的第 1 行、第 1 列子矩阵，接着依次输入第 1 行、第 2 列子矩阵，第 2 行、第 1 列子矩阵，第 2 行、第 2 列子矩阵. 以 A = gl(2,4,8) 记 A 的个数为 2，对应于 A 的每一行数据的数目为 4，数据的总数为 8. B = gl(2,2,8) 表示 B 的个数为 2，重复数为 2，数据的总数为 8. 然后用 aov() 函数作方差分析，将结果赋予 strength. aov. aov() 函数中的 X~A * B 表示检验 A，

B 以及 A,B 的交互作用对 X 的影响. 最后用 summary(strength.aov) 将结果输出, 对应于 A, p 值 $=0.300\,94$, 大于 $\alpha=0.05$, 故接受 H_{01}, 认为时间对产品强度的影响不显著; 对应于 B, p 值 $=0.034\,02$, 小于 $\alpha=0.05$, 故拒绝 H_{02}, 认为热处理温度对产品强度的影响显著; 对应于 A,B 的交互作用, p 值 $=0.002\,37$, 小于 $\alpha=0.05$, 故拒绝 H_{03}, 认为交互作用对产品强度的影响显著. □

§5 线 性 回 归

我们以例题来说明用 R 软件求解一元线性回归问题的做法.

例 1 将冰晶放入一容器内, 容器内维持固定的温度(-5℃)和固定的湿度. 观察自冰晶放入的时刻开始计算的时间 T(以 s 计)和晶体生长的轴向长度 A(以 μm 计), 得到 43 对观察数据如下:

T	50	60	60	70	70	80	80	90	90	90	95
A	19	20	21	17	22	25	28	21	25	31	25
T	100	100	100	105	105	110	110	110	115	115	115
A	30	29	33	35	32	30	28	30	31	36	30
T	120	120	120	125	130	130	135	135	140	140	145
A	36	25	28	28	31	32	34	25	26	33	31
T	150	150	155	155	160	160	160	165	170	180	
A	36	33	41	33	40	30	37	32	35	38	

设题目符合回归模型所要求的条件.

(1) 求线性回归方程 $\hat{A}=\hat{a}+\hat{b}T$.

(2) 检验假设 $H_0:b=0, H_1:b\neq0$(取 $\alpha=0.05$).

(3) 画出散点图.

解 R 语言的程序和结果如下:

```
> T< - c(50,60,60,70,70,80,80,90,90,90,95,100,100,100,105,105,
+       110,110,110,115,115,115,120,120,120,125,130,130,135,135,
+       140,140,145,150,150,155,155,160,160,160,165,170,180)
> A< - c(19,20,21,17,22,25,28,21,25,31,25,30,29,33,35,32,
+       30,28,30,31,36,30,36,25,28,28,31,32,34,25,
+       26,33,31,36,33,41,33,40,30,37,32,35,38)
> lm.reg< - lm(formula = A~T)
> summary(lm.reg)
Call:
lm(formula = A ~ T)
```

Residuals：

Min	1Q	Median	3Q	Max
-7.064	-2.026	0.051	1.955	6.859

Coefficients：

	Estimate	Std.Error	t value	Pr($>$|t|)
(Intercept)	14.4107	2.1494	6.705	$4.31e-08$ ***
T	0.1308	0.0176	7.430	$4.10e-09$ ***

$- - -$

Signif.codes：　0 '***' 0.001 '**' 0.01 '*' 0.05 '.' 0.1 ' ' 1

$>$ plot(A～T);abline(lm.reg)

先将数据赋予 T(时间)和 A(晶体生长的轴向长度),然后用函数 lm()作线性回归,将结果赋予 lm.reg.lm()的含意是线性模型(linear model).最后用命令 summary(lm.reg)将结果输出.

(1) (Intercept)=14.410 7,这是 $\hat{a}$. T 的估计值为 0.130 8,这是 $\hat{b}$. 于是得 A 关于 T 的回归方程

$$\hat{A}=14.410\ 7+0.130\ 8T.$$

(2) 表中 p 值一栏中有 T:4.10e$-$09,这是关于 b 的双边检验

$$H_0:b=0,\ H_1:b\neq 0$$

的 p 值,由于 4.10e$-$09=4.10×10^{-9} 远小于 $\alpha=0.05$,故拒绝 H_0,认为回归效果是显著的.

(3) 程序末行 plot(A～T)表示输出散点图;abline(lm.reg)表示画出回归得到的直线,如图 11-4 所示.

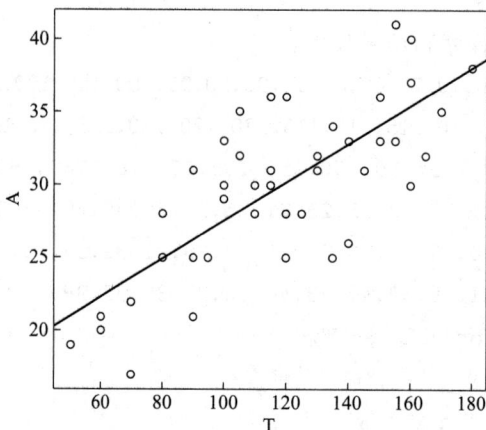

图 11-4

例2 用R软件解第九章§3例6.

解 本题中的平均价格 Y(美元)数据,可取对数,得 y;将问题化为求一元线性回归.R语言的程序和结果如下:

```
> x<-c(1,2,3,4,5,6,7,8,9,10)
> y<-c(7.8827,7.5720,7.3092,6.9912,6.6399,6.2879,6.1821,5.6699,
5.4205,5.3181)
>lm.price<-lm(formula = y ~ x)
>summary(lm.price)
Call:
lm(formula = y ~ x)
Residuals:
  Min         1Q        Median      3Q          Max
-0.113242  -0.057792   0.009268   0.032563    0.130324
Coefficients:
              Estimate   Std. Error   t value   Pr(>|t|)
(Intercept)   8.164607   0.057045     143.13    6.35e-15  ***
x            -0.297683   0.009194    -32.38     9.02e-10  ***
---
Signif. codes:  0 '***' 0.001 '**' 0.01 '*' 0.05 '.' 0.1 ' ' 1
```

先键入原始数据 x,y,然后用 lm( )函数作回归,用 summary( )函数输出结果,得到回归方程的结果为

$$\hat{y}=8.164\,607-0.297\,683x.$$

代回原变量,得

$$\hat{Y}=3\,514.34\mathrm{e}^{-0.297\,683x}.\qquad\square$$

例3 多元线性回归的例子:用R软件解第九章§4的例.

解 R语言的程序和结果如下:

```
>price<-data.frame(
+     x1 = c(20,25,30,35,40,50,60,65,70,75,80,90),
+     x2 = c(400,625,900,1225,1600,2500,3600,4225,4900,5625,6400,8100),
+     y = c(1.81,1.70,1.65,1.55,1.48,1.40,1.30,1.26,1.24,1.21,1.20,1.18)
+   )
>lm.price<-lm(y~x1 + x2,data = price)
>summary(lm.price)
```

```
Call：
lm(formula = y ~ x1 + x2, data = price)
Residuals：
    Min          1Q        Median        3Q          Max
 - 0.0174763  - 0.0065087  0.0001297   0.0071482   0.0151887
Coefficients：
              Estimate    Std. Error    t value    Pr(>|t|)
(Intercept)  2.198e + 00  2.255e - 02    97.48    6.38e - 15 ***
x1          - 2.252e - 02  9.424e - 04  - 23.90    1.88e - 09 ***
x2           1.251e - 04  8.658e - 06    14.45    1.56e - 07 ***
- - -
Signif. codes：  0 '***' 0.001 '**' 0.01 '*' 0.05 '.' 0.1 ' ' 1
```

本题原来是非线性回归问题，即 y 与 x 和 x^2 的回归问题. 现在，用数据框 data.frame 将数据 x1（即 x），x2（即 x^2）和 y 赋予 price，然后用 lm 函数作回归，用 summary( )函数输出结果，得回归方程的结果为

$$\hat{y} = (2.198e+00) - (2.252e-02)x + (1.251e-04)x^2$$
$$= 2.198 - 0.022\,52x + 0.000\,125\,1x^2.$$ □

§6   bootstrap 方法

我们用 R 软件求解 bootstrap 问题.

例1   用 R 软件解第十章 §1 例 1.

解   R 语言的程序和结果如下：

```
> x< - c(9.5,21.1,12.0,10.2,12.0,21.1,10.2,
+        18.2,12.0,9.5,18.0,10.2,18.2)
> median(x)
[1]   12
> n = length(x);n
[1]   13
>   N = 10000;k = 0
>   theta< - numeric(N)
> for(i in 1： N){
+      xB< - sample(x, n, replace = TRUE)
+      theta[i]< - median(xB)
```

```
+        k< - k + median(xB)
+  }
> thetabar = k/N; thetabar
[1]   12.83701
> squ< - 0.0
>   for(i in 1 : N){
+        squ< - squ + (theta[i] - thetabar)^2
+  }
> sigma. theta< - sqrt (squ/9999);sigma. theta
[1]   2.676131
```

先键入原始数据 x,并得出 x 的中位数 median(x) = 12 和长度 n = 13.

确定循环数 N = 10000,将计数器 k 清零.用 numeric(N)确定 θ 的容量以便存储.在第一个循环中,用 sample()函数产生 xB.在 x 中作放回抽样,抽 n 个,将 xB 的中位数存入 theta[i],累加 N 个中位数后计算平均值 thetabar.

做第二个循环前,先将 squ 清零,然后计算 theta[i] 和 thetabar 之差的平方,N 个这样的数累加之后除以(N-1),再开平方,得到结果 2.676 131.   □

例 2 用 R 软件解第十章 §1 例 2.

解 R 语言的程序和结果如下:

```
>x< - c(133.7,134.1,134.3,134.4,134.5,134.7,134.8,134.8,134.8,
+        134.9,134.9,135.0,135.0,135.2,135.2,135.4,135.4,135.8,
+        135.8,136.3,136.6,141.2,143.3,146.5,147.8,148.8)
> n = length(x);n
[1]   26
> M = median(x);M
[1]   135.1
> N = 10000; M2 = 0.0
> for (i in 1 : N){
+        xB = sample(x,n,replace = TRUE)
+        MB = median(xB)
+        M2 = M2 + (MB - M)^2
+  }
> MSE.median = M2/N;   MSE.median
[1]   0.07432325
```

先键入原始数据 x,算得 x 的长度 n = 26,x 的中位数 M = 135.1.确定循环数

N = 10000,在循环开始之前将计数器 M2 清零.在循环中,用 sample()函数产生 bootstrap 样本 xB,在 x 中作放回抽样,抽 n 个.计算 xB 的中位数 MB.计算(MB— M)². 循环完成,10 000 个(MB—M)² 累加在 M2 中.结果是 M2/N.　　　　　　□

例 3　用 R 软件解第十章 §1 例 3.

解　R 语言的程序和结果如下:

```
> x< - c(133.7,134.1,134.3,134.4,134.5,134.7,134.8,134.8,134.8,
+        134.9,134.9,135.0,135.0,135.2,135.2,135.4,135.4,135.8,
+        135.8,136.3,136.6,141.2,143.3,146.5,147.8,148.8)
>   N = 10000;md< - numeric(N)
> for(i in 1 : N){
+      xB< - sample(x,n,replace = TRUE)
+      md[i] = median(xB)
+ }
>   bias = mean(md) - 135.1; bias
[1]   0.04333
```

先键入原始数据 x,本例接在例 2 之后求解,x 已输入.接着用 N = 10000 规定循环数,用 numeric(N)确定向量 md 的长度.在循环中,用 sample()函数产生 bootstrap 样本 xB,在 x 中作放回抽样,抽 n 个,计算 xB 的中位数,存入 md[i].循环完成,即可算得偏差 bias.　　　　　　□

例 4　用 R 软件解第十章 §1 例 4.

解　R 语言的程序和结果如下:

```
> x
[1]   133.7   134.1   134.3   134.4   134.5   134.7   134.8   134.8   134.8
134.9   134.9   135.0
[13]   135.0   135.2   135.2   135.4   135.4   135.8   135.8   136.3   136.6
141.2   143.3   146.5
[25]   147.8   148.8
> n = length(x);n
[1]   26
> N = 10000
> medianxB< - numeric(N)
> trimmedmeanxB< - numeric(N)
> for(i in 1 : N){
+      xB< - sample(x,n,replace = TRUE)
```

```
+    medianxB[i] = median(xB)
+    sortB< - sort(xB)
+    trimmedmeanxB[i] = mean(sortB[6:21])
+ }
> quantile(medianxB,prob = c(0.025,0.05,0.10,0.90,0.95,0.975))
     2.5%      5%      10%      90%      95%      97.5%
   134.80   134.85   134.90   135.40   135.60   135.80
> quantile(trimmedmeanxB,prob = c(0.025,0.05,0.10,0.90,0.95,0.975))
     2.5%       5%        10%       90%       95%        97.5%
  134.8938  134.9437  135.0000  136.5250  136.9938  137.4563
```

先键入原始样本 x[①],计算向量长度 n = length(x) = 26. 接着规定循环数 N = 10000. 用 numeric(N) 确定向量 medianxB 和 trimmedmeanxB 的长度. 然后做循环,在循环中,用 sample() 函数产生 bootstrap 样本 xB,在 x 中作放回抽样,抽 n 个. 求 xB 的中位数存入 medianxB[i]. 用 sort() 函数将 xB 排序求截尾均值存入 trimmedmeanxB[i]. 循环完成后用 quantile() 函数求置信区间. 例如,中位数的置信水平为 0.95 的 bootstrap 置信区间为 (134.80, 135.80). □

例 5 用 R 软件解第十章 §2 例 1.

解 R 语言的程序和结果如下:

```
> x< - c(0.4,0.6,0.7,0.9,1.0,1.3,1.9,2.0,
+         4.8,5.1,5.3,5.3,6.0,12.2,15.8)
> mean(x)
[1]  4.22
> N = 10000; m< - numeric(N)
> for(i in 1:N){
+    xi< - rexp(15,1/4.22)
+    m[i] = mean(xi)
+ }
> quantile(m,prob = c(0.025,0.05,0.10,0.90,0.95,0.975))
     2.5%       5%        10%       90%       95%        97.5%
  2.392090  2.616341  2.904344  5.653182  6.158192  6.682134
```

先键入原始数据 x,算得 x 的均值 4.22. 接着确定 N = 10000,并用 numeric(N) 确定向量 m 的长度. 在循环中,用函数 rexp() 产生 15 个参数为 4.22 的指数分布随

---

① 本例接在例 2、例 3 之后求解, x 已先输入.

机数 xi，计算 xi 的均值，存入 m[i]．循环完成，用 quantile( ) 函数输出结果．例如，总体均值的置信水平为 0.95 的 bootstrap 置信区间为（2.392 09，6.682 13）．　　　　　　　　　　　　　　　　　　　　　　　　　□

例6　用 R 软件解第十章 §2 例2．

解　R 语言的程序和结果如下：

```
> x<-c(15.1,14.6,12.0,19.2,16.1,15.5,11.3,18.7,17.1,17.2)
> n=length(x); n
[1]  10
> lam<-mean(x); lam
[1]  15.68
>   N=10000; m<-numeric(N)
>   for(i in 1:N){
+     xi<-rpois(10,lam)
+     m[i]=mean(xi)
+ }
>   quantile(m,prob=c(0.025,0.05,0.10,0.90,0.95,0.975))
    2.5%   5%   10%   90%   95%   97.5%
    13.3  13.7  14.1  17.3  17.8  18.2
```

先用 x<-c( ) 键入原始数据，接着算出 x 的容量 n=10，算出 x 的均值 lam=15.68，然后规定 N=10000，用 numeric(N) 确定 m 的容量．然后做 N 次循环，每一次用 rpois(10,lam) 产生 10 个数据的参数 λ=lam 的服从泊松分布的 bootstrap 样本 xi，计算其均值，存入 m[i]．最后，用 quantile( ) 函数输出结果．　□

例7　用 R 软件解第十章 §2 例3．

解　在第十章 §2 例3 中，已算出 x 的均值和标准差，本例的 R 语言的程序和结果如下：

```
> N=10000; m<-numeric(N); md<-numeric(N)
> for(i in 1:N){
+     xi<-rnorm(16,13.87,2.84)
+     m[i]=mean(xi)
+     md[i]=median(xi)
+ }
> quantile(m,prob=c(0.025,0.05,0.10,0.90,0.95,0.975))
    2.5%      5%      10%       90%       95%       97.5%
  12.46357  12.69707  12.94994  14.76013  15.03243  15.25134
```

```
>  quantile(md,prob = c(0.025,0.05,0.10,0.90,0.95,0.975))
       2.5%        5%        10%        90%        95%       97.5%
    12.17973   12.44600   12.75886   14.93289   15.27145   15.54354
```

先用 N = 10000 确定做 10 000 个 bootstrap 样本,用 numeric(N)分别确定向量 m 和 md 的长度.然后用循环语句做 N 次,每做一次,用 rnorm()产生 16 个服从正态分布的随机数,正态分布的均值为 13.87,标准差为 2.84,分别求其均值存入向量m[i],求其中位数存入向量 md[i].最后用 quantile()给出结果.   □

例 8 用 R 软件解第十章 §2 例 4.

解 R 语言的程序和结果如下:

```
>  x< - c(9,10,10,10,10,10,10,11,11,11,11,11,11,11,11,11,11,
+  11,11,11,12,12,12,12,12,12,12,12,12,12,12,12,
+  13,13,13,13,13,13,13,13,13,14,14,14,14,15,15,16)
>  n = length(x);n
[1]  48
>  lam = 575/48;lam
[1]  11.97917
>  N = 10000;m< - numeric(N)
>  for(i in 1 : N){
+     xi< - rpois(48,lam)
+     m[i] = mean(xi)
+  }
>  quantile(m,prob = c(0.025,0.05,0.10,0.90,0.95,0.975))
       2.5%        5%        10%        90%        95%       97.5%
    11.00000   11.14583   11.33333   12.62500   12.81250   12.95833
```

以上是(1)的程序和结果,(2)的程序和结果如下:

```
>  N = 10000; m< - numeric(N)
>  for(i in 1 : N){
+     xi< - sample(x,n,replace = TRUE)
+     m[i] = mean(xi)
+  }
>  quantile(m,prob = c(0.025,0.05,0.10,0.90,0.95,0.975))
       2.5%        5%        10%        90%        95%       97.5%
    11.56250   11.62500   11.70833   12.27083   12.33333   12.41667
```
     □

例 9 用 R 软件解第十章 §2 例 5.

解　R 语言的程序和结果如下：

```
>  N = 10000; theta < - numeric(N)
>  for(i in 1 : N){
+    x1 = 0; x2 = 0; x3 = 0
+    n = 1029
+    for(j in 1 : n){
+      ran < - runif(1,0,1)
+      if(ran < 0.331)   x1 = x1 + 1
+      else if(ran < 0.820)   x2 = x2 + 1
+      else   x3 < - x3 + 1
+    }
+    theta[i] = (x2 + 2 * x3)/(2 * n)
+  }
>  quantile(theta,prob = c(0.05,0.95))
          5 %           95 %
     0.4067055    0.4422012
```

在第十章 §2 例 5 中,已经得到了如下结果：

基因型	AA	Aa	aa
概率	0.331	0.489	0.180

待估计参数 $\theta=(x_2+2x_3)/(2n)$,式中 x_1,x_2,x_3 分别是基因型为 AA,Aa, aa 的人数.

要产生基因型的样本,需产生随机数 ran：

$0 <$ ran < 0.331 为 AA 型,$0.331 <$ ran < 0.820 为 Aa 型,

$0.820 <$ ran < 1.0 为 aa 型.

本例程序有内外两个循环. 先确定外循环数 N = 10000,并用 numeric(N)确定向量 theta 的长度.进入外循环,先将 x1,x2,x3 清零,并规定 n = 1029.进入内循环,用 runif(1,0,1)函数产生一个随机数 ran,并用条件语句确定 x1 或 x2 或 x3 的计数器加 1.内循环完成,算出 theta[i]并存储之.外循环完成,用 quantile()函数输出结果.

一个数字例子：$x_1=339,x_2=492,x_3=198,n=1\,029$,

$$\theta=0.431\,49.$$

例 10　用 R 软件解第十章 §3 例 1.

　　解　R 语言的程序和结果如下：

```
> x< - c(34,39,41,28,33)
> y< - c(36,40,35,31,39,36)
> nx = length(x) ; nx
[1]  5
> ny = length(y) ; ny
[1]  6
> mx = mean(x) ; mx
[1]  35
> my = mean(y) ; my
[1]  36.16667
> v = my - mx ; v
[1]  1.166667
> z< - c(x,y) ; z
 [1]  34  39  41  28  33  36  40  35  31  39  36
> B = 10000;   k = 0
> for(i  in  1 : B) {
+     xb< - sample(z,nx,replace = TRUE)
+     yb< - sample(z,ny,replace = TRUE)
+     vb = mean(yb) - mean(xb)
+     if(vb>v)   k< - k + 1
+ }
> k/B
[1]  0.3096
```

　　先键入原始数据 x 和 y，接着计算向量 x 和 y 的长度 nx 和 ny、均值 mx 和 my，计算 v＝my－mx. 再用 z< - c(x,y) 产生向量 z，并显示 z，接着确定做 B = 10000 次循环，并将计数器 k 清零. 在循环中的每一次，以放回抽样自 z 中产生 bootstrap 样本 xb 和 yb，计算 vb = mean(yb) - mean(xb). 若 vb>v，计数器加 1.

　　计算结果为 k/B = 0.3096>0.05，接受 H_0.　　　　　　　　　　□

　　例 11　用 R 软件解第十章 § 3 例 2.

　　解　R 语言的程序和结果如下：

```
> x< - c(159,280,101,212,224,379,179,264,
+         222,362,168,250,149,260,485,170)
> mx = mean(x);mx
```

〔1〕 241.5

> n = length(x);n

〔1〕 16

> z = x − 241.5 + 225 ; z

　〔1〕 142.5 263.5 84.5 195.5 207.5 362.5 162.5 247.5 205.5

　　　 345.5 151.5 233.5

　〔13〕 132.5 243.5 468.5 153.5

> B = 10000

> k = 0

> for(i in 1 : B) {

+　　xB = sample(z,n,replace = TRUE)

+　　if(mean(xB)>mx) k = k + 1

+ }

> k/B

〔1〕 0.2429

　　先键入原始数据 x,计算得其均值为 mx = 241.5,向量长度 n = 16. 作变换 z = x − 241.5 + 225,并显示 z.

　　确定做循环 B = 10000,执行循环前将计数器 k 清零. 在循环中,用 sample() 函数产生 bootstrap 样本 xB. 在 z 中作放回抽样,抽 n 个. 若 mean(xB)>mx,则计数器 k 加 1. 循环执行完毕 k = 2 429. k/B = 0.2429,接受 H_0.　　　　　　□

　　例 12　用 R 软件解第十章 §3 例 3.

　　解　R 语言的程序和结果如下:

> x< − c(4.07,4.88,5.10,5.26,5.27,5.29,5.29,5.30,5.34,5.34,

+　5.36,5.39,5.42,5.44,5.46,5.47,5.50,5.53,5.55,5.57,5.58,5.61,

+　5.62,5.63,5.65,5.75,5.79,5.85,5.86)

> n = length(x);n

〔1〕 29

> mean(x)

〔1〕 5.419655

> z< − x − 5.42 + 5.51

> B = 10000;   k = 0

> for(i in 1 : B) {

+　　zB< − sample(z,n,replace = TRUE)

+　　if(mean(zB)>mean(x)) k = k + 1

```
+  }
>k/B
[1]0.9144
```

　　先键入原始数据 x,其长度 n＝29,均值为 5.42.作变换 z＜－x－5.42＋5.51.确定循环数 B＝10000,在执行循环前将计数器 k 清零.在循环中,用 sample()函数在 z 中作放回抽样,抽 n 个,得 bootstrap 样本 zB.若 mean(zB)＞mean(x),计数器 k 加 1.循环执行完,k/B＝0.9144,接受 H_0.　　　　　□

附录　R 软件的一些介绍

　　R 软件涉及的面很广,在第十一章对 R 软件作了基本的介绍,这里围绕本书用到的知识再作一些介绍.

　　在完成了 R 软件的下载和安装之后,启用 R 软件,在计算机的显示器上显示 R 软件的控制台 R Console.在几段说明和指引的文字下面,出现符号"＞",它是 R 软件的命令提示符.接着是闪烁的光标,可以在该处键入命令.一条命令键入完毕,回车,R 软件就执行这条命令.R 语言是一种"解释性语言",不需编译连接就可以执行.如果键入的命令有误,则 R 软件会显示错误,并再显示命令提示符接受修改.R 软件实行交互式工作方式,执行完一条命令,就再显示命令提示符准备接受下一条命令.R 软件的执行很快,即使是较为复杂的操作和较多的循环次数(例如,以万计)也是瞬间完成.

　　键入 q()命令并回车,或是单击 RGui 右上角的叉号,可退出 R.

　　(一) R 的数据结构

　　1. R 的对象与属性

　　R 中论及的事物称为对象(object).对象的属性有模式(mode)和长度(length).

　　模式有:数值型(numeric);字符型(character);逻辑型(logical);复数型(complex).例如:

```
> x <- 10;  y <- "wang";  z<- TRUE;  u<- 1+2i
>mode(x);  mode(y);  mode(z);  mode(u)
[1]"numeric"
[1]"character"
[1]"logical"
[1]"complex"
```

这里 x,y,z,u 是对象,对象的命名必须以拉丁字符 a,b,…,z,A,B,…,Z 开头(大小写字符被认为是不同的),其后可以跟字符、数字(0,1,…,9)、点(.)及下划线(_).上面所列出的前两行是命令.第一行是赋值命令,分别用符号"＜－"(小于,负号)给 4 个对象赋值.这一行包含了 4 个命令,用分号";"隔开.第二行是检查 4 个对象的模式.后四行是 R 软件返回的结果.[1]表示从第一个量值开始,实际上这里的量值是第一个也是唯一的一个.R 软件这里的响应是与向量的情况共用的,下面讲到向量情况,就能看清楚.

　　对象长度的表示也是与向量情况共用的,标量对象的长度是 1.

R 中还有 NA(Not Available)和 NaN(Not a Number),NA 是数据缺失,NaN 表示不是一个数.例如,键入命令 sqrt(-15),即求 $\sqrt{-15}$,R 返回结果"NaN".

2. 运算

数值型对象的数学运算:+,加法;-,减法;*,乘法;/,除法;^,乘方.

数值型对象的比较运算:<,小于;>,大于;<=,小于或等于;>=,大于或等于;==,等于;!=,不等于.

逻辑型对象的运算:!x,逻辑非;x&y 或 x&&y,逻辑与;x|y 或 x‖y,逻辑或.

3. 向量

```
> T< - c(50,60,60,70,70,80,80,90,90,90,95,100,100,100,105,105,
+       110,110,110,115,115,115,120,120,120,125,130,130,135,135,
+       140,140,145,150,150,155,155,160,160,160,165,170,180)
> T
[1]    50  60  60  70  70  80  80  90  90  90  95 100 100 100 105 105 110
110 110 115 115 115 120 120 120 125 130 130 135 135 140 140 145
[34]   150 150 155 155 160 160 160 165 170 180
> length(T)
[1] 43
```

如上所示的 T 是一个向量,它由 c()的 43 个元素构成.c()是构成向量的函数,c 表示连接(concatenate).命令>T<-c()是以 c()为 T 赋值.命令>T 则是要 R 软件将 T 的内容显示出来.显示器上显示了两行数据,第一行以[1]领头,其后有 33 个数据.打印机纸张宽度不够会自动换行.第二行以[34]领头,其后有 10 个数据.键入命令>length(T),显示"[1] 43".

4. 数据框(data frame)

R 软件中的一种数据结构,应用广泛.

例如,在单因素方差分析中,包含了以下内容:(1) 本题的全部数据 x.(2) x 的分组情况 A:(i) 分 n 组;(ii) 各组的数据个数,若个数相同,它是多少,若不相同,它们分别是多少.用于双因素方差分析时,信息还要多一些.

5. 列表(list)

列表是一种特别的对象集合.它的元素的类型可以是任意对象.不同的元素可以是不同类型的对象.

(二) R 语言程序的编制

1. 循环语句

求解一个问题,往往要做大量的计算,要做循环.常用的一种形式是使用

$$\text{for(i in 1:N)}\{\cdot\}$$

语句,这是做 N 次循环.{·}则是要重复执行的命令,可以有若干条.{·}内还可以再包含低层次的要循环执行的下一层{·}.

2. 分支语句

常用的是

　　　　　if(cond)　statement　或　if(cond)　statement 1　else statement 2,

前一种情况是,若条件 cond 为"真(TRUE)",则执行表达式 statement,否则即往下做.后一种情况是,若条件 cond 为"真"则执行 statement 1,否则执行 statement 2.

　　3. 善用各种有关的函数

　　在本书中,函数 t.test(),gl(),aov(),lm(),sample(),quantile(),rexp(),rnorm(),rpois(),runif()等都是很常用的,在使用它们时都已分别作了说明.

　　(三) 在键入和运行新程序前,先"清零"

　　在键入和运行新程序之前,先单击下拉式菜单的"其他",弹出下拉式菜单之后,单击其中的"删除所有对象".R 软件会显示让使用者确认的选项,应单击"是",完成操作.

习题

　　1. 为比较某一地区种植的 4 种谷物(大麦、小麦、玉米、燕麦)的维生素 B 的含量 A,B,C,D(以 $\mu g/g$ 计),今依次在总体 A,B,C,D 中各取一样本:

　　　　A:5.2 4.5 6.0 6.1 6.7 5.8　　　　　　B:6.5 8.0 6.1 7.5 5.9 5.6

　　　　C:5.8 4.7 6.4 4.9 6.0 5.2　　　　　　D:8.3 6.1 7.9 7.0 5.5 7.2

设总体 A,B,C,D 依次服从正态分布 $N(\mu_i,\sigma^2)(i=1,2,3,4)$,并设各样本相互独立.试画出各个样本数据的箱线图,并取显著性水平 $\alpha=0.05$ 检验各种谷物的维生素 B 含量的均值是否有显著差异.

　　2. 求解第九章习题第 4 题的方差分析问题.

　　3. 有人做过一项试验,检测被测试者在英文文献中搜索到特定单词所需的时间(以 s 计),搜索内容是在文献中找出含字母 k 的由 4 个字符组成的单词,得到以下的数据:

单词所在的行序 (x)	9	11	15	17	19	21	24	25	29	32	34	36	39	41
找到该单词所需的时间 (y)	8	8	7	9	14	13	14	16	17	19	21	21	26	27

设题目符合线性回归模型 $Y=\beta_0+\beta_1 x+\varepsilon,\varepsilon\sim N(0,1)$ 所要求的条件.

　　(1) 给出数据的散点图.

　　(2) 作 y 关于 x 的一元线性方程 $y=\hat{\beta}_0+\hat{\beta}_1 x$.

本章参考文献

　　[1] An Introduction to R. 单击 RGui 的下拉式菜单"帮助",接着单击下拉出来的"手册(PDF 文件)",弹出的第一项即是.

　　[2] 薛毅,陈立萍. 统计建模与 R 软件. 北京:清华大学出版社,2007.

　　[3] 汤银才. R 语言与统计分析. 北京:高等教育出版社,2008.

第十二章 随机过程

随机过程被认为是概率论的"动力学"部分. 意思是说,它的研究对象是随时间演变的随机现象. 对于这种现象,通常需要用一族无限多个随机变量来描述. 本章先引入随机过程的概念和记号,再一般地介绍随机过程的统计描述方法,最后讨论在实际问题中十分有用的泊松过程和维纳过程.

§1 随机过程的概念

用 T 表示一无限实数集,我们把依赖于参数 $t \in T$ 的一族随机变量 $\{X_t, t \in T\}$ 称为**随机过程**,T 叫做参数集. 我们通常把 $t \in T$ 看作时间,称对 X_t 的观察值 x_t 为 t 时过程的**状态**,随机过程 $\{X_t, t \in T\}$ 所有可能取的状态全体称为随机过程的**状态空间**. 对 $\{X_t, t \in T\}$ 进行一次试验(即在 T 上进行一次全程观测)我们得到一个函数 $x(t), t \in T$,称为随机过程的一个**样本函数**或**样本曲线**. 随机过程可以看作是多维随机变量的延伸. 随机过程与其样本函数的关系和数理统计中总体与样本的关系是类似的.

随机过程可根据其在任一时刻 t 的状态 X_t 是连续型随机变量或离散型随机变量而分为**连续型随机过程**或**离散型随机过程**. 随机过程还可依时间参数分类. 当 T 是有限区间或无限区间时称 $\{X_t, t \in T\}$ 为**连续参数随机过程**. 对于连续参数随机过程我们常采用记号 $X(t) = X_t$ 来表示其对参数 t 的函数依赖关系. 当 T 为离散集合时称之为**离散参数随机过程**或**时间序列**.

例1(掷骰子) 考虑抛掷一颗骰子的试验. (1)设 X_n 是第 n 次抛掷的点数,对于 $n = 1, 2, \cdots$ 的不同值 X_n 是不同的随机变量,因而 $\{X_n, n \geqslant 1\}$ 构成一随机过程,称为**伯努利过程**或**伯努利随机序列**. (2)设 Y_n 是前 n 次抛掷中出现的最大点数,Y_n 也是一随机过程. X_n, Y_n 都是离散型离散参数随机过程. 它们有相同的状态空间 $\{1, 2, 3, 4, 5, 6\}$.

例2(股票价格) 一只股票每日的收盘价是一个连续型离散参数随机过程.

例3(电话呼叫) 一个电话交换台在时间间隔 $[0, t]$ 内接到的呼叫次数 $X(t)$ 是一个以 t 为参数的离散型连续参数随机过程.

例4(维纳(Wiener)过程) 这是布朗运动的数学模型. 英国植物学家布朗

(Brown)在显微镜下观察到平静液面上的微小粒子不断地进行着杂乱无章的运动,这种现象后来称为**布朗运动**.用 $W(t)$ 表示运动中一微粒从时刻 $t=0$ 到时刻 $t>0$ 的位移的横坐标,且设 $W(0)=0$,则 $W(t)$ 是一个连续型连续参数随机过程.

随机过程与函数相互作用可以产生新的随机过程.

例5(随机切换) 抛掷一枚硬币试验的样本空间是 $\{H,T\}$.现借此定义随机过程 $X(t),t\in(-\infty,\infty)$:当 H 出现时 $X(t)=\cos \pi t$,而当 T 出现时 $X(t)=t$. 显然这个随机过程的状态空间为 $(-\infty,\infty)$,它是连续的.但是该随机过程仅对应两个样本函数 $\{\cos \pi t,t\}$(图 12—1).所以在任一时刻 $t,X(t)$ 的样本空间只有两个元素 $\{\cos \pi t,t\}$.因此 $X(t)$ 是一个离散型连续参数随机过程.

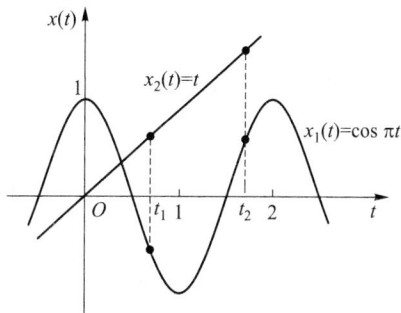

观察我们周围的世界可以看到很多随机现象.例如,地震的波幅、结构物承受的

图 12—1

风荷载、时间间隔 $[0,t)$ 内船舶甲板"上浪"的次数、通信系统和自控系统中的各种噪声和干扰、生物群体的生长变化以及金融产品的价格等都可以用随机过程这一数学模型来描绘.不过大部分随机过程都不能很方便地用简单的函数关系式来描述,其主要原因在于在自然界和社会活动中产生随机因素的机理通常都相当复杂,甚至是不可能被观察到的.因而对大多数随机过程只有通过分析由观察所得到的样本函数才能掌握它们随时间变化的统计规律性.

最后指出随机过程的参数虽然通常解释为时间,但它也可以表示其他的量,如序号、距离等.

§2 随机过程的统计描述

随机过程在任一时刻的状态是随机变量,由此可以利用描述随机变量的统计方法来描述随机过程的统计特性.

(一)随机过程的分布函数族

给定随机过程 $\{X(t),t\in T\}$,对于每一个固定的 t,随机变量 $X(t)$ 的分布函数一般与 t 有关,记为

$$F_X(x;t)=P\{X(t)\leqslant x\}, \quad x\in \mathbf{R},$$

称它为随机过程 $\{X(t),t\in T\}$ 的**一维分布函数**,而 $\{F_X(x;t),t\in T\}$ 称为**一维分**

布函数族.

　　一维分布函数族刻画了随机过程在各个个别时刻的统计特性. 为了描述随机过程在不同时刻状态之间的统计联系, 一般可对任意 $n(n=2,3,\cdots)$ 个不同时刻 $t_1,t_2,\cdots,t_n\in T$ 引入随机变量 $(X(t_1),X(t_2),\cdots,X(t_n))$, 它的分布函数记为

$$F_X(x_1,x_2,\cdots,x_n;t_1,t_2,\cdots,t_n)=P\{X(t_1)\leqslant x_1,X(t_2)\leqslant x_2,\cdots,X(t_n)\leqslant x_n\}.$$

$$x_i\in \mathbf{R},i=1,2,\cdots,n.$$

对于固定的 n, 称 $\{F_X(x_1,x_2,\cdots,x_n;t_1,t_2,\cdots,t_n),t_i\in T\}$ 为随机过程 $\{X(t),t\in T\}$ 的 **n 维分布函数族.**

　　当 n 充分大时, n 维分布函数族能够近似地描述随机过程的统计特性. 显然 n 取得越大, 则 n 维分布函数族描述随机过程的统计特性也越趋完善. 著名的科尔莫戈罗夫(Kolmogorov)定理指出: 有限维分布函数族, 即 $\{F_X(x_1,x_2,\cdots,x_n;t_1,t_2,\cdots,t_n),n=1,2,\cdots,t_i\in T\}$, 完全地确定了随机过程的统计特性.

　　在上一节中, 我们曾将随机过程按其状态或时间参数的连续或离散进行了分类. 然而, 随机过程的本质的分类法是按其分布特性来进行. 具体地说, 就是依照过程在不同时刻的状态之间的特殊统计依赖方式, 抽象出一些不同类型的模型, 如独立增量过程、平稳过程等. 我们将在以后的章节中对它们作不同程度的介绍.

（二）随机过程的数字特征

　　随机过程的分布函数族能够完善地描述随机过程的统计特性. 但是在实际应用中, 根据观察往往只能得到随机过程的部分资料(样本), 用它来完全确定有限维分布函数族是不可能的. 因而像引入随机变量的数字特征那样, 有必要引入随机过程的基本的数字特征——均值函数和相关函数等. 这些数字特征在实际问题中更便于测量和应用.

　　给定随机过程 $\{X(t),t\in T\}$, 固定 $t\in T$, $X(t)$ 是一随机变量, 它的均值一般与 t 有关, 记为

$$\mu_X(t)=E[X(t)], \tag{2.1}$$

称之为随机过程 $\{X(t),t\in T\}$ 的**均值函数.**

　　注意, $\mu_X(t)$ 是随机过程的所有样本函数在时刻 t 的函数值的平均值, 通常称这种平均为**集平均**或**统计平均**, 以区别于下一章中将引入的时间平均的概念.

　　均值函数 $\mu_X(t)$ 表示了随机过程 $X(t)$ 在各个时刻的摆动中心, 如图 12—2 所示.

　　其次, 我们把随机变量 $X(t)$ 的二阶原点矩和二阶中心矩分别记作

$$\Psi_X^2(t)=E[X^2(t)] \tag{2.2}$$

和

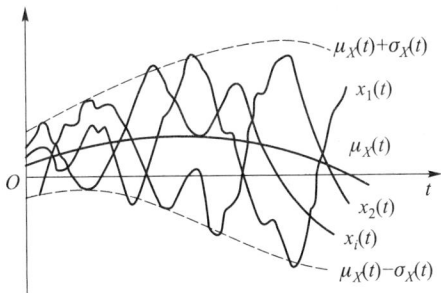

图 12－2

$$\sigma_X^2(t) = D_X(t) = \mathrm{Var}[X(t)] = E\{[X(t) - \mu_X(t)]^2\}, \tag{2.3}$$

并分别称它们为随机过程 $\{X(t), t \in T\}$ 的**均方值函数**和**方差函数**. 方差函数的平方根 $\sigma_X(t)$ 称为随机过程的**标准差函数**, 它表示随机过程 $X(t)$ 在时刻 t 对于均值函数 $\mu_X(t)$ 的平均偏离程度(见图 12－2).

又对任意 $t_1, t_2 \in T$, 我们把随机变量 $X(t_1)$ 和 $X(t_2)$ 的二阶混合原点矩记作

$$R_{XX}(t_1, t_2) = E[X(t_1)X(t_2)], \tag{2.4}$$

并称它为随机过程 $\{X(t), t \in T\}$ 的**自相关函数**, 简称**相关函数**. 记号 $R_{XX}(t_1, t_2)$ 在不致混淆的场合常简记为 $R_X(t_1, t_2)$.

类似地, 还可写出 $X(t_1)$ 和 $X(t_2)$ 的二阶混合中心矩, 记作

$$\begin{aligned} C_{XX}(t_1, t_2) &= \mathrm{Cov}[X(t_1), X(t_2)] \\ &= E\{[X(t_1) - \mu_X(t_1)][X(t_2) - \mu_X(t_2)]\}, \end{aligned} \tag{2.5}$$

并称它为随机过程 $\{X(t), t \in T\}$ 的**自协方差函数**, 简称**协方差函数**. 记号 $C_{XX}(t_1, t_2)$ 也常简记为 $C_X(t_1, t_2)$.

由多维随机变量数字特征的知识可知, 自相关函数和自协方差函数是刻画随机过程自身在两个不同时刻的状态之间统计依赖关系的数字特征.

现把(2.1)—(2.5)式定义的诸数字特征之间的关系简述如下:

由(2.2)和(2.4)式知

$$\Psi_X^2(t) = R_X(t, t). \tag{2.6}$$

由(2.5)式展开, 得

$$C_X(t_1, t_2) = R_X(t_1, t_2) - \mu_X(t_1)\mu_X(t_2). \tag{2.7}$$

特别, 当 $t_1 = t_2 = t$ 时, 由(2.7)式, 得

$$\sigma_X^2(t) = C_X(t, t) = R_X(t, t) - \mu_X^2(t). \tag{2.8}$$

由(2.6)—(2.8)式可知, 以上诸数字特征中最主要的是均值函数和自相关函数.

从理论角度看, 仅仅研究均值函数和自相关函数当然是不能代替对整个随机过程的研究的. 但是由于它们确实刻画了随机过程的主要统计特性, 而且远较

有限维分布函数族易于观察和实际计算,因而对于实际问题而言,它们常常能够起到重要作用.据此,在随机过程的专著中通常都会着重研究所谓二阶矩过程.

如果对每一个 $t \in T$,随机过程 $\{X(t), t \in T\}$ 的二阶原点矩 $E[X^2(t)]$ 都存在,则称它为**二阶矩过程**.二阶矩过程的相关函数总是存在的.事实上,由于 $E[X^2(t_1)]$,$E[X^2(t_2)]$ 存在,根据柯西-施瓦茨不等式(参见第四章习题37)有

$$\{E[X(t_1)X(t_2)]\}^2 \leqslant E[X^2(t_1)]E[X^2(t_2)], \quad t_1, t_2 \in T,$$

即知 $R_X(t_1, t_2) = E[X(t_1)X(t_2)]$ 存在.

许多实际问题涉及一种特殊的二阶矩过程——正态过程.随机过程 $\{X(t), t \in T\}$ 称为**正态过程**,是指它的每一个有限维分布都是正态分布,亦即对于任意正整数 $n \geqslant 1$ 及任意 $t_1, t_2, \cdots, t_n \in T$,$(X(t_1), X(t_2), \cdots, X(t_n))$ 服从 n 维正态分布.由第四章 §3,§4 知,正态过程的全部统计特性完全由它的均值函数和自相关函数(或自协方差函数)所确定.

例1(线性过程)　设 A, B 是两个随机变量.试求随机过程 $X(t) = At + B$,$t \in T = (-\infty, \infty)$ 的均值函数和自相关函数.如果 A, B 相互独立,且 $A \sim N(0,1)$,$B \sim U(0,2)$,问 $X(t)$ 的均值函数和自相关函数又是怎样的?

解　$X(t)$ 的均值函数和自相关函数分别为

$$\mu_X(t) = E[X(t)] = E(At + B) = tE(A) + E(B),$$
$$R_X(t_1, t_2) = E[X(t_1)X(t_2)] = E[(At_1 + B)(At_2 + B)]$$
$$= t_1 t_2 E(A^2) + (t_1 + t_2)E(AB) + E(B^2), \quad t_1, t_2 \in T.$$

当 $A \sim N(0,1)$ 时,$E(A) = 0$,$E(A^2) = 1$;当 $B \sim U(0,2)$ 时,$E(B) = 1$,$E(B^2) = 4/3$;又因 A 和 B 相互独立,故 $E(AB) = 0$.所以 $\mu_X(t) = 1$,$R_X(t_1, t_2) = t_1 t_2 + 4/3$,$t_1, t_2 \in T$.　□

例2(随机相位正弦波)　设 a 和 ω 为正常数,$\Theta \sim U(0, 2\pi)$,则随机过程

$$X(t) = a\cos(\omega t + \Theta), \quad t \in (-\infty, \infty)$$

通常称为**随机相位正弦波**(图 12-3 是两条样本曲线).试求它的均值函数、方差函数和自相关函数.

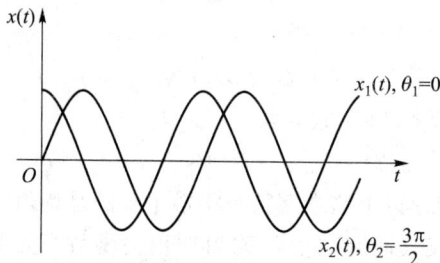

图 12-3

解　由假设 Θ 的概率密度函数为

$$f(\theta)=\begin{cases}\dfrac{1}{2\pi}, & \theta\in(0,2\pi),\\[2mm] 0, & \text{其他}.\end{cases}$$

由定义

$$\mu_X(t)=E[X(t)]=E[a\cos(\omega t+\Theta)]$$
$$=\int_0^{2\pi}a\cos(\omega t+\theta)\cdot\frac{1}{2\pi}\mathrm{d}\theta=0,$$

而自相关函数

$$R_X(t_1,t_2)=E[X(t_1)X(t_2)]=E[a^2\cos(\omega t_1+\Theta)\cos(\omega t_2+\Theta)]$$
$$=\int_0^{2\pi}a^2\cos(\omega t_1+\theta)\cos(\omega t_2+\theta)\cdot\frac{1}{2\pi}\mathrm{d}\theta=\frac{a^2}{2}\cos(\omega(t_2-t_1)).$$

令 $t_1=t_2=t$，即得方差函数

$$\sigma_X^2(t)=R_X(t,t)-\mu_X^2(t)=\frac{a^2}{2}. \qquad\square$$

例 3　设 $X(t)=A\cos\omega t+B\sin\omega t,t\in T=(-\infty,\infty)$，其中 A,B 是相互独立，且都服从正态分布 $N(0,\sigma^2)$ 的随机变量，ω 是实常数．试证明 $X(t)$ 是正态过程，并求它的均值函数和自相关函数．

解　由假设 A,B 是相互独立的正态随机变量，所以 (A,B) 是二维正态随机变量．对任意一组实数 $t_1,t_2,\cdots,t_n\in T$，

$$X(t_i)=A\cos\omega t_i+B\sin\omega t_i,\quad i=1,2,\cdots,n$$

都是 A,B 的线性组合，于是根据第四章§4 n 维正态随机变量的性质 3°，$(X(t_1),X(t_2),\cdots,X(t_n))$ 是 n 维正态随机变量．因为 n 和 t_i 是任意的，由定义，$X(t)$ 是正态过程．另由题设 $E(A)=E(B)=E(AB)=0,E(A^2)=E(B^2)=\sigma^2$．由此可算得 $X(t)$ 的均值函数和自相关函数分别为

$$\mu_X(t)=E(A\cos\omega t+B\sin\omega t)=0,$$
$$R_X(t_1,t_2)=E[(A\cos\omega t_1+B\sin\omega t_1)(A\cos\omega t_2+B\sin\omega t_2)]$$
$$=\sigma^2(\cos\omega t_1\cos\omega t_2+\sin\omega t_1\sin\omega t_2)$$
$$=\sigma^2\cos(\omega(t_2-t_1)). \qquad\square$$

(三) 二维随机过程的分布函数和数字特征

在许多实际问题中，有时必须同时研究两个或两个以上随机过程及它们之间的统计联系．例如，某地在时段 $[0,t]$ 内的最高温度 $X(t)$ 和最低温度 $Y(t)$ 都是随机过程，需要研究它们之间的统计联系．又如，输入到一个系统的信号和噪声

可以都是随机过程,这时输出也是随机过程,我们需要研究输出与输入之间的统计联系,等等.对于这类问题,除了对各个随机过程的统计特性加以研究外,还必须将几个随机过程作为整体研究其统计特性.

设 $X(t),Y(t)$ 是依赖于同一参数 $t\in T$ 的随机过程,对于不同的 $t\in T$,$(X(t),Y(t))$ 是不同的二维随机变量,我们称 $\{(X(t),Y(t)),t\in T\}$ 为**二维随机过程**.

给定二维随机过程 $\{(X(t),Y(t)),t\in T\}$,$t_1,t_2,\cdots,t_n;t_1',t_2',\cdots,t_m'$ 是 T 中任意两组实数,我们称 $n+m$ 维随机变量

$$(X(t_1),X(t_2),\cdots,X(t_n),Y(t_1'),Y(t_2'),\cdots,Y(t_m'))$$

的分布函数

$$F(x_1,x_2,\cdots,x_n;t_1,t_2,\cdots,t_n;y_1,y_2,\cdots,y_m;t_1',t_2',\cdots,t_m'),$$
$$x_i,y_j\in \mathbf{R},i=1,2,\cdots,n,j=1,2,\cdots,m$$

为这个二维随机过程的 $n+m$ **维分布函数**或随机过程 $X(t)$ 与 $Y(t)$ 的 $n+m$ **维联合分布函数**.同样可以定义二维随机过程的 $n+m$ 维分布函数族和有限维分布函数族.

如果对任意的正整数 n,m,任意的实数组 $t_1,t_2,\cdots,t_n;t_1',t_2',\cdots,t_m'\in T$,$n$ 维随机变量 $(X(t_1),X(t_2),\cdots,X(t_n))$ 与 m 维随机变量 $(Y(t_1'),Y(t_2'),\cdots,Y(t_m'))$ 相互独立,则称随机过程 $X(t)$ 和 $Y(t)$ 是**相互独立的**.

关于数字特征,除了 $X(t),Y(t)$ 各自的均值函数和自相关函数外,在应用中感兴趣的是 $X(t)$ 和 $Y(t)$ 的二阶混合原点矩,记作

$$R_{XY}(t_1,t_2)=E[X(t_1)Y(t_2)],\quad t_1,t_2\in T, \tag{2.9}$$

并称它为随机过程 $X(t)$ 和 $Y(t)$ 的**互相关函数**.

类似地,还有如下定义的 $X(t)$ 和 $Y(t)$ 的互协方差函数:

$$C_{XY}(t_1,t_2)=E\{[X(t_1)-\mu_X(t_1)][Y(t_2)-\mu_Y(t_2)]\}$$
$$=R_{XY}(t_1,t_2)-\mu_X(t_1)\mu_Y(t_2),\quad t_1,t_2\in T. \tag{2.10}$$

如果二维随机过程 $(X(t),Y(t))$ 对任意的 $t_1,t_2\in T$ 恒有

$$C_{XY}(t_1,t_2)=0, \tag{2.11}$$

则称随机过程 $X(t)$ 和 $Y(t)$ 是**不相关的**.

由第四章 §3 可以推知,两个随机过程如果是相互独立的,且它们的二阶矩存在,则它们必然不相关.反之,从不相关一般并不能推断出它们是相互独立的.

当同时考虑 $n(n>2)$ 个随机过程或 n 维随机过程时,我们可类似地引入它们的多维分布,以及均值函数和两两之间的互相关函数(或互协方差函数).

在许多应用问题中,经常要研究几个随机过程之和(例如,将信号和噪声同

时输入到一个线性系统的情形)的统计特性. 现在考虑三个随机过程 $X(t),Y(t)$ 和 $Z(t)$ 之和的情形. 令

$$W(t)=X(t)+Y(t)+Z(t),$$

显然, 均值函数

$$\mu_W(t)=\mu_X(t)+\mu_Y(t)+\mu_Z(t).$$

而 $W(t)$ 的自相关函数可以根据均值运算规则和相关函数的定义得到, 即

$$\begin{aligned}
R_{WW}(t_1,t_2)&=E[W(t_1)W(t_2)]\\
&=R_{XX}(t_1,t_2)+R_{XY}(t_1,t_2)+R_{XZ}(t_1,t_2)\\
&\quad+R_{YX}(t_1,t_2)+R_{YY}(t_1,t_2)+R_{YZ}(t_1,t_2)\\
&\quad+R_{ZX}(t_1,t_2)+R_{ZY}(t_1,t_2)+R_{ZZ}(t_1,t_2).
\end{aligned}$$

此式表明: 几个随机过程之和的自相关函数可以表示为各个随机过程的自相关函数以及各对随机过程的互相关函数之和.

如果上述三个随机过程是两两不相关的, 且各自的均值函数都为零, 则由 (2.10)式可知诸互相关函数均等于零, 此时 $W(t)$ 的自相关函数简单地等于各个过程的自相关函数之和, 即

$$R_{WW}(t_1,t_2)=R_{XX}(t_1,t_2)+R_{YY}(t_1,t_2)+R_{ZZ}(t_1,t_2). \tag{2.12}$$

特别地, 令 $t_1=t_2=t$, 由(2.12)式可得 $W(t)$ 的方差函数(此处即均方值函数)为

$$\sigma_W^2(t)=\Psi_W^2(t)=\Psi_X^2(t)+\Psi_Y^2(t)+\Psi_Z^2(t).$$

§3　泊松过程和维纳过程

泊松过程和维纳过程是两个具体而又典型的随机过程, 它们在随机过程的理论和应用中都有重要的地位. 这两个随机过程都属于所谓的独立增量过程, 所以下面先简要地介绍独立增量过程.

给定二阶矩过程 $\{X(t),t\geqslant 0\}$, 我们称随机变量 $X(t)-X(s),0\leqslant s<t$ 为随机过程在区间 $(s,t]$ 上的增量. 如果对任意选定的正整数 n 和任意选定的 $0\leqslant t_0<t_1<t_2<\cdots<t_n$, n 个增量

$$X(t_1)-X(t_0),X(t_2)-X(t_1),\cdots,X(t_n)-X(t_{n-1})$$

相互独立, 则称 $\{X(t),t\geqslant 0\}$ 为**独立增量过程**. 直观地说, 独立增量过程在互不重叠的区间上, 状态的增量是相互独立的.

对于独立增量过程, 可以证明: 在 $X(0)=0$ 的条件下, 它的有限维分布函数族可以由增量 $X(t)-X(s),0\leqslant s<t$ 的分布所确定.

特别, 若对任意的实数 h 和 $0\leqslant s+h<t+h,X(t+h)-X(s+h)$ 与 $X(t)-X(s)$ 具有相同的分布, 则称**增量具有平稳性**. 这时, 增量 $X(t)-X(s)$ 的分布函

数实际上只依赖于时间差 $t-s(0 \leqslant s < t)$,而不依赖于 t 和 s 本身.当增量具有平稳性时,称相应的独立增量过程是**时齐的**.

接着,在 $X(0)=0$ 和方差函数 $D_X(t)$ 为已知的条件下,我们来计算独立增量过程 $\{X(t),t \geqslant 0\}$ 的协方差函数 $C_X(s,t)$.记 $Y(t)=X(t)-\mu_X(t)$.首先注意,当 $X(t)$ 具有独立增量时,$Y(t)$ 也具有独立增量;其次 $Y(0)=0$,$E[Y(t)]=0$,且方差函数 $D_Y(t)=E[Y^2(t)]=D_X(t)$.利用这些性质,当 $0 \leqslant s < t$ 时,就有

$$
\begin{aligned}
C_X(s,t) &= E[Y(s)Y(t)] \\
&= E\{[Y(s)-Y(0)][Y(t)-Y(s)+Y(s)]\} \\
&= E[Y(s)-Y(0)]E[Y(t)-Y(s)]+E[Y^2(s)] \\
&= D_X(s).
\end{aligned}
$$

于是可知,对任意 $s,t \geqslant 0$,协方差函数可用方差函数表示为

$$
C_X(s,t)=D_X(\min\{s,t\}). \tag{3.1}
$$

(一)泊松过程

许多随机现象和物理过程可以用泊松过程来刻画,它是随机建模的重要基石.下列随时间推移迟早会重复出现的事件给出了导致泊松过程的几个具体例子.

(i) 自电子管阴极发射的电子到达阳极.

(ii) 意外事故或意外差错的发生.

(iii) 要求服务的顾客到达服务站.

在(iii)中,"顾客"与"服务站"的含义是相当广泛的.例如,"顾客"可以是电话的呼叫,"服务站"是 120 急救中心;"顾客"可以是来领配件的汽车维修工,"服务站"是维修站配件仓库的管理员;"顾客"也可以是联网的个人电脑,"服务站"是某网站的主页,等等.

为建立一般模型方便起见,我们把电子、顾客等看作是时间轴上的质点,电子到达阳极、顾客到达服务站等事件的发生相当于质点出现.于是抽象地说,我们研究的对象将是随时间推移,陆续地出现在时间轴上的许多质点所构成的随机的质点流.

以 $N(t),t \geqslant 0$ 表示在时间间隔 $(0,t]$ 内出现的质点数.$\{N(t),t \geqslant 0\}$ 是一状态取非负整数,时间连续的随机过程,称为**计数过程**.它的一个典型的样本函数如图 12-4 所示,图中 $t_1,t_2,\cdots$ 是质点依次出现的时刻.利用 $N(t)$,时间间隔 $(s,t]$ 内出现的质点数可以表示为 $N(s,t)=N(t)-N(s)$.

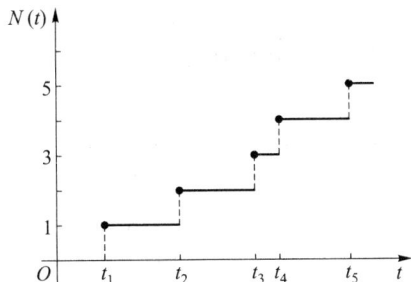

图 12-4

定义(泊松过程和泊松流)   称计数过程$\{N(t),t\geqslant 0\}$是**强度为 λ 的泊松过程**,是指其满足如下条件:

1° $N(t)$是独立增量过程.

2° 对任何 $t>s\geqslant 0$,增量 $N(t)-N(s)$服从参数为 $\lambda(t-s)$的泊松分布,即

$$P\{N(t)-N(s)=k\}=\frac{[\lambda(t-s)]^k}{k!}\mathrm{e}^{-\lambda(t-s)},\quad k=0,1,2,\cdots. \tag{3.2}$$

3° $N(0)=0$.

相应的质点流或即质点出现的随机时刻 $t_1,t_2,\cdots$称作**强度为 λ 的泊松流**.

定义中的条件 3°告诉我们计数过程$\{N(t),t\geqslant 0\}$从时刻 0 开始计数,条件 2°是泊松过程名字的来源.由第四章§1,§2知泊松过程的均值函数和方差函数分别为

$$E[N(t)]=\lambda t,\quad D_N(t)=\mathrm{Var}[N(t)]=\lambda t. \tag{3.3}$$

从(3.3)式可以看到,$\lambda=E[N(t)/t]$,即泊松过程的强度 λ 等于单位时间间隔内出现的质点数目的期望值.

关于泊松过程的协方差函数,则可由(3.1),(3.3)式直接推出

$$C_N(s,t)=\lambda\min\{s,t\},\quad s,t\geqslant 0,$$

而相关函数

$$R_N(s,t)=E[N(s)N(t)]=\lambda^2 st+\lambda\min\{s,t\},\quad s,t\geqslant 0.$$

若泊松过程中的强度为非均匀的,即 λ 是时间 t 的函数 $\lambda=\lambda(t),t\geqslant 0$,则称泊松过程为**非时齐的**.对于非时齐的泊松过程,类似地有

$$E[N(t)]=\int_0^t \lambda(\tau)\mathrm{d}\tau.$$

$$R_N(s,t)=\int_0^{\min\{s,t\}}\lambda(\tau)\mathrm{d}\tau\left[1+\int_0^{\max\{s,t\}}\lambda(\tau)\mathrm{d}\tau\right].$$

$$P\{N(t)-N(s)=k\}=\frac{\left[\int_s^t\lambda(\tau)\mathrm{d}\tau\right]^k\mathrm{e}^{-\int_s^t\lambda(\tau)\mathrm{d}\tau}}{k!},\quad t>s\geqslant 0,k=0,1,2,\cdots.$$

接下来介绍与泊松过程有关的两个随机变量,即等待时间和点间间距,以及

它们的概率分布.

　　在许多实际问题中,我们关心的不是对在时间间隔$(t_1,t_2]$中出现的质点计数,而是对记录到一定数量的质点所需要的时间进行计时.例如,为了研究含某种放射性元素的物质,常对它发射出来的粒子做计时试验.

　　一般,设质点(或事件)依次重复出现的时刻

$$t_1,t_2,\cdots,t_n,\cdots$$

是一强度为λ的泊松流,$\{N(t),t\geq0\}$为相应的泊松过程.以惯用记号记

$$W_0=0,\quad W_n=t_n,\quad n=1,2,\cdots.$$

则W_n是一随机变量,它表示第n个质点(或事件第n次)出现的**等待时间**(见图12-5).我们来求W_n的分布函数$F_{W_n}(t)=P\{W_n\leq t\}$.首先注意,事件$\{W_n>t\}=\{N(t)<n\}$,所以

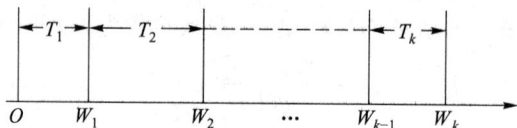

图 12-5

$$F_{W_n}(t)=P\{W_n\leq t\}=1-P\{W_n>t\}=1-P\{N(t)<n\}$$

$$=P\{N(t)\geq n\}=\sum_{k=n}^{\infty}e^{-\lambda t}\frac{(\lambda t)^k}{k!},\quad t\geq0.$$

$$F_{W_n}(t)=0,\quad t<0.$$

将它关于t求导,得W_n的概率密度为

$$f_{W_n}(t)=\frac{\mathrm{d}F_{W_n}(t)}{\mathrm{d}t}=\begin{cases}\dfrac{\lambda(\lambda t)^{n-1}}{(n-1)!}e^{-\lambda t},&t>0,\\0,&t\leq0.\end{cases}\tag{3.4}$$

这就是说,泊松流(泊松过程)的等待时间W_n服从Γ分布.特别,质点(或事件)首次出现的等待时间W_1服从指数分布

$$f_{W_1}(t)=\begin{cases}\lambda e^{-\lambda t},&t>0,\\0,&t\leq0.\end{cases}\tag{3.5}$$

又记

$$T_i=W_i-W_{i-1},\quad i=1,2,\cdots.$$

它也是一个连续型随机变量,称为相继出现的第$i-1$个质点和第i个质点的**点间间距**(见图12-5).下面来求T_i的分布.由于$T_1=W_1$,所以T_1服从指数分布(3.5).对于$i\geq2$,先求在第$i-1$个质点出现在时刻t_{i-1}的条件下,T_i的条件分

布函数:当 $t \leqslant 0$ 时,$F_{T_i|W_{i-1}}(t|t_{i-1}) = 0$. 当 $t > 0$ 时,由 $N(t)$ 的定义及增量的独立性,

$$F_{T_i|W_{i-1}}(t|t_{i-1}) = P\{T_i \leqslant t | W_{i-1} = t_{i-1}\}$$
$$= P\{N(t_{i-1}+t) - N(t_{i-1}) \geqslant 1 | N(t_{i-1}) = i-1\}$$
$$= P\{N(t_{i-1}+t) - N(t_{i-1}) \geqslant 1\}$$
$$= 1 - P\{N(t_{i-1}+t) - N(t_{i-1}) = 0\},$$

再由增量的平稳性得

$$F_{T_i|W_{i-1}}(t|t_{i-1}) = 1 - P\{N(t) = 0\} = 1 - e^{-\lambda t}.$$

从而知相应的条件概率密度为

$$f_{T_i|W_{i-1}}(t|t_{i-1}) = \begin{cases} \lambda e^{-\lambda t}, & t > 0, \\ 0, & t \leqslant 0. \end{cases}$$

于是随机变量 T_i, W_{i-1} 的联合概率密度

$$f(t, t_{i-1}) = \begin{cases} \lambda e^{-\lambda t} f_{W_{i-1}}(t_{i-1}), & t > 0, t_{i-1} > 0, \\ 0, & \text{其他}. \end{cases}$$

此处 $f_{W_{i-1}}(t_{i-1})$ 为 W_{i-1} 的概率密度,将此表达式关于 t_{i-1} 积分,即得 $T_i(i=2,3,\cdots)$ 的概率密度为

$$f_{T_i}(t) = \begin{cases} \lambda e^{-\lambda t}, & t > 0, \\ 0, & t \leqslant 0. \end{cases} \tag{3.6}$$

由(3.5)和(3.6)式知,点间间距序列 $\{T_i\}$ 服从同一个指数分布,且还可证明 T_1,$T_2,\cdots,T_i,\cdots$ 是相互独立的随机变量. 这些结论可以总结为:

定理 1(泊松流的分布) 强度为 λ 的泊松流的点间间距序列是相互独立的随机变量,且服从同一个指数分布(3.6).

这个定理的逆也是成立的,我们不加证明地叙述如下:

定理 2(泊松流的分布逆定理) 如果任意相继出现的两个质点的点间间距序列是相互独立的随机变量,且服从同一个指数分布(3.6),则质点流构成了强度为 λ 的泊松流.

这两个定理完全刻画了泊松流. 由定理 2,为要确定一个计数过程是否为泊松过程,只要用统计方法检验点间间距是否独立,且服从同一个指数分布.

(二)维纳过程

维纳过程是布朗运动的数学模型. 英国植物学家布朗在显微镜下,观察漂浮在平静的液面上的微小粒子,发现它们不断地进行着杂乱无章的运动,这种现象后来称为布朗运动. 以 $W(t)$ 表示运动中一微粒从时刻 $t=0$ 到时刻 $t > 0$ 的位移

的横坐标(同样也可以讨论纵坐标),且设 $W(0)=0$. 根据爱因斯坦(Einstein) 1905 年提出的理论,微粒的这种运动是由于受到大量随机的、相互独立的分子碰撞的结果. 于是,粒子在时段 $(s,t]$(与相继两次碰撞的时间间隔相比是很大的量)上的位移可看作是许多微小位移的代数和. 显然,依中心极限定理,假定位移 $W(t)-W(s)$ 为正态分布是合理的. 其次,由于粒子的运动完全是由液体分子的不规则碰撞而引起的,这样,在不相重叠的时间间隔内,碰撞的次数、大小和方向可假定是相互独立的,这就是说位移 $W(t)$ 具有独立的增量. 另外,液面处于平衡状态,这时粒子在一时段上位移的概率分布可以认为只依赖于这时段的长度,而与观察的起始时刻无关,即 $W(t)$ 具有平稳增量. 综合所述,可引入如下的数学模型:

定义(维纳过程)　给定二阶矩过程 $\{W(t),t\geq 0\}$,如果它满足

1° 具有独立增量.

2° 对任意的 $t>s\geq 0$,增量

$$W(t)-W(s)\sim N(0,\sigma^2(t-s)),\quad \sigma>0.$$

3° $W(0)=0$,

则称此过程为**维纳过程**.

由 2° 可知,维纳过程的分布只与时间差有关,所以它是时齐的独立增量过程. 还可知它也是正态过程. 事实上,对任意 $n(n\geq 1)$ 个时刻 $0<t_1<t_2<\cdots<t_n$(记 $t_0=0$),把 $W(t_k)$ 写成

$$W(t_k)=\sum_{i=1}^{k}[W(t_i)-W(t_{i-1})],\quad k=1,2,\cdots,n,$$

根据 1°—3°,它们是独立的正态随机变量的和,由第四章 §4 中的 n 维正态随机变量的性质 3° 推知 $(W(t_1),W(t_2),\cdots,W(t_n))$ 是 n 维正态随机变量,即 $\{W(t),t\geq 0\}$ 是正态过程. 因此,其分布完全由它的均值函数和自协方差函数(或自相关函数)所确定.

根据条件 2° 和 3° 可知,$W(t)\sim N(0,\sigma^2 t)$,由此可得维纳过程的均值函数与方差函数分别为

$$E[W(t)]=0,\quad D_W(t)=\sigma^2 t,$$

其中 σ^2 称为维纳过程的参数,它可通过试验观察值加以估计. 再根据(3.1)式就可求得自协方差函数(自相关函数)为

$$C_W(s,t)=R_W(s,t)=\sigma^2\min\{s,t\},\quad s,t\geq 0.$$

维纳过程不只是布朗运动的数学模型,电子元件或器件在恒温下的热噪声也可归结为维纳过程.

泊松过程和维纳过程的重要性,不仅在于实际中不少随时间演变的随机现

象可以归结为这两个模型,还在于理论与应用中常利用它们构造出一些新的重
要的随机过程模型.

小结

随机过程是描述随机现象的最一般的模型.一个随机过程 $X(t)$ 是依赖于参数 $t\in T$ 的一族随机变量.作为特例当 T 为离散集时,我们就得到时间序列.

理论上随机过程的有限维分布函数族完全刻画了它的统计特性,但在实际应用中完全确定有限维分布函数族是做不到的.因此,关注的焦点通常是随机过程的数字特征.重要的数字特征包括均值函数、自相关函数和自协方差函数等.我们也介绍了与二维随机过程相关的数字特征.

对于具体应用问题来说,一般的随机过程理论太过广泛,人们常需要把注意力放在较为具体的随机过程上.本章中介绍了泊松过程和维纳过程——两个具体而又在应用中有重要地位的随机过程.

■ 重要术语及主题

随机过程　有限维分布函数族　随机过程的数字特征　均值函数　自相关函数　自协方差函数　二维随机过程　独立增量过程　泊松过程　维纳过程

习题

1. 利用抛掷一枚硬币的试验定义一随机过程
$$X(t)=\begin{cases}\cos \pi t, & \text{出现 } H,\\ 2t, & \text{出现 } T,\end{cases} \quad t\in(-\infty,\infty),$$
假设 $P(H)=P(T)=1/2$,试确定 $X(t)$ 的

(1) 一维分布函数 $F\left(x;\dfrac{1}{2}\right),F(x;1)$.

(2) 二维分布函数 $F\left(x_1,x_2;\dfrac{1}{2},1\right)$.

2. 给定随机过程 $\{X(t),t\in T\}$,x 是任一实数,定义另一个随机过程
$$Y(t)=\begin{cases}1, & X(t)\leqslant x,\\ 0, & X(t)>x,\end{cases} \quad t\in T,$$
试将 $Y(t)$ 的均值函数和自相关函数用随机过程 $X(t)$ 的一维和二维分布函数来表示.

3. 设随机过程 $X(t)=\mathrm{e}^{-At},t>0$,其中 A 是在区间 $(0,a)$ 上服从均匀分布的随机变量,试求 $X(t)$ 的均值函数和自相关函数.

4. 设随机过程 $X(t)\equiv X$,其中 X 是一随机变量,$E(X)=a,D(X)=\sigma^2(\sigma>0)$,试求 $X(t)$ 的均值函数和协方差函数.

5. 已知随机过程 $\{X(t),t\in T\}$ 的均值函数 $\mu_X(t)$ 和协方差函数 $C_X(t_1,t_2)$,而 $\varphi(t)$ 是普通的函数,试求随机过程 $Y(t)=X(t)+\varphi(t)$ 的均值函数和协方差函数.

6. 给定一随机过程 $\{X(t),t\in T\}$ 和常数 a,试以 $X(t)$ 的自相关函数表示出随机过程

$Y(t) = X(t+a) - X(t), t \in T$ 的自相关函数.

7. 设 $Z(t) = X + Yt, t \in (-\infty, \infty)$,若已知二维随机变量 (X, Y) 的协方差矩阵为

$$\begin{bmatrix} \sigma_1^2 & \rho\sigma_1\sigma_2 \\ \rho\sigma_1\sigma_2 & \sigma_2^2 \end{bmatrix},$$

试求随机过程 $Z(t)$ 的协方差函数.

8. 设 $X(t) = At + B, t \in (-\infty, \infty)$,式中 A, B 是相互独立且都服从正态分布 $N(0, \sigma^2)$ 的随机变量,试证明 $X(t)$ 是一正态过程,并求出它的相关函数(协方差函数).

9. 设随机过程 $X(t)$ 与 $Y(t), t \in T$ 不相关,试用它们的均值函数和协方差函数来表示随机过程

$$Z(t) = a(t)X(t) + b(t)Y(t) + c(t), \quad t \in T$$

的均值函数和自协方差函数,其中 $a(t), b(t), c(t)$ 是普通的函数.

10. 设 $X(t)$ 与 $Y(t), t > 0$ 是两个相互独立的,分别具有强度 λ 和 μ 的泊松过程,试证

$$S(t) = X(t) + Y(t)$$

是具有强度 $\lambda + \mu$ 的泊松过程.

11. 设 $\{W(t), t \geq 0\}$ 是以 σ^2 为参数的维纳过程,求下列过程的协方差函数:

(1) $W(t) + At, A$ 为常数.

(2) $W(t) + Xt, X$ 为与 $\{W(t), t \geq 0\}$ 相互独立的标准正态随机变量.

(3) $aW(t/a^2), a$ 为正常数.

第十三章　马尔可夫链

有些随机过程的特殊性质可以帮助我们更方便地刻画它们. 具有无记忆性的离散参数随机过程传统上称为马尔可夫链,这类模型得名于早年就对其进行研究的俄国数学家马尔可夫. 马尔可夫链是独立随机试验模型的最直接推广,它在近代物理学、生物学、管理科学、经济学、信息处理以及数字计算方法等领域有广泛的应用.

§1　定义与例子

定义(马尔可夫链)　状态空间为有限集或可列集的随机过程$\{X_t, t=0,1,\cdots\}$,若对于任何一列状态$i_0, i_1, \cdots, i_{t-1}, i, j, X_t$满足性质

$$P\{X_{t+1}=j \mid X_0=i_0, \cdots, X_{t-1}=i_{t-1}, X_t=i\}=P\{X_{t+1}=j \mid X_t=i\}, \quad (1.1)$$

则称X_t为**马尔可夫链**,简称马氏链.

性质(1.1)称为马尔可夫链的**马尔可夫性**,简称马氏性. 如果将(1.1)式中的时间参数t看成是现在时刻,那么$0,1,\cdots,t-1$就表示过去时刻,$t+1$表示将来时刻,则马尔可夫性可以直观解释为:若已知随机过程X_t现在所处的状态,则过程将来处于哪个状态的概率与过程过去曾经经历过的状态是无关的. 因此,马氏性也称为**无记忆性**,或称**无后效性**. (1.1)式中的条件概率$P\{X_{t+1}=j \mid X_t=i\}$表示马氏链$X_t$在时刻$t$从状态$i$经过一步转移到状态$j$的概率. 我们有以下定义:

定义(一步转移概率)　条件概率$P\{X_{t+1}=j \mid X_t=i\}$称为马尔可夫链$\{X_t, t=0,1,\cdots\}$在$t$时刻从$i$到$j$的**一步转移概率**. 当这一概率与$t$无关时我们称该马尔可夫链具有平稳转移概率,并记为$p_{ij}$.

我们将主要讨论具有平稳转移概率的马尔可夫链,它也称作**时间齐性马尔可夫链**或简称**时齐马尔可夫链**. 由于概率是非负的,而且过程从一个状态i出发总要转移到某状态j中去(这是必然事件),所以,对任意状态$i,j,p_{ij}\geqslant 0$且

$$\sum_{j=0}^{\infty} p_{ij}-1. \quad (1.2)$$

通常把一步转移概率排成一个无穷维的方阵,记作

$$\boldsymbol{P}=\begin{bmatrix} p_{00} & p_{01} & \cdots & p_{0j} & \cdots \\ p_{10} & p_{11} & \cdots & p_{1j} & \cdots \\ \vdots & \vdots & & \vdots & \\ p_{i0} & p_{i1} & \cdots & p_{ij} & \cdots \\ \vdots & \vdots & & \vdots & \end{bmatrix},\tag{1.3}$$

并称为时齐马尔可夫链的**转移概率矩阵**. 当状态空间为有限集时, P 就是有限阶矩阵, 其阶数与状态空间中的状态数相同.

例 1（0—1 传输系统）　考虑如图 13—1 所示的只传输数字 0 和 1 的 t 级串联系统. 对每一级来说输出与输入具有相同的概率, 这一概率称为传真率, 相反的概率称为误码率. 设每一级的传真率均为 p, 误码率为 $q=1-p$. 并设一个单位时间传输一级, X_0 是第一级的输入, X_t 是第 t 级的输出. 那么 X_t 是一个状态空间为 $\{0,1\}$ 的随机过程, 而且每一级的输出只与输入有关, 它是一个时齐马尔可夫链. 它的一步转移概率和一步转移概率矩阵分别为

$$p_{ij}=P\{X_{n+1}=j\,|\,X_n=i\}=\begin{cases} p, & j=i, \\ q, & j\neq i, \end{cases}\quad i,j\in\{0,1\},$$

和

$$\boldsymbol{P}=\begin{bmatrix} p & q \\ q & p \end{bmatrix}.\tag{1.4}$$

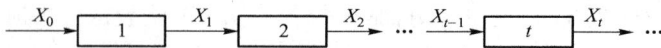

图 13—1

例 2（直线上的随机游动）　考虑在直线整数点上运动的粒子. 设其向右及向左游动的概率分别为 p 和 q（如图 13—2）, 并假定在初始时刻 $t=0$ 时粒子处于原点, 即 $X_0=0$, 于是粒子在时刻 t 所处的位置 X_t 就是一个时齐马尔可夫链, 其一步转移概率为 $p_{i(i+1)}=p$, $p_{i(i-1)}=q$, $p_{ii}=1-p-q$. 当 $|i-j|>1$ 时, $p_{ij}=0$.

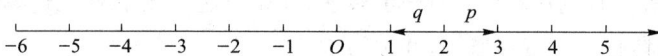

图 13—2

例 3（有吸收壁的随机游动）　在上例中如 $p=q=0.5$, X_t 就是对称随机游动, 它可以用作公平赌博的模型. 比如赌徒甲、乙用出现正反面概率都是 0.5 的钱币玩扔币游戏, 每次的输赢为一元, 用 X_t 代表甲方在 t 次扔币后所赢的钱数. 假如甲方有赌本 3, 乙方有赌本 2, 则甲所感兴趣的问题是在自己输光之前乙输

光的可能性有多大. 这就是著名的赌徒输光问题. 注意这里 X_t 一旦达到 0(甲方输光)或达到 5(乙方输光)就不再游动. 这个模型称为有吸收壁的随机游动(如图 13-3).

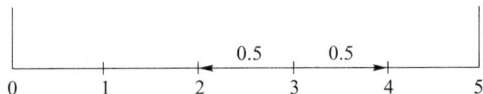

图 13-3

由上例可知当 $i,j\neq 0,5$ 时, $p_{i(i+1)}=p_{i(i-1)}=0.5$, 当 $|i-j|\neq 1$ 时, $p_{ij}=0$. $i=0$ 或 $i=5$ 对应甲方或乙方输光, 从而 X_t 不再游动. 因此 $p_{00}=1$, $p_{55}=1$. 再由 (1.2) 式知当 $i\neq 0$ 时, $p_{0i}=0$, 当 $i\neq 5$ 时, $p_{5i}=0$. 于是 X_t 的一步转移概率矩阵为

$$\boldsymbol{P}=\begin{bmatrix} 1 & 0 & 0 & 0 & 0 & 0 \\ 0.5 & 0 & 0.5 & 0 & 0 & 0 \\ 0 & 0.5 & 0 & 0.5 & 0 & 0 \\ 0 & 0 & 0.5 & 0 & 0.5 & 0 \\ 0 & 0 & 0 & 0.5 & 0 & 0.5 \\ 0 & 0 & 0 & 0 & 0 & 1 \end{bmatrix}. \tag{1.5}$$

例 4(排队模型) 设服务系统由一个服务员和只可容纳两个人的等候室组成(图 13-4). 规则是先到先服务, 后来者需在等候室依次排队. 如系统内已有三个顾客(一个正在接受服务, 两个在等候室里排队), 再到来的顾客就会离开. 设时间间隔 Δt 内有一个顾客进入系统的概率为 q, 如有顾客在服务中则其被服务完毕离开系统的概率为 p. 又设在这个时间区间里不可能有多于一个顾客进入或离开系统. 再设有无顾客来到与服务是否完毕是相互独立的.

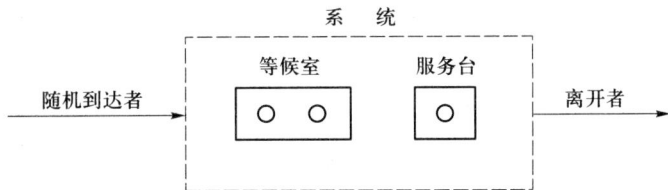

图 13-4

用 X_t 表示时间区间 $((t-1)\Delta t, t\Delta t]$ 中系统内的顾客数. 则 X_t 为一时齐马尔可夫链, 其状态空间为 $\{0,1,2,3\}$. 下面来计算其一步转移概率.

由 q 的定义可见 $p_{00}=1-q$, $p_{01}=q$. 由于不能有两个以上顾客进出系统, 当 $|i-j|>1$ 时, $p_{ij}=0$. 稍加思考我们可以看到 $p_{10}=p_{21}=p_{32}$, 因为它们都代表系

统中有一个顾客接受服务后离开并且没有新顾客进入系统,这个概率为 $p(1-q)$. 类似地 $p_{23}=p_{12}=q(1-p)$. 较为复杂的是 $p_{11}=p_{22}$. 有两种情况可以维持系统中人数不变:(1) 正在接受服务的顾客没有离开,并且没有新顾客进入系统. (2) 当前接受服务的顾客结束服务离开,并有一个新顾客进入系统,于是总概率为 $pq+(1-p)(1-q)$. 一步转移概率 p_{33} 稍有不同,因为系统中已有 3 个顾客,所以当无顾客离开系统时不能有新顾客进入,$p_{33}=pq+(1-p)$. 综合起来该系统的一步转移概率矩阵为

$$\mathbf{P}=\begin{bmatrix} 1-q & q & 0 & 0 \\ p(1-q) & pq+(1-p)(1-q) & q(1-p) & 0 \\ 0 & p(1-q) & pq+(1-p)(1-q) & q(1-p) \\ 0 & 0 & p(1-q) & pq+(1-p) \end{bmatrix}.$$

$$(1.6)$$

□

在实际问题中一步转移概率可通过统计试验确定.下面看一实例:

例 5(估计一步转移概率)　某计算机机房的一台计算机经常出故障.研究者每隔 15 min 观察一次计算机的运行状态,收集了 24 h 的数据(共作 97 次观察).用 1 表示正常状态,用 0 表示不正常状态,所得的数据序列如下:

1110010011111100111101111100111111110001101101
1110110110101110110110111101111110011011111100111

设 X_t 为第 $t(t=1,2,\cdots,97)$ 个时段的计算机状态,可以认为它是一个时齐马尔可夫链,状态空间 $I=\{0,1\}$. 数据给出 96 次状态转移的情况是

0→0,8 次;　0→1,18 次;　1→0,18 次;　1→1,52 次.

因此一步转移概率可用频率近似地表示为

$$p_{00}=P\{X_{t+1}=0\,|\,X_t=0\}\approx\frac{8}{8+18}=\frac{8}{26},$$

$$p_{01}=P\{X_{t+1}=1\,|\,X_t=0\}\approx\frac{18}{8+18}=\frac{18}{26},$$

$$p_{10}=P\{X_{t+1}=0\,|\,X_t=1\}\approx\frac{18}{18+52}=\frac{18}{70},$$

$$p_{11}=P\{X_{t+1}=1\,|\,X_t=1\}\approx\frac{52}{18+52}=\frac{52}{70}.$$

$$(1.7)$$

□

例 6(续例 5)　如果已知计算机在某一时段(15 min)的状态为 0.问接下来计算机能连续工作 45 min(3 个时段)的概率有多大?

解　把已知状态为 0 的时段作为初始时段,则所要求的概率为 $P\{X_1=1,X_2=1,X_3=1\,|\,X_0=0\}$. 由乘法公式、马尔可夫性和时齐性可以算出

$$P\{X_1=1, X_2=1, X_3=1 \mid X_0=0\}$$
$$= P\{X_1=1 \mid X_0=0\} P\{X_2=1 \mid X_1=1\} P\{X_3=1 \mid X_2=1\}$$
$$= p_{01} p_{11} p_{11} = \frac{18}{26} \cdot \frac{52}{70} \cdot \frac{52}{70} = 0.382.$$ □

§2 多步转移概率的确定

例1 在 §1 例5 中如果设初始时段的状态为 0,我们想知道 15 min 到 30 min 的时间段里计算机正常工作的概率,则需要计算 $P\{X_2=1 \mid X_0=0\}$. 这是一个两步转移概率,它的计算需要考虑中间项 X_1 的状态. 当 $X_0=0$ 时,X_1 有两种可能,$X_1=0$ 或 $X_1=1$. 因此计算 $P\{X_2=1 \mid X_0=0\}$ 必须考虑这两条不同的路径,从而

$$P\{X_2=1 \mid X_0=0\}$$
$$= P\{X_2=1 \mid X_1=1\} P\{X_1=1 \mid X_0=0\} + P\{X_2=1 \mid X_1=0\} P\{X_1=0 \mid X_0=0\}$$
$$= p_{01} p_{11} + p_{00} p_{01} = \frac{18}{26} \cdot \frac{52}{70} + \frac{8}{26} \cdot \frac{18}{26} = 0.727.$$ □

上例中涉及的多步转移概率也出现在许多其他问题中. 我们先给出下述定义:

定义(*n* 步转移概率) 设 $\{X_t, t=0,1,\cdots\}$ 为马尔可夫链,条件概率
$$p_{ij}(t, t+n) = P\{X_{t+n}=j \mid X_t=i\}$$
称为马尔可夫链 X_t 在时刻 t 处于状态 i 的条件下经过 n 步转移到达状态 j 的**转移概率**.

若 X_t 为时齐的,则 $p_{ij}(t, t+n)$ 与 t 无关! 将 $p_{ij}(t, t+n)$ 记作 $p_{ij}(n)$,相应的 *n* **步转移概率矩阵**$(p_{ij}(n))$ 记作 $\boldsymbol{P}(n)$.

对于时齐马尔可夫链,上例中的方法同样可以用来计算多步转移概率. 这就是著名的科尔莫戈罗夫-切普曼(Kolmogorov - Chapman)方程

$$p_{ij}(n+m) = \sum_{k=0}^{\infty} p_{ik}(n) p_{kj}(m), \quad i,j=0,1,2,\cdots, \tag{2.1}$$

写成矩阵形式就是

$$\boldsymbol{P}(n+m) = \boldsymbol{P}(n)\boldsymbol{P}(m). \tag{2.2}$$

由此递推可见

$$\boldsymbol{P}(n) = \boldsymbol{P}\boldsymbol{P}(n-1) = \boldsymbol{P}^n. \tag{2.3}$$

也就是说时齐马尔可夫链的 *n* 步转移概率矩阵是一步转移概率矩阵的 *n* 次方.

接着,我们来研究马尔可夫链的有限维分布. 设 I 为自然数的一个集合,它

表示马尔可夫链 $X_t, t=0,1,\cdots$ 的状态空间. 记

$$p_j(0)=P\{X_0=j\}, \quad j\in I,$$

称它为 X_t 的初始分布. 再看 X_t 在任一时刻 n 的一维分布

$$p_j(n)=P\{X_n=j\}, \quad j\in I. \tag{2.4}$$

显然, 作为概率分布 $\sum\limits_{j=0}^{\infty} p_j(n)=1$. 又有

$$P\{X_n=j\}=\sum_{i=1}^{\infty} P\{X_n=j\,|\,X_0=i\}P\{X_0=i\},$$

或

$$p_j(n)=\sum_{i=0}^{\infty} p_i(0)p_{ij}(n). \tag{2.5}$$

如果我们用行向量

$$\boldsymbol{p}(n)=(p_0(n),p_1(n),\cdots,p_j(n),\cdots) \tag{2.6}$$

来表示 X_t 在时刻 n 的一维分布, 利用矩阵乘法(I 是可列无限集时, 仍用有限阶矩阵乘法的规则确定矩阵之积的元素), 可以把(2.5)式写作

$$\boldsymbol{p}(n)=\boldsymbol{p}(0)\boldsymbol{P}(n). \tag{2.7}$$

换句话说, 时齐马尔可夫链 X_t 在任一时刻 n 的一维分布由它的初始分布和 n 步转移概率矩阵所确定.

对于任意 m 个时刻 $t_1, t_2, \cdots, t_m$ 以及状态 $n_1, n_2, \cdots, n_m \in I$, 时齐马尔可夫链 X_t 的 m 维分布为

$$
\begin{aligned}
&P\{X_{t_1}=n_1, X_{t_2}=n_2, \cdots, X_{t_m}=n_m\} \\
&=P\{X_{t_1}=n_1\}P\{X_{t_2}=n_2\,|\,X_{t_1}=n_1\}\cdots P\{X_{t_m}=n_m\,|\,X_{t_{m-1}}=n_{m-1}\} \\
&=p_{n_1}(t_1)p_{n_1 n_2}(t_2-t_1)\cdots p_{n_{m-1} n_m}(t_m-t_{m-1}).
\end{aligned} \tag{2.8}
$$

结合(2.5)和(2.8)式可知: 时齐马尔可夫链的有限维分布同样地完全由初始分布和转移概率矩阵所确定. 总之, 转移概率矩阵决定了马尔可夫链的统计规律.

例 2　设 X_n 是具有三个状态 $\{0,1,2\}$ 的时齐马尔可夫链, 其一步转移概率矩阵为

$$\boldsymbol{P}=\begin{bmatrix} 3/4 & 1/4 & 0 \\ 1/4 & 1/2 & 1/4 \\ 0 & 3/4 & 1/4 \end{bmatrix}, \tag{2.9}$$

初始分布为 $p_i(0)=P\{X_0=i\}=1/3, i=0,1,2$. 试求 (1) $P\{X_0-0, X_2=1\}$. (2) $P\{X_2=1\}$.

解　这里关键是二步转移概率矩阵

$$\boldsymbol{P}(2) = \boldsymbol{P}^2 = \begin{bmatrix} 5/8 & 5/16 & 1/16 \\ 5/16 & 1/2 & 3/16 \\ 3/16 & 9/16 & 1/4 \end{bmatrix}. \tag{2.10}$$

利用 $\boldsymbol{P}(2)$ 容易算出:

(1)
$$P\{X_0 = 0, X_2 = 1\} = P\{X_0 = 0\} P\{X_2 = 1 \mid X_0 = 0\}$$
$$= p_0(0) p_{01}(2) = \frac{1}{3} \cdot \frac{5}{16} = \frac{5}{48}.$$

(2)
$$P\{X_2 = 1\} = p_0(0) p_{01}(2) + p_1(0) p_{11}(2) + p_2(0) p_{21}(2)$$
$$= \frac{1}{3} \left(\frac{5}{16} + \frac{1}{2} + \frac{9}{16} \right) = \frac{11}{24}. \qquad \square$$

例 3 在 §1 例 1 中,(1)设 $p = 0.9$,求系统经二级传输后的传真率与三级传输后的误码率.(2)设初始分布 $p_1(0) = P\{X_0 = 1\} = \alpha$,$p_0(0) = P\{X_0 = 0\} = 1 - \alpha$.又已知系统经 n 级传输后输出为 1,问原发字符也是 1 的概率是多少?

解 回答这些问题的关键是计算 n 步转移概率矩阵 $\boldsymbol{P}(n) = \boldsymbol{P}^n$. 由于

$$\boldsymbol{P} = \begin{bmatrix} p & q \\ q & p \end{bmatrix} \quad (q = 1 - p)$$

有相异的特征值 $\lambda_1 = 1, \lambda_2 = p - q$,由线性代数知识,$\boldsymbol{P}$ 与对角矩阵

$$\boldsymbol{D} = \begin{bmatrix} \lambda_1 & 0 \\ 0 & \lambda_2 \end{bmatrix} = \begin{bmatrix} 1 & 0 \\ 0 & p - q \end{bmatrix}$$

相似.求出对应的特征向量

$$\boldsymbol{v}_1 = \begin{bmatrix} 1/\sqrt{2} \\ 1/\sqrt{2} \end{bmatrix}, \quad \boldsymbol{v}_2 = \begin{bmatrix} -1/\sqrt{2} \\ 1/\sqrt{2} \end{bmatrix}.$$

再令

$$\boldsymbol{H} = [\boldsymbol{v}_1, \boldsymbol{v}_2] = \begin{bmatrix} 1/\sqrt{2} & -1/\sqrt{2} \\ 1/\sqrt{2} & 1/\sqrt{2} \end{bmatrix},$$

则 $\boldsymbol{P} = \boldsymbol{H}\boldsymbol{D}\boldsymbol{H}^{-1}$. 于是,容易算出

$$\boldsymbol{P}^n = (\boldsymbol{H}\boldsymbol{D}\boldsymbol{H}^{-1})^n = \boldsymbol{H}\boldsymbol{D}^n\boldsymbol{H}^{-1}$$
$$= \begin{bmatrix} \frac{1}{2} + \frac{1}{2}(p-q)^n & \frac{1}{2} - \frac{1}{2}(p-q)^n \\ \frac{1}{2} - \frac{1}{2}(p-q)^n & \frac{1}{2} + \frac{1}{2}(p-q)^n \end{bmatrix}. \tag{2.11}$$

(1) 由(2.11)式可知,当 $p = 0.9$ 时,系统经二级传输后的传真率与三级传输后的误码率分别为

$$p_{11}(2)=p_{00}(2)=\frac{1}{2}+\frac{1}{2}(0.9-0.1)^2=0.820,$$

$$p_{10}(3)=p_{01}(3)=\frac{1}{2}-\frac{1}{2}(0.9-0.1)^3=0.244.$$

(2) 根据贝叶斯公式,当已知系统经 n 级传输后输出为 1 时,原发字符也是 1 的概率为

$$
\begin{aligned}
P\{X_0=1\mid X_n=1\}&=\frac{P\{X_0=1\}P\{X_n=1\mid X_0=1\}}{P\{X_n=1\}}\\
&=\frac{p_1(0)p_{11}(n)}{p_0(0)p_{01}(n)+p_1(0)p_{11}(n)}\\
&=\frac{\alpha+\alpha(p-q)^n}{1+(2\alpha-1)(p-q)^n}.
\end{aligned}
$$
□

§3 遍 历 性

上两小节我们从一步转移概率开始进而讨论了多步转移概率.一个很自然想到的问题是当步数趋向无穷时转移概率会如何变化.先看一个简单的例子.

例1(两个状态的马尔可夫链)　对于一般的两个状态的马尔可夫链,一步转移概率矩阵为

$$\boldsymbol{P}=\begin{bmatrix}1-a & a\\ b & 1-b\end{bmatrix}\quad(0<a,b<1).$$

和 §2 例 3 类似,可以算出 n 步转移概率矩阵为

$$
\begin{aligned}
\boldsymbol{P}(n)=\boldsymbol{P}^n&=\begin{bmatrix}p_{00}(n) & p_{01}(n)\\ p_{10}(n) & p_{11}(n)\end{bmatrix}\\
&=\frac{1}{a+b}\begin{bmatrix}b & a\\ b & a\end{bmatrix}+\frac{(1-a-b)^n}{a+b}\begin{bmatrix}a & -a\\ -b & b\end{bmatrix},\quad n=1,2,\cdots.
\end{aligned}
$$
(3.1)

于是 n 步转移概率具有极限

$$\lim_{n\to\infty}p_{00}(n)=\lim_{n\to\infty}p_{10}(n)=\frac{b}{a+b}\xlongequal{\text{记成}}\pi_0,$$

$$\lim_{n\to\infty}p_{01}(n)=\lim_{n\to\infty}p_{11}(n)=\frac{a}{a+b}\xlongequal{\text{记成}}\pi_1.$$
□

上述极限的意义是:对于固定的状态 j,不管链在某一时刻从什么状态出发,通过长时间转移,到达状态 j 的概率都趋近于 π_j,这就是所谓的遍历性.又由于 $\pi_0+\pi_1=1$,所以行向量 $(\pi_0,\pi_1)=\boldsymbol{\pi}$ 构成一分布律,称为该链的极限分布.另外,如果我们能用其他简便的方法直接求得极限分布 $\boldsymbol{\pi}$,则反过来,当 $n\gg1$ 时,

就可得到 n 步转移概率的近似值 $p_{ij}(n)\approx\pi_j$.

定义（遍历性）　设时齐马尔可夫链的状态空间为 I，若对于所有 $i,j\in I$，转移概率 $p_{ij}(n)$ 存在极限

$$\pi_j=\lim_{n\to\infty}p_{ij}(n),$$

则称此链具有**遍历性**. 又若 $\sum_j\pi_j=1$，则同时称行向量 $\boldsymbol{\pi}=(\pi_0,\pi_1,\cdots)$ 为该链的**极限分布**.

时齐马尔可夫链在什么条件下才具有遍历性？如何求出它的极限分布？这些问题在理论上已经圆满解决，但详述这一理论需要较多篇幅. 下面仅就只有有限个状态的链，即**有限链**的遍历性给出一个充分条件.

定理（遍历性的充分条件）　设时齐马尔可夫链 $\{X_t,t\geq0\}$ 的状态空间为 $I=\{0,1,2,\cdots,N\}$，$\boldsymbol{P}$ 是它的一步转移概率矩阵，如果存在正整数 m，使对任意 $i,j\in I$，都有

$$p_{ij}(m)>0，\quad i,j\in I,\tag{3.2}$$

则此链具有遍历性. 而且其极限分布 $\boldsymbol{\pi}=(\pi_0,\pi_1,\cdots,\pi_N)$ 是矩阵方程

$$\boldsymbol{\pi}=\boldsymbol{\pi P}\tag{3.3}$$

或即

$$\pi_j=\sum_{i=0}^N\pi_i p_{ij},\quad j=0,1,2,\cdots,N\tag{3.4}$$

的满足条件

$$\pi_j>0,\sum_{j=0}^N\pi_j=1\tag{3.5}$$

的唯一解.

证明略.

依照定理，为证明有限链是遍历的，只需找到正整数 m，使得 m 步转移概率矩阵 $\boldsymbol{P}^m$ 无零元. 而求极限分布 $\boldsymbol{\pi}$ 的问题，则归结为求解（3.3）和（3.5）.

在上述定理的条件下，马尔可夫链的极限分布同时也是它的**平稳分布**. 也就是说，若用 $\boldsymbol{\pi}$ 作为链的初始分布，即 $\boldsymbol{p}(0)=\boldsymbol{\pi}$，则该链在任一时刻 t 的分布 $\boldsymbol{p}(t)$ 永远与 $\boldsymbol{\pi}$ 一致. 这是因为由（3.3）式，有

$$\boldsymbol{p}(t)=\boldsymbol{p}(0)\boldsymbol{P}(t)=\boldsymbol{\pi P}^t=\boldsymbol{\pi P}^{t-1}=\cdots=\boldsymbol{\pi P}=\boldsymbol{\pi}.$$

例2　我们来说明带有两个反射壁的随机游动是遍历的，并求其极限分布（平稳分布）. 有两个反射壁的随机游动类似§1例3，见图13-3. 差别在于当 X_t 到达反射壁 0 或 5 时停留或被反射的概率各为 1/2. 于是 X_t 的一步转移概率矩阵为

$$P = \begin{bmatrix} 0.5 & 0.5 & 0 & 0 & 0 & 0 \\ 0.5 & 0 & 0.5 & 0 & 0 & 0 \\ 0 & 0.5 & 0 & 0.5 & 0 & 0 \\ 0 & 0 & 0.5 & 0 & 0.5 & 0 \\ 0 & 0 & 0 & 0.5 & 0 & 0.5 \\ 0 & 0 & 0 & 0 & 0.5 & 0.5 \end{bmatrix}. \tag{3.6}$$

为简便计，以符号×来代表转移概率矩阵的正元素. 于是由上面的一步转移概率矩阵 P 得

$$\boldsymbol{P}(2) = \boldsymbol{P}^2 = \begin{bmatrix} \times & \times & 0 & 0 & 0 & 0 \\ \times & 0 & \times & 0 & 0 & 0 \\ 0 & \times & 0 & \times & 0 & 0 \\ 0 & 0 & \times & 0 & \times & 0 \\ 0 & 0 & 0 & \times & 0 & \times \\ 0 & 0 & 0 & 0 & \times & \times \end{bmatrix} \begin{bmatrix} \times & \times & 0 & 0 & 0 & 0 \\ \times & 0 & \times & 0 & 0 & 0 \\ 0 & \times & 0 & \times & 0 & 0 \\ 0 & 0 & \times & 0 & \times & 0 \\ 0 & 0 & 0 & \times & 0 & \times \\ 0 & 0 & 0 & 0 & \times & \times \end{bmatrix}$$

$$= \begin{bmatrix} \times & \times & \times & 0 & 0 & 0 \\ \times & \times & 0 & \times & 0 & 0 \\ \times & 0 & \times & 0 & \times & 0 \\ 0 & \times & 0 & \times & 0 & \times \\ 0 & 0 & \times & 0 & \times & \times \\ 0 & 0 & 0 & \times & \times & \times \end{bmatrix},$$

$$\boldsymbol{P}(4) = \boldsymbol{P}(2)\boldsymbol{P}(2) = \begin{bmatrix} \times & \times & \times & 0 & 0 & 0 \\ \times & \times & 0 & \times & 0 & 0 \\ \times & 0 & \times & 0 & \times & 0 \\ 0 & \times & 0 & \times & 0 & \times \\ 0 & 0 & \times & 0 & \times & \times \\ 0 & 0 & 0 & \times & \times & \times \end{bmatrix} \begin{bmatrix} \times & \times & \times & 0 & 0 & 0 \\ \times & \times & 0 & \times & 0 & 0 \\ \times & 0 & \times & 0 & \times & 0 \\ 0 & \times & 0 & \times & 0 & \times \\ 0 & 0 & \times & 0 & \times & \times \\ 0 & 0 & 0 & \times & \times & \times \end{bmatrix}$$

$$= \begin{bmatrix} \times & \times & \times & \times & \times & 0 \\ \times & \times & \times & \times & 0 & \times \\ \times & \times & \times & 0 & \times & \times \\ \times & \times & 0 & \times & \times & \times \\ \times & 0 & \times & \times & \times & \times \\ 0 & \times & \times & \times & \times & \times \end{bmatrix},$$

$$P(5)=P(4)P=\begin{bmatrix}\times&\times&\times&\times&\times&0\\\times&\times&\times&\times&0&\times\\\times&\times&\times&0&\times&\times\\\times&\times&0&\times&\times&\times\\\times&0&\times&\times&\times&0&\times\\0&\times&\times&\times&\times&\times\end{bmatrix}\begin{bmatrix}\times&\times&0&0&0&0\\\times&0&\times&0&0&0\\0&\times&0&\times&0&0\\0&0&\times&0&\times&0\\0&0&0&\times&0&\times\\0&0&0&0&\times&\times\end{bmatrix}$$

$$=\begin{bmatrix}\times&\times&\times&\times&\times&\times\\\times&\times&\times&\times&\times&\times\\\times&\times&\times&\times&\times&\times\\\times&\times&\times&\times&\times&\times\\\times&\times&\times&\times&\times&\times\\\times&\times&\times&\times&\times&\times\end{bmatrix}.$$

即 $P(5)$ 无零元. 由上述定理可知带有两个反射壁的随机游动是遍历的. 再根据
(3.3) 和 (3.5) 式, 写出极限分布 $\pi=(\pi_0,\pi_1,\pi_2,\cdots,\pi_5)$ 满足的方程组

$$\pi_0=0.5(\pi_0+\pi_1),$$
$$\pi_1=0.5(\pi_0+\pi_2),$$
$$\pi_2=0.5(\pi_1+\pi_3),$$
$$\pi_3=0.5(\pi_2+\pi_4),$$
$$\pi_4=0.5(\pi_3+\pi_5),$$
$$\pi_5=0.5(\pi_4+\pi_5),$$
$$1=\pi_0+\pi_1+\pi_2+\pi_3+\pi_4+\pi_5.$$

先由前 6 个方程解得 $\pi_0=\pi_1=\pi_2=\pi_3=\pi_4=\pi_5$. 将它们代入归一条件 (即最后一个方程), 得极限分布为 $\pi=(1/6,1/6,1/6,1/6,1/6,1/6)$. □

例 3 再来研究 §1 例 4 中排队模型的遍历性. 由 (1.6) 式给出的一步转移概率矩阵 P 可算得 $P(3)=P^3$ 无零元. 由本节定理知排队模型是遍历的. 其极限分布 $\pi=(\pi_0,\pi_1,\pi_2,\pi_3)$ 满足方程组

$$\begin{cases}\pi_0=(1-q)\pi_0+p(1-q)\pi_1,\\\pi_1=q\pi_0+[pq+(1-p)(1-q)]\pi_1+p(1-q)\pi_2,\\\pi_2=q(1-p)\pi_1+[pq+(1-p)(1-q)]\pi_2+p(1-q)\pi_3,\\\pi_3=q(1-p)\pi_2+[pq+(1-p)]\pi_3,\\\pi_0+\pi_1+\pi_2+\pi_3=1.\end{cases}$$

解之, 得唯一解

$$\pi_0=p^3(1-q)^3/C,\quad \pi_1=p^2q(1-q)^2/C,$$
$$\pi_2=pq^2(1-q)(1-p)/C,\quad \pi_3=q^3(1-p)^2/C,$$

其中 $C=p^3(1-q)^3+p^2q(1-q)^2+pq^2(1-q)(1-p)+q^3(1-p)^2$.

假若此例中,$p=q=1/2$,则可算得极限分布 $\boldsymbol{\pi}=(1/7,2/7,2/7,2/7)$. 这告诉我们经过相当长一段时间后,系统中无人的情形约占 14% 的时间,而系统中有一人、二人、三人的情形约各占 29% 的时间.　　　　　　　　□

例 4(无遍历性)　并非所有马尔可夫链都具有遍历性. 设一马尔可夫链的一步转移概率矩阵为

$$\boldsymbol{P}=\begin{bmatrix} 0 & 1/2 & 0 & 1/2 \\ 1/2 & 0 & 1/2 & 0 \\ 0 & 1/2 & 0 & 1/2 \\ 1/2 & 0 & 1/2 & 0 \end{bmatrix},$$

试讨论它的遍历性.

解　容易算得

$$\boldsymbol{P}(2)=\boldsymbol{P}^2=\begin{bmatrix} 1/2 & 0 & 1/2 & 0 \\ 0 & 1/2 & 0 & 1/2 \\ 1/2 & 0 & 1/2 & 0 \\ 0 & 1/2 & 0 & 1/2 \end{bmatrix}.$$

进一步可以验证:当 n 为奇数时,$\boldsymbol{P}(n)=\boldsymbol{P}(1)=\boldsymbol{P}$;$n$ 为偶数时,$\boldsymbol{P}(n)=\boldsymbol{P}(2)$. 这表明对任一固定的 $j=1,2,3,4$,极限 $\lim\limits_{n\to\infty} p_{ij}(n)$ 都不存在. 因此此链不具遍历性.　　　　　　　　□

小结

马尔可夫链的主要特征是马氏性. 通俗地说就是将来的状态只与其现在的状态有关,而不依赖于它过去的状态. 本章主要讨论有平稳转移概率的马尔可夫链,即转移概率与时间无关,这样的马尔可夫链称为时齐的. 它的性质完全由其一步转移概率矩阵 $\boldsymbol{P}$ 决定.

接下来我们讨论了多步转移概率. 这里的主要工具是科尔莫戈罗夫－切普曼方程. 作为特例,时齐马尔可夫链的 n 步转移概率矩阵 $\boldsymbol{P}(n)=\boldsymbol{P}^n$,即是其一步转移概率矩阵的 n 次方. 转移概率矩阵的重要性在于时齐马尔可夫链的有限维分布同样地完全由初始分布和转移概率矩阵所确定. 因而,转移概率矩阵决定了马尔可夫链的统计规律.

如果时齐马尔可夫链的 n 步转移概率矩阵 $\boldsymbol{P}(n)$ 当 n 增加时趋向一个固定的极限,则称该链具有遍历性. 在 §3 定理中我们给出了时齐马尔可夫链具有遍历性的一个充分条件. 在此充分条件下马尔可夫链的极限分布 $\boldsymbol{\pi}$ 与平稳分布相同,并可方便地通过矩阵方程 $\boldsymbol{\pi}=\boldsymbol{\pi}\boldsymbol{P}$ 与归一条件解出.

■ **重要术语及主题**

马尔可夫链　马氏性(无后效性)　状态空间　时齐性　转移概率　转移概率矩阵　科尔莫戈罗夫－切普曼方程　遍历性　极限分布　平稳分布

习题

1. 从数 $1,2,\cdots,N$ 中任取一数,记为 X_1;再从 $1,2,\cdots,X_1$ 中任取一数,记为 X_2;如此继续,从 $1,2,\cdots,X_{n-1}$ 中任取一数,记为 X_n. 说明 $\{X_n,n\geqslant1\}$ 构成一时齐马尔可夫链,并写出它的状态空间和一步转移概率矩阵.

2. 设 $X_0=1,X_1,X_2,\cdots,X_n,\cdots$ 是相互独立且都以概率 $p(0<p<1)$ 取值 1,以概率 $q=1-p$ 取值 0 的随机变量序列. 令 $S_n=\sum_{k=0}^{n}X_k$. 证明 $\{S_n,n\geqslant0\}$ 构成一马尔可夫链,并写出它的状态空间和一步转移概率矩阵.

3. (传染模型)考虑某种传染病在 N 个人中传染,假设

(1) 在每个单位时间内此 N 个人中恰有两人互相接触,且一切成对的接触是等可能的.

(2) 当健康人与患者接触时,被传染上的概率是 α.

(3) 患者康复的概率为 0,健康人如不与患者接触,得病的概率也是 0.

以 X_n 表示第 n 个单位时间内的患者人数.试说明这种传染过程,即 $\{X_n,n\geqslant0\}$ 是一马尔可夫链,并写出它的状态空间和一步转移概率矩阵.

4. 设马尔可夫链 $\{X_n,n\geqslant0\}$ 的状态空间为 $I=\{1,2,3\}$,初始分布为 $p_1(0)=1/4,p_2(0)=1/2,p_3(0)=1/4$,一步转移概率矩阵为

$$\boldsymbol{P}=\begin{bmatrix}1/4 & 3/4 & 0 \\ 1/3 & 1/3 & 1/3 \\ 0 & 1/4 & 3/4\end{bmatrix}.$$

(1) 计算 $P\{X_0=1,X_1=2,X_2=2\}$.

(2) 证明 $P\{X_1=2,X_2=2\mid X_0=1\}=p_{12}p_{22}$.

(3) 计算 $p_{12}(2)=P\{X_2=2\mid X_0=1\}$.

(4) 计算 $p_2(2)=P\{X_2=2\}$.

5. 说明如何得到 §1 例 4 中的转移概率 p_{23} 和 p_{34}.

6. 用 §1 例 4 中转移概率 $p_{ij}(i\neq j)$ 导出转移概率 p_{ii}.

7. 证明公式(3.1).

8. 设任意相继的两天中,雨天转晴天的概率为 1/3,晴天转雨天的概率为 1/2,任一天晴或雨互为逆事件,以 0 表示晴天状态,以 1 表示雨天状态,X_n 表示第 n 天的状态(0 或 1).试写出马尔可夫链 $\{X_n,n\geqslant1\}$ 的一步转移概率矩阵. 又若已知 5 月 1 日为晴天,问 5 月 3 日为晴天,5 月 5 日为雨天的概率各等于多少?

9. 在一计算系统中,每一循环具有误差的概率取决于先前一个循环是否有误差.以 0 表示误差状态,以 1 表示无误差状态.设状态的一步转移概率矩阵为

$$\boldsymbol{P}=\begin{bmatrix}0.75 & 0.25 \\ 0.5 & 0.5\end{bmatrix},$$

试证明相应的时齐马尔可夫链具有遍历性,并求其极限分布.

(1) 用定义解.

（2）利用遍历性定理解.

10. 设时齐马尔可夫链的一步转移概率矩阵为

$$\boldsymbol{P}=\begin{bmatrix} q & p & 0 \\ q & 0 & p \\ 0 & q & p \end{bmatrix}, \quad q=1-p, \quad p\in(0,1).$$

试证明此链具有遍历性,并求其极限分布.

11. 设时齐马尔可夫链的一步转移概率矩阵为

$$\boldsymbol{P}=\begin{bmatrix} 1/2 & 1/2 & 0 \\ 1/2 & 1/2 & 0 \\ 0 & 0 & 1 \end{bmatrix},$$

试证明此链不具有遍历性.

第十四章　平稳随机过程

平稳随机过程是其概率性质在时间平移下不变的随机过程.这一思想抓住了没有固定时空起点的物理系统中的最自然的现象,因而有着广泛的应用.本章着重在二阶矩过程的范围内讨论平稳随机过程的各态历经性、相关函数和功率谱密度函数以及它们的性质.

§1　平稳随机过程的概念

平稳性是指随机过程 $X(t),t\in T=(-\infty,\infty)$ 的统计特性不随时间的推移而变化.严格地说这就要求对于任意正整数 $n,t_1,t_2,\cdots,t_n,\tau\in T,n$ 维随机变量

$$(X(t_1),X(t_2),\cdots,X(t_n))$$

和
$$(X(t_1+\tau),X(t_2+\tau),\cdots,X(t_n+\tau)) \tag{1.1}$$

具有相同的分布函数.我们称这样的随机过程为**严平稳随机过程**,简称**严平稳过程**.注意这里要求参数集 $T=(-\infty,\infty)$ 是为了对任何 $t_1,t_2,\cdots,t_n\in T$,它们在时间平移 τ 以后依然有 $t_1+\tau,t_2+\tau,\cdots,t_n+\tau\in T$.当然,只要相应的 τ 能满足以上要求,T 也可以取 $[0,\infty),\{0,\pm1,\pm2,\cdots\}$ 或 $\{0,1,2,\cdots\}$.

判别一个随机过程的严平稳性需要知道其所有有限维分布,这是不易办到的.在实际问题中常用的是

定义(平稳过程)　给定二阶矩过程 $\{X(t),t\in T\}$,如果对任意 $t,t+\tau\in T$,
$$E[X(t)]=\mu_X(常数),$$
$$E[X(t)X(t+\tau)]=R_X(\tau) \tag{1.2}$$
不依赖于 t,则称 $\{X(t),t\in T\}$ 为**宽平稳随机过程**或**广义平稳随机过程**,简称**平稳过程**.

另外,同时考虑两个平稳过程 $X(t)$ 和 $Y(t)$ 时,如果它们的互相关函数也只是时间差的单变量函数,记为 $R_{XY}(\tau)$,即
$$R_{XY}(t,t+\tau)=E[X(t)Y(t+\tau)]=R_{XY}(\tau) \tag{1.3}$$
与 t 无关,那么我们称 $X(t)$ 和 $Y(t)$ 是**平稳相关**的,或称这两个过程是**联合平稳**的.

易见,上一章中的泊松过程和维纳过程都是平稳过程.下面再举两个例子.

例1（随机相位周期过程）　设 $s(t)$ 是一周期为 T 的函数, Θ 是在 $(0,T)$ 上服从均匀分布的随机变量,称 $X(t)=s(t+\Theta)$ 为**随机相位周期过程**.试讨论它的平稳性.

解　由假设, Θ 的概率密度为

$$f(\theta)=\begin{cases}1/T, & \theta\in(0,T),\\ 0, & \text{其他}.\end{cases}$$

于是, $X(t)$ 的均值函数为

$$E[X(t)]=E[s(t+\Theta)]$$
$$=\int_0^T s(t+\theta)\frac{1}{T}\mathrm{d}\theta=\frac{1}{T}\int_t^{t+T}s(\varphi)\mathrm{d}\varphi.$$

利用 $s(\varphi)$ 的周期性可知

$$E[X(t)]=\frac{1}{T}\int_0^T s(\varphi)\mathrm{d}\varphi$$

是常数.而自相关函数

$$R_X(t,t+\tau)=E[s(t+\Theta)s(t+\tau+\Theta)]$$
$$=\int_0^T s(t+\theta)s(t+\tau+\theta)\frac{1}{T}\mathrm{d}\theta=\frac{1}{T}\int_t^{t+T}s(\varphi)s(\varphi+\tau)\mathrm{d}\varphi.$$

同样,利用 $s(\varphi)s(\varphi+\tau)$ 的周期性,可知自相关函数仅与 τ 有关.所以随机相位周期过程是平稳的.特别,第十二章 §2 例2 中的随机相位正弦波是平稳的.　　□

例2（随机电报信号）　信号 $X(t)$ 由只取 I 或 $-I$ 的电流给出（图 14−1 画出了 $X(t)$ 的一条样本曲线）,这里

$$P\{X(t)=I\}=P\{X(t)=-I\}=1/2.$$

而正负号在区间 $(t,t+\tau)$ 内变化的次数 $N(t,t+\tau)$ 是随机的,且假设 $N(t,t+\tau)$ 服从泊松分布,亦即事件

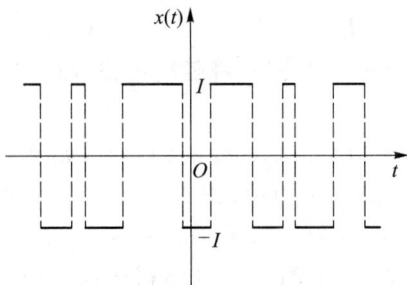

图 14−1

$$A_k = \{N(t, t+\tau) = k\}$$

的概率为

$$P(A_k) = \frac{(\lambda \tau)^k}{k!} \mathrm{e}^{-\lambda \tau}, \quad k = 0, 1, 2, \cdots,$$

其中 $\lambda > 0$ 是单位时间内变号次数的数学期望. 试讨论 $X(t)$ 的平稳性.

解 显然, $E[X(t)] = 0$. 现在来计算 $R_X(t, t+\tau) = E[X(t)X(t+\tau)]$. 先设 $\tau > 0$, 注意到如果电流在 $(t, t+\tau)$ 内变号偶数次, 则 $X(t)$ 和 $X(t+\tau)$ 同号且乘积为 I^2; 如果变号奇数次, 则乘积为 $-I^2$. 因为事件

$$\{X(t)X(t+\tau) = I^2\}$$

的概率为 $P(A_0) + P(A_2) + P(A_4) + \cdots$, 而事件

$$\{X(t)X(t+\tau) = -I^2\}$$

的概率为 $P(A_1) + P(A_3) + P(A_5) + \cdots$, 于是

$$R_X(t, t+\tau) = E[X(t)X(t+\tau)] = I^2 \sum_{k=0}^{\infty} P(A_{2k}) - I^2 \sum_{k=0}^{\infty} P(A_{2k+1})$$

$$= I^2 \mathrm{e}^{-\lambda \tau} \sum_{k=0}^{\infty} \frac{(-\lambda \tau)^k}{k!} = I^2 \mathrm{e}^{-2\lambda \tau}.$$

注意, 上述结果与 t 无关. 若 $\tau < 0$, 只需令 $s = t + \tau$, 则有

$$R_X(t, t+\tau) = R_X(s, s-\tau) = I^2 \mathrm{e}^{2\lambda \tau}.$$

故这一过程的自相关函数

$$R_X(t, t+\tau) \xrightarrow{\text{记成}} R_X(\tau) = I^2 \mathrm{e}^{-2\lambda |\tau|}$$

只与 τ 有关. 其图形如图 14-2 所示. 因此, 随机电报信号是一平稳过程. □

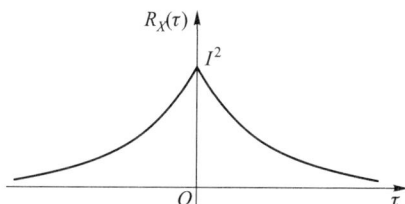

图 14-2

§2 各态历经性

本节主要讨论根据试验记录确定平稳过程的均值和自相关函数的理论依据和方法.

首先注意, 如果按照数学期望的定义来计算平稳过程 $X(t)$ 的数字特征, 就需要预先确定 $X(t)$ 的一族样本函数或一维、二维分布函数, 但这实际上是不易办到的. 事实上, 即使我们用统计试验方法, 例如可以把均值和自相关函数近似地表示为

$$\mu_X \approx \frac{1}{N} \sum_{k=1}^{N} x_k(t_1),$$

$$R_X(t_2 - t_1) \approx \frac{1}{N} \sum_{k=1}^{N} x_k(t_1) x_k(t_2),$$

那也需要对一个平稳过程重复进行大量观察,以便获得数量很多的一族样本函数 $x_k(t), k=1,2,\cdots,N$,而这正是实际困难所在.

但是,平稳过程的统计特性是不随时间的推移而变化的,于是我们自然期望在一个很长时间内观察得到的一个样本曲线,可以作为得到这个过程的数字特征的充分依据. 本节给出的各态历经定理将证实:对平稳过程而言,只要满足一些较宽的条件,那么集平均(均值和自相关函数等)实际上可以用一个样本函数在整个时间轴上的平均值来代替. 这样,在解决实际问题时就节约了大量的工作量.

在叙述各态历经性之前,我们先简要地介绍往后多处要遇到的有关随机过程积分的概念.

给定二阶矩过程 $\{X(t), t \in T\}$,如果它的每一个样本函数在 $[a,b] \subset T$ 上的积分都存在,我们就说随机过程 $X(t)$ 在 $[a,b]$ 上的积分存在,并记为

$$Y = \int_a^b X(t)\mathrm{d}t. \tag{2.1}$$

显然,Y 是一随机变量.

但是,在某些情形下,对于随机过程的所有样本函数来说,在 $[a,b]$ 上的积分未必全都存在. 此时,引入所谓均方意义上的积分,即考虑 $[a,b]$ 内的一组分点

$$a = t_0 < t_1 < t_2 < \cdots < t_n = b,$$

且记

$$\Delta t_i = t_i - t_{i-1}, \quad \tau_i \in [t_{i-1}, t_i], \quad i = 1, 2, \cdots, n,$$

如果有满足

$$\lim_{\max \Delta t_i \to 0} E\left\{ \left[Y - \sum_{i=1}^{n} X(\tau_i) \Delta t_i \right]^2 \right\} = 0$$

的随机变量 Y 存在,则称 Y 为 $X(t)$ 在 $[a,b]$ 上的**均方积分**[①],并仍以符号 (2.1) 记之. 可以证明:二阶矩过程 $X(t)$ 在 $[a,b]$ 上的均方积分存在的充分条件是自相关函数的二重积分,即

---

① 设 $X_1, X_2, \cdots, X_n, \cdots$ 是一随机变量序列,如果存在随机变量 X_0,使

$$\lim_{n \to \infty} E[(X_n - X_0)^2] = 0,$$

则称 X_0 是 X_n 的均方极限,记为 l. i. m. $X_n = X_0$. 本章出现的涉及随机过程的极限和积分都应在均方意义下理解. 但我们约定仍以记号"lim"替代"l. i. m.",请读者注意. 有关这方面的进一步知识(即随机分析的内容)超出本书的要求.

$$\int_a^b \int_a^b R_X(s,t)\,\mathrm{d}s\mathrm{d}t$$

存在.而且此时还有

$$E(Y)=\int_a^b E[X(t)]\mathrm{d}t \tag{2.2}$$

成立.就是说,过程 $X(t)$ 的积分均值等于过程的均值函数的积分.

现在引入随机过程 $X(t)$ 沿整个时间轴上的两种时间平均

$$\langle X(t)\rangle=\lim_{T\to\infty}\frac{1}{2T}\int_{-T}^T X(t)\mathrm{d}t \tag{2.3}$$

和

$$\langle X(t)X(t+\tau)\rangle=\lim_{T\to\infty}\frac{1}{2T}\int_{-T}^T X(t)X(t+\tau)\mathrm{d}t, \tag{2.4}$$

分别称为随机过程 $X(t)$ 的**时间均值**和**时间相关函数**.我们可以沿用高等数学中的方法求积分和极限,其结果一般来说是随机的.

以下讨论时间平均与集平均之间的关系.先看一个例子.

例(随机相位正弦波)　计算随机相位正弦波 $X(t)=a\cos(\omega t+\Theta)$ 的时间均值 $\langle X(t)\rangle$ 和时间相关函数 $\langle X(t)X(t+\tau)\rangle$.

解　$\displaystyle\langle X(t)\rangle=\lim_{T\to\infty}\frac{1}{2T}\int_{-T}^T a\cos(\omega t+\Theta)\mathrm{d}t=\lim_{T\to\infty}\frac{a\cos\Theta\sin\omega T}{\omega T}=0,$

$\displaystyle\langle X(t)X(t+\tau)\rangle=\lim_{T\to\infty}\frac{1}{2T}\int_{-T}^T a^2\cos(\omega t+\Theta)\cos[\omega(t+\tau)+\Theta]\mathrm{d}t=\frac{a^2}{2}\cos\omega\tau.$ □

与第十二章 §2 例 2 比较可知

$$\mu_X=E[X(t)]=\langle X(t)\rangle,$$

$$R_X(\tau)=E[X(t)X(t+\tau)]=\langle X(t)X(t+\tau)\rangle.$$

这表明对于随机相位正弦波,用时间平均与集平均分别算得的均值和自相关函数是相等的.这一特性并不是随机相位正弦波所独有的.下面引入一般概念.

定义(各态历经性)　设 $X(t)$ 是一平稳过程.

1° 如果

$$\langle X(t)\rangle=E[X(t)]=\mu_X \tag{2.5}$$

以概率 1 成立,则称过程 $X(t)$ 的**均值**具有各态历经性.

2° 如果对任意实数 τ,

$$\langle X(t)X(t+\tau)\rangle=E[X(t)X(t+\tau)]=R_X(\tau) \tag{2.6}$$

以概率 1 成立,则称过程 $X(t)$ 的**自相关函数**具有各态历经性.特别当 $\tau=0$ 时,称**均方值**具有各态历经性.

3° 如果 $X(t)$ 的均值和自相关函数都具有各态历经性,则称 $X(t)$ 是**各态历经过程**,或者说 $X(t)$ 是各态历经的.

定义中"以概率 1 成立"是对 $X(t)$ 的所有样本函数而言的.

各态历经性也称**遍历性**. 按定义,上例中的随机相位正弦波是各态历经过程. 当然,并不是任意一个平稳过程都具有各态历经性. 例如平稳过程

$$X(t)=Y,$$

其中 Y 是方差异于零的随机变量,就不是各态历经过程. 事实上,$\langle X(t)\rangle=\langle Y\rangle=Y$,亦即时间均值随 Y 取不同可能值而不同. 因 Y 的方差异于零,这样 $\langle X(t)\rangle$ 就不可能以概率 1 等于常数 $E[X(t)]=E(Y)$.

一个平稳过程应该满足怎样的条件才是各态历经的呢? 下面两个定理从理论上回答了这个问题.

定理 1(均值各态历经定理)　平稳过程 $X(t)$ 的均值具有各态历经性的充要条件是

$$\lim_{T\to\infty}\frac{1}{T}\int_0^{2T}\left(1-\frac{\tau}{2T}\right)[R_X(\tau)-\mu_X^2]\mathrm{d}\tau=0. \tag{2.7}$$

证　先计算 $\langle X(t)\rangle$ 的均值与方差. 由(2.3)式

$$E[\langle X(t)\rangle]=E\left[\lim_{T\to\infty}\frac{1}{2T}\int_{-T}^{T}X(t)\mathrm{d}t\right],$$

交换极限与期望的运算顺序,并注意到 $E[X(t)]=\mu_X$,即有

$$E[\langle X(t)\rangle]=\lim_{T\to\infty}\frac{1}{2T}\int_{-T}^{T}E[X(t)]\mathrm{d}t=\mu_X.$$

而 $\langle X(t)\rangle$ 的方差为

$$\begin{aligned}
D[\langle X(t)\rangle]&=E\{[\langle X(t)\rangle-\mu_X]^2\}\\
&=\lim_{T\to\infty}E\left\{\left[\frac{1}{2T}\int_{-T}^{T}X(t)\mathrm{d}t\right]^2\right\}-\mu_X^2\\
&=\lim_{T\to\infty}E\left[\frac{1}{4T^2}\int_{-T}^{T}X(t_1)\mathrm{d}t_1\int_{-T}^{T}X(t_2)\mathrm{d}t_2\right]-\mu_X^2\\
&=\lim_{T\to\infty}\frac{1}{4T^2}\int_{-T}^{T}\int_{-T}^{T}E[X(t_1)X(t_2)]\mathrm{d}t_1\mathrm{d}t_2-\mu_X^2,
\end{aligned}$$

由 $X(t)$ 的平稳性,$E[X(t_1)X(t_2)]=R_X(t_2-t_1)$,上式可改写为

$$D[\langle X(t)\rangle]=\lim_{T\to\infty}\frac{1}{4T^2}\int_{-T}^{T}\int_{-T}^{T}R_X(t_2-t_1)\mathrm{d}t_1\mathrm{d}t_2-\mu_X^2. \tag{2.8}$$

为了简化上式右端的积分,引入变量变换 $\tau_1=t_1+t_2$ 和 $\tau_2=t_2-t_1$. 此变换的雅可比(Jacobi)式是

$$\left|\frac{\partial(t_1,t_2)}{\partial(\tau_1,\tau_2)}\right|=\frac{1}{2},$$

而积分区域转化为 $D=\{(\tau_1,\tau_2)\,|-2T{\leqslant}\tau_1\pm\tau_2{\leqslant}2T\}$. 于是(2.8)式中的二重积分用新变量可表示为

$$\int_{-T}^{T}\int_{-T}^{T}R_X(t_2-t_1)\mathrm{d}t_1\mathrm{d}t_2=\iint_{D}R_X(\tau_2)\frac{1}{2}\mathrm{d}\tau_1\mathrm{d}\tau_2. \qquad (2.9)$$

注意到被积函数 $R_X(\tau_2)$ 是 τ_2 的偶函数,且与 τ_1 无关,因而积分值为在区域 $G=\{(\tau_1,\tau_2)\,|\,\tau_1,\tau_2{\geqslant}0,\tau_1+\tau_2{\leqslant}2T\}$(如图 14-3 所示)上积分值的 4 倍,即

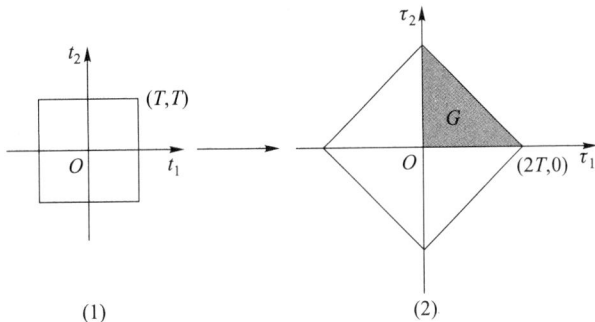

图 14-3

$$\int_{-T}^{T}\int_{-T}^{T}R_X(t_2-t_1)\mathrm{d}t_1\mathrm{d}t_2=4\iint_{G}R_X(\tau_2)\frac{1}{2}\mathrm{d}\tau_1\mathrm{d}\tau_2$$

$$=2\int_{0}^{2T}\mathrm{d}\tau_2\int_{0}^{2T-\tau_2}R_X(\tau_2)\mathrm{d}\tau_1=2\int_{0}^{2T}(2T-\tau)R_X(\tau)\mathrm{d}\tau.$$

把这个式子代入(2.8)式就有

$$D[\langle X(t)\rangle]=\lim_{T\to\infty}\frac{1}{T}\int_{0}^{2T}\left(1-\frac{\tau}{2T}\right)R_X(\tau)\mathrm{d}\tau-\mu_X^2$$

$$=\lim_{T\to\infty}\frac{1}{T}\int_{0}^{2T}\left(1-\frac{\tau}{2T}\right)[R_X(\tau)-\mu_X^2]\mathrm{d}\tau. \qquad (2.10)$$

由第四章 §2 方差的性质 4°知道 $\langle X(t)\rangle=E[\langle X(t)\rangle]$以概率 1 成立的充要条件是 $D[\langle X(t)\rangle]=0$. 结合(2.10)式,定理得证. □

推论 在 $\lim\limits_{\tau\to\infty}R_X(\tau)$ 存在的条件下,若 $\lim\limits_{\tau\to\infty}R_X(\tau)=\mu_X^2$,则(2.7)式成立,均值具有各态历经性;若 $\lim\limits_{\tau\to\infty}R_X(\tau)\neq\mu_X^2$,则(2.7)式不成立,均值不具有各态历经性.(证略.)

注意,对前例中的随机相位正弦波而言,$\lim\limits_{\tau\to\infty}R_X(\tau)$不存在,但它的均值具有各态历经性.

在定理 1 的证明中将 $X(t)$ 换成 $X(t)X(t+\tau)$,就可得

定理 2(自相关函数各态历经定理)　平稳过程 $X(t)$ 的自相关函数 $R_X(\tau)$ 具有各态历经性的充要条件是

$$\lim_{T\to\infty}\frac{1}{T}\int_0^{2T}\left(1-\frac{\tau_1}{2T}\right)[B(\tau_1)-R_X^2(\tau)]\mathrm{d}\tau_1=0, \tag{2.11}$$

其中 $B(\tau_1)=E[X(t)X(t+\tau)X(t+\tau_1)X(t+\tau+\tau_1)]$.

在(2.11)式中令 $\tau=0$，就可得到均方值具有各态历经性的充要条件. 如若在定理 2 中以 $X(t)Y(t+\tau)$ 代替 $X(t)X(t+\tau)$，以 $R_{XY}(\tau)$ 代替 $R_X(\tau)$ 来进行讨论，那么还可以相应地得到互相关函数各态历经性的充要条件.

在实际应用中通常只考虑定义在 $t\in[0,\infty)$ 上的平稳过程，此时上面的所有时间平均都应以 $t\in[0,\infty)$ 上的时间平均来代替，而相应的各态历经定理可表示为下述形式：

定理 3(均值各态历经定理)

$$\lim_{T\to\infty}\frac{1}{T}\int_0^T X(t)\mathrm{d}t=E[X(t)]=\mu_X$$

以概率 1 成立的充要条件是

$$\lim_{T\to\infty}\frac{1}{T}\int_0^T\left(1-\frac{\tau}{T}\right)[R_X(\tau)-\mu_X^2]\mathrm{d}\tau=0. \tag{2.12}$$

定理 4(自相关函数各态历经定理)

$$\lim_{T\to\infty}\frac{1}{T}\int_0^T X(t)X(t+\tau)\mathrm{d}t=E[X(t)X(t+\tau)]=R_X(\tau)$$

以概率 1 成立的充要条件是

$$\lim_{T\to\infty}\frac{1}{T}\int_0^T\left(1-\frac{\tau_1}{T}\right)[B(\tau_1)-R_X^2(\tau)]\mathrm{d}\tau_1=0. \tag{2.13}$$

各态历经定理的重要价值在于它从理论上给出了如下保证：一个平稳过程 $X(t),t\in[0,\infty)$，只要它满足条件(2.12)和(2.13)，便可以根据"以概率 1 成立"的含义，从一次试验所得到的样本函数 $x(t)$ 来确定出该过程的均值和自相关函数，即

$$\lim_{T\to\infty}\frac{1}{T}\int_0^T x(t)\mathrm{d}t=\mu_X \tag{2.14}$$

和

$$\lim_{T\to\infty}\frac{1}{T}\int_0^T x(t)x(t+\tau)\mathrm{d}t=R_X(\tau). \tag{2.15}$$

这就是本节开头所预告的论断.

如果试验记录 $x(t)$ 只在时间区间 $[0,T]$ 上给出，则相应于(2.14)和(2.15)式，有以下无偏估计式：

$$\mu_X \approx \hat{\mu}_X = \frac{1}{T}\int_0^T x(t)\mathrm{d}t \tag{2.16}$$

和

$$R_X(\tau) \approx \hat{R}_X(\tau) = \frac{1}{T-\tau}\int_0^{T-\tau} x(t)x(t+\tau)\mathrm{d}t$$

$$= \frac{1}{T-\tau}\int_\tau^T x(t)x(t-\tau)\mathrm{d}t, \quad 0 \leqslant \tau < T. \tag{2.17}$$

不过在实际问题中一般不可能给出 $x(t)$ 的表达式,因而通常通过模拟方法或数值计算方法来进行估计.

最后指出,各态历经定理的条件是比较宽的,应用中遇到的大多数平稳过程都能够满足.不过,要去验证它们是否成立却是十分困难的.因此在实践中,通常事先假定所研究的平稳过程具有各态历经性,并从这个假定出发,对相关资料进行分析和处理,看所得的结论是否与实际相符.如果不符,则要修改假设,另作处理.

§3 相关函数的性质

在第十二章中已经指出,用数字特征来描绘随机过程,要比用分布函数来描绘随机过程更为简便实用.由上节的分析看到,对于具有各态历经性的平稳过程,其均值和相关函数可以用一个样本函数来估计.在这种场合下,利用均值和相关函数来研究随机过程更方便.特别是对于正态平稳过程,它的均值和相关函数能完全地刻画其统计特性.为了方便地使用数字特征去研究随机过程,下面的定理给出了相关函数的主要性质.

定理(相关函数的性质) 设 $X(t)$ 和 $Y(t)$ 是平稳相关过程,$R_X(\tau)$,$R_Y(\tau)$,$R_{XY}(\tau)$ 分别是它们的自相关函数和互相关函数.则

1° $R_X(0) = E[X^2(t)] = \Psi_X^2 \geqslant 0$.

2° $R_X(-\tau) = R_X(\tau)$,即 $R_X(\tau)$ 是偶函数.而互相关函数既不是偶函数也不是奇函数,但满足 $R_{XY}(-\tau) = R_{YX}(\tau)$.

3° 自相关函数和自协方差函数满足不等式

$$|R_X(\tau)| \leqslant R_X(0), \quad |C_X(\tau)| \leqslant C_X(0) = \sigma_X^2.$$

4° $R_X(\tau)$ 是非负定的,即对任意数组 $t_1, t_2, \cdots, t_n \in T$ 和任意实函数 $g(t)$ 都有

$$\sum_{i,j=1}^n R_X(t_i - t_j)g(t_i)g(t_j) \geqslant 0.$$

5° 如果平稳过程 $X(t)$ 满足条件 $P\{X(t+T_0) = X(t)\} = 1$,则称它为周期是

T_0 的平稳过程.这样的平稳过程的自相关函数也是周期为 T_0 的周期函数.

　　证　1° 和 2° 可由定义直接推出.结合柯西－施瓦茨不等式、自相关函数和自协方差函数的定义就可得到 3°.根据自相关函数的定义和均值的运算性质,即有

$$\sum_{i,j=1}^{n} R_X(t_i - t_j) g(t_i) g(t_j) = \sum_{i,j=1}^{n} E[X(t_i)X(t_j)]g(t_i)g(t_j)$$
$$= E\left[\sum_{i,j=1}^{n} X(t_i)X(t_j)g(t_i)g(t_j) \right]$$
$$= E\left\{ \left[\sum_{i=1}^{n} X(t_i)g(t_i) \right]^2 \right\} \geqslant 0.$$

这就证明了 4°.最后来证明 5°.由平稳性,$E[X(t) - X(t+T_0)] = 0$.又由第四章 §2 方差的性质,条件 $P\{X(t+T_0) = X(t)\} = 1$ 与 $E\{[X(t+T_0) - X(t)]^2\} = 0$ 等价.于是,由柯西－施瓦茨不等式,

$$\{E[X(t)(X(t+\tau+T_0) - X(t+\tau))]\}^2 \leqslant E[X^2(t)]E\{[X(t+\tau+T_0) - X(t+\tau)]^2\}$$

右端为零,推知

$$E\{X(t)[X(t+\tau+T_0) - X(t+\tau)]\} = 0,$$

展开即得 $R_X(\tau+T_0) = R_X(\tau)$.　　　　　　　　　　　　　□

　　在下节中将看到 $R_X(0)$ 表示平稳过程 $X(t)$ 的"平均功率".由性质 2°,在实际问题中只需计算或测量 $R_X(\tau)$, $R_Y(\tau)$, $R_{XY}(\tau)$ 和 $R_{YX}(\tau)$ 在 $\tau \geqslant 0$ 的值.

　　性质 3° 表明自相关函数(自协方差函数)都在 $\tau = 0$ 处取最大值[1].类似地,可以推出以下有关互相关函数和互协方差函数的不等式:

$$|R_{XY}(\tau)|^2 \leqslant R_X(0)R_Y(0), \quad |C_{XY}(\tau)|^2 \leqslant C_X(0)C_Y(0).$$

在应用上常用的还有标准自协方差函数和标准互协方差函数,它们的定义为

$$\rho_X(\tau) = \frac{C_X(\tau)}{C_X(0)}, \quad \rho_{XY}(\tau) = \frac{C_{XY}(\tau)}{\sqrt{C_X(0)C_Y(0)}}.$$

由上述不等式知:$|\rho_X(\tau)| \leqslant 1$ 和 $|\rho_{XY}(\tau)| \leqslant 1$.且当 $\rho_{XY}(\tau) = 0$ 时,$X(t)$ 和 $Y(t)$ 不相关.

　　对于平稳过程而言,自相关函数的非负定性是最本质的.因为理论上可以证明:任一连续函数,只要具有非负定性,就必为某平稳过程的自相关函数.

　　另外,在实际中各种具有零均值的非周期性噪声和干扰一般当 $|\tau|$ 值适当

---

[1]　但这并不排除它们在 $\tau \neq 0$ 处也可取到最大值.例如,随机相位正弦波的自相关函数 $R_X(\tau) = \frac{a^2}{2}\cos \omega\tau$ 在 $\tau = \frac{2k\pi}{\omega}, k = 0, \pm1, \pm2, \cdots$ 时均取到最大值.

增大时，$X(t+\tau)$ 和 $X(t)$ 即呈现独立或不相关，于是有

$$\lim_{\tau\to\infty} R_X(\tau) = \lim_{\tau\to\infty} C_X(\tau) = 0.$$

下面是一个应用例子.

例（噪声与信号） 设某接收机输出电压 $V(t)$ 是周期信号 $S(t)$ 和噪声电压 $N(t)$ 之和，即

$$V(t) = S(t) + N(t).$$

又设 $S(t)$ 和 $N(t)$ 是两个互不相关（实际问题中一般都是如此）的各态历经过程，且 $E[N(t)]=0$. 根据第十二章 §2(2.12)式，$V(t)$ 的自相关函数应为

$$R_V(\tau) = R_S(\tau) + R_N(\tau).$$

由性质 5°，$R_S(\tau)$ 是周期函数，又因为一般噪声电压 $N(t)$ 当 $|\tau|$ 值适当增大时，$N(t+\tau)$ 和 $N(t)$ 即呈现独立或不相关，即有

$$\lim_{\tau\to\infty} R_N(\tau) = 0.$$

于是，对于充分大的 τ 值有

$$R_V(\tau) \approx R_S(\tau).$$

作为特例，假设接收机输出电压中周期信号和噪声电压的自相关函数分别为

$$R_S(\tau) = \frac{a^2}{2}\cos \tau\omega,$$

$$R_N(\tau) = b^2 e^{-a|\tau|}, \quad \alpha > 0.$$

那么即使噪声平均功率（见下节）$R_N(0)=b^2$ 远大于信号平均功率 $R_S(0)=a^2/2$，当 $|\tau|$ 充分大时，依然有

$$R_V(\tau) = \frac{a^2}{2}\cos \tau\omega + b^2 e^{-a|\tau|} \approx \frac{a^2}{2}\cos \tau\omega.$$

也就是说我们可以从强噪声中检测到微弱的正弦信号（见图 14-4）. □

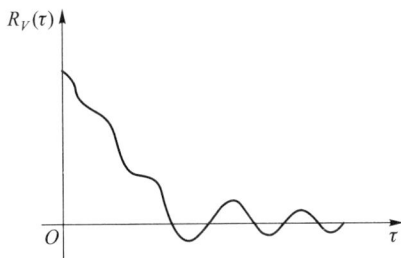

图 14—4

§4 平稳随机过程的功率谱密度

傅里叶(Fourier)变换是确立时间函数频率结构的有效工具，下面我们来讨论如何运用这一工具来分析平稳过程的频率结构——功率谱密度.

(一)平稳过程的功率谱密度

设有时间函数 $x(t), t\in(-\infty,\infty)$（为了便于理解物理术语，可把 $x(t)$ 设想

为加于单位电阻上的电压). 如果 $x(t)$ 的总能量有限, 即

$$\int_{-\infty}^{\infty} x^2(t)\,\mathrm{d}t < \infty, \tag{4.1}$$

那么, $x(t)$ 的傅里叶变换存在或者说具有频谱

$$F_x(\omega) = \int_{-\infty}^{\infty} x(t)\mathrm{e}^{-\mathrm{i}\omega t}\,\mathrm{d}t.$$

且同时有傅里叶逆变换

$$x(t) = \frac{1}{2\pi}\int_{-\infty}^{\infty} F_x(\omega)\mathrm{e}^{\mathrm{i}\omega t}\,\mathrm{d}\omega.$$

$F_x(\omega)$ 一般是复函数, 其共轭函数为 $F_x^*(\omega) = F_x(-\omega)$. 在 $x(t)$ 和 $F_x(\omega)$ 之间成立有帕塞瓦尔(Parseval)等式

$$\int_{-\infty}^{\infty} x^2(t)\,\mathrm{d}t = \frac{1}{2\pi}\int_{-\infty}^{\infty} |F_x(\omega)|^2\,\mathrm{d}\omega,$$

等式左边表示 $x(t)$ 在 $(-\infty, \infty)$ 上的总能量, 而右边的被积函数 $|F_x(\omega)|^2$ 相应地称为 $x(t)$ 的能谱密度. 这样, 帕塞瓦尔等式又可理解为总能量的谱表示式.

但是, 应用中很多重要的时间函数的总能量是无限的. 正弦函数就是一例. 平稳过程的样本函数一般来说也是如此. 这时我们转而研究 $x(t)$ 在 $(-\infty, \infty)$ 上的平均功率, 即

$$\lim_{T\to\infty} \frac{1}{2T}\int_{-T}^{T} x^2(t)\,\mathrm{d}t.$$

在以下讨论中, 我们都假定这个平均功率是存在的.

为了用傅里叶变换给出平均功率的谱表示式, 先由给定的 $x(t)$ 构造一个截尾函数

$$x_T(t) = \begin{cases} x(t), & |t| \leqslant T, \\ 0, & |t| > T. \end{cases} \tag{4.2}$$

易知 $x_T(t)$ 满足(4.1). 记 $x_T(t)$ 的傅里叶变换为

$$F_x(\omega, T) = \int_{-\infty}^{\infty} x_T(t)\mathrm{e}^{-\mathrm{i}\omega t}\,\mathrm{d}t = \int_{-T}^{T} x(t)\mathrm{e}^{-\mathrm{i}\omega t}\,\mathrm{d}t, \tag{4.3}$$

并写出它的帕塞瓦尔等式

$$\int_{-\infty}^{\infty} x_T^2(t)\,\mathrm{d}t = \frac{1}{2\pi}\int_{-\infty}^{\infty} |F_x(\omega, T)|^2\,\mathrm{d}\omega,$$

将上式两边除以 $2T$, 并利用 $x_T(t)$ 的定义(4.2), 得

$$\frac{1}{2T}\int_{-T}^{T} x^2(t)\,\mathrm{d}t = \frac{1}{4\pi T}\int_{-\infty}^{\infty} |F_x(\omega, T)|^2\,\mathrm{d}\omega. \tag{4.4}$$

令 $T\to\infty$, $x(t)$ 在 $(-\infty, \infty)$ 上的平均功率即可表示为

$$\lim_{T\to\infty}\frac{1}{2T}\int_{-T}^{T}x^2(t)\mathrm{d}t=\frac{1}{2\pi}\int_{-\infty}^{\infty}\lim_{T\to\infty}\frac{1}{2T}\,|\,F_x(\omega,T)\,|^{\,2}\mathrm{d}\omega. \tag{4.5}$$

类似能谱密度,我们把(4.5)式右端的被积式称作函数 $x(t)$ 的平均功率谱密度,
简称功率谱密度,并记为

$$S_x(\omega)=\lim_{T\to\infty}\frac{1}{2T}\,|\,F_x(\omega,T)\,|^{\,2}. \tag{4.6}$$

而(4.5)的右端就是平均功率的谱表示式.

现在我们把平均功率和功率谱密度的概念推广到平稳过程 $X(t),t\in$ $(-\infty,\infty)$. 为此,相应于(4.3)和(4.4)式写出

$$F_X(\omega,T)=\int_{-T}^{T}X(t)\mathrm{e}^{-\mathrm{i}\omega t}\mathrm{d}t, \tag{4.7}$$

和

$$\frac{1}{2T}\int_{-T}^{T}X^2(t)\mathrm{d}t=\frac{1}{4\pi T}\int_{-\infty}^{\infty}|\,F_X(\omega,T)\,|^{\,2}\mathrm{d}\omega. \tag{4.8}$$

显然,(4.7)和(4.8)式中的积分都是随机的. 我们将(4.8)式左端的均值的极
限,即

$$\lim_{T\to\infty}E\Big[\frac{1}{2T}\int_{-T}^{T}X^2(t)\mathrm{d}t\Big] \tag{4.9}$$

定义为平稳过程 $X(t)$ 的**平均功率**.

交换(4.9)式中积分与均值的运算顺序,并注意到平稳过程的均方值是常数
Ψ_X^2,于是

$$\lim_{T\to\infty}E\Big[\frac{1}{2T}\int_{-T}^{T}X^2(t)\mathrm{d}t\Big]=\lim_{T\to\infty}\frac{1}{2T}\int_{-T}^{T}E[X^2(t)]\mathrm{d}t=\Psi_X^2, \tag{4.10}$$

即平稳过程的平均功率等于该过程的均方值或 $R_X(0)$.

接着,把(4.8)式的右端代入(4.10)式的左端,交换运算顺序后可得

$$\Psi_X^2=\frac{1}{2\pi}\int_{-\infty}^{\infty}\lim_{T\to\infty}\frac{1}{2T}E[\,|\,F_X(\omega,T)\,|^{\,2}]\mathrm{d}\omega. \tag{4.11}$$

相应于(4.5),(4.6)式,我们把(4.11)式中的被积式称为平稳过程 $X(t)$ 的**平均
功率谱密度**,简称为**功率谱密度**,并记为 $S_{XX}(\omega)$ 或 $S_X(\omega)$,即

$$S_X(\omega)=\lim_{T\to\infty}\frac{1}{2T}E[\,|\,F_X(\omega,T)\,|^{\,2}]. \tag{4.12}$$

利用记号 $S_X(\omega)$,(4.11)式可简写为

$$\Psi_X^2=\frac{1}{2\pi}\int_{-\infty}^{\infty}S_X(\omega)\mathrm{d}\omega, \tag{4.13}$$

此式称为平稳过程 $X(t)$ 的**平均功率的谱表示式**.

功率谱密度 $S_X(\omega)$ 通常也简称为**自谱密度**或**谱密度**[①]，它是从频率这个角度描述 $X(t)$ 的统计规律的最主要的数字特征. 由（4.13）式知,它的物理意义是表示 $X(t)$ 的平均功率关于频率的分布.

（二）谱密度的性质

下面的定理给出了谱密度的两个重要性质.

定理（谱密度的性质）　设 $X(t),t\in(-\infty,\infty)$ 为平稳过程. 则

$1°$ $S_X(\omega)$ 是 ω 的实的、非负的偶函数.

$2°$ 若 $X(t)$ 的自相关函数 $R_X(\tau)$ 满足 $\int_{-\infty}^{\infty}|R_X(\tau)|\mathrm{d}\tau<\infty$,则它和 $S_X(\omega)$ 构成傅里叶变换对,即

$$S_X(\omega)=\int_{-\infty}^{\infty}R_X(\tau)\mathrm{e}^{-\mathrm{i}\omega\tau}\mathrm{d}\tau, \tag{4.14}$$

$$R_X(\tau)=\frac{1}{2\pi}\int_{-\infty}^{\infty}S_X(\omega)\mathrm{e}^{\mathrm{i}\omega\tau}\mathrm{d}\omega. \tag{4.15}$$

（4.14）和（4.15）式统称为维纳－辛钦（Wiener – Khinchin）公式. 而且由于 $R_X(\tau)$ 和 $S_X(\omega)$ 都是偶函数,利用欧拉（Euler）公式,它们还可写成

$$S_X(\omega)=2\int_{0}^{\infty}R_X(\tau)\cos\omega\tau\mathrm{d}\tau, \tag{4.16}$$

$$R_X(\tau)=\frac{1}{\pi}\int_{0}^{\infty}S_X(\omega)\cos\omega\tau\mathrm{d}\omega. \tag{4.17}$$

证　在（4.12）式中,量
$$|F_X(\omega,T)|^2=F_X(\omega,T)F_X(-\omega,T)$$
是 ω 的实的、非负的偶函数,所以它的均值的极限也必是实的、非负的偶函数. 这就得到 $1°$.

为证 $2°$,将（4.7）代入（4.12）式,得
$$S_X(\omega)=\lim_{T\to\infty}\frac{1}{2T}E\Big[\int_{-T}^{T}X(t_1)\mathrm{e}^{\mathrm{i}\omega t_1}\mathrm{d}t_1\int_{-T}^{T}X(t_2)\mathrm{e}^{-\mathrm{i}\omega t_2}\mathrm{d}t_2\Big].$$
把括号内的积分乘积改写成重积分形式,交换积分与均值的运算顺序,并注意到
$$E[X(t_1)X(t_2)]=R_X(t_2-t_1),$$
即有
$$S_X(\omega)=\lim_{T\to\infty}\frac{1}{2T}\int_{-T}^{T}\int_{-T}^{T}E[X(t_1)X(t_2)]\mathrm{e}^{-\mathrm{i}\omega(t_2-t_1)}\mathrm{d}t_1\mathrm{d}t_2$$

---

① 可以指出,平稳过程的总能量为无限,而且能谱密度也不存在,故在平稳过程理论中"谱密度"一词总是指功率谱密度.

$$= \lim_{T \to \infty} \frac{1}{2T} \int_{-T}^{T} \int_{-T}^{T} R_X(t_2 - t_1) e^{-i\omega(t_2 - t_1)} dt_1 dt_2.$$

接着,依照§2定理1的证明,作变量变换 $\tau_1 = t_1 + t_2$, $\tau_2 = t_2 - t_1$,可以得到

$$S_X(\omega) = \lim_{T \to \infty} \int_{-2T}^{2T} \left(1 - \frac{|\tau|}{2T}\right) R_X(\tau) e^{-i\omega\tau} d\tau$$

$$= \lim_{T \to \infty} \int_{-\infty}^{\infty} R_X^T(\tau) e^{-i\omega\tau} d\tau, \tag{4.18}$$

式中

$$R_X^T(\tau) = \begin{cases} \left(1 - \dfrac{|\tau|}{2T}\right) R_X(\tau), & |\tau| \leqslant 2T, \\ 0, & |\tau| > 2T. \end{cases}$$

当 $T \to \infty$ 时,注意到对每个 τ, $R_X^T(\tau) \to R_X(\tau)$,于是由(4.18)式就可得到公式(4.14).由傅里叶逆变换的公式即得(4.15)式. □

维纳—辛钦公式又称为平稳过程自相关函数的谱表示式,它们揭示了从时间角度描述平稳过程 $X(t)$ 的统计规律和从频率角度描述 $X(t)$ 的统计规律之间的联系.据此,在应用上我们可以根据实际情况选择时间域方法或等价的频率域方法.实际的计算可以利用傅里叶变换手册,表14—1列出了若干个常用的自相关函数以及对应的谱密度.

表 14—1

	$R_X(\tau)$	$S_X(\omega)$
1	$e^{-a|\tau|}$	$\dfrac{2a}{a^2 + \omega^2}$
2	$\max\{1 - |\tau|, 0\}$	$\dfrac{4\sin^2(\omega T/2)}{T\omega^2}$
3	$e^{-a|\tau|} \cos \omega_0 \tau$	$\dfrac{a}{a^2 + (\omega - \omega_0)^2} + \dfrac{a}{a^2 + (\omega + \omega_0)^2}$
4	$\dfrac{\sin \omega_0 \tau}{\omega_0 \tau}$	$\chi_{[-\omega_0, \omega_0]}(\omega)$
5	1	$2\pi\delta(\omega)$
6	$\delta(\tau)$	1
7	$\cos \omega_0 \tau$	$\pi\delta(\omega - \omega_0) + \pi\delta(\omega + \omega_0)$

注:χ_A 表示集 A 的特征函数,定义为 $\chi_A(\tau) = \begin{cases} 1, & \tau \in A, \\ 0, & \tau \notin A. \end{cases}$

例 1　已知平稳过程 $X(t)$ 的自相关函数为

$$R_X(\tau) = \mathrm{e}^{-a|\tau|} \cos \omega_0 \tau,$$

求 $X(t)$ 的谱密度 $S_X(\omega)$.

解　由表 14−1 可直接查出

$$S_X(\omega) = \frac{a}{a^2 + (\omega - \omega_0)^2} + \frac{a}{a^2 + (\omega + \omega_0)^2}.$$　□

例 2　已知平稳过程 $X(t)$ 的谱密度

$$S_X(\omega) = \frac{\omega^2 + 4}{\omega^4 + 10\omega^2 + 9},$$

求 $X(t)$ 的自相关函数和均方值.

解　用查表方法. 先把 $S_X(\omega)$ 改写成部分分式之和, 即

$$S_X(\omega) = \frac{\omega^2 + 4}{(\omega^2 + 1)(\omega^2 + 9)} = \frac{1}{8}\left(\frac{3}{\omega^2 + 1^2} + \frac{5}{\omega^2 + 3^2}\right). \tag{4.19}$$

由于傅里叶逆变换 (4.15) 也是线性变换, 所以可对上式右端两项分别查表 14−1 第 1 栏后相加, 经整理后得

$$R_X(\tau) = \frac{1}{48}(9\mathrm{e}^{-|\tau|} + 5\mathrm{e}^{-3|\tau|}).$$

而均方值为

$$\Psi_X^2 = R_X(0) = \frac{7}{24}.$$　□

形如 (4.19) 式的谱密度属于有理谱密度. 根据谱密度性质 1°, 其一般形式应为

$$S_X(\omega) = S_0 \frac{\omega^{2n} + a_{2n-2}\omega^{2n-2} + \cdots + a_0}{\omega^{2m} + b_{2m-2}\omega^{2m-2} + \cdots + b_0},$$

式中 $S_0 > 0$. 又由于要求均方值有限, 所以由 (4.13) 式还应有 $m > n$, 且分母应无实数根. 有理谱密度是实用上最常见的一类谱密度. 已知有理谱密度要求自相关函数, 通常使用例 2 中的部分分式方法结合查表来进行.

另外, 已知平稳过程的自相关函数的估计, 由维纳—辛钦公式及数值积分就可以得到谱密度的估计.

最后需要指出的是, 在实际问题中常常碰到这样一些平稳过程 (例如随机相位正弦波), 讨论它们的自相关函数和谱密度需要用到狄拉克 (Dirac) 的 δ 函数, 定义如下:

$$\begin{cases} \delta(t) = 0, & t \neq 0, \\ \displaystyle\int_{-\infty}^{\infty} \delta(t)\,\mathrm{d}t = 1. \end{cases}$$

通常用图 14-5 中的单位有向线段来表示.

　　δ 函数的最重要的性质是:对任一在 $t=0$ 连续
的函数 $f(t)$,有

$$\int_{-\infty}^{\infty} \delta(t)f(t)\mathrm{d}t = f(0).$$

一般,若函数 $f(t)$ 在 $t=t_0$ 连续,就有(筛选性)

$$\int_{-\infty}^{\infty} \delta(t-t_0)f(t)\mathrm{d}t = f(t_0).$$

据此,可以写出以下傅里叶变换对:

图 14-5

$$\int_{-\infty}^{\infty} \delta(\tau)\mathrm{e}^{-\mathrm{i}\omega\tau}\mathrm{d}\tau = 1 \longleftrightarrow \delta(\tau) = \frac{1}{2\pi}\int_{-\infty}^{\infty} 1 \cdot \mathrm{e}^{\mathrm{i}\omega\tau}\mathrm{d}\omega, \qquad (4.20)$$

$$\int_{-\infty}^{\infty} \frac{1}{2\pi}\mathrm{e}^{-\mathrm{i}\omega\tau}\mathrm{d}\tau = \delta(\omega) \longleftrightarrow \frac{1}{2\pi} = \frac{1}{2\pi}\int_{-\infty}^{\infty} \delta(\omega)\mathrm{e}^{\mathrm{i}\omega\tau}\mathrm{d}\omega. \qquad (4.21)$$

　　(4.21)式表明:当自相关函数 $R_X(\tau)=1$ 时,谱密度 $S_X(\omega)=2\pi\delta(\omega)$.其次,
还可求得正弦型自相关函数 $R_X(\tau)=a\cos\omega_0\tau$ 的谱密度为

$$S_X(\omega) = a\pi[\delta(\omega-\omega_0)+\delta(\omega+\omega_0)]. \qquad (4.22)$$

事实上,

$$\begin{aligned}
S_X(\omega) &= \int_{-\infty}^{\infty} a\cos\omega_0\tau\,\mathrm{e}^{-\mathrm{i}\omega\tau}\mathrm{d}\tau \\
&= \frac{a}{2}\int_{-\infty}^{\infty} (\mathrm{e}^{\mathrm{i}\omega_0\tau}+\mathrm{e}^{-\mathrm{i}\omega_0\tau})\mathrm{e}^{-\mathrm{i}\omega\tau}\mathrm{d}\tau \\
&= \frac{a}{2}\left[\int_{-\infty}^{\infty} \mathrm{e}^{-\mathrm{i}(\omega-\omega_0)\tau}\mathrm{d}\tau + \int_{-\infty}^{\infty} \mathrm{e}^{-\mathrm{i}(\omega+\omega_0)\tau}\mathrm{d}\tau\right],
\end{aligned}$$

利用变换式(4.21)即得(4.22)式.

　　由此可见,自相关函数为常数或正弦型函数的平稳过程,其谱密度都是离散
的.对应的变换可见表 14-1 第 5,7 栏.

　　例 3　求自相关函数

$$R_V(\tau) = \frac{a^2}{2}\cos\omega_0\tau + b^2\mathrm{e}^{-a|\tau|}$$

所对应的谱密度 $S_V(\omega)$.

　　解　利用傅里叶变换的线性性质及表 14-1 第 1 和第 7 栏即可知道

$$S_V(\omega) = \frac{\pi a^2}{2}[\delta(\omega-\omega_0)+\delta(\omega+\omega_0)] + \frac{2ab^2}{a^2+\omega^2}.$$

相应的谱密度如图 14-6 所示.此图说明了谱密度是如何表明噪声以外的周期
信号的.

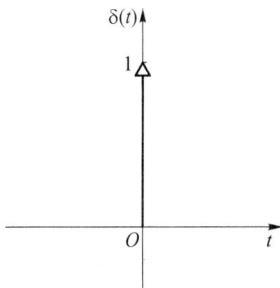

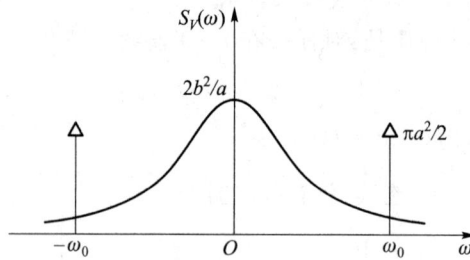

图 14—6

白噪声　均值为零而谱密度为正常数,即

$$S_X(\omega) = S_0 > 0, \quad \omega \in (-\infty, \infty)$$

的平稳过程 $X(t)$ 称为**白噪声过程**,简称**白噪声**. 其名出于白光具有均匀的光谱. 由表 14—1 第 6 栏,

$$R_X(\tau) = S_0 \delta(\tau).$$

由上式可知,白噪声也可以定义为均值为零、自相关函数为 δ 函数的随机过程, 且这个过程在 $t_1 \neq t_2$ 时,$X(t_1)$ 和 $X(t_2)$ 是不相关的.

小结

本章讨论的平稳过程是指宽平稳随机过程. 其特点是均值函数为常数,自相关函数只依赖于时间差. 类似地,如果两个平稳过程的互相关函数只依赖于时间差,则称它们是平稳相关的. 因此,判定平稳性仅涉及随机过程的均值函数、自相关函数和互相关函数等数字特征的计算.

按定义用集平均来计算随机过程的数字特征是十分困难的. 所幸的是在实际应用中常见的许多平稳过程的数字特征具有各态历经性,也就是说这些数字特征可以用一个样本函数的时间平均来近似计算,这为在应用中估计这些数字特征带来极大的方便.

自相关函数是平稳过程在时间域上的主要数字特征,它的傅里叶变换称为功率谱密度, 是相应的随机过程在频率域上的数字特征. 维纳—辛钦公式揭示了两者之间的转换关系.

■ **重要术语及主题**

(宽)平稳过程　平稳相关　时间均值和时间相关函数　各态历经性　各态历经性过程 自相关函数　互相关函数　傅里叶变换　功率谱密度　维纳—辛钦公式　白噪声

习题

1. 设有随机过程 $X(t) = A\cos(\omega t + \Theta), t \in (-\infty, \infty)$,其中 A 是服从瑞利分布的随机变量,其概率密度为

$$f(a)=\begin{cases}\dfrac{a}{\sigma^2}\mathrm{e}^{-\frac{a^2}{2\sigma^2}}, & a>0,\\[2mm] 0, & a\leqslant0.\end{cases}$$

Θ 是在 $(0,2\pi)$ 上服从均匀分布且与 A 相互独立的随机变量，ω 是一常数. 问 $X(t)$ 是不是平稳过程？

2. 设 $X(t)$ 和 $Y(t)$ 是相互独立的平稳过程，试证以下随机过程也是平稳过程：

(1) $Z_1(t)=X(t)Y(t)$.

(2) $Z_2(t)=X(t)+Y(t)$.

3. 设 $\{X(t),t\in(-\infty,\infty)\}$ 是平稳过程，$R_X(\tau)$ 是其自相关函数，a 是常数. 试问随机过程 $Y(t)=X(t+a)-X(t)$ 是不是平稳过程？为什么？

4. 设 $\{N(t),t\geqslant0\}$ 是强度为 λ 的泊松过程，定义随机过程 $Y(t)=N(t+L)-N(t)$，其中常数 $L>0$. 试求 $Y(t)$ 的均值函数和自相关函数，并问 $Y(t)$ 是否是平稳过程？

5. 设平稳过程 $\{X(t),t\in(-\infty,\infty)\}$ 的自相关函数为 $R_X(\tau)=\mathrm{e}^{-a|\tau|}(1+a|\tau|)$，其中常数 $a>0$，而 $E[X(t)]=0$. 试问 $X(t)$ 的均值是否具有各态历经性？为什么？

6. 第 1 题中的随机过程 $X(t)=A\cos(\omega t+\Theta)$ 是否是各态历经过程？为什么？

7. (1) 设 $C_X(\tau)$ 是平稳过程 $X(t)$ 的协方差函数，试证若 $C_X(\tau)$ 绝对可积，即

$$\int_{-\infty}^{\infty}|C_X(\tau)|\mathrm{d}\tau<\infty,$$

则 $X(t)$ 的均值具有各态历经性.

(2) 证明本章 §1 例 1 中的随机相位周期过程 $X(t)=s(t+\Theta)$ 是各态历经过程.

8. 设 $X(t)$ 是随机相位周期过程，题 8 图表示它的一个样本函数 $x(t)$，其中周期 T 和波幅 A 都是常数；而相位 t_0 是在 $(0,T)$ 上服从均匀分布的随机变量.

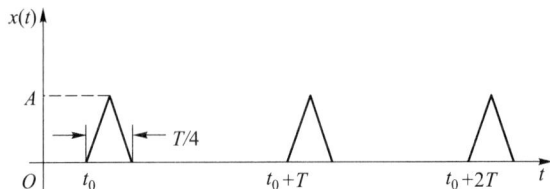

题 8 图

(1) 求 μ_X,Ψ_X^2.

(2) 求 $\langle X(t)\rangle$ 和 $\langle X^2(t)\rangle$.

9. 设平稳过程 $X(t)$ 的自相关函数为 $R_X(\tau)$，证明

$$P\{|X(t+\tau)-X(t)|\geqslant a\}\leqslant2[R_X(0)-R_X(\tau)]/a^2,\quad a>0.$$

10. 设 $X(t)$ 为平稳过程，其自相关函数 $R_X(\tau)$ 是以 T_0 为周期的函数. 证明 $X(t)$ 是周期为 T_0 的平稳过程.

11. 设 $X(t)$ 是雷达的发射信号，遇目标后返回接收机的微弱信号是 $aX(t-\tau_1)$，$a\ll1$，τ_1 是信号返回时间，由于接收到的信号总是伴有噪声的，记噪声为 $N(t)$，于是接收到的全信号为

$$Y(t) = aX(t-\tau_1) + N(t).$$

(1) 若 $X(t)$ 和 $N(t)$ 是平稳相关的,证明 $X(t)$ 和 $Y(t)$ 也平稳相关.

(2) 在(1)的条件下,假设 $N(t)$ 的均值为零且与 $X(t)$ 是相互独立的,求 $R_{XY}(\tau)$(这是利用互相关函数从全信号中检测小信号的相关接收法).

12. 平稳过程 $\{X(t), t \in (-\infty, \infty)\}$ 的自相关函数为

$$R_X(\tau) = 4e^{-|\tau|} \cos \pi\tau + \cos 3\pi\tau,$$

求:(1) $X(t)$ 的均方值.

(2) $X(t)$ 的谱密度.

13. 已知平稳过程 $X(t)$ 的谱密度为

$$S_X(\omega) = \frac{\omega^2}{\omega^4 + 3\omega^2 + 2},$$

求 $X(t)$ 的均方值.

14. 已知平稳过程 $X(t)$ 的自相关函数为

$$R_X(\tau) = \begin{cases} 1 - \dfrac{|\tau|}{T}, & |\tau| \leqslant T, \\ 0, & |\tau| > T. \end{cases}$$

求谱密度 $S_X(\omega)$.

15. 已知平稳过程 $X(t)$ 的谱密度为

$$S_X(\omega) = \begin{cases} 8\delta(\omega) + 20\left(1 - \dfrac{|\omega|}{10}\right), & |\omega| < 10, \\ 0, & |\omega| \geqslant 10. \end{cases}$$

求 $X(t)$ 的自相关函数.

16. 设随机过程

$$Y(t) = X(t)\cos(\omega_0 t + \Theta), \quad t \in (-\infty, \infty),$$

其中 $X(t)$ 是平稳过程,Θ 为在区间 $(0, 2\pi)$ 上均匀分布的随机变量,ω_0 为常数,且 $X(t)$ 与 Θ 相互独立.记 $X(t)$ 的自相关函数为 $R_X(\tau)$,功率谱密度为 $S_X(\omega)$,试证:

(1) $Y(t)$ 是平稳过程,且它的自相关函数为

$$R_Y(\tau) = \frac{1}{2} R_X(\tau) \cos \omega_0 \tau.$$

(2) $Y(t)$ 的功率谱密度为

$$S_Y(\omega) = \frac{1}{4}[S_X(\omega - \omega_0) + S_X(\omega + \omega_0)].$$

17. 设平稳过程 $X(t)$ 的谱密度为 $S_X(\omega)$,证明 $Y(t) = X(t) + X(t-T)$ 的谱密度是

$$S_Y(\omega) = 2S_X(\omega)(1 + \cos \omega T).$$

第十五章 时间序列分析

我们在实际问题中经常会遇到一系列随时间变化而又相互关联并包含着不确定性的数据. 例如某地区的月降雨量纪录、上证指数每日的收盘价、一条流水线上每天出现的次品数等, 这些都可以看成是离散参数随机过程$\{X_t, t=0, \pm 1, \pm 2, \cdots\}$. 由于 t 经常代表时间, 常称这样的离散参数随机过程为时间序列. 时间序列分析就是利用观测或试验所得到的动态数据来建立可以应用的模型. 本章着重讨论较为简单但有着广泛应用的平稳时间序列的自回归滑动平均模型, 简称 ARMA.

§1 平稳时间序列

定义 若时间序列$\{X_t, t=0, \pm 1, \pm 2, \cdots\}$满足条件(1) $E(X_t)=\mu$ 和 (2) $E(X_t X_{t+k})$均与 t 无关, 则称之为**平稳时间序列**.

平稳时间序列是平稳随机过程的一个特例.

运用时间序列的关键在于刻画序列各项之间的关系. 为此常会用到下面两种相关函数:

自相关函数 $\rho_k = \gamma_k / \gamma_0$, 其中

$$\gamma_k = E[(X_t - \mu)(X_{t+k} - \mu)], \quad k=0, \pm 1, \pm 2, \cdots$$

为自协方差函数. 可知当$\{X_t, t=0, \pm 1, \pm 2, \cdots\}$为平稳时间序列时, γ_k, ρ_k都与 t 无关并具有下列性质:

(1) 对称性: $\gamma_k = \gamma_{-k}$.

(2) 非负定性: 对任意正整数 k,

$$\boldsymbol{R}_k = \begin{bmatrix} 1 & \rho_1 & \rho_2 & \cdots & \rho_{k-1} \\ \rho_1 & 1 & \rho_1 & \cdots & \rho_{k-2} \\ \vdots & \vdots & \vdots & & \vdots \\ \rho_{k-1} & \rho_{k-2} & \rho_{k-3} & \cdots & 1 \end{bmatrix}$$

是非负定矩阵.

(3) 满足柯西不等式: $|\gamma_k| \leqslant \gamma_0$, $|\rho_k| \leqslant 1$.

自相关函数描述 X_t 与 X_{t+k} 之间的相关性.

偏相关函数 用 X_t 的前 k 个时刻的值 $X_{t-1}, \cdots, X_{t-k}$ 对 X_t 作最小方差估

计,即求 $a_{k1},a_{k2},\cdots,a_{kk}$ 使得 $E\left[\left(X_t-\sum_{i=1}^{k}a_{ki}X_{t-i}\right)^2\right]$ 最小. 当 $\{X_t,t=0,\pm1,$ $\pm2,\cdots\}$ 为平稳时间序列时,a_{kk} 与 t 无关,a_{kk} 称为该时间序列的偏相关函数.

偏相关函数描述 X_t 与 $X_{t-1},\cdots,X_{t-k}$ 的联系.

例 1(白噪声)　设时间序列 $\{\varepsilon_t,t=0,1,\cdots\}$ 满足:(1) $E(\varepsilon_t)=0$;(2) $E(\varepsilon_t\varepsilon_s)=$ $\sigma_\varepsilon^2\delta_{ts}$,其中

$$\delta_{ts}=\begin{cases}1, & t=s,\\ 0, & t\neq s.\end{cases}$$

易知 $E(\varepsilon_t\varepsilon_{t+k})=\sigma_\varepsilon^2\delta_{k0}$ 与 t 无关,因此 $\{\varepsilon_t,t=0,1,\cdots\}$ 为平稳时间序列,称 $\{\varepsilon_t,t=0,1,\cdots\}$ 为**白噪声序列**.　□

例 2(平稳时间序列的延迟)　对给定的平稳时间序列 $\{X_t,t=0,\pm1,$ $\pm2,\cdots\}$ 和正整数 d,定义它的 d 步延迟序列 $\{Y_t=X_{t-d},t=0,\pm1,\pm2,\cdots\}$. 易知 $E(Y_t)=E(X_{t-d})=\mu$ 和 $E(Y_tY_{t+k})=E(X_{t-d}X_{t+k-d})$ 均与 t 无关.因此 $\{Y_t,t=0,\pm1,\pm2,\cdots\}$ 也是平稳时间序列.　□

由于延迟会经常用到,我们引进下述延迟算子:

定义　设 $\{X_t,t=0,\pm1,\pm2,\cdots\}$ 为时间序列,算子 B 满足等式 $BX_t=X_{t-1}$,称它为一步延迟算子.用 B^k 表示连续应用一步延迟算子 k 次,并称之为 k 步延迟算子,则有 $B^kX_t=X_{t-k}$.

§2　线性自回归滑动平均模型

平稳时间序列的线性模型相对简单并具有广泛应用,本节讨论常用的线性自回归滑动平均模型.由于平稳时间序列各项的均值相同,则平移总可以把序列的均值归零,因此以下只关注均值为零的序列.

定义　设均值为零的平稳时间序列 $\{X_t,t=0,\pm1,\pm2,\cdots\}$ 满足等式

$$X_t-\varphi_1X_{t-1}-\cdots-\varphi_pX_{t-p}=\varepsilon_t-\theta_1\varepsilon_{t-1}-\cdots-\theta_q\varepsilon_{t-q}, \tag{2.1}$$

其中 $\{\varepsilon_t,t=0,\pm1,\pm2,\cdots\}$ 为白噪声序列,且多项式方程 $\Phi(u)=1-\varphi_1u-\cdots-\varphi_pu^p=0$ 和 $\Theta(u)=1-\theta_1u-\cdots-\theta_qu^q=0$ 没有公共根,则称之为 p **阶自回归** q **阶滑动平均时间序列**,简称 ARMA(p,q) 序列.系数 $\varphi_1,\varphi_2,\cdots,\varphi_p,\theta_1,\theta_2,\cdots,\theta_q$ 称为模型的参数.p,q 称为阶.利用延迟算子和多项式 Φ,Θ 可以写出 ARMA(p,q) 序列的算子表达式:

$$\Phi(B)X_t=\Theta(B)\varepsilon_t.$$

在 ARMA(p,q) 模型中,如果 $q=0$,则滑动平均现象不存在,此时得到纯 p 阶自回归模型,将它简记为 AR(p).我们将 AR(p) 模型表示为

$$X_t = \sum_{i=1}^{p} \varphi_i X_{t-i} + \varepsilon_t. \qquad (2.2)$$

如果 $p=0$,则自回归现象不存在,就得到纯 q 阶滑动平均模型,将它简记为 MA(q).
我们将 MA(q)模型表示为

$$X_t = \varepsilon_t - \sum_{i=1}^{q} \theta_i \varepsilon_{t-i}. \qquad (2.3)$$

ARMA(p,q)是上述两种简单模型的混合. 对于一个实际的时间序列问题,自相
关函数和偏相关函数可以帮助我们有效地判定较为简单的 AR(p)和 MA(q)模
型的适用性并估计阶数 p 和 q.

先讨论 AR(p)的偏相关函数. 为了确定偏相关函数 a_{kk},我们寻找 a_{k1},
$a_{k2},\cdots,a_{kk}$ 使得

$$f = E\left[\left(X_t - \sum_{i=1}^{k} a_{ki} X_{t-i} \right)^2 \right] \qquad (2.4)$$

达到最小. 将(2.2)式代入(2.4)式得到

$$\begin{aligned}
f &= E\left[\left(\sum_{i=1}^{p} \varphi_i X_{t-i} + \varepsilon_t - \sum_{j=1}^{k} a_{kj} X_{t-j} \right)^2 \right] \\
&= E\left\{ \left[\varepsilon_t + \sum_{i=1}^{p} (\varphi_i - a_{ki}) X_{t-i} - \sum_{j=p+1}^{k} a_{kj} X_{t-j} \right]^2 \right\} \\
&= E(\varepsilon_t^2) + 2E\left\{ \varepsilon_t \left[\sum_{i=1}^{p} (\varphi_i - a_{ki}) X_{t-i} - \sum_{j=p+1}^{k} a_{kj} X_{t-j} \right] \right\} \\
&\quad + E\left\{ \left[\sum_{i=1}^{p} (\varphi_i - a_{ki}) X_{t-i} - \sum_{j=p+1}^{k} a_{kj} X_{t-j} \right]^2 \right\}.
\end{aligned}$$

注意到 $t>s$ 时 $E(\varepsilon_t X_s)=0$,上式中第二项为零. 由于 $E(\varepsilon_t^2)$ 为常数,要使 f 达到
最小,第三项作为完全平方必须为零. 因此 $a_{ki}=\varphi_i$,当 $1\leqslant i\leqslant p$;$a_{kj}=0$,当 $p+$
$1\leqslant j\leqslant k$. 这样得到偏相关函数

$$a_{kk} = \begin{cases} \varphi_k, & 1\leqslant k\leqslant p, \\ 0, & k>p, \end{cases}$$

上式表明 $k>p$ 时 $a_{kk}=0$. 我们称 X_t 的偏相关函数在 p 处**截尾**.

与之对照的是 MA(q)模型的自相关函数的截尾性. 由 MA(q)的定义(2.3)式
可知

$$\gamma_k = E(X_t X_{t+k}) = E\left[\left(\varepsilon_t - \sum_{i=1}^{q} \theta_i \varepsilon_{t-i} \right) \left(\varepsilon_{t+k} - \sum_{j=1}^{q} \theta_j \varepsilon_{t+k-j} \right) \right]. \qquad (2.5)$$

当 $k>q$ 时上式两个括号中 ε_s 所在的时间点 s 无一相同,因此 $\gamma_k=0$. 又易算出
$\gamma_0 = \sigma_\varepsilon^2 \left(1 + \sum_{i=1}^{q} \theta_i^2 \right)$. 当 $1\leqslant k\leqslant q$ 时我们将 γ_k 写成

$$\gamma_k = E\Big[\Big(\varepsilon_t - \sum_{i=1}^q \theta_i \varepsilon_{t-i}\Big)\varepsilon_{t+k}\Big] - \sum_{i=1}^q \theta_i E(\varepsilon_t \varepsilon_{t+k-i}) + \sum_{i=1}^q \sum_{j=1}^q \theta_i \theta_j E(\varepsilon_{t-i}\varepsilon_{t+k-j}).$$

上式第一项显然为零. 第二项中只有 $i=k$ 的一项非零, 其值为 $-\theta_k \sigma_\varepsilon^2$. 第三项中只有

那些满足 $t-i=t+k-j$(也就是 $j=i+k$)的项非零. 所以 $\gamma_k = \sigma_\varepsilon^2\Big(-\theta_k + \sum_{i=1}^{q-k} \theta_i \theta_{i+k}\Big)$. 综

合起来有

$$\gamma_k = \begin{cases} \sigma_\varepsilon^2\Big(1 + \sum_{i=1}^q \theta_i^2\Big), & k = 0, \\[2mm] \sigma_\varepsilon^2\Big(-\theta_k + \sum_{i=1}^{q-k} \theta_i \theta_{i+k}\Big), & 1 \leqslant k \leqslant q, \\[2mm] 0, & k > q. \end{cases} \tag{2.6}$$

于是

$$\rho_k = \begin{cases} 1, & k = 0, \\[2mm] \dfrac{-\theta_k + \sum\limits_{i=1}^{q-k} \theta_i \theta_{i+k}}{1 + \sum\limits_{i=1}^q \theta_i^2}, & 1 \leqslant k \leqslant q, \\[2mm] 0, & k > q, \end{cases} \tag{2.7}$$

即自相关函数在 $k=q$ 处截尾.

我们自然要问 AR(p)模型的自相关函数和 MA(q)模型的偏相关函数具有
什么特点. 先看 AR(1)模型:

$$X_t = \varphi_1 X_{t-1} + \varepsilon_t. \tag{2.8}$$

注意到 $E(X_{t-1}\varepsilon_t)=0$, 在等式(2.8)两边取方差得到

$$D(X_t) = \varphi_1^2 D(X_{t-1}) + D(\varepsilon_t).$$

由 X_t 的平稳性知 $\sigma^2 = D(X_t) = D(X_{t-1})$. 记 $\sigma_\varepsilon^2 = D(\varepsilon_t)$, 有

$$\sigma^2 = \frac{\sigma_\varepsilon^2}{1 - \varphi_1^2}.$$

这样参数 φ_1 必须满足 $|\varphi_1| < 1$. 在此条件下 $\Phi^{-1}(u) = (1-\varphi_1 u)^{-1} = \sum\limits_{i=1}^\infty \varphi_1^i u^i$ 存

在, 从而可以将(2.8)式改写为

$$X_t = \Phi^{-1}(B)\varepsilon_t = \sum_{i=0}^\infty \varphi_1^i \varepsilon_{t-i}. \tag{2.9}$$

与 q 阶滑动平均模型 $\sum\limits_{i=0}^q \varphi_1^i \varepsilon_{t-i}$ 比较, 我们可将(2.9)式看作是一个 $q=\infty$ 的滑动

平均模型,由此可以推断它不会截尾.事实上将等式

$$\gamma_k = E(X_t X_{t+k}) = E[X_t(\varphi_1 X_{t+k-1} + \varepsilon_{t+k})] = \varphi_1 \gamma_{k-1}$$

除以 γ_0 得到

$$\rho_k = \varphi_1 \rho_{k-1}.$$

因 $\rho_0 = 1$,用上式递推可知 $\rho_k = \varphi_1^k = e^{k \ln \varphi_1} \neq 0$,但以指数速度衰减至零.我们称 X_t 的自相关函数**拖尾**.

对于一般的 AR(p) 模型 $\Phi(B)X_t = \varepsilon_t$,只要 $\Phi(u)=0$ 的根都在单位圆外,$\Phi^{-1}(B)$ 就存在,从而自相关函数也是拖尾的.模型的自相关函数可以利用

$$E[\Phi(B)X_{t+k}X_t]/\gamma_0 = E(\varepsilon_{t+k}X_t)/\gamma_0 = 0$$

得到差分方程

$$\rho_k - \varphi_1 \rho_{k-1} - \cdots - \varphi_p \rho_{k-p} = 0$$

来解出(见本章末附录).

用类似的方法,只要 $\Theta(u)=0$ 的根都在单位圆外,就可以把 MA(q) 模型 $X_t = \Theta(B)\varepsilon_t$ 看成 $p=\infty$ 的自回归模型 $\Theta^{-1}(B)X_t = \varepsilon_t$,从而推断其偏相关函数拖尾.为了计算偏相关函数 a_{kk},设 $a_{k1}, a_{k2}, \cdots, a_{kk}$ 使得

$$\begin{aligned}
f &= E\left[\left(X_t - \sum_{i=1}^k a_{ki}X_{t-i}\right)^2\right] \\
&= E\left[X_t^2 - 2X_t\sum_{i=1}^k a_{ki}X_{t-i} + \left(\sum_{i=1}^k a_{ki}X_{t-i}\right)^2\right] \\
&= E(X_t^2) - 2\sum_{i=1}^k a_{ki}E(X_tX_{t-i}) + \sum_{i=1}^k\sum_{j=1}^k a_{ki}a_{kj}E(X_{t-i}X_{t-j}) \\
&= \gamma_0 - 2\sum_{i=1}^k a_{ki}\gamma_i + \sum_{i=1}^k\sum_{j=1}^k a_{ki}a_{kj}\gamma_{i-j} \quad (2.10)
\end{aligned}$$

达到最小.将最优条件 $\dfrac{\partial f}{\partial a_{kj}}=0(j=1,2,\cdots,k)$ 除以 $2\gamma_0$,写成矩阵方程

$$\begin{bmatrix} 1 & \rho_1 & \rho_2 & \cdots & \rho_{k-1} \\ \rho_1 & 1 & \rho_1 & \cdots & \rho_{k-2} \\ \vdots & \vdots & \vdots & & \vdots \\ \rho_{k-1} & \rho_{k-2} & \rho_{k-3} & \cdots & 1 \end{bmatrix}\begin{bmatrix} a_{k1} \\ a_{k2} \\ \vdots \\ a_{kk} \end{bmatrix} = \begin{bmatrix} \rho_1 \\ \rho_2 \\ \vdots \\ \rho_k \end{bmatrix}, \quad (2.11)$$

当 $k=1$ 时可以直接得到 $a_{11}=\rho_1$.令 $k=2$,解

$$\begin{bmatrix} 1 & \rho_1 \\ \rho_1 & 1 \end{bmatrix}\begin{bmatrix} a_{21} \\ a_{22} \end{bmatrix} = \begin{bmatrix} \rho_1 \\ \rho_2 \end{bmatrix} \quad (2.12)$$

得到

$$a_{22} = \frac{\rho_2 - a_{11}^2}{1 - a_{11}^2}.$$

当 k 较大时下面的莱文森－德宾(Levinson－Durbin[①])递推公式可以用来有效地计算偏相关函数：

$$a_{kk}=\frac{\rho_k-\sum\limits_{j=1}^{k-1}\rho_{k-j}a_{(k-1)j}}{1-\sum\limits_{j=1}^{k-1}\rho_j a_{(k-1)j}},\qquad(2.13)$$

其中 $a_{kj}=a_{(k-1)j}-a_{kk}a_{(k-1)(k-j)},j=1,2,\cdots,k-1.$ [②]

例(AR 和 MA 序列的自相关函数和偏相关函数)　考虑 AR(2)模型

$$X_t=0.4X_{t-1}+0.4X_{t-2}+\varepsilon_t\qquad(2.14)$$

和 MA(2)模型

$$X_t=\varepsilon_t+0.6\varepsilon_{t-1}-0.4\varepsilon_{t-2},\qquad(2.15)$$

试用模拟方法分别生成上述两个模型长度为 200 的时间序列,并展示对应的自相关函数和偏相关函数的图形.

解　R 程序中的 arima.sim()函数可以用来以模拟方法生成 ARMA 模型对应的时间序列.试用下面的 R 程序语句：

```
>sim.ar<-arima.sim(list(ar=c(0.4,0.4)),n=200)
```

生成 200 项 (2.14)式描述的 AR(2)模型,并且将它们存入 sim.ar.式中 list(ar=c(0.4,0.4))设定生成 AR 模型,且该模型的参数为 $\varphi_1=0.4$ 和 $\varphi_2=0.4$.类似地试用语句

```
>sim.ma<-arima.sim(list(ma=c(0.6,-0.4)),n=200)
```

生成 200 项(2.15)式描述的 MA(2)模型,并将它们存入 sim.ma.这里需要特别注意的是 R 语言中的 MA(q)模型写成

$$X_t=\varepsilon_t+\sum_{i=1}^q\theta_i\varepsilon_{t-i},$$

即系数前为正号,而定义(2.3)式中 MA 模型系数 θ_i 前为负号.因此在输入(2.15)式的系数时要注意这一约定.

自相关函数和偏相关函数的图形可以分别用 R 函数 acf()和 pacf()得到.下面的 R 程序中先用 par(mfrow=c(2,2))规定 4 个将要得到的图形应排成 2×2 矩阵,再作例题中要求的 4 个图形,执行后会在计算机显示屏幕弹出新窗口(见图 15－1)给出自相关函数和偏相关函数的图形.在 acf()和 pacf()的图中,横轴上下两侧的虚线是统计上是否显著不同于零的临界值,当时间序列的自

---

①　Levinson,N. The Wiener RMS error criterion in filter design and prediction. J. Math. Phys. ,25：261－278,1947. Durbin,J. The fitting of time series models. Rev. Int. Statist. Inst. ,28：233－243,1960.

②　递推顺序按 $a_{11}-a_{22}-a_{21}-a_{33}-a_{31}-a_{32}-a_{44}-\cdots$进行.

相关函数或偏相关函数的值落在这两条虚线以内的区域时,视为无法区别于 0. 在 acf() 和 pacf() 函数中,采用标准正态分布的 95% 置信区间来确定临界值 $\pm 2/\sqrt{n}$,其中 n 为时间序列的长度. 从图 15-1 中可以清楚地看到生成的 AR(2) 序列的偏相关函数(从滞后 Lag=1 开始)在 Lag=2 处截尾,而它的自相关函数是拖尾的. 成为对比的是生成的 MA(2) 序列的自相关函数(从滞后 Lag=0 开始)在 Lag=2 处截尾(在 Lag=9 处大约等于临界值),而它的偏相关函数是拖尾的. 相关 R 程序如下:

```
>par(mfrow = c(2,2))
>acf(sim.ar,main = "ACF of AR(2)")
>acf(sim.ma,main = "ACF of MA(2)")
>pacf(sim.ar,main = "PACF of AR(2)")
>pacf(sim.ma,main = "PACF of MA(2)")
```

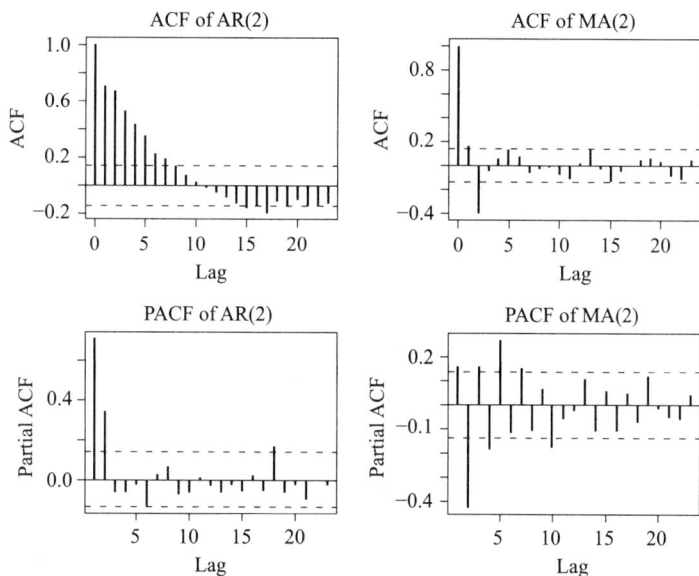

图 15-1

由于 ARMA 模型比 AR 模型和 MA 模型都更一般,它的自相关函数和偏相关函数都拖尾. 表 15-1 总结了 ARMA(p,q) 模型及其特例 AR(p) 和 MA(q) 的性质.

对于非半稳的时间序列 X_t,我们常考虑其导出的差分序列 $Y_t = X_t - X_{t-1}$. 例如金融市场中的证券指数(如上证指数)有长期的增长趋势,因而作为时间序列是非平稳的.但其相应的对数序列的差分序列却是平稳的,它反映证券指数的百分比增益在固定范围内波动.如果差分序列仍非平稳,还可以考虑再做差分,也就是考虑原时间序列的二阶差分.当 X_t 的 d 阶差分序列满足 ARMA(p,q) 模型时,我们说 X_t 满足 ARIMA(p,d,q) 模型.当 $d=0$ 时,ARIMA$(p,0,q)=$ ARMA(p,q).

表 15—1　三种线性模型的性质

模型	MA(q)	AR(p)	ARMA(p,q)
基本方程	$X_t=\Theta(B)\varepsilon_t$	$\Phi(B)X_t=\varepsilon_t$	$\Phi(B)X_t=\Theta(B)\varepsilon_t$
自相关函数	截尾	拖尾	拖尾
偏相关函数	拖尾	截尾	拖尾

§3　模型的应用

在实际应用中观察时间序列得到的总是一个有限的样本.我们必须依据这些有限的信息来初步判断适用的模型,然后对模型的参数进行估计.由于我们依据的是不完全的信息,上述做法完全可能导致不同类型的,或同类但不同阶数的模型.要最终确定可以应用的模型,还须对得到的模型进行考核,经考核合格的模型才能用于对时间序列的实际预报.下面我们结合 R 函数的应用来逐一讨论这些步骤.

(一) 模型识别

将对时间序列进行观测得到的有限样本记为 $y_1,y_2,\cdots,y_n$,其中 n 为**样本长度**,用

$$\bar{y}=\frac{\sum\limits_{i=1}^{n}y_i}{n}$$

作为这个时间序列均值的估计.再令 $x_i=y_i-\bar{y}(i=1,2,\cdots,n)$,得到一个零均值序列.用

$$\hat{\gamma}_k=\frac{1}{n}\sum_{i=1}^{n-k}x_ix_{i+k} \tag{3.1}$$

作为协方差函数的估计.虽然(3.1)式是有偏估计,但它可以保证自相关函数的非负定性.而且由于实际应用中 n 都很大(至少大于 50)且远大于 k(通常 $k<n/10$),(3.1)式与无偏估计 $\sum\limits_{i=1}^{n-k}x_ix_{i+k}/(n-k)$ 相差很小.

由上节表 15－1 可知,如果已知模型为 AR(p)或 MA(q),则可用偏相关函数或自相关函数来确定它们的阶数.但是对于一般的 ARMA 模型,偏相关函数和自相关函数都是拖尾的.因此这两种相关函数难以直接用来有效地确定 ARMA 模型的阶数.针对这一问题,Tsay 和 Tiao 发展了广义自相关函数(EACF).[1]其原理是如果已知 ARMA 模型的 AR 部分的阶数 p,那么其系数可以通过对观测数据用回归方法得到,余下的 MA 部分的阶数可以用自相关函数的截尾性确定.广义自相关函数方法中对每个给定的 AR 阶数 p,将对应的 MA 部分的自相关函数按时间差由小到大表示为行向量.

例1[2](广义自相关函数) 表 15－2 和表 15－3 是 3M 公司的股票自 1946 年 2 月到 2008 年 12 月(共 $T=755$ 个月)月回报对数的广义自相关函数表.其中表 15－2 为数值表,表 15－3 为对应的简化表.简化表的做法是以 $2\sqrt{T}$ 为界,绝对值小于这个界的用 O 来表示,大于这个界的用 X 来表示.理论上说简化广义自相关函数矩阵中 O 项构成的三角形的左上角的位置就指示了 ARMA 的阶数(参见下述例 2),但在这个例子里当 $p=0$ 时 $q=2,5,9,11$ 处的值 -0.08, $0.08,-0.08,0.09$ 的绝对值只比 $2/\sqrt{755}=0.073$ 略大一点点.如果略微放松截尾的界值,则 $p=0,q=2,5,9,11$ 处的 X 就会变成 O,这样我们可以看出 $(p,q)=(0,0)$.实际情况经常不是非黑即白的.

表 15－2 EACF 数值表

p	q												
	0	1	2	3	4	5	6	7	8	9	10	11	12
0	-0.06	-0.04	-0.08	0	0.02	0.08	0.01	0.01	-0.03	-0.08	0.05	0.09	-0.01
1	-0.47	0.01	-0.07	-0.02	0	0.08	-0.03	0	-0.01	-0.07	0.04	0.09	-0.02
2	-0.38	-0.35	-0.07	0.02	-0.01	0.08	0.03	0.01	0	-0.03	0.02	0.04	0.04
3	-0.18	0.14	0.38	-0.02	0	0.04	-0.02	0.02	-0.00	-0.03	0.02	0.01	0.04
4	0.42	0.03	0.45	-0.01	0	-0.02	0.03	0.01	0	0.02	0.02		0.01
5	-0.11	0.21	0.45	0.01	0.20	-0.01	0	0.04	-0.01	-0.01	0.03	0.01	0.03
6	-0.21	-0.25	0.24	0.31	0.17	-0.04		0.04	-0.01	-0.03	0.01	0.01	0.04

---

[1] Tsay,R. S.,Tiao,G. C. Consistent estimates of autoregressive parameters and extended sample autocorrelation function for stationary and nonstationary ARMA models. Journal of the American Statistical Association,79:84－96,1984.

[2] 本例取自 Tsay,R. S. Analysis of financial time series. 3rd edition. Wiley,2010.

表 15－3　EACF 简化表

p	*q*												
	0	1	2	3	4	5	6	7	8	9	10	11	12
0	O	O	X	O	O	X	O	O	O	X	O	X	O
1	X	O	O	O	O	X	O	O	O	O	O	X	O
2	X	X	O	O	O	O	O	O	O	O	O	O	O
3	X	X	X	O	O	O	O	O	O	O	O	O	O
4	X	O	O	O	O	O	O	O	O	O	O	O	O
5	X	X	X	O	X	O	O	O	O	O	O	O	O
6	X	X	X	X	X	O	O	O	O	O	O	O	O

□

　　在 R 中已有由 eacf() 函数直接给出的广义自相关函数简化表,下面举例说明其应用.

　　例 2　调用 eacf() 函数处理时间序列要用到 R 中的特殊函数库 fBasics 和 TSA. 打开 R 后点击菜单中的程序包,再选子菜单中的加载程序包,就可以从函数库的目录中选择这两个库并加载①. 然后用下面的指令调用:

> library(fBasics)

> library(TSA)

再用指令 arima.sim 生成对应于模型

$$X_t = 0.3X_{t-1} - 0.7X_{t-2} + \varepsilon_t + 0.5\varepsilon_{t-1},$$

长度为 $n=120$ 的时间序列并存入 x.

> x< - arima.sim(list(order = c(2,0,1),ar = c(0.3, - 0.7),ma = c(0.5)),n = 120)

注意当模型中同时具有 AR 和 MA 部分时,要先用 order = c(p,0,q) 给定 AR 部分的阶数 p 和 MA 部分的阶数 q,中间的 0 是指差分的阶数. 接着用 R 的 eacf() 函数来识别模型:

> eacf(x,ar.max = 6,ma.max = 6)

```
AR/MA
 0 1 2 3 4 5 6
0 x x x x x x x
1 x x x x x x x
```

① 如果在加载程序包的选项中找不到 fBasics 和 TSA,则要在 R 的主菜单中的程序包选项下先选 Install package(s) from local files... 来装载 fBasics 和 TSA 这两个库.

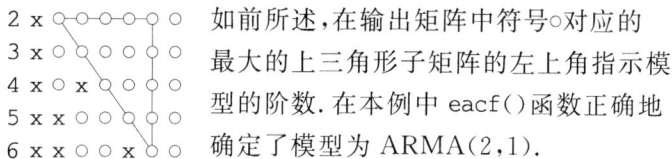

```
2  x  o  o  o  o  o  o
3  x  o  o  o  o  o  o
4  x  o  x  o  o  o  o
5  x  x  o  o  o  o  o
6  x  x  o  o  x  o  o
```

如前所述,在输出矩阵中符号○对应的最大的上三角形子矩阵的左上角指示模型的阶数.在本例中 eacf() 函数正确地确定了模型为 ARMA(2,1).

□

值得指出的是,由于时间序列的随机性,应用 eacf() 函数于一组特定的观察值并不一定能保证正确地识别模型.反复运行上述两条指令可发现 eacf() 函数只是以比较大的概率正确地识别模型,误判是可能发生的.

(二) 参数估计

知道了模型的阶数以后,还要估计模型的参数,未知参数除了模型中的系数外还包括 σ_ε^2. 大致来说参数估计的方法是用观测样本和(3.1)式得到的估计值 $\hat{\gamma}_i$ 代替 §2 公式(2.6)中的 γ_i,可估计模型 MA(q) 的参数 $\theta_i(i=1,2,\cdots,q)$ 和 σ_ε^2. 类似地,由 $\hat{\gamma}_i$ 得到估计值 $\hat{\rho}_i=\hat{\gamma}_i/\hat{\gamma}_0$ 并代入矩阵方程(2.11),可以解出模型 AR(p) 的参数 $\varphi_i(i=1,2,\cdots,p)$ 的估计. 一般的 ARMA(p,q) 模型的参数估计是上述两种模型参数估计方法的结合. R 函数库中的 arima() 函数可以用来对模型进行参数估计,指令如下(符号 % 后为说明):

```
>m = arima(x,order = c(2,0,1)) % 按 ARMA(2,1)模型作参数估计并存入 m
>m % 显示结果
Call:
arima(x = x,order = c(2,0,1))
Coefficients:
          ar1        ar2      ma1     intercept
        0.2334     -0.7202   0.5936    0.0548
s.e.    0.0721      0.0675   0.0860    0.0997
```

sigma^2 estimated as 1.03;log likelihood = -173.36,aic = 354.72

可以看到函数 arima() 得到了相对准确的参数估计值 $\hat{\varphi}_1=0.2334,\hat{\varphi}_2=-0.7202$, $\hat{\theta}_1=0.5936$,并给出了相应的标准误差(s.e.),同时它也估计出 $\sigma_\varepsilon^2=1.03$.值得说明的是,这里截距(intercept)$m=0.0548$ 的意义为时间序列 X_t-m 满足给出的模型.在这个例子里 $m=0.0548$ 可以近似看作为零.

(三) 模型考核

前面说过在时间序列模型识别过程中误判的可能是存在的,因此通过上面的模型识别与参数估计得到的模型需要通过考核. 如果通不过考核,就需要考虑其他可能的模型. 下面用例 2 来介绍常用的考核方法. 上述模型识别与参数估计给出

$$X_t = \hat{\varphi}_1 X_{t-1} + \hat{\varphi}_2 X_{t-2} + \varepsilon_t + \hat{\theta}_1 \varepsilon_{t-1}.$$

用 $x_t, t = 1, 2, \cdots, n$ 记时间序列的观察值. 当 $t \leq 0$ 时,设 $x_t = \varepsilon_t = 0$ 是合理的. 这样可以自上式解出

$$\hat{\varepsilon}_1 = x_1,$$

$$\hat{\varepsilon}_2 = x_2 - \hat{\varphi}_1 x_1 - \hat{\theta}_1 \hat{\varepsilon}_1,$$

$$\hat{\varepsilon}_3 = x_3 - \hat{\varphi}_1 x_2 - \hat{\varphi}_2 x_1 - \hat{\theta}_1 \hat{\varepsilon}_2,$$

$$\hat{\varepsilon}_4 = x_4 - \hat{\varphi}_1 x_3 - \hat{\varphi}_2 x_2 - \hat{\varphi}_3 x_1 - \hat{\theta}_1 \hat{\varepsilon}_3,$$

············

如此递推得到 ε_t 序列的估计 $\hat{\varepsilon}_t, t = 1, 2, \cdots, n$. 如果模型很接近实际情况,那么 $\hat{\varepsilon}_t$, $t = 1, 2, \cdots, n$ 应有白噪声序列的特征. 这是用以考核模型的基础. 对于 ARMA (p, q) 模型,我们常用其自相关函数是否接近于零来做判断,也就是检验假设 $H_0 : \hat{\rho}_1 = \hat{\rho}_2 = \cdots = \hat{\rho}_k = 0$. 用效果比较好的 Box - Ljung 方法考察统计量

$$Q = n(n+2) \sum_{k=1}^{h} \frac{\hat{\rho}_k^2}{n-k},$$

其中 $\hat{\rho}_k$ 是 $\hat{\varepsilon}_t, t = 1, 2, \cdots, n$ 的自相关函数. 当 $\hat{\varepsilon}_t, t = 1, 2, \cdots, n$ 为白噪声序列时, Q 应服从自由度为 h 的 χ^2 分布. R 的函数库包含 Box.test 函数,可以直接调用 Box - Ljung 方法,指令是:

```
> Box.test(m$residuals,lag = 12,type = 'Ljung',fitdf = 3)
        Box - Ljung test
data: m$residuals
X - squared = 2.9414,df = 9,p - value = 0.9666
```

调用这个函数时一般用 lag $= n/10$ 来给出自由度,并用 fitdf $= p+q$ 给出约束的数目. 于是对于此例,自由度就是 df $=$ lag $- p - q = 9$. p 值为 0.966 6,远大于拒绝假设 H_0 的显著性水平 0.05. 因而按 0.05 的显著性水平,这个模型可以通过考核.

(四) 预报

在金融、气象、经济和工程实践中经常遇到的问题是如何根据历史和现状来预测将来的情况,因此建立并考核时间序列模型的最终目的是对时间序列进行预报. 下面以零均值时间序列为例来讨论预报问题. 设 $x_i, i = 1, 2, \cdots, n$ 为一个零均值时间序列的观察值,用它来对 $x_{n+l}, l > 0$ 作估计,并将这个估计值记为

$\hat{x}_n(l)$. 这里 l 表示预报的是 n 个观测数据之后的第 l 个数据, 叫做 l 步预报. 在作 l 步预报时总会遇到 n 以后的白噪声的值. 注意到当 $s > t$ 时

$$E(\varepsilon_s X_t) = 0,$$

也就是说 $x_i, i = 1, 2, \cdots, n$ 与 $t > n$ 以后的 ε_t 是不相关的. 所以我们约定 $l > 0$ 时

$$\hat{\varepsilon}_{n+l} = 0,$$

也就是说将 n 以后的 ε_{n+l} 的估计值都取为零. 预报的原理是去寻找 $\hat{x}_n(l)$ 作为 $x_i, i = 1, 2, \cdots, n$ 的一个线性函数 $\hat{x}_n(l) = \sum_{i=1}^{n} c_i x_i$ 使得

$$E\{[x_{n+l} - \hat{x}_n(l)]^2\}$$

达到最小, 这样的 $\hat{x}_n(l)$ 称为 x_{n+l} 的**线性最小方差估计**. 下面来讨论 AR, MA 和 ARMA 模型的具体预报方法.

AR 模型的预报

由 (2.2) 式知用估计好的参数 $\hat{\varphi}_i (i = 1, 2, \cdots, p)$ 可将模型写成

$$x_{n+l} = \hat{\varphi}_1 x_{n+l-1} + \hat{\varphi}_2 x_{n+l-2} + \cdots + \hat{\varphi}_p x_{n+l-p} + \varepsilon_{n+l}.$$

已知 $l > 0$ 时 ε_{n+l} 的估计 $\hat{\varepsilon}_{n+l} = 0$, 因此估计公式成为

$$x_{n+l} = \hat{\varphi}_1 x_{n+l-1} + \hat{\varphi}_2 x_{n+l-2} + \cdots + \hat{\varphi}_p x_{n+l-p}.$$

当 $l = 1$ 时

$$\hat{x}_n(1) = \hat{\varphi}_1 x_n + \hat{\varphi}_2 x_{n-1} + \cdots + \hat{\varphi}_p x_{n-p+1}.$$

当 $l = 2$ 时公式右边所需的 x_{n+1} 用 $\hat{x}_n(1)$ 来替代, 得到

$$\hat{x}_n(2) = \hat{\varphi}_1 \hat{x}_n(1) + \hat{\varphi}_2 x_n + \cdots + \hat{\varphi}_p x_{n-p+2}.$$

类似地, 当 $l = 3$ 时

$$\hat{x}_n(3) = \hat{\varphi}_1 \hat{x}_n(2) + \hat{\varphi}_2 \hat{x}_n(1) + \hat{\varphi}_3 x_n + \cdots + \hat{\varphi}_p x_{n-p+3}.$$

不断递推就可以得到任意第 l 步的预报值. 只是 l 越大, 预报的准确性就越差. 如果对 $k \leqslant 0$ 约定 $\hat{x}_n(k) = x_{n+k}$, 那么上面的预报公式可以简约地写成

$$\hat{x}_n(l) = \sum_{i=1}^{p} \hat{\varphi}_i \hat{x}_n(l-i).$$

MA 模型的预报

估计好参数 $\hat{\theta}_i, i = 1, 2, \cdots, q$ 后模型为

$$x_{n+l} = \varepsilon_{n+l} - \hat{\theta}_1 \varepsilon_{n+l-1} - \cdots - \hat{\theta}_q \varepsilon_{n+l-q}. \tag{3.2}$$

当 $s > n$ 时 $\varepsilon_s = 0$, 因此 $l > q$ 时上式的右端各项均为零. 因此 $\hat{x}_n(l) = 0$.

当 $1 \leqslant l \leqslant q$ 时, 由 (3.2) 式可知关键在于预报 $\varepsilon_i, i = n-q+1, \cdots, n$. 将 (3.2) 式改写为

$$\varepsilon_t = x_t + \hat{\theta}_1 \varepsilon_{t-1} + \cdots + \hat{\theta}_q \varepsilon_{t-q}.$$

注意到当 $s \leqslant 0$ 时 $\varepsilon_s = 0$,我们可以用递推的方法得到

$$\hat{\varepsilon}_1 = x_1,$$

$$\hat{\varepsilon}_2 = x_2 + \hat{\theta}_1 \hat{\varepsilon}_1$$

$$= x_2 + \hat{\theta}_1 x_1,$$

$$\hat{\varepsilon}_3 = x_3 + \hat{\theta}_1 \hat{\varepsilon}_2 + \hat{\theta}_2 \hat{\varepsilon}_1$$

$$= x_3 + \hat{\theta}_1 (x_2 + \hat{\theta}_1 x_1) + \hat{\theta}_2 x_1,$$

$$\cdots\cdots\cdots\cdots$$

算出 $\hat{\varepsilon}_i, i = n - q + 1, \cdots, n$ 以后,把它们代回(3.2)式就可以得到预报值 $\hat{x}_n(l)$,$l = 1, 2, \cdots, q$.

ARMA 模型的预报

结合 AR 和 MA 模型的预报方法就可以预报 ARMA 模型. 先把 ARMA 模型写成

$$x_{n+l} = \hat{\varphi}_1 x_{n+l-1} + \cdots + \hat{\varphi}_p x_{n+l-p} + \varepsilon_{n+l} - \hat{\theta}_1 \varepsilon_{n+l-1} - \cdots - \hat{\theta}_q \varepsilon_{n+l-q}. \qquad (3.3)$$

当 $l > q$ 时,有 $\hat{\varepsilon}_{n+l} = \hat{\varepsilon}_{n+l-1} = \cdots = \hat{\varepsilon}_{n+l-q} = 0$,于是 ARMA 模型(3.3)变成

$$x_{n+l} = \hat{\varphi}_1 x_{n+l-1} + \cdots + \hat{\varphi}_p x_{n+l-p}.$$

我们可以应用和 AR 模型相同的预报方法.

当 $1 \leqslant l \leqslant q$ 时,可以用类似 MA 模型的方法得到 $\hat{\varepsilon}_i, i = n - q + 1, \cdots, n$,然后把它们代回(3.3)式,再应用 AR 模型的预报方法得到 $\hat{x}_n(l), l = 1, 2, \cdots, q$.

R 函数库中的 predict() 函数可以用来方便地对考核过的 ARIMA 模型进行预报. 下面再以例 2 中生成的时间序列为例来说明如何使用 predict() 函数来预报并作图. 指令

> m.pred < - predict(arima(x,order = c(2,0,1)),n.ahead = 10)

按 ARMA(2,1) 模型生成对 x 的 10 步预报并存入 m.pred. 预报结果 m.pred 中包含两部分信息:预报值 m.pred\$pred 和预报标准误差 m.pred\$se. 下面的指令运用这些信息作出预报,如图 15-2 所示.

> plot(x,xlim = c(0,130)) % 图示原始数据并预留 130-120 = 10 步预报空间

> lines(m.pred\$pred,lwd = 2) % 图示预报值,lwd = 2 指定线条为 2 倍标准线粗

> lines(m.pred\$pred + 2 * m.pred\$se,lty = 2) % 图示预报值上限,lty = 2 指定用虚线

>lines(m.pred$pred-2*m.pred$se,lty=2)%图示预报值下限,lty=2 指
定用虚线

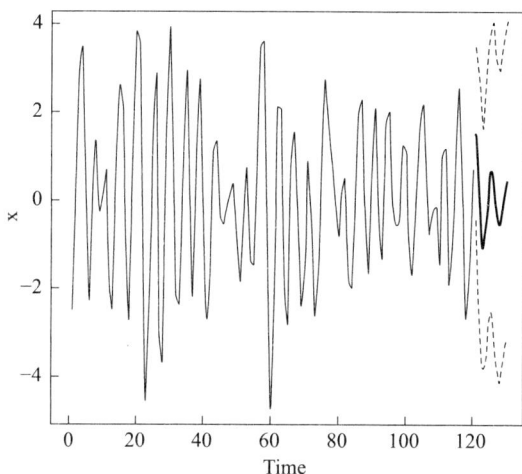

图 15—2

下例将以上讨论的方法应用于实际数据.

例 3 已公布的统计数据列举了 10 年期国债利率从 2005 年 1 月至 2014 年
12 月的 120 个月度变化情况. 试用其一阶差分时间序列的前面 114 项建立模
型,对最后 5 项进行预报并与实际数据比较.

解 先从本书数字课程网站下载数据文件 shuju.csv,存入子目录 C:/R -
example(或任何其他子目录),并用指令
>setwd("C:/R - example")
将上述子目录设置为 R 的工作目录. 然后用下面的指令读入数据,计算差分序
列并画出其前 114 项的 ACF 和 PACF 图形(见图 15—3).
>bond10 = read.csv(file = "shuju.csv",head = TRUE,sep = ",")
>l = length(bond10$Yield)%计算序列长度
>h< - diff(bond10$Yield)%计算利率差分序列
>x< - h[1:(l-5)]%保留最后五项
>par(mfrow = c(2,1))
>acf(x)
>pacf(x)

观察自相关函数和偏相关函数图形的截尾性质可见 AR(1),MA(1)以及
MA(6)都是可能的模型.

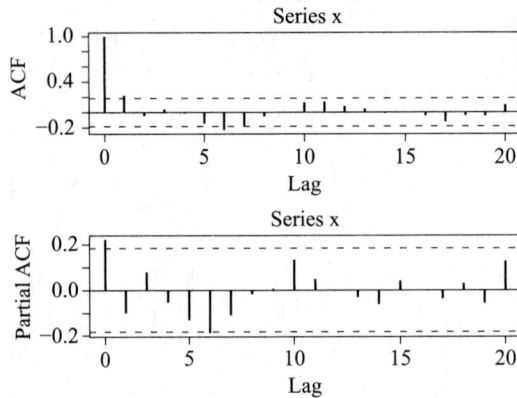

图 15—3

　　我们先考虑 AR(1) 模型并用 arima() 函数来估计参数如下：

```
>m1 = arima(x,order = c(1,0,0))
>m1
Call：
arima(x = x,order = c(1,0,0))
Coefficients：
         ar1    intercept
      0.2207    - 0.0149
s.e.  0.0909     0.0257
```

sigma^2 estimated as 0.04607；log likelihood = 13.64，aic = - 21.27

参数估计的结果给出如下模型：

$$x_t = -0.014\,9 + 0.220\,7 x_{t-1} + \sqrt{0.046\,07}\,\theta_t,$$

其中 $\theta_t \sim N(0,1)$. 接下来用 Box – Ljung 方法来考核模型. 指令是

```
>Box.test(m1 $residuals,lag = 12,type = 'Ljung',fitdf = 1)
        Box – Ljung test
data： m1 $residuals
X – squared = 12.7208,df = 11,p – value = 0.312
```

对于此例，自由度是 df = 11. p 值为 0.312，远大于拒绝假设 H_0 的显著性水平 0.05. 因而按 0.05 的显著性水平，这个模型可以通过考核. 接下来我们用 AR(1) 模型来作预报并和保留的 5 个数据相比较. 由图 15—4 可见实际数据和预报相当接近.

```
>m1.pred< - predict(arima(x,order = c(1,0,0)),n.ahead = 5)
```

```
＞plot(x,xlim = c(0,119))
＞lines(m1.pred$pred,lwd = 2)
＞lines(m1.pred$pred + 2 * m1.pred$se, lty = 2)
＞lines(m1.pred$pred - 2 * m1.pred$se, lty = 2)
＞lines(h,lwd = 1)
```

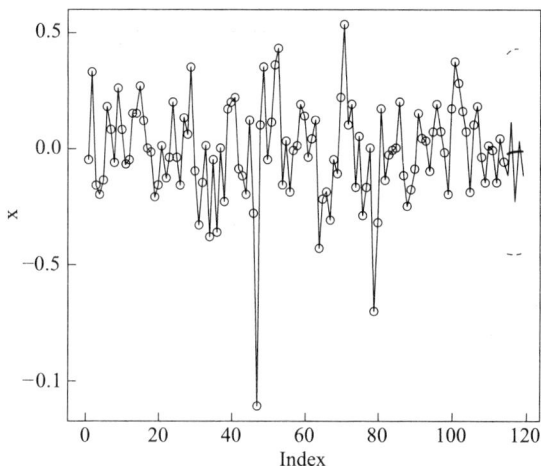

图 15—4

　　最后我们指出用同样方法可得出 MA(1)和 MA(6)也能通过考核并很好预报上述差分序列(习题).由此可见对于实际问题,适合的模型可能不是唯一的,取舍通常要视实际情况而定.　　　　　　　　　　　　　　　　　　□

小结

　　时间序列有着广泛的应用.本章着重讨论平稳时间序列的线性自回归滑动平均模型及其特例自回归模型和滑动平均模型.自相关函数和偏相关函数是刻画时间序列的重要数字特征,它们可以有效地区分自回归滑动平均模型和它的子模型,并可以用来估计这些模型的阶数.

　　在实际应用中,我们可以通过观察得到时间序列的有限样本.根据样本可以判断适用的模型,然后进行参数估计.如果得到的模型通过考核,则可以用来对时间序列给出预报.整个应用过程中所需的步骤都已经程序化,我们通过应用实例介绍了如何使用相关的函数来建模.

■ **重要术语及主题**

　　时间序列　平稳时间序列　线性自回归滑动平均模型　自回归模型　滑动平均模型
自相关函数　偏相关函数　模型识别　参数估计　模型考核　预报

附录　差分方程的解

我们看到 AR(p)模型的自相关函数满足方程

$$\rho_k - \varphi_1 \rho_{k-1} - \cdots - \varphi_p \rho_{k-p} = 0, \tag{1}$$

这是一个典型的差分方程.为求解,设 $\rho_k = x^k$,代入(1)式并除以 x^{k-p} 得到代数方程

$$x^p - \varphi_1 x^{p-1} - \cdots - \varphi_{p-1} x - \varphi_p = 0. \tag{2}$$

(2)式称为差分方程(1)的特征方程.易见,如果 ξ 是代数方程(2)的根,则 $\rho_k = \xi^k$ 为差分方程(1)的解.代数方程(2)一般有 p 个根 $\xi_1, \xi_2, \cdots, \xi_p$(假设没有重根).由于差分方程(1)是线性的,其解的线性组合仍然是解.由此得到差分方程(1)的解的一般形式为

$$\rho_k = a_1 \xi_1^k + a_2 \xi_2^k + \cdots + a_p \xi_p^k,$$

其中 $a_1, a_2, \cdots, a_p$ 为参数,它们可由前 p 个自相关函数的值来确定.

习题

1. 用延迟算子表示下列模型:

(1) $X_t - 0.5 X_{t-1} = \varepsilon_t$.

(2) $X_t = \varepsilon_t - 0.7 \varepsilon_{t-1} - 0.24 \varepsilon_{t-2}$.

(3) $X_t - 0.5 X_{t-1} = \varepsilon_t - 0.7 \varepsilon_{t-1} - 0.24 \varepsilon_{t-2}$.

(4) $X_t - 1.5 X_{t-1} + 0.5 X_{t-2} = \varepsilon_t$.

(5) $X_t - X_{t-1} = \varepsilon_t - 0.5 \varepsilon_{t-1}$.

2. 将上题中的模型(1)—(5)按 ARMA(p, q)分类.

3. 证明自相关函数的性质:(1) $\rho_k = \rho_{-k}$ 和(2) $|\rho_k| \leqslant 1$.

4. 求 $X_t = \varepsilon_t - 0.5 \varepsilon_{t-1} - 0.24 \varepsilon_{t-2}$ 的自相关函数.

5. 将 §2 例中运用的 R 程序用于下列模型:

(1) $X_t - 0.5 X_{t-1} = \varepsilon_t$.

(2) $X_t = \varepsilon_t - 0.7 \varepsilon_{t-1} - 0.24 \varepsilon_{t-2}$.

6. 反复运行 §3 例 2 中的 arima.sim()和 eacf()至少 100 次,函数正确识别模型的频率有多大? 与同学的结果作综合比较,这个频率稳定吗?

7. 讨论 MA(1)和 MA(6)模型对 §3 例 3 中 10 年期国债利率的一阶差分时间序列的适用性.

选 做 习 题

1. 一打靶场备有 5 支某种型号的枪,其中 3 支已经校正,2 支未经校正.某人使用已校正的枪击中目标的概率为 p_1,使用未经校正的枪击中目标的概率为 p_2.他随机地取一支枪进行射击,已知他射击了 5 次,都未击中,求他使用的是已校正的枪的概率(设各次射击的结果相互独立).

2. 某人共买了 11 个水果,其中有 3 个是二级品,8 个是一级品.随机地将水果分给 A,B,C 三人,各人分别得到 4 个、6 个、1 个.

(1) 求 C 未拿到二级品的概率.

(2) 已知 C 未拿到二级品,求 A,B 均拿到二级品的概率.

(3) 求 A,B 均拿到二级品而 C 未拿到二级品的概率.

3. 一系统 L 由两个只能传输字符 0 和 1 的独立工作的子系统 L_1 与 L_2 串联而成(如题 3 图),每个子系统输入为 0 输出为 0 的概率为 $p(0<p<1)$;而输入为 1 输出为 1 的概率也是 p.今在图中 a 端输入字符 1,求系统 L 的 b 端输出字符 0 的概率.

题 3 图

4. 甲、乙两人轮流掷一颗骰子,每轮掷一次,谁先掷得 6 点谁得胜,从甲开始掷,问甲、乙得胜的概率各为多少?

5. 将一颗骰子掷两次,考虑事件 $A=$"第一次掷得点数 2 或 5",$B=$"两次点数之和至少为 7",求 $P(A),P(B)$,并问事件 A,B 是否相互独立.

6. A,B 两人轮流射击,每次每人射击一枪,射击的次序为 $A,B,A,B,A,\cdots$,射击直至击中两枪为止.设每人击中的概率均为 p,且各次击中与否相互独立.求击中的两枪是由同一人射击的概率.(提示:分别考虑两枪是由 A 击中的与两枪是由 B 击中的两种情况,若两枪是由 A 击中的,则射击必然在奇数次结束. 又当 $|x|<1$ 时,$1+2x+3x^2+\cdots=1/(1-x)^2$.)

7. 有 3 个独立工作的元件 1、元件 2、元件 3,它们的可靠性分别为 p_1,p_2,p_3.设由它们组成一个"3 个元件取 2 个元件的表决系统",记为 $2/3[G]$.这一系统的运行方式是当且仅当 3 个元件中至少有 2 个正常工作时这一系统正常工作.求这一 $2/3[G]$ 系统的可靠性.

8. 在如题 8 图所示的桥式结构的电路中,第 i 个继电器触点闭合的概率为 $p_i,i=1,2,3,4,5.$ 各继电器工作相互独立.

(1) 以继电器触点 1 是否闭合为条件,求 A 到 B 之间为通路的概率.

(2) 已知 A 到 B 为通路的条件下,求继电器触点 3 闭

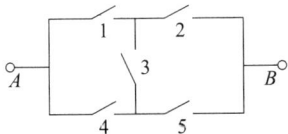

题 8 图

合的概率.

9. 进行非学历考试,规定考甲、乙两门课程,每门课程考试第一次未通过都只允许考第二次.考生仅在课程甲通过后才能考课程乙,如两门课程都通过可获得一张资格证书.设某考生通过课程甲的各次考试的概率为 p_1,通过课程乙的各次考试的概率为 p_2,设各次考试的结果相互独立.又设考生参加考试直至获得资格证书或者不准予再考为止.以 X 表示考生总共需考试的次数.求 X 的分布律.

10. (1) 5 只电池中有 2 只是次品,每次取一只测试,直到将 2 只次品都找到.设第 2 只次品在第 X ($X=2,3,4,5$) 次找到,求 X 的分布律(注:实际上第 5 次检测可无须进行).

(2) 5 只电池中 2 只是次品,每次取一只,直到找出 2 只次品或 3 只正品为止.写出需要测试的次数的分布律.

11. 向某一目标发射炮弹,设炮弹弹着点离目标的距离为 R (以 10 m 计),R 服从瑞利分布,其概率密度为

$$f_R(r)=\begin{cases}\dfrac{2r}{25}\mathrm{e}^{-r^2/25}, & r>0,\\[2mm] 0, & r\leqslant 0.\end{cases}$$

若弹着点离目标不超过 5 个单位时,目标被摧毁.

(1) 求发射一枚炮弹能摧毁目标的概率.

(2) 为使至少有一枚炮弹能摧毁目标的概率不小于 0.94,问最少需要独立发射多少枚炮弹?

12. 设一枚深水炸弹击沉一潜艇的概率为 1/3,击伤的概率为 1/2,击不中的概率为 1/6.并设击伤两次也会导致潜艇下沉.求施放 4 枚深水炸弹能击沉潜艇的概率.(提示:先求击不沉的概率.)

13. 一盒中装有 4 只白球,8 只黑球,从中取 3 只球,每次一只,作不放回抽样.

(1) 求第 1 次和第 3 次都取到白球的概率.(提示:考虑第 2 次的抽取.)

(2) 求在第 1 次取到白球的条件下,前 3 次都取到白球的概率.

14. 设元件的寿命 T (以 h 计)服从指数分布,分布函数为

$$F(t)=\begin{cases}1-\mathrm{e}^{-0.03t}, & t>0,\\ 0, & t\leqslant 0.\end{cases}$$

(1) 已知元件至少工作了 30 h,求它能再至少工作 20 h 的概率.

(2) 由 3 个独立工作的此种元件组成一个 2/3[G]系统(参见第 7 题).求这一系统的寿命 $X>20$ 的概率.

15. (1) 已知随机变量 X 的概率密度为 $f_X(x)=\dfrac{1}{2}\mathrm{e}^{-|x|}$,$-\infty<x<\infty$,求 X 的分布函数.

(2) 已知随机变量 X 的分布函数为 $F_X(x)$,另有随机变量

$$Y=\begin{cases}1, & X>0,\\ -1, & X\leqslant 0,\end{cases}$$

试求 Y 的分布律和分布函数.

16. (1) 设随机变量 X 服从泊松分布,其分布律为

$$P\{X=k\}=\frac{\lambda^{k}\mathrm{e}^{-\lambda}}{k!}, \quad k=0,1,2,\cdots,$$

问当 k 取何值时 $P\{X=k\}$ 为最大?

(2) 设随机变量 X 服从二项分布,其分布律为

$$P\{X=k\}=\binom{n}{k}p^{k}(1-p)^{n-k}, \quad k=0,1,2,\cdots,n.$$

问当 k 取何值时 $P\{X=k\}$ 为最大?

17. 若离散型随机变量 X 具有分布律

X	1	2	$\cdots$	n
p_k	$\dfrac{1}{n}$	$\dfrac{1}{n}$	$\cdots$	$\dfrac{1}{n}$

则称 X 服从取值为 $1,2,\cdots,n$ 的离散型均匀分布. 对于任意非负实数 x,记 $[x]$ 为不超过 x 的最大整数. 设随机变量 $U\sim U(0,1)$,证明 $X=[nU]+1$ 服从取值为 $1,2,\cdots,n$ 的离散型均匀分布.

18. 设随机变量 $X\sim U(-1,2)$,求 $Y=|X|$ 的概率密度.

19. 设随机变量 X 的概率密度为

$$f_X(x)=\begin{cases} 0, & x<0, \\ \dfrac{1}{2}, & 0\leqslant x<1, \\ \dfrac{1}{2x^2}, & 1\leqslant x<\infty. \end{cases}$$

求 $Y=\dfrac{1}{X}$ 的概率密度.

20. 设随机变量 X 服从参数为 $1/\lambda$ 的指数分布. 验证随机变量 $Y=[X]$ 服从参数为 $1-\mathrm{e}^{-\lambda}$ 的几何分布. 这一事实表明连续型随机变量的函数可以是离散型随机变量.

21. 投掷一枚硬币直至正面出现为止,引入随机变量

$$X=投掷总次数.$$

$$Y=\begin{cases} 1, & 若首次投掷得到正面, \\ 0, & 若首次投掷得到反面. \end{cases}$$

(1) 求 X 和 Y 的联合分布律及边缘分布律.

(2) 求条件概率 $P\{X=1|Y=1\},P\{Y=2|X=1\}$.

22. 设随机变量 $X\sim\pi(\lambda)$,随机变量 $Y=\max\{X,2\}$. 试求 X 和 Y 的联合分布律及边缘分布律.

23. 设 X,Y 是相互独立的泊松随机变量,参数分别为 λ_1,λ_2,求给定 $X+Y=n$ 的条件下

X 的条件分布.

24. 一教授将两篇论文分别交给两个打字员打印. 以 X,Y 分别表示第一篇和第二篇论文的打印错误. 设 $X\sim\pi(\lambda),Y\sim\pi(\mu),X,Y$ 相互独立.

(1) 求 X,Y 的联合分布律.

(2) 求两篇论文总共至多 1 个打印错误的概率.

25. 一等边三角形 ROT(如题 25 图) 的边长为 1, 在三角形内随机地取点 $Q(X,Y)$ (意指随机点 (X,Y) 在三角形 ROT 内均匀分布).

(1) 写出随机变量 (X,Y) 的概率密度.

(2) 求点 Q 到底边 OT 的距离的分布函数.

26. 设随机变量 (X,Y) 具有概率密度

$$f(x,y)=\begin{cases} xe^{-x(y+1)}, & x>0,y>0,\\ 0, & \text{其他.} \end{cases}$$

(1) 求边缘概率密度 $f_X(x)$, $f_Y(y)$.

(2) 求条件概率密度 $f_{X|Y}(x\,|\,y)$, $f_{Y|X}(y\,|\,x)$.

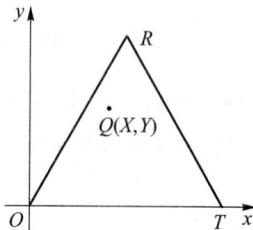

题 25 图

27. 设有随机变量 U 和 V, 它们都仅取 $1,-1$ 两个值. 已知

$$P\{U=1\}=1/2,$$
$$P\{V=1\,|\,U=1\}=1/3=P\{V=-1\,|\,U=-1\}.$$

(1) 求 U 和 V 的联合分布律.

(2) 求 x 的方程 $x^2+Ux+V=0$ 至少有一个实根的概率.

(3) 求 x 的方程 $x^2+(U+V)x+U+V=0$ 至少有一个实根的概率.

28. 某图书馆一天的读者人数 $X\sim\pi(\lambda)$, 任一读者借书的概率为 p, 各读者借书与否相互独立. 记一天读者借书的人数为 Y, 求 X 和 Y 的联合分布律.

29. 设随机变量 X,Y 相互独立, 且都服从均匀分布 $U(0,1)$, 求两变量之一至少为另一变量之值之两倍的概率.

30. 一家公司有一份保单招标, 两家保险公司竞标. 规定标书的保险费必须在 20 万元至 22 万元之间. 若两份标书保险费相差 2 000 元或 2 000 元以上, 招标公司将选择报价低者, 否则就重新招标. 设两家保险公司的报价是相互独立的, 且都在 20 万至 22 万之间均匀分布. 试求招标公司需重新招标的概率.

31. 设随机变量 $X\sim N(0,\sigma_1^2),Y\sim N(0,\sigma_2^2)$, 且 X,Y 相互独立, 求概率

$$P\{0<\sigma_2 X-\sigma_1 Y<2\sigma_1\sigma_2\}.$$

32. NBA 篮球赛中有这样的规律, 两支实力相当的球队比赛时, 每节主队得分与客队得分之差为正态随机变量, 均值为 1.5, 方差为 6, 并且假设四节的比分差是相互独立的. 问:

(1) 主队胜的概率有多大?

(2) 在前半场主队落后 5 分的情况下, 主队得胜的概率有多大?

(3) 在第一节主队赢 5 分的情况下, 主队得胜的概率有多大?

33. 产品的某种性能指标的测量值 X 是随机变量,设 X 的概率密度为

$$f_X(x) = \begin{cases} xe^{-\frac{1}{2}x^2}, & x>0, \\ 0, & \text{其他.} \end{cases}$$

测量误差 $Y \sim U(-\varepsilon, \varepsilon)$,$X, Y$ 相互独立. 求 $Z = X + Y$ 的概率密度 $f_Z(z)$,并验证

$$P\{Z > \varepsilon\} = \frac{1}{2\varepsilon} \int_0^{2\varepsilon} e^{-u^2/2} \, du.$$

34. 在一化学过程中,产品中有份额 X 为杂质,而在杂质中有份额 Y 是有害的,而其余部分不影响产品的质量. 设 $X \sim U(0, 0.1)$,$Y \sim U(0, 0.5)$,且 X 和 Y 相互独立. 求产品中有害杂质份额 Z 的概率密度.

35. 设随机变量 (X, Y) 的概率密度为

$$f(x, y) = \begin{cases} e^{-y}, & 0<x<y, \\ 0, & \text{其他.} \end{cases}$$

(1) 求 (X, Y) 的边缘概率密度.

(2) 问 X, Y 是否相互独立?

(3) 求 $X+Y$ 的概率密度 $f_{X+Y}(z)$.

(4) 求条件概率密度 $f_{X|Y}(x|y)$.

(5) 求条件概率 $P\{X>3|Y<5\}$.

(6) 求条件概率 $P\{X>3|Y=5\}$.

36. 设某图书馆的读者借阅甲种图书的概率为 p,借阅乙种图书的概率为 α,设每人借阅甲、乙图书的行动相互独立,读者之间的行动也相互独立.

(1) 某天恰有 n 个读者,求借阅甲种图书的人数的数学期望.

(2) 某天恰有 n 个读者,求甲、乙两种图书中至少借阅一种的人数的数学期望.

37. 某种鸟在某时间区间 $(0, t_0]$ 下蛋数为 $1 \sim 5$ 只,下 r 只蛋的概率与 r 成正比. 一个拾蛋人在时刻 t_0 去收集鸟蛋,但他仅当鸟窝中多于 3 只蛋时才从中取走一只蛋. 在某处有这种鸟的鸟窝 6 个(每个鸟窝保存完好,各鸟窝中蛋的只数相互独立).

(1) 写出一个鸟窝中鸟蛋只数 X 的分布律.

(2) 对于指定的一个鸟窝,求拾蛋人在该鸟窝中拾到一只蛋的概率.

(3) 求拾蛋人在 6 个鸟窝中拾到蛋的总数 Y 的分布律及数学期望.

(4) 求 $P\{Y<4\}$,$P\{Y>4\}$.

(5) 当一个拾蛋人在这 6 个鸟窝中拾过蛋后,紧接着又有一个拾蛋人到这些鸟窝中拾蛋,也仅当鸟窝中多于 3 只蛋时,拾取一只蛋,求第二个拾蛋人拾得蛋数 Z 的数学期望.

38. 设袋中有 r 只白球、$N-r$ 只黑球. 在袋中取球 n $(n \leqslant r)$ 次,每次任取一只作不放回抽样,以 Y 表示取到白球的个数,求 $E(Y)$. (提示:引入随机变量:

$$X_i = \begin{cases} 1, & \text{若第 } i \text{ 次取到白球,} \\ 0, & \text{若第 } i \text{ 次取到黑球,} \end{cases} \quad i = 1, 2, \cdots, n,$$

则 $Y = X_1 + X_2 + \cdots + X_n$.)

39. 抛一颗骰子直到所有点数全部出现为止,求所需抛掷次数 Y 的数学期望. $\Big($提示:令

$X_1=1$，$X_2=$ "第一个点数得到后，等待第二个不同点数所需的等待次数"，$X_3=$ "第一、二两点数得到后，等待第三个不同点数所需的等待次数"，X_4，X_5，X_6 类似，则 $Y=X_1+X_2+\cdots+X_6$. 又几何分布 $P\{X=k\}=(1-p)^{k-1}p$，$k=1,2,\cdots$ 的数学期望 $E(X)=\dfrac{1}{p}$.

40. 设随机变量 X，Y 相互独立. 且 X，Y 分别服从以 $1/\alpha$，$1/\beta$ 为均值的指数分布. 求 $E(X^2+Ye^{-X})$.

41. 一酒吧间柜台前有 6 张凳子，服务员预测，若两个陌生人进来就座的话，他们之间至少相隔两张凳子. (提示：先列出两人之间至少隔两张凳子的不同情况.)

(1) 若真有两个陌生人入内，他们随机地就座，问服务员预言为真的概率是多少?

(2) 设两位顾客是随机就座的，求顾客之间凳子数的数学期望.

42. 设随机变量 X_1，X_2，$\cdots$，X_{100} 相互独立，且都服从 $U(0,1)$，又设 $Y=X_1 \cdot X_2 \cdots \cdot X_{100}$，求概率 $P\{Y<10^{-40}\}$ 的近似值.

43. 来自某个城市的长途电话呼唤的持续时间 X(以 min 计)是一个随机变量，它的分布函数是

$$F(x)=\begin{cases} 1-\dfrac{1}{2}e^{-\frac{x}{3}}-\dfrac{1}{2}e^{-\left[\frac{x}{3}\right]}, & x\geqslant 0, \\ 0, & x<0 \end{cases}$$

$\left(\text{其中 }\left[\dfrac{x}{3}\right]\text{是不大于}\dfrac{x}{3}\text{的最大整数}\right).$

(1) 画出 $F(x)$ 的图形.

(2) 说明 X 是什么类型的随机变量.

(3) 求 $P\{X=4\}$，$P\{X=3\}$，$P\{X<4\}$，$P\{X>6\}$. (提示：$P\{X=a\}=F(a)-F(a-0)$.)

44. 一汽车保险公司分析一组(250 人)签约的客户中的赔付情况. 据历史数据分析，在未来的一周中一组客户中至少提出一项索赔的客户数 X 占 10%. 写出 X 的分布，并求 $X>250\times 0.12$(即 $X>30$)的概率. 设备客户是否提出索赔相互独立.

45. 在区间 $(0,1)$ 随机地取一点 X. 定义 $Y=\min\{X,0.75\}$.

(1) 求随机变量 Y 的值域.

(2) 求 Y 的分布函数，并画出它的图形.

(3) 说明 Y 不是连续型随机变量，Y 也不是离散型随机变量.

46. 设 X_1，X_2 是数学期望为 θ 的指数分布总体 X 的容量为 2 的样本，设 $Y=\sqrt{X_1 X_2}$，试证明 $E\left(\dfrac{4Y}{\pi}\right)=\theta$.

47. 设总体 $X\sim N(\mu,\sigma^2)$，X_1，X_2，$\cdots$，X_n 是一个样本. $\overline{X}$，S^2 分别为样本均值和样本方差，试证 $E[(\overline{X}S^2)^2]=\left(\dfrac{\sigma^2}{n}+\mu^2\right)\left(\dfrac{2\sigma^4}{n-1}+\sigma^4\right).$ $\left(\text{提示：注意到 }\overline{X}\text{ 与 }S^2\text{ 相互独立，且有}\right.$ $\dfrac{(n-1)S^2}{\sigma^2}\sim\chi^2(n-1).\Big)$

48. 设总体 X 具有概率密度

$$f(x) = \begin{cases} \dfrac{1}{\theta^2} x \mathrm{e}^{-x/\theta}, & x > 0, \\[2mm] 0, & x \leqslant 0, \end{cases}$$

其中 $\theta > 0$ 为未知参数,$X_1, X_2, \cdots, X_n$ 是来自 X 的样本,$x_1, x_2, \cdots, x_n$ 是相应的样本观察值.

(1) 求 θ 的最大似然估计量.

(2) 求 θ 的矩估计量.

(3) 问求得的估计量是否是无偏估计量?

49. 设 $X_1, X_2, \cdots, X_{n_1}$ 以及 $Y_1, Y_2, \cdots, Y_{n_2}$ 为分别来自总体 $N(\mu_1, \sigma^2)$ 与 $N(\mu_2, \sigma^2)$ 的样本,且它们相互独立. μ_1, μ_2, σ^2 均未知,试求 μ_1, μ_2, σ^2 的最大似然估计量.

50. 为了研究一批贮存着的产品的可靠性,在产品投入贮存时,即在时刻 $t_0 = 0$ 时,随机地选定 n 件产品,然后在预先规定的时刻 $t_1, t_2, \cdots, t_k$ 取出来进行检测(检测时确定已失效的去掉,将未失效的继续投入贮存),今得到以下的寿命试验数据:

检测时刻(月)	t_1	t_2	$\cdots$	t_k		
区间 $(t_{i-1}, t_i]$	$(0, t_1]$	$(t_1, t_2]$	$\cdots$	$(t_{k-1}, t_k]$	(t_k, ∞)	
在 $(t_{i-1}, t_i]$ 的失效数	d_1	d_2	$\cdots$	d_k	s	$\displaystyle\sum_{i=1}^{k} d_i + s = n$

这种数据称为区间数据. 设产品寿命 T 服从指数分布,其概率密度为

$$f(t) = \begin{cases} \lambda \mathrm{e}^{-\lambda t}, & t > 0, \\ 0, & \text{其他,} \end{cases} \quad \lambda > 0 \text{ 未知.}$$

(1) 试基于上述数据写出 λ 的对数似然方程.(提示:考虑事件"n 只产品分别在区间 $(0, t_1], (t_1, t_2], \cdots, (t_{k-1}, t_k]$ 失效 $d_1, d_2, \cdots, d_k$ 只,而直至 t_k 还有 s 只未失效"的概率.)

(2) 设 $d_1 < n, s < n$,我们可以用数值解法求得 λ 的最大似然估计值,在计算机上计算是容易的. 特别,取检测时间是等间隔的,即取 $t_i = i t_1, i = 1, 2, \cdots, k$. 验证,此时可得 λ 的最大似然估计为

$$\hat{\lambda} = \dfrac{1}{t_1} \ln\left[1 + \dfrac{n - s}{\displaystyle\sum_{i=2}^{k}(i-1)d_i + sk} \right].$$

51. 设某种电子器件的寿命 T(以 h 计)服从指数分布,概率密度为

$$f(t) = \begin{cases} \lambda \mathrm{e}^{-\lambda t}, & t > 0, \\ 0, & \text{其他,} \end{cases}$$

其中 $\lambda > 0$ 未知. 从这批器件中任取 n 只在时刻 $t = 0$ 时投入独立寿命试验. 试验进行到预定时间 T_0 结束. 此时,有 k $(0 < k < n)$ 只器件失效,试求 λ 的最大似然估计.(提示:考虑"试验直至时刻 T_0 为止,有 k 只器件失效,而有 $n - k$ 只未失效"这一事件的概率,从而写出 λ 的似然方程.)

52. 设系统由两个独立工作的成败型元件串联而成(成败型元件只有两种状态:正常工作或失效). 元件 1、元件 2 的可靠性分别为 p_1, p_2,它们均未知. 随机地取 N 个系统投入试验,当系统中至少有一个元件失效时系统失效,现得到以下的试验数据:n_1 表示仅元件 1 失

效的系统数,n_2 表示仅元件 2 失效的系统数,n_{12} 表示元件 1、元件 2 至少有一个失效的系统数,s 表示未失效的系统数.$n_1+n_2+n_{12}+s=N$. 这里 n_{12} 为隐蔽数据,也就是只知系统失效,但不能知道是由元件 1 或元件 2 单独失效引起的,还是由元件 1,2 均失效引起的,设隐蔽与系统失效的真正原因独立.

(1) 试写出 p_1,p_2 的似然函数.

(2) 设有系统寿命试验数据 $N=20,n_1=5,n_2=3,n_{12}=1,s=11$. 试求 p_1,p_2 的最大似然估计值.(提示:p_1 应满足方程 $(p_1-1)(12p_1^2+11p_1-14)=0$.)

53. (1) 设总体 X 具有分布律

X	1	2	3
p_k	θ	θ	$1-2\theta$

$\theta>0$ 未知,今有样本

$$1\ 1\ 1\ 3\ 2\ 1\ 3\ 2\ 2\ 1\ 2\ 2\ 3\ 1\ 1\ 2$$

试求 θ 的最大似然估计值和矩估计值.

(2) 设总体 X 服从 Γ 分布,其概率密度为

$$f(x)=\begin{cases}\dfrac{1}{\beta^\alpha\ \Gamma(\alpha)}x^{\alpha-1}\mathrm{e}^{-x/\beta}, & x>0,\\ 0, & \text{其他}.\end{cases}$$

其形状参数 $\alpha>0$ 为已知,尺度参数 $\beta>0$ 未知. 今有样本值 $x_1,x_2,\cdots,x_n$,求 β 的最大似然估计值.

54. (1) 设随机变量 $Z=\ln X\sim N(\mu,\sigma^2)$,即 X 服从对数正态分布,验证 $E(X)=\exp\left\{\mu+\dfrac{1}{2}\sigma^2\right\}$.

(2) 设自(1)中总体 X 中取一容量为 n 的样本 $x_1,x_2,\cdots,x_n$,求 $E(X)$ 的最大似然估计. 此处设 μ,σ^2 均为未知.

(3) 已知在文学家萧伯纳的 *An Intelligent Woman's Guide To Socialism* 一书中,一个句子的单词数近似地服从对数正态分布,设 μ 及 σ^2 为未知.今自该书中随机地取 20 个句子,这些句子中的单词数分别为

$$52\quad 24\quad 15\quad 67\quad 15\quad 22\quad 63\quad 26\quad 16\quad 32$$
$$7\quad 33\quad 28\quad 14\quad 7\quad 29\quad 10\quad 6\quad 59\quad 30$$

问这本书中,一个句子单词数均值的最大似然估计值等于多少?

55. 考虑进行定数截尾寿命试验,假设将随机抽取的 n 件产品在时间 $t=0$ 时同时投入试验.试验进行到 m 件($m<n$)产品失效时停止,m 件失效产品的失效时间分别为 $0\leqslant t_1\leqslant t_2\leqslant\cdots\leqslant t_m$. t_m 是第 m 件产品的失效时间.设产品的寿命分布为韦布尔分布,其概率密度为

$$f(t)=\begin{cases}\dfrac{\beta}{\eta^\beta}t^{\beta-1}\mathrm{e}^{-\left(\frac{t}{\eta}\right)^\beta}, & t>0,\\ 0, & \text{其他},\end{cases}$$

其中参数 $\beta>0$ 已知.求参数 η 的最大似然估计.

56. 设某大城市郊区的一条林荫道两旁开设了许多小商店,这些商店的开设延续时间(以月计)是一个随机变量,现随机地取 30 家商店,将它们的延续时间按自小到大排序,选其中前 8 家商店,它们的延续时间分别是

$$3.2 \quad 3.9 \quad 5.9 \quad 6.5 \quad 16.5 \quad 20.3 \quad 40.4 \quad 50.9$$

假设商店开设延续时间的长度是韦布尔随机变量.其概率密度为

$$f(x)=\begin{cases}\dfrac{\beta}{\eta^{\beta}}x^{\beta-1}\mathrm{e}^{-\left(\frac{x}{\eta}\right)^{\beta}}, & x>0,\\[2mm]0, & \text{其他},\end{cases}$$

其中 $\beta=0.8$.

(1) 试用上题结果,写出 η 的最大似然估计.

(2) 按(1)的结果求商店开设延续时间至少为 2 年的概率的估计.

57. 设分别自总体 $N(\mu_1,\sigma^2)$ 和 $N(\mu_2,\sigma^2)$ 中抽取容量为 n_1,n_2 的两独立样本,其样本方差分别为 S_1^2,S_2^2.试证,对于任意常数 $a,b\,(a+b=1),Z=aS_1^2+bS_2^2$ 都是 σ^2 的无偏估计,并确定常数 a,b,使 $D(Z)$ 达到最小.

58. 设总体 $X\sim N(\mu,\sigma^2)$,$X_1,X_2,\cdots,X_n$ 是来自 X 的样本.已知样本方差 $S^2=\dfrac{1}{n-1}\sum_{i=1}^{n}(X_i-\overline{X})^2$ 是 σ^2 的无偏估计.验证样本标准差 S 不是标准差 σ 的无偏估计.(提示:记 $Y=\dfrac{(n-1)S^2}{\sigma^2}$,则 $Y\sim\chi^2(n-1)$,而 $S=\dfrac{\sigma}{\sqrt{n-1}}\sqrt{Y}$ 是 Y 的函数,利用 $\chi^2(n-1)$ 的概率密度可得 $E(S)=\sqrt{\dfrac{2}{n-1}}\dfrac{\Gamma(n/2)\sigma}{\Gamma((n-1)/2)}\neq\sigma$.)

59. 设总体 X 服从指数分布,其概率密度为

$$f(x)=\begin{cases}\dfrac{1}{\theta}\mathrm{e}^{-x/\theta}, & x>0,\\[2mm]0, & \text{其他}.\end{cases}$$

$\theta>0$ 未知.从总体中抽取一容量为 n 的样本 $X_1,X_2,\cdots,X_n$.

(1) 证明 $\dfrac{2n\overline{X}}{\theta}\sim\chi^2(2n)$.

(2) 求 θ 的置信水平为 $1-\alpha$ 的单侧置信下限.

(3) 某种元件的寿命(以 h 计)服从上述指数分布,现从中抽得一容量 $n=16$ 的样本,测得样本均值为 5 010 h,试求元件的平均寿命的置信水平为 0.90 的单侧置信下限.

60. 设总体 $X\sim U(0,\theta)$,$X_1,X_2,\cdots,X_n$ 是来自 X 的样本.

(1) 验证 $Y=\max\{X_1,X_2,\cdots,X_n\}$ 的分布函数为

$$F_Y(y)=\begin{cases}0, & y<0,\\y^n/\theta^n, & 0\leqslant y<\theta,\\1, & y\geqslant\theta.\end{cases}$$

(2) 验证 $U=Y/\theta$ 的概率密度为

$$f_U(u) = \begin{cases} nu^{n-1}, & 0 < u < 1, \\ 0, & \text{其他.} \end{cases}$$

(3) 给定正数 α, $0 < \alpha < 1$, 求 U 的分布的上 $\alpha/2$ 分位数 $h_{\alpha/2}$ 以及上 $1-\alpha/2$ 分位数 $h_{1-\alpha/2}$.

(4) 利用(2),(3)求参数 θ 的置信水平为 $1-\alpha$ 的置信区间.

(5) 设某人上班的等车时间 $X \sim U(0, \theta)$, θ 未知. 现在有样本 $x_1 = 4.2$, $x_2 = 3.5$, $x_3 = 1.7$, $x_4 = 1.2$, $x_5 = 2.4$, 求 θ 的置信水平为 0.95 的置信区间.

61. 设总体 X 服从指数分布, 概率密度为

$$f(x) = \begin{cases} \dfrac{1}{\theta} e^{-x/\theta}, & x > 0, \\ 0, & \text{其他,} \end{cases} \qquad \theta > 0.$$

设 $X_1, X_2, \cdots, X_n$ 是来自 X 的一个样本. 试取第 59 题中当 $\theta = \theta_0$ 时的统计量 $\chi^2 = \dfrac{2n\overline{X}}{\theta_0}$ 作为检验统计量, 检验假设 $H_0: \theta = \theta_0$, $H_1: \theta \neq \theta_0$. 取显著性水平为 α (注意: $E(\overline{X}) = \theta$).

设某种电子元件的寿命(以 h 计)服从均值为 θ 的指数分布, 随机取 12 只元件测得它们的寿命分别为

340　430　560　920　1 380　1 520　1 660　1 770　2 100　2 320　2 350　2 650

试取显著性水平 $\alpha = 0.05$, 检验假设 $H_0: \theta = 1\,450$, $H_1: \theta \neq 1\,450$.

62. 经过十一年的试验, 达尔文于 1876 年得到 15 对玉米样品的数据如下表, 每对作物除授粉方式不同外, 其他条件都是相同的. 试用逐对比较法检验不同授粉方式对玉米高度是否有显著的影响($\alpha = 0.05$). 问应增设什么条件才能用逐对比较法进行检验?

授粉方式	1	2	3	4	5	6	7
异株授粉的作物高度(x_i)	$23\frac{1}{8}$	12	$20\frac{3}{8}$	22	$19\frac{1}{8}$	$21\frac{4}{8}$	$22\frac{1}{8}$
同株授粉的作物高度(y_i)	$27\frac{3}{8}$	21	20	20	$19\frac{3}{8}$	$18\frac{5}{8}$	$18\frac{5}{8}$

授粉方式	8	9	10	11	12	13	14	15
异株授粉的作物高度(x_i)	$20\frac{3}{8}$	$18\frac{2}{8}$	$21\frac{5}{8}$	$23\frac{2}{8}$	21	$22\frac{1}{8}$	23	12
同株授粉的作物高度(y_i)	$15\frac{2}{8}$	$16\frac{4}{8}$	18	$16\frac{2}{8}$	18	$12\frac{6}{8}$	$15\frac{4}{8}$	18

63. 一内科医生声称, 如果患者每天傍晚聆听一种特殊的轻音乐会降低血压(舒张压, 以 mmHg 计, 1 mmHg = 133.322 4 Pa). 今选取了 10 个患者在试验之前和试验之后分别测量了血压, 得到以下的数据:

患者	1	2	3	4	5	6	7	8	9	10
试验之前(x_i)	86	92	95	84	80	78	98	95	94	96
试验之后(y_i)	84	83	81	78	82	74	86	85	80	82

设 $D_i = X_i - Y_i (i = 1, 2, \cdots, 10)$ 为来自正态总体 $N(\mu_D, \sigma_D^2)$ 的样本，μ_D, σ_D^2 均未知. 试检验是否可以认为医生的意见是对的(取 $\alpha = 0.05$).

64. 以下是各种颜色的汽车的销售情况：

颜色	红	黄	蓝	绿	棕
车辆数	40	64	46	36	14

试检验顾客对这些颜色是否有偏爱，即检验销售情况是否是均匀的(取 $\alpha = 0.05$).

65. 某种闪光灯，每盏灯含 4 个电池，随机地取 150 盏灯，经检测得到以下的数据：

一盏灯损坏的电池数 x	0	1	2	3	4
灯的盏数	26	51	47	16	10

试取 $\alpha = 0.05$ 检验一盏灯损坏的电池数 $X \sim b(4, \theta)$ (θ 未知).

66. 临界闪烁频率(cff)是人眼对于闪烁光源能够分辨出它在闪烁的最高频率(以 Hz 计). 超过 cff 的频率，即使光源实际是在闪烁的，人看起来也是连续的(不闪烁的). 一项研究旨在判定 cff 的均值是否与人眼的虹膜颜色有关，所得数据如下：

虹膜颜色	棕色		绿色		蓝色	
临界闪烁频率(cff)	26.8	26.3	26.4	29.1	25.7	29.4
	27.9	24.8	24.2		27.2	28.3
	23.7	25.7	28.0		29.9	
	25.0	24.5	26.9		28.5	

试在显著性水平 0.05 下，检验各种虹膜颜色相应的 cff 的均值有无显著的差异. 设各个总体服从正态分布，且方差相等，不同颜色下的样本之间相互独立.

67. 下面列出了挪威人自 1938—1947 年间年人均脂肪消耗量与患动脉粥样硬化症而死亡的死亡率之间相关的一组数据：

年份	1938	1939	1940	1941	1942	1943	1944	1945	1946	1947
脂肪消耗量 x（kg/人年）	14.4	16.0	11.6	11.0	10.0	9.6	9.2	10.4	11.4	12.5
死亡率 y（$1/(10^5$ 人年)）	29.1	29.7	29.2	26.0	24.0	23.1	23.0	23.1	25.2	26.1

设对于给定的 x,Y 为正态变量,且方差与 x 无关.

(1) 求回归直线方程 $\hat{y}=a+\hat{b}x$.

(2) 在显著性水平 $\alpha=0.05$ 下检验假设 $H_0:b=0,H_1:b\neq0$.

(3) 求 $\hat{y}|_{x=13}$.

(4) 求 $x=13$ 处 $\mu(x)$ 的置信水平为 0.95 的置信区间.

(5) 求 $x=13$ 处 Y 的新观察值 Y_0 的置信水平为0.95的预测区间.

68. 下面给出 1924—1992 年奥林匹克运动会女子 100 m 仰泳的最佳成绩(以 s 计)(其中 1940 年及 1944 年未举行奥运会):

年份	1924	1928	1932	1936	1948	1952	1956	1960
成绩	83.2	82.2	79.4	78.9	74.4	74.3	72.9	69.3
年份	1964	1968	1972	1976	1980	1984	1988	1992
成绩	67.7	66.2	65.8	61.8	60.9	62.6	60.9	60.7

(1) 画出散点图.

(2) 求成绩关于年份的线性回归方程.

(3) 检验回归效果是否显著(取 $\alpha=0.05$).

参读材料一　随机变量样本值的产生

（一）随机数和伪随机数

在概率统计的应用中,常需要模拟各种分布的随机变量,即需要产生各种分布随机变量的简单随机样本的样本值.某一分布随机变量的样本值,就称为这一分布的随机数.例如指数分布随机变量的样本值就称为指数分布随机数.特别,区间$(0,1)$上均匀分布的随机变量的样本值称为**均匀分布随机数**,简称**随机数**.我们先来考虑如何产生均匀分布随机数,其他分布随机数一般可以由均匀分布随机数通过变换得到.

产生均匀分布随机数的方法很多,目前使用最广泛的方法是在计算机上利用数学的递推公式来产生.这种按确定性算法得到的序列,不可能是真正来自区间$(0,1)$上均匀分布的独立同分布样本值序列,我们称它为**伪随机数**.

在大多数计算机中都装有产生伪随机数序列的算法程序,我们都假设由这些程序产生的伪随机数序列能通过独立性和均匀分布检验,可作为随机数序列来使用,需要时用特定的命令加以调用就是.

（二）产生离散型随机变量样本值的方法

设离散型随机变量 X 具有分布律

$$P\{X = x_i\} = p_i, \quad i = 1, 2, \cdots, \quad \sum_{i=1}^{\infty} p_i = 1. \tag{$*_1$}$$

现在来产生 X 的随机数.

先产生伪随机数 u,令

$$X = \begin{cases} x_1, & u < p_1, \\ x_2, & p_1 \leqslant u < p_1 + p_2, \\ \vdots & \vdots \\ x_i, & \sum_{j=1}^{i-1} p_j \leqslant u < \sum_{j=1}^{i} p_j, \\ \vdots & \vdots \end{cases} \tag{$*_2$}$$

由于

$$P\{X = x_i\} = P\left\{ \sum_{j=1}^{i-1} p_j \leqslant u < \sum_{j=1}^{i} p_j \right\} = \sum_{j=1}^{i} p_j - \sum_{j=1}^{i-1} p_j = p_i, \quad i = 1, 2, \cdots,$$

所以 X 具有给定的分布律.

产生随机变量 X 的样本值也叫做对随机变量 X 进行模拟或抽样,上述模拟离散型随机变量的方法的算法为:

产生伪随机数 u.

若 $u < p_1$,令 $X = x_1$,停止.

若 $u < p_1 + p_2$,令 $X = x_2$,停止.

若 $u<p_1+p_2+p_3$，令 $X=x_3$，停止.

……

例 1　设随机变量 X 具有分布律

$X=i$	1	2	3	4
p_i	0.20	0.15	0.25	0.40

试产生 X 的样本值.

解　取算法为:产生伪随机数 u.

若 $u<0.20$,令 $X=1$,停止.

若 $u<0.35$,令 $X=2$,停止.

若 $u<0.60$,令 $X=3$,停止.

否则,令 $X=4$.

例 2　设随机变量 X 具有分布律

$$P\{X=i\}=\frac{1}{n}, \quad i=1,2,\cdots,n, \tag{$*_3$}$$

试产生 X 的样本值(X 称为取值为 $1,2,\cdots,n$ 的离散型均匀分布随机变量).

解　在 $(*_1)$ 式中,令 $x_i=i,i=1,2,\cdots,n;p_1=p_2=\cdots=p_n=\frac{1}{n}$,就得到 $(*_3)$ 式.再由 $(*_2)$ 式,得

若 $\frac{i-1}{n}\leqslant u<\frac{i}{n}$,则令 $X=i$,即若 $i-1\leqslant nu<i$,则令 $X=i=[nu]+1,i=1,2,\cdots,n$.

因此,若 u 是伪随机数,则 $X=[nu]+1$ 就是分布 $(*_3)$ 的样本值.

例 3　试产生以 n,p 为参数的二项分布 $b(n,p)$ 的样本值.

解　设 $U_1,U_2,\cdots,U_n$ 相互独立,且它们都在区间 $(0,1)$ 上服从均匀分布.令

$$X_i=\begin{cases}1, & U_i<p, \\ 0, & U_i\geqslant p,\end{cases} \quad i=1,2,\cdots,n,$$

则有 $P\{X_i=1\}=P\{U_i<p\}=p,P\{X_i=0\}=1-p$,故 $X_i\sim b(1,p)$. 又因 $U_1,U_2,\cdots,U_n$ 相互独立,故有 $X=\sum_{i=1}^{n}X_i\sim b(n,p)$. 据此,只要产生 n 个伪随机数 $u_1,u_2,\cdots,u_n$,统计其中使得 $u_i<p\ (i=1,2,\cdots,n)$ 的个数为 k,则得 X 的样本值为 k.

（三）产生连续型随机变量样本值的方法

先证明一个定理.

定理　设随机变量 $U\sim U(0,1)$,$F(x)$ 是某一随机变量的分布函数,且 $F(x)$ 为严格单调增加且连续的函数,则随机变量 $F^{-1}(U)$ 具有分布函数 $F(x)$,其中 $F^{-1}(x)$ 是 $F(x)$ 的反函数.

证　由于 $F(x)$ 严格单调增加且连续,因此其反函数 $F^{-1}(x)$ 存在(即有 $F[F^{-1}(x)]=x$),且严格单调增加并连续,即得随机变量 $F^{-1}(U)$ 的分布函数为

$$P\{F^{-1}(U)\leqslant x\}=P\{F[F^{-1}(U)]\leqslant F(x)\}$$
$$=P\{U\leqslant F(x)\}=F(x).$$

由定理,若要产生以 $F(x)$（$F(x)$ 严格单调增加且连续）为分布函数的随机变量 X,只需

产生 $U \sim U(0,1)$，令 $X = F^{-1}(U)$ 就行了．又若要产生 X 的样本值 x，只需产生 U 的样本值 u，令 $x = F^{-1}(u)$ 即得．这一产生 X 的样本值的方法，称为**逆变换法**．这种方法在随机变量具有严格单调增加且连续的分布函数 $F(x)$ 且 $F^{-1}(x)$ 能够用显式表示时，都能使用．

说明：在上述定理中对 $F(x)$ 在 $(-\infty, \infty)$ 上的严格单调连续的要求可放宽为 $F(x)$ 在某一区间（有限或无限）上取值从 0 到 1，并在此区间上严格单调增加且连续即可．

例 4　设随机变量 X 具有指数分布，其分布函数为
$$F(x) = \begin{cases} 1 - \mathrm{e}^{-x/\theta}, & x > 0, \\ 0, & \text{其他,} \end{cases} \quad \theta > 0,$$
试产生随机变量 X．

解　设 $U \sim U(0,1)$，令 $U = 1 - \mathrm{e}^{-X/\theta}$，解得
$$X = -\theta \ln(1 - U).$$
因为当 $U \sim U(0,1)$ 时，也有 $1 - U \sim U(0,1)$，从而
$$X = -\theta \ln U$$
就是所要产生的指数分布的随机变量．只要有伪随机数 u，就有 X 的随机数 $-\theta \ln u$．　　□

例 5　设随机变量 X 具有韦布尔分布，其分布函数为
$$F(x) = \begin{cases} 1 - \mathrm{e}^{-(x/\eta)^{\beta}}, & x > 0, \\ 0, & \text{其他,} \end{cases} \quad \beta > 0, \eta > 0.$$
试产生随机变量 X．

解　设 $U \sim U(0,1)$，令 $U = 1 - \mathrm{e}^{-(X/\eta)^{\beta}}$，解得
$$X = \eta \left[-\ln(1 - U) \right]^{1/\beta}.$$
因为 $1 - U \sim U(0,1)$，故
$$X = \eta (-\ln U)^{1/\beta}$$
就是所要产生的韦布尔分布的随机变量．　　□

例 6　正态随机变量的产生．

标准正态变量的分布函数 $\Phi(x)$ 的反函数不存在显式，故不能用逆变换法产生标准正态变量．下面介绍一种近似方法．

设 $U_i \sim U(0,1)$，$i = 1, 2, \cdots, n$，且它们相互独立，由于 $E(U_i) = 1/2$，$D(U_i) = 1/12$，由中心极限定理，当 n 较大时近似地有
$$Z = \frac{\sum\limits_{i=1}^{n} U_i - \dfrac{n}{2}}{\sqrt{n} \sqrt{\dfrac{1}{12}}} \sim N(0,1).$$
取 $n = 12$，知近似地有
$$Z = \sum_{i=1}^{12} U_i - 6 \sim N(0,1),$$
这就是说，只需产生 12 个伪随机数 $u_1, u_2, \cdots, u_{12}$，将它们加起来，再减去 6，就能近似地得到标准正态变量的样本值了．这样做是很方便的．

又若 $X \sim N(\mu, \sigma^2)$，$Z \sim N(0,1)$，利用关系式
$$X = \mu + \sigma Z$$
就能得到一般的正态随机变量 X 的样本值．　　□

参读材料二　蒙特卡罗方法

我们聚焦于由给定的模型直接产生大量的样本.这些样本反映了模型的统计性能,有关模型的问题能由研究样本的统计性能得到回答.我们研究样本的统计性能得到关于模型的问题的回答,这样的方法称为蒙特卡罗方法,又称为蒙特卡罗模拟.

如果我们能在计算机上模拟一统计模型,那么就能自模型产生一大批数据样本,也就能用研究这些样本的性质代替对模型本身的研究,从而得到所需的结果.

例1　长方形金属板的长度 X 和宽度 Y 分别服从分布 $X \sim U(2.9, 3.1)$ 和 $Y \sim U(1.9, 2.1)$,X、Y 均以 m 计,且两者相互独立.试估计金属板面积 XY 的数学期望.

解　X,Y 的分布函数分别为

$$F_X(x) = \begin{cases} 0, & x < 2.9, \\ \dfrac{x-2.9}{0.2}, & 2.9 \leqslant x < 3.1, \\ 1, & x \geqslant 3.1. \end{cases} \quad F_Y(y) = \begin{cases} 0, & y < 1.9, \\ \dfrac{y-1.9}{0.2}, & 1.9 \leqslant y < 2.1, \\ 1, & y \geqslant 2.1. \end{cases}$$

现在分别产生 X,Y 的随机数.设 $U = U(0,1)$,令 $U = \dfrac{X-2.9}{0.2}$,得

$$X = 2.9 + 0.2U. \tag{$*_1$}$$

设 $U \sim U(0,1)$,令 $V = \dfrac{Y-1.9}{0.2}$,得

$$Y = 1.9 + 0.2V. \tag{$*_2$}$$

按($*_1$)式产生随机变量 X 的 10 000 个随机数,按($*_2$)式产生 Y 的 10 000 个随机数,这样就得到 $A = XY$ 的样本容量为 10 000 的样本值,列表如下:

长度 x	宽度 y	面积 xy
3.055 969	2.091 012	6.390 068
2.976 204	2.037 167	6.063 026
$\vdots$	$\vdots$	$\vdots$
3.003 077	1.929 107	5.793 258

以 A 的样本均值 $\dfrac{1}{10\ 000} \sum\limits_{i=1}^{10\ 000} x_i y_i$ 作为金属板面积 A 的数学期望的估计,得到面积 A 的数学期望的近似值为 6.000 762 m².

此例说明,用蒙特卡罗方法得到的 A 的数学期望,与 A 的数学期望的真值 $E(A) = E(XY) = E(X)E(Y) = 6$ m² 非常接近.　　　　　　　　　　　　□

例2 设一设备需经两个独立的组装阶段.第一阶段的组装时间 X(以 h 计)是一个随机变量,服从均值为 1 的指数分布,第二阶段的组装时间 Y 也是一个随机变量且 $Y \sim N(3,1)$,试估计整个组装时间 $X+Y$.

解 下面用蒙特卡罗方法给出 $X+Y$ 的直方图.

设 $U \sim U(0,1)$,在参读材料一例 4 中令 $\theta=1$,则
$$X = -\ln U \qquad (*_3)$$
就是均值为 1 的指数分布随机变量.又按参读材料一例 6,设 $U_i \sim U(0,1)$,$i=1,2,\cdots,12$,且它们相互独立,则 $X = \sum_{i=1}^{12} U_i - 6 \overset{\text{近似}}{\sim} N(0,1)$,于是
$$Y = X + 3 \qquad (*_4)$$
近似服从正态分布 $N(3,1)$.在计算机上分别按 $(*_3)$ 式和 $(*_4)$ 式产生 X 和 Y 的独立的样本值(样本容量为 10 000),利用这 10 000 个数据作出 $X+Y$ 的频率直方图,如图 1 所示,我们就可以用直方图顶部的台阶形曲线作为 $X+Y$ 的概率密度曲线的近似.从而可以对随机变量 $X+Y$ 的性质作出统计推断.例如,$X+Y$ 落在区间 $(3.4, 4.2)$ 的概率可估计为
$$P\{3.4 < X+Y < 4.2\} \approx 0.62.$$

R 语言的程序和作出的直方图如下:

```
> N = 10000; z<- numeric(N)
> for(i in 1 : N){
+     x<- (-log(runif(1,0,1)))
+     y<- rnorm(1,3,1)
+     z[i]<- x+y
+ }
> hist(z)
```

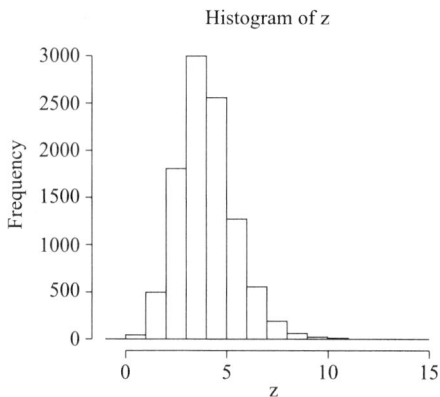

图1

在统计数据分析中,许多人们感兴趣的问题能够归结为求某个随机变量 X 的函数 $h(X)$ 的数学期望 $E[h(X)]$.令 $\varphi(x)$ 表示 X 的概率密度,由强大数律,若 $X_1, X_2, \cdots, X_n$ 是相互独

立的同分布的随机变量序列,它们与随机变量 X 有相同的分布,则有

$$P\left\{\lim_{n\to\infty}\frac{1}{n}\sum_{i=1}^{n}h(X_i)=E[h(X)]\right\}=1. \qquad (*_5)$$

在上式中,将 n 取定为充分大的数,就能得到下述求数学期望近似值的方法.

　　定义　用于估计数学期望 $E[h(X)]$ 的蒙特卡罗方法是一种数值方法,它基于近似式:

$$E[h(X)]\approx\frac{1}{n}\sum_{i=1}^{n}h(X_i), \qquad (*_6)$$

其中 $X_1,X_2,\cdots,X_n$ 是相互独立且与 X 有相同分布的随机变量序列.

　　为了估计 $E[h(X)]$ 的值,需要自模型产生大量的样本 X_i. 例如在 $(*_6)$ 式中取 $h(X)=X$,得到

$$E(X)\approx\frac{1}{n}\sum_{i=1}^{n}X_i=\overline{X}.$$

这就是我们经常使用的数学期望的估计式.

　　例3　试估计数学期望 $E[\sin(X^2)]$,其中 $X\sim N(\mu,\sigma^2)$,$\mu=1,\sigma^2=0.1^2$.

　　解　用分析的方法求得 $E[\sin(X^2)]$ 的精确解是困难的,但容易用蒙特卡罗方法求得它的估计值. 我们取 n 充分大,例如取 $n=1\,000$,以分布 $N(\mu,\sigma^2)$ 产生样本 $X_1,X_2,\cdots,X_{1\,000}$,由 $(*_6)$ 式即得

$$E[\sin(X^2)]\approx\frac{1}{1\,000}\sum_{i=1}^{1\,000}\sin(x_i^2)=0.835\,778\,5.$$

　　R 语言的程序如下:

```
> N = 1000;k = 0.0
> for(i in 1 : N){
+    x< - rnorm(1,1,0.1)   % 用 rnorm(  )产生 1 个服从分布 N(1,0.1²)的随机数
+    k< - k + sin(x^2)
+ }
> k/1000
[1] 0.835 778 5
```

　　例4　设 X_1,X_2 是来自分布 $N(0,1)$ 的两个相互独立的随机变量,试估计数学期望 $E(|X_1-X_2|)$.

　　解　独立地,自分布 $N(0,1)$ 抽取 $n=1\,000$ 个容量为 2 的样本

$$(x_1^{(i)},x_2^{(i)}),\quad i=1,2,\cdots,1\,000.$$

得到所求的 $E(|X_1-X_2|)$ 的估计为

$$E(|X_1-X_2|)\approx\frac{1}{1\,000}\sum_{i=1}^{1\,000}|x_1^{(i)}-x_2^{(i)}|=1.120\,209.$$

　　R 语言的程序如下:

```
> N = 1000;g< - numeric(N)
> for(i in 1 : N){
+    x< - rnorm(2)
```

```
+    g[i]<- abs(x[1] - x[2])
+  }
> est<- mean(g);  est
[1]    1.120 209
```

　　我们还能利用(* $_6$)式来估计积分

$$\int_a^b f(x)\mathrm{d}x.$$

　　设随机变量 $X_1, X_2, \cdots, X_n$ 相互独立,且具有相同的分布,其概率密度为

$$\varphi(x)=\begin{cases}\dfrac{1}{b-a}, & a<x<b, \\ 0, & \text{其他}.\end{cases}$$

则由(* $_6$)式有

$$\int_a^b f(x)\mathrm{d}x=(b-a)\int_a^b f(x)\varphi(x)\mathrm{d}x=(b-a)E[f(x)]\approx\frac{b-a}{n}\sum_{i=1}^n f(x_i).$$

即对于充分大的 n ,有

$$\int_a^b f(x)\mathrm{d}x\approx\frac{b-a}{n}\sum_{i=1}^n f(x_i). \qquad (*_7)$$

　　例5　试估计积分 $\int_0^{2\pi} \mathrm{e}^{\cos x}\mathrm{d}x.$

　　解　独立地自概率密度为

$$\varphi(x)=\begin{cases}\dfrac{1}{2\pi}, & 0<x<2\pi, \\ 0, & \text{其他}\end{cases}$$

的均匀分布抽取样本 $x_1, x_2, \cdots, x_{1\,000}$,由(* $_7$)式得到

$$\int_0^{2\pi} \mathrm{e}^{\cos x}\mathrm{d}x\approx\frac{2\pi}{1\,000}\sum_{i=1}^{1\,000}\mathrm{e}^{\cos x_i}=7.756\,55.$$

　　R 语言的程序如下:

```
> N = 1000;k = 0.0
> for(i in 1 : N){
+    x<- runif(1,0,2 * pi)        % 用 runif(  )产生 1 个服从分布 U(0,2π)的随机变量,
                                     在 R 中用 pi 表示 π
+    k<- k + exp(cos (x))
+  }
> k * 2 * pi/1000
[1]    7.75655
```

附　表

附表 1　几种常用的概率分布表

分布	参数	分布律或概率密度	数学期望	方差
(0—1)分布	$0<p<1$	$P\{X=k\}=p^k(1-p)^{1-k},\quad k=0,1$	p	$p(1-p)$
二项分布	$n\geqslant1$ $0<p<1$	$P\{X=k\}=\binom{n}{k}p^k(1-p)^{n-k}$ $k=0,1,\cdots,n$	np	$np(1-p)$
负二项分布 (帕斯卡分布)	$r\geqslant1$ $0<p<1$	$P\{X=k\}=\binom{k-1}{r-1}p^r(1-p)^{k-r}$ $k=r,r+1,\cdots$	$\dfrac{r}{p}$	$\dfrac{r(1-p)}{p^2}$
几何分布	$0<p<1$	$P\{X=k\}=(1-p)^{k-1}p$ $k=1,2,\cdots$	$\dfrac{1}{p}$	$\dfrac{1-p}{p^2}$
超几何分布	N,M,n $(M\leqslant N)$ $(n\leqslant N)$	$P\{X=k\}=\dfrac{\dbinom{M}{k}\dbinom{N-M}{n-k}}{\dbinom{N}{n}}$ k 为整数,$\max\{0,n-N+M\}\leqslant k\leqslant\min\{n,M\}$	$\dfrac{nM}{N}$	$\dfrac{nM}{N}\left(1-\dfrac{M}{N}\right)\dfrac{N-n}{N-1}$
泊松分布	$\lambda>0$	$P\{X=k\}=\dfrac{\lambda^k e^{-\lambda}}{k!}$ $k=0,1,2,\cdots$	λ	λ
均匀分布	$a<b$	$f(x)=\begin{cases}\dfrac{1}{b-a}, & a<x<b\\ 0, & \text{其他}\end{cases}$	$\dfrac{a+b}{2}$	$\dfrac{(b-a)^2}{12}$

续表

分布	参数	分布律或概率密度	数学期望	方差
正态分布	μ $\sigma>0$	$f(x)=\dfrac{1}{\sqrt{2\pi}\sigma}\mathrm{e}^{-(x-\mu)^2/(2\sigma^2)}$	μ	σ^2
Γ 分布	$\alpha>0$ $\beta>0$	$f(x)=\begin{cases}\dfrac{1}{\beta^{\alpha}\Gamma(\alpha)}x^{\alpha-1}\mathrm{e}^{-x/\beta}, & x>0\\ 0, & \text{其他}\end{cases}$	$\alpha\beta$	$\alpha\beta^2$
指数分布 (负指数分布)	$\theta>0$	$f(x)=\begin{cases}\dfrac{1}{\theta}\mathrm{e}^{-x/\theta}, & x>0\\ 0, & \text{其他}\end{cases}$	θ	θ^2
χ^2 分布	$n\geqslant 1$	$f(x)=\begin{cases}\dfrac{1}{2^{n/2}\Gamma(n/2)}x^{n/2-1}\mathrm{e}^{-x/2}, & x>0\\ 0, & \text{其他}\end{cases}$	n	$2n$
韦布尔分布	$\eta>0$ $\beta>0$	$f(x)=\begin{cases}\dfrac{\beta}{\eta}\left(\dfrac{x}{\eta}\right)^{\beta-1}\mathrm{e}^{-\left(\frac{x}{\eta}\right)^{\beta}}, & x>0\\ 0, & \text{其他}\end{cases}$	$\eta\Gamma\left(\dfrac{1}{\beta}+1\right)$	$\eta^2\left\{\Gamma\left(\dfrac{2}{\beta}+1\right)-\left[\Gamma\left(\dfrac{1}{\beta}+1\right)\right]^2\right\}$
瑞利分布	$\sigma>0$	$f(x)=\begin{cases}\dfrac{x}{\sigma^2}\mathrm{e}^{-x^2/(2\sigma^2)}, & x>0\\ 0, & \text{其他}\end{cases}$	$\sqrt{\dfrac{\pi}{2}}\,\sigma$	$\dfrac{4-\pi}{2}\sigma^2$

续表

分布	参数	分布律或概率密度	数学期望	方差
β分布	$\alpha>0$ $\beta>0$	$f(x)=\begin{cases}\dfrac{\Gamma(\alpha+\beta)}{\Gamma(\alpha)\Gamma(\beta)}x^{\alpha-1}(1-x)^{\beta-1}, & 0<x<1\\[2mm] 0, & 其他\end{cases}$	$\dfrac{\alpha}{\alpha+\beta}$	$\dfrac{\alpha\beta}{(\alpha+\beta)^2(\alpha+\beta+1)}$
对数 正态分布	μ $\sigma>0$	$f(x)=\begin{cases}\dfrac{1}{\sqrt{2\pi}\sigma x}e^{-(\ln x-\mu)^2/(2\sigma^2)}, & x>0\\[2mm] 0, & 其他\end{cases}$	$e^{\mu+\frac{\sigma^2}{2}}$	$e^{2\mu+\sigma^2}\left(e^{\sigma^2}-1\right)$
柯西分布	a $\lambda>0$	$f(x)=\dfrac{1}{\pi}\dfrac{\lambda}{\lambda^2+(x-a)^2}$	不存在	不存在
t分布	$n\geqslant 1$	$f(x)=\dfrac{\Gamma\left(\dfrac{n+1}{2}\right)}{\sqrt{n\pi}\,\Gamma(n/2)}\left(1+\dfrac{x^2}{n}\right)^{-(n+1)/2}$	$0,\ n>1$	$\dfrac{n}{n-2},\ n>2$
F分布	n_1,n_2	$f(x)=\begin{cases}\dfrac{\Gamma[(n_1+n_2)/2]}{\Gamma(n_1/2)\Gamma(n_2/2)}\left(\dfrac{n_1}{n_2}\right)\left(\dfrac{n_1}{n_2}x\right)^{n_1/2-1}\\[2mm] \quad\times\left(1+\dfrac{n_1}{n_2}x\right)^{-(n_1+n_2)/2}, & x>0\\[2mm] 0, & 其他\end{cases}$	$\dfrac{n_2}{n_2-2}$ $n_2>2$	$\dfrac{2n_2^2(n_1+n_2-2)}{n_1(n_2-2)^2(n_2-4)}$ $n_2>4$

附表 2　标准正态分布表

$$\Phi(x) = \int_{-\infty}^{x} \frac{1}{\sqrt{2\pi}} e^{-t^2/2} \, dt$$

x	0.00	0.01	0.02	0.03	0.04	0.05	0.06	0.07	0.08	0.09
0.0	0.5000	0.5040	0.5080	0.5120	0.5160	0.5199	0.5239	0.5279	0.5319	0.5359
0.1	0.5398	0.5438	0.5478	0.5517	0.5557	0.5596	0.5636	0.5675	0.5714	0.5753
0.2	0.5793	0.5832	0.5871	0.5910	0.5948	0.5987	0.6026	0.6064	0.6103	0.6141
0.3	0.6179	0.6217	0.6255	0.6293	0.6331	0.6368	0.6406	0.6443	0.6480	0.6517
0.4	0.6554	0.6591	0.6628	0.6664	0.6700	0.6736	0.6772	0.6808	0.6844	0.6879
0.5	0.6915	0.6950	0.6985	0.7019	0.7054	0.7088	0.7123	0.7157	0.7190	0.7224
0.6	0.7257	0.7291	0.7324	0.7357	0.7389	0.7422	0.7454	0.7486	0.7517	0.7549
0.7	0.7580	0.7611	0.7642	0.7673	0.7704	0.7734	0.7764	0.7794	0.7823	0.7852
0.8	0.7881	0.7910	0.7939	0.7967	0.7995	0.8023	0.8051	0.8078	0.8106	0.8133
0.9	0.8159	0.8186	0.8212	0.8238	0.8264	0.8289	0.8315	0.8340	0.8365	0.8389
1.0	0.8413	0.8438	0.8461	0.8485	0.8508	0.8531	0.8554	0.8577	0.8599	0.8621
1.1	0.8643	0.8665	0.8686	0.8708	0.8729	0.8749	0.8770	0.8790	0.8810	0.8830
1.2	0.8849	0.8869	0.8888	0.8907	0.8925	0.8944	0.8962	0.8980	0.8997	0.9015
1.3	0.9032	0.9049	0.9066	0.9082	0.9099	0.9115	0.9131	0.9147	0.9162	0.9177
1.4	0.9192	0.9207	0.9222	0.9236	0.9251	0.9265	0.9278	0.9292	0.9306	0.9319
1.5	0.9332	0.9345	0.9357	0.9370	0.9382	0.9394	0.9406	0.9418	0.9429	0.9441
1.6	0.9452	0.9463	0.9474	0.9484	0.9495	0.9505	0.9515	0.9525	0.9535	0.9545
1.7	0.9554	0.9564	0.9573	0.9582	0.9591	0.9599	0.9608	0.9616	0.9625	0.9633
1.8	0.9641	0.9649	0.9656	0.9664	0.9671	0.9678	0.9686	0.9693	0.9699	0.9706
1.9	0.9713	0.9719	0.9726	0.9732	0.9738	0.9744	0.9750	0.9756	0.9761	0.9767
2.0	0.9772	0.9778	0.9783	0.9788	0.9793	0.9798	0.9803	0.9808	0.9812	0.9817
2.1	0.9821	0.9826	0.9830	0.9834	0.9838	0.9842	0.9846	0.9850	0.9854	0.9857
2.2	0.9861	0.9864	0.9868	0.9871	0.9875	0.9878	0.9881	0.9884	0.9887	0.9890
2.3	0.9893	0.9896	0.9898	0.9901	0.9904	0.9906	0.9909	0.9911	0.9913	0.9916
2.4	0.9918	0.9920	0.9922	0.9925	0.9927	0.9929	0.9931	0.9932	0.9934	0.9936
2.5	0.9938	0.9940	0.9941	0.9943	0.9945	0.9946	0.9948	0.9949	0.9951	0.9952
2.6	0.9953	0.9955	0.9956	0.9957	0.9959	0.9960	0.9961	0.9962	0.9963	0.9964
2.7	0.9965	0.9966	0.9967	0.9968	0.9969	0.9970	0.9971	0.9972	0.9973	0.9974
2.8	0.9974	0.9975	0.9976	0.9977	0.9977	0.9978	0.9979	0.9979	0.9980	0.9981
2.9	0.9981	0.9982	0.9982	0.9983	0.9984	0.9984	0.9985	0.9985	0.9986	0.9986
3.0	0.9987	0.9987	0.9987	0.9988	0.9988	0.9989	0.9989	0.9989	0.9990	0.9990
3.1	0.9990	0.9991	0.9991	0.9991	0.9992	0.9992	0.9992	0.9992	0.9993	0.9993
3.2	0.9993	0.9993	0.9994	0.9994	0.9994	0.9994	0.9994	0.9995	0.9995	0.9995
3.3	0.9995	0.9995	0.9995	0.9996	0.9996	0.9996	0.9996	0.9996	0.9996	0.9997
3.4	0.9997	0.9997	0.9997	0.9997	0.9997	0.9997	0.9997	0.9997	0.9997	0.9998

附表 3　泊松分布表

$$P\{X \leqslant x\} = \sum_{k=0}^{x} \frac{\lambda^k e^{-\lambda}}{k!}$$

x	λ								
	0.1	0.2	0.3	0.4	0.5	0.6	0.7	0.8	0.9
0	0.9048	0.8187	0.7408	0.6730	0.6065	0.5488	0.4966	0.4493	0.4066
1	0.9953	0.9825	0.9631	0.9384	0.9098	0.8781	0.8442	0.8088	0.7725
2	0.9998	0.9989	0.9964	0.9921	0.9856	0.9769	0.9659	0.9526	0.9371
3	1.0000	0.9999	0.9997	0.9992	0.9982	0.9966	0.9942	0.9909	0.9865
4		1.0000	1.0000	0.9999	0.9998	0.9996	0.9992	0.9986	0.9977
5				1.0000	1.0000	1.0000	0.9999	0.9998	0.9997
6							1.0000	1.0000	1.0000

x	λ								
	1.0	1.5	2.0	2.5	3.0	3.5	4.0	4.5	5.0
0	0.3679	0.2231	0.1353	0.0821	0.0498	0.0302	0.0183	0.0111	0.0067
1	0.7358	0.5578	0.4060	0.2873	0.1991	0.1359	0.0916	0.0611	0.0404
2	0.9197	0.8088	0.6767	0.5438	0.4232	0.3208	0.2381	0.1736	0.1247
3	0.9810	0.9344	0.8571	0.7576	0.6472	0.5366	0.4335	0.3423	0.2650
4	0.9963	0.9814	0.9473	0.8912	0.8153	0.7254	0.6288	0.5321	0.4405
5	0.9994	0.9955	0.9834	0.9580	0.9161	0.8576	0.7851	0.7029	0.6160
6	0.9999	0.9991	0.9955	0.9858	0.9665	0.9347	0.8893	0.8311	0.7622
7	1.0000	0.9998	0.9989	0.9958	0.9881	0.9733	0.9489	0.9134	0.8666
8		1.0000	0.9998	0.9989	0.9962	0.9901	0.9786	0.9597	0.9319
9			1.0000	0.9997	0.9989	0.9967	0.9919	0.9829	0.9682
10				0.9999	0.9997	0.9990	0.9972	0.9933	0.9863
11				1.0000	0.9999	0.9997	0.9991	0.9976	0.9945
12					1.0000	0.9999	0.9997	0.9992	0.9980

x	λ								
	5.5	6.0	6.5	7.0	7.5	8.0	8.5	9.0	9.5
0	0.0041	0.0025	0.0015	0.0009	0.0006	0.0003	0.0002	0.0001	0.0001
1	0.0266	0.0174	0.0113	0.0073	0.0047	0.0030	0.0019	0.0012	0.0008
2	0.0884	0.0620	0.0430	0.0296	0.0203	0.0138	0.0093	0.0062	0.0042
3	0.2017	0.1512	0.1118	0.0818	0.0591	0.0424	0.0301	0.0212	0.0149
4	0.3575	0.2851	0.2237	0.1730	0.1321	0.0996	0.0744	0.0550	0.0403
5	0.5289	0.4457	0.3690	0.3007	0.2414	0.1912	0.1496	0.1157	0.0885
6	0.6860	0.6063	0.5265	0.4497	0.3782	0.3134	0.2562	0.2068	0.1649
7	0.8095	0.7440	0.6728	0.5987	0.5246	0.4530	0.3856	0.3239	0.2687
8	0.8944	0.8472	0.7916	0.7291	0.6620	0.5925	0.5231	0.4557	0.3918
9	0.9462	0.9161	0.8774	0.8305	0.7764	0.7166	0.6530	0.5874	0.5218
10	0.9747	0.9574	0.9332	0.9015	0.8622	0.8159	0.7634	0.7060	0.6453
11	0.9890	0.9799	0.9661	0.9466	0.9208	0.8881	0.8487	0.8030	0.7520
12	0.9955	0.9912	0.9840	0.9730	0.9573	0.9362	0.9091	0.8758	0.8364
13	0.9983	0.9964	0.9929	0.9872	0.9784	0.9658	0.9486	0.9261	0.8981
14	0.9994	0.9986	0.9970	0.9943	0.9897	0.9827	0.9726	0.9585	0.9400
15	0.9998	0.9995	0.9988	0.9976	0.9954	0.9918	0.9862	0.9780	0.9665
16	0.9999	0.9998	0.9996	0.9990	0.9980	0.9963	0.9934	0.9889	0.9823
17	1.0000	0.9999	0.9998	0.9996	0.9992	0.9984	0.9970	0.9947	0.9911
18		1.0000	0.9999	0.9999	0.9997	0.9994	0.9987	0.9976	0.9957
19			1.0000	1.0000	0.9999	0.9997	0.9995	0.9989	0.9980
20					1.0000	0.9999	0.9998	0.9996	0.9991

附表 4　t 分布表

$$P\{t(n) > t_a(n)\} = \alpha$$

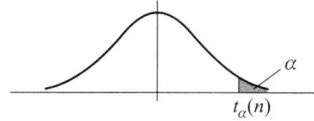

n \ α	0.20	0.15	0.10	0.05	0.025	0.01	0.005
1	1.376	1.963	3.0777	6.3138	12.7062	31.8207	63.6574
2	1.061	1.386	1.8856	2.9200	4.3027	6.9646	9.9248
3	0.978	1.250	1.6377	2.3534	3.1824	4.5407	5.8409
4	0.941	1.190	1.5332	2.1318	2.7764	3.7469	4.6041
5	0.920	1.156	1.4759	2.0150	2.5706	3.3649	4.0322
6	0.906	1.134	1.4398	1.9432	2.4469	3.1427	3.7074
7	0.896	1.119	1.4149	1.8946	2.3646	2.9980	3.4995
8	0.889	1.108	1.3968	1.8595	2.3060	2.8965	3.3554
9	0.883	1.100	1.3830	1.8331	2.2622	2.8214	3.2498
10	0.879	1.093	1.3722	1.8125	2.2281	2.7638	3.1693
11	0.876	1.088	1.3634	1.7959	2.2010	2.7181	3.1058
12	0.873	1.083	1.3562	1.7823	2.1788	2.6810	3.0545
13	0.870	1.079	1.3502	1.7709	2.1604	2.6503	3.0123
14	0.868	1.076	1.3450	1.7613	2.1448	2.6245	2.9768
15	0.866	1.074	1.3406	1.7531	2.1315	2.6025	2.9467
16	0.865	1.071	1.3368	1.7459	2.1199	2.5835	2.9208
17	0.863	1.069	1.3334	1.7396	2.1098	2.5669	2.8982
18	0.862	1.067	1.3304	1.7341	2.1009	2.5524	2.8784
19	0.861	1.066	1.3277	1.7291	2.0930	2.5395	2.8609
20	0.860	1.064	1.3253	1.7247	2.0860	2.5280	2.8453
21	0.859	1.063	1.3232	1.7207	2.0796	2.5177	2.8314
22	0.858	1.061	1.3212	1.7171	2.0739	2.5083	2.8188
23	0.858	1.060	1.3195	1.7139	2.0687	2.4999	2.8073
24	0.857	1.059	1.3178	1.7109	2.0639	2.4922	2.7969
25	0.856	1.058	1.3163	1.7081	2.0595	2.4851	2.7874
26	0.856	1.058	1.3150	1.7056	2.0555	2.4786	2.7787
27	0.855	1.057	1.3137	1.7033	2.0518	2.4727	2.7707
28	0.855	1.056	1.3125	1.7011	2.0484	2.4671	2.7633
29	0.854	1.055	1.3114	1.6991	2.0452	2.4620	2.7564
30	0.854	1.055	1.3104	1.6973	2.0423	2.4573	2.7500
31	0.8535	1.0541	1.3095	1.6955	2.0395	2.4528	2.7440
32	0.8531	1.0536	1.3086	1.6939	2.0369	2.4487	2.7385
33	0.8527	1.0531	1.3077	1.6924	2.0345	2.4448	2.7333
34	0.8524	1.0526	1.3070	1.6909	2.0322	2.4411	2.7284
35	0.8521	1.0521	1.3062	1.6896	2.0301	2.4377	2.7238
36	0.8518	1.0516	1.3055	1.6883	2.0281	2.4345	2.7195
37	0.8515	1.0512	1.3049	1.6871	2.0262	2.4314	2.7154
38	0.8512	1.0508	1.3042	1.6860	2.0244	2.4286	2.7116
39	0.8510	1.0504	1.3036	1.6849	2.0227	2.4258	2.7079
40	0.8507	1.0501	1.3031	1.6839	2.0211	2.4233	2.7045
41	0.8505	1.0498	1.3025	1.6829	2.0195	2.4208	2.7012
42	0.8503	1.0494	1.3020	1.6820	2.0181	2.4185	2.6981
43	0.8501	1.0491	1.3016	1.6811	2.0167	2.4163	2.6951
44	0.8499	1.0488	1.3011	1.6802	2.0154	2.4141	2.6923
45	0.8497	1.0485	1.3006	1.6794	2.0141	2.4121	2.6896

附表 5 χ^2 分布表

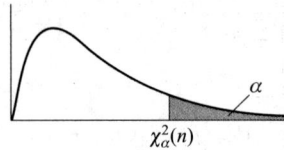

$$P\{\chi^2(n) > \chi_\alpha^2(n)\} = \alpha$$

n \ α	0.995	0.99	0.975	0.95	0.90	0.10	0.05	0.025	0.01	0.005
1	0.000	0.000	0.001	0.004	0.016	2.706	3.843	5.025	6.637	7.879
2	0.010	0.020	0.051	0.103	0.211	4.605	5.992	7.378	9.210	10.597
3	0.072	0.115	0.216	0.352	0.584	6.251	7.815	9.348	11.344	12.837
4	0.207	0.297	0.484	0.711	1.064	7.779	9.488	11.143	13.277	14.860
5	0.412	0.554	0.831	1.145	1.610	9.236	11.070	12.832	15.085	16.748
6	0.676	0.872	1.237	1.635	2.204	10.645	12.592	14.440	16.812	18.548
7	0.989	1.239	1.690	2.167	2.833	12.017	14.067	16.012	18.474	20.276
8	1.344	1.646	2.180	2.733	3.490	13.362	15.507	17.534	20.090	21.954
9	1.735	2.088	2.700	3.325	4.168	14.684	16.919	19.022	21.665	23.587
10	2.156	2.558	3.247	3.940	4.865	15.987	18.307	20.483	23.209	25.188
11	2.603	3.053	3.816	4.575	5.578	17.275	19.675	21.920	24.724	26.755
12	3.074	3.571	4.404	5.226	6.304	18.549	21.026	23.337	26.217	28.300
13	3.565	4.107	5.009	5.892	7.041	19.812	22.362	24.735	27.687	29.817
14	4.075	4.660	5.629	6.571	7.790	21.064	23.685	26.119	29.141	31.319
15	4.600	5.229	6.262	7.261	8.547	22.307	24.996	27.488	30.577	32.799
16	5.142	5.812	6.908	7.962	9.312	23.542	26.296	28.845	32.000	34.267
17	5.697	6.407	7.564	8.682	10.085	24.769	27.587	30.190	33.408	35.716
18	6.265	7.015	8.231	9.390	10.865	25.989	28.869	31.526	34.805	37.156
19	6.843	7.632	8.906	10.117	11.651	27.203	30.143	32.852	36.190	38.580
20	7.434	8.260	9.591	10.851	12.443	28.412	31.410	34.170	37.566	39.997
21	8.033	8.897	10.283	11.591	13.240	29.615	32.670	35.478	38.930	41.399
22	8.643	9.542	10.982	12.338	14.042	30.813	33.924	36.781	40.289	42.796
23	9.260	10.195	11.688	13.090	14.848	32.007	35.172	38.075	41.637	44.179
24	9.886	10.856	12.401	13.848	15.659	33.196	36.415	39.364	42.980	45.558
25	10.519	11.524	13.120	14.611	16.473	34.382	37.652	40.646	44.314	46.925
26	11.160	12.198	13.844	15.379	17.292	35.563	38.885	41.923	45.642	48.290
27	11.807	12.878	14.573	16.151	18.114	36.741	40.113	43.194	46.962	49.642
28	12.461	13.565	15.308	16.928	18.939	37.916	41.337	44.461	48.278	50.993
29	13.120	14.256	16.147	17.708	19.768	39.087	42.557	45.722	49.586	52.333
30	13.787	14.954	16.791	18.493	20.599	40.256	43.773	46.979	50.892	53.672
31	14.457	15.655	17.538	19.280	21.433	41.422	44.985	48.231	52.190	55.000
32	15.134	16.362	18.291	20.072	22.271	42.585	46.194	49.480	53.486	56.328
33	15.814	17.073	19.046	20.866	23.110	43.745	47.400	50.724	54.774	57.646
34	16.501	17.789	19.806	21.664	23.952	44.903	48.602	51.966	56.061	58.964
35	17.191	18.508	20.569	22.465	24.796	46.059	49.802	53.203	57.340	60.272
36	17.887	19.233	21.336	23.269	25.643	47.212	50.998	54.437	58.619	61.581
37	18.584	19.960	22.105	24.075	26.492	48.363	52.192	55.667	59.891	62.880
38	19.289	20.691	22.878	24.884	27.343	49.513	53.384	56.896	61.162	64.181
39	19.994	21.425	23.654	25.695	28.196	50.660	54.572	58.119	62.426	65.473
40	20.706	22.164	24.433	26.509	29.050	51.805	55.758	59.342	63.691	66.766

注:当 $n > 40$ 时, $\chi_\alpha^2(n) \approx \dfrac{1}{2}(z_\alpha + \sqrt{2n-1})^2$.

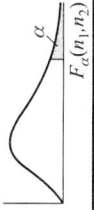

附表 6　F 分布表

$$P\{F(n_1,n_2)>F_\alpha(n_1,n_2)\}=\alpha \qquad (\alpha=0.10)$$

n_2 \ n_1	1	2	3	4	5	6	7	8	9	10	12	15	20	24	30	40	60	120	∞
1	39.86	49.50	53.59	55.83	57.24	58.20	58.91	59.44	59.86	60.19	60.71	61.22	61.74	62.00	62.26	62.53	62.79	63.06	63.33
2	8.53	9.00	9.16	9.24	9.29	9.33	9.35	9.37	9.38	9.39	9.41	9.42	9.44	9.45	9.46	9.47	9.47	9.48	9.49
3	5.54	5.46	5.39	5.34	5.31	5.28	5.27	5.25	5.24	5.23	5.22	5.20	5.18	5.18	5.17	5.16	5.15	5.14	5.13
4	4.54	4.32	4.19	4.11	4.05	4.01	3.98	3.95	3.94	3.92	3.90	3.87	3.84	3.83	3.82	3.80	3.79	3.78	3.76
5	4.06	3.78	3.62	3.52	3.45	3.40	3.37	3.34	3.32	3.30	3.27	3.24	3.21	3.19	3.17	3.16	3.14	3.12	3.10
6	3.78	3.46	3.29	3.18	3.11	3.05	3.01	2.98	2.96	2.94	2.90	2.87	2.84	2.82	2.80	2.78	2.76	2.74	2.72
7	3.59	3.26	3.07	2.96	2.88	2.83	2.78	2.75	2.72	2.70	2.67	2.63	2.59	2.58	2.56	2.54	2.51	2.49	2.47
8	3.46	3.11	2.92	2.81	2.73	2.67	2.62	2.59	2.56	2.54	2.50	2.46	2.42	2.40	2.38	2.36	2.34	2.32	2.29
9	3.36	3.01	2.81	2.69	2.61	2.55	2.51	2.47	2.44	2.42	2.38	2.34	2.30	2.28	2.25	2.23	2.21	2.18	2.16
10	3.29	2.92	2.73	2.61	2.52	2.46	2.41	2.38	2.35	2.32	2.28	2.24	2.20	2.18	2.16	2.13	2.11	2.08	2.06
11	3.23	2.86	2.66	2.54	2.45	2.39	2.34	2.30	2.27	2.25	2.21	2.17	2.12	2.10	2.08	2.05	2.03	2.00	1.97
12	3.18	2.81	2.61	2.48	2.39	2.33	2.28	2.24	2.21	2.19	2.15	2.10	2.06	2.04	2.01	1.99	1.96	1.93	1.90
13	3.14	2.76	2.56	2.43	2.35	2.28	2.23	2.20	2.16	2.14	2.10	2.05	2.01	1.98	1.96	1.93	1.90	1.88	1.85
14	3.10	2.73	2.52	2.39	2.31	2.24	2.19	2.15	2.12	2.10	2.05	2.01	1.96	1.94	1.91	1.89	1.86	1.83	1.80
15	3.07	2.70	2.49	2.36	2.27	2.21	2.16	2.12	2.09	2.06	2.02	1.97	1.92	1.90	1.87	1.85	1.82	1.79	1.76
16	3.05	2.67	2.46	2.33	2.24	2.18	2.13	2.09	2.06	2.03	1.99	1.94	1.89	1.87	1.84	1.81	1.78	1.75	1.72
17	3.03	2.64	2.44	2.31	2.22	2.15	2.10	2.06	2.03	2.00	1.96	1.91	1.86	1.84	1.81	1.78	1.75	1.72	1.69
18	3.01	2.62	2.42	2.29	2.20	2.13	2.08	2.04	2.00	1.98	1.93	1.89	1.84	1.81	1.78	1.75	1.72	1.69	1.66
19	2.99	2.61	2.40	2.27	2.18	2.11	2.06	2.02	1.98	1.96	1.91	1.86	1.81	1.79	1.76	1.73	1.70	1.67	1.63
20	2.97	2.59	2.38	2.25	2.16	2.09	2.04	2.00	1.96	1.94	1.89	1.84	1.79	1.77	1.74	1.71	1.68	1.64	1.61
21	2.96	2.57	2.36	2.23	2.14	2.08	2.02	1.98	1.95	1.92	1.87	1.83	1.78	1.75	1.72	1.69	1.66	1.62	1.59
22	2.95	2.56	2.35	2.22	2.13	2.06	2.01	1.97	1.93	1.90	1.86	1.81	1.76	1.73	1.70	1.67	1.64	1.60	1.57
23	2.94	2.55	2.34	2.21	2.11	2.05	1.99	1.95	1.92	1.89	1.84	1.80	1.74	1.72	1.69	1.66	1.62	1.59	1.55
24	2.93	2.54	2.33	2.19	2.10	2.04	1.98	1.94	1.91	1.88	1.83	1.78	1.73	1.70	1.67	1.64	1.61	1.57	1.53
25	2.92	2.53	2.32	2.18	2.09	2.02	1.97	1.93	1.89	1.87	1.82	1.77	1.72	1.69	1.66	1.63	1.59	1.56	1.52
26	2.91	2.52	2.31	2.17	2.08	2.01	1.96	1.92	1.88	1.86	1.81	1.76	1.71	1.68	1.65	1.61	1.58	1.54	1.50
27	2.90	2.51	2.30	2.17	2.07	2.00	1.95	1.91	1.87	1.85	1.80	1.75	1.70	1.67	1.64	1.60	1.57	1.53	1.49
28	2.89	2.50	2.29	2.16	2.06	2.00	1.94	1.90	1.87	1.84	1.79	1.74	1.69	1.66	1.63	1.59	1.56	1.52	1.48
29	2.89	2.50	2.28	2.15	2.06	1.99	1.93	1.89	1.86	1.83	1.78	1.73	1.68	1.65	1.62	1.58	1.55	1.51	1.47
30	2.88	2.49	2.28	2.14	2.05	1.98	1.93	1.88	1.85	1.82	1.77	1.72	1.67	1.64	1.61	1.57	1.54	1.50	1.46
40	2.84	2.44	2.23	2.09	2.00	1.93	1.87	1.83	1.79	1.76	1.71	1.66	1.61	1.57	1.54	1.51	1.47	1.42	1.38
60	2.79	2.39	2.18	2.04	1.95	1.87	1.82	1.77	1.74	1.71	1.66	1.60	1.54	1.51	1.48	1.44	1.40	1.35	1.29
120	2.75	2.35	2.13	1.99	1.90	1.82	1.77	1.72	1.68	1.65	1.60	1.55	1.48	1.45	1.41	1.37	1.32	1.26	1.19
∞	2.71	2.30	2.08	1.94	1.85	1.77	1.72	1.67	1.63	1.60	1.55	1.49	1.42	1.38	1.34	1.30	1.24	1.17	1.00

$(\alpha=0.05)$

n_1 / n_2	1	2	3	4	5	6	7	8	9	10	12	15	20	24	30	40	60	120	∞
1	161	200	216	225	230	234	237	239	241	242	244	246	248	249	250	251	252	253	254
2	18.5	19.0	19.2	19.2	19.3	19.3	19.4	19.4	19.4	19.4	19.4	19.4	19.4	19.5	19.5	19.5	19.5	19.5	19.5
3	10.1	9.55	9.28	9.12	9.01	8.94	8.89	8.85	8.81	8.79	8.74	8.70	8.66	8.64	8.62	8.59	8.57	8.55	8.53
4	7.71	6.94	6.59	6.39	6.26	6.16	6.09	6.04	6.00	5.96	5.91	5.86	5.80	5.77	5.75	5.72	5.69	5.66	5.63
5	6.61	5.79	5.41	5.19	5.05	4.95	4.88	4.82	4.77	4.74	4.68	4.62	4.56	4.53	4.50	4.46	4.43	4.40	4.36
6	5.99	5.14	4.76	4.53	4.39	4.28	4.21	4.15	4.10	4.06	4.00	3.94	3.87	3.84	3.81	3.77	3.74	3.70	3.67
7	5.59	4.74	4.35	4.12	3.97	3.87	3.79	3.73	3.68	3.64	3.57	3.51	3.44	3.41	3.38	3.34	3.30	3.27	3.23
8	5.32	4.46	4.07	3.84	3.69	3.58	3.50	3.44	3.39	3.35	3.28	3.22	3.15	3.12	3.08	3.04	3.01	2.97	2.93
9	5.12	4.26	3.86	3.63	3.48	3.37	3.29	3.23	3.18	3.14	3.07	3.01	2.94	2.90	2.86	2.83	2.79	2.75	2.71
10	4.96	4.10	3.71	3.48	3.33	3.22	3.14	3.07	3.02	2.98	2.91	2.85	2.77	2.74	2.70	2.66	2.62	2.58	2.54
11	4.84	3.98	3.59	3.36	3.20	3.09	3.01	2.95	2.90	2.85	2.79	2.72	2.65	2.61	2.57	2.53	2.49	2.45	2.40
12	4.75	3.89	3.49	3.26	3.11	3.00	2.91	2.85	2.80	2.75	2.69	2.62	2.54	2.51	2.47	2.43	2.38	2.34	2.30
13	4.67	3.81	3.41	3.18	3.03	2.92	2.83	2.77	2.71	2.67	2.60	2.53	2.46	2.42	2.38	2.34	2.30	2.25	2.21
14	4.60	3.74	3.34	3.11	2.96	2.85	2.76	2.70	2.65	2.60	2.53	2.46	2.39	2.35	2.31	2.27	2.22	2.18	2.13
15	4.54	3.68	3.29	3.06	2.90	2.79	2.71	2.64	2.59	2.54	2.48	2.40	2.33	2.29	2.25	2.20	2.16	2.11	2.07
16	4.49	3.63	3.24	3.01	2.85	2.74	2.66	2.59	2.54	2.49	2.42	2.35	2.28	2.24	2.19	2.15	2.11	2.06	2.01
17	4.45	3.59	3.20	2.96	2.81	2.70	2.61	2.55	2.49	2.45	2.38	2.31	2.23	2.19	2.15	2.10	2.06	2.01	1.96
18	4.41	3.55	3.16	2.93	2.77	2.66	2.58	2.51	2.46	2.41	2.34	2.27	2.19	2.15	2.11	2.06	2.02	1.97	1.92
19	4.38	3.52	3.13	2.90	2.74	2.63	2.54	2.48	2.42	2.38	2.31	2.23	2.16	2.11	2.07	2.03	1.98	1.93	1.88
20	4.35	3.49	3.10	2.87	2.71	2.60	2.51	2.45	2.39	2.35	2.28	2.20	2.12	2.08	2.04	1.99	1.95	1.90	1.84
21	4.32	3.47	3.07	2.84	2.68	2.57	2.49	2.42	2.37	2.32	2.25	2.18	2.10	2.05	2.01	1.96	1.92	1.87	1.81
22	4.30	3.44	3.05	2.82	2.66	2.55	2.46	2.40	2.34	2.30	2.23	2.15	2.07	2.03	1.98	1.94	1.89	1.84	1.78
23	4.28	3.42	3.03	2.80	2.64	2.53	2.44	2.37	2.32	2.27	2.20	2.13	2.05	2.01	1.96	1.91	1.86	1.81	1.76
24	4.26	3.40	3.01	2.78	2.62	2.51	2.42	2.36	2.30	2.25	2.18	2.11	2.03	1.98	1.94	1.89	1.84	1.79	1.73
25	4.24	3.39	2.99	2.76	2.60	2.49	2.40	2.34	2.28	2.24	2.16	2.09	2.01	1.96	1.92	1.87	1.82	1.77	1.71
26	4.23	3.37	2.98	2.74	2.59	2.47	2.39	2.32	2.27	2.22	2.15	2.07	1.99	1.95	1.90	1.85	1.80	1.75	1.69
27	4.21	3.35	2.96	2.73	2.57	2.46	2.37	2.31	2.25	2.20	2.13	2.06	1.97	1.93	1.88	1.84	1.79	1.73	1.67
28	4.20	3.34	2.95	2.71	2.56	2.45	2.36	2.29	2.24	2.19	2.12	2.04	1.96	1.91	1.87	1.82	1.77	1.71	1.65
29	4.18	3.33	2.93	2.70	2.55	2.43	2.35	2.28	2.22	2.18	2.10	2.03	1.94	1.90	1.85	1.81	1.75	1.70	1.64
30	4.17	3.32	2.92	2.69	2.53	2.42	2.33	2.27	2.21	2.16	2.09	2.01	1.93	1.89	1.84	1.79	1.74	1.68	1.62
40	4.08	3.23	2.84	2.61	2.45	2.34	2.25	2.18	2.12	2.08	2.00	1.92	1.84	1.79	1.74	1.69	1.64	1.58	1.51
60	4.00	3.15	2.76	2.53	2.37	2.25	2.17	2.10	2.04	1.99	1.92	1.84	1.75	1.70	1.65	1.59	1.53	1.47	1.39
120	3.92	3.07	2.68	2.45	2.29	2.17	2.09	2.02	1.96	1.91	1.83	1.75	1.66	1.61	1.55	1.50	1.43	1.35	1.25
∞	3.84	3.00	2.60	2.37	2.21	2.10	2.01	1.94	1.88	1.83	1.75	1.67	1.57	1.52	1.46	1.39	1.32	1.22	1.00

$(\alpha=0.025)$

n_2 \ n_1	1	2	3	4	5	6	7	8	9	10	12	15	20	24	30	40	60	120	∞
1	648	800	864	900	922	937	948	957	963	969	977	985	993	997	1000	1010	1010	1010	1020
2	38.5	39.0	39.2	39.2	39.3	39.3	39.4	39.4	39.4	39.4	39.4	39.4	39.4	39.5	39.5	39.5	39.5	39.5	39.5
3	17.4	16.0	15.4	15.1	14.9	14.7	14.6	14.5	14.5	14.4	14.3	14.3	14.2	14.1	14.1	14.0	14.0	13.9	13.9
4	12.2	10.6	9.98	9.60	9.36	9.20	9.07	8.98	8.90	8.84	8.75	8.66	8.56	8.51	8.46	8.41	8.36	8.31	8.26
5	10.0	8.43	7.76	7.39	7.15	6.98	6.85	6.76	6.68	6.62	6.52	6.43	6.33	6.28	6.23	6.18	6.12	6.07	6.02
6	8.81	7.26	6.60	6.23	5.99	5.82	5.70	5.60	5.52	5.46	5.37	5.27	5.17	5.12	5.07	5.01	4.96	4.90	4.85
7	8.07	6.54	5.89	5.52	5.29	5.12	4.99	4.90	4.82	4.76	4.67	4.57	4.47	4.42	4.36	4.31	4.25	4.20	4.14
8	7.57	6.06	5.42	5.05	4.82	4.65	4.53	4.43	4.36	4.30	4.20	4.10	4.00	3.95	3.89	3.84	3.78	3.73	3.67
9	7.21	5.71	5.08	4.72	4.48	4.32	4.20	4.10	4.03	3.96	3.87	3.77	3.67	3.61	3.56	3.51	3.45	3.39	3.33
10	6.94	5.46	4.83	4.47	4.24	4.07	3.95	3.85	3.78	3.72	3.62	3.52	3.42	3.37	3.31	3.26	3.20	3.14	3.08
11	6.72	5.26	4.63	4.28	4.04	3.88	3.76	3.66	3.59	3.53	3.43	3.33	3.23	3.17	3.12	3.06	3.00	2.94	2.88
12	6.55	5.10	4.47	4.12	3.89	3.73	3.61	3.51	3.44	3.37	3.28	3.18	3.07	3.02	2.96	2.91	2.85	2.79	2.72
13	6.41	4.97	4.35	4.00	3.77	3.60	3.48	3.39	3.31	3.25	3.15	3.05	2.95	2.89	2.84	2.78	2.72	2.66	2.60
14	6.30	4.86	4.24	3.89	3.66	3.50	3.38	3.29	3.21	3.15	3.05	2.95	2.84	2.79	2.73	2.67	2.61	2.55	2.49
15	6.20	4.77	4.15	3.80	3.58	3.41	3.29	3.20	3.12	3.06	2.96	2.86	2.76	2.70	2.64	2.59	2.52	2.46	2.40
16	6.12	4.69	4.08	3.73	3.50	3.34	3.22	3.12	3.05	2.99	2.89	2.79	2.68	2.63	2.57	2.51	2.45	2.38	2.32
17	6.04	4.62	4.01	3.66	3.44	3.28	3.16	3.06	2.98	2.92	2.82	2.72	2.62	2.56	2.50	2.44	2.38	2.32	2.25
18	5.98	4.56	3.95	3.61	3.38	3.22	3.10	3.01	2.93	2.87	2.77	2.67	2.56	2.50	2.44	2.38	2.32	2.26	2.19
19	5.92	4.51	3.90	3.56	3.33	3.17	3.05	2.96	2.88	2.82	2.72	2.62	2.51	2.45	2.39	2.33	2.27	2.20	2.13
20	5.87	4.46	3.86	3.51	3.29	3.13	3.01	2.91	2.84	2.77	2.68	2.57	2.46	2.41	2.35	2.29	2.22	2.16	2.09
21	5.83	4.42	3.82	3.48	3.25	3.09	2.97	2.87	2.80	2.73	2.64	2.53	2.42	2.37	2.31	2.25	2.18	2.11	2.04
22	5.79	4.38	3.78	3.44	3.22	3.05	2.93	2.84	2.76	2.70	2.60	2.50	2.39	2.33	2.27	2.21	2.14	2.08	2.00
23	5.75	4.35	3.75	3.41	3.18	3.02	2.90	2.81	2.73	2.67	2.57	2.47	2.36	2.30	2.24	2.18	2.11	2.04	1.97
24	5.72	4.32	3.72	3.38	3.15	2.99	2.87	2.78	2.70	2.64	2.54	2.44	2.33	2.27	2.21	2.15	2.08	2.01	1.94
25	5.69	4.29	3.69	3.35	3.13	2.97	2.85	2.75	2.68	2.61	2.51	2.41	2.30	2.24	2.18	2.12	2.05	1.98	1.91
26	5.66	4.27	3.67	3.33	3.10	2.94	2.82	2.73	2.65	2.59	2.49	2.39	2.28	2.22	2.16	2.09	2.03	1.95	1.88
27	5.63	4.24	3.65	3.31	3.08	2.92	2.80	2.71	2.63	2.57	2.47	2.36	2.25	2.19	2.13	2.07	2.00	1.93	1.85
28	5.61	4.22	3.63	3.29	3.06	2.90	2.78	2.69	2.61	2.55	2.45	2.34	2.23	2.17	2.11	2.05	1.98	1.91	1.83
29	5.59	4.20	3.61	3.27	3.04	2.88	2.76	2.67	2.59	2.53	2.43	2.32	2.21	2.15	2.09	2.03	1.96	1.89	1.81
30	5.57	4.18	3.59	3.25	3.03	2.87	2.75	2.65	2.57	2.51	2.41	2.31	2.20	2.14	2.07	2.01	1.94	1.87	1.79
40	5.42	4.05	3.46	3.13	2.90	2.74	2.62	2.53	2.45	2.39	2.29	2.18	2.07	2.01	1.94	1.88	1.80	1.72	1.64
60	5.29	3.93	3.34	3.01	2.79	2.63	2.51	2.41	2.33	2.27	2.17	2.06	1.94	1.88	1.82	1.74	1.67	1.58	1.48
120	5.15	3.80	3.23	2.89	2.67	2.52	2.39	2.30	2.22	2.16	2.05	1.94	1.82	1.76	1.69	1.61	1.53	1.43	1.31
∞	5.02	3.69	3.12	2.79	2.57	2.41	2.29	2.19	2.11	2.05	1.94	1.83	1.71	1.64	1.57	1.48	1.39	1.27	1.00

$(\alpha=0.01)$

n_1 / n_2	1	2	3	4	5	6	7	8	9	10	12	15	20	24	30	40	60	120	∞
1	4052	4999	5403	5625	5764	5859	5928	5981	6022	6056	6106	6157	6209	6235	6261	6287	6313	6339	6366
2	98.5	99.0	99.2	99.2	99.3	99.3	99.4	99.4	99.4	99.4	99.4	99.4	99.4	99.5	99.5	99.5	99.5	99.5	99.5
3	34.1	30.8	29.5	28.7	28.2	27.9	27.7	27.5	27.3	27.2	27.1	26.9	26.7	26.6	26.5	26.4	26.3	26.2	26.1
4	21.2	18.0	16.7	16.0	15.5	15.2	15.0	14.8	14.7	14.5	14.4	14.2	14.0	13.9	13.8	13.7	13.7	13.6	13.5
5	16.3	13.3	12.1	11.4	11.0	10.7	10.5	10.3	10.2	10.1	9.89	9.72	9.55	9.47	9.38	9.29	9.20	9.11	9.02
6	13.7	10.9	9.78	9.15	8.75	8.47	8.26	8.10	7.98	7.87	7.72	7.56	7.40	7.31	7.23	7.14	7.06	6.97	6.88
7	12.2	9.55	8.45	7.85	7.46	7.19	6.99	6.84	6.72	6.62	6.47	6.31	6.16	6.07	5.99	5.91	5.82	5.74	5.65
8	11.3	8.65	7.59	7.01	6.63	6.37	6.18	6.03	5.91	5.81	5.67	5.52	5.36	5.28	5.20	5.12	5.03	4.95	4.86
9	10.6	8.02	6.99	6.42	6.06	5.80	5.61	5.47	5.35	5.26	5.11	4.96	4.81	4.73	4.65	4.57	4.48	4.40	4.31
10	10.0	7.56	6.55	5.99	5.64	5.39	5.20	5.06	4.94	4.85	4.71	4.56	4.41	4.33	4.25	4.17	4.08	4.00	3.91
11	9.65	7.21	6.22	5.67	5.32	5.07	4.89	4.74	4.63	4.54	4.40	4.25	4.10	4.02	3.94	3.86	3.78	3.69	3.60
12	9.33	6.93	5.95	5.41	5.06	4.82	4.64	4.50	4.39	4.30	4.16	4.01	3.86	3.78	3.70	3.62	3.54	3.45	3.36
13	9.07	6.70	5.74	5.21	4.86	4.62	4.44	4.30	4.19	4.10	3.96	3.82	3.66	3.59	3.51	3.43	3.34	3.25	3.17
14	8.86	6.51	5.56	5.04	4.69	4.46	4.28	4.14	4.03	3.94	3.80	3.66	3.51	3.43	3.35	3.27	3.18	3.09	3.00
15	8.68	6.36	5.42	4.89	4.56	4.32	4.14	4.00	3.89	3.80	3.67	3.52	3.37	3.29	3.21	3.13	3.05	2.96	2.87
16	8.53	6.23	5.29	4.77	4.44	4.20	4.03	3.89	3.78	3.69	3.55	3.41	3.26	3.18	3.10	3.02	2.93	2.84	2.75
17	8.40	6.11	5.18	4.67	4.34	4.10	3.93	3.79	3.68	3.59	3.46	3.31	3.16	3.08	3.00	2.92	2.83	2.75	2.65
18	8.29	6.01	5.09	4.58	4.25	4.01	3.84	3.71	3.60	3.51	3.37	3.23	3.08	3.00	2.92	2.84	2.75	2.66	2.57
19	8.18	5.93	5.01	4.50	4.17	3.94	3.77	3.63	3.52	3.43	3.30	3.15	3.00	2.92	2.84	2.76	2.67	2.58	2.49
20	8.10	5.85	4.94	4.43	4.10	3.87	3.70	3.56	3.46	3.37	3.23	3.09	2.94	2.86	2.78	2.69	2.61	2.52	2.42
21	8.02	5.78	4.87	4.37	4.04	3.81	3.64	3.51	3.40	3.31	3.17	3.03	2.88	2.80	2.72	2.64	2.55	2.46	2.36
22	7.95	5.72	4.82	4.31	3.99	3.76	3.59	3.45	3.35	3.26	3.12	2.98	2.83	2.75	2.67	2.58	2.50	2.40	2.31
23	7.88	5.66	4.76	4.26	3.94	3.71	3.54	3.41	3.30	3.21	3.07	2.93	2.78	2.70	2.62	2.54	2.45	2.35	2.26
24	7.82	5.61	4.72	4.22	3.90	3.67	3.50	3.36	3.26	3.17	3.03	2.89	2.74	2.66	2.58	2.49	2.40	2.31	2.21
25	7.77	5.57	4.68	4.18	3.85	3.63	3.46	3.32	3.22	3.13	2.99	2.85	2.70	2.62	2.54	2.45	2.36	2.27	2.17
26	7.72	5.53	4.64	4.14	3.82	3.59	3.42	3.29	3.18	3.09	2.96	2.81	2.66	2.58	2.50	2.42	2.33	2.23	2.13
27	7.68	5.49	4.60	4.11	3.78	3.56	3.39	3.26	3.15	3.06	2.93	2.78	2.63	2.55	2.47	2.38	2.29	2.20	2.10
28	7.64	5.45	4.57	4.07	3.75	3.53	3.36	3.23	3.12	3.03	2.90	2.75	2.60	2.52	2.44	2.35	2.26	2.17	2.06
29	7.60	5.42	4.54	4.04	3.73	3.50	3.33	3.20	3.09	3.00	2.87	2.73	2.57	2.49	2.41	2.33	2.23	2.14	2.03
30	7.56	5.39	4.51	4.02	3.70	3.47	3.30	3.17	3.07	2.98	2.84	2.70	2.55	2.47	2.39	2.30	2.21	2.11	2.01
40	7.31	5.18	4.31	3.83	3.51	3.29	3.12	2.99	2.89	2.80	2.66	2.52	2.37	2.29	2.20	2.11	2.02	1.92	1.80
60	7.08	4.98	4.13	3.65	3.34	3.12	2.95	2.82	2.72	2.63	2.50	2.35	2.20	2.12	2.03	1.94	1.84	1.73	1.60
120	6.85	4.79	3.95	3.48	3.17	2.96	2.79	2.66	2.56	2.47	2.34	2.19	2.03	1.95	1.86	1.76	1.66	1.53	1.38
∞	6.63	4.61	3.78	3.32	3.02	2.80	2.64	2.51	2.41	2.32	2.18	2.04	1.88	1.79	1.70	1.59	1.47	1.32	1.00

附表 7　均值的 t 检验的样本容量

显著性水平

$\delta=\dfrac{\lvert\mu_1-\mu_0\rvert}{\sigma}$	单边 α=0.005　双边 α=0.01					单边 α=0.01　双边 α=0.02					单边 α=0.025　双边 α=0.05					单边 α=0.05　双边 α=0.1				
β →	0.01	0.05	0.1	0.2	0.5	0.01	0.05	0.1	0.2	0.5	0.01	0.05	0.1	0.2	0.5	0.01	0.05	0.1	0.2	0.5
0.05																				
0.10																				
0.15																				122
0.20										139					99				139	70
0.25					110				115	90				128	64			139	101	45
0.30				134	78			109	85	63			119	90	45		122	97	71	32
0.35			125	99	58			109	85	47		109	88	67	34		90	72	52	24
0.40		115	97	77	45		101	85	66	37	117	84	68	51	26	101	70	55	40	19
0.45		92	77	62	37	110	81	68	53	30	93	67	54	41	21	80	55	44	33	15
0.50	100	75	63	51	30	90	66	55	43	25	76	54	44	34	18	65	45	36	27	13
0.55	83	63	53	42	26	75	55	46	36	21	63	45	37	28	15	54	38	30	22	11
0.60	71	53	45	36	22	63	47	39	31	18	53	38	32	24	13	46	32	26	19	9
0.65	61	46	39	31	20	55	41	34	27	16	46	33	27	21	12	39	28	22	17	8
0.70	53	40	34	28	17	47	35	30	24	14	40	29	24	19	10	34	24	19	15	8
0.75	47	36	30	25	16	42	31	27	21	13	35	26	21	16	9	30	21	17	13	7
0.80	41	32	27	22	14	37	28	24	19	12	31	22	19	15	9	27	19	15	12	6
0.85	37	29	24	20	13	33	25	21	17	11	28	21	17	13	8	24	17	14	11	6
0.90	34	26	22	18	12	29	23	19	16	10	25	19	16	12	7	21	15	13	10	5
0.95	31	24	20	17	11	27	21	18	14	9	23	17	14	11	7	19	14	11	9	5
1.00	28	22	19	16	10	25	19	16	13		21	16	13	10	6	18	13	11	8	5
1.1	24	20	16	14		21	18	14	12		18	13	11	9	6	15	11	9	7	
1.2	21	19	14	12		18	16	12	10		15	12	10	8	5	13	10	8	6	
1.3	18	16	13	11		16	14	11	9		14	10	9	7		11	8	7		

单边检验 双边检验 β $\delta=\dfrac{\|\mu_1-\mu_0\|}{\sigma}$	α=0.005 α=0.01					α=0.01 α=0.02					α=0.025 α=0.05					α=0.05 α=0.1				
	0.01	0.05	0.1	0.2	0.5	0.01	0.05	0.1	0.2	0.5	0.01	0.05	0.1	0.2	0.5	0.01	0.05	0.1	0.2	0.5
1.4	16	13	12	10	7	14	11	10	9	6	12	9	8	7		10	8	7	5	
1.5	15	12	11	9	7	13	10	9	8	6	11	8	7	6		9	7	6	5	
1.6	13	11	10	8	6	12	10	9	7	5	10	8	7	6		8	6	6		
1.7	12	10	9	8	6	11	9	8	7		9	7	6	5		8	6	5		
1.8	12	10	9	8	6	10	8	7	7		8	7	6			7	6			
1.9	11	9	8	7	6	10	8	7	6		8	6	6			7	5			
2.0	10	8	8	7	5	9	7	7	6		7	6	5			6				
2.1	10	8	7	7		8	7	6	6		7	6				6				
2.2	9	8	7	6		8	7	6	5		7	6				6				
2.3	9	7	7	6		8	6	6			6	5				5				
2.4	8	7	7	6		7	6	6			6									
2.5	8	7	6	6		7	6	6			6									
3.0	7	6	6	5		6	5	5			5									
3.5	6	5	5			5														
4.0	6																			

（显　著　水　平）

附表 8　均值差的 t 检验的样本容量

显著性水平

单边检验	α=0.005					α=0.01					α=0.025					α=0.05					
双边检验	α=0.01					α=0.02					α=0.05					α=0.1					
β \ δ=$\frac{\mu_1-\mu_2}{\sigma}$	0.01	0.05	0.1	0.2	0.5	0.01	0.05	0.1	0.2	0.5	0.01	0.05	0.1	0.2	0.5	0.01	0.05	0.1	0.2	0.5	δ
0.05																					0.05
0.10																					0.10
0.15																					0.15
0.20															124					137	0.20
0.25										123					87					88	0.25
0.30									101	90				100	64				102	61	0.30
0.35					110			106	82	70			105	79	50			108	78	45	0.35
0.40				118	85			88	68	55		106	86	64	39		108	86	62	35	0.40
0.45			101	96	68		106	74	58	45		87	71	53	32		88	70	51	28	0.45
0.50			85	79	55		88	64	49	38	104	74	60	45	27		73	58	42	23	0.50
0.55		106	73	67	46	104	75	55	43	32	88	63	51	39	23	112	61	49	36	19	0.55
0.60	101	90	63	57	39	90	65	48	38	27	76	55	44	34	20	89	52	42	30	16	0.60
0.65	87	77	55	50	34	77	56	43	33	24	67	48	39	29	17	76	45	36	26	14	0.65
0.70	75	66	49	44	29	66	50	38	30	21	59	42	34	26	15	66	40	32	23	12	0.70
0.75	66	58	43	39	26	58	44	34	27	19	52	37	31	23	14	57	35	28	21	11	0.75
0.80	58	51	39	35	23	51	39	31	24	17	47	34	27	21	12	50	31	25	18	10	0.80
0.85	52	46	35	31	21	46	35	28	22	15	42	30	25	19	11	45	28	22	16	9	0.85
0.90	46	42	32	28	19	41	32	23	19	14	38	27	23	17	10	40	25	20	15	8	0.90
0.95	42	38	27	26	17	37	28	20	16	13	32	23	19	14	9	36	23	18	14	7	0.95
1.00	38	34	23	22	15	33	24	17	14	11	27	20	16	12	8	33	19	15	12	7	1.00
1.1	32	28	20	18	13	28	21		12	9	23	17	14	11	7	27	16	13	10	6	1.1
1.2	27	24		16	11	24				8					6	23	14	11	9	5	1.2
1.3	23	21			10	21										20				5	1.3

续表

显 著 性 水 平

单边检验	α=0.005					α=0.01					α=0.025					α=0.05				
双边检验	α=0.01					α=0.02					α=0.05					α=0.1				
$\delta=\dfrac{\mu_1-\mu_2}{\sigma}$ ＼ β	0.01	0.05	0.1	0.2	0.5	0.01	0.05	0.1	0.2	0.5	0.01	0.05	0.1	0.2	0.5	0.01	0.05	0.1	0.2	0.5
1.4	27	20	17	14	9	24	18	15	12	8	20	15	12	10	6	17	12	10	8	4
1.5	24	18	15	13	8	21	16	14	11	7	18	13	11	9	5	15	11	9	7	4
1.6	21	16	14	11	7	19	14	12	10	6	16	12	10	8	5	14	10	8	6	4
1.7	19	15	13	10	7	17	13	11	9	6	14	11	9	7	4	12	9	7	6	3
1.8	17	13	11	10	6	15	12	10	8	5	13	10	8	6	4	11	8	7	5	
1.9	16	12	11	9	6	14	11	9	8	5	12	9	7	6	4	10	7	6	5	
2.0	14	11	10	8	6	13	10	9	7	5	11	8	7	6	4	9	7	6	4	
2.1	13	10	9	8	5	12	9	8	7	5	10	8	6	5	3	8	6	5	4	
2.2	12	10	8	7	5	11	9	7	6	4	9	7	6	5		8	6	5	4	
2.3	11	9	8	7	5	10	8	7	6	4	9	7	6	5		7	5	5	4	
2.4	11	9	8	6	5	10	8	7	6	4	8	6	5	4		7	5	4	4	
2.5	10	8	7	6	4	9	7	6	5	4	8	6	5	4		6	5	4	3	
3.0	8	6	6	5	4	7	6	5	4	3	6	5	4	4		5	4	3		
3.5	6	5	5	4	3	6	5	4	4		5	4	4	3		4	3			
4.0	6	5	4	4		5	4	4	3		4	4	3			4				

习 题 答 案

第 一 章

1. (1) $S=\left\{\dfrac{i}{n}\Big|i=0,1,\cdots,100n\right\}$，其中 n 为该班的学生数. (2) $S=\{10,11,\cdots\}$.

   (3) $S=\{00,100,0100,0101,0110,1100,1010,1011,0111,1101,1110,1111\}$，其中 0 表示
次品，1 表示正品. (4) $S=\{(x,y)\mid x^2+y^2<1\}$.

2. (1) $A\overline{B}\,\overline{C}$. (2) $AB\overline{C}$. (3) $A\cup B\cup C$. (4) ABC. (5) $\overline{A}\,\overline{B}\,\overline{C}$.
(6) $\overline{A}\,\overline{B}\cup\overline{A}\,\overline{C}\cup\overline{B}\,\overline{C}$. (7) $\overline{A}\cup\overline{B}\cup\overline{C}$. (8) $AB\cup AC\cup BC$.

3. (1) $P(A\cup B\cup C)=5/8$.

   (2) $P(A\cup B)=11/15$，$P(\overline{A}\,\overline{B})=4/15$，$P(A\cup B\cup C)=17/20$，$P(\overline{A}\,\overline{B}\,\overline{C})=3/20$，
$P(\overline{A}\,\overline{B}C)=7/60$，$P(\overline{A}\,\overline{B}\cup C)=7/20$.

   (3) (i) $P(A\overline{B})=1/2$，(ii) $P(A\overline{B})=3/8$.

4. 略. **5.** (1) $\dfrac{113}{126}$. (2) $\dfrac{1}{12}$. **6.** (1) $\dfrac{1}{12}$. (2) $\dfrac{1}{20}$. **7.** $\dfrac{252}{2\,431}$.

8. (1) $\dfrac{\dbinom{400}{90}\dbinom{1\,100}{110}}{\dbinom{1\,500}{200}}$. (2) $1-\dfrac{\dbinom{1\,100}{200}+\dbinom{400}{1}\dbinom{1\,100}{199}}{\dbinom{1\,500}{200}}$. **9.** $\dfrac{13}{21}$. **10.** $0.000\,002\,4$.

11. 记 X 为最大个数，$P\{X=1\}=\dfrac{6}{16}$，$P\{X=2\}=\dfrac{9}{16}$，$P\{X=3\}=\dfrac{1}{16}$.

12. $\dfrac{1}{1\,960}$. **13.** (1) $\dfrac{4}{33}$. (2) $\dfrac{10}{33}$. **14.** (1) 0.25. (2) $\dfrac{1}{3}$. **15.** $\dfrac{1}{3}$. **16.** 0.18.

17. (1) $\dfrac{28}{45}$. (2) $\dfrac{1}{45}$. (3) $\dfrac{16}{45}$. (4) $\dfrac{1}{5}$. **18.** $0.3,0.6$.

19. (1) $\dfrac{n+N(n+m)}{(n+m)(N+M+1)}$. (2) $\dfrac{53}{99}$.

20. $\dfrac{3}{5}$. **21.** $\dfrac{20}{21}$. **22.** (1) $\dfrac{3}{2}p-\dfrac{1}{2}p^2$. (2) $\dfrac{2p}{p+1}$. **23.** $\dfrac{196}{197}$. **24.** (1) 0.4. (2) $0.485\,6$.

25. $\dfrac{9}{13}$. **26.** (1) 0.785. (2) 0.372. **27.** 略.

28. (1) 0.72. (2) 0.98. (3) 0.26.

29. (1) 0.57. (2) $0.048\,1$. (3) $0.096\,2$. (4) $0.686\,4$. **30.** 略.

31. (1) 必然错. (2) 必然错. (3) 必然错. (4) 可能对. **32.** $0.504\,3$. **33.** 略.

34. (1) $p_1p_2p_3+p_1p_4-p_1p_2p_3p_4$. (2) $2p^2+2p^3-5p^4+2p^5$.

35. 0.998 4，3 只开关． **36.** 0.6 ． **37.** (1) $\dfrac{5}{9}$． (2) $\dfrac{16}{63}$． (3) $\dfrac{16}{35}$． **38.** $\dfrac{m}{m+n2^r}$．

39. 0.873 1，0.126 8，0.000 1． **40.** $\dfrac{2\alpha p_1}{(3\alpha-1)p_1+1-\alpha}$．

第 二 章

1. 设赔付金额为 X(以万元计)，得

X	20	5	0
p_k	0.000 2	0.001 0	0.998 8

2. (1)

X	3	4	5
p_k	$\dfrac{1}{10}$	$\dfrac{3}{10}$	$\dfrac{6}{10}$

(2)

X	1	2	3	4	5	6
p_k	$\dfrac{11}{36}$	$\dfrac{9}{36}$	$\dfrac{7}{36}$	$\dfrac{5}{36}$	$\dfrac{3}{36}$	$\dfrac{1}{36}$

3. (1)

X	0	1	2
p_k	$\dfrac{22}{35}$	$\dfrac{12}{35}$	$\dfrac{1}{35}$

(2)略．

4. (1) $P\{X=k\}=pq^{k-1},k=1,2,\cdots$．

(2) $P\{Y=k\}=\dbinom{k-1}{r-1}p^r q^{k-r},k=r,r+1,\cdots$．

(3) $P\{X=k\}=0.45\times0.55^{k-1},k=1,2,\cdots;\displaystyle\sum_{k=1}^{\infty}P\{X=2k\}=\dfrac{11}{31}$．

5. (1)

X	1	2	3	$\cdots$
p_k	$\dfrac{1}{3}$	$\dfrac{1}{3}\left(\dfrac{2}{3}\right)$	$\dfrac{1}{3}\left(\dfrac{2}{3}\right)^2$	$\cdots$

(2)

Y	1	2	3
p_k	$\dfrac{1}{3}$	$\dfrac{1}{3}$	$\dfrac{1}{3}$

(3) $\dfrac{8}{27}$，$\dfrac{38}{81}$．

6. (1) 0.072 9. (2) 0.008 56. (3) 0.999 54. (4) 0.409 51.

7. (1) 0.163. (2) 0.353. **8.** (1) 0.321. (2) 0.243.

9. (1) $0.9^{10}=0.349$. (2) 0.581. (3) 0.590. (4) 0.343. (5) 0.692.

10. (1) $\dfrac{1}{70}$． (2)试验 10 次，他猜对次数≥3 的概率仅为万分之三，此概率太小，按实际推断原理，认为他确有区分能力．

11. 0.002 5.　**12.** (1) 0.029 8.　(2) 0.566 5.　**13.** (1) 0.223 1.　(2) 0.917 9.

14. (1) 0.238 8.　(2) 20.79 min.

15. 设这批投保人在一年内死亡的人数为 X,则所求概率为

$$P\{X \leqslant 10\} = \sum_{k=0}^{10}\binom{5\,000}{k}0.001\,5^k(1-0.001\,5)^{5\,000-k}, P\{X \leqslant 10\} \approx 0.862\,2.$$

16. 以 X 表示汽车站某天该时间段内汽车出事故的辆数,则 $P\{X \geqslant 2\} \approx 0.004\,7$.

17. (1) $F(x) = \begin{cases} 0, & x < 0, \\ 1-p, & 0 \leqslant x < 1, \\ 1, & x \geqslant 1. \end{cases}$　(2) $F(x) = \begin{cases} 0, & x < 3, \\ \dfrac{1}{10}, & 3 \leqslant x < 4, \\ \dfrac{4}{10}, & 4 \leqslant x < 5, \\ 1, & x \geqslant 5. \end{cases}$

18. $F(x) = \begin{cases} 0, & x < 0, \\ \dfrac{x}{a}, & 0 \leqslant x < a, \\ 1, & x \geqslant a. \end{cases}$

19. (1) $1 - e^{-1.2}$.　(2) $e^{-1.6}$.　(3) $e^{-1.2} - e^{-1.6}$.　(4) $1 - e^{-1.2} + e^{-1.6}$.　(5) 0.

20. (1) $\ln 2$, 1, $\ln\dfrac{5}{4}$.　(2) $f_X(x) = \begin{cases} \dfrac{1}{x}, & 1 < x < e, \\ 0, & \text{其他}. \end{cases}$

21. (1) $F(x) = \begin{cases} 0, & x < 1, \\ 2\left(x + \dfrac{1}{x} - 2\right), & 1 \leqslant x < 2, \\ 1, & x \geqslant 2. \end{cases}$

(2) $F(x) = \begin{cases} 0, & x < 0, \\ \dfrac{x^2}{2}, & 0 \leqslant x < 1, \\ -1 + 2x - \dfrac{x^2}{2}, & 1 \leqslant x < 2, \\ 1, & x \geqslant 2. \end{cases}$

22. (1) $A = \dfrac{4}{b\sqrt{\pi b}}$.　(2) $F_T(t) = \begin{cases} 0, & t < 0, \\ 1 - e^{-\frac{t}{241}}, & t \geqslant 0, \end{cases}$　$P\{50 < T < 100\} = e^{-\frac{50}{241}} - e^{-\frac{100}{241}}$.

23. $\dfrac{232}{243}$.　**24.** $P\{Y = k\} = \binom{5}{k}e^{-2k}(1 - e^{-2})^{5-k}, k = 0, 1, \cdots, 5$; 0.516 7.　**25.** $\dfrac{3}{5}$.

26. (1) $P\{2 < X \leqslant 5\} = 0.532\,8$, $P\{-4 < X \leqslant 10\} = 0.999\,6$, $P\{|X| > 2\} = 0.697\,7$, $P\{X > 3\} =$ 0.5.　(2) $c = 3$.　(3) $d \leqslant 0.436$.

27. (1) $P\{X \leqslant 105\} = 0.338\,3$, $P\{100 < X \leqslant 120\} = 0.595\,2$.　(2) 129.74.

28. 0.045 6.　**29.** 31.20.　**30.** 0.320 4.

31. $F(x) = \begin{cases} 0, & x < 0, \\ 0.2 + 0.8x/30, & 0 \leqslant x < 30, \\ 1, & x \geqslant 30. \end{cases}$ **32.** 略.

33.

Y	0	1	4	9
p_k	$\dfrac{1}{5}$	$\dfrac{7}{30}$	$\dfrac{1}{5}$	$\dfrac{11}{30}$

34. (1) $f_Y(y) = \begin{cases} \dfrac{1}{y}, & 1 < y < e, \\ 0, & 其他. \end{cases}$　(2) $f_Y(y) = \begin{cases} \dfrac{1}{2}e^{-y/2}, & y > 0, \\ 0, & y \leqslant 0. \end{cases}$

35. (1) $f_Y(y) = \begin{cases} \dfrac{1}{y\sqrt{2\pi}}e^{-(\ln y)^2/2}, & y > 0, \\ 0, & y \leqslant 0. \end{cases}$

(2) $f_Y(y) = \begin{cases} \dfrac{1}{2\sqrt{\pi(y-1)}}e^{-(y-1)/4}, & y > 1, \\ 0, & y \leqslant 1. \end{cases}$

(3) $f_Y(y) = \begin{cases} \sqrt{\dfrac{2}{\pi}}\,e^{-y^2/2}, & y > 0, \\ 0, & y \leqslant 0. \end{cases}$

36. (1) $f_Y(y) = \dfrac{1}{3}\dfrac{1}{\sqrt[3]{y^2}}f(\sqrt[3]{y}), \quad y \neq 0.$

(2) $f_Y(y) = \begin{cases} \dfrac{1}{2\sqrt{y}}e^{-\sqrt{y}}, & y > 0, \\ 0, & y \leqslant 0. \end{cases}$

37. $f_Y(y) = \begin{cases} \dfrac{2}{\pi\sqrt{1-y^2}}, & 0 < y < 1, \\ 0, & 其他. \end{cases}$　**38.** $f_W(w) = \begin{cases} \dfrac{1}{8}\left(\dfrac{2}{w}\right)^{1/2}, & 162 < w < 242, \\ 0, & 其他. \end{cases}$

39. $f_\Theta(y) = \dfrac{9}{10\sqrt{\pi}}e^{-\frac{81}{100}(y-37)^2}.$

第 三 章

1. (1) 放回抽样的情况:　　　　　　　　(2) 不放回抽样的情况:

X $\diagdown$ Y	0	1
0	$\dfrac{25}{36}$	$\dfrac{5}{36}$
1	$\dfrac{5}{36}$	$\dfrac{1}{36}$

X $\diagdown$ Y	0	1
0	$\dfrac{45}{66}$	$\dfrac{10}{66}$
1	$\dfrac{10}{66}$	$\dfrac{1}{66}$

2. (1)

Y\X	0	1	2	3
0	0	0	$\dfrac{3}{35}$	$\dfrac{2}{35}$
1	0	$\dfrac{6}{35}$	$\dfrac{12}{35}$	$\dfrac{2}{35}$
2	$\dfrac{1}{35}$	$\dfrac{6}{35}$	$\dfrac{3}{35}$	0

(2) $P\{X>Y\}=\dfrac{19}{35}$,　$P\{Y=2X\}=\dfrac{6}{35}$,　$P\{X+Y=3\}=\dfrac{4}{7}$,　$P\{X<3-Y\}=\dfrac{2}{7}$.

3. (1) $\dfrac{1}{8}$.　(2) $\dfrac{3}{8}$.　(3) $\dfrac{27}{32}$.　(4) $\dfrac{2}{3}$.

4. (1) 略.　(2) $\dfrac{\lambda_1}{\lambda_1+\lambda_2}$.　**5.** $F_X(x)=\begin{cases}1-\mathrm{e}^{-x}, & x>0,\\ 0, & \text{其他}.\end{cases}$　$F_Y(y)=\begin{cases}1-\mathrm{e}^{-y}, & y>0,\\ 0, & \text{其他}.\end{cases}$

6.

Y\X	0	1	2	$P\{Y=j\}$
0	$\dfrac{1}{8}$	0	0	$\dfrac{1}{8}$
1	$\dfrac{1}{8}$	$\dfrac{2}{8}$	0	$\dfrac{3}{8}$
2	0	$\dfrac{2}{8}$	$\dfrac{1}{8}$	$\dfrac{3}{8}$
3	0	0	$\dfrac{1}{8}$	$\dfrac{1}{8}$
$P\{X=i\}$	$\dfrac{1}{4}$	$\dfrac{2}{4}$	$\dfrac{1}{4}$	1

7. $f_X(x)=\begin{cases}2.4(2-x)x^2, & 0\leqslant x\leqslant 1,\\ 0, & \text{其他},\end{cases}$

　　$f_Y(y)=\begin{cases}2.4y(3-4y+y^2), & 0\leqslant y\leqslant 1,\\ 0, & \text{其他}.\end{cases}$

8. $f_X(x)=\begin{cases}\mathrm{e}^{-x}, & x>0,\\ 0, & \text{其他},\end{cases}$　$f_Y(y)=\begin{cases}y\mathrm{e}^{-y}, & y>0,\\ 0, & \text{其他}.\end{cases}$

9. (1) $c=\dfrac{21}{4}$.

(2) $f_X(x)=\begin{cases}\dfrac{21}{8}x^2(1-x^4), & 1\leqslant x\leqslant 1,\\ 0, & \text{其他}.\end{cases}$　$f_Y(y)=\begin{cases}\dfrac{7}{2}y^{5/2}, & 0\leqslant y\leqslant 1,\\ 0, & \text{其他}.\end{cases}$

10. (1)

X	51	52	53	54	55
p_k	0.28	0.28	0.22	0.09	0.13

Y	51	52	53	54	55
p_k	0.18	0.15	0.35	0.12	0.20

(2)

k	51	52	53	54	55
$P\{Y=k\,|\,X=51\}$	$\dfrac{6}{28}$	$\dfrac{7}{28}$	$\dfrac{5}{28}$	$\dfrac{5}{28}$	$\dfrac{5}{28}$

11. (1) $P\{X=n\}=\dfrac{14^n \mathrm{e}^{-14}}{n!}$,　$n=0,1,2,\cdots$,

$P\{Y=m\}=\dfrac{7.14^m \mathrm{e}^{-7.14}}{m!}$,　$m=0,1,2,\cdots$.

(2) 当 $m=0,1,2,\cdots$ 时,$P\{X=n\,|\,Y=m\}=\dfrac{6.86^{n-m}\mathrm{e}^{-6.86}}{(n-m)!}$,　$n=m,m+1,\cdots$;

当 $n=0,1,2,\cdots$ 时,$P\{Y=m\,|\,X=n\}=\dbinom{n}{m}\times 0.51^m \times 0.49^{n-m}$,　$m=0,1,2,\cdots,n$.

(3) $P\{Y=m\,|\,X=20\}=\dbinom{20}{m}\times 0.51^m \times 0.49^{20-m}$,　$m=0,1,2,\cdots,20$.

12.

$Y=k$	1
$P\{Y=k\,|\,X=1\}$	1

$Y=k$	1	2
$P\{Y=k\,|\,X=2\}$	$\dfrac{1}{2}$	$\dfrac{1}{2}$

$Y=k$	1	2	3
$P\{Y=k\,|\,X=3\}$	$\dfrac{1}{3}$	$\dfrac{1}{3}$	$\dfrac{1}{3}$

$Y=k$	1	2	3	4
$P\{Y=k\,|\,X=4\}$	$\dfrac{1}{4}$	$\dfrac{1}{4}$	$\dfrac{1}{4}$	$\dfrac{1}{4}$

13. (1) 当 $0<y\leqslant 1$ 时,

$$f_{X|Y}(x\,|\,y)=\begin{cases}\dfrac{3}{2}x^2 y^{-3/2}, & -\sqrt{y}<x<\sqrt{y}, \\ 0, & x \text{ 取其他值}.\end{cases}$$

$$f_{X|Y}\left(x\,\Big|\,y=\dfrac{1}{2}\right)=\begin{cases}3\sqrt{2}\,x^2, & -\dfrac{1}{\sqrt{2}}<x<\dfrac{1}{\sqrt{2}}, \\ 0, & \text{其他}.\end{cases}$$

(2) 当 $-1<x<1$ 时,$f_{Y|X}(y\,|\,x)=\begin{cases}\dfrac{2y}{1-x^4}, & x^2<y<1, \\ 0, & y \text{ 取其他值}.\end{cases}$

$$f_{Y|X}\left(y\,\Big|\,x=\dfrac{1}{3}\right)=\begin{cases}\dfrac{81}{40}y, & \dfrac{1}{9}<y<1, \\ 0, & \text{其他},\end{cases} \qquad f_{Y|X}\left(y\,\Big|\,x=\dfrac{1}{2}\right)=\begin{cases}\dfrac{32}{15}y, & \dfrac{1}{4}<y<1, \\ 0, & \text{其他}.\end{cases}$$

(3) $P\left\{Y \geqslant \dfrac{1}{4} \mid X=\dfrac{1}{2}\right\}=1, P\left\{Y \geqslant \dfrac{3}{4} \mid X=\dfrac{1}{2}\right\}=\dfrac{7}{15}.$

14. 当 $|y|<1$ 时,$f_{X|Y}(x|y)=\begin{cases}\dfrac{1}{1-|y|}, & |y|<x<1, \\ 0, & x \text{ 取其他值},\end{cases}$

    当 $0<x<1$ 时,$f_{Y|X}(y|x)=\begin{cases}\dfrac{1}{2x}, & |y|<x, \\ 0, & y \text{ 取其他值}.\end{cases}$

15. (1) $f(x,y)=\begin{cases}x, & 0<y<1/x, 0<x<1, \\ 0, & \text{其他}.\end{cases}$

    (2) $f_Y(y)=\begin{cases}1/2, & 0<y<1, \\ 1/(2y^2), & 1 \leqslant y<\infty, \\ 0, & \text{其他}.\end{cases}$ (3) $P\{X>Y\}=1/3.$

16. (1) 放回抽样时相互独立;不放回抽样时,不相互独立. (2) 不相互独立.

17. (1) 略. (2) X,Y 相互独立.

18. (1) $f(x,y)=\begin{cases}\dfrac{1}{2}e^{-y/2}, & 0<x<1, y>0, \\ 0, & \text{其他}.\end{cases}$

    (2) $1-\sqrt{2\pi}[\Phi(1)-\Phi(0)]=0.144\ 5.$

19. $f(x,y)=\dfrac{1}{2\pi}e^{-(x^2+y^2)/2}.$

Z	0	1	2
p_k	e^{-2}	$e^{-1/2}-e^{-2}$	$1-e^{-1/2}$

20. (1) $y>0$ 时,$f_{X|Y}(x|y)=\begin{cases}\lambda e^{-\lambda x}, & x>0, \\ 0, & x \leqslant 0.\end{cases}$

    (2)

Z	0	1
p_k	$\dfrac{\mu}{\lambda+\mu}$	$\dfrac{\lambda}{\lambda+\mu}$

$F_Z(z)=\begin{cases}0, & z<0, \\ \dfrac{\mu}{\lambda+\mu}, & 0 \leqslant z<1, \\ 1, & z \geqslant 1.\end{cases}$

21. (1) $Z=X+Y$ 的概率密度为

$$f_Z(z)=\begin{cases}z^2, & 0<z<1, \\ 2z-z^2, & 1 \leqslant z<2, \\ 0, & \text{其他}.\end{cases}$$

    (2) $Z=XY$ 的概率密度为

$$f_Z(z)=\begin{cases}2(1-z), & 0<z<1, \\ 0, & \text{其他}.\end{cases}$$

22. $f_Z(z) = \begin{cases} 1-e^{-z}, & 0<z<1, \\ (e-1)e^{-z}, & z\geqslant 1, \\ 0, & \text{其他.} \end{cases}$

23. (1) $f_1(x) = \begin{cases} \dfrac{x^3 e^{-x}}{3!}, & x>0, \\ 0, & x\leqslant 0. \end{cases}$　　(2) $f_2(x) = \begin{cases} \dfrac{x^5 e^{-x}}{5!}, & x>0, \\ 0, & x\leqslant 0. \end{cases}$

24. (1) 不相互独立.　(2) $f_Z(z) = \begin{cases} \dfrac{1}{2}z^2 e^{-z}, & z>0, \\ 0, & \text{其他.} \end{cases}$

25. $Z=X+Y$ 的概率密度为

$$f_Z(z) = \begin{cases} (z-2)e^{2-z}, & z>2, \\ 0, & \text{其他.} \end{cases}$$

26. $Z=Y/X$ 的概率密度为

$$f_Z(z) = \begin{cases} \dfrac{1}{(z+1)^2}, & z>0, \\ 0, & z\leqslant 0. \end{cases}$$

27. $f_Z(z) = \begin{cases} -\ln z, & 0<z<1, \\ 0, & \text{其他.} \end{cases}$　　**28.** 略.

29. (1) $b=\dfrac{1}{1-e^{-1}}$. (2) $f_X(x) = \begin{cases} \dfrac{e^{-x}}{1-e^{-1}}, & 0<x<1, \\ 0, & \text{其他.} \end{cases}$ $f_Y(y) = \begin{cases} e^{-y}, & y>0, \\ 0, & \text{其他.} \end{cases}$

(3) $F_U(u) = \begin{cases} 0, & u<0, \\ \dfrac{(1-e^{-u})^2}{1-e^{-1}}, & 0\leqslant u<1, \\ 1-e^{-u}, & u\geqslant 1. \end{cases}$

30. $0.158\ 7^4 = 0.000\ 63$.

31. (1) $F_Z(z) = \begin{cases} (1-e^{-z^2/8})^5, & z\geqslant 0, \\ 0, & z<0. \end{cases}$　　**32—35.** 略.

(2) $1-(1-e^{-2})^5 = 0.516\ 7$.

36. (1) $P\{X=2 \mid Y=2\} = 0.2$,　$P\{Y=3 \mid X=0\} = \dfrac{1}{3}$.

(2)
V	0	1	2	3	4	5
p_k	0	0.04	0.16	0.28	0.24	0.28

(3)
U	0	1	2	3
p_k	0.28	0.30	0.25	0.17

(4)
W	0	1	2	3	4	5	6	7	8
p_k	0	0.02	0.06	0.13	0.19	0.24	0.19	0.12	0.05

第 四 章

1. (1)

X	2	3	4	9
p_k	$\dfrac{1}{8}$	$\dfrac{5}{8}$	$\dfrac{1}{8}$	$\dfrac{1}{8}$

$,E(X)=\dfrac{15}{4}$.

(2)

Y	2	3	4	9
p_k	$\dfrac{2}{30}$	$\dfrac{15}{30}$	$\dfrac{4}{30}$	$\dfrac{9}{30}$

$,E(Y)=\dfrac{73}{15}$.

(3)

X	1	2	3	4	5	7	8	9	10	11	12
p_k	$\dfrac{1}{6}$	$\dfrac{1}{6}$	$\dfrac{1}{6}$	$\dfrac{1}{6}$	$\dfrac{1}{6}$	$\dfrac{1}{36}$	$\dfrac{1}{36}$	$\dfrac{1}{36}$	$\dfrac{1}{36}$	$\dfrac{1}{36}$	$\dfrac{1}{36}$

$E(X)=\dfrac{49}{12}$.

2. 1.055 6.　**3.** $\dfrac{25}{16}$.　**4.** 略.　**5.** 1 500 min.

6. (1) $E(X)=-0.2,E(X^2)=2.8,E(3X^2+5)=13.4$.　(2) $E[1/(X+1)]=\dfrac{1}{\lambda}(1-\mathrm{e}^{-\lambda})$.

7. (1) (i) $E(Y)=2$, (ii) $E(Y)=1/3$.

(2) (i) $E(\max\{X_1,X_2,\cdots,X_n\})=\dfrac{n}{n+1}$, (ii) $E(\min\{X_1,X_2,\cdots,X_n\})=\dfrac{1}{n+1}$.

8. (1) $E(X)=2,E(Y)=0$.　(2) $-\dfrac{1}{15}$.　(3) 5.

9. (1) $E(X)=\dfrac{4}{5},E(Y)=\dfrac{3}{5},E(XY)=\dfrac{1}{2},E(X^2+Y^2)=\dfrac{16}{15}$.

(2) $E(X)=1$, $E(Y)=1$, $E(XY)=2$.

10. (1) $E[X^2/(X^2+Y^2)]=\dfrac{1}{2}$.　(2) $\sqrt{\dfrac{\pi}{2}}\sigma$.

11. 33.64 元.　**12.** $\dfrac{\pi}{12}(a^2+ab+b^2)$.　**13.** 45 V.

14. (1) $E(X_1+X_2)=\dfrac{3}{4}$, $E(2X_1-3X_2^2)=\dfrac{5}{8}$.　(2) $E(X_1X_2)=\dfrac{1}{8}$.

15. 1.　**16.** $\dfrac{n+1}{2}$.　**17.** 略.　**18.** $E(X)=\sqrt{\dfrac{\pi}{2}}\sigma,D(X)=\dfrac{4-\pi}{2}\sigma^2$.

19. $E(X)=\alpha\beta,D(X)=\alpha\beta^2$.

20. $E(X)=\dfrac{1}{p},D(X)=\dfrac{1-p}{p^2}$.　**21.** $E(A)=8.67,D(A)=21.42$.

22. (1) $E(Y)=7,D(Y)=37.25$.

(2) $Z_1\sim N(2\,080,65^2),Z_2\sim N(80,1\,525),P\{X>Y\}=0.979\,8,P\{X+Y>1\,400\}=0.153\,9$.

23. (1) 1 200,1 225.　(2) 1 282 kg.　**24.** 39 袋.

25. (1) $E(XY)=1/4$, $E(X/Y)$不存在, $E[\ln(XY)]=-2,E(|Y-X|)=1/3$.

(2) $\rho_{AC} = \sqrt{6/7}$.

26. (1) $P\{X_1=2, X_2=2, X_3=5\}=0.002\ 03, E(X_1 X_2 X_3)=8, E(X_1-X_2)=0,$
$E(X_1-2X_2)=-2.$

(2) 对于 $E(Z)$,在 3 种情况下都有 $E(Z)=29.$

对于 $D(Z)$:(i) X,Y 相互独立,则 $D(Z)=109$,(ii) X,Y 不相关,则 $D(Z)=109$,

(iii) $\rho_{XY}=0.25$,则 $\mathrm{Cov}(X,Y)=1.5, D(Z)=94.$

27. (1) X,Y 不相互独立,也不是不相关的. (2) X,Y 不相互独立,但不相关.

(3) X,Y 不相互独立,但不相关. (4) X,Y 不是不相关的,因而一定也是不相互独立的.

(5) X,Y 相互独立,因此 X,Y 也是不相关的.　　**28—30.** 略.

31. $E(X)=\dfrac{2}{3}, E(Y)=0, \mathrm{Cov}(X,Y)=0.$

32. $E(X)=E(Y)=\dfrac{7}{6}, \mathrm{Cov}(X,Y)=-\dfrac{1}{36}, \rho_{XY}=-\dfrac{1}{11}, D(X+Y)=\dfrac{5}{9}.$　　**33.** $\dfrac{\alpha^2-\beta^2}{\alpha^2+\beta^2}.$

34. (1) $a=3$, $\min\{E(W)\}=108.$　(2) 略.　**35.** $f(x,y)=\dfrac{1}{3\sqrt{5}\pi}\exp\left\{\dfrac{-8}{15}\left(\dfrac{x^2}{3}+\dfrac{xy}{4\sqrt{3}}+\dfrac{y^2}{4}\right)\right\}.$

36. $p \geqslant \dfrac{8}{9}.$　**37.** 略.　**38.** (1) $\dfrac{1}{2}\ln 2.$ (2) $a.$

第 五 章

1. 0.211 9.　**2.** (1) 0.894 4. (2) 0.001 9.　**3.** (1) 0.180 2.(2) 最多只能有 443 个数.

4. 0.078 7.　**5.** 0.006 2.　**6.** 0.107 5.　**7.** (1) 0.000 3. (2) 0.5.　**8.** 0.952 5.

9. (1) $\overline{X} \sim N(2.2, 1.4^2/52)$, $P\{\overline{X}<2\}=0.151\ 5.$ (2) 0.077 0.

10. 1.342 7 g/km.　**11.** (1) 0.896 8. (2) 0.749 8.　**12.** 254.　**13.** 1 537.

14. (1) 0.894 4. (2) 0.137 9.

第 六 章

1. 0.829 3.

2. (1) 0.262 8. (2) $P\{\max\{X_1, X_2, X_3, X_4, X_5\}>15\}=0.292\ 3$, $P\{\min\{X_1, X_2, X_3, X_4,$
$X_5\}<10\}=0.578\ 5.$

3. 0.674 4.　**4.** (1) $C=1/3.$ (2) $C=\sqrt{3/2}.$ (3) 略.

5. (1) $f(x_1, x_2, \cdots, x_{10})=\prod\limits_{i=1}^{10}\dfrac{1}{\sqrt{2\pi}\sigma}e^{-(x_i-\mu)^2/(2\sigma^2)}$, $P\{\overline{X}<\mu\}=1/2.$ (2) 0.431.

6. (1) $P\{X_1=x_1, X_2=x_2, \cdots, X_n=x_n\}=p^{\sum\limits_{i=1}^{n}x_i}(1-p)^{n-\sum\limits_{i=1}^{n}x_i}.$

(2) $\dbinom{n}{k}p^k(1-p)^{n-k}, k=0,1,2,\cdots,n.$

(3) $E(\overline{X})=p, D(\overline{X})=\dfrac{1}{n}p(1-p), E(S^2)=p(1-p).$

7. $E(\overline{X})=n, D(\overline{X})=n/5, E(S^2)=2n.$

8. (1) $X_1, X_2, \cdots, X_{10}$ 的联合概率密度为 $\dfrac{1}{(2\pi\sigma^2)^5} \mathrm{e}^{-\sum\limits_{i=1}^{10}(x_i-\mu)^2/(2\sigma^2)}$. (2) $f_{\bar{X}}(x) = \dfrac{\sqrt{5}}{\sqrt{\pi}\sigma} \mathrm{e}^{-5(x-\mu)^2/\sigma^2}$.

9. (1) 0.99. (2) $D(S^2) = 2\sigma^4/15$. **10.** 略. **11.** 226.333 3.

第 七 章

1. $\hat{\mu} = 74.002, \hat{\sigma}^2 = 6\times10^{-6}, s^2 = 6.86\times10^{-6}$.

2. 矩估计量为 (1) $\hat{\theta} = \dfrac{\overline{X}}{\overline{X}-c}$. (2) $\hat{\theta} = \left(\dfrac{\overline{X}}{1-\overline{X}}\right)^2$. (3) $\hat{p} = \dfrac{\overline{X}}{m}$.

3. 最大似然估计量为 (1) $\hat{\theta} = \dfrac{n}{\sum\limits_{i=1}^{n}\ln X_i - n\ln c}$. (2) $\hat{\theta} = \dfrac{n^2}{\left(\sum\limits_{i=1}^{n}\ln X_i\right)^2}$. (3) $\hat{p} = \dfrac{\overline{X}}{m}$.

4. (1) 矩估计值和最大似然估计值均为 $\dfrac{5}{6}$. (2) 最大似然估计量和矩估计量均为 $\hat{\lambda} = \overline{X}$.

(3) $\hat{p} = \dfrac{r}{\bar{x}}$.

5. (1) c 与 θ 的最大似然估计值分别为 $\hat{c} = x_1, \hat{\theta} = \bar{x}-x_1$.

(2) c 与 θ 的矩估计量分别为 $\hat{c} = \overline{X} - \left[\dfrac{1}{n}\sum\limits_{i=1}^{n}(X_i-\overline{X})^2\right]^{1/2}, \hat{\theta} = \left[\dfrac{1}{n}\sum\limits_{i=1}^{n}(X_i-\overline{X})^2\right]^{1/2}$.

6. 0.499. **7.** (1) 由最大似然估计的性质知 $\hat{P}\{X=0\} = \mathrm{e}^{-\bar{x}}$. (2) 0.325 3.

8. (1) $\hat{U} = \mathrm{e}^{-1/\hat{\theta}}$, 其中 $\hat{\theta} = -n/\sum\limits_{i=1}^{n}\ln x_i$. (2) $\hat{\theta} = 1-\Phi(2-\bar{x})$. (3) $\hat{\beta} = [(3\bar{x})/m]-1$.

9. 略. **10.** (1) $c = \dfrac{1}{2(n-1)}$. (2) $c = \dfrac{1}{n}$. **11.** 略. **12.** (1) T_1, T_3 是无偏的. (2) T_3 较 T_1 有效.

13. (1) 略. (2) 提示: $\hat{\theta} = X_{(n)} = \max\{X_1, X_2, \cdots, X_n\}, E(\hat{\theta}) = \dfrac{n}{n+1}\theta \neq \theta$.

14. $a = \dfrac{n_1}{n_1+n_2}, b = \dfrac{n_2}{n_1+n_2}$. **15.** 记 $\dfrac{1}{\sigma_0^2} = \sum\limits_{i=1}^{k}\dfrac{1}{\sigma_i^2}, a_i = \dfrac{\sigma_0^2}{\sigma_i^2}, i = 1,2,\cdots,k$.

16. (1) (5.608, 6.392). (2) (5.558, 6.442).

17. (1) (6.675, 6.681), $(6.8\times10^{-6}, 6.5\times10^{-5})$.

(2) (6.661, 6.667), $(3.8\times10^{-6}, 5.06\times10^{-5})$.

18. (7.4, 21.1).

19. (1) σ^2 的置信区间为 $\left(\dfrac{\sum\limits_{i=1}^{n}(X_i-\mu)^2}{\chi_{a/2}^2(n)}, \dfrac{\sum\limits_{i=1}^{n}(X_i-\mu)^2}{\chi_{1-a/2}^2(n)}\right)$. (2) (2.239, 5.624).

20. (0.010, 0.018). **21.** (−0.002, 0.006). **22.** (−6.04, −5.96).

23. (0.222, 3.601). **24.** (0.101, 0.244).

25. (1) σ 已知时所求为 6.329, σ 未知时所求为 6.356. (2) −0.001 2. (3) 2.84.

26. 40 527.　　**27.** 39 岁零 1 个月.

第 八 章

1. 接受 H_0.　　**2.** 接受 H_0.　　**3.** 认为不合格.　　**4.** 认为显著大于 10.

5. 接受 H_0,认为这批罐头是符合规定的.　　**6.** 拒绝 H_0,认为有显著差异.　　**7.** 拒绝 H_0.

8. 认为早晨的身高比晚上的要高.　　**9.** 拒绝 H_0,认为 A 比 B 耐穿.

10. 接受 H_0,认为产量无显著差异.　　**11.** 拒绝 H_0,认为提纯后的群体比原群体整齐.

12. 拒绝 H_0,认为偏大.　　**13.** 接受 H_0.

14. 接受 H_0.　　**15.** 接受 H_0.　　**16.** 接受 H_0.

17. (1) 接受 H_0,认为两者方差相等. (2) 接受 H_0',认为所需天数相同.

18. (1) 接受 H_0. (2) 拒绝 H_0',认为两者的可理解性有显著差异.　　**19.** 接受 H_0.

20. 所需的样本容量 $n \geqslant 7$.　　**21.** (1) 接受 H_0. (2) $n \geqslant 7$.　　**22.** $(\bar{x} - 2\bar{y})/\sqrt{\sigma_1^2/n_1 + 4\sigma_2^2/n_2} \geqslant z_\alpha$.

23. 认为服从泊松分布.　　**24.** 接受 H_0.

25. (1) 略. (2) 接受 H_0,认为来自正态总体 $N(16, 15^2)$.　　**26.** 接受 H_0.

27. 拒绝 H_0,认为有显著改变.　　**28.** (1) $\hat{p} = 0.641\ 9$. (2) 接受 H_0.

29. (1) (i) 取 $\alpha = 0.05$ 时接受 H_0;(ii) 取 $\alpha = 0.10$ 时拒绝 H_0;(iii) 拒绝 H_0 的最小显著性水平为 0.080 8.

　　(2) p 值 $= 0.474\ 7$,接受 H_0. (3) p 值 $= 0.027\ 1$,拒绝 H_0. (4) p 值 $= 0.011\ 0$,拒绝 H_0.

第 九 章

1. 电池的平均寿命有显著差异;$(6.75, 18.45)$,$(-7.65, 4.05)$,$(-20.25, -8.55)$.

2. 差异显著;$(0.72, 4.28)$,$(2.55, 6.45)$,$(0.22, 3.78)$.　　**3.** 差异显著.　　**4.** 差异显著.

5. 差异显著.　　**6.** 只有浓度的影响是显著的.　　**7.** 因素 A、因素 B 的影响均不显著.

8. $\hat{y} = 24.628\ 7 + 0.058\ 86x$.

9. (1) 略. (2) $\hat{y} = 13.958\ 4 + 12.550\ 3x$. (3) $\hat{\sigma}^2 = 0.043\ 2$. (4) 拒绝 H_0,认为回归效果显著.
　　(5) $(11.82, 13.28)$. (6) $(20.03, 20.44)$. (7) $(19.66, 20.81)$.

10. (1) 略. (2) $\hat{y} = -0.104 + 0.988x$. (3) $(13.29, 14.17)$.

11. $\hat{y} = -3.854\ 93 + 1.833\ 96x$.

12. (1) 成绩关于年份的线性回归方程为 $\hat{y} = 105.482\ 6 - 0.039\ 2x$. (2) 拒绝 H_0,认为回归效果显著. (3) 预测值为 26.82 min.

13. (1) $\hat{y} = 1.896 + 0.538\ 46x$. (2) b 的置信水平为 0.95 的置信区间为 $(0.208, 0.869)$.

14. (1)—(2) 略. (3) $\hat{y} = 32.455\ 6e^{-0.086\ 731\ 9x}$.

15. (1) 略. (2) $\hat{y} = 19.033\ 33 + 1.008\ 57x - 0.02\ 038x^2$.

16. (1) $\hat{y}=9.9+0.575x_1+0.55x_2+1.15x_3.$ (2) $\hat{y}=9.9+0.575x_1+1.15x_3.$

第十、十一章答案略.

第 十 二 章

1. (1) $F\left(x;\dfrac{1}{2}\right)=\begin{cases}0, & x<0,\\[2mm]\dfrac{1}{2}, & 0\leqslant x<1,\\[2mm]1, & x\geqslant 1.\end{cases}$ $F(x;1)=\begin{cases}0, & x<-1,\\[2mm]\dfrac{1}{2}, & -1\leqslant x<2,\\[2mm]1, & x\geqslant 2.\end{cases}$

(2) $F\left(x_1,x_2;\dfrac{1}{2},1\right)=\begin{cases}0, & x_1<0, & -\infty<x_2<\infty,\\[1mm]0, & x_1\geqslant 0, & x_2<-1,\\[1mm]\dfrac{1}{2}, & 0\leqslant x_1<1, & x_2\geqslant -1,\\[1mm]\dfrac{1}{2}, & x_1\geqslant 1, & -1\leqslant x_2<2,\\[1mm]1, & x_1\geqslant 1, & x_2\geqslant 2.\end{cases}$

2. $\mu_Y(t)=F_X(x;t),R_Y(t_1,t_2)=F_X(x,x;t_1,t_2).$

3. $\mu_X(t)=\dfrac{1}{at}(1-\mathrm{e}^{-at}),t>0,\quad R_X(t_1,t_2)=\dfrac{1}{a(t_1+t_2)}[1-\mathrm{e}^{-a(t_1+t_2)}],t_1,t_2>0.$

4. $\mu_X(t)=a,C_X(t_1,t_2)=\sigma^2.$

5. $\mu_Y(t)=\mu_X(t)+\varphi(t),C_Y(t_1,t_2)=C_X(t_1,t_2).$

6. $R_Y(t_1,t_2)=R_X(t_1+a,t_2+a)-R_X(t_1+a,t_2)-R_X(t_1,t_2+a)+R_X(t_1,t_2).$

7. $C_Z(t_1,t_2)=\sigma_1^2+(t_1+t_2)\rho\sigma_1\sigma_2+t_1t_2\sigma_2^2.$

8. $R_X(t_1,t_2)=C_X(t_1,t_2)=(1+t_1t_2)\sigma^2.$

9. $\mu_Z(t)=a(t)\mu_X(t)+b(t)\mu_Y(t)+c(t),$
$C_Z(t_1,t_2)=a(t_1)a(t_2)C_X(t_1,t_2)+b(t_1)b(t_2)C_Y(t_1,t_2),t_1,t_2\in T.$ **10.** 略.

11. (1) $\sigma^2\min\{t_1,t_2\},t_1,t_2\geqslant 0.$ (2) $t_1t_2+\sigma^2\min\{t_1,t_2\},t_1,t_2\geqslant 0.$
(3) $\sigma^2\min\{t_1,t_2\},t_1,t_2\geqslant 0.$

第 十 三 章

1. 状态空间 $I=\{1,2,\cdots,N\},p_{ij}=P\{X_n=j\mid X_{n-1}=i\}=\begin{cases}1/i, & 1\leqslant j\leqslant i,\\0, & j>i,\end{cases}i=1,2,\cdots,N.$

$$\boldsymbol{P}=\begin{bmatrix}1 & & & & & \\1/2 & 1/2 & & & \mathbf{0} & \\\vdots & \vdots & \ddots & & & \\1/i & 1/i & \cdots & 1/i & & \\\vdots & \vdots & & \vdots & \ddots & \\1/N & 1/N & \cdots & 1/N & \cdots & 1/N\end{bmatrix}.$$

2. 状态空间 $I=\{1,2,\cdots\}$，$p_{ij}=\begin{cases}p, & j=i+1,\\ q, & j=i, \quad i,j=1,2,\cdots,\\ 0, & \text{其他},\end{cases}$

$$P=\begin{bmatrix} q & p & 0 & \cdots & & \\ 0 & q & p & 0 & \cdots & \\ 0 & 0 & q & p & 0 & \cdots \\ \vdots & \vdots & \vdots & \vdots & \vdots & \end{bmatrix}.$$

3. 状态空间 $I=\{0,1,2,\cdots,N\}$，

$$P=\begin{bmatrix} 1 & 0 & 0 & 0 & \cdots & 0 & 0 \\ 0 & 1-\alpha_1 & \alpha_1 & 0 & \cdots & 0 & 0 \\ 0 & 0 & 1-\alpha_2 & \alpha_2 & & 0 & 0 \\ \vdots & \vdots & \vdots & \vdots & & \vdots & \vdots \\ 0 & 0 & 0 & 0 & \cdots & 1-\alpha_{N-1} & \alpha_{N-1} \\ 0 & 0 & 0 & 0 & \cdots & 0 & 1 \end{bmatrix},$$

其中 $\alpha_i=\dfrac{2i(N-i)}{N(N-1)}\alpha,i=1,2,\cdots,N-1$.

4. (1) 1/16. (2) 略. (3) 7/16. (4) 0.399 3. **5—7.** 略.

8. $P=\begin{bmatrix} 1/2 & 1/2 \\ 1/3 & 2/3 \end{bmatrix}$, 5 月 1 日为晴天的条件下,5 月 3 日为晴天的概率为 $p_{00}(2)=0.416\ 7$;5 月 5 日为雨天的概率为 $p_{01}(4)=0.599\ 5$.

9. $m=1,\boldsymbol{\pi}=(2/3,1/3)$.

10. $m=2,\pi_j=\dfrac{1-p/q}{1-(p/q)^3}\left(\dfrac{p}{q}\right)^{j-1}$,$j=1,2,3$. **11.** 略.

第 十 四 章

1. 是. **2.** 略. **3.** 是.

4. 是. $\mu_Y(t)=\lambda L$, $R_Y(s,t)=\begin{cases}\lambda^2L^2+\lambda(L-|\tau|), & |\tau|\leqslant L,\\ \lambda^2L^2, & |\tau|>L,\end{cases}\tau=t-s, \quad s,t\geqslant0.$

5. 具有. **6.** 不是. **7.** 略. **8.** (1) $A/8,A^2/12$. (2) $A/8,A^2/12$.

9—10. 略. **11.** (1) 略. (2) $R_{XY}(\tau)=aR_X(\tau-\tau_1)$.

12. (1) 5. (2) $S_X(\omega)=4\left[\dfrac{1}{(\omega-\pi)^2+1}+\dfrac{1}{(\omega+\pi)^2+1}\right]+\pi[\delta(\omega-3\pi)+\delta(\omega+3\pi)]$.

13. $\dfrac{1}{2}(\sqrt{2}-1)$. **14.** $S_X(\omega)=\dfrac{4}{T\omega^2}\sin^2\dfrac{\omega T}{2}$. **15.** $R_X(\tau)=\dfrac{4}{\pi}\left(1+\dfrac{\sin^2 5\tau}{\tau^2}\right)$. **16—17.** 略.

第 十 五 章

1. (1) $(1-0.5B)X_t=\varepsilon_t$. (2) $X_t=(1-0.7B-0.24B^2)\varepsilon_t$.

(3) $(1-0.5B)X_t=(1-0.7B-0.24B^2)\varepsilon_t$. (4) $(1-1.5B+0.5B^2)X_t=\varepsilon_t$.

(5) $(1-B)X_t=(1-0.5B)\varepsilon_t$.

2. (1) ARMA(1,0). (2) ARMA(0,2). (3) ARMA(1,2).

(4) ARMA(2,0). (5) ARMA(1,1).

3. 略. **4.** $\rho_0=1$，$\rho_1=\dfrac{-0.38}{1+0.5^2+0.24^2}$，$\rho_k=0,k>2$.

5—7. 略.

选 做 习 题

1. $\dfrac{3(1-p_1)^5}{3(1-p_1)^5+2(1-p_2)^5}$. **2.** (1) 8/11. (2) 4/5. (3) 32/55.

3. $2p(1-p)$. **4.** 甲:6/11,乙:5/11.

5. $P(A)=1/3,P(B)=7/12,A,B$ 相互独立. **6.** $(1-p)/(2-p)$.

7. $p_1p_2(1-p_3)+p_1(1-p_2)p_3+(1-p_1)p_2p_3+p_1p_2p_3$.

8. 以 F 表示事件"A 到 B 之间为通路",以 C_i 表示事件"继电器触点 i 闭合",$i=1,2,3,4,5$.

(1) $P(F)=P(F|C_1)p_1+P(F|\overline{C_1})(1-p_1)$，

其中，$P(F|C_1)=p_2+p_3p_5+p_4p_5-p_2p_3p_5-p_2p_4p_5-p_3p_4p_5+p_2p_3p_4p_5$，

$P(F|\overline{C_1})=p_4p_5+p_2p_3p_4-p_2p_3p_4p_5$.

(2) $P(C_3|F)=[(1-q_1q_4-q_2q_5+q_1q_2q_4q_5)p_3]/P(F)$.

9.

X	2	3	4
p_k	$p_1p_2+(1-p_1)^2$	$p_1(1-p_2)+(1-p_1)p_1p_2$	$(1-p_1)p_1(1-p_2)$

10. (1)

X	2	3	4	5
p_k	$\dfrac{1}{10}$	$\dfrac{2}{10}$	$\dfrac{3}{10}$	$\dfrac{4}{10}$

(2) 以 Y 表示所需测试的次数，

Y	2	3	4
p_k	$\dfrac{1}{10}$	$\dfrac{3}{10}$	$\dfrac{6}{10}$

11. (1) 0.632. (2) 3. **12.** 0.989 97. **13.** (1) $\dfrac{1}{11}$. (2) $\dfrac{3}{55}$.

14. (1) 0.548 8. (2) 0.573 0.

15. (1) $F_X(x)=\begin{cases}\dfrac{1}{2}\mathrm{e}^x, & x<0,\\[2mm] 1-\dfrac{1}{2}\mathrm{e}^{-x}, & x\geqslant 0.\end{cases}$

(2)

Y	-1	1
p_k	$\dfrac{1}{2}$	$\dfrac{1}{2}$

$F_Y(y)=\begin{cases}0, & y<-1,\\[2mm] \dfrac{1}{2}, & -1\leqslant y<1,\\[2mm] 1, & y\geqslant 1.\end{cases}$

16. (1) $k=\begin{cases}\lambda-1,\lambda, & \text{若 }\lambda\text{ 是整数,}\\ [\lambda], & \text{若 }\lambda\text{ 不是整数.}\end{cases}$

　　(2) $k=\begin{cases}(n+1)p-1,(n+1)p, & \text{若}(n+1)p\text{ 是整数,}\\ [(n+1)p], & \text{若}(n+1)p\text{ 不是整数.}\end{cases}$　　　**17.** 略.

18. $f_Y(y)=\begin{cases}2/3, & 0<y<1,\\ 1/3, & 1\leqslant y<2,\\ 0, & \text{其他.}\end{cases}$　**19.** $f_Y(y)=\begin{cases}0, & y\leqslant 0,\\ 1/2, & 0<y\leqslant 1,\\ 1/(2y^2), & 1<y<\infty.\end{cases}$　**20.** 略.

21. (1)

X\Y	1	2	3	$\cdots$	$P\{Y=j\}$
0	0	$1/2^2$	$1/2^3$	$\cdots$	$1/2$
1	$1/2$	0	0	$\cdots$	$1/2$
$P\{X=i\}$	$1/2$	$1/2^2$	$1/2^3$	$\cdots$	1

　　(2) $P\{X=1|Y=1\}=1, P\{Y=2|X=1\}=0.$

22.

X\Y	0	1	2	3	4	$\cdots$	$P\{Y=j\}$
2	$e^{-\lambda}$	$\dfrac{\lambda e^{-\lambda}}{1!}$	$\dfrac{\lambda^2 e^{-\lambda}}{2!}$	0	0	$\cdots$	$\displaystyle\sum_{k=0}^{2}\dfrac{\lambda^k e^{-\lambda}}{k!}$
3	0	0	0	$\dfrac{\lambda^3 e^{-\lambda}}{3!}$	0	$\cdots$	$\dfrac{\lambda^3 e^{-\lambda}}{3!}$
4	0	0	0	0	$\dfrac{\lambda^4 e^{-\lambda}}{4!}$	$\cdots$	$\dfrac{\lambda^4 e^{-\lambda}}{4!}$
$\vdots$	$\vdots$	$\vdots$	$\vdots$	$\vdots$	$\vdots$		$\vdots$
$P\{X=i\}$	$e^{-\lambda}$	$\dfrac{\lambda e^{-\lambda}}{1!}$	$\dfrac{\lambda^2 e^{-\lambda}}{2!}$	$\dfrac{\lambda^3 e^{-\lambda}}{3!}$	$\dfrac{\lambda^4 e^{-\lambda}}{4!}$	$\cdots$	1

23. $\dbinom{n}{k}\left(\dfrac{\lambda_1}{\lambda_1+\lambda_2}\right)^k\left(\dfrac{\lambda_2}{\lambda_1+\lambda_2}\right)^{n-k}.$

24. (1) $P\{X=x, Y=y\}=\dfrac{\lambda^x\mu^y e^{-(\lambda+\mu)}}{x!\ y!}, \quad x,y=0,1,2,\cdots.$

　　(2) $P\{X+Y\leqslant 1\}=e^{-(\lambda+\mu)}(1+\lambda+\mu).$

25. (1) $f(x,y)=\begin{cases}\dfrac{4}{\sqrt{3}}, & 0\leqslant y\leqslant\sqrt{3}x, 0\leqslant y\leqslant-\sqrt{3}(x-1),\\ 0, & 其他.\end{cases}$

(2) $F_Y(y)=\begin{cases}0, & y<0,\\ \dfrac{4}{\sqrt{3}}y-\dfrac{4}{3}y^2, & 0\leqslant y<\sqrt{3}/2,\\ 1, & y\geqslant\sqrt{3}/2.\end{cases}$

26. (1) $f_X(x)=\begin{cases}\mathrm{e}^{-x}, & x>0,\\ 0, & 其他,\end{cases}$ $f_Y(y)=\begin{cases}\dfrac{1}{(y+1)^2}, & y>0,\\ 0, & 其他.\end{cases}$

(2) 当 $y>0$ 时,$f_{X|Y}(x|y)=\begin{cases}x(y+1)^2\mathrm{e}^{-x(y+1)}, & x>0,\\ 0, & x 取其他值,\end{cases}$

当 $x>0$ 时,$f_{Y|X}(y|x)=\begin{cases}x\mathrm{e}^{-xy}, & y>0,\\ 0, & y 取其他值.\end{cases}$

27. (1)

V\U	−1	1
−1	$\dfrac{1}{6}$	$\dfrac{2}{6}$
1	$\dfrac{2}{6}$	$\dfrac{1}{6}$

(2) 1/2. (3) 5/6.

28. $P\{X=k,Y=i\}=\dbinom{k}{i}p^i(1-p)^{k-i}\dfrac{\lambda^k\mathrm{e}^{-\lambda}}{k!},$ $\begin{aligned}&k=0,1,2,\cdots,\\&i=0,1,2,\cdots,k.\end{aligned}$

29. 1/2. **30.** 0.19. **31.** $\Phi(\sqrt{2})-\Phi(0)=0.420\ 7.$

32. (1) 0.889 7. (2) 0.281 8. (3) 0.987 4.

33. $f_Z(z)=\begin{cases}\dfrac{1}{2\varepsilon}[1-\mathrm{e}^{-\frac{1}{2}(z+\varepsilon)^2}], & -\varepsilon<z<\varepsilon,\\ \dfrac{1}{2\varepsilon}[\mathrm{e}^{-\frac{1}{2}(z-\varepsilon)^2}-\mathrm{e}^{-\frac{1}{2}(z+\varepsilon)^2}], & z\geqslant\varepsilon,\\ 0, & 其他.\end{cases}$

34. $f_Z(z)=\begin{cases}-20\ln(20z), & 0<z<0.05,\\ 0, & 其他.\end{cases}$

35. (1) $f_X(x)=\begin{cases}\mathrm{e}^{-x}, & x>0,\\ 0, & 其他.\end{cases}$ $f_Y(y)=\begin{cases}y\mathrm{e}^{-y}, & y>0,\\ 0, & 其他.\end{cases}$

(2) X,Y 不是相互独立的. (3) $f_{X+Y}(z)=\begin{cases}\mathrm{e}^{-z/2}-\mathrm{e}^{-z}, & z>0,\\ 0, & 其他.\end{cases}$

(4) 对于 $y>0$,$f_{X|Y}(x|y)=\begin{cases}1/y, & 0<x<y,\\ 0, & 其他.\end{cases}$

(5) $P\{X>3|Y<5\}=0.030\ 82$.   (6) $P\{X>3|Y=5\}=2/5$.

36. (1) np. (2) $n(p+\alpha-p\alpha)$.

37. (1)

X	1	2	3	4	5
p_k	1/15	2/15	3/15	4/15	5/15

(2) 3/5. (3) $Y\sim b(6,3/5)$，$E(Y)=3.6$.

(4) $P\{Y<4\}=0.456$，$P\{Y>4\}=0.233$. (5) $E(Z)=2$.

38. $\dfrac{nr}{N}$.   **39.** 14.7.   **40.** $\dfrac{\alpha}{\beta(\alpha+1)}+\dfrac{2}{\alpha^2}$.   **41.** (1) $\dfrac{2}{5}$. (2) $\dfrac{4}{3}$.   **42.** 0.785 2.

43. (1) 略.   (2) 不是离散型也不是连续型随机变量，是混合型随机变量.

    (3) $P\{X=4\}=0$，$P\{X=3\}=0.316$，$P\{X<4\}=0.684$，$P\{X>6\}=0.135$.

44. $X\sim b(250,0.10)$，$0.146\ 9$.

45. (1) 值域为 $(0,0.75]$. (2) $F_Y(y)=\begin{cases}0, & y<0, \\ y, & 0\leqslant y<0.75, \\ 1, & y\geqslant 0.75.\end{cases}$ (3) 略.

46—47. 略.   **48.** 最大似然估计量＝矩估计量＝$\dfrac{\overline{X}}{2}$，是无偏估计量.

49. $\hat{\mu}_1=\overline{X}$, $\hat{\mu}_2=\overline{Y}$, $\hat{\sigma}^2=\dfrac{1}{n_1+n_2}\left[\sum_{i=1}^{n_1}(X_i-\overline{X})^2+\sum_{i=1}^{n_2}(Y_i-\overline{Y})^2\right]$.

50. (1) λ 的对数似然方程为 $\sum_{i=1}^{k}\dfrac{d_i(t_i-t_{i-1})}{\mathrm{e}^{\lambda(t_i-t_{i-1})}-1}-\sum_{i=2}^{k}d_i t_{i-1}-st_k=0$. (2) 略.

51. $\hat{\lambda}=\dfrac{1}{T_0}\ln\dfrac{n}{n-k}$.

52. (1) $L(p_1,p_2)=\left[(1-p_1)p_2\right]^{n_1}\left[(1-p_2)p_1\right]^{n_2}(1-p_1 p_2)^{n_{12}}(p_1 p_2)^s$.

    (2) $\hat{p}_1=0.715\ 0$, $\hat{p}_2=0.829\ 0$.

53. (1) θ 的最大似然估计值为 13/32，θ 的矩估计值为 5/12. (2) $\hat{\beta}=\bar{x}/\alpha$.

54. (1) 略. (2) $\widehat{E(X)}=\exp\{\hat{\mu}+\hat{\sigma}^2/2\}$，其中 $\hat{\mu}=\dfrac{1}{n}\sum_{i=1}^{n}\ln x_i$，$\hat{\sigma}^2=\dfrac{1}{n}\sum_{i=1}^{n}(\ln x_i-\hat{\mu})^2$.

    (3) $\widehat{E(X)}=28.306\ 7$.

55. $\hat{\eta}=\left(\dfrac{T_m}{m}\right)^{1/\beta}$，其中 $T_m=\sum_{i=1}^{m}t_i^\beta+(n-m)t_m^\beta$.

56. (1) $\hat{\eta}=214.930$. (2) 0.841.

57. $a=\dfrac{n_1-1}{n_1+n_2-2}$，$b=\dfrac{n_2-1}{n_1+n_2-2}$.   **58.** 略.   **59.** (1) 略. (2) $\dfrac{2n\overline{X}}{\chi^2_\alpha(2n)}$. (3) 3 764.7.

60. (1)—(2) 略.   (3) $h_{\alpha/2}=(1-\alpha/2)^{1/n}$，$h_{1-\alpha/2}=(\alpha/2)^{1/n}$.

    (4) $((1-\alpha/2)^{-1/n}\max\{X_1,X_2,\cdots,X_n\},(\alpha/2)^{-1/n}\max\{X_1,X_2,\cdots,X_n\})$.

    (5) (4.22,8.78).

61. 拒绝域为 $\chi^2 = \dfrac{2n\bar{x}}{\theta_0} \geqslant \chi_{\alpha/2}^2(2n)$ 或 $\chi^2 = \dfrac{2n\bar{x}}{\theta_0} \leqslant \chi_{1-\alpha/2}^2(2n)$；拒绝域为 $\chi^2 \geqslant 39.364$ 或 $\chi^2 \leqslant$

12.401，现在 $\chi^2 = 24.83$ 故接受 H_0.

62. 认为无显著影响. **63.** 拒绝 H_0，认为医生的意见是对的.

64. 认为是有偏爱的. **65.** 认为 $X \sim b(4, \theta)$.

66. 认为有显著差异.

67. (1) $\hat{y} = 13.487 + 1.065x$. (2) 拒绝 H_0，认为回归效果显著. (3) $\hat{y}|_{x=13} = 27.332$.

(4) 在 $x = 13$ 处 $\mu(x)$ 的置信水平为 0.95 的置信区间为 $(26.088, 28.576)$.

(5) 在 $x = 13$ 处 Y 的新观察值 Y_0 的置信水平为 0.95 的预测区间为 $(23.845, 30.819)$.

68. (1) 略. (2) $\hat{y} = 774.0125 - 0.35915x$. (3) 回归效果是非常显著的.

郑重声明

高等教育出版社依法对本书享有专有出版权。任何未经许可的复制、销售行为均违反《中华人民共和国著作权法》,其行为人将承担相应的民事责任和行政责任;构成犯罪的,将被依法追究刑事责任。为了维护市场秩序,保护读者的合法权益,避免读者误用盗版书造成不良后果,我社将配合行政执法部门和司法机关对违法犯罪的单位和个人进行严厉打击。社会各界人士如发现上述侵权行为,希望及时举报,我社将奖励举报有功人员。

读者意见反馈

为收集对教材的意见建议,进一步完善教材编写并做好服务工作,读者可将对本教材的意见建议通过如下渠道反馈至我社。

咨询电话   400 - 810 - 0598
反馈邮箱   hepsci@pub. hep. cn
通信地址   北京市朝阳区惠新东街 4 号富盛大厦 1 座
            高等教育出版社理科事业部
邮政编码   100029

防伪查询说明

用户购书后刮开封底防伪涂层,使用手机微信等软件扫描二维码,会跳转至防伪查询网页,获得所购图书详细信息。

防伪客服电话
(010) 58582300

数字课程说明

1.计算机访问 http://abook. hep. com. cn/12349710,或手机扫描二维码、下载并安装 Abook 应用。

2.注册并登录,进入"我的课程"。

3.输入封底数字课程账号(20 位密码,刮开涂层可见),或通过 Abook 应用扫描封底数字课程账号二维码,完成课程绑定。

4.单击"进入课程"按钮,开始本数字课程的学习。

课程绑定后一年为数字课程使用有效期。受硬件限制,部分内容无法在手机端显示,请按提示通过计算机访问学习。

如有使用问题,请发邮件至 abook@hep. com. cn。

扫描二维码
下载 Abook 应用